国家自然科学基金项目（72072126）
天津理工大学教材建设基金（JC22－04）

工程总承包项目投资管控

严玲 宁延 等著

机械工业出版社

工程总承包模式是适应新时期我国建设市场转型升级和高质量发展需求的现代化工程项目实施方式。在此背景下，我国工程总承包模式的顺利推广必须与工程造价管理改革、全过程工程咨询等制度改革同步推进。

工程总承包项目运作模式与传统设计施工分离模式有重大区别，面临许多投资管控问题。本书围绕工程总承包项目运作的特点及全过程投资管控的主要矛盾，构建了适合工程总承包模式的投资管控理论与技术体系。全书共9章，分别为绪论、工程总承包项目《发包人要求》编制策划及实施、工程总承包模式下项目发包价格的确定、工程总承包合同风险分担及合同条款设计、工程总承包项目承包人选择机制、投资管控目标约束下工程总承包项目设计管理、工程总承包模式下总价合同价款调整、工程总承包项目的工程价款结算、工程总承包项目全过程投资管控集成咨询。

本书可供建设工程领域从业者、学者使用，也可供高校工程管理、工程造价专业师生参考。

图书在版编目（CIP）数据

工程总承包项目投资管控／严玲等著. —北京：机械工业出版社，2023.6
ISBN 978-7-111-73076-7

Ⅰ.①工… Ⅱ.①严… Ⅲ.①建筑工程—承包工程—工程项目管理
Ⅳ.①TU723

中国国家版本馆CIP数据核字（2023）第073307号

机械工业出版社（北京市百万庄大街22号 邮政编码100037）
策划编辑：刘 涛　　责任编辑：刘 涛 何 洋
责任校对：贾海霞 王明欣　　封面设计：马精明
责任印制：李 昂
河北宝昌佳彩印刷有限公司印刷
2023年7月第1版第1次印刷
184mm×260mm · 23印张 · 569千字
标准书号：ISBN 978-7-111-73076-7
定价：158.00元

电话服务　　网络服务
客服电话：010-88361066　　机 工 官 网：www.cmpbook.com
010-88379833　　机 工 官 博：weibo.com/cmp1952
010-68326294　　金 书 网：www.golden-book.com
封底无防伪标均为盗版　　机工教育服务网：www.cmpedu.com

序

构建全过程投资管控模式是推动工程总承包高质量发展的迫切需求

工程总承包作为一种发承包模式，在部分发展国家和地区已取得了较大成功。虽然不同国家在对工程总承包的内涵和模式的界定上存在差异，但大家总体意识到工程总承包是建筑业承发包方式的重要改革方向。跨国工程公司承担了大量工程总承包的业务；大量实践和研究也揭示和肯定了工程总承包的优势。

在我国，工程总承包模式在部分行业取得了成功，也已成为这些行业的惯用模式，如化工、水泥等行业积累了丰富经验。早些年，国家尝试在房屋建筑与市政工程领域推行工程总承包，但最后并未取得突破性进展。2017 年《国务院办公厅关于促进建筑业持续健康发展的意见》（国办发〔2017〕19 号）提出“加快推行工程总承包”，把工程总承包作为建筑业工程建设组织模式改革的重要方向之一。该轮工程总承包的改革推行是对我国高质量发展的实质性回应，旨在通过工程组织模式的改革促进建筑业的高质量发展。此外，近年来，国家和部委也密集出台了系列工程造价管理改革文件，对工程造价行业带来了深刻影响。

随着系列政策的出台，行业中也出现了一批采用工程总承包模式的项目。在部分项目中，工程总承包模式获得了较为成功的经验，形成了较好的示范效应。但同时也逐渐暴露出了一系列问题。例如，有些业主尝试使用，但发现了消极的影响；施工企业或设计院参与工程总承包遭遇了空前的压力；咨询单位也发现，在工程总承包模式下，咨询工作的开展与传统模式存在极大不同。特别在投资控制方面，在工期可控的情况下，如何在满足质量要求的情况下管理投资，成为工程总承包模式的关键难题之一，在这方面出现了大量争议。

政策需求及行业发展中暴露出的实践问题对学术研究提出了强烈需求。与此同时，学术界也在积极回应，并展开了一系列研究。有研究者获得了国家基金支持，发表了大量工程总承包相关的论文，也有研究者参与到政策制定、企业实务咨询等工作中。在此大背景下，由严玲教授和宁延教授带领的研究团队对工程总承包的投资管控展开了系统研究，形成了本书。

由于工程总承包项目运作方式与设计施工分离的传统模式有重大区别，项目投资管控也面临重要挑战：一是项目投资管控逻辑发生变化，从传统 DBB 模式的按图施工、产品交付转变为功能交付、按约履约；二是工程总承包功能交付的起点是理解业主需求，而工程总承包项目管理痛点 90% 的问题来源于“发包人要求模糊”；三是工程总承包项目发包价格形成的依据以及计量计价规则发生的变化，工程总承包项目发包时工程质量标准和施工图并未完成，难以直接套用工程量清单招标与计价方式来定价；四是设计责任重构使得业主面临承包人设计质量仅以满足最低标准为目标，以及设计优化激励不足的双重困境；五是工程总承包模式下项目控制权转移，使得业主参与和控制项目的力度减弱，需要探索全过程工程咨询嵌入工程总承包项目后的投资管控组织与业务运行规律。

这些变化既可能导致业主面临较大的投资管控风险，也会让承包人面临投标报价不合理导致工程成本超支而事后很难补偿的难题。本书突破了传统模式下的投资控制，形成以项目策划为起点的工程总承包模式全过程投资管控的框架，从工程总承包发包人要求编制入手，针对发包价格的确定、合同风险分担及条款设计、承包人选择、设计管理、合同价款调整、结算与支付、全过程投资管控集成咨询等方面展开了系统性分析，构建适合工程总承包模式的全过程投资控制的理论与技术体系。

本书的作者是国内优秀的中青年教师，具备扎实的基础功底，长期关注造价管理、项目管理等方面的研究、教学和实务。严玲老师长期从事工程造价和合同管理研究、教学和实务工作，并连续获得多个项目治理、合同管理领域的国家自然科学基金项目。宁延老师在项目管理领域也有扎实的积累。本书也是严玲老师国家自科基金项目《组态视角下合同柔性悖论的治理研究》的阶段性研究成果。随着工程总承包的大力推行，本书对规范和理性推行工程总承包给出了针对性的建议和对策，也为业主、承包人、咨询方等提供了较为有力的参考。

李启明

东南大学土木工程学院

前　言

2016 年 5 月，我国住房和城乡建设部（简称住建部）印发了《关于进一步推进工程总承包发展的若干意见》开展工程总承包试点工作，此后全国各地密集发文大力推广工程总承包。在经历了起步阶段、摸索阶段，目前我国工程总承包已进入加速发展阶段。尤其是在 2019 年年底，住建部、国家发展和改革委员会（简称国家发改委）印发了《房屋建筑和市政基础设施项目工程总承包管理办法》（简称《办法》），工程总承包的“靴子”终于落地（《办法》自 2020 年 3 月 1 日起施行），国内建筑行业开启了“设计采购施工深度融合”的新时代。同时，部分省市也发布了区域内的工程总承包管理办法或实施细则，在政府投资、装配式、BIM（Building Information Modeling）运用等类型项目上鼓励优先采用工程总承包模式，推动工程总承包进入快速发展期。

工程总承包推行以来，业主和承包商等都进行了不同程度和形式的摸索与实践。政府部门、行业协会相继出台了一系列的导则、指南等，以规范工程总承包的良性发展。密集出现了工程总承包研讨会，探讨工程总承包推进过程中存在的问题和改进的路径，以及分享一些良好的实践做法。在学术领域，研究学者也获得了基金的支持进行科学研究探索，出版了一系列的著作、论文等。这些信号体现了建筑行业对工程总承包的一致性重视，业界也都意识到工程总承包是整个建筑行业改革升级的一次重要契机。

工程总承包模式是将以往由业主管理的设计、施工等多方外部利益关系，调整为业主面对单一责任主体，总承包单位内部实现多方融合，由单一责任主体全面负责项目的安全、质量、工期、投资管理，产出总价可控，综合性价比更高的工程项目。工程总承包作为一种集成交付手段，设计优化是其实现价值创造的最关键、最有效途径之一。因工程总承包项目每个投标单位提供的方案工艺可能不尽相同，故以承包商为核心，在设计过程中业主参与较少，在施工过程中业主的参与度较低，整体控制力度低，因此总承包商的能力直接决定了工程质量和工程进度。且随着工程总承包项目的发展，建设项目集成数字交付（Integrated Digital Delivery，IDD）作为未来发展趋势，其交付方式不再是实物产品和相关服务的交付，而是基于数字信息的交付——通过信息加强各方关系，使利益相关者形成团队工作。然而，这些都建立在投资管控合理要求之下，工程总承包项目投资管控仍是工程项目管理中的薄弱环节。基于上述背景，作者策划了本书。本书围绕工程总承包发包阶段及实施阶段的投资管控难题，有以下特点：

第一，本书遵循工程总承包项目运作的程序和要求。在建设工程领域的发展过程中，关于工程总承包模式，已经形成了相对固定的流程。具体来讲，主要为业主发布招标文件→承包商提交投标文件→签订合同→承包商设计→承包商施工和采购计划→工程施工和资源供应→竣工交付。但工程总承包运作强调发包时点，即先发包后设计，工程总承包模式设计与施工的高度融合决定了设计在项目建设过程中至关重要的地位。发包阶段延后到初步设计完成时，能够很大限度上有效避免因项目前期范围、规模、标准、功能、技术要求等不明确而导致的项目建设过程中纠纷不断、变更不断、投资控制困难等风险。所以在此规律下，将本书分为发包前的《发包人要求》编制、最高投标限价编制及招标策划，以及发包后的业主方设计管理、业主方项目管理及结算与支付等。

第二，在分析了大量国内工程总承包政策文件的基础上（包括《发包人要求》中的政策文件），借鉴国际通用做法，针对工程总承包过程中存在的问题给出了具体解决方案（既符合国内政策文件要求也符合国际通用做法）。具体包括《发包人要求》的编制策划与实施、工程总承包柔性合同条款的设计、承包人选择机制等问题。同时，由于国际上并没有关于过程结算的相关规定，故工程总承包结算与支付管理中所指施工过程结算与支付体现了国内政策要求，在国际与国内两者之间找到了平衡。

第三，针对大量杂乱的概念进行了剖析，建立了工程总承包模式下项目投资管控的概念体系。包括严格区分工程总承包项目交付体系的核心要素、EPC（Engineering Procurement Construction）与 DB（Design and Build）的区别、《发包人要求》编制前提条件、《发包人要求》编制特点、工程量清单与项目清单的区别，辨析了工程总承包项目设计管理中容易混淆的设计优化、优化设计、深化设计、设计变更等概念。

第四，强调了工程总承包模式下全过程投资管控咨询策划工作的重要性，从咨询企业的视角给出了开展工程总承包项目全过程投资管控的专项业务和集成业务内容。围绕工程总承包投资管控组织实施模式创新，探索了全过程工程咨询嵌入工程总承包项目后投资管控组织与业务运行规律。

全书由严玲教授和宁延教授共同指导，负责全书的整体策划和章节安排，组织和指导团队针对工程总承包项目投资管控中的重点问题进行调研，收集案例，分析数据，撰写专题研究报告，在此基础上形成本书写作大纲和写作内容要求，并负责全书统稿和校对。最终全书在全过程投资管控思路指引下呈现了工程总承包项目全过程投资管控的关键节点、关键问题。全书内容丰富充实、结构合理，共包括9章内容，各章节内容和撰写分工如下：第1章由王瑶、闻爽爽执笔，第2章由庞斯仪、王婉怡执笔，第3章由李思琦、王瑶执笔，第4章由陈义超、赵凯悦执笔，第5章由赵慧、杨琰执笔，第6章由杨琰执笔，第7章由刘瑞、汤建东执笔，第8章由李志钦执笔，第9章由王瑶、庞斯仪执笔。为了更好地理解本书内容和方便读者查阅资料，在附录中列明本书编写所依据的法律、法规及部门规章、文件等。

本书只是提供了一个框架性的“知”，工程总承包的发展更需要开拓进取的“行”。工程总承包的行远至稳需要业主、承包商、政府、行业协会等各方的通力合作和锐意进取，如业主科学理性的策划、承包商专业能力的提升、政府和行业协会的引导以及出台相关规范标准等。作者自知才疏学浅，仅略知皮毛，书中错谬之处在所难免，敬请各位学者、同行不吝指教，将不胜感激。

本书的研究和出版受到国家自然科学基金面上项目——组态视角下合同柔性悖论的治理研究（72072126）、天津理工大学教材建设基金（JC22-04）的共同资助。

严玲　天津理工大学教授、博导
宁延　南京大学教授、博导

目　录

第1章 绪　论

1.1 我国工程总承包改革的进展

1.1.1 工程总承包模式方兴未艾

1. 国内工程总承包发展历程

如今我国的建筑企业面临着较大的竞争压力和挑战，同时也面临着巨大的市场机遇，建设规模大型化、技术工艺复杂化、建筑信息数字化等趋势越发明显，客观上要求工程建设项目管理全面化、规范化、数字化、系统化，这将导致传统承发包模式难以适应当前发展。为克服工程建设传统模式存在的超概算、拖工期等诸多弊端，以设计为主导的工程总承包从20世纪80年代初拉开帷幕，距今已有40年，大体经历了四个阶段，具体如图1.1所示。

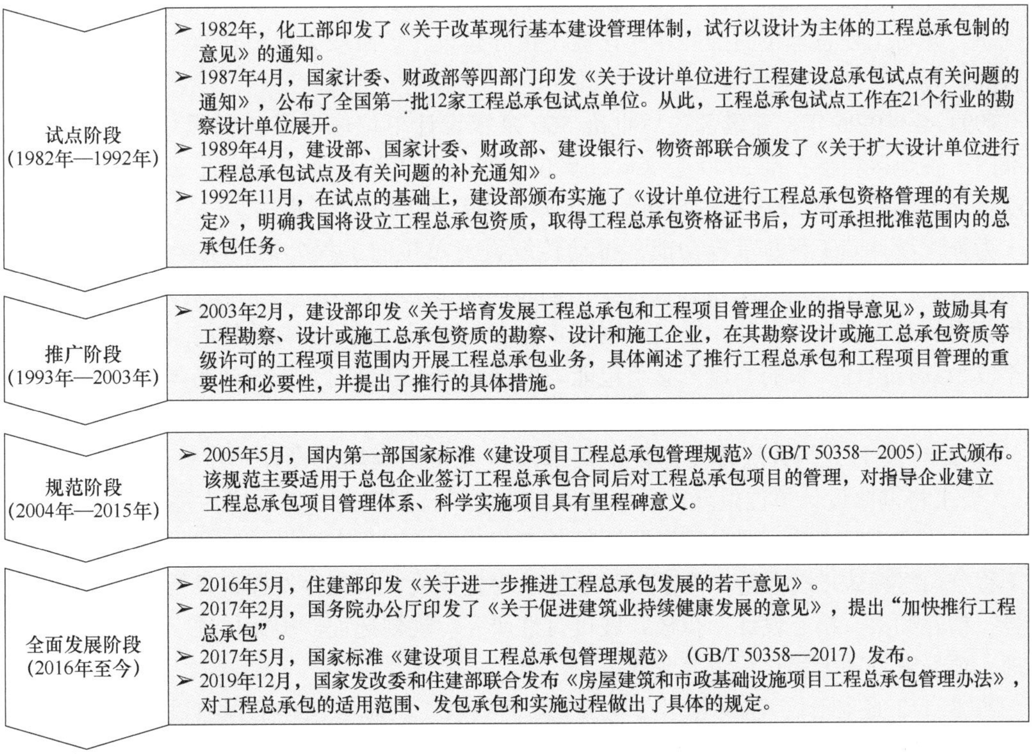

试点阶段（1982年—1992年）

- 1982年，化工部印发了《关于改革现行基本建设管理体制，试行以设计为主体的工程总承包制的意见》的通知。
- 1987年4月，国家计委、财政部等四部门印发《关于设计单位进行工程建设总承包试点有关问题的通知》，公布了全国第一批12家工程总承包试点单位。从此，工程总承包试点工作在21个行业的勘察设计单位展开。
- 1989年4月，建设部、国家计委、财政部、建设银行、物资部联合颁发了《关于扩大设计单位进行工程总承包试点及有关问题的补充通知》。
- 1992年11月，在试点的基础上，建设部颁布实施了《设计单位进行工程总承包资格管理的有关规定》，明确我国将设立工程总承包资质，取得工程总承包资格证书后，方可承担批准范围内的总承包任务。

推广阶段（1993年—2003年）

- 2003年2月，建设部印发《关于培育发展工程总承包和工程项目管理企业的指导意见》，鼓励具有工程勘察、设计或施工总承包资质的勘察、设计和施工企业，在其勘察设计或施工总承包资质等级许可的工程项目范围内开展工程总承包业务，具体阐述了推行工程总承包和工程项目管理的重要性和必要性，并提出了推行的具体措施。

规范阶段（2004年—2015年）

- 2005年5月，国内第一部国家标准《建设项目工程总承包管理规范》（GB/T 50358—2005）正式颁布。该规范主要适用于总包企业签订工程总承包合同后对工程总承包项目的管理，对指导企业建立工程总承包项目管理体系、科学实施项目具有里程碑意义。

全面发展阶段（2016年至今）

- 2016年5月，住建部印发《关于进一步推进工程总承包发展的若干意见》。
- 2017年2月，国务院办公厅印发了《关于促进建筑业持续健康发展的意见》，提出“加快推行工程总承包”。
- 2017年5月，国家标准《建设项目工程总承包管理规范》（GB/T 50358—2017）发布。
- 2019年12月，国家发改委和住建部联合发布《房屋建筑和市政基础设施项目工程总承包管理办法》，对工程总承包的适用范围、发包承包和实施过程做出了具体的规定。

图1.1　我国工程总承包发展历程

（1）试点阶段（1982 年—1992 年） 20 世纪 80 年代初，化学工业部（简称化工部）在设计单位率先探索推动工程总承包。1982 年 6 月 8 日，化工部印发了《关于改革现行基本建设管理体制，试行以设计为主体的工程总承包制的意见》的通知。通知明确指出："根据中央关于调整、改革、整顿、提高的方针，我们总结了过去的经验，研究了国外以工程公司的管理体制组织工程建设的具体方法，吸取了我们同国外工程公司进行合作设计的经验，为了探索化工基本建设管理体制改革的途径，部决定进行以设计为主体的工程总承包管理体制的试点。"1984 年 9 月—10 月，化工部第四设计院（现中国五环工程有限公司）、第八设计院（现中国成达工程有限公司）先后开始按工程公司模式试行工程总承包。由化工部第四设计院承担的江西氨厂改产尿素工程，质量、进度、费用得到了有效控制，一次试车成功。化工部第八、第一设计院按工程总承包模式建设的联碱、纯碱工程都取得了成功。

化工系统工程总承包试点，为我国勘察设计行业开展工程总承包提供了可以借鉴的经验。1987 年 4 月 20 日，国家计划委员会（简称国家计委）、财政部等四部门印发《关于设计单位进行工程建设总承包试点有关问题的通知》，公布了全国第一批 12 家工程总承包试点单位。1989 年 4 月 1 日，建设部、国家计委等五部门印发了《关于扩大设计单位进行工程总承包试点及有关问题的补充通知》，公布了第二批 31 家工程总承包试点单位。此后，工程总承包试点工作在 21 个行业的勘察设计单位展开。

1992 年 11 月，在试点的基础上，建设部颁布实施了《设计单位进行工程总承包资格管理的有关规定》，明确我国将设立工程总承包资质，取得工程总承包资格证书后，方可承担批准范围内的总承包任务。

（2）推广阶段（1993 年—2003 年） 针对试点发现的问题和不足，国内设立工程总承包资质，并对工程总承包的推广和深化提出指导建议，该阶段为国内建筑业与市场化接轨最迅速的阶段。

1993 年—1996 年，建设部先后批准 560 余家设计单位取得甲级工程总承包资格证书，各部门、各地区相继批准 2000 余家设计单位取得乙级工程总承包资格证书，各地工程总承包项目层出不穷，如 1993 年的鲁布革水电站、1997 年的三峡工程等。

为强化设计院工程总承包功能，推动传统设计单位向工程公司转型，1999 年 8 月，建设部颁发了《关于推进大型工程设计单位创建国际型工程公司的指导意见》，明确了国际型工程公司的基本特征和条件，提出要用五年左右的时间，将一批有条件的大型工程设计单位创建成为具有设计、采购、建设总承包能力的国际型工程公司，积极开拓国内、国际工程总承包市场，并制定了创建国际型工程公司的政策与措施。

1999 年 12 月，国务院转发建设部等部门《关于工程勘察设计单位体制改革的若干意见》，要求将勘察设计单位由现行的事业性质改为科技型企业，使之成为适应市场经济要求的法人实体和市场主体，要参照国际通行的工程公司、工程咨询设计公司、设计事务所、岩土工程公司等模式进行改造。勘察设计单位改为企业后，要充分发挥自身技术、知识密集的优势，精心勘察、精心设计，积极开展可行性研究、规划选址、招标代理、造价咨询、施工监理、项目管理和工程总承包等业务。

2003 年 2 月 13 日，建设部印发《关于培育发展工程总承包和工程项目管理企业的指导意见》，鼓励具有工程勘察、设计或施工总承包资质的勘察、设计和施工企业，在其勘察设计或施工总承包资质等级许可的工程项目范围内开展工程总承包业务。

这一文件的关键在于第一次以部文的形式规定了什么是工程总承包，什么是项目管理，谁可以做工程总承包，谁可以做项目管理。文件虽然取消了勘察设计企业的工程总承包资质，但鼓励具有工程勘察、设计或施工总承包资质的勘察、设计和施工企业，通过改造和重组，建立与工程总承包业务相适应的组织机构、项目管理体系，充实项目管理专业人员，提高融资能力，发展成为具有设计、采购、施工（施工管理）综合功能的工程公司，在其勘察、设计或施工总承包资质等级许可的工程项目范围内开展工程总承包业务。之所以这样要求，是因为单一功能的勘察、设计和施工企业均不具备开展工程总承包的条件，都需要进行功能再造。为此，一大批工业设计院开始向工程公司转型。

（3）规范阶段（2004 年—2015 年） 2005 年 5 月，国内第一部国家标准《建设项目工程总承包管理规范》（GB/T 50358—2005）正式颁布。该规范主要适用于总包企业签订工程总承包合同后对工程总承包项目的管理，对指导企业建立工程总承包项目管理体系、科学实施项目具有里程碑意义。

2011 年 9 月，住房和城乡建设部（简称住建部）、国家工商行政管理总局联合印发了《建设项目工程总承包合同示范文本（试行）》（GF—2011—0216）。这是继《建设项目工程总承包管理规范》发布后，中国勘察设计协会建设项目管理和工程总承包分会完成的又一标准文件。虽然该文件填补了工程总承包没有合同示范文本的空白，但是，由于我国对设计、采购、施工实行不同的税率政策，导致工程总承包合同示范文本没有得到很好的实施。

上述标准的发布和文件的出台，标志着我国工程总承包开始走向标准化、规范化、科学化的新阶段。

（4）全面发展阶段（2016 年至今） 经过 40 年的发展，国内工业领域的工程总承包模式日趋成熟，勘察设计企业工程总承包营业额逐年上升。但是，在城市建设，包括建筑、市政、交通等专业领域，工程总承包发展相对滞后。自 2016 年以来，中共中央、国务院及住建部等部门不断出台文件，积极推进房屋建筑和市政项目工程总承包。

2016 年 2 月，中共中央、国务院发布《关于进一步加强城市规划建设管理工作的若干意见》，提出“深化建设项目组织实施方式改革，推广工程总承包制”。此后，国家和地方基层政府陆续出台和修订了大量关于工程总承包的相关规范文件，工程总承包进入了全面、高速发展的阶段。

2016 年 5 月，住建部印发了《关于进一步推进工程总承包发展的若干意见》，对工程总承包项目的发包阶段、工程总承包企业的选择、工程总承包项目的分包、工程总承包项目的监管手续等做出了相应规定。

2017 年 2 月，国务院办公厅印发了《关于促进建筑业持续健康发展的意见》，提出“加快推行工程总承包”和“培育全过程工程咨询”。

在住建部和试点省市的大力推动下，建筑、市政工程总承包规模迅速扩大，标志着工程总承包在全国 21 个行业全面发展。

2. 国内工程总承包相关政策

据不完全统计，自 2016 年中共中央、国务院《关于进一步加强城市规划建设管理工作的若干意见》明确提出“深化建设项目组织实施方式改革，推广工程总承包制”以来，国家和地方政府相继出台了 100 多个推进工程总承包发展的文件。在这些政策的积极推动下，2017 年成为我国工程总承包快速发展的起步年，共有包括上海、天津、江苏、山东等 27 个省市出台了有关于工程总承包的地方政策，内容包含合同形式、招标投标、发承包商、风险分担等方面。这表明在新形势下，工程总承包是一种适应国内市场需求的现代化工程项目实施方式。

（1）国家层面工程总承包相关政策　2016 年 5 月，住建部在《关于进一步推进工程总承包发展的若干意见》（建市〔2016〕93 号）中明确大力推进工程总承包，完善工程总承包管理制度。

2017 年 2 月，国务院办公厅在《关于促进建筑业持续健康发展的意见》（国办发〔2017〕19 号）中要求加快推行工程总承包。

2017 年 5 月，住建部在《建设项目工程总承包管理规范》（GB/T 50358—2017）中规范了建设项目工程总承包的管理过程。

2018 年 12 月，住建部办公厅在《房屋建筑和市政基础设施项目工程总承包计价计量规范（征求意见稿）》（建办标函〔2018〕726 号）中规范了工程总承包项目的计价计量要求。

2019 年 12 月，国家发展和改革委员会（简称国家发改委）和住建部在《房屋建筑和市政基础设施项目工程总承包管理办法》（建市规〔2019〕12 号）中对工程总承包的适用范围、发包承包和实施过程做出了具体的规定。

2020 年 3 月，住建部正式实施《房屋建筑和市政基础设施项目工程总承包管理办法》（建市规〔2019〕12 号），鼓励在房屋建筑和市政基础设施项目领域推行工程总承包模式。

2020 年 7 月，住建部等部委联合印发的《关于推动智能建造与建筑工业化协同发展的指导意见》（建市〔2020〕60 号）中提出，加快培育具有智能建造系统解决方案能力的工程总承包企业，统筹建造活动全产业链，推动企业以多种形式紧密合作、协同创新，逐步形成以工程总承包企业为核心、相关领先企业深度参与的开放型产业体系。2020 年 12 月，住建部正式印发《建设工程企业资质管理制度改革方案》（建市〔2020〕94 号）。该方案明确，积极培育全过程工程咨询服务机构，为业主选择合格企业提供专业化服务，大力推行工程总承包，引导企业依法自主分包。

2021 年 1 月，住建部、市场监管总局制定印发《建设项目工程总承包合同（示范文本)》（GF—2020—0216）并开始实施。

（2）地方层面工程总承包相关政策　为贯彻落实国务院、住建部一系列文件精神，以及国内建筑项目工程管理体系改革的紧迫性，国内各省市纷纷出台文件，倡导工程建设项目采用工程总承包模式，大力推进工程总承包。江苏、吉林、四川、甘肃、浙江、湖北、河北、广东、福建、江西、山东、上海、湖南、广西、安徽、辽宁、黑龙江等地相继发布工程总承包的相关政策。相关文件见附录 A。

3. 国内工程总承包市场规模日益扩大

工程总承包已逐渐成为一种主流建设方式，能源、市政、房建、大型公共基础设施等领域无不热衷于工程总承包模式。国内总承包企业建筑业总产值逐渐增长，2021 年总承包企业建筑业增加值为 25891 亿元，总承包企业建筑业总产值占比达到 90.5%，为近五年最高。工程总承包模式在建筑业中的地位与作用日益显著。由于疫情的影响，2020 年总承包企业增长率有所下滑。2011 年—2021 年国内建筑业总产值、总承包企业建筑业总产值及其占比如图 1.2 所示。

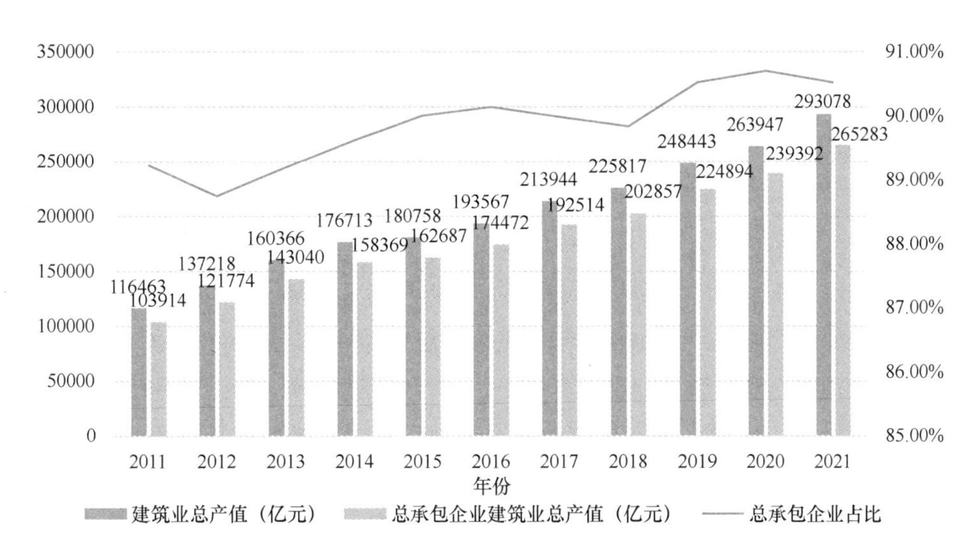

图 1.2 2011 年—2021 年国内建筑业总产值、总承包企业建筑业总产值及其占比

（资料来源：根据 2011 年—2021 年中国建筑业统计年鉴绘制）

与此同时，国内工程总承包企业间的竞争越发激烈，如图 1.3 所示。"工程总承包"将成为一种趋势，而不是风口，将推动国内工程建设组织方式的变革。无论建筑业从业者是否接受，工程总承包项目将占据市场的主要份额。

图 1.3 2011 年—2021 年国内总承包企业数量及增长率

（资料来源：根据 2011 年—2021 年中国建筑业统计年鉴绘制）

1.1.2 工程总承包实践面临的挑战

1. 实行工程总承包的政策制度还有优化空间

1）国内已出的工程总承包的政策文件法律位阶较低。据不完全统计，我国的工程总承包模式自提出到现在，已出台 40 余部指导意见或政策层面的文件，但基本上以倡导性内容居多，实质性或强制性内容太少。所涉及的指导性文件法律位阶较低，没有上升到基本的法

律层面，尤其是在《中华人民共和国民法典》（简称《民法典》）、《中华人民共和国建筑法》（简称《建筑法》）中都没有体现，在诉讼与仲裁中不能被直接引用，缺少直接法律适用依据与司法指引（李孟义，2020）。在工程总承包法律纠纷中，基本是参照施工法律条文，出现了无法可依或不适用的尴尬情形。

2）工程总承包政策制度需要进一步优化与完善。①自 20 世纪 80 年代国内建筑业开始引入工程总承包模式以来，政府相关部门出台的工程总承包政策对推行工程总承包模式发挥了重要作用。依据政府的介入程度，工程总承包模式的政策工具分为强制性工具、激励性工具和指导性工具三类。国内已经颁布的工程总承包政策文件中，强制性政策工具的过程管控类工具过溢，违约赔偿和行政处罚类工具缺乏，监督管理类工具不足；指导性政策工具的技术指导和信息提供应用过溢，而教育培训应用不足；激励性政策工具的运用存在不足与缺失。政府部门的政策文件应该强化国内总承包政策文件指导性和激励性政策工具的运用，加强对市场同行竞争有序性的监督。②应该加强对实施承包尽善履约行为主动引导，强化激励，进一步强化承包人对信念的遵从程度。发包人可以借助社会公共平台传播、树立行业典范和效果展示；借助政策健全对尽善履约行为的管理体系，为整个领域形成良好的氛围提供制度性保障；对承包人的尽善履约行为做出评价，建立优秀企业信息册以及其他针对有信用企业的政策优惠。

2. 传统工程造价管理模式难以适应工程总承包要求

基于施工图设计的传统工程量清单计价规则不能适应工程总承包项目的计价确定与控制要求。

1）现有清单编码和《发包人要求》未形成统一。现有工程量清单按照分部分项工程进行分解、编码，是工程项目计价计量和费用控制的依据。《发包人要求》作为招标文件和合同文件的重要组成部分，列明了工程的目的、范围以及设计和其他技术标准，是质量标准控制的主要方式。工程总承包模式下，清单编码无法与体现工程质量标准的《发包人要求》形成统一，即质量标准和费用的联动控制脱节。

2）当前工程总承包的计价计量规则存在不足，没有体现费用与质量的联动。现有工程总承包政策局限于传统工程量清单的计价模式，且缺乏具体操作规范。有某些地区在工程总承包项目中采用模拟清单、费率下浮等计价计量规则，导致实际建设过程中产生较多问题，如采用模拟清单的准确性问题、采用费率下浮的总承包商优化积极性问题。且各地未形成统一的计价计量规则，已有工程总承包计价计量规则将费用计价和“发包人要求”独立开来，没有体现费用与质量的联动控制。

3. 互信文化缺失导致工程总承包模式市场认可度较低

工程总承包模式下，发包人将大量项目实际控制权让渡给总承包人，这也意味着承包人的合同履约责任从传统设计施工分离模式下追求按图施工实现合同绩效目标，转变为按项目功能交付并对工程项目总体目标负责。而缺乏信任的发承包双方无法实现控制权的转让让渡，发承包双方互信互惠的组织文化的构建就成为工程总承包制度建设的重点。

1）承包商的声誉和能力是保证信任产生的要素之一。然而，长期以来我国建筑市场存在对设计、施工、采购等环节进行分包的割裂现象，不论是现在设计企业牵头还是施工企业牵头做总承包，都很难找到有实力、有能力承担工程总承包任务的企业。例如，国内不乏拥有设计和施工双重资质的建筑企业，但实践中多数双资质企业仍对设计服务内容进行了再发包。以设计单位为主导的工程总承包企业，由于缺乏施工管理、招标采购、造价合约管理等实践经验，大多也选择对施工进行再发包。上述情形加剧了业主对总承包人是否有能力整合全过程的承包管理工作持不信任的态度。

2）大多数业主方受传统发包管理模式影响较深，习惯于掌控项目管理的各项权力，在项目建设管理过程中占据主要的控制、支配地位，难以接受工程总承包管理模式下骤然的“权力失控”，如无法随意左右设计变更、介入材料采购等问题。同时，业主对承包方的诚信、履约能力信任度有限，如担忧承包商将工程层层转包，工程费用剥削后影响工程质量安全；又如承包商是否确实具备工程总承包需要的综合统筹管理能力，是否具备足够的财务赔偿能力等。因此，工程总承包模式在市场推广应用过程中面临一定的业主市场接受阻力。

4. 工程总承包项目成功的影响因素需要重新认识

在传统设计—招标—建造（Design-Bid-Build，DBB）模式下，发包人向施工单位提供施工图并对图纸的准确性负责，承担设计变更的风险，发包人介入程度与控制程度高，且确定性程度高，投标人依据发包人提供的资料进行报价。然而，在工程总承包模式下，由于设计尚未完成，发包人仅提出项目概念性和功能性的要求，发包人介入技术细节的程度降低，难以确定详细的质量标准，通常是先确定了价格（如招标限价或控制价）和工期，招标完成后，详细的质量标准在实施过程中逐渐清晰，即是一种“先定价后设计”的运作模式。

1）工程总承包模式下，采用柔性合同成为一种必然选择，即允许合同中质量与价格联动调整，比如变更；对项目中暂估项进行事后定价和调整，延迟决策；对合同中不能明确的工程内容，允许再谈判。

2）发包人可以在招标文件中对功能定位、建设标准、材料品牌等均做出较详尽的要求，但“工程总承包商满足于业主最低标准和要求，以最低的成本赚取超额的利润，使得发包人的投资效益并未充分体现”的矛盾不可避免。换言之，业主期望获得承包人尽善履约绩效，而实际上承包人只能或只愿提供字面履约行为满足业主要求中的最低标准和要求。比如，承包人在满足发包人基本要求的基础上，可能会对设计做简化，如材料选择同等品牌中的低档次、节点做法简化等，以赚取更高利润，导致发包人的投资效益受损。

3）国内工程总承包市场中，业主对工程总承包模式的特点认知不足，未能适应工程总承包项目管控重心前移的需求，缺乏对项目进行充分定义、编制合适的《发包人要求》的能力，局限于传统发包模式管控依据和控制手段，导致在质量标准和合同价格的平衡过程产生较大风险，影响建设项目的效率和质量。

1.2 工程总承包的基本概念

1.2.1 工程总承包模式的核心要素

1. 工程总承包的概念界定

美国设计建造协会将工程总承包定义为：设计—施工总承包模式是在一个合同框架下，由一个实体承担设计和施工等全部工作，设计—施工承包商可以选择独立完成全部合同任务或采用联营体的方式将设计或施工分包出去的管理组织结构。

英国皇家特许建造师学会（Charted Institute of Building，CIOB）把工程总承包模式定义为：发包方针对整个工程项目，只与一个总承包商订立合同关系，该总承包商负责管理设计和施工的工作流程，并负责两者之间的相互协调；发包方能任命一名工程师负责审查项目是否满足发包方要求并物有所值。

我国颁布的相关政策文件中对工程总承包概念的定义见表 1.1。工程总承包的概念在指导实践的过程中经历了由简单到逐渐完善的过程，目的是在不断适应市场发展的情况下正确指引国内工程总承包模式在建设项目中的应用与实践。

表 1.1　我国相关政策文件中对工程总承包的定义

年　份	政策文件	文件编号	定　义
2016	《关于进一步推进工程总承包发展的若干意见》	建市〔2016〕93 号	工程总承包是指从事工程总承包的企业按照与建设单位签订的合同，对工程项目的设计、采购、施工等实行全过程的承包，并对工程的质量、安全、工期和造价等全面负责的承包方式
2017	《建设项目工程总承包管理规范》	GB/T 50358—2017	工程总承包是依据合同约定对建设项目的设计、采购、施工和试运行实行全过程或若干阶段的承包
2019	《房屋建筑和市政基础设施项目工程总承包管理办法》	建市规〔2019〕12 号	工程总承包是指从事工程总承包的单位按照与建设单位签订的合同，对工程项目的设计、采购、施工等实行全过程或者若干阶段承包，并对工程的质量、安全、工期和造价等全面负责的工程建设组织实施方式

2. 工程总承包模式是项目集成交付系统

DBB 模式为传统建设模式，即业主先行设计，之后根据设计图进行施工招标，与承包商签订施工总承包合同。工程总承包模式下，建设项目是由工程总承包商按照合同约定，承担工程项目的设计、采购、施工及试运行服务等工作，并对承包工程的质量、安全、工期、造价全面负责。但行业内经常错误理解“工程总承包”一词。虽然工程总承包模式交付系统的基础是工程总承包合同，但工程总承包模式更全面地说是一个项目集成交付系统，合同只是其中的一个组成部分。相较传统建设模式，工程总承包模式下的项目交付方式有其自身的特点。

首先，对业主而言，面对单一责任主体，项目的责任体系更完备，如图 1.4 所示。在项目实施过程中，总承包商对设计、施工和采购全权负责，指挥和协调各分包商，处于核心地位。与此同时，工程总承包项目要比设计或施工等单项承包复杂得多，风险也大得多。

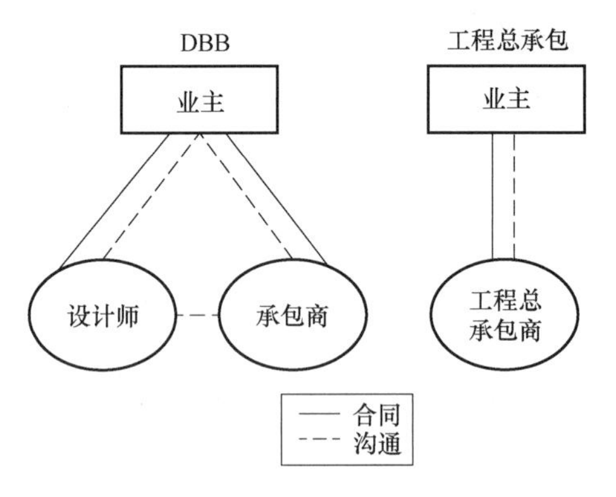

图 1.4　DBB 和工程总承包的单一责任关系

其次，工程总承包项目交付需要发挥承包商在报价、设计、采购和施工中优化的积极性和创造性。总承包商可以充分利用设计、采购、施工之间的搭接工作，促使施工早期介入设计与采购，设计能指导施工。

最后，工程总承包项目集成交付的主要目标是减轻业主的协调和管理工作量。工程总承包模式的承发包关系与传统的承发包关系不同，在签订合同后的实施阶段角色发生变换，承包商处于主动地位。业主在工程实施过程中进行合同管理相对简单，由业主或业主代表管理工程项目，极大地减少了工作量。业主管理只是里程碑式的管理，并不严密监督或控制承包商的工作。

综上所述，对于理解工程总承包项目交付系统而言，有三个关键概念需要充分理解：

①项目交付系统，即为业主全面设计和建造建设项目的过程，包括项目范围定义、咨询过程、设计和施工过程、项目管控系统设计；②采购方式，即选择总承包商、咨询方和可能供应商的过程；③合同体系策划，即对参与方各方（总承包商、咨询方等）的要求、义务和责任，项目风险分配，付款程序等方面的系统性设计。

3. 业主选择工程总承包模式的因素

工程总承包是一种以向业主交付最终产品和服务为目的，对整个工程项目实行整体构思、全面安排、协调运行的前后衔接紧密的承包模式。通常情况下，业主为实现项目的“三省一降”而选择工程总承包模式：①节省投资。对于业主来说，选择工程总承包模式能够减少管理投入和拆改损耗，而总承包单位能够通过设计优化等增加创效空间和阳光利润，从而实现项目总体投资的降低和各方效益的增加。②节省人力。工程总承包模式下，总承包商能够发挥其融合优势，承担更多、更专业的建设工作，从而实现项目总体人力投入的减少。③节省工期。工程总承包模式下，招标投标流程缩减，总承包商的外部干扰大幅减少，且通过协同使工序穿插更为紧密，从而实现项目总体工期的缩短。有研究表明，在其他变量不变的情况下，工程总承包项目的建设速度比传统模式快12%，整体项目交付速度（包括设计和施工）比传统模式快30%。④降低总体风险。虽然业主将大部分风险转移给承包商，但工程总承包模式下，总承包商的综合实力和风险防控能力往往更强，因此，项目的总体风险会更低。

上述研究结果形成了一个业界普遍持有的观点，即工程总承包模式可以比传统模式更快地交付项目且成本更低。设计建造者越早参与设计过程，成功的可能性就会随着时间的推移而提高。

1996 年美国科罗拉多大学进行了业主调查，基于当前工程总承包项目的成功经验，总结出公共和私人业主选择工程总承包模式的因素（Songer 和 Molenaar，1996）。本质上，这项研究量化了业主对工程总承包模式优势的看法，见表 1. 2。

表 1. 2 业主选择工程总承包模式的因素

选择因素	因素定义
确定成本	在开始详细设计之前确定项目成本
降低成本	与其他采购方法（设计—招标—建造 DBB、施工管理 CM 等）相比，能降低整体项目成本
制定时间表	在开始详细设计之前确定项目进度计划
缩短工期	与其他采购方法（设计—招标—建造 DBB、施工管理 CM 等）相比，能缩短整体项目工期
减少索赔	减少因设计和施工实体分开而引起的诉讼和索赔
大型项目/复杂性	项目规模复杂，无法通过多个合同进行管理
可建造性/创新	在项目流程的早期将施工知识引入设计

然而，我国《房屋建筑和市政基础设施项目工程总承包管理办法》（建市规〔2019〕12 号）第六条规定了工程总承包方式适用于“建设内容明确、技术方案成熟的项目”。其实，这一定位与国际工程总承包模式的核心理念与价值㊀相去甚远（宿辉和田少卫，2020）。业主不

㊀ FIDIC 认为推行工程总承包模式的初衷是为了充分发挥总承包商为业主提供广泛服务的能力，并利用设计施工联动及技术创新优势以弥补发包人管理能力弱的不足。因此，FIDIC 认为对于规模巨大、技术复杂、建设难度大、项目不确定程度高的项目才适合采用工程总承包模式。

倾向于选择工程总承包的原因主要有两点：①业主可选择的总承包商的范围相对较小，并且由于工程总承包模式实施设计、采购、施工一体化的招标，这往往会导致中标价偏高。虽然合同计价方式以固定总价合同为主，但是若暂列金额部分、地下工程部分控制不住，极易突破概算。②业主进行质量控制的难度大。一方面，前期工作不易做到全面、具体和准确，缺乏质量控制标准，增加了控制难度；另一方面，他人控制机制薄弱，效果不理想。有研究表明，工程总承包项目中业主对质量的满意度（50%）低于传统的发承包模式（60%）。业主在发包前对项目定义越少，且承包商在项目前期参与了设计，则更可能满足业主对项目质量的期望；若项目大部分设计工作由业主在前期完成，且剩余设计由分包商完成，则可能越无法满足业主对项目质量的要求。

1.2.2 工程总承包 EPC 与 DB 模式对比

1. 工程总承包交易模式的组合形态

工程总承包模式下，业主面对单一责任主体，但是总承包内部的组合千变万化。

国际工程总承包的主流模式主要有以下三种：①设计—施工（DB）总承包，是指工程总承包商按照合同约定，承担工程项目设计和施工两部分，并对承包工程的质量、安全、工期、造价全面负责，其他工作由业主完成。②设计—采购—施工（EPC）/交钥匙总承包，是指对设计、采购、施工总承包，并对承包工程的质量、安全、工期、造价全面负责，总承包商最终向业主提交一个满足使用功能、具备使用条件的工程项目。③建设—运营—移交（Build-Operate-Transfer，BOT）总承包，是指有融资能力的工程总承包商（项目公司，一般为私人机构）受业主（一般为政府）委托，按照合同约定对工程项目的勘察、设计、采购、施工、试运行实现全过程总承包；同时，承包商自行承担全部投资，在竣工验收合格并交付使用后，获得特许专营权，回收投资并赚取利润；特许期限满，将该工程无偿移交给政府，业主向总承包商支付总承包价。

2015 年 1 月住房和城乡建设部建筑市场监管司发布的《关于征求〈关于进一步推进工程总承包发展的若干意见（征求意见稿）〉意见的函》（建市设函〔2015〕10 号）规定，工程总承包的方式有设计—采购—施工（EPC）/交钥匙总承包、设计—施工（DB）总承包、设计—采购（EP）总承包、采购—施工（PC）总承包等。随着国内建筑市场的迅猛发展以及建筑业主对承发包模式多元化的选择，国内几种承发包模式已不能满足各种需求，由此产生多达十几种衍生模式，比如 F + EPC（融资 + EPC）、F + EPC + O（融资 + EPC + 运营）、I + EPC（投资 + EPC）、PPP（Public-Private Partnership）+ EPC 等。但是，2020 年 3 月正式实施的《房屋建筑和市政基础设施项目工程总承包管理办法》第三条规定的总承包模式只有设计—采购—施工（EPC）和设计—施工（DB）两种模式，将 EP、PC 等非典型模式排除在本办法规定的总承包方式之外。

2. 工程总承包 EPC 与 DB 模式区别

1999 年，国际咨询工程师联合会（Fédération Internationale Des Ingénieurs Conseils，法文缩写 FIDIC）认识到 EPC/交钥匙模式与 DB 模式的区别及其广泛的应用前景，将 EPC 模式分解为新银皮书和新黄皮书两个单独的模式。一般而言，EPC 模式适用新银皮书，主要应用于石油化工、电力、矿业、水处理等工业项目和公用设施项目，适合以“成套设备设计—制造—提供”为特征的化工、冶金、电力等工业工程领域；除此之外，FIDIC 银皮书也在融资项目中广泛应用，例如 BOT/PPP 等类项目。

2017 版 FIDIC《设计采购施工（EPC）/交钥匙工程合同条件》（新银皮书）指出，EPC 模式是总承包商负责设计、采购、施工和试运行，业主介入不深、管控较少，除例外事件外，风险全部由承包商承担的一种比较彻底的交钥匙管控模式。

新黄皮书主要应用于建筑工程，通常称为 DB 模式。DB 模式是承包商承担设计、设备采购和施工，工程师负责监理，业主控制较多，合同总价相对固定的总承包合同管控模式。DB 模式多适用于结构简单、功能定义清晰、涉及专业较少的中小型工程建设项目。我国目前推广的房屋建筑和市政基础设施领域采用的工程总承包模式更接近于 DB 总承包模式。

DB 与 EPC 两种运作模式的比较见表 1.3。

表 1.3　工程总承包 DB 与 EPC 模式的比较

项　　目	DB 模式	EPC 模式
管理体制	业主、总承包商、工程师	业主（业主代表）、总承包商
“设计”的含义	Design：多指民用建筑设计	Engineering㊀：整体项目设计策划，多指工艺设计、生产线设计
承包范围	设计、施工	勘察、设计、采购、试运行（竣工验收）
合同计价	可调总价合同	固定总价合同
设计工作内容	详细设计	详细设计、概要设计（同时还负责对整个工程进行总体策划、工程实施组织管理）
设计介入时间	先由业主进行基本设计，转而由承包商设计，设计过程中出现不连续现象	承包商一开始就参与设计，可以把建筑材料、施工方法等知识和经验融于设计中，有利于设计优化
业主需求	业主要提供项目概况资料、初步设计资料、工程预期目标等文件，必须充分做好项目前期工作	业主只提出项目概念性和功能性的要求
组织模式	总承包商大都是由设计单位和施工单位组成的联营体	一体化承包商或者设计、施工组成的联营体
设计、采购、施工之间的协调	处于中间状态，业主和承包商都要负责协调	由总承包商协商，属于内部协调
法律责任	分包商就分包工程与总承包商向业主承担连带责任	总承包商向业主承担全部法律责任，分包商仅向总承包商负责
风险分担	总承包商承担了大部分风险，但是业主仍然承担了部分风险，在发生变更的情况下，合同价允许调整	对于合同文件中存在的错误、遗漏或者不一致的风险，总承包商需要对合同文件的准确性和充分性负责
适用范围	适用于住宅等比较常见的工程；适用于通用型的工业工程	适用于规模较大的工业投资工程；适用于采购工作量大、周期长的项目；适用于专业技术要求高、管理难度大的项目

㊀ DB 模式中的“设计”（Design）主要针对的是单一专业方面（外观、功能、结构）的设计；而 EPC 模式中的“设计”（Engineering）除了包括 DB 中设计（Design）的内容外，还包括整个项目的整体策划，各阶段的管理策划，跨专业、跨功能的联动设计、组合设计，生产工艺流程设计等。

FIDIC 新银皮书的“序言”中总结出工程总承包模式的基本运行原则，诸如“确定的最终价格和确定的竣工日期十分重要”“业主对此类交钥匙项目，往往愿意支付更多、有时相当多的费用，只要能确保不超过商定的最终价格”“承包商需要承担比红皮书和黄皮书规定的传统风险范围更广的风险责任”等；与此同时，2017 版 FIDIC 新银皮书归纳了三类不适用交钥匙工程总承包合同条件（EPC 模式）的情况：①在招标投标阶段，承包商没有足够时间或资料用以仔细研究和证实业主的要求，或对设计及将要承担的风险进行评估；②建设内容涉及大量地下工程或承包商未调查区域内的工程；③业主需要对承包商的施工图进行严格审核并严密监督或控制承包商的工作进程。这些原则解释了发包人为何选择交钥匙总承包合同，以及什么样的工程适合采用交钥匙总承包合同。

1.3 工程总承包项目全过程工程造价管理

1.3.1 工程总承包项目运作与定价方式的改变

传统模式的投资管控强调建设项目必须按照设计、招标和施工的串联顺序方式逐步进行，后一阶段必须在前一阶段完成的基础上才能开始，线性顺序使得业主投资管控呈现分阶段的目标管理特征。工程总承包模式下，由于业主需求需要随着工程设计过程渐次明晰，且设计和施工深度融合，无法进行分阶段的目标管理，需要咨询方从项目全生命周期角度出发，在项目前期阶段明确项目的交付内容、交付标准，以及实现项目目标所需要的工作，并考虑项目实施全过程中各阶段的要求和衔接关系，以及项目管理过程中各参与方的关系，进行并联、并行业务的策划。可见，较之传统模式，工程总承包模式下业主投资管控需要面对并行工程的特点，如图 1.5 所示。

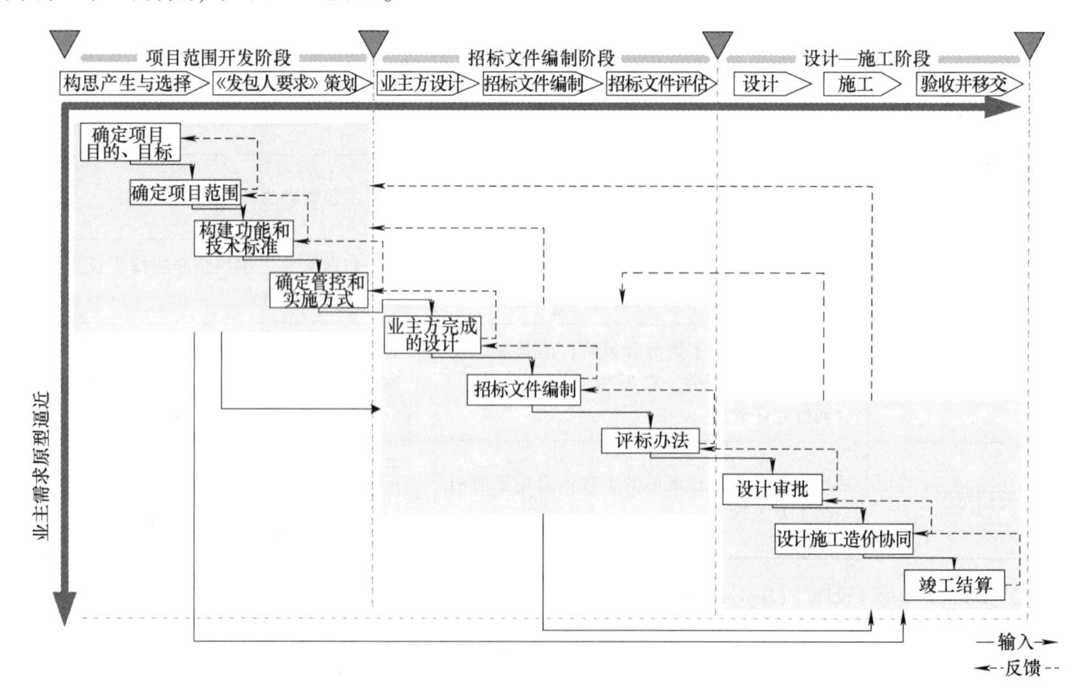

图 1.5 工程总承包全过程投资管控新范式

鉴于图1.5的分析，工程总承包全过程投资管控需要新的范式指导，体现在业务—组织—流程等三个方面。

(1) 工程总承包具有先定价后设计的顺序特征　传统DBB模式下，签约合同价格要通过招标来确定，即业主完成设计之后，以确定的工期和质量标准为基础进行合同价格的确定。而工程总承包模式具有“先定价后设计”的特点，从逻辑上理解，业主首先确定的工期和概算价格，再通过招标确定合同价格，由承包人依据《发包人要求》完成后续设计工作。工期、质量标准和价格三者之间的先后确定顺序发生了变化，这种先后变化直接影响业主对承包人设计和费用的控制，具体见表1.4。

表1.4　DBB和工程总承包项目造价控制的比较分析

项　目	DBB模式	工程总承包模式
承包商的工作内容	施工	设计加施工（业主方设计比例存在差异性，详见第6章）
价格、质量和工期确定的先后顺序	确定的工期和质量标准，再确定价格	确定价格和工期，招标时确定抽象性、原则性的质量标准，具体标准在实施过工程中逐渐确定
造价管控依据	包含施工图、工程量清单在内的合同文件	包含《发包人要求》在内的合同文件，以及过程文件的审核（如施工图、施工图预算等）

(2) 工程总承包具有工程设计不断迭代的特征　从模式本身的特点来说，总承包商是设计工作的统筹完成者，业主在发包前仅完成部分概念设计，仅就功能、质量要求等需求目标提出要求以实现对项目要求和内容的定义。由于设计工作尚未完成，业主需求无法在项目前期得到完全明确，而是通过总承包商的设计迭代，渐次明晰业主对项目功能和质量标准的要求。由此，工程总承包投资管控业务也发生了变化，类似于DBB模式先设计后招标所产生的招标清单编制、工程变更控制、竣工结算等投资管控业务会大幅降低，同时会出现一些围绕项目前期策划、项目清单编制以及设计管理等方面的新增业务，特别是设计质量与价格的联动审查、设计质量控制与设计优化激励等。

(3) 工程总承包具有协同并联流程特征　全过程投资管控活动不仅要对设计、施工、造价等业务进行统筹并行交叉考虑，为了争取时间，咨询方还要在信息不完备的情况下就开始工作，进行并行工程实施设计。工程总承包模式能够实现目标要素、组织结构、信息资源等的集成管理，业主利用总承包商的能力和经验，以系统化的管理体系实现项目成本、进度、质量等目标的整体最优。相应地，为适应这种集成化的交付方式，咨询方从项目开始就要考虑项目全生命周期各阶段的因素，如业主需求、功能、质量、成本等，进行有效的组织安排和信息交流机制的建立，将相关业务落实到个人。

1.3.2　国内工程总承包项目工程造价计价规则构建

国内工程总承包模式的推行需要与工程总承包造价管理改革同步进行，才能行稳致远。首先，目前有关工程总承包模式的立法依然比较薄弱，无论是在立法层级还是制度内容上，都不足以为工程总承包模式的实践提供强有力的支撑。其中，法律效力等级最高的《中华人民共和国民法典》[㊀] 和《中华人民共和国建筑法》，对工程总承包计价也只有原则上的规

㊀ 此处特指《中华人民共和国民法典》中第三编“合同”。《民法典》自2021年1月1日起施行，《合同法》同时废止。

定，缺乏实践指导意义。其次，工程造价管理改革已经拉开大幕。2020 年 7 月 24 日，住建部印发《住房和城乡建设部办公厅关于印发工程造价改革工作方案的通知》（建办标〔2020〕38 号），明确了工程造价管理改革的市场化目标和取消发布预算定额等五个具体措施。第三，围绕工程总承包项目造价管理及其细则的相关工作已经开始落地。2019 年，住建部、国家发改委制定了《房屋建筑和市政基础设施项目工程总承包管理办法》。2020 年出台《建设工程总承包合同（示范文本）》（GF—2020—0216）、中价协颁布《建设项目工程总承包计价规范》（T/CCEAS 001—2022），由此奠定了工程总承包造价管理的基础。

各省市也在此原则指导下颁布了工程总承包工程造价管理的相关办法。依据工程总承包各阶段工作内容重点及自身特点，将我国各省市发布的工程总承包项目工程造价管理相关政策文件中的计价规则按照工程总承包项目发包价格形成的关键节点进行比较，确定了发包阶段工程计价规则主要围绕适用范围、发包时设计深度、发包人要求、投资方、合同价形式、费用构成与编制依据等内容展开。比较结果见附录 B。

根据工程总承包发包后的项目运作特点，工程总承包商负责项目深化设计和施工，并对项目交付的绩效目标全面负责，而项目业主主要对承包商设计施工过程进行项目控制和监督。将我国部分省市发布的工程总承包项目工程造价管理相关政策文件中发包后的工程计价规则内容进行梳理，总结出合同价款的确定和调整、结算与支付等关键环节。比较结果见附录 C。

1.3.3 工程总承包项目全过程投资管控关键问题

DBB 模式下，造价管控的依据为含施工图及预算清单在内的合同文件，其中，工程量与综合单价是造价管控的核心要素。因此，项目投资管控的重点就围绕工程量的形成、综合单价是否调整展开，落地于招标工程量清单编制、施工阶段的验工计价、合同履约阶段价款调整的控制、竣工阶段工程量的形成与复核。

与传统设计和施工相分离的 DBB 模式相比，工程总承包项目的运作模式发生了较大的改变，需对项目各阶段存在的投资管控重难点进行预演，以实现技术与经济的深度融合，为项目投资管控目标的达成提供保障，见表 1.5。

表 1.5　工程总承包项目投资管控关键问题清单

项目阶段	问题类型	具体问题描述/界定
项目范围开发阶段	工程总承包项目的定义与《发包人要求》策划	项目范围开发的四大关键核心内容：目标、范围、功能和质量标准、项目管理模式 项目范围开发的目标是回答项目是什么，做什么，怎么做，其内在逻辑对工程总承包项目前期策划的影响 了解业主需求，确定项目目标体系 对项目进行工作分解和工程范围界定 在功能要求的基础上确定项目质量标准体系 根据项目的目标、功能和质量标准进行项目管理策划
招标文件编制阶段	业主设计比例确定	影响业主方设计比例的因素有哪些 业主设计比例与《发包人要求》编制深度如何交互作用 业主设计比例对项目绩效以及项目控制模式的影响如何
	《发包人要求》编制	《发包人要求》编制的逻辑及核心内容是什么 进行《发包人要求》编制时应注意哪些问题

（续）

项目阶段	问题类型	具体问题描述/界定
招标文件编制阶段	合同发包价格的确定	不同设计深度项目的发包费用构成有何差异 与《发包人要求》匹配的项目清单如何编制 如何进行项目最高投标限价的编制
	合同管理策划与招标计划	如何协助业主选择适宜的合同计价类型 如何进行合约体系策划，依据投资总控要求进行合约分判和界面管理，以及编制招采计划 如何设计合同的关键条款，总承包合同中如何设置柔性机制 如何根据资金使用计划制订投资管控和支付管理计划
	总承包商的选择	如何协助业主遴选出最优总承包商 如何针对项目特点选择适宜的评标办法
设计和施工融合的实施阶段	以投资管控为目标的设计管理	设计工作主要由承包人完成，如何避免承包人“量体裁衣” 业主方对设计图的审查与批准，标准、责任界面是什么 如何促进设计与造价的联动管理
	工程变更	工程变更与索赔的判定标准是什么 如何有效地降低工程变更发生的概率
	结算与支付管理	项目结算审核的重点是什么 如何提高结算的可靠性

1.4 本书结构与主要内容

本书结构如图1.6所示。各章的主要内容简介如下：

第1章为绪论。该章从国内工程总承包发展历程出发，提出了工程总承包实践面临的挑战，进而通过对基本概念的阐述，引出了工程总承包投资管控的关键问题。

第2章为工程总承包项目《发包人要求》编制策划及实施。首先给出《发包人要求》编制策划的总体思路，包括《发包人要求》编制的通用性框架及核心要素，然后重点介绍了《发包人要求》编制策划的主要内容和实施策略，最后通过典型案例展示了《发包人要求》编制过程中的重点和难点。

第3章为工程总承包模式下项目发包价格的确定。该章通过阐述发包价格确定的条件发生重要变化，构建与《发包人要求》统一的项目清单，并将发包价格的编制划分为可行性研究完成后和初步设计完成后，进而分别给出最高投标限价的编制方法。

第4章为工程总承包合同风险分担及合同条款设计。该章主要介绍了工程总承包合同的风险分担机制、合同价格机制及合同计价方式，并阐述了设计深度与合同设计责任条款设计的关系、项目管理机制及合同条款的设计。

第5章为工程总承包项目承包人选择机制。该章站在业主的角度，从发包人要求阶段、预审阶段、评标阶段三个阶段为承包商提供了具体的标准。

第6章为投资管控目标约束下工程总承包项目设计管理。该章阐述了工程总承包项目发包前业主设计阶段投资管控，固定总价合同条件下总承包商设计优化管理，以及工程总承包项目发包后业主设计阶段投资管控。

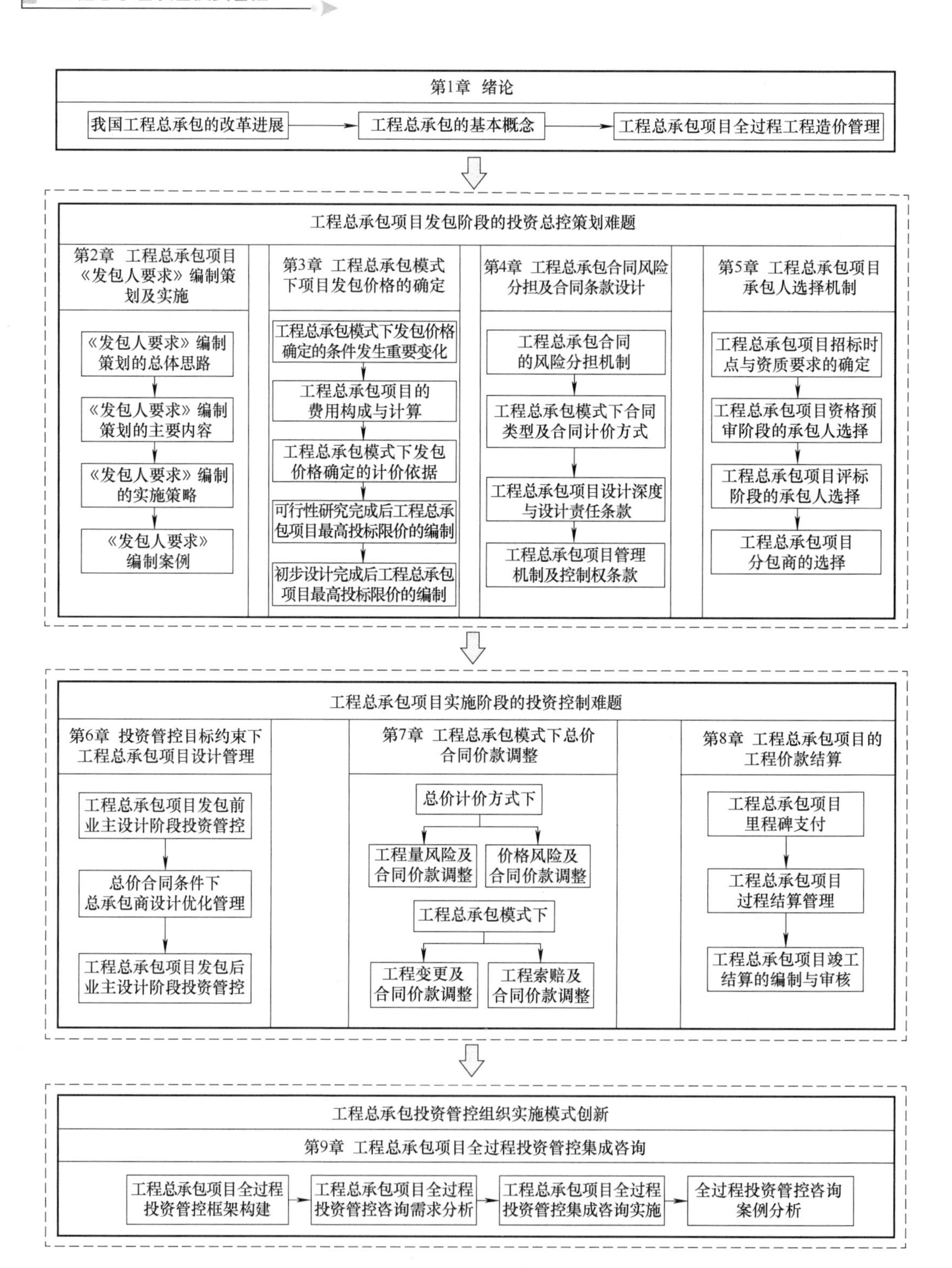

图 1.6　本书结构

第 7 章为工程总承包模式下总价合同价款调整。该章主要分为两部分：第一部分为总价计价方式下的工程量风险和价格风险，以及合同价款的调整；第二部分为工程总承包模式下的工程变更和工程索赔，以及合同价款的调整。

第8章为工程总承包项目的工程价款结算。该章详述了工程总承包项目里程碑支付方式，过程结算管理，以及竣工结算的编制与审核。

第9章为工程总承包项目全过程投资管控集成咨询。该章为本书的最后章节，是对工程总承包投资管控组织实施模式的创新，探索全过程工程咨询嵌入工程总承包项目后投资管控组织与业务运行规律，包括服务目标的确定、咨询业务各阶段的具体内容及组织设计，并以某大型变电站为例，分析了该项目的全过程投资管控咨询。

第2章

工程总承包项目《发包人要求》编制策划及实施

2.1 《发包人要求》编制策划的总体思路

2.1.1 发包人要求的概念及其作用

1. 发包人要求的概念

在施工总承包模式（DBB）下，常见的是“工程量清单”“施工图”“建设规模表”“建设标准表”等，这些构成了合同的实质性内容。在EPC总承包合同模式下，上述内容被“发包人要求”所代替。

首先，发包人要求（Employer's Requirement）的概念源于FIDIC合同条件中“雇主（业主）要求”的相关内容，在国内工程总承包合同中即为“发包人要求”。鉴于发包人要求概念源自国际工程总承包通用合同文本，将上述合同条件中有关“业主要求”的条款与国内工程总承包合同中的“发包人要求”进行含义对比，见表2.1。

表2.1 工程总承包合同中“发包人要求”与“业主要求”的含义对比

合同/文件	条 款	含 义
《标准设计施工总承包招标文件》（2012版）	1.1.1.6	发包人要求：构成合同文件组成部分的名为发包人要求的文件，包括招标项目的目的、范围、设计与其他技术标准和要求，以及合同双方当事人约定对其所做的修改或补充
《建设项目工程总承包合同（示范文本）》（GF—2020—0216）	1.1.1.6	发包人要求：构成合同文件组成部分的名为发包人要求的文件，其中列明工程的目的、范围、设计与其他技术标准和要求，以及合同双方当事人约定对其所做的修改或补充
FIDIC新银皮书（2017版）	1.1.31	“业主要求”系指在合同中包含的题为“业主要求”的文件，以及按合同对此文件所做的任何补充或修改。比如文件中描述的工程目的、范围和（或）设计和（或）其他技术标准
FIDIC新黄皮书（2021版）	1.1.15	与新银皮书的表述相同，“业主要求”系指在合同中包含的题为“业主要求”的文件，以及按合同对此文件所做的任何补充或修改。比如文件中描述的工程目的、范围和（或）设计和（或）其他技术标准

从上述国内外工程总承包合同条件和合同示范文本中“发包人要求”的含义可以看出，“发包人要求”从根本上来说是合同的实质性内容，是合同预期目的或者目的的细化，从承包人的角度来讲，就是承包人履行合同的主要义务。

其次，通过对比总结国内关于工程总承包项目政策中有关“发包人要求”的规定，对其包含的发包人要求一般指标进行归纳，见表2.2。

表2.2 国内工程总承包项目政策文件中的相关“发包人要求”指标

序号	年份	政策文件	发包人要求指标
1	2016	《关于进一步推进工程总承包发展的若干意见》	建设规模、建设标准、投资限额、工程质量、进度要求
2	2018	《江苏省房屋建筑和市政基础设施项目工程总承包招标投标导则》	设计、采购和施工的内容及范围、规模、功能、质量、安全、工期、验收、投资限额等量化指标，设计指标要点，有关建设标准、技术标准，以及主要材料设备的参数、指标和品牌档次等
3	2019	《房屋建筑和市政基础设施项目工程总承包管理办法》	项目的目标、范围、规模、功能、建设标准、技术标准、设计指标要点、质量、安全、工期、检验试验、主要材料设备的参数指标和品牌档次、验收和试运行以及风险承担
4	2020	《福建省房屋建筑和市政基础设施项目标准工程总承包招标文件（2020年版）》	概述、招标范围与规模、功能需求、建设标准、项目管理规定、发包人要求附件清单
5	2020	《四川省房屋建筑和市政基础设施项目工程总承包管理办法》	项目的目标、范围、设计和其他技术标准，包括对项目的内容、范围、规模、标准、功能、质量、安全、节约能源、生态环境保护、工期、验收、主要和关键设备的性能指标和规格等要求
6	2020	《建设项目工程总承包合同（示范文本）》（GF—2020—0216）	功能要求、工程范围、时间要求、技术要求、竣工试验、竣工验收、文件要求、工程项目管理规定、其他要求

因此，工程总承包模式下的“发包人要求”是一类包含业主对项目的功能、目的、范围、设计及其他技术标准等方面要求的合同组成文件。

2. 发包人要求的作用

（1）《发包人要求》是工程总承包合同的重要文件　从法律角度看来，“发包人要求”的实质是合同的目的，即工程总承包合同双方权利和义务的指向，是合同预期目标或者常规目的的具体化。FIDIC强烈建议业主在业主要求中清晰地定义和描述其工程完工后希望能达到的“目的”，以使得承包商更好地履行“符合预期目的”的义务，减少不必要争端的产生。而识别发包人要求中定义和描述的“预期目的”是承包商在项目投标和评判阶段的重要内容，也是执行履行阶段约束承包人行为的准绳。我国《建设项目工程总承包合同（示范文本）》（GF—2020—0216）中规定了“发包人要求”，具体体现在第1.1.1.6目和附件一《发包人要求》中，这两部分单独作为合同的组成部分。《发包人要求》从形式上独立于通用合同条款，是专用合同条款的附件。这意味着：①对合同履行的通常性、常规性要求体现在通用合同条款中，而对其特殊性要求体现在专用合同条款的《发包人要求》中，是对通用合同条款的补充、细化。②增加《发包人要求》并作为专用合同条款的附件，在第1.5款“合同文件的优先顺序”中，将《发包人要求》与专用条件放在同一位置，保证其效力优于通用合同条件和承包人建议书。可以说相比FIDIC合同条件，这是《建设项目工程总承包合同（示范文本）》（GF—2020—0216）最大的亮点。③《发包人要求》文件作为专用合同条件的附件，应与通用合同条款相协调和衔接，其内容应在明确界定工程总承包合同标的物的基础上，同时包括合同条款未能约定的事项。

(2)《发包人要求》是承包人编制投标文件的重要依据 《发包人要求》体现发包人的建设目的，其重点在于明确工程项目的建设目标、能够达到的性能和产能、拟实现的社会经济效益等。工程目的明确了进行工程项目建设的出发点，是《发包人要求》的关键所在。对于业主来说，《发包人要求》是其自身诉求的表达、对项目核心功能的描述，应清晰完整地表达明确要求和潜在要求，全方位体现其建设意图；对于总承包方来说，《发包人要求》是其理解业主意图明确项目需求的关键，应全面准确地洞悉发包人要求和项目功能，作为实施阶段工程交付运行的标准。因此，《发包人要求》是工程总承包项目投资管控的依据，是业主实施项目全过程监管的标准，也是在招标、设计、支付和验收等阶段指导总承包方顺利执行的关键，对项目的建设实施具有重要的指导作用，如图 2.1 所示。

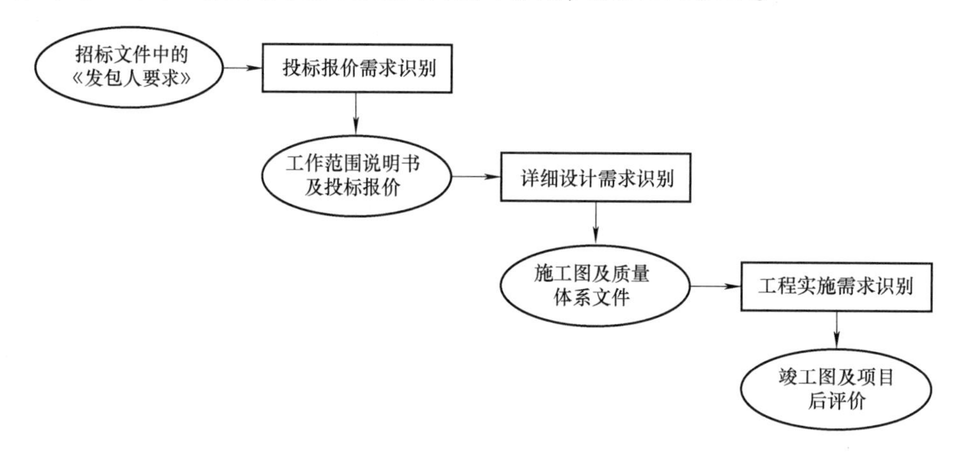

图 2.1 承包人投标方案中《发包人要求》的重要作用

(3)《发包人要求》对项目绩效有重要影响 《发包人要求》是基于相关设计规范、施工规范和验收规范以及业主提供的设计文件编制的，其出发点是为了确保施工图设计和工程施工能够全面覆盖和延伸业主提供的设计文件中明确的和隐含的功能及配套需求，目的是引导交付工程全面达到业主的要求。

对于工程总承包项目来讲，《发包人要求》可从宽泛与具体两重含义上加以理解。宽泛地讲，对工程总承包项目的建设，发包人的唯一要求就是在支付对价以后，得到一个符合其预期目的的合格工程。而具体地讲，发包人必须就其对项目的需求予以十分清晰的阐释与定义，较为精准地表达清楚自身想要实现的工程产品的最终目的，有关项目的范围、规模、标准等，不应存在权利、义务边界模糊的解释空间。否则，《发包人要求》表述不清，就会引发后续关于工期、质量与费用、验收，甚至合同目的实现的争议。

(4)《发包人要求》是工程履约纠纷定纷止争的关键 在实际工程项目中，因为《发包人要求》模糊导致在产生索赔纠纷时不能准确划分责任的情况时有发生。例如，《发包人要求》中，对工程范围的表达不明确造成总承包商索赔工程量，没有很好地设置沟通机制导致信息失真，设计没有达到发包人预期、技术标准表达不规范而产生扯皮、纠纷等。首先，“发包人要求”作为工程总承包合同的重要组成部分，合同解释顺序在合同专用条款之前，具有较高的法律效力；其次，发包人编制的工程量清单具有类似的意思表示，其核心价值与地位得到充分体现；最后，《发包人要求》的规范编写和明确的项目标准，在工程总承包合同的签订和履行中是重要的依据。工程实际案例也证明了，《发包人要求》可以为案例判决提供实质性的依据，以此来维护发包人的合法权益，不至于互相扯皮。除此之外，总承包商也可以通过《发包人要求》维权，以此来保护自身的合法利益。可见，《发包人要求》是发生工程纠纷后定纷止争的关键。

2.1.2 《发包人要求》编制的通用性框架

1.《发包人要求》编制总体策划的必要性

现有研究已经明确了“发包人要求”的重要作用，《发包人要求》如何编制，各种政策文件和工程总承包合同中都提供了《发包人要求》编写大纲。例如，《建设项目工程总承包合同（示范文本）》（GF—2020—0216）给出了《发包人要求》编写的11个大纲性要点。不过，由于各个工程项目的发包情况不同，发包人需求不同，或项目需求不同，也都会做出不同的规定。例如：保障房项目建设可以侧重建设目标和社会经济效益；工业项目建设可以侧重性能和产能；港口、铁路建设等复杂度较高的项目，《发包人要求》更倾向于提供较大比例的设计工作等。所以，《发包人要求》编制也要适应不同项目类型的需求。按照此思路，现有研究大多关注某一个具体项目或者案例是如何编制《发包人要求》的，有些研究从法律和合同的角度解读了《发包人要求》编制的注意事项以此规避后续纠纷（朱树英，2022）。但是，这些研究却忽略了《发包人要求》编制通用性框架的重要性，因而研究成果难以指导《发包人要求》编制的工程管理实践活动。

因此，从工程总承包项目功能交付的内在逻辑来剖析《发包人要求》编制过程中所需要解决的通用性问题，即识别《发包人要求》编制策划的核心要素，形成《发包人要求》编制策划流程，深度解析《发包人要求》编制策划核心要素的实施过程就显得尤为重要。

2. 工程总承包项目定义与交付过程

工程总承包项目定义与交付过程包括三个阶段，如图2.2所示。

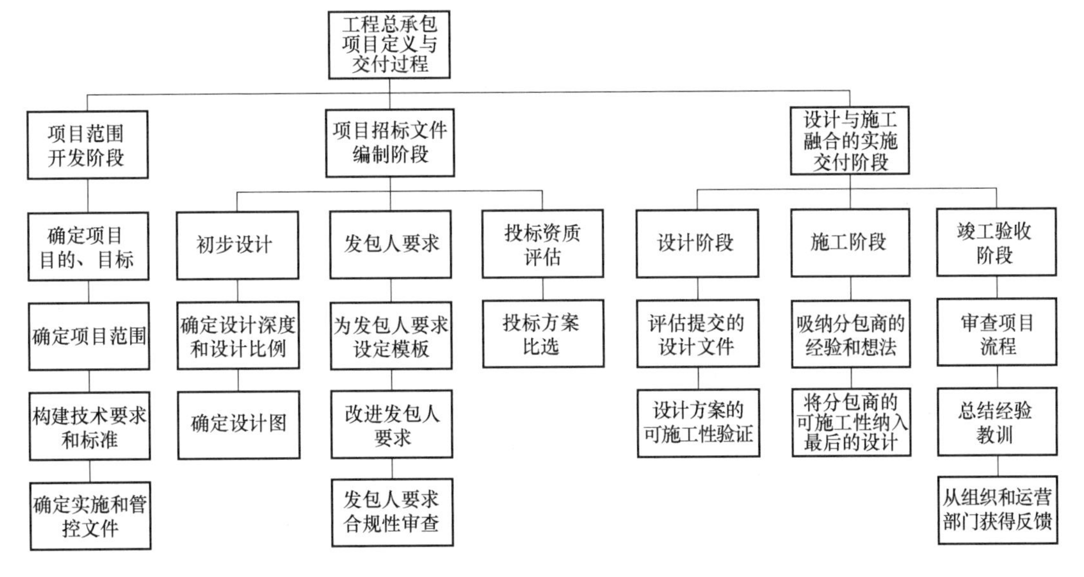

图2.2 工程总承包项目定义与交付过程

由图 2. 2 可知，工程总承包项目功能交付的关键是通过项目范围界定，即通过充分使用一些以往通过施工工作获得的知识和经验，明确项目总体目标和功能要求，拟定项目控制计划，并通过招标文件编制、设计施工控制等环节，确保项目整体目标的实现。在项目范围开发阶段，应对其目标和计划进行详细分解，对项目建设环境进行充分研究、调查并对目标进行充分优化，正确界定项目范围，构建技术要求和标准，确定实施和管控文件。

3. 《发包人要求》编制策划过程

在工程总承包模式下，项目范围是由明确的、基于项目的绩效标准，而非详细的施工图、全面的施工计划和规范来定义的。显然，在项目范围开发阶段，首先要对项目的情况和问题做充分的调查，确定项目的目标，对项目的目标进行系统设计，明确项目工作范围、进而构建功能和多层级质量标准体系，完成发包人应提供的设计文件，在此基础上才可以有足够的编制依据和信息，从而起草《发包人要求》。对一个工程总承包项目，《发包人要求》编制的通用性框架与策划过程如图 2. 3 所示。

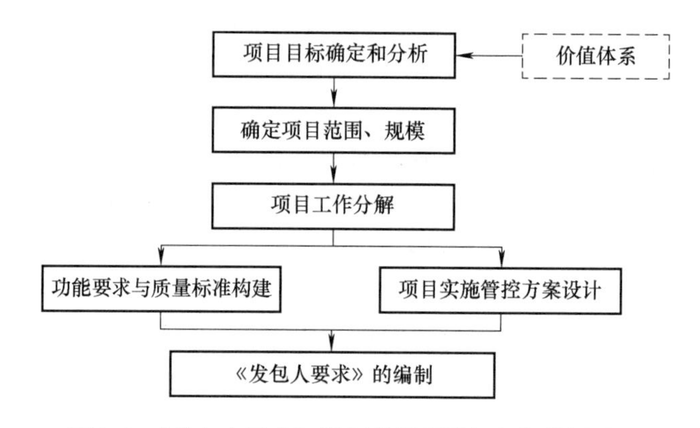

图 2. 3 《发包人要求》编制的通用性框架与策划过程

2. 1. 3 《发包人要求》编制策划的核心要素

1. 项目定义

在 PMBOOK 体系中，项目定义是指制定项目和产品详细描述的过程，需要描述产品、服务或成果的边界和验收标准。乐云等（2006）认为，项目定义确定项目前期实施的总体构思，主要解决两个问题：第一个问题是明确项目定位。项目定位是指项目的功能、建设的内容、规模、组成等，也就是项目建设的基本思路。第二个问题是明确项目的建设目标。建设项目的目标是一个系统，包括质量目标、投资目标、进度目标等方面。谢素敏（2003）指出，项目定义就是针对具体的建设项目，在宏观政策的指导下，对项目的建设目的、建设规模、功能和性质进行定位，然后经过对项目具体的建设环境、建设条件进行调查和分析，对建设项目重新论证，进一步完善项目的规模、功能、性质等定位，以及项目的建设质量、进度和成本目标。Whelton 和 Ballard 等学者（2002）将项目定义描述为识别项目的需求，将这些需求转化为设计标准，并产生各种旨在满足初始需求的备选方案。Caupin（2006）提到，在项目管理协会中，与项目定义相关的事项在项目需求和目标的技术能力部分描述，其中项目定义描述为满足相关方的需求和期望，特别是客户和用户。

可见，工程项目定义的过程主要由目标定义、工作范围定义与技术要求确定和设计与实施计划三大步骤组成，如图 2.4 所示。工程项目定义的产出系统由三大步骤的描述文件组成。其中，用类似工程模板、经验来描述业主任务书、规范，用系统分解、结构分解、界面管理来描述技术系统和项目工作清单，用网络技术、动态控制来描述项目实施计划、控制文件。

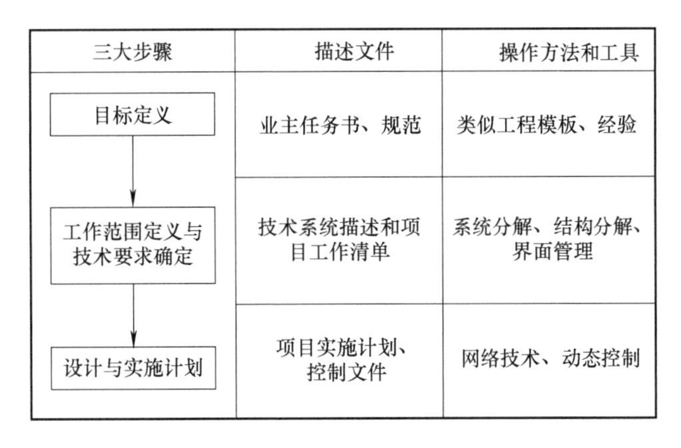

图 2.4 工程项目定义的过程

2. 基于项目定义的《发包人要求》编制策划核心要素

“发包人要求”的实质是在项目前期对项目的实施条件进行界定以及对项目交付的内容进行定义，项目定义的内容与《发包人要求》编制的内容大体一致。借鉴项目定义的一体化过程，“发包人要求”核心要素之间的逻辑关系就是“发包人要求”“要什么→做什么→怎么做”，如图 2.5 所示。通过项目定义过程构建的要素模型可以看出，工程总承包项目《发包人要求》编制策划的前提条件包括建设目标识别、项目范围界定、技术标准设置以及项目风险与管控机制四个核心要素。

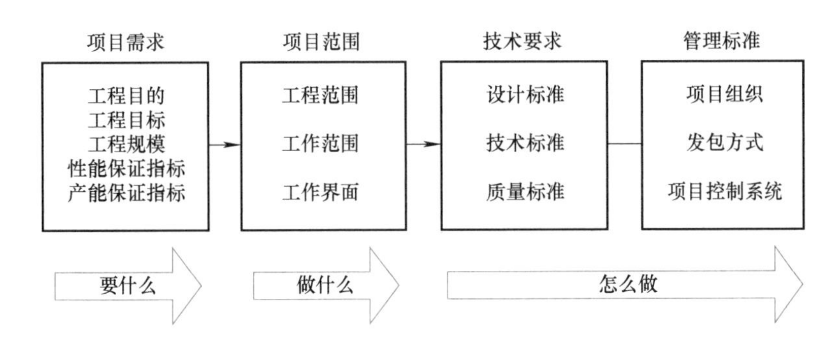

图 2.5 基于项目定义的《发包人要求》编制策划核心要素及其逻辑关系

从图 2.5 中可知：①要什么是从利益相关者需求出发，将之转化为项目需求。“发包人要求”的本质就是明确工程的目的；工程目的是一个提纲挈领的指南，需要细化为工程目标体系；从目的到目标需要进行需求转化，从利益相关者需求出发，将之转化为项目需求，采用需求转化工具，输出工程规模、性能保证指标、产能保证指标等。②做什么则是界定项目范围的关键一步，对工程范围进行功能分解，然后在此基础上进行项目管理工作分解。③怎么做包含两项内容：一个是功能质量标准体系，将建设目标定量化；另一个则是确保产品功能交付的项目管理工作，是保障体系。功能质量标准体系是工程总承包项目《发包人要求》作为把控设计阶段和整个工程项目完工标准的重要手段，是发包人对工程项目质量、功能等的预期期望和渴求。工程总承包项目最初对项目的功能要求更多的是定性描述，要将抽象的功能要求转化成定量化的功能质量标准体系，保证发包人和总承包商能够在信息对称的前提下相互配合，完成项目管理工作，保证项目顺利实施。

上述《发包人要求》编制策划核心要素与《房屋建筑和市政基础设施项目工程总承包管理办法》第六条提出的工程总承包项目发包前提条件相契合。该工程总承包管理办法指出，建设项目的招标范围、建设规模、建设标准、功能要求等前提条件清晰、建设内容明确、技术方案成熟的项目，原则上应当在初步设计审批完成后进行工程总承包项目发包，并采用总价合同。可见，只有明确工程总承包项目的总目标、项目范围、设计和技术标准以及项目管控等要求，才能明确工程总承包项目《发包人要求》编制的重点和难点。

2.2 《发包人要求》编制策划的主要内容

2.2.1 工程总承包项目目标体系分析

1. 工程总承包项目目标体系构建

《发包人要求》即工程总承包合同双方权利义务的指向，就是合同的目的，是合同预期目标或者常规目的的具体化。2017 版 FIDIC 新黄皮书和新银皮书通用条款第 4.1 条“承包人的一般义务”对承包商履行合同的义务都给出了提纲挈领的要求：“承包商应按照合同实施工程。工程完成后，工程（或区段、或工程的某个部分、或生产设备的主要部分）应能符合业主要求中定义和描述的预期目的（如果业主要求中没有定义和描述此类目的，应符合他们的常规目的）。”FIDIC 强烈建议业主在业主要求中清晰地定义和描述其工程完工后希望达到“目的”，以使得承包商更好地履行“符合预期目的”的义务，减少不必要的争端。而识别“预期目的”是承包商在项目投标和谈判阶段的重要内容，也是执行履行阶段约束承包人行为的准绳。

工程目的与工程性能、产能、概算等经济技术指标存在不一致的风险。工程目的主要是阐述工程项目建设在功能和社会经济方面所要达成的目标，实践当中这一部分往往较为概括，有赖于后续的各项经济技术指标来互相对应和说明，因此应当保持一致，以避免后续的超概算、重大变更等风险。

2. 基于价值交付的项目目标层级

工程总承包项目要满足项目价值交付。工程价值是工程产品和服务对社会需要的满足关系和满足程度，指工程对社会所具有的作用，如具有提供产品或服务的能力，而人们（社会、市场）又需要这种产品或服务。工程价值是凝结在工程中的社会必要劳动时间的总和，是功能和成本之比。工程价值的特点包括：随工程全生命周期过程产生、发挥作用和灭失，具有与工程系统相似的过程，有自身发展和变化的规律性。前期决策阶段是工程的“价值规划阶段”；工程建设阶段是“价值形成阶段”；工程运行阶段是“价值实现阶段”，在这一阶段，还会通过工程的更新改造使工程增值；拆除阶段是“价值的灭失”阶段。工程价值是工程本身价值与自然环境、文化教育、经济、社会诸方面价值的统一，又是现实价值、未来预期价值与历史价值的统一，也是客观性和主观性的统一。

工程价值体系就是人们对工程价值追求的总和，是对工程总体作用、影响和相关者各方利益追求的综合和抽象，反映工程的整体特性。因此，工程价值体系的构成如图2.6所示。

图2.6中，工程价值体系由四项内容组成：工程目的是一个工程良好的出发点，是工程的“原动力”，对工程的各方面都会产生影响；工程使命即由于现代工程投资大，消耗的社会资源和自然资源多，对社会的影响大，工程建成后的运行期长，因此工程承担着很大的社会责任和历史责任；工程准则即对工程做出决策，进行计划和控制，处理工程问题所秉持的基本原则；工程总目标反映人们在工程中具体的价值追求，是工程价值体系中最具体和具有可操作性的内容。

工程总目标是人们预先设定的工程所能达到的结果状态的总体描述，是具体化的工程价值追求，体现了工程的目的、使命，反映了工程的准则，是一个多维体系，如图2.7所示。工程目的是概念性的，对工程具有指导作用；工程目标则是具体的，可以进行考核和评价，对工程活动和各方面的行为具有直接决定作用。

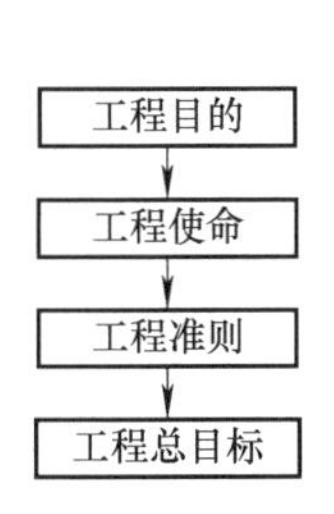

图2.6　工程价值体系的构成

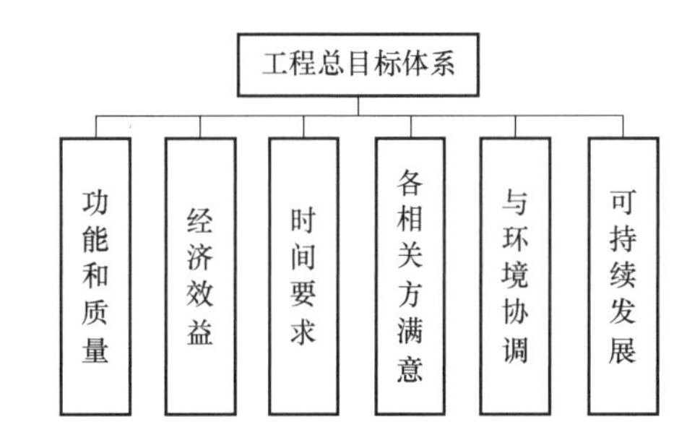

图2.7　工程总目标体系的构成

图2.7中，功能目标是指工程能够提供符合预定功能要求的产品或服务，实现工程的使用价值，包括满足预定的产品特性、使用功能、质量要求、技术标准等。例如，汽车厂生产的汽车以及相应的售后服务符合质量要求，地铁能为乘客提供安全、舒适、人性化的服务。质量目标是指工程的技术系统符合预定的质量要求，达到设计寿命；工程系统的运行和服务有较高可靠性；工程规划、设计、建造和运行过程中的工作质量符合要求等。工程经济效益目标则包括工程全生命周期费用目标、工程的其他社会成本目标、取得高运营收益的目标等。时间目标则是指工程要符合预定的时间，包括工程的设计寿命期限和工程的实际服务寿命、在预定的工程建设期内完成工程的时间限制、投资回收期等。其中，投资回收期用来反映工程建设投资需要多长时间才能通过运营收入收回，达到工程投资和收益平衡等目标。各相关方面满意目标则意味着必须在工程中兼顾各方面的利益，因而工程总目标应包含各相关方的目标和期望，体现各方面利益的平衡。与环境协调目标涉及以下方面：①在建设、运行（产品的生产或服务过程）、产品使用、最终工程报废过程中影响环境的废渣、废气、废水排放或噪声污染等，应控制在法律规定的范围内。②工程的建设和运行过程尽量不破坏或减少对植被的破坏，尽量避免水土流失、动植物灭绝、土壤被毒化、水源被污染等，保障健康的生态环境，保持生物多样性。③采用生态工法，减少施工过程污染，在建设和运行过程中使用环保材料等。④工程方案要尽量减少土地占用，节约能源、水和不可再生的矿物资源

等，尽可能保证资源的可持续利用和循环使用。⑤建筑造型、空间布置与环境整体和谐。工程可持续发展目标既要求人们关注工程建设的现状，又要有对历史负责的精神，注重工程未来发展的活力，体现人与自然的协调，符合科学发展观，具体包括对地区和城市发展有持续贡献的能力、工程自身健康长寿、工程拆除后的可持续能力。

3. 基于逻辑框架法的项目目标体系分析

逻辑框架法可以用于项目周期的多个阶段：①项目识别阶段，此阶段逻辑框架法主要用于判别项目是否与国家、地区或行业发展战略相适应。②项目形成（可行性研究与评估）阶段，此阶段逻辑框架法主要用于具有适宜目标、结果可度量、具有风险管理策略和明确定义管理责任的项目计划。

在项目中采用逻辑框架，有助于对关键因素和问题做出系统的、合乎逻辑的分析。逻辑框架法是一种概念化论述项目的方法，即用一张简单的框图来清晰地分析一个复杂项目的内涵和关系，以便于理解。逻辑框架法可分成四个层次：①目的层，即项目的宏观目标，包括宏观计划、规划、政策和方针，该目标应该由几个方面的因素实现，应该超越项目的范畴；②目标层，即项目的直接效果与作用，主要考虑社会和经济的成果和作用；③产出层，即具体项目的产出物，要提供可计量的直接后果；④投入层，即项目的实施过程及内容，主要包括资源的投入量和时间等。逻辑框架法是将几个内容相关、必须同步考虑的动态因素组合起来，通过分析其间的关系，从设计策划到目标、目的的确定来评价一项活动或工作。逻辑框架法为项目发包人提供了一种分析框架，通过对项目目标和达到目标所需手段间逻辑关系的分析，用以确定工作的范围和任务。项目逻辑框架法的水平逻辑关系见表2.3。

表2.3 项目逻辑框架法的水平逻辑关系

项目描述	绩效指标	证实手段	假设条件
目的：在组织的层次上，项目产生的长期影响	对目的实现程度的测量和评估	信息来源，以及用来收集和报告信息的方法	—
目标：项目结束时所取得的项目成果	对目标实现程度的测量和评估	信息来源，以及用来收集和报告信息的方法	与目的相联系的假设条件
产出：项目产生的特定结果和有形产品，即项目可交付成果	对项目产出的数量、成本、质量及其交付时间的测量和评估	信息来源，以及用来收集和报告信息的方法	与目标相联系的假设条件
活动：为了获得所需要的项目产出而开展的工作	—	—	与产出相联系的假设条件

1）目的：对项目长远目标的实现。例如，某建设项目产值增加，形成一个高科技产业综合园区等。项目目的是对未来想要达到的预期的表达，更多关注的是大的战略方针性目标。

2）目标：在项目结束时所取得的项目成果。例如，建设项目实现智能化，某工业建设项目的年产值达到$x\%$。

3）产出：通过执行一系列项目活动产生的特定结果和有形产品。例如，基础设施的建成、垃圾分类处理装置的建成。项目的产出是多种多样的。

4）活动：包括项目活动中投入的资源、方法、技术和政策与制度等保障措施，是为了获得所需要的项目产出而开展的工作。

基于项目逻辑框架法的目标展开表达了两类逻辑关系：第一类是水平逻辑关系；第二类是垂直逻辑关系。垂直逻辑的因果关系如图2.8所示。

4. 建设项目具体目标要求

《发包人要求》编制中需要明确的项目目标是对“预期工程结果”的描述。在《发包人要求》编制时，要首先确定项目的总体目标。它通常包括建设功能目标，总投资目标，建设期时间目标，工程所达到的质量标准，建设阶段的安全、健康和环境目标，工程相关者满意度等，即对成本、工期、质量、安全要求等提出具体的目标要求。

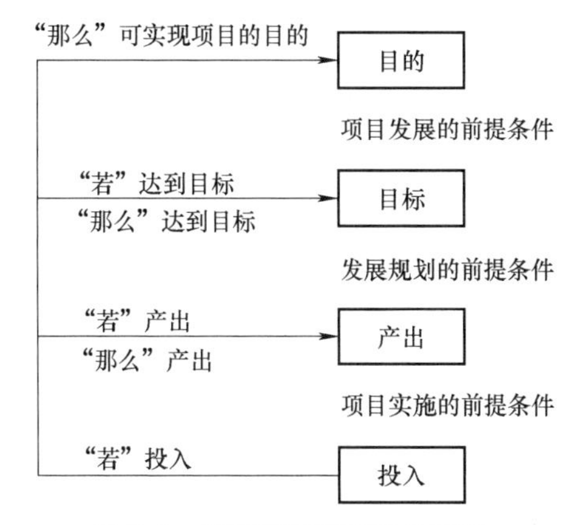

图2.8 垂直逻辑的因果关系图

（1）项目成本目标 《发包人要求》中需要清晰定义成本目标的范围以及需要实现的目标。

成本目标通常包括总投资概算和合同总价，其中合同总价涵盖设计费、建筑安装工程费（含设备购置费）和总承包管理及试运行服务费。但对于单项而言，可以做更细的要求，如是否实现全生命周期成本的考量，又如针对设备，不仅考虑采购的成本，还考虑维护维修的成本等。以某市政道路改造工程为例，其成本目标为总投资概算、合同总价均不超过合同约定，其中设计费、建筑安装工程费（含设备购置费）、总承包管理及试运行服务费也设置了相应的成本目标。

（2）项目工期目标 按照合同约定总工期和计划通过整体竣工验收日期为工程工期目标。如某工程总承包项目约定总工期日历天数，并约定施工形象进度节点完成日期要求：①工程桩完成节点；②施工完成至±0.00节点；③主体封顶节点；④工程竣工验收节点。

（3）项目质量目标 质量目标是工程竣工交付所要满足的最终目标要求。

工程设计质量符合现行国家、省市设计规范、条例要求，并通过图审，符合发包人的相关要求。工程施工质量符合《建筑工程施工质量验收统一标准》（GB 50300—2013）“合格”标准及其他约定的质量目标。

（4）安全文明目标 施工现场按照《建筑施工安全检查标准》（JGJ 59—2011）评定达到“合格”标准。根据项目所在地的不同，安全文明目标具体约定达到所在地区标准。

2.2.2 工程总承包项目范围界定

1. 项目范围与项目目标的关系

项目范围的形成可以约束项目各方。在一定程度上，项目范围规定了项目各方的权、责、利。因此，要合理确定项目范围，明确各方工作界面，从而使项目各方明确自己所应该完成的任务，高效、按时地履行合约规定的各项内容，减少纠纷。

项目范围是为确定目标系统中各类目标所界定的工作内容。它不仅包括各参与方所需要完成的工作内容，还应具体确定工作完成后所应交付的最终产物。

工程总承包项目范围是指承包商按照合同应完成的工作的总和。它直接决定了实施方案和报价。在签约前，业主必须明确承包项目的范围。项目范围是项目管理的对象，是分解项目目标，确定项目的费用、时间和资源计划的前提条件和基准，是工程项目设计和计划、实施和评价项目成果的依据。项目范围的分解对组织管理、成本管理、进度管理、质量管理和采购管理等都有规定性。

在《发包人要求》编制的过程中出现目的不明确，项目范围模糊等问题时，会导致项目失败。不论什么工程项目，最重要的阶段都是去弄明白项目真正的需求是什么，进行需求分析必定要遵照《发包人要求》，进而对项目目标提出完整、准确、清晰、具体的要求和功能定位，对项目的需求进行有效的管理是准确界定项目范围的基础。因此，项目范围的确定和管理影响到项目的整体成功。

2. 项目分解结构

工程总承包项目范围包括其产品范围和工作范围。

1）产品范围，是指项目的可交付成果（即产品或者服务）中所具有的性质和功能，是项目对象系统的范围。对工程项目而言，就是指最终交付的工程系统的范围，可以通过工程系统分解结构（Engineering Breakdown Structure，EBS/Project Breakdown Structure，PBS）表示。

2）工作范围，是指为了成功达到项目的目标，完成项目可交付成果而必须完成的所有工作的组合，即项目行为系统范围。对它进行项目结构分解，可以通过工作分解结构（Work Breakdown Structure，WBS）表示。

由于工程的建设和运行都是针对工程技术系统的，则在工程全生命周期中，EBS 有如下作用：①工程规划就是对 EBS 的各功能区的规模和空间布置定位，应以 EBS 为依据；②各专业工程设计就是按照 EBS 对各专业工程系统进行技术说明。EBS 决定了设计单位的专业组织以及设计成果（如图纸、规范）的分类；③EBS 决定了 WBS。在工程项目管理中，必须先将工程系统分解到足够的细度，得到 EBS，再分析 EBS 经过项目各阶段时需要完成的活动，归纳这些活动，就得到 WBS。

《发包人要求》作为招标文件和合同文件的重要组成部分，列明工程的目的、范围以及设计和其他技术标准，是质量标准控制的主要方式。传统清单编码无法与《发包人要求》形成统一，即计量计价规则和质量要求未形成统一。因此，业主需要建立适配于工程总承包模式的新的项目分解结构体系。《房屋建筑和市政基础设施项目工程总承包计价计量规范》（征求意见稿）从全生命周期角度对建设项目设置进行了分解，设置了满足多层级项目清单编制的项目编码体系。

3. 案例

以中国计量大学第 19 届亚运会足球训练场提升改造工程 EPC 总承包为例，对其项目范围进行分析：

（1）建设规模　总改造面积 56363m^2。其中，北田径场改造面积 17800m^2、配套功能用房改造面积 1400m^2、室外工程改造面积 10563m^2、东田径场改造面积 18500m^2 及看台室外修缮 8100m^2。新建运动员休息室 360m^2。

（2）项目范围　本工程采用 EPC 工程总承包模式。工程总承包的工作内容包括本工程的设计（包括施工图设计、运行深化设计）、施工、材料设备采购与安装、前期报建、验收、移交、备案、赛事保障、赛后恢复和工程缺陷责任期及保修责任，以及对工程项目进行质量、安全、进度、投资等控制，合同、信息等管理，组织协调等全过程管理工作及合同约定的全部内容。

1）永久工程的设计、采购、施工范围。

工程设计范围：中国计量大学第19届亚运会足球训练场提升改造工程范围内的施工图设计包含但不限于涉及本项目的各项设计，包括总图、建筑、结构、消防、幕墙、给水排水、暖通、电气、装饰装修、智能化、体育工艺等各项二次深化设计等；所有的设计内容必须经发包人、亚组委及相关职能部门审核同意，最终出具有效的施工图，并完成设计技术交底、现场配合服务以及变更设计等。

工程采购范围：包括所有工程材料和设备的采购、保管、安装及调试、移交，以及质保期内的保修服务等。设备主要包括但不限于暖通设备、供电设备、消防设备、智能化系统设备，以及专业体育工艺系统中涉及的设备（含球门、休息棚、标准时钟、电子显示屏、扩声、网络信息显示等设备等）等。

工程施工范围：包含所设计范围内的全部施工内容及设计范围内未完全包含但是根据现场情况需要进行拆除、改造及修复（含赛后恢复）等内容。其中10kV配电增容工程由承包人负责排查管沟和深化设计，设计院出的图纸仅供参考。

2）管理服务范围：本工程项目实行全过程管理，包括但不限于所有前期报批报建工作（含规划许可、施工许可、质安监办理等）、拆除改造相关前期工作、中间验收、竣工图制作、设备调试、各职能部门专项验收（含消防、规划、环保、绿化、卫生防疫、交警、防雷、公安安防、电信、数字电视、通水、通电、通邮等）、体育工艺验收、竣工验收、工程移交、资料归档、备案、权证办理、配合审计、总体试运行、赛事保障（含测试赛、亚运比赛、亚残赛）、赛后恢复等，所有的测绘、检验、试验、监测等由第三方提供的服务内容，体育工艺、运动地板、比赛场地、比赛照明、比赛扩声、LED大屏、场馆空气质量、结构安全等必须通过专业机构的检测和相关部门的验收，直至项目达到亚组委的验收，达到亚运会足球训练的使用要求。

3）临时工程的设计与施工范围：场地准备、开工前场地平整、临时水电、施工围墙、交通道口等，以及临时设施借地及搭设等，并承担办理与之相关的审批和借用手续工作。

4）竣工验收工作范围：承包范围内的全部工作内容，按照国家、省、市、钱塘新区的相关现行规范和要求，以及设计质量标准、施工质量标准、招标文件及施工图纸等全部要求完成竣工验收。

5）技术服务工作范围：按照国家、省、市、江干区的相关现行规范和要求，以及招标文件中明确规定的内容。

6）培训工作范围：应按照各个门类组织培训工作，包括但不限于电梯、安防系统等。

7）保修工作范围：按国家现行规范要求及招标文件要求。

（3）工作界区　本项目用地红线范围，以及周围市政系统的衔接（含道路衔接、绿化衔接、给水排水系统衔接），电力系统由开闭所出线接入。

（4）初步分解结果　根据分解思路、分解原则和分解步骤对中国计量大学第19届亚运会足球训练场提升改造工程EPC总承包进行分解，得到项目范围初步分解结果，见表2.4。

表 2.4　项目范围初步分解结果

一　级	二　级	三　级
1. 北田径场改造	1.1 训练场地	1.1.1 体育工艺
		1.1.2 土建工程
		1.1.3 给水排水
		1.1.4 智能化
	1.2 训练功能房间	1.2.1 土建工程
		1.2.2 消防工程
		1.2.3 暖通工程
		1.2.4 室内装饰工程
		1.2.5 给水排水
		1.2.6 电气工程
	1.3 专用系统	1.3.1 体育工艺
		1.3.2 智能化
	1.4 配套设施	1.4.1 消防工程
		1.4.2 暖通工程
		1.4.3 室内装饰工程
		1.4.4 给水排水
		1.4.5 电气工程
	1.5 绿化及场地周边交通环境	1.5.1 绿化工程
2. 东田径场改造	2.1 看台室外修缮	2.1.1 幕墙
		2.1.2 土建
		2.1.3 改造、装修工程
		2.1.4 给水排水
	2.2 草坪改造	2.2.1 绿化工程
		2.2.2 给水排水
	2.3 塑胶跑道翻新	2.3.1 体育工艺
		2.3.2 给水排水
3. 新建工程	3.1 看台	3.1.1 幕墙
		3.1.2 土建
		3.1.3 给水排水
	3.2 架空层	3.2.1 幕墙
		3.2.2 土建
	3.3 运动员休息室	3.3.1 土建工程
		3.3.2 水电、消防工程
		3.3.3 暖通工程
		3.3.4 室内装饰工程

4. 构建“项目范围”输出文件

项目工作分解结构遵循以下关键原则：其下一层（子层）分解的基本工作总和必须是由上一层工作细化而来的，并与其完全对应。其特点为：①是项目目标和所做工作相输出；②给项目工作范围的识别提供一种工具；③确保实施工程的工作被定义，各项目参建方所做的工作不容易被遗漏或重复分配；④为项目制订后续各项计划安排提供一个基础框架。

运用 EBS 与 WBS 二维分解技术，可以明确《发包人要求》中的项目范围，其中包括：

（1）概述　应指出工程总承包项目所涵盖的范围：设计、采购、施工、竣工验收、竣工后试验（如有）等阶段；应根据工程总承包项目实际情况明确是否包含以下各类工作：土建、线路、管道、设备安装及装饰装修工程；也可以视项目情况具体到是否包括采暖、卫生、燃气、电气、通风与空调、电梯、通信、消防等专业工程，以及室外线路、管道、道路、围墙、绿化等工程。

(2) 工作界区 《发包人要求》作为发包人和总承包人工程总承包合同的附件，该条款编制的重点在于发包人和承包人的工作界区、总承包人和其他承包人的工作界区。如果发承包双方认为有必要，也可以对其他工作界区（包括总承包人联合体之间、总承包人和分包人之间）进行相应的约定。

每个项目所包含的设计、采购、施工及其他工程范围不同，应用工程项目范围识别工具进行分析，对其工程系统范围进行分解，总结实际工程中的具体做法。以房屋建筑工程为例项目范围输出过程如下：首先对工程系统进行 EBS 分解，如图 2.9 所示。

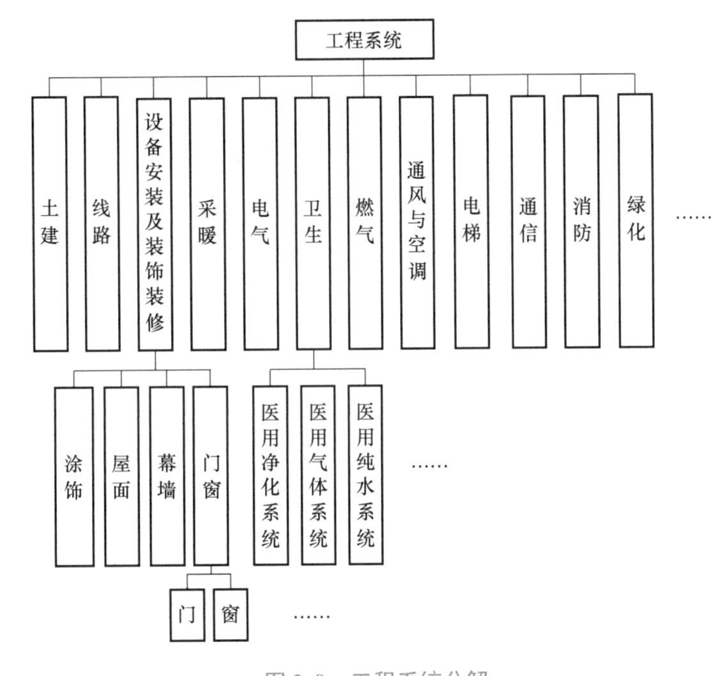

图 2.9 工程系统分解

其次，在 EBS 分解的基础上进行各项工程的 WBS 分解，其分解结果见表 2.5。

表 2.5 工作范围分解表

一级专业系统	二级专业系统	三级专业系统	设计	采购	施工	竣工验收	竣工后试验
土建	......	......	......	......	......	......	......
线路	......	......	......	......	......	......	......
管道	......	......	......	......	......	......	......
设备安装及装饰装修	涂饰		......	......	......	......	......
	屋面						
	幕墙						
	门窗	门					
		窗					
采暖	......	......	......	......	......	......	......
卫生	......	......	......	......	......	......	......

（续）

一级专业系统	二级专业系统	三级专业系统	设计	采购	施工	竣工验收	竣工后试验
燃气	……	……	……	……	……	……	……
电气	……	……	……	……	……	……	……
通风与空调	……	……	……	……	……	……	……
电梯	……	……	……	……	……	……	……
通信	……	……	……	……	……	……	……
消防	……	……	……	……	……	……	……
绿化	……	……	……	……	……	……	……

EBS 是 WBS 的前提，如果 EBS 存在遗漏或缺陷，则 WBS 必然存在更大的问题。在 EBS 的基础上，更科学地确定其他结构分解规则，如 WBS 分解规则、建设项目分解规则、工程量清单分解规则等对工程生命周期各阶段和各种职能管理的集成化有重要作用。此外，从工程项目系统总体框架的研究视角分析工程总承包模式下各种界面出现的位置，即把界面分为环境系统界面、目标界面、实体界面、合同界面、组织界面，通过各类界面出现的位置，识别各组织的工作界区，对《发包人要求》中的项目范围进行进一步确定。各种不同的项目工程系统的并集组成了完整的项目工程。由于工程系统不同，所对应的界面问题也不尽相同，对界面问题的准确识别和正确处理可以有效地保证项目成功。

综上，立足于基于 EBS 和 WBS 的分解工具，对不同项目获取不同的分解体系，合理确定其工程范围和工作范围，进而对发承包双方的工作界面进行清晰的划分，总结出项目范围形成要点（见表 2.6），并将其应用到《发包人要求》工程范围的编制当中，从而形成普适性的流程。

表 2.6　项目范围形成要点

步　骤	要　点		
明确关键问题	工程范围确定	工作范围确定	各方界区划分
文件输入	设计任务书或方案设计文件	工作范围	工作范围、合同文件、实施计划等
明确方法与工具	EBS 分解	WBS 分解	界面分析
工作内容输出	工程系统范围	概述、包括的工作、发包人提供的现场条件	工作界区

2.2.3　工程总承包项目的功能要求和质量标准构建

1.《发包人要求》中技术要求的层级关系

《发包人要求》文件中的技术要求包括设计标准和规范、技术标准和要求、质量标准和验收标准等量化指标，这是在施工期间必须成功通过的检验，既是发包人的要求，也是发包人的需求。尤其是在设计施工总承包模式下，业主需在合同签订前明确其参与的设计深度，进而确定项目功能需求和质量标准。而在房屋建筑领域，各分部工程子目繁多，项目的产出要求不易明确，业主在开展总承包项目时明确功能要求和质量标准的难度较大，因此亟须构建房屋建筑领域总承包项目的功能和质量标准体系。

(1) 功能定位　工程总承包是以实现项目功能为最终目标的承包方式。与传统平行发包模式不同，工程总承包模式下，承包人最终向业主提交一个符合发包人预期生产功能和使用价值的工程项目。工程总承包项目的功能定位是指在地区和行业总体规划的指导下，根据业主方的整体发展规划和需求，提出项目将要承担的功能和任务，据此确定项目的主要技术标准等。以房屋建筑为例，功能要求又称建筑功能，包括以下几个主要方面：空间构成、功能分区、人流组织与疏散，以及空间的量度、形状和建筑的安全要求。

在项目前期编制《发包人要求》时，各参与方都可能出现对项目功能定位的不科学、不清晰、不理性，带来项目的主要技术标准、建设规模与功能定位不匹配，可能导致对项目决策偏颇甚至失误。因此，工程总承包项目的建设需要合理的功能定位来进行把控和引导，这是编制良好的工程总承包项目功能要求与质量标准的前提。必须在满足功能需求的基础上，结合技术标准、规范，特别是强制性条文的要求予以确定和实施。《发包人要求》中的功能要求和质量标准体系对项目实施的重要引导作用如图2.10所示。

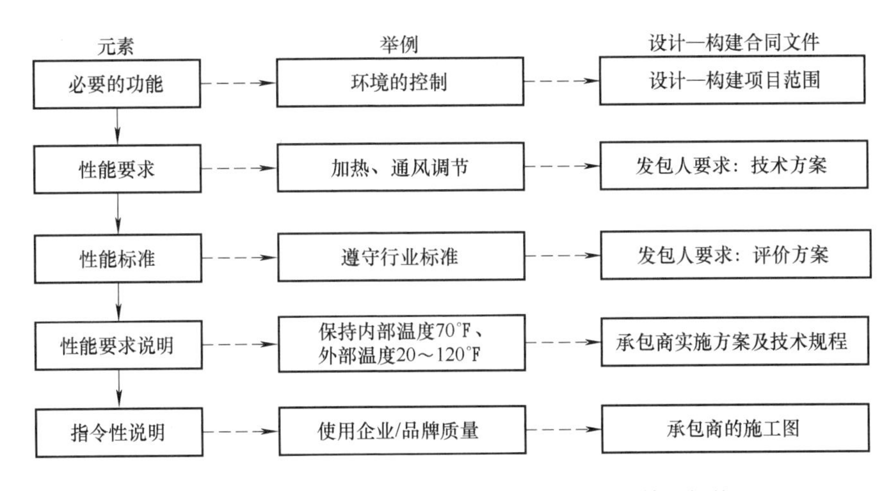

图2.10　《发包人要求》中功能要求和质量标准的层级关系

(资料来源：Douglas D. Gransberg，2006。)

(2) 质量标准体系　质量标准是指对基本建设中各类工程的勘察、规划、设计、施工、安装、验收、运营维护等需要协调统一的事项所制定的质量技术依据和规则。根据确定性程度，质量标准可分为定量要求、定性要求、定量和定性组合要求。如在某室外道路的质量标准规定中，若规定技术规格为具体道路面层做法，同时满足城市相应干道的技术参数要求，则为定量要求。定量要求便于业主控制和检验，但在DB项目中，部分质量效果较难以定量要求的形式描述，如室内精装修效果等。按过程或结果导向划分，定量要求可分为：①规定型要求，即过程和输入导向的要求，表现形式为选材和品牌要求，如针对不同功能区的关键材料、主要材料品牌及主要设备，以及相关材料、配套设备的品牌和档次等做详细要求等；②绩效型要求，即结果和输出导向的要求，表现形式为设置总体要求，如设计目标、设计风格、噪声控制及音质效果等，设置相应的技术标准要求和验收标准规范要求等。绩效型要求给予总承包商足够的创新空间及选择实施方案的自由度，以达到或超过业主对项目的期望。项目的质量标准体系的内容见表2.7。

表 2.7　质量标准体系的内容

质量标准	内　容
招标阶段	设计要求、耐久性要求、接口界面要求、其他要求等
设计施工融合要求	施工进度、质量、安全、环境等要求
竣工质量验收标准	施工质量检验，各专业工程验收标准等
运营和维护要求	项目使用、运营、维护等要求

2. 功能要求和质量标准的确定过程

工程要能够提供符合预定功能要求的产品或服务，以实现工程的使用价值，包括满足预定的产品特性、使用功能、质量要求、技术标准等。这是工程价值体系中最核心的内容。工程总承包项目目标体系构建的最终目的是项目的工程功能要求和质量标准体系构建。工程功能要求和质量标准体系的主要内容是对传统的质量目标的具体体现，最终体现在项目的建设特征和设计参数中。

功能要求和质量标准应基于相关设计规范、施工规范和验收规范，以及项目的扩大初步设计文件编制，对项目的功能、用途、质量、环境、安全等方面做出详细规定。其出发点是确保施工图设计和工程施工能够全面覆盖和延伸扩大初步设计文件明确的和隐含的功能，以及配套需求、品牌和参数。

工程总承包项目的功能要求和质量标准呈现层次性，整体思路是由粗到细，呈功能要求→技术参数→技术规格→图纸层层递进，如图 2.11 所示。

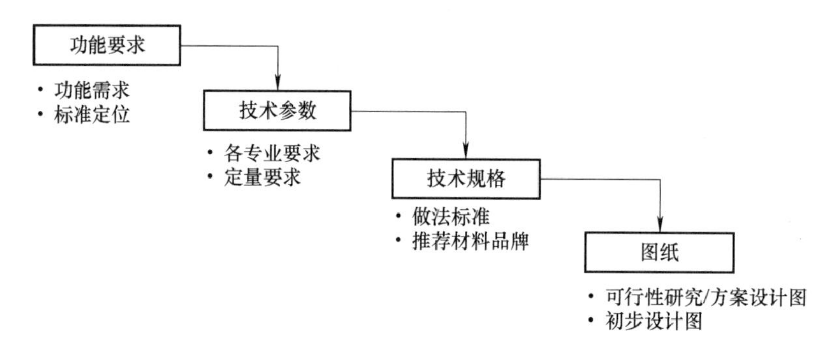

图 2.11　功能要求和质量标准的层级

（1）功能要求　功能要求即明确使用功能，多为定性要求，如功能需求、标准定位等。

例如，中国计量大学第 19 届亚运会足球训练场提升改造工程，功能要求为：①北田径场作为亚运足球训练场地进行提升改造，主要包括训练场地、训练功能房间、专用系统、配套设施、绿化及场地周边交通环境等综合提升改造；②东田径场作为教学保证场地进行改造，使其在亚运期间接替北田径场，保障学校的正常教学、训练，改造内容主要包括东田径场草坪改造、塑胶跑道翻新、看台修缮等内容。本项目改造主要涉及亚运会训练场地（北田径场）17800m^2 和配套用房 1400m^2 改造（含看台、架空层），新增运动员休息室 360m^2，对教学保障场地（东田径场）18500m^2 进行提升改造，以及对亚运会期间主要使用的部分道路、景观等室外工程进行改造提升。

（2）技术参数　技术参数为总承包商需要满足的最低限度的技术要求，为定量要求。

表2.8为中国计量大学第19届亚运会足球训练场提升改造工程项目的技术参数汇总。

表2.8 技术参数汇总

类型	技术参数
给水排水系统	1. 所有给水排水管道、设备及其配件应都是全新且合格的产品（提供产品合格证明），同时需满足设计图及招标文件要求 2. 室内给水排水系统应符合设计图的要求，并满足《建筑给水排水及采暖工程施工质量验收规范》（GB 50242—2002） 3. 消火栓系统应满足《消防给水及消火栓系统技术规范》的要求，自动喷水灭火系统应满足《自动喷水灭火系统施工及验收规范》的要求，本工程中采用的消防给水及消火栓系统的组件和设备等应为符合国家现行有关标准和准入制度要求的产品
电气系统	1. 所有电气设备和管线应都是全新（图纸要求可以利旧的除外）且合格的产品，并安装到位，同时满足设计图及招标文件的要求 2. 电气系统应符合设计图，并满足国家和地方标准图集及《建筑电气工程施工质量验收规范》（GB 50303—2015） 3. 设备、材料应具有国家级检测中心的检测合格证书；经强制性认证的，应具备3C认证；消防产品应具有入网许可证；应满足与产品相关的国家标准 4. 设备型号应满足设计图的要求
消防系统	火灾自动报警系统应满足设计图和国家规范《火灾自动报警系统设计规范》（GB 50116—2013）的要求，并满足国家、地方标准图集及《火灾自动报警系统施工及验收规范》（GB 50166—2019）；选购产品需满足与原建筑火灾自动报警系统兼容
智能化系统	各项目智能化系统的施工应满足设计图和国际规范的要求，同时满足亚运会导则规定的智能化设计要求： 1. 2022年第19届亚运会智能建筑设计导则（体育场馆） 2. 2022年第19届亚运会信息技术及通信保障设计导则 3. 2022年第19届亚运会绿色健康建筑设计技术导则（体育场馆） 4. 2022年第19届亚运会场馆安防基础设施建设指南（试行）
暖通系统	1. 所有空调系统设备管道及零部件应都是全新且合格的产品，且满足设计及招标文件要求 2. 所有空调通风系统都应有具体的调试数据 3. 设计房间室内参数都应满足浙江省《公共建筑节能设计标准》（DB 33/1036—2007）和《民用建筑供暖通风与空气调节设计规范》（GB 50736—2012）
热水系统	1. 热水管道应是全新且合格的产品，且满足设计及招标文件要求 2. 管道保温之前应进行水压试验，热水供应系统竣工后应进行冲洗，满足《建筑给水排水及采暖工程施工验收规范》（GB 50242—2002） 3. 热水系统使用前需进行调试，淋浴热水出水时间需满足设计要求
体育场工程	1. 塑胶面层符合《田径场地设施标准手册》和《体育场地使用要求及检测方法》（GB/T 22517.6—2011），且满足设计及招标文件要求 2. 足球场符合《天然材料体育场地使用要求及检测方法》（GB/T 19995.1—2005），且满足设计及招标文件要求 3. 沥青工艺符合《公路沥青路面设计规范》（JTG D50—2016）、《城镇道路工程施工与质量验收标准》（CJJ 1—2008）且满足设计及招标文件要求 4. 喷灌系统符合《给水排水管道工程施工及验收规范》（GB 50268—2008），且满足设计及招标文件要求足球场场地要求：场地内应布置球门、球门区、罚球区、罚球点、发球点、中圈、角球区，场地画线宽度不得超过12cm，包含在场地尺寸内。训练场地面层与比赛场地面层一致，采用天然草面层。场地坡度≤0.5%，草坪颜色必须是绿色 足球场的草皮应该符合以下要求： ① 草坪颜色无明显差异 ② 目测看不到裸地 ③ 杂草数量（向上生长茎的数）<0.05% ④ 目测没有明显病害特征 ⑤ 目测没有明显虫害特征

（续）

<table>
<tr><th>类　型</th><th>技术参数</th></tr>
<tr><td>体育场工程</td><td>
<table>
<tr><th>项目</th><th>要求</th></tr>
<tr><td>表面硬度
牵引力系数</td><td>20～80
1.2～1.4</td></tr>
<tr><td>球反弹率</td><td>20%～50%</td></tr>
<tr><td>球滚动距离</td><td>4～12 m</td></tr>
<tr><td>场地坡度</td><td>不大于0.3%</td></tr>
<tr><td>平整度</td><td>不大于20mm</td></tr>
<tr><td>茎密度</td><td>（2～3）枚/cm^2</td></tr>
<tr><td>均一性</td><td>①草坪颜色无明显差异；②目测看不到裸地；③杂草数量（向上生长茎的数）小于0.05%；④目测没有明显病害特征；⑤目测没有明显虫害特征</td></tr>
<tr><td>根系层渗水速率</td><td>采用圆筒法合格值应为（0.4～1.2）mm/min，最佳值应为（0.6～1.0）mm/min
采用实验室法合格值应为（1.0～4.2）mm/min，最佳值应为（2.5～3.0）mm/min
同一场地应采用一种检测方法，当检测结果有分歧时，以实验室法为准</td></tr>
<tr><td>渗水层渗水速率</td><td>采用实验室法合格值应大于3.0mm/min</td></tr>
<tr><td>有机质及营养供给</td><td>根系层要求应有足够的有机质及氮（N）、磷（P）、钾（K）、镁（Mg）等</td></tr>
<tr><td>环境保护要求</td><td>不应使用带有危险的或是散发对人、土壤、水、空气有危害污染的物质或材料</td></tr>
<tr><td>叶宽度</td><td>叶宽度宜不大于6mm，可根据各地区具体情况，选择合适的草种</td></tr>
</table>
理想的草皮场地土壤内部壤粒、有机质、水分、空气的比例一般为45%、5%、25%、25%，大约有一半土壤容积是空隙，空隙可供草的根系伸展，提供根系所需要的空气和水分</td></tr>
<tr><td>标识标牌</td><td>比赛期间满足正常使用和亚组委的要求；赛后恢复满足平时使用要求</td></tr>
<tr><td>生态化粪池</td><td>位置需满足设计图，并按图集要求施工</td></tr>
<tr><td>室外管网</td><td>包含电缆管线铺设、给水排水管线铺设、雨污水管线铺设（含雨污水井施工）、消防管线铺设，应满足亚运会和国家规范要求，均须按《发包人要求》接入学校管网</td></tr>
</table>

（3）技术规格　技术规格包括国家及行业规范要求、总平面设计技术要求、建筑设计技术要求、结构设计技术要求、给水排水及消防设计技术要求、电气设计技术要求、建筑智能化系统要求、暖通系统设计方案要求，并规定建筑做法标准（涵盖子功能区地面、墙面、顶面的建筑做法要求）和推荐品牌表。例如，中国计量大学第19届亚运会足球训练场提升改造工程项目土建工程的技术规格见表2.9。

表2.9　技术规格

类　型	房间名称	地　面	墙　面	踢　脚	顶　面
体育场功能用房	运动员休息室	地胶板	白色无机涂料	地胶板上翻，压金属扣条	防水纸面石膏板吊顶
	卫生间、淋浴间	防滑防水地砖	防水墙砖墙面	同墙面	金属扣板吊顶
	力量训练室	运动地板	白色无机涂料	铝制踢脚	白色无机涂料

（续）

类 型	房间名称	地 面	墙 面	踢 脚	顶 面
体育场功能用房	医务室	地砖地面	白色无机涂料	地砖踢脚	白色无机涂料
	运动员入口大厅	塑胶地面	白色无机涂料	地砖踢脚	防水纸面石膏板吊顶
	走道	地砖地面	白色无机涂料	地砖踢脚	防水纸面石膏板吊顶
	器材室	地砖地面	白色无机涂料	地砖踢脚	白色无机涂料
	竞赛官员办公室	地砖地面	白色无机涂料	地砖踢脚	白色无机涂料
	安保备勤室	地砖地面	白色无机涂料	地砖踢脚	白色无机涂料
	办公室	地砖地面	白色无机涂料	地砖踢脚	白色无机涂料
	消控监控机房	不变（按原样）	白色无机涂料	不变	白色无机涂料
	值班	不变	白色无机涂料	不变	白色无机涂料
	二层广播及电控	不变	白色无机涂料	不变	白色无机涂料
	二层办公室	不变	白色无机涂料	不变	白色无机涂料
	楼梯间	不变	白色无机涂料	不变	白色无机涂料
体育场辅助用房	器材室	不变	白色无机涂料	不变	白色无机涂料
室内木门	所有木门均为木饰面门、机械锁，须提供材料色样和样板门制作，经发包人确认后方可实施				

（4）图纸 图纸作为详细程度最高的功能和质量标准部分，在业主不同设计深度阶段，其图纸深度要求存在差异。业主在可行性研究/方案设计阶段招标时，业主提供图纸深度要求：①设计说明；②图纸内容；③背景分析；④总平面图；⑤功能布局及流线分析图；⑥效果图。在初步设计阶段招标时，业主提供图纸深度要求：①总平面图（落放在1∶500或1∶1000地形图上，含主要经济技术指标）；②地下建筑、地上建筑的方案、初步设计；③场区竖向设计；④管线综合设计；⑤场区无障碍设计；⑥主要技术经济指标表；⑦专项论证成果；⑧设计效果图。

3. 构建功能要求和质量标准输出文件

在工程总承包模式下，某种程度上《发包人要求》替代了图纸和清单，投标人依据《发包人要求》进行投标报价，成为质量和费用控制的重要依据。建设项目功能要求和质量标准包括的内容见表2.10。

表2.10 功能要求和质量标准的内容

序 号	框 架		内 容	内容（以办公室精装修工程为例）
1	功能要求和质量标准	功能要求	包括空间构成、功能分区、人流组织与疏散，以及空间的量度、形状和建筑的安全要求等	为人员提供办公场所，精装修风格定位为庄重、大方、简洁、节能、美观、环保
		技术参数	总承包商需满足的最低限度的技术要求	施工前，必须完成噪声源的分析、声学计算、计算机模拟分析，最终达到控制噪声及提高音质的效果

（续）

序号	框架		内容	内容（以办公室精装修工程为例）
1	功能要求和质量标准	技术规格	包括国家行业设计依据标准、做法标准和推荐材料品牌等	设计依据符合相关国家规范图集，如《建筑工程设计施工系列图集》，满足设计环保节能及室内照明要求等做法标准，各类型办公室墙地面、吊顶标准等推荐材料品牌，规定材料档次、品牌等
		图纸	包括业主提供的勘察、设计资料及总承包商提供的图纸质量要求	业主提供的资料、总承包商提交的图纸质量要求等
2	施工阶段要求	施工质量要求	包括施工进度、质量、安全和环境、接口界面质量要求等	如室内施工需增加混凝土地面垫层部位采用陶粒混凝土
		施工进度要求		办公室精装修部分进度搭接要求
		环境安全要求		满足工程所在地区环境和安全等相关文件要求
		接口界面协调		如考虑配套水电的电管电线、给水排水管安装要求等
3	运营和维护要求	运营要求	项目使用、运营、维护等要求	无运营要求
		维护要求		对于公共区域来回走动比较频繁的区域，地面铺设石膏板、墙面张贴塑料薄膜进行保护，设置缺陷责任期等

2.2.4 工程总承包项目管理策划

1. 业主方设计深度与项目绩效的关系

业主方设计深度是指工程总承包项目业主参与设计的比例，表现为发包前业主在招标文件中提供设计信息的详细程度或者设计工作完成的深度。美国建筑师协会（American Institute of Architects，AIA）将项目设计主要分为概念性规划设计阶段、方案设计阶段、设计深化阶段、施工图设计阶段四个阶段。其中，设计工作的0～10%发生在概念性规划设计阶段，10%～30%发生在方案设计阶段，30%～50%发生在设计深化阶段，50%～100%发生在施工图设计阶段。通过总结国外学者及研究机构对工程总承包模式下业主完成设计深度的相关文献，发现业主参与设计的深度通常在30%～50%，即业主通常完成概念性规划设计阶段、方案设计阶段、设计深化阶段的部分或全部工作之后，将设计工作委托给承包商，以便在承包商理解项目范围、设计意图的前提下给予承包商更多的自主权，从而保证设计过程的顺利推进。工程总承包模式下业主方的设计深度见表2.11。

表2.11 工程总承包模式下业主方的设计深度

序号	业主完成设计深度	业主承担的设计工作
1	0～10%	业主不提供任何设计文件，仅详细描述项目的要求
2	10%～30%	业主提供方案设计，把详细设计交给设计—建造承包商完成
3	30%～50%	业主提供更为详细的设计文件

当业主使用工程总承包模式管理项目时，业主与总承包商承担的设计深度是可变的，可根据项目背景灵活选择所提供的设计深度，没有硬性规定。美国联邦建设委员会（Federal Construction Commission，FCC）的研究表明，业主参与设计比例不同，项目绩效的高低也不同，见表2.12。

表2.12 业主设计深度与项目绩效的关系

序　号	业主参与设计比例	项目绩效
1	15%或更少的设计	最差
2	完成15%～35%的设计	最优
3	完成超过35%的设计	中等

2. 依据业主方不同设计深度确定项目管控模式的依据

工程总承包项目管控过程中，不同设计深度的《发包人要求》对业主管控权的深度和强度具有显著区别。所以，在《发包人要求》编制策划中，要明确工程总承包项目前期设计条件下的项目管控差异，确定风险控制、质量控制、进度控制以及投资控制的总体原则，见表2.13。

表2.13 依据业主方不同设计深度确定项目管控模式的依据

项目管控模式的依据	业主方设计深度		
	仅有功能需求	完成方案设计	完成初步设计
发包范围与工作界面	设计、施工、试运行、保修等工作	初步设计、施工、试运行、保修等工作	施工图设计、施工、试运行、保修等工作
项目分解结构	业主完成设计深度较浅，项目分解结构特点符合可行性研究阶段清单特点，按照每平方米建筑面积综合价格设定投标最高限价	业主完成设计深度介于可行性研究和初步设计之间，按照不同专业工程设计特点来确定项目质量要求和对应的计价方式	业主完成设计深度较深，可以进行项目范围分解，设置工程专业质量标准，优先按照清单计价
功能要求	以设置总体要求为主，包括选材品牌等规定性要求	设置详细技术标准和验收标准，对主要设备和材料设置过程性指标要求	设置验收标准、过程性指标以批准的施工图要求为准
合同计价方式	采用单价计价据实结算	既可以采用单价合同，也可以在满足设计深度的条件下采用固定总价合同	以总价合同为主，辅之以单价合同
项目风险分担	会出现承包商在利益驱动下扩大项目建筑面积、超过投资估算约束的情况	既有可能出现工程量扩大风险，也有可能面临承包人仅满足项目最低技术标准的风险	承包商为了超额利润而降低建设标准、进行负向设计变更的风险
业主控制难点	主要针对项目范围模糊风险、工程量风险设置项目投资以及质量控制要求	重点提出投资控制、质量控制、风险控制要求	不同项目分解结构明确质量要求匹配计量计价规则，在投资目标约束下设置设计过程项目管理要求，强化对承包人设计方案的联动审核

3. 工程总承包项目控制系统设计要求

（1）不同设计深度下，工程总承包项目控制的依据和措施不同　在有设计方案无施工图和仅有功能要求的部分，承包人承担设计图准确性的风险。由于不同的设计深度涉及的质量控制标准的准则和依据不同，价格形成的依据也有不同，因此相对应的控制手段也存在较大差异。因此，发包人需结合自己的管理经验、风险管理能力、工程项目类型，以及承包商的设计管理水平等因素确定合理的设计分配比例，该比例对投标人的投标报价和设计质量会产生直接影响。

（2）发包人完成设计深度越浅，项目过程控制越关键　发包人完成的设计深度越浅，其质量标准的要求越体现出抽象性和原则性，因此，难以在合同签订阶段对具体的做法等进行详细约定，特别是房建工程的装修品质难以量化的因素较多的情况下，约定难度更大。相应地，发包人需要设置相应的过程性控制来实现质量和造价的控制，如增加对施工图设计和施工图预算的过程性审核，以充分满足发包人要求。

（3）工程总承包项目控制需要多专业协同　工程总承包模式下，承包人完成部分设计，并提供施工图预算等，因此，仅控制造价或仅控制设计标准难以实现质量标准和价格的有效管控。例如，可以由设计团队总体负责限额设计的实施，在设计过程中充分利用价值工程方法，对项目功能设计进行分析和调整，并组织各团队参与限额设计工作。工程监理团队也可配合设计团队对项目功能分析提供一定的建议。造价团队负责确定限额设计指标，并在限额设计实施过程中与设计团队进行充分沟通，进行成本分析和必要的调整，配合设计团队实现成本与功能之间的平衡。而项目管理团队总体负责限额设计的管理工作，进行限额设计工作中的有关决策，并对限额设计效果进行审查。

4. 提交的项目管控模式成果形式

项目管理策划需要依据招标范围和工作界面来明确风险分担原则和风险管理计划，同时需要确定投资控制总目标下的质量控制计划、进度控制计划，对承包人提交的设计文件确定审核标准和联动审核程序，重点控制造成承包人投标报价和施工图预算差异的项目风险。

（1）总控计划　业主应根据总体计划和各阶段详细计划监督项目的进展情况，并在出现偏差时采取必要的措施。项目计划是对项目的总体构思和安排，具体如图 2.12 所示。

（2）项目风险管理专项计划　工程项目的风险与项目投资、施工和使用是密切相关的，工程量越大、投资越大的项目，往往风险也越大。因此，在工程总承包项目管理中，风险管控是发承包双方都应当重视的一环。设立项目风险管理计划的目的就是确定如何应对各类风险，以及由谁来应对这些风险。项目风险管理包括风险的识别、分析、评估和应对等内容。项目风险管理计划的制订为分析整体项目风险或某类风险提供了基础和框架。项目风险管理过程如图 2.13 所示。

（3）招采专项计划　工程总承包项目不同于一般产品的生产过程，建设周期比较长，所耗费的成本也比较高。采购是工程总承包项目不可缺少的一个环节，对工程质量及企业经济利益均极其重要。工程总承包项目要想实现投资控制目标，就要加强对项目招标采购的管理，选择优质承包商和供应商，保证资金使用价值的高效性。因此，业主需要根据投资总控要求、施工进度要求、工程进度要求以及资金支付要求来进行合约分判，并在合约分判下，倒排工期去制订招采计划和各参建单位的进场计划，示例见表 2.14。

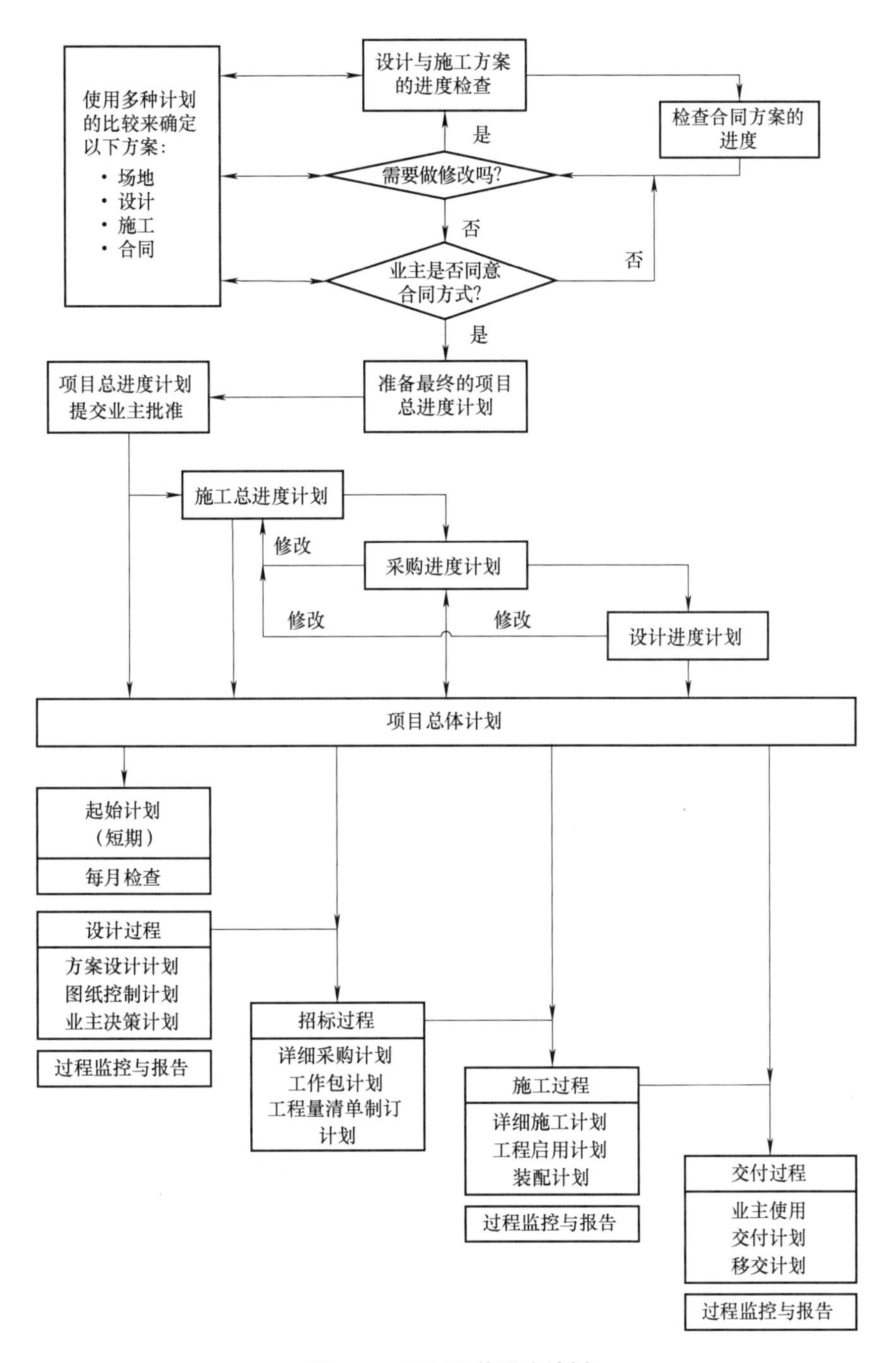

图 2.12　项目总体进度计划

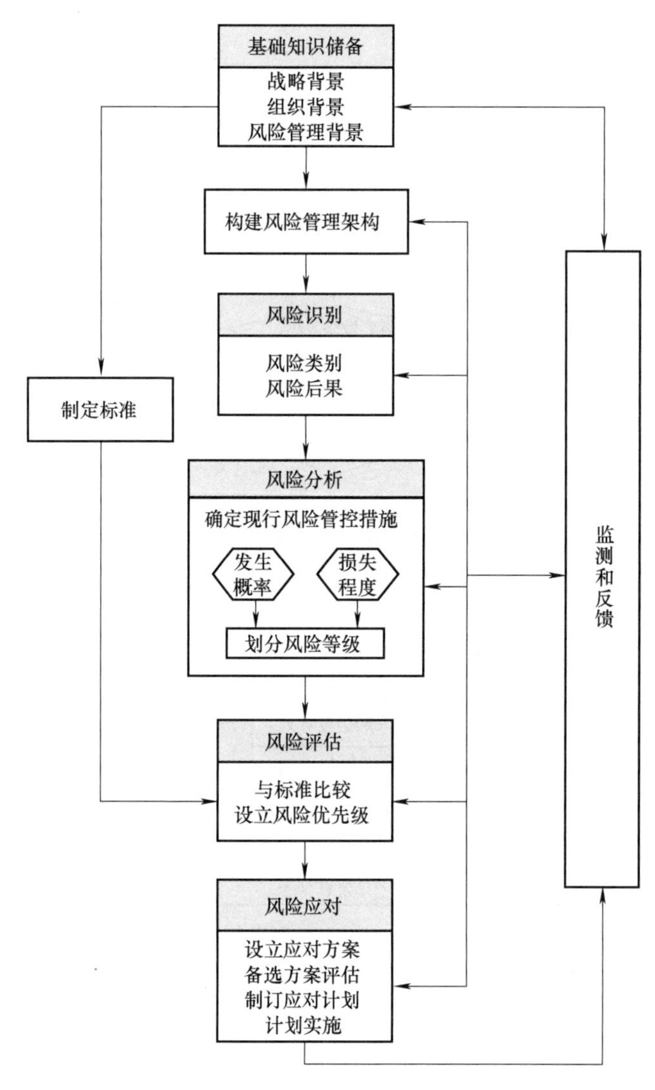

图 2.13　项目风险管理过程

（资料来源：Council of Standards Australia and Council of Standarda New Zealand，Risk Management，AS/NZS 4360：1995，p11.）

表 2.14　招采计划表（例）

合同包名称	工作范围描述	中标计划安排				招标计划安排		
		中标公示日期	中标公告日期	合同签订	预计进场日期	公告日期	公告日期	公开开标日期
全过程咨询	含全过程项目管理、工程勘察、工程设计、施工图审图、监理、全过程造价管理							
总承包工程								
EPC 总承包	初设后 EPC							

2.3 《发包人要求》编制的实施策略

2.3.1 《发包人要求》编制的通用模板

根据《建设项目工程总承包合同（示范文本）》(GF—2020—0216) 附件1《发包人要求》的规定，《发包人要求》共划分为功能要求、工程范围、工艺安排或要求（如有）、时间要求、技术要求、竣工试验、竣工验收、竣工后试验（如有）、文件要求、工程项目管理规定、其他要求等十一部分，结合工程总承包项目《发包人要求》编制策划列出三级框架。具体如图2.14所示。

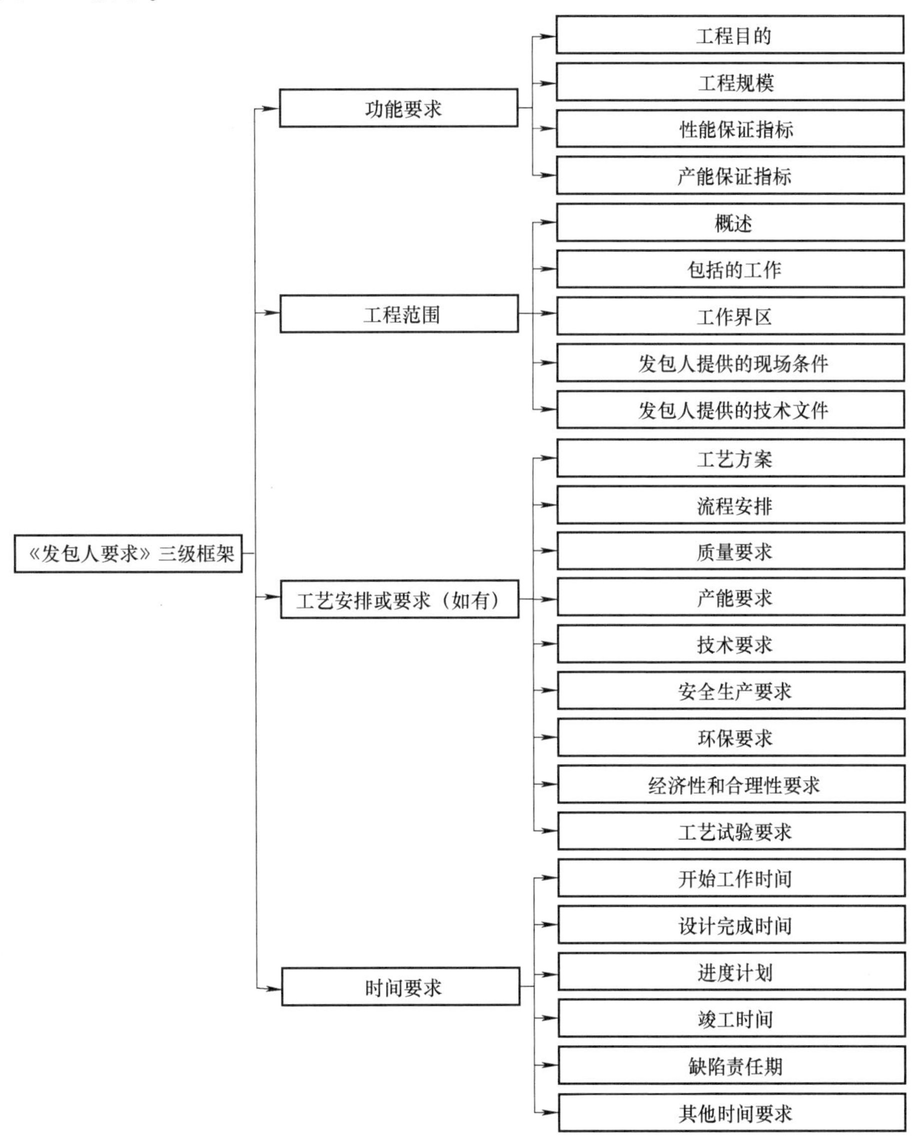

图2.14 基于《建设项目工程总承包合同（示范文本）》的《发包人要求》三级框架

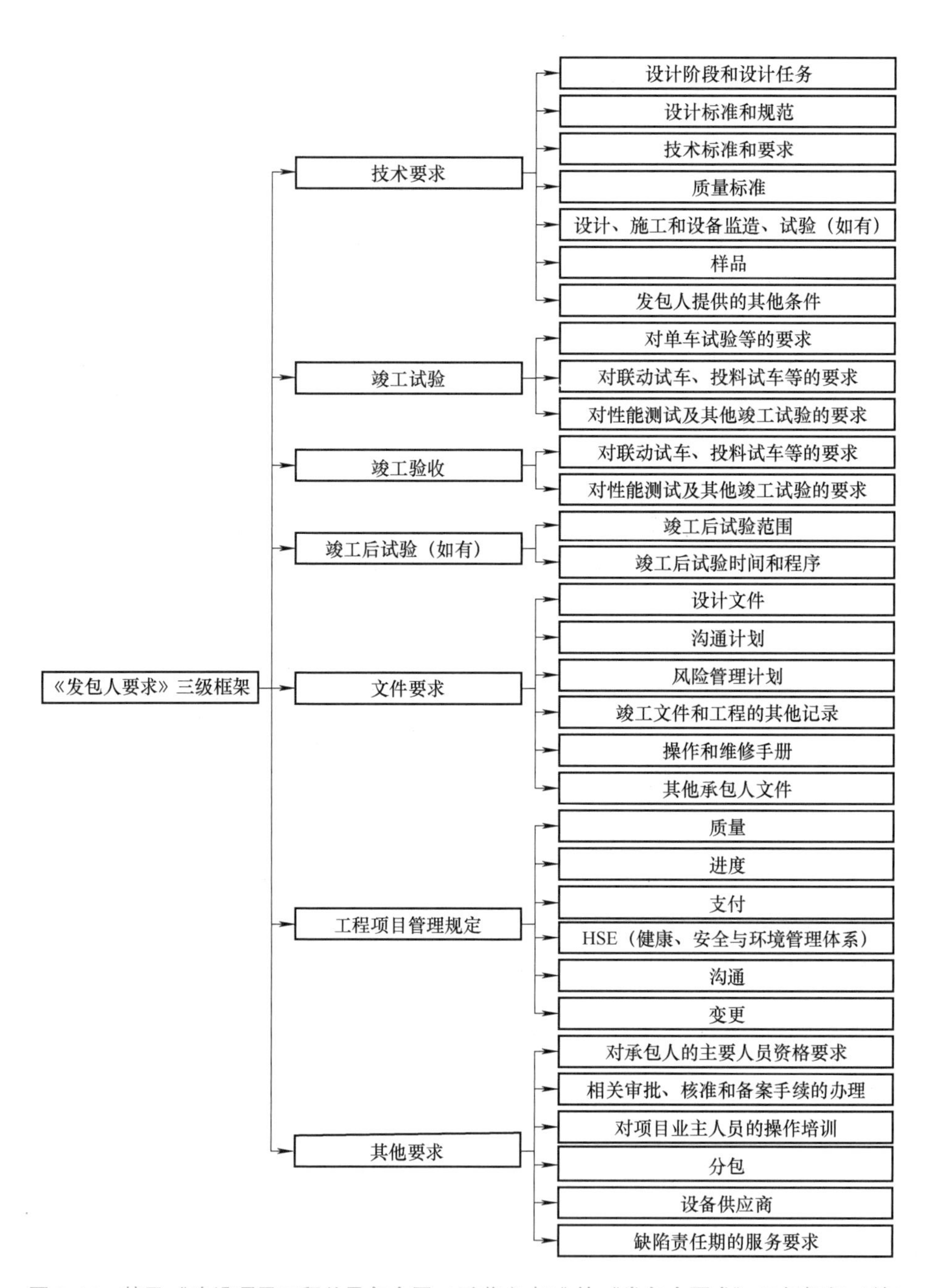

图 2.14　基于《建设项目工程总承包合同（示范文本）》的《发包人要求》三级框架（续）

2.3.2　《发包人要求》编制的合规性审查

根据现有的有关工程总承包合同示范文本及相关法规政策的表述理解，“发包人要求”指在建设项目工程发承包关系中，除了法律、规范、标准等的强制性规定以外，发包人对承包人和建设项目提出的各项要求。因工程总承包管理的特点和需要，对《发包人要求》编制过程的合规性审查进行总结，见附录 D，更便于各方，特别是承包人的理解执行。

2.3.3 《发包人要求》编制的决策原则

在工程总承包项目中，《发包人要求》既是承包人参与项目建设的重要基础资料及依据，也是投标人参与投标活动的指导性文件，对工程总承包项目后续的采购、施工过程起着重要指导作用。从国内相关政策的规定来看，工程总承包《发包人要求》一般包含了两个层面：第一是发包人建设意图的真实准确表达；第二是发包人最终验收的重要依据。可见，编制合理且可以执行的《发包人要求》是工程总承包模式推广和工程总承包项目运作中的关键。但是，工程总承包项目一般在可行性研究阶段或者初步设计阶段进行发包，此时没有详细的设计图或者只有初步设计图，极易造成"发包人要求"不明确、不具体，《发包人要求》编制质量不高，由此导致工程总承包后期工程变更以及投资失控等大量问题。因此，在文献分析的基础上得出以下《发包人要求》编制的决策原则：

1. 《发包人要求》基本要素描述要尽可能清晰

首先，《发包人要求》是在项目前期对项目产品交付内容和过程的定义，因此对项目产品界定的清晰性和对项目管理流程的准确性及其可信度都至关重要。其中，项目产品的定义既包括对项目产品技术要求的描述，也有设计的图形或者文字等加以表达，如图2.15所示。

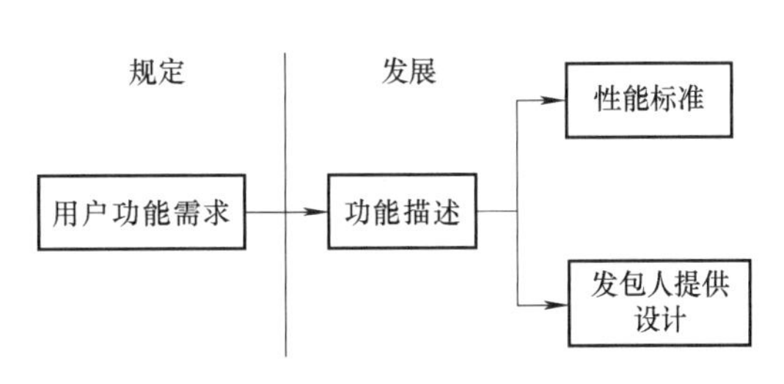

图2.15　项目产品的定义过程

从图2.14可知，项目产品的定义过程是根据用户功能需求，为每个需求创建一个功能描述，然后由设计建造商必须满足的性能标准组成，以满足需求，或者如果需求只有一个技术上可接受的解决方案，则由发包人提供设计。一旦这个过程完成，发包人已经有效地清点了项目的需求，并创建了满足这些需求的路径。因此，《发包人要求》中对性能标准的描述应尽可能清晰准确。对于可以进行定量评估的工作，《发包人要求》不仅应明确规定其产能、功能、用途、质量、环境、安全，还要规定偏离的范围和计算方法，以及检验、试验、试运行的具体要求。对于承包人负责提供的有关设备和服务，对相关人员进行培训和提供一些消耗品等，在《发包人要求》中应一并明确规定。如果《发包人要求》描述清楚，将极大地方便总承包商识别、理解项目实施运作要求，减少或避免由《发包人要求》模糊导致的变更、索赔，甚至投资失控等一系列问题的发生。

其次，业主方提供的设计图为详细程度最高的功能要求和质量标准内容。业主方提供的设计图要以拟建工程项目可行性研究报告为基础，也是投标人后续进行设计，提供设计方案，出具详细的施工设备清单以及施工图的基础。

2. 《发包人要求》基本要素必须能满足承包人报价

《发包人要求》作为工程总承包项目招标文件的重要组成部分，在整个项目的实施中起到至关重要的作用，是承包商投标报价的基础。田丽萍（2019）提出，承包人在研读招标文件时应该着重关注的几个关键点：①招标文件中给定的项目范围；②甲乙双方的工作内容边界所对应的职责划分；③技术标准。在总承包商投标报价过程中，设计方案及设计费用的确定、设备材料的选择、施工工艺确定及报价、质量控制及交工验收标准等都与投标报价密切相关，这与《发包人要求》的基本要素对应。

工程总承包项目一般在可行性研究阶段或者初步设计阶段进行发包，此时没有详细的设计图或者只有初步设计图，极易造成《发包人要求》不明确、不具体，从而导致无法为最终报价决策提供依据。若发包人在项目前期阶段对项目的功能要求和建筑实体有精细化的定义，就可以将明确的"发包人要求"写进招标文件中，以保证投标人能够在考虑项目需求结合自身能力的基础上对承包人报价予以响应。因此，建立与《发包人要求》一致的项目清单至关重要，其中"发包人要求"基本要素应清晰、准确地满足承包人报价。

3. 不同发包时点《发包人要求》编制的详尽程度应有不同

工程总承包模式下工程设计具有迭代性质，对合同工程的设计深化呈现螺旋上升态势，因此在不同业主方设计深度下《发包人要求》编制重点应有所区别。

（1）EPC 模式　FIDIC 银皮书合同条件中对"雇主要求"的相关内容表明了 FIDIC 起草者的立场，即在 EPC 模式下雇主应该仅提供基于功能的原则和基础设计，而非详细设计和技术规范。在银皮书合同条件下，强调鼓励和发挥承包商的技术优势，即便"业主要求"及工程技术参数指标要求都是由业主负责起草的，但仍然规定由承包商负责审查和验证其数据资料的准确性，除非另有约定，否则由承包商承担文件错误风险；而业主则仅负责工程预期目的及其性能指标的准确性。由此可以推出，业主应该关心的是建筑产品所能实现的功能，而非产品的具体构造，银皮书提倡工程总承包模式下的业主要求以功能为导向。对此，根据《FIDIC 合同指南》的官方解释："质量规定的措辞不应过细，以致减少承包商的设计职责；也不应过于不精确，以致难以实施；也不应依赖未来工程师或业主代表的观点，这会使投标人认为不能预计。"

（2）DB 模式　设计—施工（DB）总承包模式主要应用于房屋建筑和市政工程，发包时点在初步设计完成之后。《房屋建筑和市政基础设施项目工程总承包管理办法》第六条指出，只有建设内容明确、技术方案成熟的项目才可以采用工程总承包（DB）模式，《发包人要求》应列明项目的目标、范围、设计和其他技术标准，包括对项目的内容、范围、规模、标准、功能、质量、安全、节约能源、生态环境保护、工期、验收等内容的明确要求。可见，DB 模式下对《发包人要求》提出了较为详尽的要求，包括在施工期间必须成功通过检验的相关技术标准、形状、类型、质量、性能等量化指标，在竣工后项目如何进行运营和维护的用户手册等。这既是业主的要求，更是业主的需求。

4.《发包人要求》质量标准的编制要在绩效与规定之间寻求平衡

根据 Alistair Blyth 和 John Worthingto（2001）的研究，业主/客户要求需要在绩效与规定之间保持平衡，只要在中间区域，尽管绩效不一定是最高的，但是风险是最小的，如图 2. 16所示。

如图 2. 16 所示，《发包人要求》质量标准的编制是由绩效要求和规定要求两个部分组成的。

（1）绩效要求　本质是结果导向的，如功能需求、工艺指标参数、质量标准等核心指标。当业主需求仅有功能需求时，结果导向的需求一般就包括：设置总体要求，如设计目标、设计风格、噪声控制及音质效果等；设置相应的技术标准要求；设置相关的验收标准规范要求等。

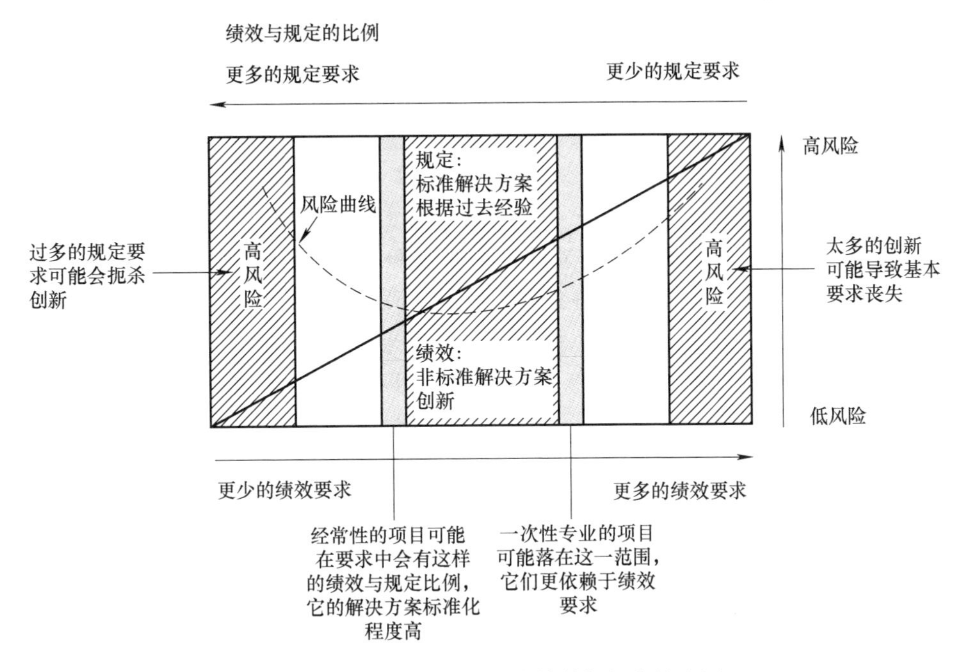

图2.16 《发包人要求》中绩效与规定的比例

(2) 规定要求　本质是一种过程和输入导向的控制标准。例如：针对不同功能区的关键材料和主要材料品牌等的详细要求；针对主要设备和相关材料、配套设备的品牌和档次等的详细要求。

在《发包人要求》编制过程中，这两个部分都包含在内。若《发包人要求》完全由规定要求组成，而缺少绩效要求，这种方案的特点是标准化程度高，容易遗漏、限制承包商的优化空间；反之，若《发包人要求》完全由绩效要求组成，这种方案的特点是没有标准化的解决方案，给创新留下了相对大的空间，但是也正因为这样，缺乏规定性要求，缺少对具体施工方案和关键材料设备的约束，项目执行过程中风险较大。

因此，应该依据项目需求和项目特征来设计绩效要求和规定要求的合适比例。比如，两者都用，出现冲突时，优先考虑绩效性要求；也可以针对不同的专业工程（如结构、装饰）、分部分项工程，采用不同的组合。这样，既能结合过往经验的标准化方案，又给创新留出空间，寻求项目绩效风险最低条件下的平衡方案。对于经常合作的客户，在过往合作过程中已经形成了有效的解决方案，且拟建项目依然适用的情况下，多采用标准性解决方案，因此，《发包人要求》的编制将包含更多的规定要求，将项目团队的创新能力重点放在可以提高绩效和降低成本的要素上；对于非专业业主或不经常合作或需要满足定制化需求的客户，则倾向于使用绩效比例更高的解决方案。

5.《发包人要求》的编制要考虑项目类型的特点

《发包人要求》体现发包人的建设目的，其重点在于明确工程项目的建设目标、能够达到的性能和产能、拟实现的社会经济效益等。工程目的明确了进行工程项目建设的出发点，也是《发包人要求》提纲挈领所在。以工程目的为例，基于不同的工程类型，该项要求编制时应根据项目各自的特点有所侧重。例如：保障房项目建设可以侧重建设目标和社会经济效益；工业项目建设可以侧重于性能和产能；港口、铁路建设等复杂度较高的项目，《发包人要求》更倾向于提供较大比例的设计工作等。所以，《发包人要求》的编制要适应不同项目类型的特点。

6. 编制原则应用案例

（1）背景情况　某大学扩建校园，由于现有的电力基础设施不足，需要在各个建筑物的详细设计完成之前为整个校园建造一个发电站。业主选择DB交付方式，发布了基于性能要求的《发包人要求》，仅详细说明了发电站的位置和未来建筑物所需负载。业主总体规划中没有足够的细节，业主在接近的价格范围内收到了许多投标文件。在与提交低成本方案的承包商的谈判过程中，业主开始质疑拟建的成品。因为业主无法确定承包商是否提出了电力线的确切位置，或者是否提交了“梯形图或单线”图纸。业主要求承包商承诺电力线的确切位置，但承包商认为，《发包人要求》允许更多的创新，并且承包商提出的解决方案更具成本效益。

（2）问题和讨论　业主很难接受承包商的建议，因此问题变成了：业主是否应该接受可能会变更的方案？还是业主应该发布另一个《发包人要求》，对电力线的位置有更多的规定要求？

（3）结果　由于该大学的设施管理部门使用DBB交付已有100多年的历史，他们很难放弃对设计细节的控制。于是，业主选择不承担这个风险，取消了招标，他们聘请了咨询公司来帮助他们制定了更具规定性的《发包人要求》和新的DB相关文件。然而，业主收到第二轮投标文件时，发现成本比第一次高出15%以上，而且业主因延迟采购而损失了大量时间和金钱。

（4）启示　本案例中，业主不愿意放弃对设计细节的控制权，也不相信承包商有能力提出更合适的方案，担心项目未来会产生重大变更，因此业主返回并修改了文件，反映了他们的风险承受能力。然而，业主为这种降低风险的做法付出了更高的代价。由此可见，业主采用工程总承包模式发包，应该明确项目将接受多少风险，以及对DB流程有多大信心。毕竟DB项目的好处之一是业主与一个集成团队签订合同，设计师和建筑商可以利用团队成员的优势开发真正具有成本效益的解决方案。

2.4 《发包人要求》编制案例

2.4.1 案例背景

贵州省遵义市生活垃圾焚烧发电项目为DB工程总承包项目，其中包含设计、施工总承包，红线范围内建筑物和构筑物及其配套工程的全部土建与安装等工程，直至竣工验收及整体移交、质量缺陷责任期内的缺陷修复等相关工作。发包时间为2022年5月。

贵州省遵义市生活垃圾焚烧发电项目已完成项目的可行性研究，“发包人要求”的功能定位在项目前期就已经基本确立，项目建设的条件及规模、主要工艺方案论证、工程方案设想在可行性研究报告中已有详细说明，但并未进行项目初步设计，不提供图纸。考虑到遵义市生活垃圾焚烧发电项目施工难度大、施工技术要求高、质量要求高等项目特点，该项目《发包人要求》需要对项目目标、项目范围、功能要求与质量标准、管控机制进行详细阐述，同时要重点阐述功能需求（配置标准）、品牌要求及品质标准，以此作为验收标准。

2.4.2 《发包人要求》编制策划要点

贵州省遵义市生活垃圾焚烧发电项目《发包人要求》编制策划主要包括以下几方面内容：

1. 项目目标

1）质量目标。设计质量符合现行相关规划设计和工程设计规范，并能通过相关部门的审查；施工质量达到相关工程施工与验收规范合格标准。

2）成本目标。遵义市东部城区生活垃圾焚烧发电项目DB工程总承包预算价362333086.00元（其中方案及工程设计费10800000.00元、建筑安装工程费351533086.00元）。

3）工期目标。计划工期为18个月（从桩基施工开始到通过72+24h试运行18个月）；开工日期为2020年7月01日；竣工日期为2022年12月31日。

4）安全文明目标。选用节能、环保、先进可靠的机组设备，应能达到改善工作环境的效果，确保安全、环保和文明生产。

5）运营性能目标。性能保证指标详见可行性研究报告。

6）维护目标。本工程缺陷责任期为2年，时间从启动验收委员会同意移交生产之日起算。国家对缺陷责任期另有明确规定，且缺陷责任期超过2年的，执行国家规定；试生产及缺陷责任期内，投标单位应配备充足的管理和技术工人以及辅助工，及时完成有关质量缺陷整改工作；试生产及缺陷责任期发现的投标单位工程范围内的有关设计、设备、施工、功能、性能等方面的质量问题和缺陷，投标单位必须及时组织进行处理和整改，并全部承担费用，不得影响正常生产。

2. 建设规模、项目范围的要求

1）建设规模。本项目建设规模为2250t/天，分两期建设。本期工程配置2台750t/天炉排炉式垃圾焚烧炉和2台25MW凝汽式汽轮发电机组，烟气处理工艺采用“SNCR+半干法（旋转喷雾塔）+干法（熟石灰喷射）+活性炭吸附+布袋除尘”（主厂房内预留SCR系统），设备运行时间不少于8000h/a。主蒸汽参数采用中温次高压6.4MPa，450℃。主厂房按3×750t/天焚烧线一次建成，一期建设2×750t/天垃圾焚烧处理线，预留二期1×750t/天焚烧线主要设备安装位置。

服务范围：遵义市主城，包括红花岗区、汇川区、播州区、新蒲新区。

2）项目范围。本项目为DB工程总承包，其中包含设计、施工总承包，红线范围内建筑物和构筑物及其配套工程的全部、与安装等工程。直至竣工验收及整体移交、质量缺陷责任期内的缺陷修复等相关工作。其中，设计招标范围：本项目全过程设计，含方案设计、初步设计（含初步设计概算）、施工图设计及工程建设过程中技术服务的相关事项，并按国家设计规范出具变更及设计图等。施工招标范围：红线内现状范围场地清理平整、土建、装修、设备安装调试、试运行、暖通、水电、强弱电（含智能化）、消防、进场道路及附属配套工程等。具体内容详见招标文件、图纸中所示全部内容。

3）项目结构分解结果。根据EBS和WBS对遵义市生活垃圾焚烧发电项目进行分解，得到初步分解结果。

3. 功能要求与质量标准

1）功能要求。功能要求即明确使用功能，多为定性要求，如功能需求、标准定位等。

2）技术参数。技术参数为总承包商需满足的最低限度的技术要求，为定量要求。

3）技术规格。技术规格包括国家级行业规范要求、总平面设计技术要求、建筑设计技术要求、结构设计技术要求、给水排水及消防设计技术要求、电气设计技术要求等，并规定建筑做法标准和推荐品牌表。

4）图纸。本项目为可行性研究/方案设计阶段招标，提供图纸深度要求：①主要工艺方案论证；②工程方案设想；③背景分析；④总平面图；⑤全厂工艺流程图；⑥区位图。

4. 项目管理计划安排

1）风险管理计划。发包人要求承包人加强对项目管理风险的管控，具体包括：合同风险的管控；对分包人的风险管控；设计—设备采购—施工—运营调控阶段全过程风险管控；制定项目管理办法。

2）质量控制计划。明确设计质量满足国家现行行业规范及标准要求；施工质量按照《电力建设施工质量验收及评价规程》（DL/T 5210）执行，达到合格标准；设备质量满足国家有关规定和合同及技术协议的要求。工程质量满足招标单位有关工程功能和性能的要求，达到遵义市优质建设工程的标准。

3）进度控制计划。投标单位应精心组织，保证工程进度，达到遵义市政府关于接收、处理垃圾的时间要求。合同签订后一个月内，招标单位将下发经过审批的里程碑进度计划。

4）投资控制计划。发包人的工程进度款按如下节点进行支付：承包人每月25日前向监理公司提交当月已完成合格工程量报表，经参建方核实后，发包人确认当月工程量支付审核报表，确认是否达到付款节点要求，在达到付款节点要求的15日内支付进度款。

5）设计审查计划。明确投标单位的设计责任、招标方设计审查的流程与责任；初步设计文件需要政府相关部门审核并批准的，招标方应当在审核同意投标方的设计报告后，向政府相关主管提交设计文件，投标单位应予以协助。

2.4.3 《发包人要求》成果文件

针对遵义市生活垃圾焚烧发电项目的各项需求，根据前文《发包人要求》策划的重点内容，充分考虑其设计深度和项目特点，确定《发包人要求》策划流程及重点内容，并依据《建设工程项目总承包合同（示范文本）》(GF—2020—0216) 对《发包人要求》的提纲格式，最终编制形成完整可用的《发包人要求》文件。成果文件见附录E。

第3章

工程总承包模式下项目发包价格的确定

3.1 工程总承包模式下发包价格确定的条件发生重要变化

3.1.1 发包价格确定面临的困境

工程价格的形成是工程项目建设活动的核心问题之一，通过招标投标方式，最终由市场形成价格，这其中包含发包价格、承包价格，以及由此形成的签约合同价格。在施工总承包（DBB）模式下，业主完成设计之后，首先确定的是工期和质量标准，然后通过招标，由承包人投标报价，中标的投标报价即为签约合同价格。在工程总承包模式下，由于发包阶段的施工图并没有设计完成，首先确定工期和招标限价，再通过招标形成签约合同价格，而此时与概算价格对应的质量标准是由项目目标、范围和技术要求决定的，更准确的质量标准需要随施工图设计深入逐渐细化。显然，较之传统模式，工程总承包模式下项目前期工作很难做到全面、具体和准确，确定发包价格时缺乏与施工图设计深度匹配的质量标准。因此，如何合理和准确确定工程总承包项目发包价格就成为工程总承包模式实施的一个难题。

为了解决这一难题，国内工程实践中发包人编制最高投标限价多采用“估算或概算下浮率”“模拟工程量清单”等计价模式（刘笑，2021）。但是，这些方法存在很多弊端，具体表现为：基于总价的概算下浮方式，概算子目比较粗略，对工程造价成本控制力度较弱，且存在管理粗放及安全性能较差等问题；模拟工程量清单区别于工程量清单，其“模拟”特性常导致该方法在实际操作过程中存在清单的缺漏项、承包商报价失衡等问题，究其原因，基于施工图的分部分项清单编码无法与工程总承包项目《发包人要求》形成统一。具体见附录F。因此，工程总承包模式下项目发包阶段工程计价规则需要重构，建立适合工程总承包项目的多层级工程量清单，满足在项目前期计价依据不足的条件下确定发包价格的市场需求。然而，仅仅构建多层级项目清单的结构还远远不能满足发包价格精确估算的要求，这其中的关键在于不同设计深度下工程总承包项目分解结构特征差异较大，与之对应的工程计价规则差异也很大。王忠礼（2019）认为，工程总承包模式下的建设项目招标，其项目分解结构应与招标依据及不同设计深度的图纸一一对应；罗菲（2021）从业主的多方清单功能需求出发，以满足工程总承包项目功能交付为目标，构建多层级工程量清单计价规范框架体系。

综上所述，工程总承包项目发包价格缺乏准确估算的条件，只有建立适配于工程总承包模式多层级项目清单，依据不同项目分解结构特征，将计量计价规则和质量标准绑定到合适程度的分解对象上，才具备项目参与方对工程价格进行估算的条件。因此，需从工程总承包模式下发包价格估算条件的重大变化分析入手，建立起工程总承包模式下发包价格确定的计价依据和计价方法。

3.1.2 发包价格确定的主要依据是《发包人要求》

在传统DBB发包模式下，业主委托设计单位完成的施工图设计，招标工程量清单、承包人投标所提供的施工计划和施工方案等共同构成合同的技术基础，也成为确定工程合同价格的基础，之后发承包双方可以基于工程量清单进行招标并形成签约合同价。而在工程总承包模式下，由于施工图还没有完成就已开始招标，工程总承包项目的工期、质量标准和价格确定的先后顺序发生了变化，招标文件的核心是《发包人要求》。然而，《发包人要求》的编制往往基于项目功能要求，需要给承包人设计保留合理空间，以绩效为导向确定设计、采购、施工质量标准。因此，《发包人要求》中的功能和质量标准具有一定的模糊性，会导致工程总承包发包价格确定的计价依据不足，也使得工程总承包模式下发包价格的确定面临较大的不确定性。

因此，应尽力落实和明确建设项目实施条件，尤其是明确项目功能质量标准体系，从而具备准确描述项目分解结构特征的条件，为下一步编制项目清单提供依据。首先，需要明确项目范围包括：①最终交付的工程系统范围，主要通过工程系统分解结构（EBS）表示；②项目行为系统范围，主要通过工程项目分解结构（WBS）表示。运用EBS与WBS二维分解技术，可以明确《发包人要求》中的工程范围。其次，明确项目分解结构的功能要求以及性能标准。一旦发包人确定了项目的功能目标，发包人就确定了必须满足的基本性能需求，以充分实现每个功能要求。每个性能需求将由一个或多个性能标准来定义，以满足性能需求。一旦业主确定了全部功能、要求和性能标准，那么便得到完整的项目范围。

3.1.3 发包价格确定的计价规则发生变化

在传统发包模式下，遵循量价分离的计量计价规则。传统发包模式采用的计价方式为工程量清单计价，即承包商根据市场情况进行自主定价，此种计价方式依据市场的变化而变化，通过市场的调节作用达到“量价分离”的效果。其中，量价分离的“量”主要体现在计价过程中的依据为工程量清单。其基本过程如下：根据通用的工程造价规则制定工程量清单项目的确定规则，然后从特定项目的施工图中抽取每个清单项目的具体数量，最后利用从多种渠道获得的大量工程造价信息和经济数据计算出项目的最终成本。在这个过程中，业主根据具体项目的施工图计算清单上每个项目的数量，对投标数量清单的准确性和完整性负责，并承担量的风险，而承包人则需根据业主提供的工程量结合企业自身所掌握的各种资料编制投标报价，承担约定风险范围内综合单价的风险。

在工程总承包模式下，遵循价格包含的计量计价规则。工程总承包模式下的“价格包含”原则，具体来说就是总承包人的报价应该被认定为是充分的，包含合同约定的工程范围内全部费用。除非合同中另有明确规定，合同价格应包括承包人完成合同规定的工作范围和内容所需的全部工程费用，不因情况变化而调整，合同价格就是总价合同价格。如果合同没有特别约定，合同总价不做调整（不考虑任何相关因素波动的影响）。如果业主要求发生变化，即如果是合同范围以外的项目，承包商可以要求业主为这一变化单独付款，即另行支付。DBB与工程总承包模式下工程造价计价规则比较分析见表3.1。

表 3.1 DBB 与工程总承包模式下工程造价计价规则比较分析

对比项	DBB 模式	工程总承包模式
施工图	有	无
计价模式	双轨并行	全过程工程量清单计价
清单	基于分部分项的工程量清单	基于项目分解特征的多层级项目清单
风险分担	量价分离原则	价格包含原则
计价类型	单价合同为主	总价合同为主
工程量计量风险	工程量偏差范围内据实结算，工程量偏差±15%范围外，可调	工程量偏差风险由承包人承担
工程计价风险	物价波动按合同约定调整	除合同中约定可以调整的内容外，所有工作内容的报价都包含在中标合同金额中

综上，工程总承包模式下建设项目初步设计完成后，招标人发布招标文件时不需要提供统一的工程量清单。为使招标投标人按照统一的计量计价规则编制计价文件，如采用工程量清单计价法，招标人应根据现行建设工程工程量清单计价计量规范要求及上述清单编码体系提供项目清单；投标人应当根据招标文件、详勘资料、经批复的初步设计文件及投标人深化设计文件、当地工程量清单计价计量规范实施细则、最高投标限价，自行计算工程量自主报价，并承担工程量和综合单价的风险。因此，工程总承包发包时，需要具备发包价格估算的充分条件，从而提高项目履约的效率和促使项目成功交付。

3.2 工程总承包项目的费用构成与计算

3.2.1 费用构成

与传统施工图设计完成后施工项目招标相比，工程总承包的费用构成明显要更为广义，会涉及建筑安装工程费之外更多的费用。由于是多阶段一并发包，工程总承包费用的构成更接近建设项目总投资的费用。国家、行业层面相继发布了工程总承包计价规则，如住建部2017年9月发布的《建设项目工程总承包费用项目组成（征求意见稿）》、中国建设工程造价管理协会2023年3月发布的《建设项目工程总承包计价规范》（T/CCEAS 001—2022）。根据相关计价规则，不同发包阶段工程总承包项目费用包含的范围有所区别。如研究试验费，在可行性研究阶段，发包的项目费用中包含全部的研究实验费；在方案设计阶段，发包的费用构成中，剔除了在可行性研究阶段建设方已支付的大部分研究实验费；而在初步设计阶段，发包的项目研究实验费仅包含部分费用。

我国部分省市也先后出台了有关工程总承包项目的管理办法及计价规则，如广西、四川、浙江等，大部分省市都将工程总承包项目费用构成分为建筑安装工程费、设备购置费、设计费、暂估暂列金额等。这种费用划分方式与工程总承包的项目清单相适应，符合市场行情，能够引导发、承包双方进行合理的风险分担，促进工程总承包行业的健康发展。根据相关文件，工程总承包费用由工程设计费、设备购置费、建筑安装工程费和工程总承包其他费四部分构成，所有费用均为包含税金的全费用。其中，工程总承包其他费包括工程总承包管理费和工程总承包专项费。设备购置费和建筑安装工程费合计为工程费用，是工程总承包管理费的计算基数，如图 3.1 所示。

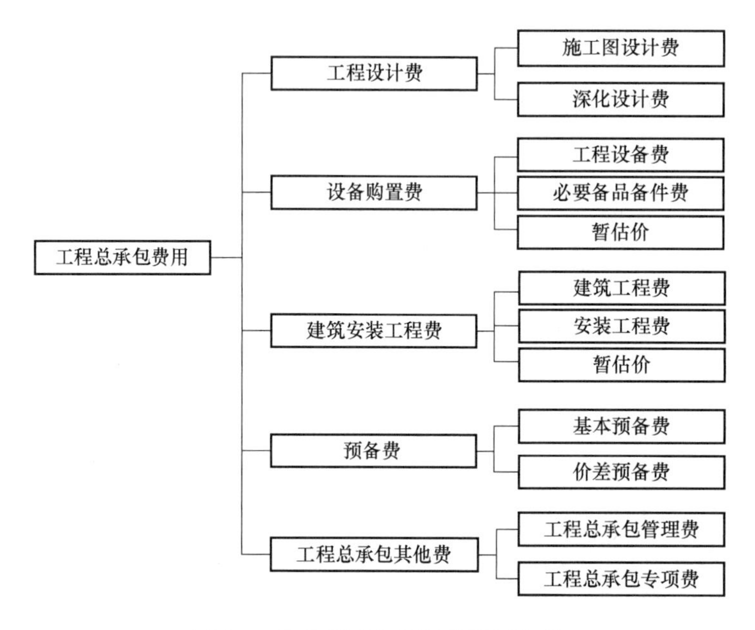

图 3.1　工程总承包项目的费用构成

（资料来源：《浙江省房屋建筑和市政基础设施项目工程总承包计价规则（2018 版）》）。

根据图 3.1，工程总承包项目各部分费用详述如下：

（1）工程设计费　承包人按合同约定完成建设项目工程设计所发生的费用，包括施工图设计费和深化设计费。

（2）设备购置费　承包人用于完成建设项目需要购置或者自制达到固定资产标准的设备费用，包括工程设备费和备品配件费，不包括应列入建筑安装工程费的工程设备的价值，具体应在招标时进行明确划分。

（3）建筑安装工程费　承包人用于完成建设项目的建筑、安装工程施工、交付及质量缺陷保修所需的费用，不包括设备购置费。此处需要特别指出的是，建筑安装工程费中可以包括暂估价。国内部分省市发布的工程总承包计价指导意见中给出了暂估价的定义，例如《杭州市房屋建筑和市政基础设施项目工程总承包项目计价指引》中指出：“暂估价是指由发包人在项目清单中给定的，用于支付必然发生但暂时不能确定价格的专业服务、材料、设备、专业工程的金额”。

（4）预备费　发包人为工程总承包项目预备并在合同中约定的用于项目建设期内不可预见的以及市场价格变化等而增加的，发生时按照合同约定支付给承包人的费用，包括基本预备费和价差预备费。其中，基本预备费是指由于工程实施中不可预见的工程变更及洽商、一般自然灾害处理、地下障碍物处理、超规超限设备运输等可能增加的费用。价差预备费是指为在建设期内利率、汇率或价格等因素变化而预留的可能增加的费用。

（5）工程总承包其他费　承包人在项目设计、材料设备采购、工程施工、项目管理中发生的协调、管理、服务费用，以及为配合项目实施发生的专项费用，包括工程总承包管理费和工程总承包专项费。不含已列入建筑安装工程费中的企业管理费和发包人应当委托并支付的第三方质量检测等费用。发包人应根据工程总承包项目的发包范围，对工程总承包其他费用予以增加或减少。

1）工程总承包管理费，指承包人用于支付给工程总承包管理人员的工资、办公费、办公场地租用费、差旅交通费、劳动保护费，以及组织招标、工程咨询、办理竣工验收等其他管理性质的费用。

2）工程总承包专项费，指承包人用于项目建设期为配合项目实施可能发生的专项费用。包括工程保险费、场地准备及临时设施费、BIM 技术使用费、管线迁改费、苗木迁移费、联合试运转费、引进技术和引进设备其他费、测绘费、专利及专有技术使用费等费用，根据工程实际按相关规定编列。

① 工程保险费，指承包人在项目建设期内对建筑工程、安装工程、机电设备和人身安全进行投保而发生的费用。它包括建设工程设计责任险、建筑安装工程一切险、人身意外伤害险等；不包括已列入建筑安装工程费中的施工企业的人员、财产、车辆保险费。

② 场地准备及临时设施费，指承包人为建设项目场地准备和搭设临时设施发生的费用。不包括已列入建筑安装工程费用的施工单位临时设施费。

③ BIM 技术使用费，指承包人通过 BIM 技术建立工程项目的三维模型，实现工程设计、施工管理、进度管控、运行维护等活动所发生的费用。

④ 管线迁改费，指承包人对工程范围内及周边的给水排水、电力、电信、燃气等管线及其附属设施的迁移改动所发生的费用。费用难以预估的，可列暂估价。

⑤ 苗木迁移费，指承包人为工程范围内的树木搬迁所发生的起挖、运输、栽植、养护等费用。费用难以预估的，可列暂估价。

⑥ 联合试运转费，指承包人在工程交付前，按照批准的设计文件规定的工程质量标准和技术要求，进行负荷联合运转所发生的费用。

⑦ 引进技术和引进设备其他费，指承包人用于引进技术和设备发生的未计入设备费的相关费用。

⑧ 测绘费，指承包人委托具有测绘资格的单位从事测绘活动产生的费用。它包括工程测量、基准放样、竣工测绘等工作内容；不包括已列入建筑安装工程费中的工程定位复测费。

⑨ 专利及专有技术使用费，指承包人在项目建设期内取得专利、专有技术、商标以及特许经营使用权发生的费用。

3.2.2 费用计算

工程总承包项目各项费用的确定，可根据项目实际，按以下规定执行：

1）工程设计费：发包人根据不同阶段发包的工作内容，按对应的总承包设计工作范围进行列支。若要对总承包人设计行为进行激励，需要更合理地设计取费方法，见 6.2.3 节。

2）设备购置费：按市场询价计取。费用包括设备原价、运杂费、采购保管费。其中，设备采购保管费可按设备原价的 0.2% ~0.5% 计取。

3）建筑安装工程费：根据发包范围采用不同的方式计算。

4）暂估价：具体数量和金额由招标人给定。暂估价总额一般不超过工程费用的 5%。广西对暂估价的计算做出了如下规定：项目招标时根据项目情况计算出暂估价的合理金额，实际过程将暂估价作为该部分项目的最高额度进行限额设计，并按实结算。

5）预备费：具体金额由招标人给定。其中，标化工地和优质工程暂列金额根据建设工程计价规则有关规定按要求等级对应费率计算，其余费用根据项目实际设置。预备费总额一般不高于工程费用的5%。预备费按下列规定使用：若采用可调总价合同，预备费由发包人掌握使用，余额归发包人所有；若采用固定总价合同，预备费可作为风险包干费在合同专用条件中约定归承包人所有。

6）工程总承包其他费，包含工程总承包管理费和工程总承包专项费。可按如下计取：①工程总承包管理费，以工程费用为计算基数，按费率差额分档累进计取。②工程总承包专项费，按相关规定或根据项目实际计列。

工程总承包发包费用测算方法详见附录G。

3.3 工程总承包模式下发包价格确定的计价依据

3.3.1 工程总承包项目清单计价规则

1. 基于DBB的工程量清单计价规则的建立

DBB模式即设计—招标—建造模式是我国现行的工程量清单计价体系适用的主要模式。DBB模式最主要的特点是项目的建设必须按照“设计—招标—建造”的程序进行，即设计完成后才能开始招标，而项目的实施也要在招标工作完成后才能进行。DBB模式下，业主可先将可行性研究、机会研究等项目前期的准备工作委托给咨询单位或者建筑师，待评估立项后选择相关设计单位完成项目的设计工作，随后以施工图为主要依据编制招标文件，开展招标工作，最后通过竞标的方式选择符合各项要求的承包商。通常情况下，承包商会经业主同意后，将部分非主体的施工任务交由其他满足资质条件的分包单位，且分包单位只对承包商负责，而承包商需要对业主负全责。

工程量清单计价采用的是市场计价模式，是由企业自主定价，实行市场调节的“量价分离”的计价模式。它根据招标文件统一提供的工程量清单，将实体项目与非实体项目分开计价。其中，实体性项目采用相同的工程量，由投标企业根据自身的特点及综合实力自主填报单价；而非实体项目则由施工企业自行确定。采用的价格完全由市场决定，能够结合施工企业的实际情况，与市场经济相适应。工程量清单的编制程序如图3.2所示。

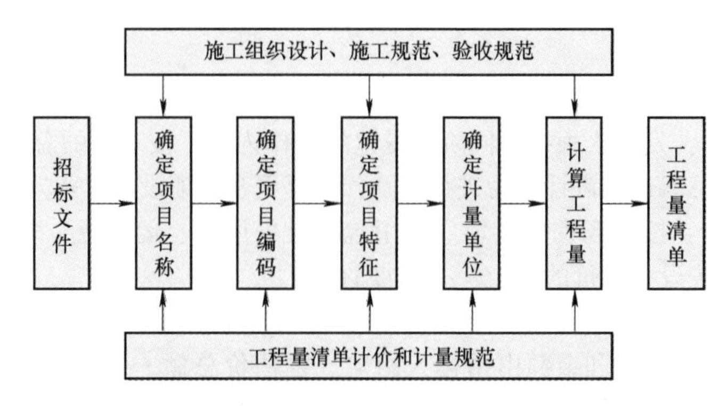

图3.2 工程量清单的编制程序

基于施工图的工程量清单计价的基本过程可以描述为：在统一的工程计算规则基础上，制定工程量清单项目设置规则，根据具体工程的施工图计算出各个清单项目的工程量及做出特征描述，再根据各种渠道所获得的工程造价信息和经济数据计算得到工程造价。业主根据具体工程的施工图计算出各个清单项目的工程量，承担量的风险。而投标报价是在业主提供的工程量计算结果基础上，承包人根据企业自身所掌握的各种信息、资料，结合企业定额编制得出的，并承担价的风险。工程量清单的应用程序如图 3.3 所示。

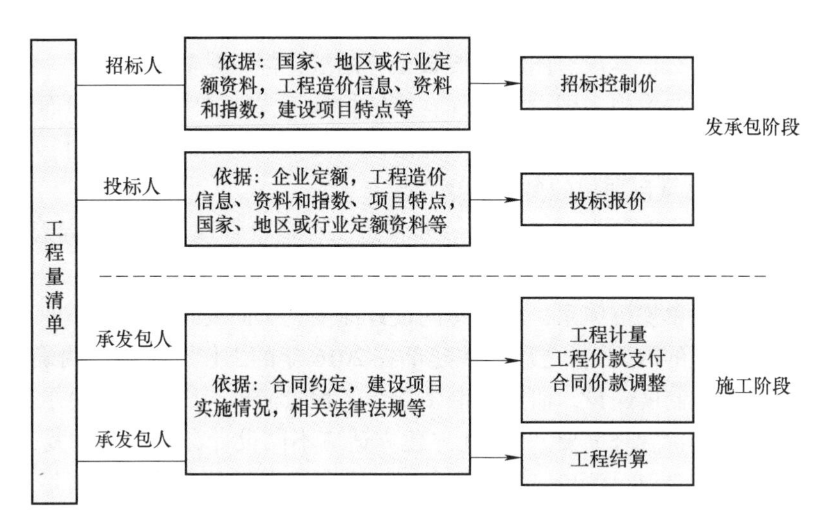

图 3.3　工程量清单的应用程序

工程量清单计价的基本原理可以描述为：按照工程量清单计价规范规定，在各相应专业工程量计算规范规定的清单项目设置和工程量计算规则基础上，针对具体工程的施工图和施工组织设计计算出各个清单项目的工程量，根据规定的方法计算出综合单价，并汇总各清单合价得出工程总价。

分部分项工程费 = Σ(分部分项工程量 × 相应分部分项工程综合单价)

措施项目费 = Σ 各措施项目费

其他项目费 = 暂列金额 + 暂估价 + 计日工 + 总承包服务费

单位工程造价 = 分部分项工程费 + 措施项目费 + 其他项目费 + 规费 + 税金

单项工程造价 = Σ 单位工程造价

建设项目总造价 = Σ 单项工程造价

其中，综合单价是指完成一个规定清单项目所需的人工费、材料和工程设备费、施工机具使用费和企业管理费、利润，以及一定范围内的风险费用。风险费用隐含于已标价工程量清单综合单价中，用于化解发承包双方在工程合同中约定的风险内容和范围的费用。

2. 基于施工图设计深度的工程量清单的适用性分析

我国现行的工程量清单计价模式只适用于设计与施工相分离的传统的发承包模式，并不适用工程总承包模式。其原因主要体现在以下几个方面：

1）基于施工图的工程量清单计价模式下，一方面，工程量清单和投标报价这两项工作成果，其完成的重要依据即现行的工程量清单计量规范，是在施工图的基础上进行编制的；另一方面，工程量清单的编制是业主在拿到设计单位提供的施工图之后才自行或者委托工程造价咨询机构完成的，所以现行的工程量清单计价模式只适用于设计与施工完全分开，即传统的 DBB 项目。

2）基于施工图工程量清单清单计价模式体现的是包括人工费、材料费、施工机具使用费、企业管理费、利润税金在内的建设安装工程费用。而工程总承包模式下，费用范围更广，如工程勘察费、工程设计费、设备及工器具购置费等项目前期的相关费用。

3）基于施工图的工程量是按照工程中最基本的内容——分项工程进行设置的；而工程总承包模式下，建设项目的招标工作往往是在可行性研究、方案设计或者初步设计完成后才进行的，招标文件中要么根本没有图纸，要么虽有图纸，但只是对项目做了一些大概的规划和设计，其设计深度无法像施工图设计一样，能够将施工构件的大样或者屋面的做法等具体细节表示出来，以至于工程总承包项目清单无法以分项工程为基础进行编制。

3. 构建适合工程总承包项目的多层级项目清单

2014 年 9 月，住建部发布的《关于进一步推进工程造价管理改革的指导意见》中指出："完善工程项目划分，建立多层级工程量清单，形成以清单计价规范和各专（行）业工程量计算规范配套使用的清单规范体系，满足不同设计深度、不同复杂程度、不同承包方式及不同管理需求下工程计价的需要"。之后，住建部在 2016 年的工作要点中又明确提出："需加强工程造价管理改革和制度建设。研究编制多层级工程量清单，满足工程总承包等不同工程建设组织方式对工程造价管理需要。"因此，建立适应不同设计深度、不同复杂程度、不同工程总承包模式的多层级项目清单，完善现行的工程量清单计价模式，是满足建筑市场发展要求、完善国家相关规范的前提。

工程总承包项目多层级项目清单从纵向和横向两个维度进行结构设置，在横向以设计的不同阶段进行划分，纵向以建设工程的分类进行划分。

首先是横向维度按照设计阶段划分。业主可以在项目的可行性研究报告被批准后，将其剩余的设计、采购、施工等过程委托给承包商，也可以在项目的可行性研究和方案设计完成后，将初步设计、采购、施工等工作委托给承包商，或者在项目的可行性研究和初步设计完成后，将施工图设计、采购、施工等工作委托给承包商，见表 3.2。

表 3.2　工程总承包分阶段工作表

序　号	招标阶段	总承包商的工作范围
1	可行性研究报告被批准	方案设计、初步设计、施工图设计、采购、施工总承包
2	方案设计完成	初步设计、施工图设计、采购、施工总承包
3	初步设计完成	施工图设计、采购、施工总承包
4	施工图设计完成	采购、施工总承包

然后是纵向维度按照工程类别划分。由于《建设工程分类标准》（GB/T 50841—2013）将建设工程按使用功能分为铁路工程、煤炭矿山工程、林业工程、石化工程、公路工程、房屋建筑工程、民航工程、水运工程、粮食工程、水利工程、水电工程、商业与物资工程、市政工程、建材工程、海洋工程、农业工程等，因而多层级工程量清单也可参照《建设工程分类标准》对建设工程的分类进行划分（赵梦怡，2017）。

纵向与横向二维构成了多层级项目清单，如图 3.4 所示。

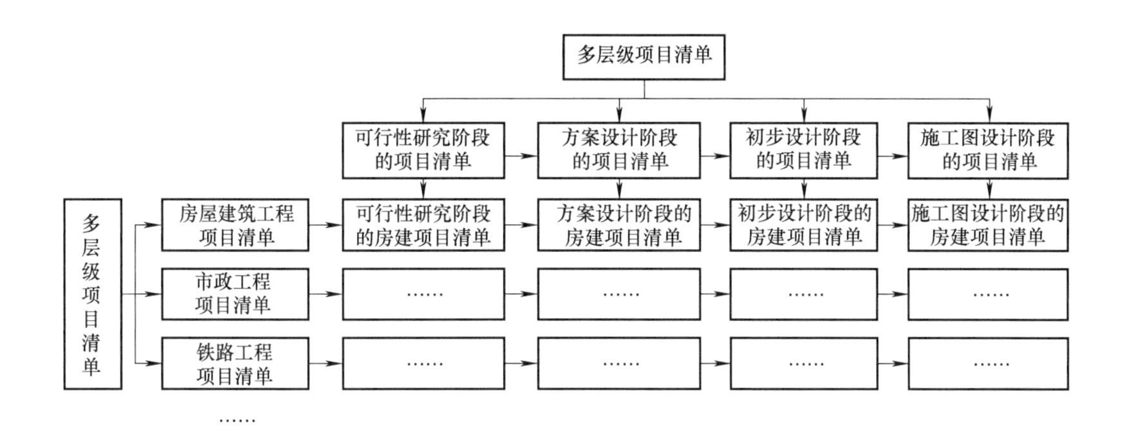

图 3.4 多层级项目清单

可见，工程总承包模式下不同的招标阶段，招标依据和图纸的设计深度不一样，所对应的项目清单也应不尽相同。其中，在可行性研究完成后进行招标的工程总承包项目，可建立可行性研究阶段的项目清单；方案设计完成后进行招标的工程总承包项目，可建立方案设计阶段的项目清单；初步设计完成后进行招标的工程总承包项目，也能建立初步设计阶段的项目清单（王忠礼，2019）。当施工图设计完成后，可以编制建设工程工程量清单，但这一清单属于施工招标范畴，本书不予考虑。

3.3.2 工程总承包项目多层级项目清单的格式

1. 可行性研究完成后的工程项目清单

可行性研究阶段的工程总承包，招标人的招标依据是可行性研究报告，投标人的投标范围包括方案设计、初步设计、施工图设计、施工总承包等。虽然此阶段业主未能在招标时提供设计图，但根据可行性研究报告中关于建筑的规模和组成，至少能确定单项工程的个数。因此根据可行性研究报告和项目的功能需求，可编制可行性研究阶段的项目清单。

在可行性研究阶段，完成一个清单项目所需的具体工作和操作程序无法通过设计内容得以明确，所以可行性研究阶段工程量清单的内容构成就是项目清单所包含内容。

在可行性研究阶段，单项工程种类较多，不易分类归纳，项目只能按照建筑特点来划分，且现行工程量清单项目编码体系不包括对建设工程特点的编码设置。因此，为了更好地适应工程总承包项目，可行性研究完成后的项目清单编码应由两级编码组合而成，如图 3.5 所示。

如图 3.5 所示，第一级为专业工程分类码，采用《建设工程分类标准》（GB/T 50841—2013）对建设工程按使用功能进行分类，如房屋建筑工程对应字母 A；第二级为房屋类型分类码，由两位阿拉伯数字组成。

2. 方案设计完成后的工程项目清单

方案设计阶段的工程总承包，招标人的招标依据是规划通过的方案设计，投标人的投标范围包括初步设计、施工图设计、施工总承包等过程。虽然本阶段业主提供的图纸反映的只是建筑的轮廓性内容，但项目的工程量可按照设计图以建筑面积计算。所以，根据工程的方案设计和功能需求，再依据一定的计量标准，可编制方案设计阶段的项目清单。

方案设计阶段工程量清单功能需求的描述必须满足方案设计阶段工程总承包的招标要求，为招标单位提供编制最高投标限价的依据。功能需求反映的是项目清单的实质内容，一方面能够直接影响工程实体的价值，另一方面可以区分同一清单下项目名称类似或相同的清单项目。所以，在描述功能需求时必须将影响工程实体及价值的内容表述清楚。因此，方案设计完成后的项目清单编码应由四级编码组合而成，如图 3.6 所示。

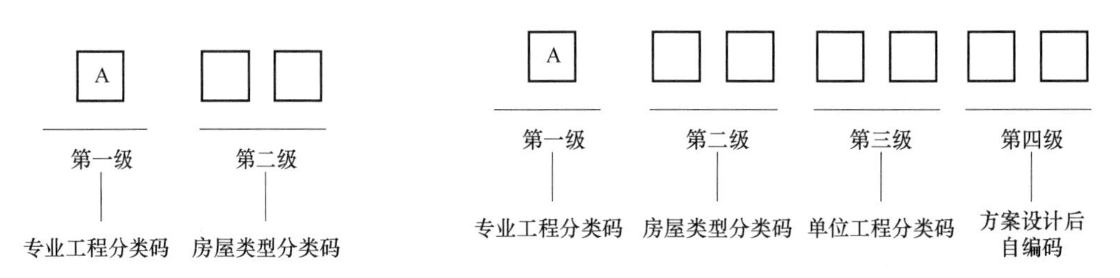

图 3.5　可行性研究完成后的建筑工程项目清单编码　　图 3.6　方案设计完成后的建筑工程项目清单编码

如图 3.6 所示，第三级为单位工程分类码，由两位阿拉伯数字组成；第四级为方案设计后自编码，由两位阿拉伯数字组成，在同一个建设项目存在多个同类单项工程时使用，如不存在多个同类单项工程时，自编码为 00。

方案设计完成后的项目清单应按规定的项目编码、项目名称、计量单位和工程量计算规则进行编制。

3. 初步设计完成后的工程项目清单

初步设计阶段的工程总承包，招标人的招标依据是经批准的初步设计，投标人的投标范围包括施工图设计、施工总承包等。在本阶段，项目的主要工程量能够按照相应的计量标准计量，因而根据初步设计图，结合功能需求，再按一定的计量标准，可编制初步设计阶段的项目清单。

初步设计是建筑最终设计结果的前身，相当于“草图”，其深度要满足如下要求：①能根据此设计确定土地征用范围；②能根据此设计进行主要设备和材料的准备工作；③能根据此设计开展施工的准备工作。所以，建筑工程项目清单编码需详细且清晰明了地表达出项目构件的类型，以达到使发承包双方在同一平台对话的目的。

初步设计完成后的项目清单编码应由七级编码组合而成，如图 3.7 所示。

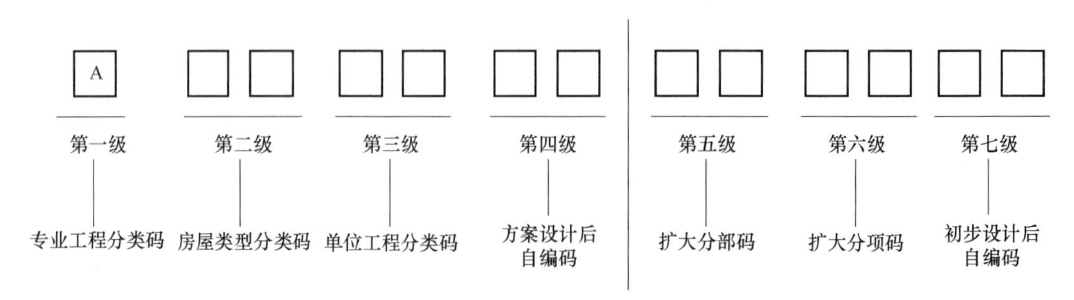

图 3.7　初步设计完成后建筑工程项目清单编码

如图 3.7 所示，第五级、第六级为扩大分部分项码，进一步对相似项目进行分类，以达到区分计量的目的；第七级为初步设计后自编码，由两位阿拉伯数字组成，在同一扩大分项存在多种情况时使用。

初步设计完成后，项目清单应根据表3.3中规定的项目编码、项目名称、计量单位和工程量计算规则等进行编制（以土石方工程为例）。

表3.3 初步设计阶段的建筑工程项目清单

项目编码	项目名称	计量单位	工程量计算规则	工程内容
A××10××0101	平整场地	m^2	按建筑物首层建筑面积计算	包括厚度≤±300mm的开挖、回填、运输、找平
A××10××0102	竖向土石方开挖	m^3	按设计图示尺寸以体积计算	包括竖向土石方（含障碍物）开挖、运输、余方处置
A××10××0103	竖向土石方回填	m^3	按设计图示尺寸以体积计算	包括取土、运输、回填、压实
A××2×××0201	基础土石方开挖	m^3	按设计图示尺寸以基础垫层水平投影面积乘以基础开挖深度计算	包括基底钎探、地下室大开挖、基坑、沟槽土石方开挖、运输、余方处置
A××2×××0202	基础土石方回填	m^3	按挖方清单项目工程量减去埋设的地下室及基础体积计算	包括基坑、沟槽土石方回填、顶板回填、取土、运输
A××2×××0203	房心土石方回填	m^3	按设计图示尺寸以体积计算	包括房心土石方取土、运输、回填

注：1. 建筑物场地厚度≤±300mm的开挖、回填、运输、找平，应按本表中平整场地项目编码列项。
2. 竖向土石方开挖包括建筑物场地厚度>±300mm的竖向布置挖土、石及淤泥等，山坡切土、石及淤泥、石方爆破等；竖向土石方回填包括土方运输、余方处置等。

3.3.3 构建与《发包人要求》统一的项目清单

在工程总承包模式下，招标可以在可行性研究后、方案设计后、初步设计后进行，以上阶段均不具备施工图出图条件，因此，工程总承包项目招标人发布招标文件时并不需要提供统一的工程量清单，而是依据《发包人要求》列明的工程目的、工程范围、设计以及其他技术标准和要求来编制项目清单；然后依据发包范围确定项目清单中应包括的费用构成，并选用合适的造价数据编制最高投标报价。因此，工程总承包模式下发包价格确定的计价依据主要是项目清单、发包范围内的费用构成以及造价信息。

1. 项目清单

在工程总承包模式下，招标人提供的项目清单实质上是《发包人要求》的细化和量化。招标人需要依据《发包人要求》列明的工程范围、功能及质量标准、项目控制模式来编制项目清单。主要体现在以下几方面：

1）项目清单编制要与《发包人要求》的设计深度相对应。工程总承包建设项目的发包时点不同、各阶段设计深度不同，从而导致各阶段项目清单也不同，应构建与不同设计深度的《发包人要求》统一的项目清单，分别建立可行性研究阶段的项目清单、方案设计阶段的项目清单以及初步设计项目清单。

2）依据《发包人要求》中项目功能质量标准来匹配计量规则。一般来说，当建设项目设计深度足够时，其项目分解结构层次越多，特征的差异性越小，一旦项目可以分解为基本构造要素，就能计算出基本构造要素的费用。而在可行性研究阶段或方案设计阶段，项目分解结构的共性少，差异性大，计价子目需描述的特征内容增加，此时分部分项工程的清单编制方法不再适用。

3）依据《发包人要求》中的项目分解结构特点来选择合同计价方式。工程总承包项目设计深度不同，导致在项目可行性研究阶段《发包人要求》中功能质量标准主要是以总体性能要求描述为主。而在初步设计完成后，《发包人要求》中包含了设计、施工和验收等质量标准。因此，工程计量计价规则需要与项目分解结构特征匹配。

综上，业主依据招标文件中《发包人要求》中的发包时点、发包范围、项目功能要求和质量标准以及项目分解结构特点，结合《建设工程总承包工程量计算规范（征求意见稿）》，确定拟建多层级项目清单对应的清单项目设置并明确其所对应的计量计价方式，据此完成项目清单编制。具体比较见表3.4。

表3.4　多层级工程项目清单设置构成与层级划分

比较项		发包人要求的设计深度		
		可行性研究阶段工程项目清单	方案设计阶段工程项目清单	初步设计阶段工程项目清单
发包人要求的核心要素	发包范围	设计、施工、试运行、保修等工作	初步设计、施工、试运行、保修等工作	施工图设计、施工、试运行、保修等工作
	项目分解结构	项目分解结构特点符合可行性研究阶段项目清单的特点	按照不同专业工程设计特点来确定项目质量要求	大部分项目可以分解到扩大分部分项，设置工程专业质量标准
	项目功能要求和质量标准	制定总体要求为主，包括选材规格等规定性要求	制定详细技术标准和验收标准，对主要设备和材料设置过程性指标要求	制定验收标准、过程性指标以批准的施工图要求为准
项目清单编制要素	清单项目设置	单项工程	单位工程	扩大分项工程
	清单计算规则	（1）根据合同文件中标明的面积进行计算 （2）根据合同文件中标明的数量进行计算	（1）按建筑面积计量的，根据《建筑工程建筑面积计算规范》（GB/T 50353—2013）进行计量 （2）不按建筑面积计算的，按设计图进行计算 （3）根据现场条件要求，对工程量进行初步估计 （4）按设计图进行计算	（1）对于主要构件，按照图纸上显示的构件尺寸计算构件的净数量 （2）对于装饰项目，按图纸尺寸和说明进行计算 （3）对于装配工程的主要项目，按照原始图纸上的主要项目或材料清单记录工程量 （4）对于管道、阀门、电线、电缆等不能计入装配工程的项目，应按系统所覆盖的面积计算工程量
	综合单价形式	采用单价计价据实结算，按照每平方建筑面积综合价格设定投标最高限价	既可以采用单价合同也可以在设计深度满足条件下采用固定总价合同	以总价合同为主，辅之以单价合同，优先采用清单计价

2. 匹配与发包范围一致的发包价格费用构成

工程总承包项目可根据项目特征和业主需求选择发包时点，在不同时点发包的项目业主方参与设计比例不同决定了不同的发包范围，当然也就意味着承包商承包工作范围不同，工程总承包费用构成内容也不相同。《建设工程总承包计价规范（征求意见稿）》第5.2.5条规定：①在可行性研究或方案设计后发包的，发包人宜采用投资估算中与发包范围一致的同口径估算金额为限额；②在初步设计后发包的，发包人宜采用初步设计概算中与发包范围一致的同口径概算金额为限额。可见，发包价格的费用构成也与发包范围匹配。

一般而言，初设后发包价格的费用由设计费、设备购置费、建筑安装工程费和总承包其他费四部分组成。在初步设计完成时，很多勘察资料并不一定完善，容易出现难以明确项目特征的工程，以及一些在初步设计中没有明确的项目，如地下工程、地基处理、竖向土方平整、边坡支护等。这些项目在发包时双方均无法比较客观合理地测算合同价格，如果此时机械依据“价格包含原则”采用固定总价包干的方式进行发包，在所约定的固定总价与完成工程的实际成本加合理利润偏差严重的情况下，对于发承包双方而言都是一种巨大的风险。此时应该将工程总承包项目发包价格中的建筑安装工程费分为固定总价包干和暂估价。根据项目分解结构特征能够计算工程量的项目，采用总价包干；而不能固定的部分可设置暂估价，采用单价计价，其中综合单价以设计部门设定的综合单价为准，工程量据实结算，但是该部分总价不得超过设置的最高投标限价。

3. 对应设计深度选用合适的工程造价数据

由于项目之间的差异性，计价子目的项目特征内容越多、描述越具体详细，会造成估算、概算及概算定额编制时可使用的样本数据过少，从而使得计价依据的编制和发布缺乏代表性，其动态实时调整的难度也越大。因此，需要提供不同类型、不同详细程度的造价指标，为建设工程的市场化定价提供参考。例如，初步设计完成后工程总承包项目建筑安装工程费的编制，应正确反映建筑市场现行价格水平，不应过高或过低，根据设计深度及项目分解结构的不同，按照专业计量计价所需要的造价数据，将各专业划分为四种造价数据类型，以求提高准确度、降低误差。因此，不同设计深度下进行项目投资目标成本估算，所需要用到的造价数据不同，见表3.5。

表3.5 不同设计深度下项目分解结构的造价数据类型构成

造价数据	完成可行性研究，仅有功能需求，业主完成设计深度较浅	完成方案设计，业主完成设计深度介于可行性研究和初步设计之间	完成初步设计，业主完成设计深度较深	完成施工图设计
类似项目造价指标	√			
投标价格指数	√	√	◎	
分部分项工程造价指标	√	√	◎	
含量指标	√	√	◎	
市场综合单价	√	√	√	√
市场人工、材料（设备）价格		◎	√	√
人工、材料（设备）价格指数		◎	√	√
图纸算量		◎	√	√
建造标准				√

注：√表示主要数据；◎表示辅助数据。

3.4 可行性研究完成后工程总承包项目最高投标限价的编制

3.4.1 基于大数据的投资估算指标编制

1. 投资估算指标的分类

投资估算指标是编制项目建议书和可行性研究报告阶段投资估算的主要依据，按表现形式和用途可将其分为两大类：一类为综合指标，另一类为分项调整指标。

综合指标是编制项目建议书阶段投资估算的基础和主要依据，常用于项目经济上的研究、项目的选择及其合理性研究。综合指标的表现形式如图 3.8 所示。

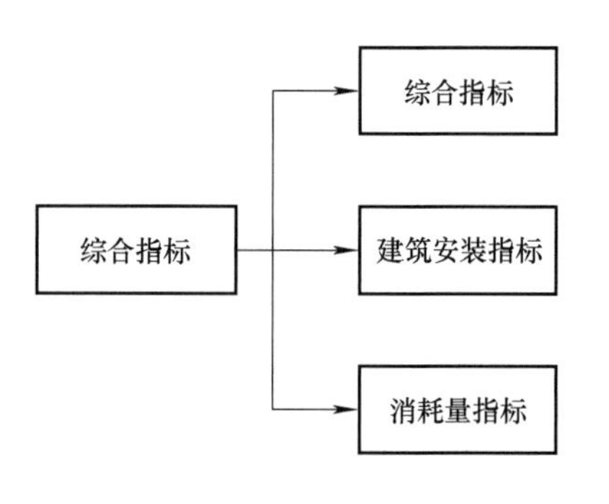

图 3.8　综合指标的表现形式

以装配式混凝土工程投资估算综合指标为例，见表 3.6。

表 3.6　装配式混凝土工程投资估算综合指标

序　　号	项　　目	单　　位	金额（元）	占指标基价比例
	指标基价	元/m^2	3717.47	100%
一	建筑工程费	元/m^2	3078.65	83%
二	安装工程费	元/m^2	0.00	0%
三	设备购置费	元/m^2	0.00	0%
四	总承包其他费	元/m^2	461.80	12%
五	基本预备费	元/m^2	177.02	5%
建筑安装工程单方造价				
	项 目 名 称	单　　位	金额（元）	占建筑安装费用比例
一	人工费	元/m^2	610.51	20%
二	材料费	元/m^2	1588.10	52%
三	机械费	元/m^2	60.95	2%
四	综合费用	元/m^2	564.89	18%
五	税金	元/m^2	254.20	8%
人工、主要材料消耗量				
	人工、材料名称	单　　位	单 方 用 量	
一	人工	工日	5.20	
二	预制构件	m^3	0.08	
三	现浇钢筋	kg	33.11	
四	现浇混凝土	m^3	0.25	

分项调整指标是编制可行性研究阶段投资估算的基础和主要依据，常用于项目投资效益分析及其经济可行性研究、建设项目多方案的经济比选及其成本的确定。分项调整指标可调节主要工程量、人工单价、材料单价、工程建设其他费及基本预备费，其中主要工程量可根

据实际设计文件调整。分项调整指标的表现形式如图3.9所示。

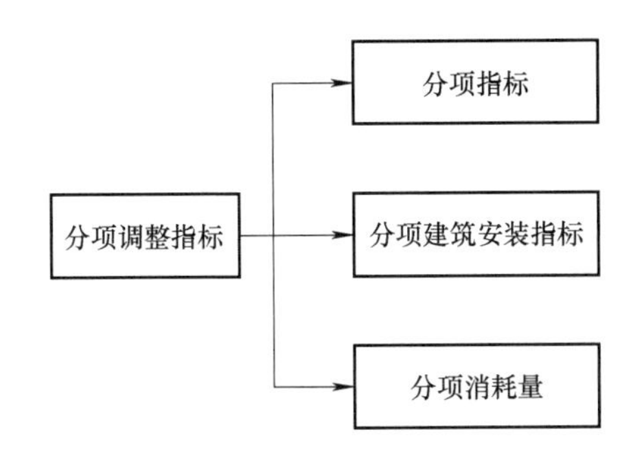

图3.9 分项调整指标的表现形式

以装配式混凝土工程投资估算分项调整指标为例，见表3.7。

表3.7 装配式混凝土工程投资估算分项调整指标

序号	项目	单位	主体结构	
			金额（元）	占指标基价比例
	指标基价	元/m^2	1567.89	100%
一	建筑工程费	元/m^2	1298.46	83%
二	安装工程费	元/m^2	0.00	0%
三	设备购置费	元/m^2	0.00	0%
四	总承包其他费	元/m^2	194.77	12%
五	基本预备费	元/m^2	74.66	5%

建筑安装工程单方造价

	项目名称	单位	金额（元）
一	人工费	元/m^2	188.94
二	材料费	元/m^2	723.08
三	机械费	元/m^2	40.98
四	综合费用	元/m^2	238.25
五	税金	元/m^2	107.21

主要工程数量及人工、材料单价

	人工、材料名称	单位	单价（元）	数量	合价（元）
一	人工	工日	177.50	1.61	188.94
二	预制构件	m^3	4078.80	0.08	326.30
三	现浇钢筋	kg	4.34	33.11	143.70
四	现浇混凝土	m^3	482.20	0.25	120.55

综合指标由主体结构、围护墙和内隔墙、装修与安装工程三个分项调整指标组成，分项指标是综合指标重要组成的详细分解。综合指标适用于项目建议书与可行性研究阶段，当设计文件进一步明确时，则可以选用分项指标。各地区也可以根据本地区的实际情况用分项指标对综合指标进行重新计算。

本节所研究的设计深度已经达到了可行性研究阶段，主要是对可行性研究阶段的投资控制目标成本进行估算，所编制的投资估算指标也就是分项指标。

2. 投资估算指标的编制原则

投资估算指标反映的是建设项目从立项开始直至竣工结束所需的全部投资，要求投资估算指标具有较强的综合性、概况性及较高的准确性。因此在编制投资估算指标时，不仅要遵守传统的定额编制原则，还必须坚持下列原则：

1）应满足项目前期阶段的工作深度的要求。

2）应具有较强的综合性、概况性。

3）其表示的形式应准确、简化、易于使用。

4）选取的项目数据应该是近年来具有代表性的典型项目。

项目建设从立项开始到竣工是一个由粗到细、由浅入深的过程，在项目的前期阶段，对技术方案的设想上一些定性的概念尚难以做出定量的判断，要靠编制人员的判断能力和经验来估计确定。因此，投资估算指标的编制应符合这一阶段的特点：既不能过粗，也不能过细；既能综合使用，也能分解使用；既要能综合反映一个项目的全部投资及其费用构成，又要能按各个单位工程的数量计算组合投资。投资估算指标在项目划分和表现形式方面，应做到准确和方便使用（罗龙，2014）。

3. 投资估算指标的测算

（1）指标数据信息采集　通过对各政府部门、权威网站和标准文件中涉及的指标信息采集内容进行整理，将工程造价指标信息采集情况归纳见表 3.8。

表 3.8　工程造价指标信息采集分析

序　号	名　　称	信息采集内容	信息采集特点	总　　结
1	建设工程造价技术经济指标采集标准	工程名称、工程所在地、结构类型、层数、层高、工程总造价、编制时间、建筑面积、计价模式、计价依据、檐高、造价类别、承包方式、工程用途、抗震设防烈度、开工日期、竣工日期、合同工期等信息	当地政府下辖造价管理机构主持编制的信息采集标准，是造价信息采集的权威文件	通过分析可知，在各大权威网站以及标准文件中，信息采集内容一般都包括工程名称、工程地点、层数、结构类型、计价类型、单方造价等信息。但是，信息采集并未实现标准化，每个项目的信息采集内容不同
2	工程计价信息网	项目名称、地点、结构类型、层数、单位报价、编制时间、建筑面积、计价方式、造价类别等信息	由中国建设工程造价管理协会主办，采集并发布全国各地工程指标信息，网站较为官方，每个工程的基本信息表具有差异性	
3	广联达指标网	项目名称、地点、结构类型、层数、单位造价、编制时间、建筑面积、计价方式、造价类别、专业工程、工程用途、装修标准、工程用途、抗震烈度、开工日期等信息	造价行业的权威网站之一，采集并发布了全国超过 9000 个实际工程指标信息，每个工程采集的信息不完全相同	
4	造价 168	工程名称、工程地点、工程分类、结构类型、层数、单位造价、价格取定期、总建筑面积、檐高、层高、基础类型、造价阶段等	造价行业比较权威的网站，有自己的指标库，每个工程的采集信息表不尽相同	
5	大匠通指标云	项目名称、工程地点、计价类型、计价依据、工程编码等信息	采集并发布多地实际项目指标信息，具有多个指标工作台	

由表3.8可知，各大权威网站以及标准文件中的信息采集内容大都含有工程名称、工程地点、层数、结构类型、计价类型、单方造价等信息。虽然这些权威网站通过采集各地项目信息构建了各自的项目库，但是在采集项目信息时并未有统一的标准，网站的每个项目的信息采集内容均有所不同。可行性研究阶段投资估算造价指标信息采集包括两方面：①工程概况信息，主要包括工程基本信息；②工程消耗量和造价信息，包括分项工程项目特征、分项工程工程量和分项工程单位造价。网站通过对这两个方面信息的获取建立居住建筑工程的分项造价指标项目数据库，以备使用者检索。

利用造价指标进行计价的关键是指标的适用性，即所套用的造价指标的工程特征应与拟建项目工程特征相一致。因此，特征描述越清晰、类型分类越详细，计价过程也就越方便，计价结果也越准确。由于建设项目具有个体性、复杂性的特点，信息源单位上报项目信息时对项目特征的定义和表述方式也不同，会导致后期项目信息识别、数据整理困难。因此，在填报项目信息和描述项目特征时，可借鉴住建部信息采集平台的信息采集方式，即采用下拉菜单选填信息来规范信息源单位上报信息，并采用《建设工程工程量清单计价规范》（GB 50500—2013）（简称《2013版清单》）中的分项项目特征描述来定义项目关键特征信息，以便于后期快速匹配项目信息，计算和检索相关造价指标信息。

（2）数据标准化处理　将收集到的数据进行分类整理和标准化处理，要把握科学合理的原则，按不同时间段、使用功能和专业划分。其中用于测算指标的建设工程造价数据，其编制完成的时间应在造价指标所代表的时间范围内。投资估算、设计概算、最高投标限价以成果文件编制完成日期为依据，测算相应时间的指标；合同价以相应的工程开工日期为依据，测算相应时间的指标；结算价以相应的工程竣工日期为依据，测算相应时间的指标。

收集到的资料由于来源和渠道不同，其造价资料的完整性、时效性、代表性可能无法完全满足指标编制要求，因此需要不断筛选、补充，以满足造价指标编制需要。

1）利用数据统计法测算建设工程造价指标时，所需相应的建设工程造价数据必须是全数据。

2）当所收集符合要求的建设工程造价数据数量达到数据采集最少样本数量时，就可以使用数据统计法测算建设工程造价指标。指标测算的最少样本数量见表3.9。

表3.9　指标测算的最少样本数量

序　号	建设工程数（个）	最少样本数量（个）	序　号	建设工程数（个）	最少样本数量（个）
1	5 ~ 30	5	6	721 ~ 1500	50
2	31 ~ 90	10	7	1501 ~ 3000	60
3	91 ~ 180	20	8	3001 ~ 6000	70
4	181 ~ 360	30	9	6001 ~ 15000	80
5	361 ~ 720	40	10	15001 以上	90

3）用数据统计法计算建设工程造价指标，根据所有样本工程的单位造价进行排序，从序列两端各去掉5%的边缘项目，不足1时按1计算，剩下的样本采用加权平均的计算方法，得出相应的造价指标。详情如下式：

$$P = \frac{P_1S_1 + P_2S_2 + \cdots + P_nS_n}{S_1 + S_2 + \cdots + S_n}$$

式中 P——造价指标；

S——建筑规模；

n——样本数×90%。

（3）基于大数据的指标编制方法　基于定额、实物量的传统指标编制方法采用具有代表性的工程实例资料，结合现行投资估算、概预算定额，经过修正、调整得出最后的综合数据。但因为编制方法受限、耗时较长、工程量大等因素的影响，不能反映估算指标在市场环境变化下的真实情况，并耗费了大量的人力、物力、财力。对当前主要的基于大数据的指标编制方法，梳理其各自的优缺点，并展开横向对比，见表3.10。

表3.10　基于大数据的指标编制方法的优缺点对比

常用方法	概　　述	优　　点	缺　　点
BP神经网络算法	BP（Back Propagation）神经网络是一种多层前馈神经网络，每一层的神经网络状态只影响下一层的神经元的状态，如果输出层得不到想要的输出，则会反向传播，通过预测误差、调整网络的权值和阈值，使BP神经网络预测输出不断逼近期望输出	自适应能力强、容错性高，能够处理非线性复杂系统	精确度不高、需要大量的训练样本、学习速度慢、经验风险最小而不是结构风险最小
模糊数学	以“模糊集合”论为基础，提供一种处理不肯定性和不精确性问题且又具有模糊性的量的变化规律的新方法，利用工程项目的近似度进行造价估算	知识表达能力较强，适合用于处理不确定信息	计算复杂、精度不高、对指标权重矢量的确定主观性较强
灰色模型	通过少量的、不完全的信息，建立灰色预测模型，对实物发展的规律做出模糊的描述	不需要大量样本、计算工作量小、准确度较高	时效性较差、模型参数少、容错性低、不适合做长期预测或分析
RBR推理机制	RBR即基于规则推理，利用链式推理得到问题的解	直观、容易理解、一致性好、方便解释	规则间相互关系不清晰、难提取、知识整体框架难把握、复杂、可扩充性和灵活性差、效率低
MBR推理机制	MBR即基于模型推理，利用作为待解决问题的系统结构或组成要素等的特性、原理或原则，建立数学模型对系统做出推理、判断，以达到解决系统的目的	问题不匹配时可解答、数据冗余性低、维护简单	复杂的系统无法建立相应的数学模型，不具有经验知识的记忆能力
CBR案例推理	CBR即基于案例推理，是一种基于问题求解的模糊推理方法。它通过定量计算对比目标工程案例与数据库中案例的相似程度，得到与目标案例最相近的案例集数据，为目标工程案例解决问题提供方法	当遇到新问题时，能通过修正旧问题来解决新问题；能有效规避获取知识困难的痛点，具备维护功能，能简单有效地对数据库进行维护；表示更为简单直接、更加清晰，适应性更强	准确性和有效性之间的折中随着存储的案例数量、案例特征和相似性度量的选取会有所不同

利用大数据进行投资估算指标的编制时，需根据项目特征及能够采集到的数据特征匹配相应的编制方法。进行大数据投资估算指标编制方法比选，既能提高建设项目工程造价投资估算的准确性，也能提高投资估算的效率，有助于在后续过程中对基于大数据的指标编制进行科学验证。

3.4.2 可行性研究完成后投资估算的编制

1. 基于指标估算法编制投资估算

为了保证编制精度，可行性研究阶段建设项目投资估算原则上应采用指标估算法。指标估算法是指依据投资估算指标，对各单位工程或单项工程费用进行估算，进而估算建设项目总投资的方法。

在依据估算指标编制投资估算时，根据工程本身资料选择不同的估算指标。运用估算指标时，首先根据设计人员提供的拟建工程项目一览表所列工程概况、结构类别、建筑面积等条件，找出与该工程特征最相似或基本相似的工程为参照工程；随后找出参照工程与拟建工程不符之处，加以换算调整，使参考工程与拟建工程更加符合；接着以换算调整后的参照工程单位造价与拟建工程的建筑面积相乘，求出总造价。要编制完整、合理的估算，套用估算指标以后，应在指标的基础上根据工程实际情况进行调整，调整内容包括基价调整、地区差价和自然条件调整，调整完成后为得到完整估算，还需根据建设预算费用构成、计算标准及有关文件进行取费。招标时以投资估算下浮适当的点数作为最高投标限价，工程总承包商可以将设计、采购、施工一体化考虑，拿出最优工程方案。发包单位可以选择在设计、采购和施工管理等方面做得更好、实力更强的企业，以减少承包商履约能力不足给业主单位造成的风险。

具体测算步骤为：首先把拟建建设项目以单项工程或单位工程为单位，按建设内容纵向划分为各个主要生产系统、辅助生产系统、公用工程、服务性工程、生活福利设施，以及各项其他工程费用，同时，按费用性质横向划分为建筑工程、设备购置、安装工程费用等；然后，根据各种具体的投资估算指标，进行各单位工程或单项工程投资的估算，在此基础上汇集编制成拟建建设项目的各个单项工程费用和拟建项目的工程费用投资估算；最后，按相关规定估算工程建设其他费、基本预备费等，形成拟建建设项目静态投资。

计算公式如下：

纵向划分：

$$\text{投资估算} = \Sigma\,\text{主要生产设施费} + \Sigma\,\text{辅助及公用设施费} + \Sigma\,\text{行政及福利设施费} + \Sigma\,\text{其他基本建设费}$$

横向划分：

$$\text{单位工程费用} = \Sigma\,\text{建筑工程费} + \Sigma\,\text{设备购置费} + \Sigma\,\text{安装工程费}$$

$$\text{单项工程费用} = \Sigma\,\text{单位工程费用}$$

$$\text{静态投资估算} = \Sigma\,\text{单项工程费用} + \text{工程建设其他费用} + \text{基本预备费}$$

$$\text{单项工程费用} = \Sigma\,\text{建筑工程费} + \Sigma\,\text{安装工程费} + \Sigma\,\text{设备购置费}$$

$$\text{工程费用} = \Sigma\,\text{单项工程费用}$$

$$\text{静态投资估算} = \text{工程费用} + \text{工程建设其他费用} + \text{基本预备费}$$

在条件具备时，对于对投资有重大影响的主体工程，应估算出分部分项工程量，套用相关综合定额（概算指标）或概算定额进行编制；对于子项单一的大型民用公共建筑，主要单项工程估算应细化到单位工程估算书。无论如何，可行性研究阶段的投资估算应满足项目的可行性研究与评估，并最终满足国家和地方相关部门批复或备案的要求。

2. 建筑工程费用估算方法

建筑工程费用是指为建造永久性建筑物和构筑物所需要的费用，包括的内容有：①各类房屋建筑工程和列入房屋建筑工程预算的供水、供暖、卫生、通风、燃气等设备费用及其装设、油饰工程的费用，列入建筑工程预算的各种管道、电力、电信和电缆导线敷设工程的费用；②设备基础、支柱、工作台、烟囱、水塔、水池、灰塔等建筑工程，以及各种炉窑的砌筑工程和金属结构工程的费用；③为施工而进行的场地平整，工程和水文地质勘查，原有建筑物和障碍物的拆除，以及施工临时用水、电、气、路和完工后的场地清理、环境绿化、美化等工作的费用；④矿井开凿、井巷延伸、露天矿剥离，石油、天然气钻井，修建铁路、公路、桥梁、水库、堤坝、灌渠及防洪等工程的费用。

建筑工程费用在投资估算编制中一般采用单位建筑工程投资估算法、单位实物工程量投资估算法、概算指标投资估算法等进行估算。建筑工程费用计算方法见表 3.11。

表 3.11　建筑工程费用计算方法

<table>
<tr><th colspan="2">计算方法</th><th>计算公式</th><th>造价指标数据类型</th><th>备注</th></tr>
<tr><td rowspan="4">单位建筑工程投资估算法</td><td>单位长度价格法</td><td>建筑工程费用 = 单位建筑工程量投资 × 建筑工程总量</td><td>如水库为水坝单位长度（m）的投资、铁路路基为单位长度（km）的投资、矿上掘进为单位长度（m）的投资</td><td rowspan="3">编制过程中需要查询相应的“单位工程指标”进行计算</td></tr>
<tr><td>单位功能价格法</td><td>建筑工程费用 = 每功能单位的成本价格 × 该单位的数量</td><td>如学校（元/学生）、影剧院（元/座位）、停车场（元/车位）、医院（元/病床）</td></tr>
<tr><td>单位面积价格法</td><td>建筑工程费用 =（已建项目建筑工程费用 ÷ 已建项目的房屋总面积）× 拟建项目总面积 = 单位面积价格 × 该项目总面积</td><td>一般工业与民用建筑为单位建筑面积（m^2）的投资，如平方米指标法，元/m^2</td></tr>
<tr><td>单位容积价格法</td><td>建筑工程费用 =（已建项目建筑工程费用 ÷ 已建项目的建筑容积）× 拟建项目建筑容积 = 单位容积价格 × 该项目建筑容积</td><td>工业窑炉砌筑为单位容积（m^3）的投资，如元/m^3</td><td>可以考虑楼层高度对成本的影响</td></tr>
<tr><td colspan="2">单位实物工程量投资估算法</td><td>建筑工程费用 = 单位实物工程量投资 × 实物工程总量</td><td>如土石方工程为每立方米投资、矿井巷道衬砌工程为每延米投资、路面铺设工程为每平方米投资</td><td></td></tr>
<tr><td colspan="2">概算指标投资估算法</td><td colspan="3">没有上述估算指标且建筑工程费占总投资比例较大的项目，采用概算指标进行估算。采用此种方法，应有较为详细的工程资料、建筑材料价格和工程费用指标</td></tr>
</table>

3. 安装工程费用估算方法

安装工程费通常按行业或专门机构发布的安装工程定额、取费标准和指标估算。安装工程费用的内容包括：①生产、动力、起重、运输、传动和医疗、实验等各种需要安装的机械设备的装配费用，与设备相连的工作台、梯子、栏杆等设施的工程费用，附属于被安装设备的管线敷设工程费用，以及被安装设备的绝缘、防腐、保温、油漆等工作的材料费和安装费；②为测定安装工程质量，对单台设备进行单机试运转、对系统设备进行系统联动无负荷试运转工作的调试费。

计算公式如下：

安装工程费用 = 设备原价 × 安装费率

安装工程费用 = 设备吨重 × 每吨安装费

安装工程费用 = 安装工程实物量 × 安装费用指标

4. 设备购置费用估算方法

可行性研究投资估算中，设备购置费用的主要估算依据是各专业设计人员提供的设备及主要材料表。采取与设备及材料供应厂商的市场询价，查阅设备材料价格手册，以及查阅以往工程询价记录的方式进行估价。在计算中需要特别注意的是，从设备材料厂家所询到的市场价格通常是不完全价格，需要在沟通清楚该价格包括范围的基础上，对未包括的价格进行补充。计入工程估价中的设备和材料价格应包括设备及材料的出厂价（含增值税），设备运输到项目所在地的运输费、装卸费、保管费等运杂费，以及根据项目需要所配的备品备件费。

5. 工程建设其他费用估算方法

可行性研究投资估算中，工程建设其他费用的估算主要是依据业主方提供的费用信息、工程建设其他费用定额中给出的费用指标，以及从项目所在地收集到的数据指标。在计算中需要特别注意的是，对于需要由业主方提供的费用信息，应该从项目开始阶段就将其整理出清单，尽快完成这项工作，因为上述信息中的有些信息也需要业主方收集和统计，要预留出足够的时间。

6. 预备费估算方法

预备费是在建设期内因各种不可预见因素的变化而预留的可能增加的费用，包括基本预备费和价差预备费。

（1）基本预备费　基本预备费是指投资估算或工程概算阶段预留的，由于工程实施中不可预见的工程变更及洽商、一般自然灾害处理、地下障碍物处理、超规超限设备运输等而可能增加的费用。基本预备费一般由以下三部分构成：

1）在批准的初步设计范围内，技术设计、施工图设计及施工过程中所增加的工程费用，设计变更、工程变更、材料代用、局部地基处理等增加的费用。

2）一般自然灾害造成的损失和预防自然灾害所采取的措施费用。实行工程保险的建设项目，该费用应适当降低。

3）竣工验收时为鉴定工程质量而对隐蔽工程进行必要的挖掘和修复的费用。

基本预备费的计算公式如下：

基本预备费 =（工程费用 + 工程建设其他费用）× 基本预备费费率

其中，基本预备费费率的取值应执行国家及部门的有关规定。

（2）价差预备费　价差预备费是指在建设期内利率、汇率或价格等因素的变化而预留的可能增加的费用。价差预备费的内容包括在建设期间内人工、设备、材料、施工机械的价差费，建筑安装工程费用及工程建设其他费用调整，利率、汇率调整等增加的费用。

其计算公式如下：

$$PF = \sum_{t=1}^{n} I_t[(1+f)^m(1+f)^{0.5}(1+f)^{t-1}-1]$$

式中　PF——价差预备费；

t——建设期年份数；

I_t——建设期第 t 年的投资计划额，包括工程费用、工程建设其他费用及基本预备费，即第 t 年的静态投资；

f——年均投资价格上涨率；

m——建设前期年限（从编制估算到开工建设，年）。

3.4.3 基于投资估算的最高投标限价的编制

1. 可行性研究完成后的项目目标成本控制

在项目可行性研究阶段，控制目标是投资估算；在方案设计阶段，控制目标是方案设计阶段编制的最高投标限价；在初步设计阶段，控制目标是初步设计阶段编制的最高投标限价；在项目招标阶段，控制目标是合同价。其各个阶段的目标都彼此关联，不同阶段发包投资目标设置和控制也是不同的，并且每一阶段确定的目标成本都是建设项目建设过程的阶段性成果，前一个阶段的阶段性成果将为其后阶段的目标设置提供参考依据，并且对其后阶段的造价目标产生约束作用。

可行性研究阶段的投资目标设置和控制是指在可行性研究报告完成及投资估算被批准后，工程造价人员根据可行性研究报告中对项目的限定条件和要求，依据相关技术经济文件，遵循计价原则和程序，采用科学的计价方法，对建筑工程最可能实现的合理价格做出科学的计算，从而确定工程总承包项目在可行性研究阶段的最高投标限价。建筑工程在可行性研究阶段就进行发包的项目，其最高投标限价的编制受投资估算控制，且招标投标阶段确定的合同价不能超过最高投标限价，如图 3. 10 所示。

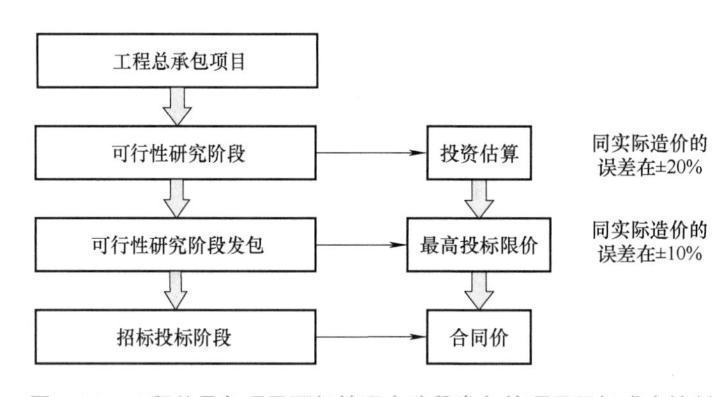

图 3. 10　工程总承包项目可行性研究阶段发包的项目目标成本控制

2. 限额法编制最高投标限价

可行性研究完成后进行发包的工程总承包项目最高投标限价的编制，需要按照招标文件中确定的工程范围和费用范围，对批复的可行性研究的投资估算进行分解，对招标的工程范围和费用范围内批复的设计费、建筑工程费、设备购置费、安装工程费、工程建设其他费用进行汇总，结合招标文件确定的承包人的风险范围和内容，采用风险系数进行调节（王玉平，2018）。限额法编制最高投标限价的具体公式如下：

$$P = P_1 + P_2(1+\alpha) + P_3(1+\beta) + P_4$$

式中　P——最高投标限价；

P_1——可行性研究中包含的设计费；

P_2——批复的招标范围内工程费用，包括室内工程、室外工程、场外工程费用，按照费用类别可以划分为建筑工程费、设备购置费、安装工程费；

P_3——批复的承包范围内工程建设其他费用；

P_4——专业工程暂估价、暂列金额估算费用，此项数额根据招标文件的规定确定；

α——工程费用调整系数；

β——工程建设其他费用调整系数。

工程费用调整系数 α 的选择应根据招标文件要求承包人承担的风险范围、内容、市场状况等因素综合确定。从业主投资管理的角度，需要根据项目特点预留部分费用，以用于建设过程中业主方面提出的变更洽商和政策性调整等按照规定应由业主承担的费用。因此，系数 α 一般应为小于预备费费率的系数。在条件允许时，也可以针对不同的单项工程或费用类别，分别设定不同的 α 系数。工程建设其他费用调整系数仍应结合工程建设其他费用的市场价、项目复杂程度综合确定。P_4 费用根据招标文件的规定计列。

由于上述可行性研究完成后最高投标限价的编制方法主要以批复的项目投资为依据，因此采用此方法的前提是项目批复的投资比较准确。批复的投资比较准确，以此编制的最高投标限价也会比较合理，从而保障项目的顺利实施；否则，如果批复的投资不足，将对项目的实施造成较大影响。

3. 方案设计阶段最高投标限价编制

在方案设计阶段，建设项目已经具有方案设计图及设计概要说明。此阶段编制投标最高限价，需要对基地面积、地下建筑面积、地上建筑面积、各幢楼宇/各类业态建筑面积、室外景观绿化及道路等数量进行测算。重点了解建筑师的设计理念，要与项目设计团队合作，包括建筑师、结构、机电设备、幕墙、交通等顾问的沟通与交流，把握好建筑的地基、基坑围护、结构形式、外立面及建筑造型、外立面装饰材料、室内精装修档次、机电系统设备选用、室外景观及总体规划等建筑安装成本的考量重点。

中国建设工程造价管理协会发布的《建设项目工程总承包计价规范》（T/CCEAS 001—2022）中规定："标底或最高投标限价应依据拟定的招标文件、发包人要求，宜按下列规定形成：①在可行性研究或方案设计后发包的，发包人宜采用投资估算中与发包范围一致的估算金额为限额按照本规范的规定修订后计列；②在初步设计后发包的，发包人宜采用初步设计概算中与发包范围一致的概算金额为限额按照本规范的规定修订后计列。"因此，方案设计阶段编制投标最高限价可以参照基于投资估算的限额法编制，依据工程造价类似工程的"含量指标"来进行测算。以房建工程为例，方案设计阶段编制最高投标限价所采用的造价数据类型和计算方法见表 3. 12。

表 3. 12　方案设计阶段编制最高投标限价的造价数据类型

类　型	编制的造价数据类型
桩基工程	根据桩基方案图，计算不同类型桩基工程量、参考类似项目桩基工程含量指标，分别计算分项工程量，分别套当期市场综合单价估算
围护工程	根据围护方案图，计算不同类型围护工程量、参考类似项目围护工程含量指标，分别计算分项工程量，分别套当期市场综合单价估算

（续）

类　型	编制的造价数据类型
结构工程	根据设计院/结构顾问提供的含量指标，计算不同结构形式的混凝土、模板、钢筋、钢结构工程量，参考类似项目结构工程含量指标，分别套当期市场综合单价估算
初装修工程	根据设计说明，结合图纸深度，计算可算之初装饰工程量，分别套当期市场综合单价估算；对未有设计图的部分，参考类似项目初装修工程造价指标，加以合理修正后估算
幕墙工程	根据幕墙方案图，计算不同形式、不同材质的幕墙及外立面工程量，分别套当期市场综合单价估算；对未有设计图部分，参考类似项目幕墙工程造价指标，加以合理修正后估算
精装修工程	根据精装修方案图，计算可算之分项工程精装修工程量，分别套当期市场综合单价估算；对未有设计图部分，参考类似项目精装修工程造价指标，加以合理修正后估算
景观绿化工程	根据景观绿化方案图，计算可算之分项工程景观工程量，分别套当期市场综合单价估算；对未有设计图部分，参考类似项目景观工程造价指标，加以合理修正后估算
机电系统工程	本地设计院完成的机电方案设计图一般为机电系统图及各专业说明。其估算方法为：分别计算不同业态及其不同功能区之建筑面积，参考类似项目强电、给水排水、燃气、空调通风、消防、弱电、人防机电等的各机电系统工程造价指标，加以合理修正后估算 机电顾问完成的机电方案图一般包括方案设计图和主要材料设备清单，主要设备清单采用当期市场综合单价估算
其他	……

参考工程造价类似工程的“含量指标”进行测算，这里所指的“含量指标”类似于“消耗量指标”，是方案设计阶段在图纸无法计量的情况下，对相应的专业工程进行粗略计量的指标。

3.5 初步设计完成后工程总承包项目最高投标限价的编制

3.5.1 初步设计完成后设计概算的编制

1. 设计概算的定义

建设项目是按总体规划或设计进行建设时，由一个或若干个互有内在联系的单项工程组成的工程总和。建设项目总概算是以初步设计文件为依据，在单项工程综合概算的基础上计算建设项目概算总投资的成果文件。它是由各单项工程综合概算、工程建设其他费用概算、预备费、增值税、建设期利息和铺底流动资金概算汇总编制而成的，是预计整个建设项目从筹建到竣工交付使用所花费的全部费用的文件。建设项目概算总投资由工程费用、工程建设的其他费用、预备费及建设期利息和生产性或经营性项目铺底流动资金组成。其中，工程费用是指用于项目的建筑物、构筑物建设，设备及工器具购置，以及设备安装而发生的全部建造和购置费用，即建筑工程费、设备及工器具购置费和安装工程费。建设项目总概算的组成内容如图 3.11 所示。

单位工程概算应根据单项工程中所属的每个单体按专业分别编制，一般分为土建、装饰、采暖通风、给水排水、照明、工艺安装、自控仪表、通信、道路、总图竖向等专业或工程分别编制。总体而言，单位工程概算包括单位建筑工程概算和单位设备及安装工程概算两类。其中，建筑工程概算的编制方法有概算定额法、概算指标法、类似工程预算法等；设备及安装工程概算的编制方法有预算单价法、扩大单价法、设备价值百分比法和综合吨位指标法等。

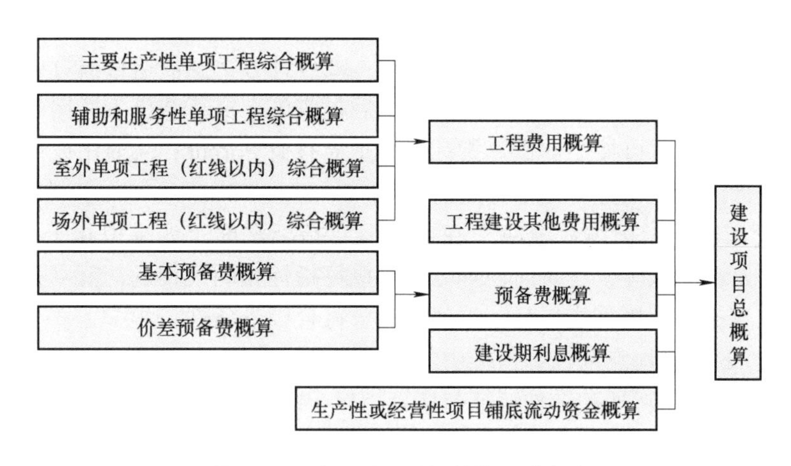

图3.11 建设项目总概算的组成内容

2. 基于概算定额的单位建筑工程概算的编制

概算定额法又称扩大单价法或扩大结构定额法，是套用概算定额编制建筑工程概算的方法。运用概算定额法，要求初步设计必须达到一定深度，建筑结构尺寸比较明确，能按照初步设计的平面图、立面图、剖面图计算出楼地面、墙身、门窗和屋面等扩大分项工程（或扩大结构构件）项目的工程量。

建筑工程概算表的编制，按构成单位工程的主要分部分项工程和措施项目编制，根据初步设计工程量，按工程所在省、市、自治区颁发的概算定额（指标）或行业概算定额（指标），以及工程费用定额计算。概算定额法编制设计概算的步骤如下：

1）搜集基础资料，熟悉设计图，了解有关施工条件和施工方法。

2）按照概算定额子目，列出单位工程中的分部分项工程项目名称并计算工程量。工程量计算应按概算定额中规定的工程量计算规则进行，计算时采用的原始数据必须以初步设计图所标识的尺寸或初步设计图能读出的尺寸为准，并将计算所得各分部分项工程量按概算定额编号顺序，填入工程概算表内。

3）确定各分部分项工程费。工程量计算完毕后，逐项套用各子目的综合单价。各子目的综合单价应包括人工费、材料费、施工机具使用费、管理费、利润、规费和税金。然后分别将其填入单位工程概算表和综合单价表中。如遇设计图中的分项工程项目名称、内容与采用的概算定额手册中相应的项目有某些不相符，则按规定对定额进行换算后方可套用。

4）计算措施项目费。措施项目费的计算分两部分进行：①可以计量的措施项目费与分部分项工程费的计算方法相同，其费用按照第3）步的规定计算；②综合计取的措施项目费应以该单位工程的分部分项工程费和可以计量的措施项目费之和为基数，乘以相应费率计算。

5）计算汇总单位工程概算造价。如采用全费用综合单价，则

单位工程概算造价 = 分部分项工程费 + 措施项目费

3. 基于概算指标的单位建筑工程概算的编制

概算指标法适用的情况包括：①在方案设计中，当由于设计无详图而只有概念性设计时，或初步设计深度不够，不能准确地计算出工程量，但工程设计采用的技术比较成熟时，可以选定与该工程相似类型的概算指标编制概算；②设计方案急需造价概算而又有类似工程概算指标可以利用的情况；③图样设计间隔很久后再实施，概算造价不适用于当前情况而又急需确定造价的情形下，可按当前概算指标来修正原有概算造价；④通用设计图设计，即可组织编制通用设计图设计概算指标来确定造价。

（1）直接套用概算指标编制概算　在使用概算指标法时，如果拟建工程在建设地点、结构特征、地质及自然条件、建筑面积等方面与概算指标相同或相近，就可直接套用概算指标编制概算。在直接套用概算指标时，拟建工程应符合以下条件：

1）拟建工程的建设地点与概算指标中的工程建设地点相同。

2）拟建工程的工程特征和结构特征与概算指标中的工程特征和结构特征基本相同。

3）拟建工程的建筑面积与概算指标中工程的建筑面积相差不大。

根据选用的概算指标内容，以指标中所规定的工程每平方米、立方米的工料单价，根据管理费、利润、规费、税金的费（税）率确定该子目的全费用综合单价，乘以拟建单位工程建筑面积或体积，即可求出单位工程的概算造价。其计算公式如下：

单位工程概算造价 = 概算指标每平方米(立方米) 综合单价 × 拟建工程建筑面积

（2）调整概算指标后再套用　在实际工作中，经常会遇到拟建对象的结构特征与概算指标中规定的结构特征有局部不同的情况，因此必须对概算指标进行调整后方可套用。调整方法如下：

1）调整概算指标中的每平方米（立方米）综合单价。这种调整方法是将原概算指标中的综合单价进行调整，扣除每平方米（立方米）原概算指标中与拟建工程结构不同部分的造价，增加每平方米（立方米）拟建工程与概算指标结构不同部分的造价，使其成为与拟建工程结构相同的综合单价。其计算公式如下：

$$结构变化修正概算指标(元/m^2) = J + Q_1P_1 - Q_2P_2$$

式中　J——原概算指标综合单价；

Q_1——概算指标中换入结构的工程量；

Q_2——概算指标中换出结构的工程量；

P_1——换入结构的综合单价；

P_2——换出结构的综合单价。

若概算指标中的单价为工料单价，则应根据管理费、利润、规费、税金的费（税）率确定该子目的全费用综合单价。再计算拟建工程造价如下：

单位工程概算造价 = 修正后的概算指标综合单价 × 拟建工程建筑面积(体积)

2）调整概算指标中的人、材、机数量。这种方法是将原概算指标中每 $100m^2$（$1000m^3$）建筑面积（体积）中的人、材、机数量进行调整，扣除原概算指标中与拟建工程结构不同部分的人、材、机消耗量，增加拟建工程与概算指标结构不同部分的人、材、机消耗量，使其成为与拟建工程结构相同的每 $100m^2$（$1000m^3$）建筑面积（体积）人、材、机数量。计算公式如下：

结构变化修正概算指标的人、材、机数量 = 原概算指标的人、材、机数量 +
换入结构件工程量 × 相应定额人、材、机消耗量 −
换出结构件工程量 × 相应定额人、材、机消耗量

将修正后的概算指标结合报告编制期的人、材、机要素价格的变化，以及管理费、利润、规费、税金的费（税）率，确定该子目的全费用综合单价。

以上两种方法，前者是直接修正概算指标单价，后者是修正概算指标人、材、机数量。修正之后，方可按上述方法分别套用。

4. 基于类似工程预算法的单位建筑工程概算的编制

类似工程预算法是利用技术条件与设计对象相类似的已完工程或在建工程的工程造价资料来编制拟建工程设计概算的方法。当拟建工程初步设计与已完工程或在建工程的设计类似而又没有可用的概算指标时，可以采用类似工程预算法。

（1）类似工程预算法的编制步骤　编制步骤如下：

1）根据设计对象的各种特征参数，选择最合适的类似工程预算。

2）根据本地区现行的各种价格和费用标准，计算类似工程预算的人工费、材料费、施工机具使用费、企业管理费修正系数。

3）根据类似工程预算修正系数和第2）步中四项费用占预算成本的比重，计算预算成本总修正系数，并计算出修正后的类似工程平方米预算成本。

4）根据类似工程修正后的平方米预算成本和编制概算地区的利税率计算修正后的类似工程平方米造价。

5）根据拟建工程的建筑面积和修正后的类似工程平方米造价，计算拟建工程概算造价。

6）编制概算编写说明。

（2）差异调整　类似工程预算法对条件有所要求，也就是可比性，即拟建工程项目在建筑面积、结构构造特征要与已建工程基本一致，如层数相同、面积相似、结构相似、工程地点相似等。采用此方法时必须对建筑结构差异和价差进行调整。

1）建筑结构差异的调整。结构差异调整方法与概算指标法的调整方法相同，即先确定有差别的部分，然后分别按每一项目算出结构构件的工程量和单位价格（按编制概算工程所在地区的单价），然后以类似工程中相应（有差别）的结构构件的工程数量和单价为基础，算出总差价。将类似预算的人、材、机费总额减去（或加上）这部分差价，就得到结构差异换算后的人、材、机费，再行取费得到结构差异换算后的造价。

2）价差调整。类似工程造价的价差调整可以采用以下两种方法：

当类似工程造价资料有具体的人工、材料、机具台班的用量时，可按类似工程预算造价资料中的主要材料、工日、机具台班数量乘以拟建工程所在地的主要材料预算价格、人工单价、机具台班单价，计算出人、材、机费，再计算企业管理费、利润、规费和税金，即可得出所需的综合价格。

类似工程造价资料只有人工、材料、施工机具使用费和企业管理费等费用或费率时，可按下面公式调整：

$$D = AK$$

$$K = a\%K_1 + b\%K_2 + c\%K_3 + d\%K_4$$

式中 D——拟建工程成本单价；

A——类似工程成本单价；

K——成本单价综合调整系数；

$a\%$，$b\%$，$c\%$，$d\%$——类似工程预算的人工费、材料费、施工机具使用费、企业管理费占预算成本的比重，如 $a\%$ = 类似工程人工费/类似工程预算成本 × 100%，$b\%$、$c\%$、$d\%$类同；

K_1，K_2，K_3，K_4——拟建工程地区与类似工程预算成本在人工费、材料费、施工机具使用费、企业管理费之间的差异系数，如 K_1 = 拟建工程概算的人工费（或工资标准）/类似工程预算人工费（或地区工资标准），K_2、K_3、K_4 类同。

以上综合调价系数是以类似工程中各成本构成项目占总成本的百分比为权重，按照加权的方式计算的成本单价的调价系数。根据类似工程预算提供的资料，也可按照同样的计算思路计算出人、材、机费综合调整系数，通过系数调整类似工程的工料单价，再按照相应取费基数和费率计算间接费、利润和税金，也可得出所需的综合单价。总之，以上方法可灵活应用。

5. 单位设备及安装工程概算的编制

单位设备及安装工程概算包括单位设备及工器具购置费概算和单位设备安装工程费概算两大部分。

（1）设备及工器具购置费概算　设备及工器具购置费是根据初步设计的设备清单计算出设备原价，并汇总求出设备总原价，然后按有关规定的设备运杂费率乘以设备总原价，两项相加，再考虑工具、器具及生产家具购置费即为设备及工器具购置费概算。设备及工器具购置费概算的编制依据包括设备清单、工艺流程图，以及各部、省、市、自治区规定的现行设备价格和运费标准、费用标准。

（2）设备安装工程费概算　设备安装工程费概算的编制方法应根据初步设计深度和要求所明确的程度不同而选择采用。其主要编制方法如下：

1）预算单价法。当初步设计较深、有详细的设备清单时，可直接按安装工程预算定额单价编制概算。概算编制程序与安装工程施工图预算程序基本相同。该方法的优点是计算比较具体，精确性较高。

2）扩大单价法。当初步设计深度不够、设备清单不完备，只有主体设备或仅有成套设备重量时，可采用主体设备、成套设备的综合扩大安装单价来编制概算。

上述两种方法的具体编制步骤与建筑工程概算类似。

3）设备价值百分比法，又称安装设备百分比法。当初步设计深度不够，只有设备出厂价而无详细规格、重量时，安装费可按占设备费的百分比计算。其百分比值（即安装费率）由相关管理部门制定或由设计单位根据已完类似工程确定。该方法常用于价格波动不大的定型产品和通用设备产品。其计算公式如下：

$$设备安装费 = 设备原价 \times 安装费率(\%)$$

4）综合吨位指标法。当初步设计提供的设备清单有规格和设备重量时，可采用综合吨位指标编制概算。其综合吨位指标由相关主管部门或由设计单位根据已完类似工程的资料确定。该方法常用于设备价格波动较大的非标准设备和引进设备的安装工程概算。其计算公式如下：

$$设备安装费 = 设备吨重 \times 每吨设备安装费指标$$

3.5.2 初步设计完成后最高投标限价的编制

1. 初步设计完成后项目目标成本控制

初步设计阶段投资目标设置和控制是指在初步设计及设计概算被批准后，建设单位根据初步设计的限定条件和要求，依据相关技术经济文件，遵循计价原则和程序，采用科学的计价方法，对建筑工程最可能实现的合理价格做出科学的计算，从而确定工程总承包项目在初步设计阶段发包的最高投标限价。

建筑工程在初步设计阶段进行发包的项目，设计文件等资料已经比较完整，此时发包所确定的投资目标成本精度也是最高的。该项目需根据初步设计阶段编制的项目清单进行最高投标限价的测算，且最高投标限价的设置受设计概算控制，其招标投标阶段确定的合同价不能超过最高投标限价，如图3.12所示。

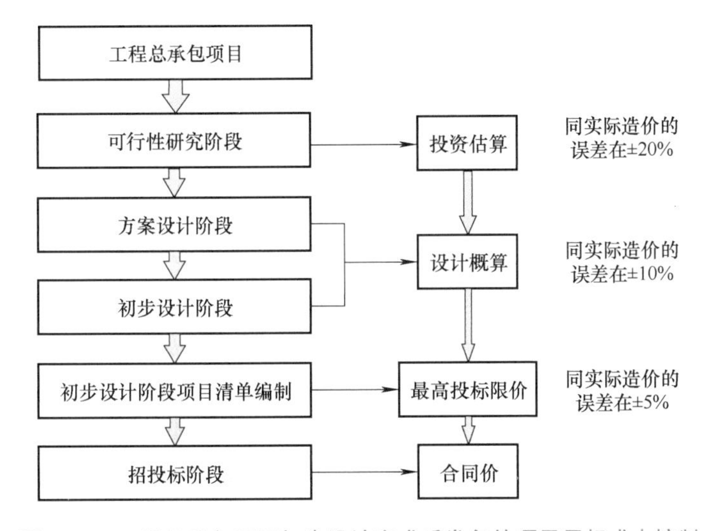

图3.12 工程总承包项目初步设计完成后发包的项目目标成本控制

2. 最高投标限价编制费用的范围

工程总承包项目在初步设计后发包的，发包人宜采用初步设计概算中与发包范围一致的同口径概算金额为限额，修订后计列。一般而言，初步设计后发包价格的费用由设计费、设备购置费、建筑安装工程费与总承包其他费四部分组成。在初步设计完成时，很多勘察资料并不一定完善，容易出现难以明确项目特征的工程，以及一些在初步设计中没有明确的项目，如地下工程、地基处理、竖向土方平整、边坡支护等。对这些项目，在发包时双方均无法比较客观、合理地测算合同价格。如果此时机械地遵循“价格包含原则”采用固定总价包干的方式进行发包，在所约定的固定总价与完成工程的实际成本加合理利润偏差严重的情况下，对于发承包双方而言都是一种严重的风险。因此，应该将工程总承包项目发包价格中建筑安装工程费分为固定总价包干和暂估价。

3. 逐项详细估算法

初步设计完成后最高投标限价的编制可以采用逐项详细估算项目的设计费、建筑工程费、安装工程费、设备购置费、总承包其他费用、暂估暂列费用等，从而计算最高投标限价的方法。计算公式如下：

$$P = C_1 + C_2 + C_3 + C_4 + C_5 + C_6$$

式中　P——最高投标限价；

C_1——设计费，包含施工图设计费、深化设计费；

C_2——按照发包范围估算的建筑安装工程费；

C_3——按照发包范围估算的设备购置相关费用；

C_4——按照发包范围估算的工程总承包其他费用，包含工程总承包管理费和专项费，其中专项费包含工程保险费、场地准备及临时设施费、BIM 技术使用费、管线迁改费、苗木迁移费、联合试运转费、引进技术和引进设备其他费、测绘费、专利及专有技术使用费、其他；

C_5——专业工程暂估价、暂列金额费用估算费用；

C_6——国家税法规定的应计入建设项目总投资内的增值税销项税额。

1）C_1 设计费。

2）C_2 建筑安装工程费。

3）C_3 设备购置费。

以上三项根据《发包人要求》以及各类设计文件中要求投标人提供的设备清单，结合市场询价进行编制。

4）C_4 总承包其他费用。应参照招标项目总承包其他费内容、范围、复杂程度、深度、工期，并结合国家、行业、地区计费规定、市场因素综合确定，对发包范围内涉及的工程总承包管理费和专项费进行估算。当设计深度不够时，如投资估算或设计概算中有与项目清单内容相对应的数额，可以直接采用，如有的项目相同，但发包范围缩小，应扣除未包括的内容计列；如没有可按本条规定在估算和概算总金额范围内调整计列。

5）C_5 专业工程暂估价、暂列金额费用。工程总承包项目不能固定的部分可设置暂估价，采用单价计价，其中综合单价由设计部门设定的综合单价为准，工程量据实结算，但是该部分总价不得超过设置的最高投标限价。根据不同阶段的发包内容，暂列金额一般不超过工程费用的 5%。

6）C_6 增值税。根据近年来增值税实际税负结合具体工程测算计列应由总承包单位缴纳的税费。

4. 编制依据

（1）《发包人要求》文件　发包人应组织设计、工程管理、工程造价等相关专业人员编写《发包人要求》。《发包人要求》应明确规定建设规模、建设标准、功能要求，还应明确检验、试验、验收、试运行等具体要求。对于承包人负责提供的有关设备和服务，在《发包人要求》中应明确提供专用工具、质保期内的备品备件供应、技术培训、技术和售后服务等内容。

1）建设规模应至少包含以下内容：

① 房屋建筑工程包括地上建筑面积、檐高及层数，地下建筑面积及层数、层高等。

② 市政工程包括道路、桥梁、隧道、管道、河道等工程特征指标，供水、污水、垃圾处理厂的处理能力、工艺指标等。

2）建设标准应至少包含以下内容：

① 房屋建筑工程包括结构体系，装配式建筑的装配率等技术参数要求（如有）；室内户

型及户数、开间大小与比例、停车位数量或比例；天棚、楼地面、墙面各种装饰面材的材质种类、规格和品牌档次；机电系统包含的类别、机电设备材料的主要参数、指标和品牌档次，各区域末端设备的密度；家具配置数量和标准，以及室外工程、园林绿化的标准。

② 市政工程包括各种结构层、面层的构造方式、厚度等，各种材质种类、规格和品牌档次，机电系统包含的类别、机电设备材料的主要参数、指标和品牌档次，园林绿化的标准。

（2）初步设计文件和设计概算　初步设计文件中的设计说明书、设计图和概算文件的内容可以作为最高投标限价的编制的重要依据。其中各方面的设计已经细化到具体的功能要求和性能分析，还有具体的使用材料要求以及做法工艺要求。

而设计图的内容包括初步设计阶段项目的平面图、立面图以及剖面图。初步设计图细化了建筑结构的内容，提供了建筑内的具体的承重结构、各层标高与平面尺寸等信息，这样可以帮助业主对项目的材料用量进行概算，从而编制最高投标限价。具体如图 3. 13 所示。

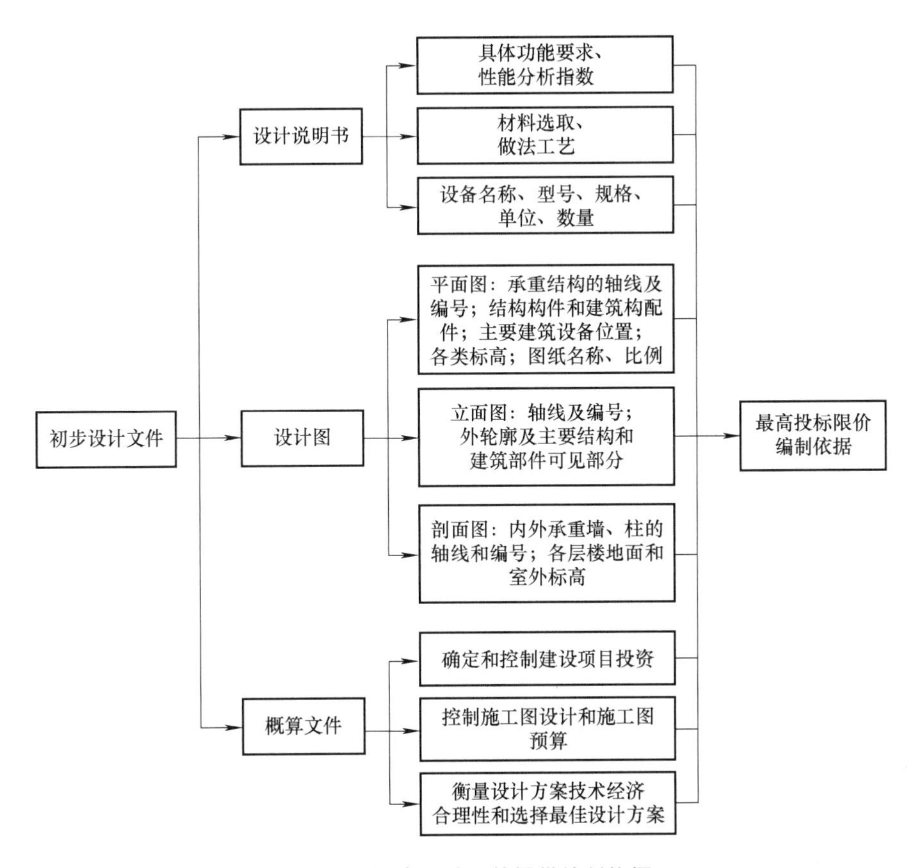

图 3. 13　初步设计文件提供编制依据

从图 3. 13 可以看出，初步设计阶段的设计深度已经较深了，通过设计说明书和设计图，并结合概算文件完全可以进行最高投标限价的编制。除此之外，还要结合现行建设工程工程量清单计价计量规范、现行建设工程消耗量定额及配套费用定额、有关计价调整文件、造价信息等编制最高投标限价。

（3）详勘资料　详勘资料中提供的信息对最高投标限价的编制有着重要作用。详勘的成果应满足施工图设计的要求，所以应提出详细的岩土工程资料和设计、施工所需的岩土参数；对建筑地基做出岩土工程评价，并对地基类型、基础形式、地基处理、基坑支护和不良地质作用的防治等提出建议；同时，详勘资料有助于施工方案的选取，如图3.14所示。

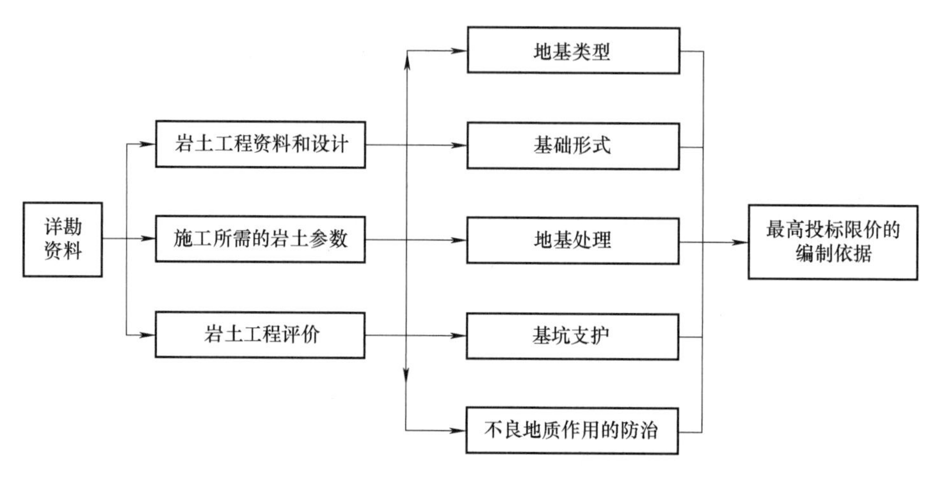

图3.14　详勘资料提供编制依据

勘探准确与否直接影响房屋的建筑成本。一般建筑物基础造价占整个建筑造价的10%～20%，准确的地质勘探成果，对设计人员选择基础有直接影响，也直接影响基槽开挖后能否继续顺利施工，影响建筑物的结构安全。因此，地质勘探在工程建设中起到很重要的作用。

详勘的目的是补充初勘工作中的不足之处，完全明确每个建筑物下的地基条件，以便为地基基础设计、地基处理与加固及不良地质现象的防治工程，提供设计数据和资料，即对具体建筑物地基或具体地质问题进行钻探，为施工图设计和施工提供工程地质资料。

（4）其他相关文件、规范、标准

1）国家或省级、行业建设主管部门的有关规定。

2）建设工程设计文件及相关资料。

3）与建设项目相关的标准、规范、技术资料。

4）工程特点及编制人拟定的施工方案。

5）工程计价信息。

6）其他相关资料。

5. 建筑安装工程费的编制

（1）项目分解结构特征不同，编制方法也不同　初步设计完成后，并没有完整的施工图，也会存在一些项目达不到按图纸计算工程量的设计深度。因此，不同的专业项目类别有其各自的工程量计算方法，根据其计算规则的特点需要采用不同的计算方法，同时将计量计价规则和质量标准绑定到合适程度的分解对象上，并匹配相应的计量计价规则，具体见表3.13。

表 3.13 工程总承包项目分解结构差异与计量计价规则的匹配性

类 别	按建筑面积划分	按专业划分	按延长米计算	按项目数量计算
设计深度	业主完成的设计深度较低，如仅有功能需求	业主完成的设计深度较高，如完成初步设计	业主完成的设计深度较高，如初步设计完成	业主完成的设计深度较低，如仅有功能需求
项目计量特点	按建筑物首层建筑面积计算	按设计图示尺寸，以面积、体积、长度等计算	桥梁伸缩缝按设计图示尺寸以长度计算；交通安全设施以道路中心线长度计算	拆除工程按项计量；降、排水工程按项计算；线路及信号标志按设计图示数量计算
计价方式	按照每平方米建筑面积单价作为招标控制价	根据不同专业的造价控制难易程度，对不同专业设定不同限价，实行各专业的总价包干，并对价格调整进行规定	以项目范围为依据，对延长米内全部工作内容包含在延长米单价内。对延长米内全部材料、工程内容进行单价或总价包干	按照设计要求的规格计算项目造价，将单位项目的全部费用都包含到项目单价里
计价风险	出现总承包商为扩大利润而增加建筑面积的情况，进而导致工程总承包项目造价控制失效	出现总承包商为赚取超额利润而降低建设标准的情况，导致业主投资效益低下	出现总承包商为赚取超额利润而降低建设标准的情况，导致业主投资效益低下	按项计列的费用包含不全面，有遗漏或冗余的费用，导致业主投资效益低下
业主管控手段	审核总承包商的施工图及预算，增加质量控制手段，控制建筑面积	明确质量和价格的联动控制，审核总承包商的施工图及预算，设置合理的利润区间	明确质量和价格的联动控制，审核总承包商的施工图及预算	明确统一标准的计量计价规则，审核相关设计文件和技术要求

根据表 3.13 可知，可以依据设计深度完成的项目分解结构特征选择合适的计价方法：①只要图纸能够满足计算工程量的，优先采用工程量清单结合市场综合单价的方式进行详细测算。依据扩初设计图及说明，展开工程量清单计量，一般按业态、功能、分部及专业工程划分，再按分项工程分工量度，如结构、建筑、外立面、精装修、机电设备、特殊专项等，套市场综合单价计价，如主材价波动比较大的，可套用材料（设备）市场价格组价。②设计深度不够的部分，由设计院及专业顾问提供设计含量指标，根据含量指标测算工程量，套市场综合单价计价。③只有在仅有建筑面积指标的情况下，方采用类似项目造价指标加以合理修正后计价。④整体考虑施工措施/协调照管费用。例如，项目措施费用可以以项为计量单位，整体考虑，其公式为总价措施项目费 = 计算基数 × 措施项目费费率。

（2）优先采用工程量清单计价，采用全费用综合单价　目前我国内地工程造价的改革尚不彻底，仅在工程建设的交易阶段推行工程量清单计价模式，形成了既有的定额计价制度与推行的工程量清单计价制度并行的“双轨计价”制度，即在项目建设前期，主要实行定额计价法对项目建设成本进行预测；在项目交易阶段，主要通过工程量清单计价形成合同价格；后续的合同价格管理，也采用工程量清单计价方式。“双轨计价”造成了“清单的外衣定额芯”的现象，即施工项目招标采用清单计价，但是其综合单价则采用定额来组价。这样一来，设计图深度及质量与定额计价相适应，不能满足全过程造价控制的要求。

2014 年 9 月发布的《住房城乡建设部关于进一步推进工程造价管理改革的指导意见》（建标〔2014〕142 号）（简称《造价改革意见》）指出，健全市场决定工程造价机制，建立与市场经济相适应的工程造价管理体系。按照市场决定工程造价原则，全面清理现有工程造价管理制度和计价依据，消除对市场主体计价行为的干扰。完善工程项目划分，建立多层级工程量清单，形成以清单计价规范和各专（行）业工程量计算规范配套使用的清单规范体系，推行工程量清单全费用综合单价等。《造价改革意见》是在党的十八届三中全会《中共中央关于全面深化改革若干重大问题的决定》要求进一步简政放权，使市场在资源配置中起决定性作用的背景下推出的，可以解读为：我国的工程造价管理将建立市场决定工程造价的机制，在此前提下改革原有的工程计价方式，建立健全与市场经济体制相适应的工程造价管理体系，按照国际趋同的工程计价方式，有序推进全费用综合单价（吴佐民，2015）。

（3）采用差异化计价方法编制最高投标限价　依据扩初设计图及说明，展开工程量清单计量，一般按业态、功能、分部及专业工程划分，再按分项工程分工量度，如结构、建筑、外立面、精装修、机电设备、特殊专项等。可对不同专业采用差异化的限价控制措施。例如，对土建等相对容易控制的部分，依据设计概算指标，并结合同类其他工程的消耗量指标、工程量指标、单方造价指标等，采取上下一定幅度的调整，进行总价限价控制；对相对难以控制的内装、外装和智能化系统部分，在分析业主需求、类似项目影响和标准的基础上，应采用子系统拆分法，尽可能准确地确定专业设计的最高限价，并约定是否允许在总价合同下对不同专业工程或功能要求的低价交叉修正。

3.5.3　最高投标限价编制的优化与审核

1. 事前优化

（1）建立设计优化指标　目前，我国设计企业的造价咨询部门，有不少已开展了多年的造价咨询业务，积累了大量的工程数据，通过综合分析这些数据，可以得出各类建筑工程的系列技术经济指标，为设计企业的 EPC 工程总承包业务提供参考。各地政府主管部门也积累了大量的建筑工程技术经济指标，定期发布在媒体上可供查阅。成熟的建筑开发商同样做了大量的统计工作，获得了丰富的、有针对性的设计优化技术参数，如住宅得房率、楼层面积使用率、结构的合理用钢量、机电设备的节能参数、设备用房的合理面积、汽车库的最优存车量等。他们用这些设计优化指标，指导和控制设计人员的设计，从而有效地控制成本和获得最大的投资效益。

虽然设计企业 EPC 工程总承包项目的设计管理不是房地产开发商的设计管理，但 EPC 工程总承包合同的内在激励机制也要求设计企业像房地产开发商那样，建立设计优化指标作为限额设计标准的基础，在 EPC 工程总承包项目设计过程中为设计人员指明努力的方向，控制项目成本，从而使 EPC 工程总承包项目获得最大收益。

（2）建立设计优化导则　在这方面，像上市公司万科和绿地集团这些大型房地产开发商分别在住宅和办公建筑方面提出了设计优化的要点，指出哪些方面值得优化，提出优化原则和实施措施，并直接要求设计人员参照执行，使设计指标控制在允许的范围之内。

上海华建集团（Arcplus）也开展了类似的研究和实践，比如帮助上海陆家嘴集团编制了《写字楼设计标准大纲》，使设计形成的建筑产品定位符合市场需求，以达到提升企业的品牌效应。华建集团帮助编制的设计标准，将以往的建设项目已经积累的经验或教训总结成公司的经验和标准，从而提高企业设计管理的成熟度，并在陆家嘴集团内部做到设计标准化、控制产品品质和减少设计变更，通过实施这种对工程项目的设计标准，为设计、施工、招标和竣工验收提供了指导，控制了项目造价，加快了建设进度。

所以，EPC 工程总承包项目的设计优化应参考成熟公司的经验，结合企业自身的设计优势条件，制定自己在不同建筑类型方面的设计优化导则，直接指导项目的设计。在初始情况下，可以在设计策划时增加此项内容，召集设计企业有经验的工程师，针对具体项目，对所有专业提出设计要求清单，包括施工可行性要求清单，在设计任务下达时，作为设计大纲的一部分，同时下达。随着 EPC 工程总承包业务的发展，在工程经验积累到一定程度后，可考虑建立企业的设计优化导则，分别按住宅、办公、商业、学校、医院等分类编制，以用于指导设计企业的 EPC 工程总承包项目设计。考虑到新材料、新技术、新设备、新工艺的不断发展，设计优化导则应进行动态更新。

（3）设计优化的方法　EPC 工程总承包项目要进行设计优化，就必须在强化传统的设计优化管理手段的基础上，充分借助现代信息技术和相关软件，不断扩展和夯实自己。

1）强化传统的设计优化管理手段。对于每一个专业而言，设计优化都是一项复杂的工作，不同专业的设计优化方法差异巨大。因此，要能够自动地按照设计优化的逻辑，在需要的设计变量条件下，给定约束边界，用数学方法建立目标函数，通过计算机技术得到最优目标函数，做出最优设计。不过，这样的计算机软件还没有真正地用于工程设计，人们能做的还是依据常规的设计思路，通过对理论和经验的思考，进行设计或者模拟设计，利用现有的设计软件验证设计的可行性。如果获得的目标函数还不够理想，再人工修改某些设计变量，重新运算，直至认为满意为止。不同的设计经验、不同的理论水平，对设计成果会有不同的满意度。在传统设计流程之中设置了设计评审环节，就是利用行业专家的经验，对设计成果进行全面评价，针对满意度较低的目标函数，找到其影响因素，提出设计优化的建议。在这方面，EPC 工程总承包项目的设计评审较传统的设计评审内容，更注重设计质量，增加了项目的建造成本内容和可施工性内容。

2）应用专业信息技术软件是优化设计的有效方法。借助最优数值的计算方法和计算机技术，求取工程设计的最优方案，已成为工程技术人员必须掌握的技能。

目前，计算机应用软件已经相当成熟，可以进行建筑各个专业的系统分析。例如，结构专业可以利用大型计算软件分析结构受力状态，获取结构典型参数，找出结构薄弱环节，对照理想状态，调整结构布置，获得最优结构设计成果。由于计算机的极速运算能力，不仅使结构设计人员有可能在较短的时间内在同一种结构体系里获得最优设计成果，而且有可能在不同的结构体系之间找到最合理的设计成果，以满足同一建筑功能的需要。

信息技术的发展使得大型建筑物使用状态的模拟演示成为可能，特别是建筑信息模型（BIM）技术给建筑业带来巨大收益和生产力的显著提高，已被国际上公认为是一项提高建筑业生产力的革命性技术。例如，模拟地震分析就是输入已知的地震波，演示结构的运动形态，从而找到结构薄弱环节并加强这个环节，以达到设计优化的目的。火灾、疏散、耗能、日照、通风、照明、音响等建筑功能所考虑的大部分问题都可以实现模拟分析，为建筑设计师优化设计提供了新的有效方法。

2. 事后审核

（1）审核资料　编审人应尽量获得如下资料，以便其对项目有全面了解：

1）项目方案报批版测算资料、可行性研究投资估算。

2）设计资料，包括方案设计和扩初设计文件、关注面积指标、可租售比等。

3）项目所在地信息（如价格行情、地耐力、深基坑施工方法、市政配套、政府规费等）。

4）类似工程的设计指标（单位功能面积指标、结构活荷载等主要设计计算取值、建造标准）、工程费用及其主要工程量（钢筋、混凝土、外立面、电梯等）的含量指标。

5）项目其他相关资料，如委托人的运营专项设施等。

（2）面积指标审核　主要包括以下内容：

1）概算与图纸对应性检查。作为扩初设计文件的组成内容，概算为赶上和扩初设计文件同时递交给业主，在设计单位内部，常采用边设计边编制概算，因此，在审核工作开始前，审核人应对扩初图纸和概算的对应性（通常以面积指标作为标尺）进行检查。

2）建筑面积复核与确认。建筑师会用 CAD 软件计算建筑面积并在图上表明，但常在地下车库坡道、幕墙或外墙保温层放出尺寸、中厅、避难层、屋面机房等处与造价工程师的计算规则不同，因此，概算编制人应自行计算建筑面积，并与建筑师计算的面积逐层进行对比。

（3）检查漏计项　主要包括以下内容：

1）审阅、考量概算书编制说明中的“不包括”项。

2）仔细审阅概算书的汇总表与明细表数据是否一致。

3）特别注意下述可能被遗漏的、不在其设计范围内的费项（以房建为例）。

① 施工措施费，如深基坑围护、降排水、地基加固等措施，以及周边道路和建筑的沉降观测。

② 专项设计，如人防设施、幕墙顾问、室内精装、标识系统、泛光照明、剧院音响等。

③ 商业及公共建筑的入口或共享空间上的玻璃华盖、挑空层室外吊顶、防火卷帘门（地下车库、大型商场、自动扶梯处）。

④ 室外工程，如自然河道驳岸或红线外代征绿地建设、（暗浜）土方回填、楼宇间跨街架空走道、红线内外交通指引等。

⑤ 设计效果验证或销售配套，如清水混凝土、样板房（豪宅、酒店、写字楼的标准层电梯厅、标间及出租区）。

⑥ 异地建设，如受限于地块面积，或受地块周边环境（如地铁、河流）影响，或为避免地下室施工之土方开挖过深，人防或停车位配置未能满足规划要求，而拟在异地建设或予以补偿。

⑦ 专业设施，如机械停车装置，幕墙的擦窗机，酒店厨房设备、洗衣设备、布草洗涤设备、艺术摆设、家电器具及密匙系统，游泳池滤水设备，医院整体式手术间，剧院音响、舞台升降机械、大屏幕等。

（4）检查多计项　主要包括以下内容：

1）常发生于设计图和交付标准的不一致，编审人必须主动征询委托人（而非建筑师）的意见，确认是否由小业主自行投入装修。

① 设计用料说明。建筑师经常会在商业、住宅底商、写字楼的出租/售办公区域，提供装饰完成面用料说明；机电工程的设计图上也可能布置灯具、弱电（音响）、空调风管，此部分通常由租赁者出资，按其意愿另行设计施工。

② 整层出（租）售的写字楼内走廊部位的内装修工程。

③（沿街）商铺的橱窗、招牌。

④ 若属上述情况，审核人必须继续检查相应机电专业的概算，以避免不必要的多计。

2）以下内容可能在设计内容内被提及而被计入概算，但其实际投资系由承租人或运用商负责，或由其临时租赁：

① 出租区域内装饰（超市/百货/商铺内、办公楼标准层除电梯厅、走到及公共洗手间外）。

② 影剧院之声学、内装、座椅及放映设备。

③ LED 楼宇灯光秀（通常由政府投资，待确定）、广告牌。

④ 体育比赛的竞技计分系统，场馆内举办音乐会的临时舞台、音响设备及电视转播设施等。

3）委托人有专门渠道采购的、不列入 EPC 范围内的工艺设施，如航站楼的登机廊道、行李分拣系统等。

（5）价格复核　主要包括以下内容：

1）单体建筑先以各单元指标复核，如：元/m^2，元/m^3（结构混凝土），以及结构、建筑、机电概算总值的相应比例关系，元/站台（电梯）等复核价款。

2）室外附属工程用，如元/地块 m^2，复核其价格指标。

3）所有装饰块料面层及设备，均须在项目名称中注明其主材材料价，如拼花花岗石地坪，料值 1500 元/m^2，以明确其建造标准。

4）设备用房门、高层消防楼梯门、设备管道井门，按设计规范多采用甲/乙/丙级防火门。

5）定额不能覆盖的施工情形，如大跨度钢结构、幕墙、内装等，不可以简单套用当地定额，而应选用类似工程竞标综合单价。

（6）工程量复核　主要包括以下内容：

1）审核人须按以下两种指标/方法，同步/交叉复核工程量：

① 利用统筹法，审核平面（建筑面积与楼板、装饰面层、天棚、吊平顶）、垂直面（外立面与其饰面、窗、阳台门、幕墙、外脚手、外立面/平面系数）、外保温、外装饰等相关数据的合理性和正确性。

② 利用同一项目的不同楼栋间，或历史类似工程的含量指标，对主要工程量含量指标进行比对、复核，以确定其是否在合理区间内。

2）比较和验证限额设计指标的落实情况。

3）设计经济性评审。

3. 动态比较

1）将经评审且调整后的概算，与可行性研究及方案设计阶段的面积指标（可租售比、各业态面积占比、单位功能面积，如酒店的 m^2/间）及造价指标做同口径比较，在如实反映此阶段造价水平的基础上，监控设计成果的经济性。

2）若概算与上一版估算（或方案版目标成本）有较大出入，必须及时与设计端等相关部门讨论，从以下方面找出差异原因：

① 建筑面积（特别是停车位、机房等辅助面积占比）、结构形式（PC 建筑）、建造标准（外墙饰面、设计新规范、绿色建筑等）。

② 设计重大修改（如降低地面停车位占比、新设架空层等）。

③ 其他（人工、物料价格上涨）。

3）成本差异必须在“成本信息月报”中同步表述，并及时评估该项目扩初设计在限额设计等成本管理工作上的得失。

第4章

工程总承包合同风险分担及合同条款设计

4.1 工程总承包合同的风险分担机制

4.1.1 工程项目风险与合同风险的关系

1. 工程项目风险

工程项目的构思、目标设计、可行性研究、设计和计划都是基于对将来情况（政治、经济、社会、自然等）的预测，基于正常的、理想的技术、管理和组织之上的。而在工程建设过程中，这些因素都有可能产生变化，在各个方面都存在着不确定性。这些变化会使得原订的计划、方案受到干扰，导致项目成本（投资）增加、工期延长、工程质量降低。这些事先不能确定的内部和外部的干扰因素，就称为风险。风险是项目实施过程中的不确定因素。常见的项目风险分类方式有两种：第一种是依据风险产生的来源，将工程项目风险分为环境风险和行为风险；第二种则将项目按实施步骤拆分开来识别其中的风险。本书综合多个角度，借鉴成于思等（2022）的研究成果，将工程项目风险分为如下几类：

（1）项目环境风险　①在国际工程中，工程所在国政治环境的变化，如发生战争、禁运、罢工、社会动乱等造成工程中断或终止。②经济环境的变化，如通货膨胀、汇率调整、工资和物价上涨。其中，货币和物价风险在工程中经常出现，而且影响非常大。③法律变化，如新的法律，国家调整税率或增加新税种，新的外汇管理政策等。④自然环境的变化，如复杂且恶劣的气候条件和现场条件，百年未遇的洪水、地震、台风等，以及工程水文、地质条件存在不确定性等。

（2）工程的技术和实施方法等方面的风险　现代工程规模大，工程技术系统结构复杂，功能要求高，科技含量高，施工技术难度大，需要新技术、特殊的工艺、特殊的施工设备。

（3）项目组织成员资信和能力风险　①业主（包括投资者）资信与能力风险。例如：业主不能完成其合同责任，如不及时供应设备、材料，不及时交付场地，不及时支付工程款；业主企业的经营状况恶化，濒于倒闭，支付能力差，资信不好，恶意拖欠工程款，撤走资金，或改变投资方向、改变项目目标；业主为了达到不支付或少支付工程款的目的，在工程中苛刻刁难承包商，滥用权力，施行罚款或扣款，或对承包商的合理索赔要求不做答复，或拒不支付；业主经常随便改变主意，如改变设计方案、实施方案，打乱工程施工秩序，发布错误的指令，非程序地干预工程，造成成本增加和工期拖延，但又不愿意给予承包商补偿；在国内的许多工程中，拖欠工程款已成为承包商的最大风险之一，是影响施工企业正常生产经营的主要原因之一；业主的工作人员（业主代表、工程师）存在私心或其他不正之风等。②承包商（分包商、供应商）资信和能力风险。承包商是工程的实施者，是业主最重要的合作者。承包商资信和能力情况对业主工程总目标的实现有决定性影响。承包商能力和资信风险包括如下几方面：承包商的技术能力、施工力量、装备水平和管理能力不足，没有适合的技术专家和项目经理，不能积极地履行合同；承包商财务状况恶化，企业处于破产境地，无力采购和支付工资，工程被迫中止；承包商的信誉差、不诚实，在投标报价和工程采购、施工中有欺诈行为；设计缺陷或错误，工程技术系统之间不协调、设计文件不完备、不能及时交付图纸，或无力完成设计工作；在国际工程中，承包商对当地法律、语言不熟悉，对图纸和规范理解不正确；承包商的工作人员、分包商、供应商不积极履行合同责任，罢工、抗议或软抵抗等。③项目管理者（如工程师）的信誉和能力风险。例如：工程师没有与本工程相适应的管理能力、组织能力和经验；工作热情和积极性、职业道德、公正性差，在工程中苛刻要求承包商；或由于受到承包商不正当行为的影响（如行贿）而不严格要求承包商；由于管理风格、文化偏见而导致不正确地执行合同。④其他方面对项目的干扰。例如：政府机关工作人员、城市公共供应部门（如水、电等部门）的干预、苛求和个人非正当要求；项目涉及的居民或单位的干预、抗议或苛刻的要求等。

（4）项目实施和管理过程风险　例如：项目决策错误；工程相关产品和服务的市场分析和定位错误；进而造成项目目标设计错误；业主的投资预算、质量要求、工期限制得太紧，导致项目目标无法实现；环境调查工作不细致、不全面；起草错误的招标文件、合同条件；合同条款不严密、错误、二义性，过于苛刻的单方面约束性、不完备的条款，工程范围和标准存在不确定性；错误地选择承包商，承包商的施工方案、施工计划和组织措施存在缺陷和漏洞，计划不周，承包商的资信不好。

（5）实施控制中的风险　例如：合同未正确履行，合同伙伴争执，责任不明，产生索赔要求；没有得力的措施来保证进度，安全和质量要求；由于工程分标太细、分包层次太多，造成计划执行和调整、实施控制困难；下达错误的指令等。

2. 合同风险

合同风险是指与合同相关的，或由合同引起的不确定性。它包括如下两类：

（1）通过合同定义和分配，规定风险承担者，则成为其合同风险　合同风险常常是相对于某个承担者而言的。对客观存在的工程风险，通过合同条文定义风险及其承担者，则成为该方的风险。在工程中，如果风险成为现实，则由承担者主要负责风险控制，并承担相应损失责任。所以，对风险的定义属于双方责任划分问题，不同的表达则有不同的风险，有不同的风险承担者。

1）工程合同风险分担首先取决于所签订合同的类型。如果签订固定总价合同，则承包商承担全部物价和工作量变化的风险；而成本加酬金合同，承包商不承担任何风险；对常见的单价合同，承包商承担报价风险，业主承担工程量风险。

2）合同条款明确规定应由一方承担的风险。例如，对业主来说，有业主风险，工程变更的条款，以及允许承包商增加合同价格和延长工期的条款等。

（2）合同缺陷导致的风险　主要有以下几方面：

1）条文不全面、不完整，没有将合同双方的责权利关系表达清楚，没有预计到合同实施过程中可能发生的各种情况，由此导致执行合同过程中的争执，最终造成损失。

2）合同表达不清晰、不细致、不严密，有错误、矛盾、二义性，由此导致双方错误的计划和实施准备，推卸合同责任，引起合同争执的情况。

3）通常业主起草招标文件和合同条件，提出设计文件，其必须对这些问题承担责任。

4）在合同签订和合同实施过程中，双方对合同内容理解错误，存在不完善的沟通和不适宜的合同管理等，可能导致合同风险 。

5）合同文件的语言表达方式，承包商的外语水平、专业理解能力或工作细致程度，以及做标期和评标期的长短等原因，都可能导致合同风险。

6）合同之间界面不明确，各合同描述的工程范围有重叠或遗漏，合同之间有矛盾、不统一，由此导致工程实施过程中大量的变更和争执。

3. 从工程项目风险到合同风险的分担过程

由于工程项目的动态性与复杂性，工程项目风险不可避免，尽管有些研究表明工程项目风险可能会对项目参与主体有积极的影响，但是主流的观点普遍认为工程项目风险处理不当会影响工程项目的成功，给工程项目参与主体带来损害。工程项目风险跟其他风险一样不能被消除，只能通过合同来共享或转移给其他项目主体，这个过程被称为风险分担。

从工程项目风险到合同风险，首先发包人根据需要选择适宜的管理模式，对风险进行分阶段控制。但是，同一种管理模式下不同的合同类型对风险承担的范围也不一样，所以还需要选择合适的合同类型。然后对可能遇到的风险范围进行风险划分，将划分好的风险范围按照合理风险分担原则落实到有具体承担者的合同风险。所以，风险的落实过程就是工程项目风险落实到合同风险，最终由合同条款体现风险分担的思想。从工程项目风险到合同风险的分担过程如图 4.1 所示。

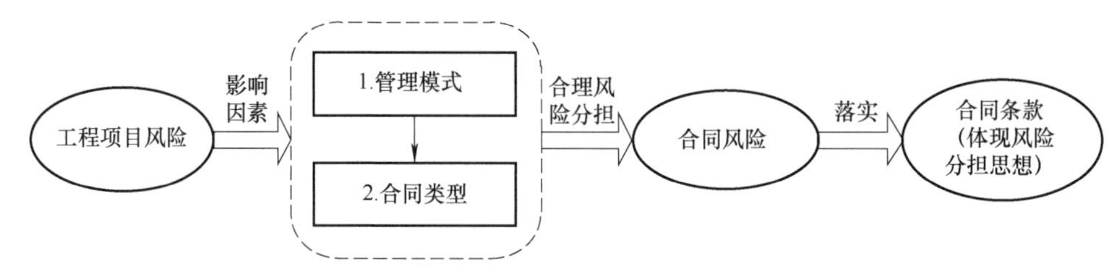

图 4.1　从工程项目风险到合同风险的分担过程

合同的起草和谈判实质上很大程度上是合同风险的分担问题。一份公平的合同不仅应对风险有全面的预测和定义，而且应全面落实风险责任，在合同双方之间公平合理地进行风险分担。对合同双方来说，如何对待风险是一个战略问题。由于发包人起草招标文件、合同范本，确定合同类型，承包人必须按《发包人要求》投标，所以风险分担过程中发包人起主导作用，有更大的主动权与责任。但发包人不能全然不顾各种主客观因素，任意在合同中加上对承包人的单方面约束性条款和对自己的免责条款，将风险全部推给对方。

4.1.2　工程总承包合同的风险分担原则

1. 风险分担的一般性原则

工程项目风险跟其他风险一样不能被消除，只能通过合同来共享或转移给其他项目主体。在这个过程中，合同双方应理性分担风险，如合理的可预见性风险分担方法、可管理性风险分担方法和经济学风险分担方法等。在落实合同风险、进行合同风险分担时，需要遵循一定的原则，见表 4.1。

表 4.1 工程项目合同风险分担原则

影响因素	风险分担原则	详解
控制能力、控制成本	效率原则	风险由对该风险最有控制能力的一方来控制。如双方均无控制能力难以确定，则由双方共同承担 承担者控制相关风险是经济的，即能够以最低的成本来承担风险损失，同时其管理成本、自我防范等费用低 从合同双方来说，承担者的风险损失低于其他方的风险收益，在受益方赔偿损失方的损失后仍获利，这就提高了合同执行效率
责权利	公平原则	价格公平。合同风险越大，则合同约定的价格越高 风险责任与权力平衡。承担方有风险责任，就有相应的执行权力 风险责任与机会对等。承担风险同时享有风险获益的机会 承担的可能性和合理性。给予承担方预测、计划、控制的条件和可能性
伙伴关系	考虑现代工程管理理念	如双方伙伴关系、风险共担、达到双赢的目的等。将许多不可预见的风险由双方共同承担
惯例	工程惯例原则	进行风险分担时要符合该行业及当地的一些惯例，即符合工程中通常的处理方式

2. 基于承包人公平感知的风险分担

根据不同的标准和目的，工程项目风险有很多种分类方式。本书依据风险产生的来源，将工程项目风险分为外生风险（外部环境变化导致的风险）和内生风险（参与主体导致的风险）。其中，外生风险是指由自然、经济、社会、法律等工程项目外部环境变化带来的风险（环境风险）；内生风险（行为风险）是指由业主行为（业主风险）或者承包商行为（承包商风险）导致的风险。理论上，业主风险应当由工程项目业主方承担，承包商风险由工程项目承包商承担，环境风险由双方共同承担。

实证研究结果表明：①合理的合同风险分担会通过承包人公平感受来激励承包人合作行为，也就是说，承包商的公平感知对承包商的合作行为有积极影响。对于承包商而言，不仅仅需要一个简单的“好”的交易，更需要一个“公平”的交易。②风险费并不是弥补承包商承担风险的“万能工具”，对于环境风险，加入一定的风险费会弥补承包商承担此类风险的代价；而对于业主自身导致的风险，即使给予承包商风险费补偿，也不能弥补承包商的不公平感，仍然不利于业主与承包商的合作。③合同条款的清晰性会增强承包商的公平感知对承包商合作行为的积极影响，会减弱承包商的不公平感对承包商合作行为的消极影响。

根据实证研究的结果，要想激励工程总承包项目业主与总承包商之间合作，使项目顺利进行，风险分担不仅需要符合传统的基础原则，而且还应注意下面几点：

（1）不能过度地将风险分配给承包商　一些项目业主利用自己的主导地位，在合同的设计中将大量风险分配给承包商。从表面上看，这可能会减轻业主自己在工程建设过程中的责任，但这可能导致两种情形：①承包商在投标时会在投标价格中加大风险费的比重，尤其对于议标项目更是如此，而这些风险费最终还需要业主来支付。况且，即使业主支付了此类风险费，若一些本应由业主承担的风险（如业主要求中的错误等）分配给了承包商，承包商可能会感觉受到了不公平对待，从而可能会诱发承包商的弱机会主义行为。②由于竞争问题，尤其是公开招标的项目，承包商迫于压力，不能在价格中考虑过多的风险费，否则中不了标，因此只能无奈低价中标。然而，这不仅会导致承包商在后续的履约过程中缺乏合作精神，而且一旦发生了重大风险，承包商又没有充裕的风险费来对发生的事件进行处置，就会延误工期、降低质量，甚至中途放弃履约。这样高的“资产/关系专用性”的工程承包交易会给业主带来极大的损失，承包商的履约保函以及项目现场的相关资产根本不能弥补业主由于承包商毁约带来的损失。因此，业主应将承包商更有能力应对的风险分配给承包商，才能实现风险管理的高效率。

（2）风险费并不是在所有情况下都能保证承包商的合作态度　在理论界和实践界都有人认为，可以让承包商承担大量风险，但应允许承包商在合同价格中加入相应的风险费，这样也可以认为是公平的。虽然这种观点不无道理，但从行为科学的角度来看，这一观点过于简单化。最新的实证研究显示，并不是所有的风险都可以用风险费来补偿。虽然大部分外生风险，如自然条件和经济环境等方面的风险，可以有效地用风险费来弥补，但由业主自身行为造成的风险就不宜分配给承包商，特别是涉及承包商在投标阶段无法核实的内容，或业主前期自主决定的事宜，不能让承包商承担此类风险，而无论是否考虑风险费。若将此类风险分配给承包商，则会极大地降低承包商的公平感知，影响其后续履约过程中的合作行为。况且，承包商无法预测此类业主行为风险带来的后果，更无法计算出相对合理的风险费。

（3）风险分担在合同中尽可能写清楚　若要使双方在履约中不出现分歧，最好的方法就是将合同条款起草得比较清晰，对于风险分担更是如此。由于人们的机会主义倾向，合同一方往往利用合同中的某些模糊规定来逃避责任。业主在起草合同时也往往有这种倾向。研究表明，合同对风险分担的清晰性有助于双方的合作行为。然而，由于人类的有限理性，不可能将未来的一些事情写得足够清楚，尤其是工程合同范本的通用条件。但就某一具体项目而言，则可以在通用条款的基础上，根据项目的具体特点，在合同专用条件中对通用条件中关于风险分担的表述进行补充、修改和具体化。这样有利于双方对合同真实含义的理解，减少歧义与矛盾，从而有利于双方合作。

4.1.3　工程总承包合同范本的风险分担格局

1. 工程总承包合同示范文本

在工程总承包模式下，风险分担应该根据项目的具体情况才能得到最优分配。但是，由于这种“按项目具体情况”的设计方法对于一个国家和地区来说会带来较高的交易成本，因此，标准化的风险分担机制也许更合适。因此，为了提高合同签订质量，节省签订合同范本的时间、人力、物力，合理、正确地表达合同双方的共同诉求，公正、合法地维护合同双方的权益，推广使用合同范本标准格式十分必要。

在国际上，为工程界所接受且广泛使用的合同范本标准格式主要包括四种，即 AIA 合同范本、JCT（Joint Contracts Tribunal）合同范本、FIDIC 合同范本及 ICE（Institution of Civil Engineers）合同范本。其中，国际咨询工程师联合会（FIDIC）编制的 FIDIC 合同范本具有国际性、权威性、责任分明、内容详细的特点，在各国工程实践中体现出很强的适用性。

我国《建设项目工程总承包合同（示范文本）》（GF—2020—0216）由住建部、国家工商行政管理总局联合制定，意在促进建设项目工程总承包的健康发展，规范工程总承包合同当事人的市场行为。其性质为非强制性使用文本，当事人对合同条款有争议或者当事人未能达成补充协议时，该文本是各级法院认定当事人真实意思表示的法定依据。该合同范本内容较为详细，具体条款设置完备，对风险的分担设置较为公平，同时与我国工程实践中 EPC 模式的发展现状一致，符合行业习惯。

2. FIDIC 银皮书中的合同风险分担格局

介入时点为项目立项后的工程总承包项目适用 FIDIC 银皮书。EPC 项目介入时点是指业主开始向总承包商进行工程总承包项目发包的时点，也可以理解为总承包商开始介入工程项目的时点，即由业主负责发包之前的全部工作，而发包之后的工作主要由承包商来承担。如果介入时点过于靠前，项目的控制权几乎全部由总承包商掌握，容易导致工程项目的设计方案与业主目标偏离的风险增加；如果介入时点过于靠后，项目的控制权几乎全部由业主掌握，违背了业主追求专业的总承包服务的初衷。因此，合理的介入时点对于 EPC 项目的成功至关重要。

对于介入时点为项目立项后的工程总承包项目，尤其是 EPC 项目，业主诉求与 FIDIC 银皮书中的观点更为契合，关键风险因素的风险分担情况与 1999 版 FIDIC 银皮书最为匹配，匹配程度为 80%。但是，FIDIC 银皮书合同常被认为是“亲业主方”的，因为该合同范本抛弃了平衡分配风险的传统原则，把更多的工程风险转移给承包商承担。例如，与 FIDIC 红皮书相比，在红皮书中，承包商只承担合同中列明的应当由承包商承担的风险，对于有经验的国际工程承包商在投标前不能合理预见的风险，由业主承担；而采用银皮书时，承包商既要负责施工，又要负责工程的整体设计，除了合同明确规定应当由业主承担的风险以外，其他都属于承包商的风险。此外，FIDIC 银皮书合同满足“即使发生意外事件，费用增加的风险也很小或没有，合同总价固定”的需求，提高了项目成本的确定性。FIDIC 银皮书中明确指出要承包商承担更大风险的要求，此举也可以使承包商充分了解其必须承担的附加风险，并为考虑此类额外风险而正当地增加投标价格，使承包商在承担更多风险的同时也拓展了利润空间。以 1999 版 FIDIC 银皮书中的风险分担框架为例，如图 4.2 所示。

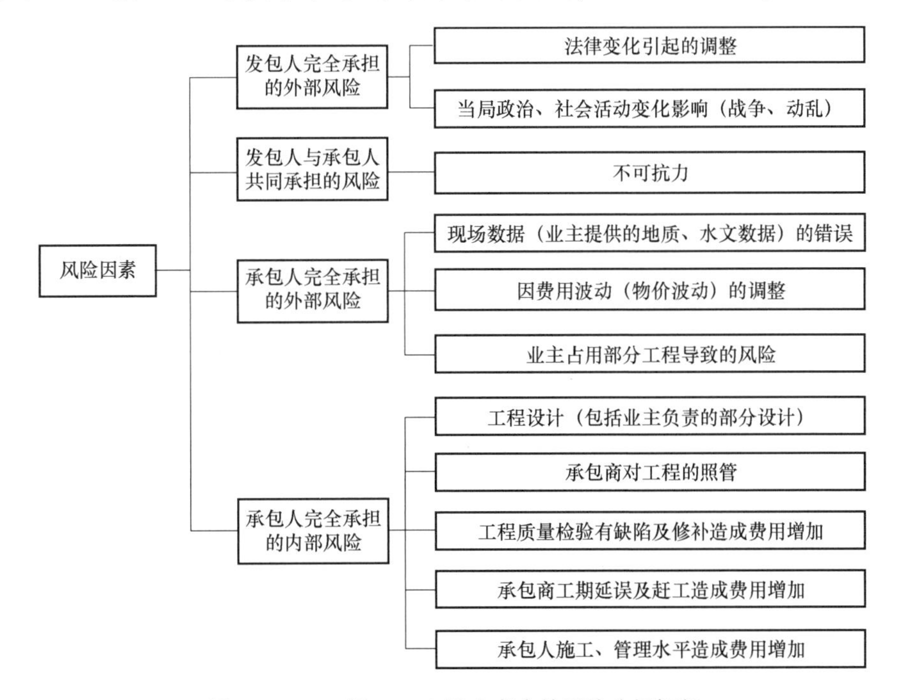

图 4.2 1999 版 FIDIC 银皮书中的风险分担框架

3. FIDIC 黄皮书中的合同风险分担格局

介入时点为初步设计审批后的工程总承包项目适用建设项目工程总承包合同或者 FIDIC 黄皮书。对于介入时点为初步设计后的工程总承包项目，如 DB 项目，关键风险因素的风险分担情况与《建设项目工程总承包合同（示范文本）》(GF—2020—0216）或 FIDIC 黄皮书最为匹配，匹配程度为 100%。

对于介入时点为初步设计后的 EPC 项目，业主将项目设想先进行一定程度的转化后再发包，参与项目的程度相对较高，对项目的整体把控更强，愿意承担初步设计的方向性任务所带来的一定风险，目前在实践中应用也更为广泛。对于总承包商而言，其承担的工作任务相对减少，自身的利润空间缩减，业主提供的初步设计方案直接影响总承包商的后续工作任务和设计方向，承担风险的意愿下降，对部分风险更倾向于与业主共同承担。因此，黄皮书中的合同风险分担框架有了较大变化，如图 4.3 所示。

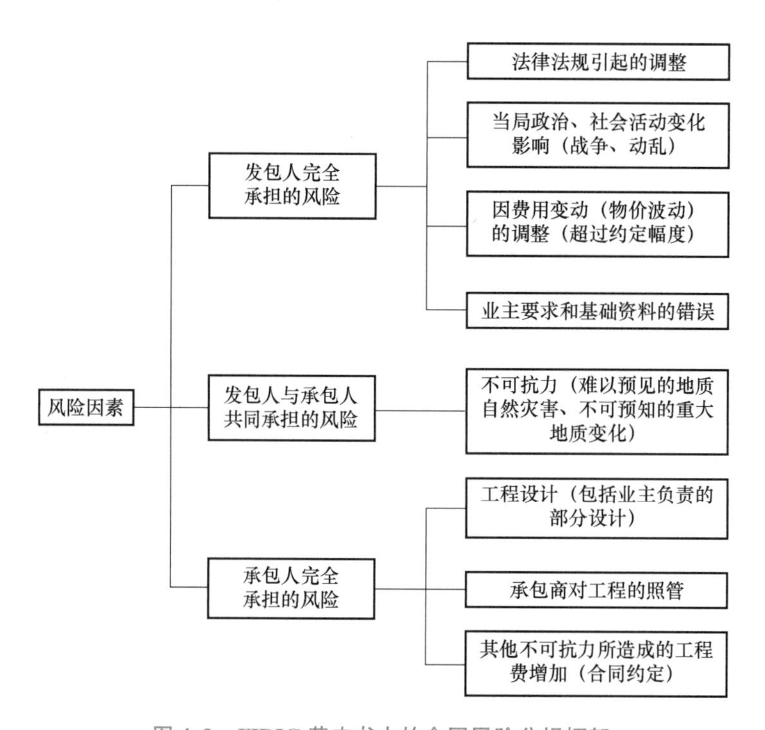

图 4.3　FIDIC 黄皮书中的合同风险分担框架

总之，在 FIDIC 银皮书下承包商承担的风险要比黄皮书下承担的风险大，对于作为业主的项目公司而言，不应一味将大量风险都分配给承包商，避免承包商在项目履约中因风险太大而无力完成项目，导致业主最终不能实现项目目标；对承包商而言，也一定要注意在工程总承包合同中的风险分担问题，并结合自己的能力，做出恰当的风险费的评估。

4. 我国工程总承包合同与 FIDIC 合同的风险分担对比

银皮书中的风险分配原则始终备受争议。银皮书的风险特征是业主承担不可抗力风险，承包商承担剩余的所有风险。这种风险分配与 FIDIC 的理念是分不开的。正如 FIDIC 前言所讲，EPC 模式下项目由承包商承担设计和实施的全部职责，业主介入很少，减少控制权，对承包商的工作只进行有限控制，一般不进行过多干预，要求项目进度计划按期实现、工程质量达到规定。其全新的风险分担机制体现了国际工程总承包合同的主流发展趋势。我国《建设项目工程总承包合同（示范文本）》（GF—2020—0216）与FIDIC银皮书关于业主和承包商之间的风险分担规则区别较大，两者虽都冠以“总承包合同”，但在风险分担上，尤其是设计阶段对基础资料与审核的风险分担截然不同；我国《建设项目工程总承包合同（示范文本）》（GF—2020—0216）中的风险分担格局更接近FIDIC黄皮书。三个合同范本风险分担的具体区别见附录H。

4.1.4 工程总承包商主要承担的合同风险类型

1. 亲和图风险分析框架

现行工程总承包合同范本中所描述的风险分担格局，作为实践中的指引并不能完全满足要求，尤其是工程总承包项目中承包人承担的风险更多、更复杂，需要进一步明确总承包人面临的合同风险类型。

为贴合工程实际，准确地识别出工程总承包模式中承包人所面临的合同风险，可引入亲和图法（又称KJ法或A型图解法）。该方法是全面质量管理的新七种工具之一，其创始人是日本东京工业大学教授、人文学家川喜田二郎（Kawakita Jiro），KJ是其姓名的缩写。1953年川喜田二郎在尼泊尔探险，把野外调查时看上去根本不相关的大量事实捕捉下来，并将结果和数据予以整理，通过对这些事实进行有机组合和归纳，以发现问题的全貌。后来他把这套总结出的方法与头脑风暴法相结合，发展成包括“提出设想”和“整理设想”两种功能的方法，即亲和图法。亲和图法具有以下几个特点：

1）事实或观点处于混乱状态时，采集语言资料，将其整合以便发现问题。

2）问题看起来太大、太复杂而无法掌握时，打破现状，产生新思路。

3）掌握问题本质，让有关人员明确认识。

4）团体活动，对每个人的意见都采纳，提高全员参与意识。

该方法是一种根据结果来寻找原因的逆向归纳的方法，从风险识别的依据来看，是一种从现象找原因的风险识别方法，即先研究现象再进行归纳总结。

在采用工程总承包模式进行建设的项目中，存在着一系列的风险传递链条，包含风险源、风险事件和风险后果。在工程总承包项目中，风险后果体现为项目目标的变化。在确定风险传递链条的过程中，首先要做的是寻找项目实施的关键活动，发现关键活动中的风险源；其次，寻找风险源导致的直接后果事件；最后，向后挖掘直接后果对项目目标的影响。而这也与国内工程实际较为贴合，可以将各项目中所遇到的导致损失的问题进行汇总，总结出合同风险因素。在采用亲和图识别项目风险时，应以如图4.4所示步骤进行。

2. 基于亲和图的工程总承包项目风险事件

经上述资料收集步骤后，共得到133项工程总承包模式中总承包商所面临的风险事件，其中20项风险事件来源于文献，92项风险事件来源于中国裁判文书网中的判决书案例，21项风险事件来源于访谈资料。由于小组成员不在同一地方，因此将亲和图的操作流程转至线上，在Visual Paradigm Online软件中将这133项风险事件绘制成独立的贴片，然后组织小组开展头脑风暴。小组成员对133项风险事件中内容表达含义相近的风险进行合并，对极少的或非总承包商所面临的风险进行删除，初步将133项风险事件归并为84项风险事件，形成总承包合同风险事件调查表，见表4.2。

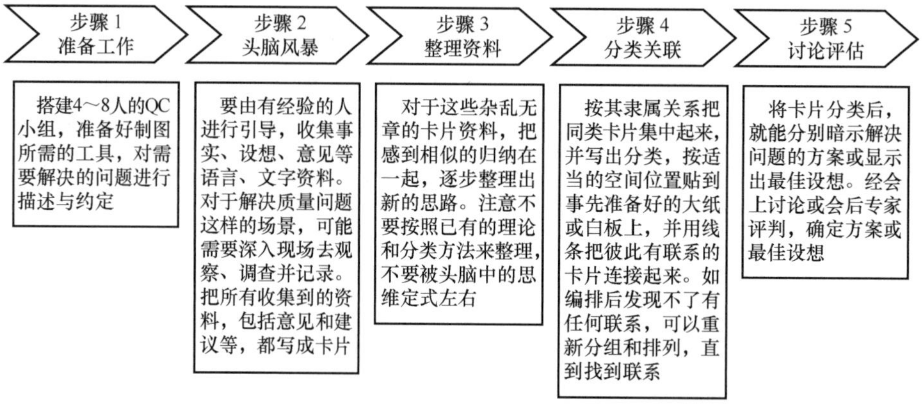

步骤 1 准备工作

搭建4～8人的QC小组，准备好制图所需的工具，对需要解决的问题进行描述与约定

步骤 2 头脑风暴

要由有经验的人进行引导，收集事实、设想、意见等语言、文字资料。对于解决质量问题这样的场景，可能需要深入现场去观察、调查并记录。把所有收集到的资料，包括意见和建议等，都写成卡片

步骤 3 整理资料

对于这些杂乱无章的卡片资料，把感到相似的归纳在一起，逐步整理出新的思路。注意不要按照已有的理论和分类方法来整理，不要被头脑中的思维定式左右

步骤 4 分类关联

按其隶属关系把同类卡片集中起来，并写出分类，按适当的空间位置贴到事先准备好的大纸或白板上，并用线条把彼此有联系的卡片连接起来。如编排后发现不了有任何联系，可以重新分组和排列，直到找到联系

步骤 5 讨论评估

将卡片分类后，就能分别暗示解决问题的方案或显示出最佳设想。经会上讨论或会后专家评判，确定方案或最佳设想

图 4.4　亲和图风险识别步骤

表 4.2　总承包合同风险事件调查表

联营体资质	工程预算不合理	业主方新增工程	业主方非法占地
合同总价固定	工期不合理	合同范围模糊	总承包商垫资
鉴定机构信誉	工程量差异较大	违约金的计算与支付	未约定支付方式
总承包商资金不足	工程变更的认定	工程资料和验收	物价波动
合同价款确认依据	业主方未及时审批	光、声污染干扰工期	业主方增加功能
合同解释顺序	业主方未及时支付	分包商的工作范围	工期处罚约定不清
暂估价是否可调	政策变化	设计边界不清	业主方提出不科学要求
分包商不恰当履约	分包商的选择	业主方延迟付款	工程标准模糊
分包商管理	违法分包	招标投标程序不合法	设计变更
联营体内责任划分	未完工程价款的确定	设备商的选择	前后设计单位扯皮
业主方设计变更	签约文件优先级	合同文件优先级	付款条件复杂
质保金支付	发包方内部混乱	业主方延迟审批	工程量的定价
利息计算	工程款的组成	分包商价款支付	天气超出预期
甲供材未及时入场	现场条件超出预期	总承包商资质不足	业主方前期工作不足
非法转包	业主方原因停工	泥石流等地质灾害	引导设计控制造价
业主方支付能力	概算不足	业主方无理由变更	进度奖励没支付
工程量计算精度	业主方拒绝联营体	工程范围不清	业主方需求模糊
两阶段设计无法控制概算	未按总承包模式实施项目	业主方行为致使设计失误	业主方提出项目主体更改
增加功能后投资概算不足	合同或协议前后不一致	业主方未尽到合同义务	业主方未取得施工许可
合同外增加项目及误工补偿	总承包商与分包商责任不清	业主方未完成项目批复程序	业主方未完成规划审批手续
业主方占用未验收工程	业主方导致的功能变化	合同终止、解除、无效	业主方拖延欠款及利息

初步整理的分组图中将原本 84 项风险事件经小组头脑风暴讨论后，归并为 70 项风险事件，分类总结后形成七种总承包商所承担的合同风险：工程范围风险、合同条款风险、合同总价计量计价风险、业主行为风险、总承包商内部管理风险、设计管理风险和第三方风险。

3. 工程总承包商面临的主要合同风险类型

就QC小组讨论后所得的合同风险亲和图与国内工程总承包领域的学者再次进行讨论，将讨论结果整理后做出以下修改：

（1）进行风险归类时与工程总承包总价合同的特点进行结合　在工程总承包模式下，总承包商所承担的工作范围较之传统模式更加宽泛，尤为重要的是，总承包商需要参与到项目的设计工作。FIDIC银皮书及我国已经颁布的《建设项目工程总承包合同（示范文本）》（GF—2020—0216）中的计价方式，整体上均属总价方式，或称采用总价合同，但并不是十分严格的“一笔包死”的固定总价合同，而是局部可调整的总价合同。发承包双方在签约时，无法对工程范围的界定做出确切的描述。需要对可调整的部分进行约定，约定工程量变动范围的合理比例、承包范围边界等。在总价合同条件下，若无法对工程范围做出较为清晰的界定，则合同总价在合同中难以进行约定。因此，亲和图的结果应当体现出合同总价难以确定，工程范围较难界定等特点。

（2）将工程范围风险中关于“发包人要求”的风险事件单独列出　“发包人要求”于2012年国家发改委等九部委联合发布的《中华人民共和国标准设计施工总承包招标文件》（简称《2012版招标文件》）中被首次定义，2015年升级为合同文件的重要构成部分，在2020年12月发布的《建设项目工程总承包合同（示范文本）》（GF—2020—0216）中上升为合同附件，成为合同的重要组成部分，具有与专用合同条款相同的法律地位。而且，“发包人要求”中包含了功能要求、职能管理要求、验收要求和运营要求等众多项目定义的概念，是工程总承包模式中一个极具特色且重要的文件。

由于工程总承包模式中的“发包人要求”较为模糊，除合同明示条款外，还包含着许多未明示条件，通常包括“合同隐含或由承包商的义务而产生的任何工作，以及合同中虽未提及但按照推论对工程的稳定、完整、安全、可靠及有效运行所必需的全部工作”。

由此可见，“发包人要求”的地位极其重要，而且由于工程总承包模式的特性，“发包人要求”具有天生的模糊性，会为总承包商带来许多风险，因此应当单独列出。

（3）将业主行为风险中的风险事件分散到其他合同风险中　由于在初步分析风险事件时未贴合工程总承包模式的特点，表4.2中业主行为风险中的风险事件显得较为混乱，仅依据行为主体进行归类，最后形成业主行为风险。在工程总承包模式下，业主经招标后便将项目的大部分权力移交给总承包商，仅保留监督权。因此，业主行为这一风险无法体现出总承包商在总价合同条件下所面临风险的特点，未能体现出与工程总承包模式中价格和工程量的关系。

总承包商无法根据此风险采取有针对性的风险管控措施，因此应当将业主风险中的风险事件分散到其他合同风险中。

（4）区分设计变更、设计优化和合理化建议　工程总承包模式强调设计施工一体化，总承包商负责部分设计工作，从而承担相应的设计风险和责任。总承包商不再是传统的按图施工，而是需要更多地参与前期设计工作。因此，当设计发生改变时，需要根据合同范本对是否为变更进行认定。例如，国际常用的FIDIC银皮书中对变更的定义，变更是指经过业主指示或批准的对业主要求或工程所做的任何更改，但不包括准备交他人进行的任何工作的删减。这意味着除业主提出的变更外，一般当设计发生改变时，不认定为变更。

工程总承包模式下的设计优化是指总承包商在业主提供的设计文件的基础上进行的深化

设计。因此，对于界定设计优化的范围就显得难以实现。国内学者鼓励标前设计优化，限制标后设计优化，将未经批准的标后设计优化均认定为违约行为。因此，总承包商依靠设计优化进行盈利需有合理的制度设计加以保障和约束。

我国《建设项目工程总承包合同（示范文本）》中第13.2.1项规定“承包人提出合理化建议的，应向工程师提交合理化建议说明，说明建议的内容、理由以及实施该建议对合同价格和工期的影响。”即承包人合理化建议应当对合同价格或工期产生正向影响，而且当合理化建议降低了合同价格、缩短了工期或者提高了工程经济效益时，总承包商可以要求业主按照专用合同条件的约定进行利益分享。

经学者讨论后，对表4.2中的风险事件重新进行归类整理，得出工程总承包模式下总承包商所面临的合同风险，并按照工程实施步骤进行排序：工程范围风险、发包人要求风险、合同总价计量计价风险、合同条件风险、设计管理风险、现场条件风险、审计风险、总承包商内部管理风险。最终绘制成如图4.5所示的承包商视角下的工程总承包合同风险类型亲和图。

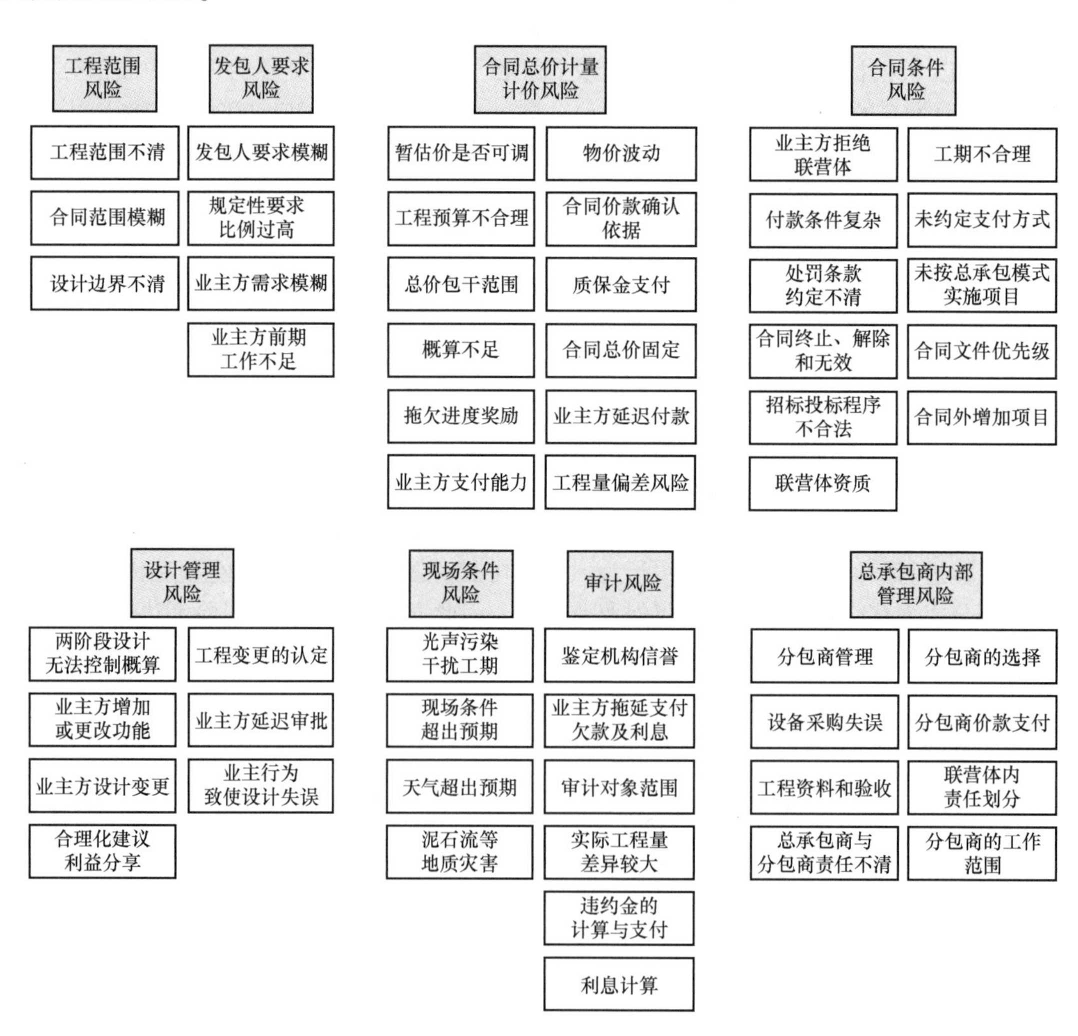

图4.5 承包商视角下的工程总承包合同风险类型亲和图

4.2 工程总承包模式下合同类型及合同计价方式

4.2.1 工程总承包模式下合同类型

1. 总价合同

总价合同是基于《发包人要求》、提供的资料及合同约定的风险范围固定，不因施工图设计、发包人提供的工程量清单错误或漏项而调整合同价款的合同类型。总价合同是总价优先，承包商报总价，双方商讨并确定合同总价，最终按总价结算，价格不因环境变化和工程量增减而变化。通常只有在设计（或业主要求）变更，或符合合同规定的调价条件，例如法律变化，才允许调整合同价格，否则不允许调整合同价格。这种合同以一次包死的总价委托，价格不因环境的变化和工程量增减而变化。所以在这类合同中，承包商承担了全部的工作量和价格风险。

总价合同有如下计价形式：①招标文件中有工程量表（或工作量表）。业主为了方便承包商投标，给出工程量表，但对工程量表中的数量不承担责任，承包商必须复核。承包商报出每一个分项工程的固定总价，相加形成整个工程的价格。②招标文件中没有给出工程量清单，而由承包商制定。在总价合同中，工程量表和相应的报价表仅作为阶段付款和工程变更计价的依据，而不作为承包商按照合同规定应完成的工程范围的全部内容。合同价款总额由每一分项工程的包干价款（固定总价）构成。承包商必须根据工程信息自己计算工程量。如果业主提供的或承包商编制的分项工程量有漏项或计算不正确，则被认为已包括在整个合同总价中。国际工程中的DB合同和EPC合同通常使用固定总价合同。DB合同的示范文本中，合同价格虽然默认为固定总价，但部分工作仍可以采用单价计量的方式进行结算。

总价合同的优点包括：①利于投资控制。在工程项目的早期就可以确定工程的价格（或总投资）；②利于优化设计及承包商技术和管理水平的提高；③利于过程管理，竣工结算简单；④利于压缩工期；⑤利于风险转移。在总价合同的执行中，承包商的索赔机会较少（但不可能根除索赔）。在正常情况下，这可以免除业主由于要追加合同价款、追加投资带来的需上级审批的麻烦。总价合同的缺点包括：①采用方案设计和初步设计图计算出的工程总承包项目招标控制价经常与实际造价差距过大，存在审计风险和腐败风险；②工程总承包固定总价所要求的招标投标准备、磋商时间过长，招标难度大，不适用于投标期紧张的项目；③不适用于建设标准不明确、技术方案不成熟、没有类似工程参考的项目；④排斥发包人对工程的监管与变更，发包人对工程质量控制力较弱。由于承包商承担了全部风险，报价中不可预见风险费用较高。承包商报价的确定必须考虑施工期间的物价变化以及工程量变化带来的影响。同时在合同实施中，由于业主风险较小，所以其干预工程实施过程的权力较小，只管总的目标和要求。

FIDIC合同条件下使用的黄皮书和银皮书均采用固定总价合同，且合同价格都可以基于合同规定调整。二者差异的根源取决于承包商对实现工程目的所具有的单一性、整体性责任的程度，即黄皮书合同条件下的承包商一定程度上可以基于已完工作按照专用条件约定主张固定总价之外的价款，但是银皮书并无承包商有权就已完工作按照专用条件规定获得额外支付的约定。

2. 单价合同

单价合同是指业主在招标文件的工程量清单中所列的工程量只作为承包商报价的参考，合同最终价格按实际完成的工程量与承包商所报的单价进行结算的合同类型。单价合同适用于工程内容不确定或工程量变化较大的工程项目。在这种合同中，承包商仅按合同规定承担报价风险，即对报价（主要为单价和费率）的正确性和适宜性承担责任；而工程量变化的风险由业主承担。由于风险分配比较合理，能调动承包商和业主双方管理的积极性，所以能够适应大多数工程。单价合同的特点是单价优先，业主给出的工程量表中的工程量只是参考数字，而实际工程款结算按实际完成的工程量和承包商所报的单价计算。虽然在投标报价、评标、签订合同中，人们常常注重合同总价，但这个总价并不是最终有效的合同价格。单价风险由承包商承担。所以在单价合同中，单价才是实质性的，是不能错的。由于存在这种矛盾性，单价合同的招标文件一般都要规定，对于投标人报价表中明显的数字计算错误，业主有权先做修改再评标，而且业主必须重视开标后的清标工作，特别要认真做好投标人报价的审核工作。

采用单价合同，应明确编制工程量清单的方法、工程量的计算规则和工程计量方法，每个分项的工程范围、质量要求和内容必须有相应的标准。单价合同的工程量表中，还可能有如下情况：①工程分项的综合化，即将工程量分项标准中的工程分项合并，使工程分项的工作内容增加，具有综合性。例如，在某城市地铁建设项目中，隧道的开挖工程以延长米计价，工作内容包括盾构、挖土、运土、喷混凝土、维护结构等。它在形式上是单价合同，但实质上已经带有总价合同的性质。②单价合同中有总价分项，即有些分项或分部工程或工作采用总价的形式结算（或称为“固定费率项目”）。例如，在某城市地铁建设项目中，车站的土建施工工程是以单价合同发包的，但在该施工合同中，维护结构工程分项却采用总价的形式，承包内容包括维护结构的选型、设计、施工和供应等全部工作。

单价合同的优点包括：①避免了审计风险，以及决策者的腐败风险；②可以减少招标投标的时间，适用于项目招标投标时间不足、工期紧的工程总承包；③不像总价合同绝对排斥发包人对项目的过多干预，适用于工程指标比较复杂的项目。单价合同的缺点包括：①人性趋利的原因，单价合同的情况下，承包商通常会向着最终造价更有利于自身的方向进行设计，工程造价风险中量的风险又由承包商转移回发包人，工程造价难以控制；②无法调动承包商设计优化的积极性；③单价合同下，发包人对工程投入的管理成本较高，需要对承包商实际完成的工程量进行计量，结算也比较复杂，也有可能因为承包商的不平衡报价损害业主的利益。

FIDIC 合同条件下使用最广的三类合同条件之一的红皮书（Conditions of Contract for Construction）就是采用固定单价方式，期中付款和最终付款的金额将按工程量测量，采用工程量表中的费率和价格进行计算。

3. 成本加酬金合同

成本加酬金合同是指按合同约定，业主向承包商支付完成工程的实际成本，并加上一笔费用作为承包商的管理费与利润的合同类型。按酬金的形式不同，成本加酬金合同又可细分为成本加激励酬金合同、成本加固定酬金合同和成本加定比酬金合同。成本加酬金合同适用于项目前期设计资料不完整、工程量难以确定，但又必须尽快开工的工程项目。在这种合同下，承包商的酬金获得有保证，风险较小，但利润率低；业主承担的风险较大，很可能最终支付很高的合同价格，但若不发生风险，则业主付出的工程款项或许将低于总价合同或单价合同下的最终支付价格。

由于合同价格按承包商的实际成本结算，所以在这类合同中，承包商不承担任何风险，而业主承担了全部工作量和价格风险，因而承包商在工程中缺乏成本控制的积极性，常常不仅不愿意压缩成本，反而期望提高成本以提高自己的工程经济效益，这样会损害工程的整体效益。所以，这类合同的使用应受到严格限制，通常仅用于如下情况：①投标阶段依据不准，工程的范围无法界定，无法准确估价，缺少工程的详细说明；②工程特别复杂，工程技术、结构方案不能预先确定，它们可能按工程中出现的新情况确定，在国外这类合同经常被用于一些带研究、开发性质的工程项目中；③时间特别紧急，要求尽快开工，如抢救、抢险工程，人们无法详细地计划和商谈；④在一些项目管理合同和特殊工程的“设计—采购—施工”总承包合同中使用。

由于业主承担全部风险，其应加强对工程的控制，参与工程方案（如施工方案、采购、分包等）的选择和决策，并有权对工程成本开支进行监督和审查。合同中应明确规定成本的开支和间接费范围。这里的成本是指承包商在实施工程过程中真实的、适当的、符合合同规定范围的实际花费。承包商必须以合理的、经济的方法实施工程，对不合理的开支以及承包商责任的损失，承包商无权获得支付。

为了克服成本加酬金合同的缺点，扩大它的使用范围，人们对该种合同又做了许多改进，以调动承包商成本控制的积极性，例如：①事先确定目标成本范围，实际成本在目标成本范围内按比例支付酬金。如果超过目标成本上限，酬金不再增加，为一定值；如果实际成本低于目标成本下限，业主支付一定量的酬金，或者当实际成本低于最低目标成本时，除支付合同规定的酬金外，另给承包商一定比例的奖励。②成本加固定额度的酬金，即酬金是定值，不随实际成本数量的变化而变化。③划定不同的目标成本额度范围，采用不同的酬金比例等。因此，成本与酬金的关系可以是灵活的，成本加酬金合同的形式是丰富多彩的。

4.2.2 工程总承包合同类型的选择

1. 固定总价合同是工程总承包模式最重要的内生动力

相比传统的施工总承包模式，在工程总承包模式下，承包人对项目执行具有更大的自主权，对项目收益抱有更高的期待，但同时也面临着更加复杂和不可预见的风险。而业主方则希望通过固定总价计价方式来强化项目投资目标控制，既期望承包人按照既定合同总价完成符合《发包人要求》的工程，也希望激励承包人优化实施方案的积极性，实现项目完美履约绩效，而不仅仅是合同字面履约绩效。

契约参照点理论认为，契约是缔约双方事后行为选择的一个参照点，是双方在交易关系中衡量权益得失的参照标准。建设工程的主要合同类型包括总价合同与单价合同。其中，总价合同工程结算以总价优先，承包人会以初始合同中明确的合同总价作为参照点；而单价合同以单价优先，工程价款按照实际工程量结算，承包人会将主观确定的预期收益作为参照点。

当实际获得的工程价款与合同参照点水平发生偏差时，承包人履约行为选择的依据是将两者对比产生的相对值，即参照点相对值。参照点相对值往往会出现三种区间：损失区间、中性区间和收益区间。当承包人实际获得的工程价款明显低于合同参照点水平时，参照点相对值处于损失区间；当承包人实际获得的工程价款几乎等于合同参照点水平时，参照点相对值处于中性区间；当承包人实际获得的工程价款明显高于合同参照点水平时，参照点相对值处于收益区间。

承包人的公平感知是合同参照点效应诱导其履约行为的内在逻辑。哈特（Hart）和摩尔（Moore）等依据项目绩效不同，将履约行为分为字面履约行为和尽善履约行为。字面履约行为是指法院可以取证，依据合同强制执行的行为；尽善履约行为是合同无法明确列出缔约人自愿做出的有利于合同目的达成的行为。此外，建设项目中还存在着以牺牲发包人利益为代价来追求自身利益的机会主义行为，这种行为虽能为承包人带来短期利益，但会对双方的合作关系造成不利影响。由此，可将承包人履约行为划分为字面履约行为、尽善履约行为和机会主义行为三类。当承包人实际获得的工程款相比合同总价越高，承包人的公平感知越强，其机会主义行为的意愿越薄弱，而承包人履约行为（包括字面和尽善履约行为）越积极。

综上，建设工程合同参照点效应就是指承包人将初始合同作为参照点，通过将实际获得的工程价款与合同参照点比较，形成参照点相对值，参照点相对值既可以直接影响承包人履约行为，也可以通过公平感知的中介作用间接影响承包人履约行为。

2. 总价合同更能发挥正向参照点效应

鉴于建设工程的不同合同类型形成的参照点不同，对承包人履约行为的影响存在差异，因此可以通过情景实验研究来分析合同类型的参照点效应，从而理解工程总承包模式下发包人选择总价合同的原理。研究结果表明：

1）工程总承包项目业主需要承包人尽善履约行为，而总价合同对承包人尽善履约行为的激励更有效。总价合同参照点正效应对承包人尽善履约行为的激励作用更明显，由中性区间到收益区间时，总价合同承包人尽善履约行为均值增加幅度大于单价合同。这说明总价合同正向参照点效应对尽善履约行为的激励更大。收益区间尽善履约行为未达到最高，这意味着发包人需要考虑给予承包人工程价款以外的激励手段；单价合同参照点效应对承包人机会主义行为的抑制作用更明显，是由于据实结算的付款机制为承包人机会主义行为提供了更多可能。由相关系数可知，单价合同下正向参照点效应对机会主义行为的抑制更强。收益区间承包人仍存在机会主义行为，这意味着机会主义行为的产生还有其他非实际所得价款原因。这揭示了总价合同抑制机会主义行为的效果不如单价合同，但是对承包人积极履约行为的激励更有效。

2）总价合同更能发挥正向参照点效应，更有利于投资控制目标实现。单价合同承包人选择机会主义行为的“导火索”是将实际所得与预期收益比较产生的参照损失，参照点正效应能显著削减这种行为。因此，设计单价合同时要固化承包人的预期收益，发挥参照点正效应，抑制机会主义行为。单价合同允许事后合同价款调整的机制会使承包人在某种程度上产生不同预期。为固化承包人事后调整的预期，合同应明确说明发承包双方在价款调整中的责任和权限，维护事后价格分配效率的信号作用。尤其在变更、索赔类条款中，要确定合同价款调整的范围、条件及责任归属等。如合同规定承包人在项目实施中有权提出变更合理化建议，但必须说明变更建议由监理人审批且经发包人认可才可执行；未经发包人许可，承包人擅自变更的费用及损失自行承担，固化了承包人对可补偿合同价款的预期。

研究显示，承包人的实际收益相比合同初始水平越高，尽善履约行为越强，这种激励在总价合同下更明显。大型工程合同总价往往会包含一定的风险包干费，作为对承包人履约风险的提前补偿。发包人要加强对可能发生的风险及损失的评估，将非承包人原因的、可控的、稳定的风险纳入风险包干范围之中。同时，风险包干费要保证承包人有一定的收益空间，才能激励承包人发挥项目管理经验，实现项目增值。因此，总价合同发包人应尤其关注合同总价风险包干费用的合理性，发挥参照点正效应激励承包人尽善履约。

3. 工程实践和相关政策文件的响应

根据建设工程合同契约参照点效应模型的分析，工程总承包项目合同类型适合采用总价合同。一方面，业主在合同签订时，能够对最终支付给承包商的合同价格做到“心中有数”，有助于控制项目预算，便于前期的融资安排；另一方面，总价合同总价优先的特点能有效固化承包人的预期收益，发挥合同参照点效应对承包人履约行为的激励作用。我国部分省市关于工程总承包合同价格类型的相关政策文件规定，具体见附录I。总体而言，总价合同是主流计价方式。

但是不容忽视的是，对建设内容明确、技术方案成熟的项目，在发包时双方可以比较客观、合理地测算合同价格，具备采用固定总价包干的方式进行发承包的条件和基础。如果在发包时建设内容尚不明确、技术方案尚不成熟，在发包时双方均无法比较客观合理地测算合同价格，就采用固定总价包干的方式进行发承包，在所约定的固定总价与完成工程的实际成本加合理利润偏差严重的情况下，将会导致双方的权利与义务严重失衡。

4.2.3 工程总承包项目合同计价方式设计

1. 工程总承包项目混合计价方式

混合式计价方式是指在一个工程合同中，不同的工程分项采用不同的计价方式。例如：①工程总承包合同不仅可以选择单价合同或总价合同，还可以单价合同中有部分总价分项，或总价合同中有部分按照单价计价的分项。②通常，工程总承包合同采用固定总价，或部分采用单价，或成本加酬金方式。如设计工作采用总价；设备采购采用固定总价；施工采用单价；有些业主要求不确定、带有研究性工作、技术新颖、资料很少的工程分项采用成本加酬金方式。

工程总承包合同下的设计、采购、施工等方面的工作，可能采用不同的价格机制。例如，福建省出台的《福建省房屋建筑和市政基础设施项目标准工程总承包招标文件（2020年版）》中的有限固定总价合同，就是对工程总承包合同计价进行分类设置，分为总价计价部分、单价计价部分以及暂定金额部分；杭州市2021年3月15日起实施的《杭州市房屋建筑和市政基础设施工程总承包项目计价办法（暂行）》第十五条规定：“工程总承包合同宜采用总价合同，但因工程项目特殊、条件复杂等因素难以确定项目总价的，也可采用单价合同或成本加酬金的其他价格合同形式。”中国建设工程造价管理协会《建设项目工程总承包计价规范》（T/CCEAS 001—2022）第3.2.3项指出，建设项目总承包应采用总价合同。总价合同中也可在专用合同条件约定，将发承包时无法把握施工条件变化的某些项目单独列项，按照应予计量的实际工程量和单价进行结算支付。此外，根据《房屋建筑和市政基础设施项目工程总承包管理办法》第十六条规定：“企业投资项目的工程总承包宜采用总价合同，政府投资项目的工程总承包应当合理确定合同价格形式。”可见，工程总承包项目合同价格类型设计应根据设计深度分别确定，见表 4.3。

表 4.3　工程总承包项目合同计价方式选择的条件

项目管控模式设计依据	设计深度		
	仅有功能需求	完成方案设计	完成初步设计
项目功能要求	以制定总体要求为主，包括选材规格等规定性要求	制定详细技术标准和验收标准，对主要设备和材料设置过程性指标要求	制定验收标准、过程性指标，以批准的施工图要求为准
项目风险	会出现承包商在利益驱动下扩大项目建筑面积，超过投资估算约束的情况	既有可能出现工程量扩大风险，也有可能面临承包人仅仅满足项目最低技术标准的风险	承包商为了超额利润而降低建设标准，进行负向设计变更的风险
合同计价方式	采用单价计价据实结算	既可以采用单价合同，也可以在设计深度满足的条件下，采用固定总价合同	以总价合同为主，辅之以单价合同

综上所述，总价合同计价方式并非适用于所有的工程总承包项目，而单价合同计价方式仍有很大的适用空间，实践中工程总承包项目正在不断探索、完善固定总价和固定单价相结合的计价方式。附录 H 为各省市文件中关于工程总承包项目合同混合计价方式的相关规定。尽管如此，混合计价方式设计并非改变了总价合同的性质。

2. 总价合同条件下价格调整的触发条件设置

工程总承包模式的诸多挑战，合同柔性成为重要的治理策略。在工程总承包模式下，由于施工图还没有完成就开始招标，唯一能确定的是工期，在招标前合同价格和项目质量标准是较模糊的。事实上，在投标时，工程总承包商提供的合同价格和质量标准更多的是一种参照功能。精确的合同价格和质量标准需要承包商依据发包人要求在完成后续设计后才能确定下来。不难发现，与传统发包模式相比，工程总承包项目的工期、质量标准和价格确定的先后顺序发生了变化。这种顺序的变化使得工程总承包项目的目标刚性与过程柔性、自主性与控制性、计划性与不确定性的矛盾需要合同能具有一定的适应和容错能力，交易双方需要签订一个柔性合同来提高合同事后执行效率。

柔性合同的本质是应对组织或交易内外环境的不确定性，体现了“变”的思想。①经济学视域下，柔性合同被视为具有支付调整功能的合同，即“交易双方可以根据发生的自然状态调整交易结果”。因此常将合同柔性理解为“交易价格区间”，关注柔性合同所表现出来的支付调整的潜在范围以及柔性程度，即支付调整的潜在范围。②管理学视域下，合同柔性是指合同具备应对合同履行过程中不确定性的能力，合同柔性元素及其注入途径与柔性合同应用场景有关，柔性元素既包含了合同金额的调整，也包含了对原定管理方案的改变。

工程总承包总价合同并不意味着合同总价在项目实施期内就一定是不可调的，在项目实施时，如果出现不可预见情况、法律变化引起的调整、市场价格波动、发包人原因引起变更和承包人的合理化建议等情况是可以调整合同总价的。《房屋建筑和市政基础设施项目工程总承包管理办法》第十五条规定：建设单位和工程总承包单位应当加强风险管理，合理分担风险。建设单位承担的风险主要包括：①主要工程材料、设备、人工价格与招标时基期价相比，波动幅度超过合同约定幅度的部分；②因国家法律法规政策变化引起的合同价格的变化；③不可预见的地质条件造成的工程费用和工期的变化；④因建设单位原因产生的工程费用和工期的变化；⑤不可抗力造成的工程费用和工期的变化。具体风险分担内容由双方在合同中约定。鼓励建设单位和工程总承包单位运用保险手段增强防范风险能力。

根据《建设项目工程总承包计价规范》（T/CCEAS 001—2022）的规定，发承包双方若在合同中约定了合同价款调整的内容，则形成可调总价合同，在项目实施阶段可依据合同条款进行调整，否则视为固定总价合同，合同价款不予调整。因此，发承包双方应在总价合同中约定可调整风险的范围，形成可调总价合同。

4.3 工程总承包项目设计深度与设计责任条款

4.3.1 业主方设计深度的影响因素识别与分析

1. 业主方设计深度的影响因素识别

不同于传统模式下由业主完成全部设计内容，工程总承包模式下建设项目设计为主导指的是总承包商需要以设计为主导统筹管理项目的各项工作，从而降低业主协调设计和施工的工作量。但是，这并不意味着业主不参与设计管理。即便工程总承包模式下大大增加了承包商在设计过程中的主动权和控制权，业主仍然需要完成一定比例的设计内容来对项目的要求和内容进行充分定义。因此，可以通过合理确定总承包商与业主完成设计比例来推动项目的成功。

当在项目定义后发包时，业主所占设计比例较小，几乎将设计工作全权交予承包商完成，业主仅承担审批设计的责任；而在初步设计完成后发包时，业主已完成部分设计工作，此时业主除对承包商后续的设计成果负审批责任外，还需要对初步设计内容的准确性负责。因此，合理确定业主在项目建设中的设计比例是推广工程总承包模式的关键，而确定合理的业主方设计比例，首要难题就是需要识别业主设计比例的影响因素，并了解这些影响因素之间的关系。有研究指出，业主应结合自己的管理经验（Lam et al.，2008）、项目风险管理能力（王翔鹏，2018）、项目类型（张尚等，2014）、项目范围定义、承包商的设计管理水平（Douglas，2008）等因素，综合考虑后确定总承包项目中业主与承包商之间合理的设计分配比例。通过分析工程总承包项目管理办法与合同示范文本等文件以及对国内外文献进行研究，归纳出工程总承包项目中业主方设计比例的影响因素见表4.4。

表4.4 业主方设计比例的影响因素

符号	影响因素	因素说明
S_1	项目定义的清晰性	项目的目标、范围和预期结果清晰
S_2	项目基于规定性要求的应用程度	最终项目的功能要求和性能，关注结果没有说明实现结果所需的方法
S_3	发包人对设计创新的倾向性	发包人希望总承包商进行设计创新，应在招标书中提供较少的设计工作

（续）

符　号	影响因素	因素说明
S_4	项目场地的限制程度	当场地限制增加时，应提供较少的设计，以便给总承包商留出更多的设计创新空间，设计必要的解决方案
S_5	总承包商的综合能力	更多有能力的总承包商通常与工程总承包市场的成熟度相关，总承包商的经验和竞争力使其能够以限制较少的投标书交付项目
S_6	发包人对项目的控制程度	发包人为了保证自己的需求得到完全满足，对项目的控制程度。发包人加大对项目的控制程度，主要通过在招标文件中提高性能要求或提高发包人设计比例来实现
S_7	项目最终使用者的介入时点	项目使用方参与项目的阶段。由于项目使用方的要求应在项目性能规范中体现，因此，其越早介入，越能表达清楚其特定需求，而在选定总承包商之后介入，则不宜再提过多需求而限制承包商设计的灵活性
S_8	发包人管理工程总承包项目的经验	发包人在工程总承包项目中有经验，可以减少设计的比例并专注于性能方面，将大部分项目责任和设计工作交给总承包商
S_9	项目的复杂性	项目的复杂性以各种方式影响项目成果。当项目复杂程度增加时，需要总承包商有更多的控制力和灵活性来解决所涉及的复杂问题
S_{10}	项目工期的紧迫程度	工程总承包项目有紧急或压缩进度的要求

2. 基于解释结构模型的影响因素相关关系分析

在得到业主方设计比例的影响因素后，由于尚不清楚这些影响因素之间的相互作用，因而有必要通过进一步分析来厘清这些影响因素之间的逻辑作用。根据解释结构模型（ISM）的原理，通过问卷调查收集数据，处理数据，经分析将业主方设计比例的影响因素（见表4.4）进行分层绘图，并绘制各影响因素之间的直接关系，最终得到业主方设计比例影响因素的层级关系，如图4.6所示。

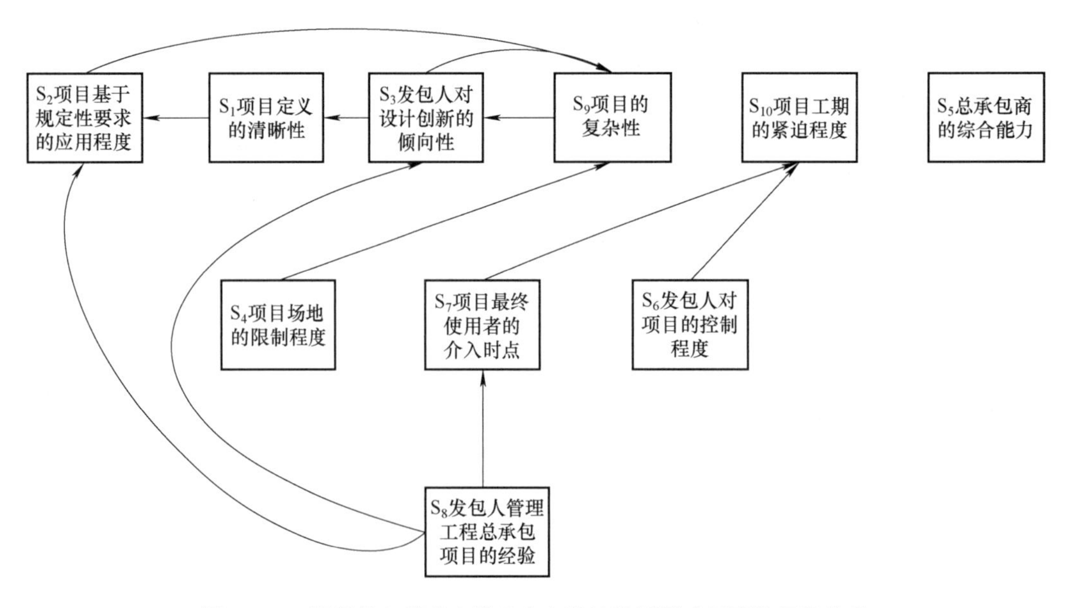

图4.6　工程总承包模式中的业主方设计比例影响因素的层级关系

（1）项目方面　在有关项目的影响因素中，首先需要考虑的便是项目复杂性，项目复杂性决定了项目定义的清晰性及项目基于规定性要求的应用程度。当项目场地的限制程度越高时，项目也就越复杂，项目无法清晰地定义，也很难对项目做出规定性要求，此时发包人所提供的设计比例就应小一些，在项目方案设计阶段就进行发包，给予总承包商足够的空间以进行设计优化来解决项目所遇见的难题。其次是项目最终使用者的介入时点。最终使用者越早介入项目，项目工期也会变得较为紧迫，此时业主就需要尽早发包，让总承包商尽早加入项目，加快项目建设速度。

（2）发包人方面　在发包人自身的影响因素中，影响力最大的就是其管理工程总承包项目的经验。当发包人对如何管理工程总承包项目较为熟悉时，就更加倾向于给予总承包商适当的空间，激发总承包商的创新能力；但当发包人对总承包项目缺乏经验时，则应适当增加设计比例，在初步设计阶段进行发包，以此来控制总承包项目的质量。

（3）总承包商方面　由于发包人在正式招标前无法确定最终的中标人，也就是最终的总承包商，从而仅能通过参考市场上的普遍能力或者潜在中标人的综合能力来做出判断。若总承包商的综合能力较弱，则发包人应适当增加设计比例，将设计质量与细节把控在自己手中；当总承包商的综合能力较强时，则发包人应当减少设计比例，将设计质量与细节交给总承包商来控制。

（4）招标文件中明确设计范围　根据业主前期的工作深度，业主通常在采用工程总承包合同的策略中有不同的工作设想。有时业主前期工作极少，这种情况下承包商承担的设计范围就大；若业主前期的工作比较深入，甚至完成了初步设计，则承包商的设计范围仅限于施工图设计。FIDIC 对工程总承包交钥匙合同模式下业主与工程总承包商的设计安排有如下设定：①业主完成概念设计，并将设计成果包括在作为合同文件一部分的“业主要求”中，目的是向承包商表明工程的目的、功能要求和技术标准。此阶段业主投入的设计工作量大抵占总设计工作量的 10%。②承包商在投标阶段根据招标文件的要求完成初步设计，并将初步设计方案作为投标文件的一部分提交给业主。至于完成的具体设计深度，业主应在“投标人须知”中详细说明。一般来说，要求在投标阶段完成初步设计对承包商来说需要投入很大工作量。若投标人认为投标人多、竞争激烈、中标的可能性不大，可能不愿意参加此类投标，而且这种要求也可能使投标时间很长。在实践中，不一定要求投标人必须完成整体的初步设计，而是能达到确定关键的技术方案以及重要设备选型的深度即可投标。

3. 设计深度与设计责任之间关系

从国际惯例上看，各类工程总承包项目中的设计深度不一，主要取决于项目业主的管理思想和项目的具体条件。业主前期项目的设计深度越深，向承包商提供的信息也越充分，但留给总承包商发挥其创新和优化设计方案的空间就会不足，甚至会发生较高频次的变更，并且业主的前期咨询费用高。若业主自己的技术实力比较强，或愿意花一定的时间和较多的费用聘用技术咨询机构，则业主前期的设计要深一些，甚至可以达到初步设计的深度。

4.3.2 工程总承包项目的设计原则与责任边界

1. 工程总承包项目的设计管理控制权配置

根据《关于进一步推进工程总承包发展的若干意见》（建市〔2019〕93 号）第四条对

工程总承包项目发包阶段的规定“建设单位可以根据项目特点，在可行性研究、方案设计或者初步设计完成后，按照确定的建设规模、建设标准、投资限额、工程质量和进度要求等进行工程总承包项目发包。”通过分析我国的工程总承包政策文件可知，工程总承包项目在我国的应用存在三个不同的招标介入时点，依次是可行性研究之后、方案设计之后和初步设计之后。不同的招标时点意味着业主对项目不同程度的控制权。可行性研究之后招标是业主对项目控制权最弱的时点，此时业主提出项目要求后进行总承包商招标，由总承包商完成项目。因此，为了使总承包商能按照业主需求以及项目要求完成项目，业主必须加强对项目的管控。随着招标时点后移，业主前期所明确的项目信息越来越清晰，此时业主对项目的控制权逐步变大。由以上分析可知，不同的招标介入时点为业主前期准备工作提出不同深度的要求，同时也使得业主对项目的控制权有所不同，进而引起业主对项目的管理难度不同。

在工程总承包模式下，招标阶段，业主在招标文件中明确业主要求，并提供相关的资料；总承包商根据业主提供的资料完成投标文件的编制，在规定时间内递交业主；业主通过开标评标定标确定最终的中标人，由中标总承包商完成项目的设计工作。如果总承包商有相应的设计资质且有能力完成该项目的设计工作，则设计工作由总承包商负责；如果总承包商没有相应的设计资质，则可以选择有相应设计资质的设计单位，将设计工作分包给设计单位去做。由此可见，对于一般工程总承包项目而言，业主的主要责任在于提供项目有关前期资料，在发包以后享有一定的设计管理权，具有提出建议、修改以及设计变更的权利，同时组织设计审查工作。总承包商的主要任务是审核业主提供资料的正确性，由此根据自身经验开始设计工作，形成满足业主要求和相关规范的设计文件，可以提出合理化建议对设计进行优化，同时参与设计文件的审查工作。工程总承包项目的设计管理控制权配置如图 4.7 所示。

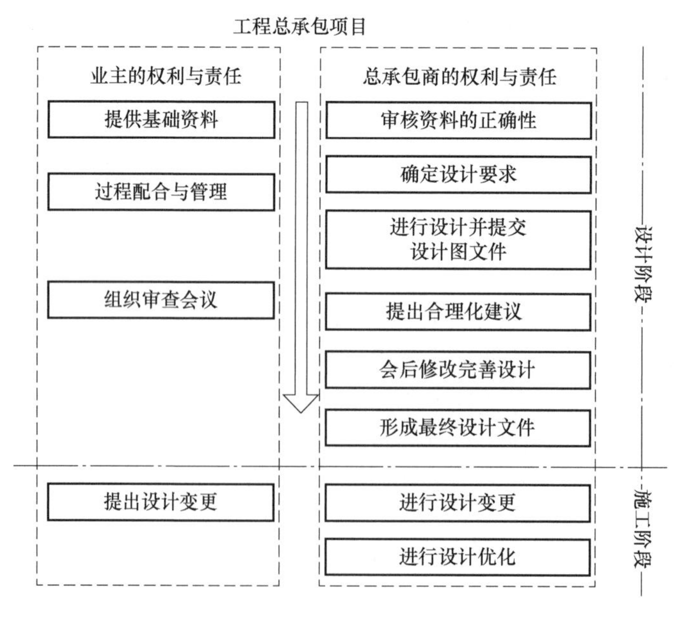

图 4.7　工程总承包项目的设计管理控制权配置

从根本上来说，在工程总承包合同下，承包商负责设计，因此，在此类合同模式下，承包商是设计责任的主要承担者。但是，由于在合同签订前业主已经有一些前期的设计成果，并通常将其包括在合同中，因此，业主也需要承担部分责任。

2. 工程总承包项目的承包商设计原则

在工程总承包模式下，承包商负有严格的设计责任和谨慎的义务：承包商不仅须审核业主前期设计文件和输入资料的准确性，还须负责承包商文件的正确性；承包商必须向业主交付满足相关法律规定、标准规范要求及业主预期目的和使用功能的最终工程建设产品。2017版 FIDIC 黄皮书和银皮书第 5.3 条“承包商的承诺”和第 5.4 条“技术标准和法规”规定了承包商的设计工作、承包商文件、工程实施过程和竣工的工程应遵循的原则和边界，包括：

1）应遵守工程所在国的相关法律。

2）应符合所有合同文件的要求，包括对这些文件的变更。

3）应符合工程所在国的技术标准，建筑、施工与环境方面的法律，适用于工程将生产的产品的法律，以及业主要求中提出的适用于工程或法律规定的其他标准。这些法规和标准应是在基准日期时适用的（除非另有约定），并在工程接收时仍通行的。如果在基准日期之后，这些法规和标准有更新，承包商有义务向工程师或业主提交建议书，获批后对有关工作进行变更。

综上所述，在上述原则和边界以内，只要工程最终能够符合预期目的，承担了设计工作的承包商应具有设计选择权。但是，业主与承包商之间存在信息不对称使得业主不能真正信任总承包商，业主会保留部分对项目的控制权，以便于业主开展对项目的管控以及对总承包商的监督。因此，业主对承包商设计文件的审批是业主对承包商设计工作质量的一种控制方式，也已经成为国际工程中的一个习惯做法。国际工程总承包合同对此通常有下列规定：

1）业主有权对承包商编制的与工程相关的任何文件进行检查。

2）若合同要求某些文件需经过业主审批，承包商应提交业主或业主委托的监理公司进行审批。

3）业主应在规定的时间内进行审查，若认为有问题，可以提出，供承包商修改。

4）承包商在业主批准前或审核期满前不得将该图纸和文件用于工程实施。

5）若承包商对业主已经批准的文件希望再修改，则仍需报业主方审批。

3. 工程总承包合同中的设计责任分配

在工程总承包模式下，由于在招标时业主往往无法提供详细的设计图，只能提供项目的功能要求、预期目标以及设计标准，总承包商需要在业主要求的基础上进行深化设计，并最终付诸实施。工程总承包模式让总承包商扩大了设计风险，使之与传统 DBB 模式相比呈现较大的特殊性。虽然在工程总承包模式下，总承包商是项目设计工作和设计责任的主要承担者已成为不争的事实，但国内外常用的总承包合同范本中对总承包商具体的设计责任条款规定有所不同，归纳分析见表 4.5。

表 4.5 工程总承包合同范本中的设计责任条款

序　　号	合同范本	具体条款
1	《建设项目工程总承包合同（示范文本）》（GF—2020—0216）	1.12：承包人应尽早认真阅读、复核《发包人要求》以及其提供的基础资料，发现错误的，应及时书面通知发包人补正 《发包人要求》或其提供的基础资料中的错误导致承包人增加费用和（或）工期延误的，发包人应承担由此增加的费用和（或）工期延误，并向承包人支付合理利润。
2	FIDIC 黄皮书	5.1：承包商应仔细检查业主要求，并将发现的错误在规定的期限内通知工程师。如果业主要求中存在错误，且导致承包商的工期和费用受到影响，承包商可以索赔工期、费用以及合理的利润。如果该错误是一个有经验的承包商提交投标书前应发现的，则不予工期和费用调整
3	FIDIC 银皮书	5.1：业主仅对业主要求中特定内容的正确性负责，如工程预期目的的定义、竣工检验标准和性能标准、承包商无法核实的内容等。对于合同中没有特别说明的内容，业主不对任何错误、遗漏以及数据或资料的准确性和完整性负责。承包商应负责工程的设计，并应认为在基准日期之前已仔细检查了业主要求，对业主要求的正确性负责
4	ICE 合同条件	5.1.c：如果业主要求中的分歧导致承包商延期，承包商可以索赔工期、费用和利润。但需要满足一个前提，即该错误是一个有经验的承包商在投标时无法合理预见的
5	JCT 合同条件	2.11：承包商对业主要求的内容以及设计的充分性不承担核实责任。如果业主要求中有不完善或冲突之处，应首先检查承包商的建议书中是否对上述问题做出回应。若做出了回应，则应适用承包商的建议书，合同金额不得调整；若未做出回应，则应以变更的形式解决上述问题
6	AIA 合同条件	A1.2.2：承包商有权信赖项目标准中资料的准确性和完整性；有权信赖业主提供资料（主要指现场条件）的准确性和完整性，除非业主书面告知资料的不准确性和不完整性 A3.2.4：承包商应认真研究比较合同文件、材料以及业主提供的其他资料，开展现场测量，并将发现的任何错误、分歧或遗漏立即报告业主

在不同的合同范本下，总承包模式设计风险责任条款设计的特点如下：①在 JCT 合同条件中，总承包商承担的风险最小，不需要审核业主提供资料的正确性；而业主承担的责任最大，要为其提供资料的错误或分歧承担全部责任。②在 FIDIC 黄皮书、ICE 合同条件、AIA 合同条件以及《建设项目工程总承包合同（示范文本）》（GF—2020—0216）中，总承包商需要对业主提供的资料进行审核，并尽到一个有经验的总承包商认真审查的义务；业主则需要对仔细审核后仍然无法合理发现的错误承担责任。③在 FIDIC 银皮书中，总承包商承担的责任最大，业主承担的责任最小。除合同明确规定由业主负责的部分外，其他全部责任一并打包给总承包商。

4.3.3 工程总承包项目的设计变更责任

1. 工程总承包项目设计变更的认定

工程总承包模式下，发包人面对单一主体责任的总承包商，项目责任体系更完备。在 DBB 模式下，发包人向承包商提供施工图并对图纸的准确性负责，发包人承担设计变更的风险；而在工程总承包模式下，部分设计（如以初步设计完成后招标）由承包商完成，并对该部分图纸的准确性负责。因而，按照变更的发起者可以将设计变更分为由业主发起的设计变更和由总承包商发起的设计变更。其中，业主发起的设计变更主要包括标后改变《发包人要求》和标后对承包商设计方案提出修改意见；承包商发起的设计变更主要为合理化建议引起的设计变更。

工程总承包模式下的设计变更包括三种原因：一是业主改变《发包人要求》；二是业主在审核环节对承包商设计方案提出修改意见，导致对承包商设计方案构成干扰而形成变更；三是承包商根据价值工程提出合理化建议获业主批准。在这几种情况下，业主与承包商都应尽量利用变更条款来加以应对，因为变更不仅仅是承包商取得响应工程费用和工期调整的通行证，也是承包商不可忽视的关键合同义务，即承包商的设计工作不仅要符合预期目的，还要就符合预期目的的义务向业主承担保障责任。设计变更管理与工程“符合预期目的”义务的实现息息相关，因此，设计变更管理中成为工程总承包项目管理中的一个焦点与难点。

2. 业主方标后设计变更

业主对标前完成的方案设计或初步设计所做的改变导致设计变更。虽然理论上讲，工程总承包合同中规定设计由承包商负责，但在实践中，有的项目业主在招标前完成的设计较深，有时甚至达到初步设计或基础设计的深度，此时业主会将其设计成果纳入招标文件中，对设计工作的范围、执行标准、设备选型等内容可能做出了详细的规定，并作为合同的一部分纳入《发包人要求》中。

根据《建设项目工程总承包计价规范》（T/CCEAS 001—2022）第3.3.1项，可行性研究报告批准或方案设计后发包的，发包人要求和方案设计发生变更；初步设计批准后发包的，发包人要求和初步设计发生变更的，造成合同工期和价格的变化应由发包人承担。

工程总承包模式下，在项目实施阶段，业主方参与程度相对较低，如果前期需求不明，由于业主方原因导致项目重大变更，将给项目实施带来较大的困难，同时会引起总承包商的索赔。在项目的实施过程中，业主方可能发现原来的设计方案存在某些问题，如无法满足规范规定、原计算书中有问题等。在此类情况下，业主方可以主动下达设计变更指令，对原来的一些技术要求提出更改。在收到此类指令时，承包商通常会做好记录，并要求业主承担变更的后果。业主的设计变更可能发生在承包商相应工作开始甚至是完成之后，一旦发生该设计变更，承包商必须返工重新开始，工作量的增加将相应导致项目实施成本的增加，即业主对标前完成的方案设计或初步设计所做的改变会导致设计变更，并需承担相应投资管控风险。因此，业主方标后设计变更应尽可能减少。

3. 承包人标后无变更

不同于传统DBB模式下业主委托设计后所产生的设计变更责任由业主承担，工程总承包模式下，项目发包后由承包人完成标后设计、采购和施工的工作，因此从业主角度看，发包后项目履约过程中就不存在设计变更。据《建设项目工程总承包计价规范》（T/CCEAS 001—2022）第6.3.3项规定：承包人对方案设计或初步设计文件进行的设计优化，如满足发包人要求时，其形成的利益应归承包人享有；如需要改变发包人要求时，应以书面形式向发包人提出合理化建议，经发包人认为可以缩短工期、提高工程的经济效益或其他利益，并指示变更的，发包人应对承包人合理化建议形成的利益双方分享，并应调整合同价款和（或）工期。因此，在满足发包人要求的前提下，承包人的设计优化不能理解为变更，也不会因为设计优化调整合同价款。而发包后，承包人只能通过合理化建议的方式提出对发包人要求的改变。

承包商合理化建议是基于价值工程对原设计方案或发包人要求进行的一种设计优化，即承包商为缩短工期、提高工程经济效益，按照规定程序向发包人提出改变《发包人要求》和设计文件的书面建议，包括建议的内容、理由、实施方案及预期效益等。在价值工程的提升途径中，由于受到现实条件的限制，承包商一般会采用节约型和投资型的形式提出合理化建议，其中主要的提高途径为优化材料或设备、设计方案、施工技术以及删减不必要的工序等（肖婉怡，2021）。因此，合理化建议需要经发包人和原设计单位的同意和批准，经发包人批准的构成设计变更，并且被采纳后，业主需要给予承包商收益分享，调整合同价格，即承包商根据价值工程自行论证的设计优化经发包人批准的构成设计变更。

业主对承包商建立合理有效的激励机制，不仅可以激励承包商依据价值工程原理，在满足业主对项目功能要求和设计质量的前提下优化设计方案、降低工程费用，从整体上控制设计概算和工程费用，而且业主在进行设计进度安排时对承包商予以激励，在一定程度上能够起到加快整个项目进度的作用。有效的激励机制能够促进合作各方共赢，无论是在设计阶段还是在施工阶段对承包商的激励，其目的都在于促进彼此的交流沟通，构建利益均衡、风险共担的合作关系。这样不仅能够有效地减少合同主体之间的利益纷争，降低管理成本，而且还有利于实现工程项目的质量、工期、成本的管理目标。

不同合同文本都有相应给予总承包商提出合理化建议的价值工程或奖励条款，见表4.6。总的来说，目前我国的工程总承包合同示范文本规定操作性不强。

表4.6　不同合同文本中承包商合理化建议的价值工程条款

合同文本	FIDIC 红皮书	FIDIC 银皮书	《标准施工招标文件》（2007年版）	《建设项目工程总承包合同（示范文本）》（GF—2020—0216）	备　注
条款名称	13.2 价值工程	13.2 价值工程	15.5 承包人的合理化建议	13.2 承包人的合理化建议	FIDIC 系列丛书里的“价值工程”和我国范本的“合理化建议”本质一样
提交形式	承包商可随时向工程师提交书面建议	承包商可随时向业主提交书面建议	承包人以书面形式向监理人提交建议	承包人以书面形式向工程师提交建议	提交形式均为书面形式，提交对象有所差异
优化范围	包括部分永久工程设计改变	无	对发包人提供的图纸、技术要求及其他方面	无	范围约定不明确
优化的采纳权	经工程师批准	经业主批准	监理人与发包人协商是否采纳	经工程师审查报送发包人审批	采纳权虽然不同，但都来自业主或者业主委托方
优化效果	加速完工；降低业主实施、维护或运行的费用；对业主而言提高竣工工程的效率或价值；给业主带来其他利益	加快竣工；降低业主的工程施工、维护或运行的费用；提高业主竣工工程的效率或价值；给业主带来其他利益	降低合同价格、缩短工期、提高工程经济效益	降低合同价格、缩短工期、提高工程经济效益	效果虽然表述不同，但都从工期、质量和成本三个角度来说
优化奖励	合同价值的减少小于业主价值减少的，不奖励；否则，按照两项金额之差的一半奖励（建议书由承包商自费编制）	无（建议书由承包商自费编制）	按国家有关规定在专用合同条款中约定给予奖励	按照专用合同条款的约定进行利益分享	仅 FIDIC 红皮书给出了明确到收益分配方式，其他范本约定不明确

4.4 工程总承包项目管理机制及控制权条款

4.4.1 工程总承包杂合组织中项目控制权

从项目治理角度来看，工程项目可以采用以价格为基础的市场机制，也可以采用以权力为基础的科层管控方式。当项目业主采用纵向一体化方式来实施项目时，即由项目业主自身实施项目，而不将项目发包给市场上的承包商，这样内部化后的科层组织更易于管理。但从资源利用、项目业主投资离散性、专业化效率等方面考虑，项目业主自行实施项目的成本要高于专业化的承包商。因此，工程项目组织往往被视作一种“杂合组织”。

工程总承包杂合组织表现为，业主选择某建设集团公司作为项目的总承包商是一种合同关系，而总承包商的子公司作为子标段（或工区）的分包商，总承包商与分包商不仅具有委托代理关系，同时具备母子公司间的科层关系，这使得总承包商与分包商之间关系在相当长的时间内是稳定和连续的，并且很少是经过竞标建立起来的，这是一种比纯市场交易或正式的纵向一体化更为可取的模式，如图4.8所示。这种模式在国内大型工程建设模式中很常见，如京沪高铁项目中的某大标段工程，设置了三级科层结构，即项目总经理部（集团）、工区（工程局）和作业工区（子公司或工程处）。

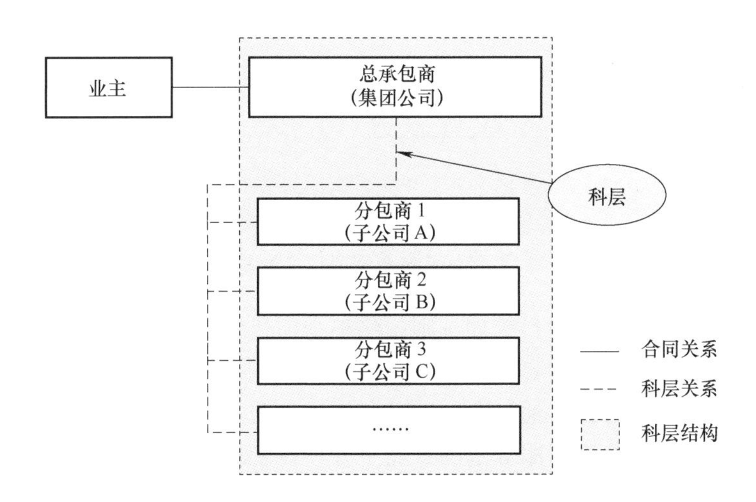

图4.8 工程总承包项目组织结构

组织视角下，工程总承包项目本质上是一个将业主与承包商合约与承包商公司架构相结合的模式，以共同目标实现上行下达的沟通。在工程总承包项目混合组织中，工程合约加上承包商企业内部管理制度、项目管理制度等条文，使每一个参与工程的公司在程序上接受企业内部管理制度的指引，类似一些条款的细则，在工作中能形成一个共同的目标。可见，项目组织中科层结构简化了业主的管理界面，同时，等级间高效的指令传递提升了总承包商的管理效率。案例研究发现，相比于传统的承发包/标段划分方式，科层结构节约了45.5%和19.6%的招标费用和建设管理费用。

理论上作为杂合组织，所输入的规则不仅有基于价格的市场机制，还应该有基于权力的科层控制机制。在实践中也能观察到，工程合同中不仅有反映市场机制的各种规定，而且还写入了很多属于科层管理的“行政管理规定”，实际上这与传统认知中的单纯市场机制的理想合同有很大差别。因此，在对工程总承包合同做出安排时，除了前面所述合同义务与定价机制，对工程总承包项目管理控制权也应在合同中进行约定。

4.4.2 基于混合治理结构的项目控制权条款设计

1. 项目管理细则的合同条款显性化

工程合同对合同中的各参与方进行管理、协调，明确各方角色与权利义务。在工程总承包合同中，参与项目的主要各方与关键职位包括业主、承包商、全过程工程咨询专业技术人员（简称全咨人员）、现场经理等，如图4.9所示。分包商包括设计分包商、施工分包商和采购分包商，由总承包商进行统一管理。全咨人员是业主的代表，在合同执行过程中全权代表业主接收或发布指示、通知、请求等活动。现场经理由承包商任命，经业主批准，作为承包商的代表，对现场工作进行管理。

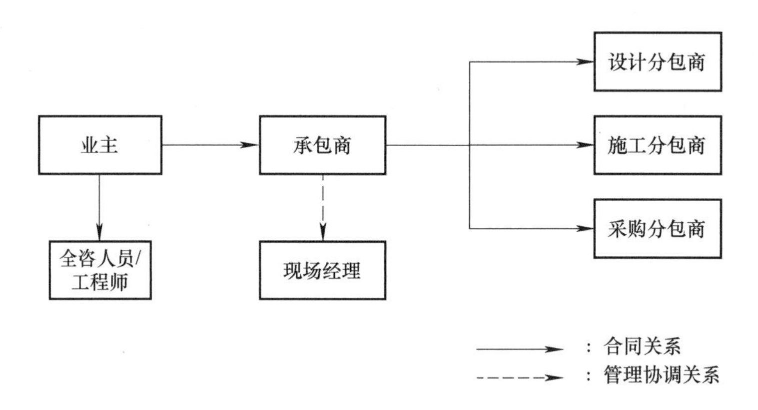

图4.9　工程总承包合同项目各参与方关系

工程总承包项目需要通过项目管理细则，将整个项目管理控制权在业主、总承包商以及全咨人员之间进行分配，划分各自的管理工作范围，分配职责，授予权力，定义项目工作流程，对项目管理工作进行协调，通过合同定义和描述。项目管理细则可单独作为工程总承包合同附件，和工作范围与分工、服务范围、业主方项目管理规定等诸多附件放在一起，组成完整的工程总承包合同。基于《2020版总承包合同》、FIDIC银皮书的合同范本对比分析管理控制权的条款安排见附录J。

联合合同委员会（JCT）于1931年在英国成立，其前身是英国皇家建筑师协会（RIBA），并于1998年成为一家在英国注册的有限公司。该公司共有八个成员机构，每个成员机构推荐一名人员构成公司董事会。至今为止，JCT已经制订了多种为全世界建筑业普遍使用的标准合同文本、业界指引及其他标准文本。JCT章程对“标准合同文本”的定义为，所有相互一致的合同文本组合，这些文本被共同使用，作为运作某一特定项目所必需的文件。这些合同文本包括：顾问合同；发包人与主承包人之间的主合同；主承包人与分包人之间的分包合同；分包人与次分包人之间的次分包合同的标准格式；发包人与专业设计师之间的设计合同；标书格式，用于发包人进行主承包人招标、主承包人进行分包人招标以及分包人进行次分包人招标；货物供应合同格式；保证金和抵押合同格式。JCT 的工作是制作这些标准格式的组合，用于各种类型的工程承接。国际上 JCT 合同的做法是重视附表（Schedules）的作用：JCT 2005 曾对 JCT 合同结构进行过巨大的变革，将合同中的大部分选择性条款从合同文本中抽离出来并进行分类总结，排列在合同条件以后，形成附表，并沿用至今，增加了合同的灵活性与便捷性。附表将 JCT 中的选择性条款进行归类整合，不仅使 JCT 合同可灵活适用于复杂工程项目中的各种不确定性因素，而且便于合同使用者根据项目情况进行准确查找，节省了签订合同的时间成本。

国内总承包合同项目控制权条款设计，一方面是《发包人要求》中明确提出对承包人的管理要求，即是在专用合同中详细说明承包人在工程项目管理的要求：①质量；②进度，包括里程碑进度计划（如果有）；③支付；④HSE（健康、安全与环境管理体系）；⑤沟通；⑥变更。另一方面是与国际 JCT 合同相似，提供附件约束发承包双方。如乐云（2013）在对世博会建设项目管理的过程中，也提出项目界面管理中的合同界面十分重要。这是指合同结构，即业主与各个项目参与单位，如设计单位、咨询单位、施工单位和物资供应单位等之间的合同关系，以及这些单位相互之间的合同关系（如总包与分包、联合体成员与成员等之间的合同关系）。实施合同界面管理主要是为了解决合同如何委托的问题，协调合同之间在资源、信息、技术上的矛盾，降低成本，保证工程项目顺利实施。在上海世博会的建设中，可以看出合同条款展现为附件的形式，借此来增加合同条款的柔性。

2. 结合合同制定项目管理指引

将公司架构与合同界面结合的模式，以共同目标实现上行下达的沟通。这一模式是在原本的各项工程合约上加上条文，使每一参与工程的公司在程序上接受一套管理指引，而这套管理指引是以工程上每一相关人士为依据，这类似一些条款的细则在程序上的指引，然后引导每一工作人员明白指引的作用，在工作上能实现一个共同的目标。现在我国香港的实例颇多，而且在实行上也大都颇为成功，所以是一套可行的施工管理模式。当然，这一施工管理模式其中也包含建筑合同内容的改革。

工程总承包模式是把工程的复杂性系统分为不同组别，每一组别各自设计、施工与管理，目标是针对上下交往、紧密沟通的模式发挥设计的创新性及可施工性，从而达到成本效益及品质要求。而合约内容则偏重于主要的法律原则及工程项目管理的时、价、质，以减少程序上的硬性规定，从以人为本的角度解决问题。所以，合作双方一定要有被认可的实力以达成目标。当然，合约内容与管理都需要朝这个方向改革。

不管是哪种工程总承包模式，行业模式可能是一种模式，政府是另一种模式，而学术界又是另一种模式。这些开发模式都基于合约条文，或加上商业因素，或加上结构性，从而应用到建筑行业中。而现行应用的合约大多整合了程序上及法律上的规范，究竟何者比较重要，什么程序可以保障业主及承建商的利益，需要依照合约条文去做，还是需要弹性处理，抑或是将“硬性”及“弹性”范围分开处理，还是让它自由发展，用“兵来将挡，水来土掩”的应对方法来处理，都需要具体考虑。

3. 建立清晰的合同界面协调权力

在项目的运行过程中存在很多的合同关系。例如，业主与承包商之间的合同承包商与分包商之间的合同、承包商与供应商之间的合同、承包商与运输商之间的合同等。不同的合同之间在工作内容的具体空间、实施时间和技术要求方面都存在差异。在项目开展期间要求各合同之间进行跨合同资源整合，在资源、信息、技术等方面进行交流，在这一过程中就产生了合同界面。

工程总承包合同界面包括：建设单位与EPC总包单位合同之间的界面，分包合同之间的界面，建设单位与全过程工程咨询合同之间的界面，施工与供货合同之间的界面等。最重要的是处理好业主方提供的初步设计与施工图设计之间合同衔接和界面管理。具体来讲，需要在专用条款中设置项目管理条款，要求初设阶段的设计合同考虑初步设计的设计深度、设计界面的划分以及后续施工图设计的配合工作要求，在工程总承包合同中考虑施工图设计单位和初步设计的衔接以及招标前置条件要求进行合同条款设置。工程总承包合同管理体系如图4.10所示。

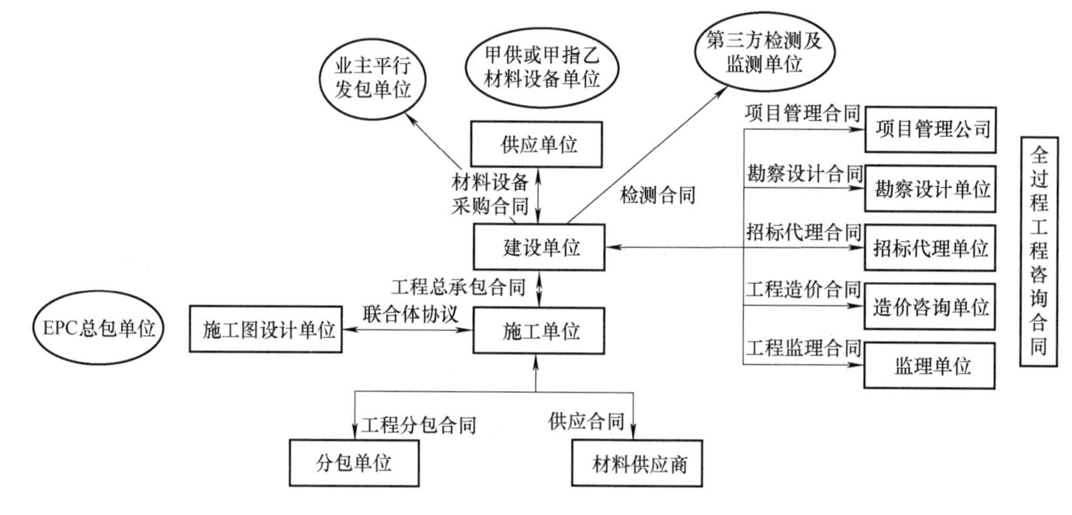

图4.10 工程总承包合同管理体系

对合同界面的管理要实现不同合同界面之间的良好沟通，使技术、时间、组织等方面得以协调（见表4.7），促进项目的顺利实施。

表4.7 合同体系协调内容

技术协调	设计标准的一致性，如土建、设备、材料、安装等应有统一的质量、技术标准和要求
	分包合同按照总承包合同的条件订立，全面反映总承包合同相关内容
	各合同所定义的专业工程之间应有明确的界面和合理的搭接
时间协调	按照总进度目标和实施计划确定各个合同的实施时间安排，在招标文件上提出合同工期要求
	按照每一个合同的实施计划（开工要求）安排该合同的招标工作
	本合同相关配套工作的安排
组织协调	不同部门、参与者时间流程顺畅

4.4.3 项目管理权集中度与业主管控模式

项目业主将项目管理控制权保留或者分权的程度决定了管理权的集中度。若采用目标管理方式，则其权力相对下放，业主仅保留决策权或监督权，是一种弱管控模式；若采用过程管理方式，则权力相对集中，业主保留建议权、监督权或执行权，是一种强管控模式。这种管理权的集中度反映出业主在工程总承包项目中的管控深度，如图4.11所示。

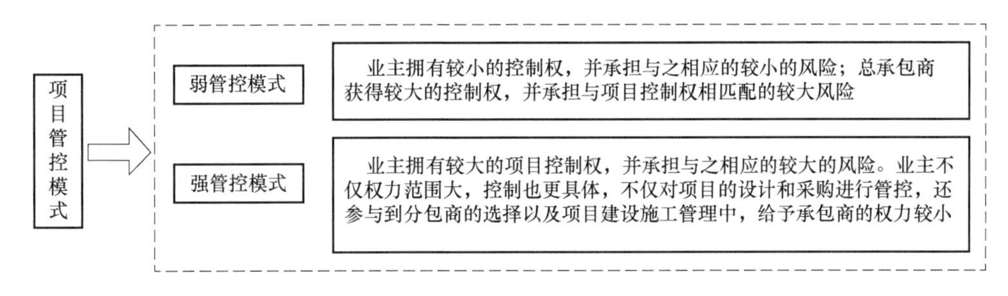

图4.11 工程总承包模式下业主管控深度

1. 弱管控模式下业主项目控制权配置分析

业主在整个设计阶段管理中的首要工作就是给总承包商提出设计要求，包括项目总体目标、项目建设条件、详细的项目定义和功能需求等。因此，业主在设计阶段的质量控制应主要体现在对总承包商设计接口与界面管理的监督和对设计图的验收上。业主应当派出设计负责人与总承包商的设计负责人一起协调好设计专业之间、设计与供货商之间、设计与施工之间的接口管理，提升设计方案的可施工性，从而减少设计变更，最终缩短工程建设周期，发挥总承包模式的优势。图纸的验收首先是初步设计图验收。其重点首先是所采用的技术方案是否符合总体方案的要求，能否达到项目总体目标，是否满足业主功能需求；其次是技术设计图纸验收审核，技术设计是初步设计技术方案的具体化，审查重点是各专业设计是否符合预定的质量标准和要求；最后是施工图设计验收审查，施工图是对设备、设施、建筑物、管线等工程对象的尺寸、布置、选材、构造、相互关系、施工及安装质量要求的详细图纸和说明，是指导施工的直接依据，从而也是设计阶段质量控制的一个重点。

采购阶段的质量控制应主要体现在监督总承包商选择合适的材料设备供应商和对供应商提供的材料设备进行进场验收。业主应监督总承包商编制相应供应商选择方案，重点依据供应商编制的供应方案，以及初步计划是否能够满足总承包商的设计要求，进行供应商的选择。这样可以更好地衔接设计与采购的接口，有利于采购的顺利进行。进场材料的验收，业主可以组织相关技术人员，也可以委托第三方进行质量检查，确保进入现场的材料设备全部合格，确保用于工程的材料设备符合相应的标准规范。

在弱管控模式下，业主的质量管控主要体现在设计和采购方面，在施工阶段的质量控制应主要体现在最终产品的质量验收上。

2. 强管控模式下业主项目控制权配置分析

强管控模式下业主拥有更大的管理权力，因此在弱管控模式的基础上，管理更加宽泛和细致。在设计阶段，首先需要对总承包商设计接口与界面管理的监督和对设计图的验收；其次需要检查各类设计成果文件是否符合有关工程建设及质量管理的法律和法规，若对同一问题的规定和标准不一致，总承包商则应该按照最严格的规定和标准执行；再次需要监督总承包商在规定时间内核实基础资料以确保其准确性，因为基础资料是设计工作的基础，并且示范文本中明确规定了基础资料的准确性由业主负责，所以业主更应该监督总承包商对其进行核实。

在采购阶段，在强控制模式下，业主对供应商和分包商的选择更具有话语权。因此，业主需要对总承包商选择分包商的资质和分包工作的范围进行监督。

施工阶段是强管控模式的主要体现，业主不仅要验收最终产品，而且在施工过程中也需要进行监督。因此，业主需要监督总承包商的关键工序质量和隐蔽工程质量，派遣专业人员负责现场的质量管理工作。业主代表需要进行施工巡查，并督促监理正确全面地行使工程质量的监督审查权，保证现场巡查、旁站检查、平行检测到位，从而实现建设施工质量的全过程、全视角把控。

3. 根据招标时点的不同，匹配适宜的项目控制权提高合同履约效率

根据《建设项目工程总承包计价规范》（T/CCEAS 001—2022）第 3.1.3 项规定，建设项目工程总承包可在可行性研究报告、方案设计或初步设计批准后进行。①可行性研究报告批准后发包的，宜采用设计采购施工总承包（EPC）模式；②方案设计批准后发包的，可采用设计采购施工总承包（EPC）或设计施工总承包（DB）模式；③初步设计批准后发包的，宜采用设计施工总承包（DB）模式。

发包人在可行性研究报告后招标，常采用 EPC 模式。此时项目资料少，无方案设计和初步设计等资料，由承包商负责方案设计、初步设计和施工图设计。此时发包人将项目控制权大部分让渡给了承包人，因此发包人采用弱管控模式，对项目仅提供目标、范围、功能需求以及技术标准，发包人编制的发包人要求是承包商开展后续设计等其他工作的主要参考资料。因此，在 EPC 模式下发包人应该牢牢掌握变更控制权，避免发生承包人恶意变更的机会主义行为。

发包人在完成初步设计后发包，常采用 DB 模式。此时发包人已经完成项目可行性研究报告、方案设计与初步设计。相较可行性研究后发包而言，发包人对项目的控制力较强，是一种强管控模式。强管控模式下业主应当适当减弱对设计的控制权，对承包人设计优化给予激励，从而提高合同的履约效率。

第5章 工程总承包项目承包人选择机制

5.1 工程总承包项目招标时点与资质要求的确定

5.1.1 工程总承包项目招标时点的确定

工程总承包项目的不同设计深度意味着工程总承包商介入的时点不同，所形成组织模式也不同。工程总承包项目招标时点是指业主完成总承包商招标并要求总承包商开始介入项目的时点，即业主负责完成所有发包前的全部工作，由总承包商完成发包后的所有工作。从国际惯例可知，高信任环境下业主对总承包商的招标通常是在可行性研究阶段完成后开始的。而由于我国特殊的信任环境，业主需要根据自身的监管能力以及具体的项目难度等特征选择合适的招标时点。2019年12月出台的《房屋建筑和市政基础设施项目工程总承包管理办法》第七条规定："建设单位应当在发包前完成项目审批、核准或备案程序。采用工程总承包方式的企业投资项目，应当在核准或备案后进行工程总承包项目发包。采用工程总承包方式的政府投资项目，原则上应当在初步设计审批完成后进行工程总承包项目发包。"

分析我国部分省市工程总承包模式的应用实践过程发现，业主招标时点有三个：可行性研究阶段完成、方案设计完成和初步设计完成，如图5.1所示。

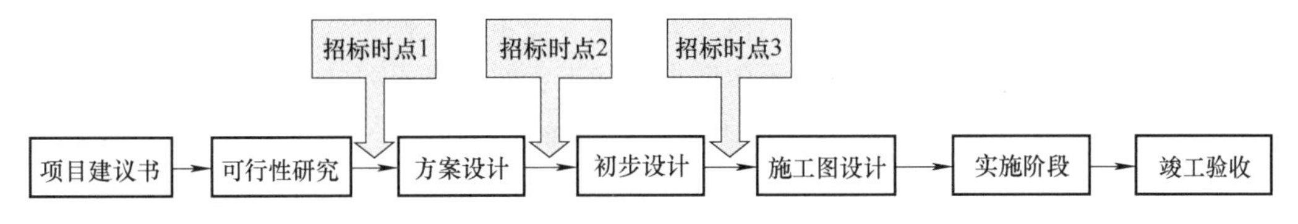

图5.1 工程总承包项目招标时点

表5.1显示了9省市对工程总承包项目招标时点的规定以及项目在该时点发包的特点。

表5.1 9省市工程总承包项目招标时点的规定

招标时点	采用省市	该时点发包特点
招标时点1	上海、福建、陕西、广西、吉林、四川	可行性研究是决策项目建设的依据，在该时点发包可以充分发挥总承包商的创造性思维、技术力量、管理能力和建设经验
招标时点2	浙江、湖南、深圳、广西、吉林、四川	该时点项目规划已报批，施工许可证已取得，并提出建设项目的具体方案设计；在选定总承包商时要注意与前单位在设计、实施方面的对接，防止出现推诿责任的现象

（续）

招标时点	采用省市	该时点发包特点
招标时点3	上海、福建、陕西、浙江、湖南、深圳、广西、吉林、四川	该时点已制定初步设计方案，明确投资概算，发包后总承包商优化设计的可能性较小，不能充分发挥工程总承包模式优势，但易于成本控制与固定总价的风险分配

根据招标时间不同，工程总承包项目可分为以下三种模式：

（1）模式一　业主在可行性研究阶段完成后开始选择承包商，将所有设计、采购、施工、试运行等工作完全交给承包商完成，业主对工程总承包项目的实际控制权较弱，从而导致业主对变更控制难度较大。

（2）模式二　在方案设计完成后开始招标，这时业主已经自行完成方案设计，解决了建筑形体、平面功能布局、立面造型、面积指标、控制容积率、总平面定位、退线等问题，掌握了建设项目的基本指标，相比于模式一，业主对项目的控制权较强。

（3）模式三　初步设计完成后，业主方开始招标，初步设计各专业应对本专业内容的设计方案或重大技术问题的解决方案进行综合技术经济分析，论证技术上的适用性、可靠性和经济上的合理性，并且在已经完成方案设计提供的参数基础上，能据以确定土地征用范围，准备主要设备及材料。初步设计完成后再招标相比于前两种模式，业主具有强控制权。

5.1.2　工程总承包项目的招标投标流程

1. 第一阶段：发包签约的流程

工程总承包项目通常需要带设计方案投标，投标设计方案不仅要满足业主期许，更是中标后项目设计的基础。工程总承包商需要统筹设计、采购、施工，对其建设能力、沟通协调能力、资源调配能力等提出了很高的要求。

工程总承包项目的具体运作过程为：业主提出招标文件→承包商提出投标文件→商签合同→承包商设计→承包商施工和采购计划→工程施工和供应→竣工交付。

1）业主确定招标介入时点后，委托咨询公司按照项目任务书起草招标文件。在招标文件中，有合同条件、业主要求和投标书格式等文件。业主要求作为合同文件组成部分，在工程的实施过程中有特殊的作用。它是承包商报价和工程实施最重要的依据。

业主要求主要描述工程的目标（竣工工程的功能、范围、质量和范围要求，要求承包商提供的物品）、设计和其他技术标准，以及对承包商工程的具体要求，如要求达到的预期目的，在现场的其他承包商，放线的基准点、线和标高，环境约束，业主设备和免费使用的材料，现场可供的水、电、燃气和其他服务，要求送审的承包商文件，技术标准和建筑法规，对业主人员的操作培训，竣工图和工程的其他记录，操作和维修手册，为业主人员提供设施，工程的检验、试验、竣工试验、竣工后试验等的要求责任等。

2）承包商提出投标文件和报价。承包商的投标文件可能包括投标书、工程总体范围的描述、项目的总体实施工作计划、进度计划、项目管理组织计划、工程估价文件等。承包商文件是在总承包合同中专门定义的。它由承包商负责编写，包括业主要求中提出的技术文件（如计算书、计算机程序，软件、图纸、手册、模型以及其他技术文件）、为满足所有规章要求的报批文件、竣工文件、操作和维修手册等。投标报价是在对合同条件、业主要求和业主提交的其他文件的分析、理解，对环境做详细调查，向分包商、设备和材料的供应商询价的基础上，结合承包商过去的工程经验做出的。

2. 第二阶段：签订合同后项目运作流程

工程总承包项目发包后，承包人需要按照合同条件、业主批准的设计和承包商文件要求进行工程的供应和施工，为业主培训操作人员，完成承包商的合同责任直至工程竣工、业主验收工程，并且承包商在缺陷责任期承担工程的缺陷维修责任。

而业主最重要的工作就是监管，包括设计管理和质量管理等。一般情况下，承包商按照合同条件和业主要求进行方案设计、详细设计（施工图设计），并制订相应的施工计划。承包商每一步设计和计划的结果以及相关的“承包商文件”都必须经业主审查批准。与承包商文件相关的工程在业主的审核期满前不能开工。

5.1.3 工程总承包商的资质要求

1. 以资质为标准的市场准入制度

通过对我国现行政策中工程总承包项目承发包管理部分的文本进行分析，发现各省市的政策文件中对工程总承包商的资质认定可分为严格性要求、适应性要求和能力性要求三大类，如图5.2所示。

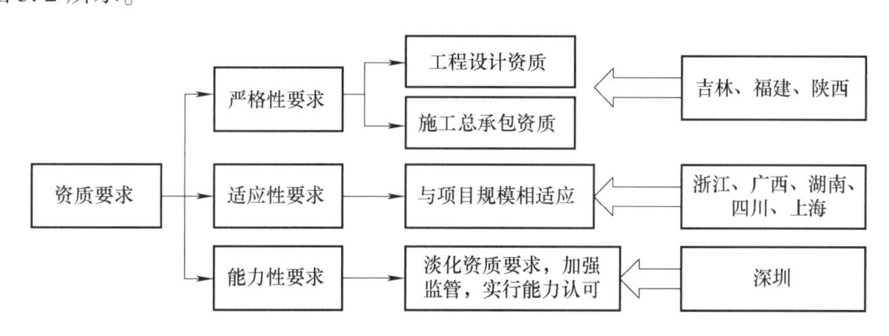

图5.2 各省市对资质的要求

仍以表5.1中列举的9省市发布的工程总承包项目相关政策为例。除深圳在招标时淡化资质要求，实行能力认可外，其余省市均要求总承包商具备规定的设计或施工资质。其中，吉林、福建、陕西对企业进行总承包工作所要求的资质门槛较高，并倾向于具备双资质的企业。而浙江、湖南、广西、四川、上海则要求工程总承包企业的资质需要与工程总承包项目的规模要求相匹配，均允许单一资质工程总承包商承接工程总承包项目。建筑企业能力素质参差不齐，缺乏权威的工程总承包商能力评价模型，故而地方政策对总承包商的资质要求普遍较为严格，以期提高门槛、控制风险。

2. 我国工程总承包企业的双资质要求

《房屋建筑和市政基础设施项目工程总承包管理办法》第十条规定，工程总承包单位应当同时具有与工程规模相适应的工程设计资质和施工资质，或者由具有相应资质的设计单位和施工单位组成联合体；第十二条规定，鼓励建设企业申请相应的设计或施工资质。可见，各省市专注于考量承包商的项目能力和集中体现能力的资质类型及等级。《房屋建筑和市政基础设施项目工程总承包管理办法》明确了我国工程总承包模式要以双资质为基调，以联合体为过渡，以资质互认为促进方式，保证工程总承包市场初步阶段充分的竞争和有序的发展，体现建筑行业设计施工深度融合的发展趋势。

设计单位和施工单位组成联合体的，应当根据项目的特点和复杂程度，合理确定牵头单位，并在联合体协议中明确联合体成员单位的责任和权力。联合体各方应当共同与建设单位签订工程总承包合同，就工程总承包项目承担连带责任。

3. 工程总承包单位联合体资质的相关规定

按照《房屋建筑和市政基础设施项目工程总承包管理办法》第十条的规定，即便暂时缺乏条件实现“双资质”的有关设计施工企业，也可以通过联合体模式涉足工程总承包。为了规范联合体投标活动，我国招标投标领域的多部法律法规都对联合体投标做出了规定。《招标投标法》第三十一条对联合体投标的资质规定如下：联合体各方均应当具备承担招标项目的相应能力；国家有关规定或者招标文件对投标人资格条件有规定的，联合体各方均应当具备规定的相应资格条件。由同一专业的单位组成的联合体，按照资质等级较低的单位确定资质等级。联合体各方应当签订共同投标协议，明确约定各方拟承担的工作和责任，并将共同投标协议连同投标文件一并提交招标人。《招标投标法》中关于联合体资质的规定，包含了至少三层含义：

首先，由同一专业的单位组成的联合体，按照资质等级较低的单位确定联合体的资质等级，即联合体资质“从低不从高”原则。

其次，由不同专业的单位组成的联合体，各方应当具备相应的资格条件。条文中的“相应”有两种具体情形：情形之一，是联合体各方要分别具有与承担项目分工责任自然对应的资质。情形之二，如同条文中的表述，联合体各方应具有国家有关规定或者招标文件规定的资格条件。除了《招标投标法》，另有多部法规和部门规定都对联合体资质做出了具体要求，有时招标文件也会对联合体资质提出特定的要求，比如要求联合体牵头人必须具有某种资质，或者承担项目中某个或某些职责的联合体成员必须具有何种资质。概括来说，联合体各方的资质，应该与各自在项目中承担的职责相对应，与国家有关规定或招标文件对资质的规定相对应。

最后，联合体资质的判定应结合联合体协议来完成。联合体协议明确了联合体牵头人和联合体各方的工作和责任，在对联合体资质进行判定时，应结合联合体协议，核验联合体各方的资质是否与协议规定的各方工作相适应。

比如，A 企业拥有铁路施工总承包特级资质、桥梁专业承包一级资质，B 企业拥有工程设计综合甲级资质、铁路施工总承包一级资质。如果 A、B 两家企业组成联合体，承揽工程总承包项目，资质等级如何确定？《政府采购法实施条例》第二十二条规定，联合体中有同类资质的供应商按联合体分工承担相同工作的，应当按照资质等级较低的供应商确定资质等级。也就是说，在联合体各方承担的不是同类工作时，联合体各方的其他资质不应当影响整体资质等级的认定。在此例中，如果 A、B 两家企业组成联合体承接某工程总承包项目，并且由 A 企业承担该项目的施工业务，B 企业承担该项目的设计业务，则应按照 A 企业的铁路施工总承包特级资质和 B 企业的工程设计综合甲级资质来确定该联合体是否具备承接工程总承包项目的条件，而不应将 B 企业的铁路施工总承包一级资质与 A 企业的铁路施工总承包特级资质按照就低原则进行比较。

4. 前期设计企业参加工程总承包项目的政策规定

从政策层面来看，为业主提供前期设计服务的企业是否可以参加工程总承包项目招标，目前我国各地的政策文件规定并不统一，见表 5.2。例如，江苏省文件规定，工程总承包发包前完成项目建议书、可行性研究报告、勘察设计文件的，发包前的项目建议书、可行性研究报告、勘察设计文件的编制单位可以参与工程总承包项目的投标，但不得是工程总承包项目全过程工程咨询服务单位。《房屋建筑和市政基础设施项目工程总承包管理办法》最早征求意见稿不允许前期咨询单位参与工程总承包项目投标，后面调整为：政府投资项目招标人公开已经完成的项目建议书、可行性研究报告、初步设计文件的，前期咨询单位可以参加该工程总承包项目的投标，经依法评标、定标，成为工程总承包单位。

表5.2　关于前期设计企业参加工程总承包项目的政策规定

年份	部门	政策文件	规定
2015	交通运输部	《公路工程设计施工总承包管理办法》（中华人民共和国交通运输部令2015年第10号）	不允许
2019	住建部、发改委	《房屋建筑和市政基础设施项目工程总承包管理办法》（建市规〔2019〕12号）	允许
2020	湖南省水利厅	《湖南省水利建设项目工程总承包管理暂行办法》（湘水发〔2020〕24号）	允许
2020	福建省住建厅	《福建省房屋建筑和市政基础设施项目标准工程总承包招标文件（2020年版）》	不允许
2020	四川省住建厅、四川省发改委	《四川省房屋建筑和市政基础设施项目工程总承包管理办法》（川建行规〔2020〕4号）	允许
2021	河北省住建厅、河北省发改委	《河北省房屋建筑和市政基础设施项目工程总承包管理办法》（冀建建市〔2021〕3号）	不允许
2021	上海市住建委	《上海市建设项目工程总承包管理办法》（沪住建规范〔2021〕3号）	允许
2021	浙江省住建厅、浙江省发改委	《关于进一步推进房屋建筑和市政基础设施项目工程总承包发展的实施意见》（浙建〔2021〕2号）	允许

5.2 工程总承包项目资格预审阶段的承包人选择

5.2.1 工程总承包人招标的资格审查

1. 资格审查方式

招标资格审查是招标人对投标人的资质、管理能力以及胜任力等方面进行审查，以保证投标人具备完成工程项目的实力。资格审查分为资格预审和资格后审两种方式，分别在投标前和开标后对投标人的资质或胜任力进行审查。对于资格审查不通过的投标人，取消其投标资格或将投标文件当作废标处理。

招标过程中采用资格预审还是资格后审方式，应当根据两种资格审查方式的特点，结合工程项目具体情况和招标人意图进行综合考虑。资格预审和资格后审的区别见表5.3。

表5.3　资格预审和资格后审的区别

类别	资格预审	资格后审
审查时间	在发售招标文件之前	在开标之后的评标阶段
评审人	招标人或资格审查委员会	评标委员会

（续）

类　别	资格预审	资格后审
评审对象	申请人的资格预审申请文件	投标人的投标文件
审查方法	合格制或有限数量制	合格制
优点	避免不合格的投标人进入评标阶段，减小评标专家的评标工作量及缩短评标时间，有利于减小投标人的投标成本	整体缩短了招标时间，投标人数量相对较多，市场竞争更强
缺点	招标过程过长，招标人在资格预审阶段的费用高、工作量大，通过资格预审的投标人相对较少，缺乏竞争，可能发生串标现象	增加了评标专家的评标时间和评标难度，建设单位的评标费用也会增加，评标阶段的工作量大，所需时间较长
适用范围	较适合技术难度较大以及编制投标文件所需费用较高，或潜在投标人数量较多的工程项目	适用于潜在投标人数量不多、市场竞争较小、具有通用性的工程项目

2. 资格预审在工程总承包中的适用性

业主在招标前是否对投标人进行资格预审，应该考虑项目的规模、复杂性、对竣工时间的要求、工程的性质、环境影响以及项目风险等因素。通常，各个国家和国际组织都对招标项目的资格预审有一定的要求。例如，《世界银行采购指南》规定："通常对于大型或结构复杂的土建工程、或者编制投标书成本很高而不利于竞争的其他情况，诸如为用户专门设计的设备、工业成套设备、专业化服务，以及'交钥匙合同'、设计—建造合同或者管理承包合同等，对投标人进行资格预审是必要的。"类似规定还有很多，究其原因，是因为通过资格预审可以排除不合格的投标人，降低招标人的采购成本，并提高其招标的工作效率。此外，招标人还可以通过资格预审，对合格的投标人有一个初步了解，并针对这些企业的资历和情况对招标过程进行必要的调整。可以说，资格预审和招标过程构成了业主选择合格总承包商、避免项目失败的两层过滤器。

5.2.2　工程总承包商选择过程中面临的信任两难

信息的不对称、合同的不完备导致了业主预期的不确定，进而导致发包人陷入信任两难的境地，表现为即使对在项目初期能获得承包人的全部信息，包括对合作的意向和能力进行甄别之后，仍无法保证其是否会利用己方的弱点和漏洞，而进行损人利己的行为。经济学家威廉森（Williamson）所谓交易中信任的算计性特征在工程项目中发包人信任两难困境中得到充分体现，使得发包人徘徊于信任与不信任之间，如图 5.3 所示。

建设工程项目具有单件性、复杂性和一次性的特点，业主与承包人双方的合作通常为一次性合作。由于外部市场环境复杂，相关法律法规不健全，双方通常缺乏信任形成的环境，导致业主对承包人的初始信任在项目招标投标阶段很难建立，后续也很难形成信任型的发承包合作关系。当前市场中诸如"围标""挂靠""陪标""串标"等非法行为横行，导致逆向选择和道德风险问题频发、项目目标难以实现的现状，正是缺乏信任的实际市场表现。

承包人选择本质上是一个具有很大不确定性的、复杂的多属性决策问题。承包人选择指标是衡量承包人能力的尺度，是业主能否选择出合格的、满足业主需求的承包人的基础。这样对承包商的选择就存在相对的不确定性，即业主可能与陌生的承包商合作建设项目。在这种背景下，业主能否主动表现出对承包商的初始信任显得尤为重要。同时，在工程行业，同一对业主和承包商之间反复合作的情况也并不少见。长期的合作历史为双方提供了相互了解的机会，使其能够更有效率地进行合作，做好各项工作。有学者把“过去的合作”作为“信任”的代理变量，这暗示了过去的交互能够促使信任的产生。有了信任的保障，双方往往在交易的过程中表现出更强的合作意愿。

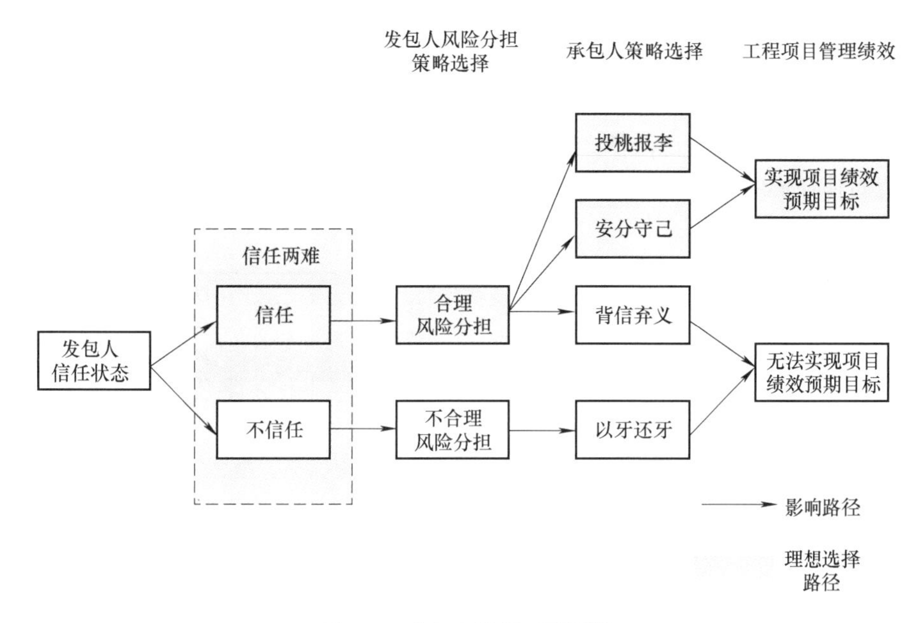

图5.3 发包人信任两难困境

5.2.3 基于业主初始信任的总承包商资格预审

1. 业主与总承包商的初始信任

建设工程项目具有单件性、一次性、投资额大、建设周期长、参与方众多等鲜明特点。合同的不完备、信息的不对称等建筑业固有特征的存在，导致在交易过程中，业主与承包商之间容易发生机会主义行为，“信任危机”非常严重，工程项目各参与方，尤其是业主和承包商之间，普遍存在着“你输我赢、零和博弈”的对立关系。业主倾向于利用其买方地位优势，尽可能地将风险转嫁给承包商，而承包商通常会通过“二次经营”进行创收。承包商的创收也就是业主投资失控的部分，其根源在于建筑市场初始信任缺失。

由于我国特殊的市场环境，又由于业主与承包商之间存在信息不对称，业主无法准确获取潜在投标人的能力、资质、过往记录等全部信息，业主潜意识里认为所有潜在投标人都可能存在欺诈行为，这就导致了在工程总承包项目中，业主倾向于不信任承包商，而这种不信任的倾向性直接导致业主与承包商双方的初始信任很难建立，信任环境相对较差，对所有潜在投标人都会选择试探性的非善意合作策略。

有研究证明，业主对承包商可信任要素的识别和筛选是双方初始信任关系形成的基础。承包商的特征信息中的可信任信息传递到业主之后，能促使业主对承包商产生一种积极的预期，这种积极的预期很快能转化为对承包商的初始信任。然而，工程项目实践中，由于建筑领域固有特征，业主与承包商缺乏信任环境，很多不确定因素的存在导致业主通常很难对承包商产生积极的预期，在初期，业主倾向于不信任承包商。

业主需要在招标投标过程中，在非常短的时间内，根据已有经验和初始交互获取的少量信息形成初始信任。初始信任中的“初始（Initial）”指双方首次见面或交互。因此，如何在短时间内筛选出投标人的可信任信息，快速形成初始信任，选择值得信赖的承包商，成为一个非常重要的问题。

2. 业主对总承包商信任的影响因素分析

对于信任的影响因素，计算机与电子商务领域已有较多研究，不同的研究者有着不同的观点与见解。在建设工程项目信任产生的影响因素的研究上，国内学者的研究较多。表5.4为国内学者对信任影响因素研究的汇总。

表5.4 信任影响因素的汇总

序号	学者	管理能力	承包商资质	力量投入	声誉	财务状况	安全和环境能力	技术能力	过往表现	工程经验	以往合作经历	信息共享	双方沟通	冲突解决
1	杜亚灵	√		√	√	√	√	√	√	√	√			
2	莫力科													
3	王冬梅				√						√		√	√
4	任志涛	√			√	√		√					√	√
5	董冬	√			√			√			√		√	
6	李青灿				√	√						√	√	√
7	董宇		√		√			√		√				
8	施绍华	√	√		√			√						
9	蒋卫平	√			√		√	√					√	
10	骆亚卓	√		√		√	√	√		√	√			
	合计	6	2	2	8	4	3	7	1	3	4	1	5	3

从表5.4对信任影响因素的整理汇总结果可以看出，能力（管理能力、技术能力、安全和环境能力）、声誉、财务状况、力量投入、工程经验、以往合作经历、双方沟通等因素出现的频率较高。

综上，考虑到工程总承包项目的特殊性，能力维度的影响因素应包含设计能力、采购能力和施工能力。工程总承包项目业主对承包商信任的影响因素可以归纳为工程经验与业绩、声誉、财务能力、管理能力、设计能力、采购能力、施工能力、安全与环境能力、双方沟通和力量投入。

3. 信任维度分析

信任维度的划分方法多种多样，学术界并没有一个统一的维度。国内外众多研究学者从不同视角对信任维度进行了划分，笔者对一些比较有代表性的划分方式归纳整理，结果见表5.5。

表 5.5 信任维度的分类

序 号	学者及年份	分 类	解 释
1	Lewicki&Bunker，1995	计算型信任	相信受信方能在附带惩罚条款的协议下履行自己的承诺
		了解型信任	受信方行为可预测，交互合作深入后产生的信任
		认同型信任	施信方与受信方频繁交互的结果，基于业主对受信方前期的预期和后期行为的匹配程度一致，彼此都具有信任的倾向，属于双方信任的最高水平
2	Mc Allister，1995	情感型信任	一方能主动承担双方协议之外的工作
		认知型信任	由受信方以往工作经验、成果、过程评价产生的信任
3	Roussea，1998	计算型信任	互动特征下的理性选择
		关系型信任	双方重复交易产生的关系型信任
		制度型信任	可以缓解计算型信任和关系型信任的一种方式
4	Hartman，2000	基于能力的信任	信赖另一方有能力满足己方需求
		基于诚实的信任	一方将照顾另一方的利益
		基于直觉的信任	一种不稳定的状态，直觉上认为另一方可以信任
5	Williamson，2001	算计信任	施信方对受信方所展示的信息产生的信任
		个人信任	施信方基于个人直觉的、出于关系层面的信任
		制度信任	来源于信任双方的外部环境
6	廖成林等，2004	初始信任	受信方的初始可获得的信任影响因素产生
		持续性信任	在初始信任形成后，随着合作的深入，受外部环境和双方交互行为持续的影响
7	王涛等，2010	尝试性信任	源自有效的制度规范和良好的声誉
		维持性信任	形成的共同目标和价值取向
		延续性信任	下一次合作可信任的方面

现有研究认为，信任是一种模糊的、多维度的、复杂的心理状态，并且是一种动态的关系，在不同阶段会有不同的信任状态，信任也不是只有信任或不信任的绝对状态。目前我国学者在建设领域研究信任应用最多的是 Hartman 的分类，即将建设项目各参与方之间的信任分为基于诚实的信任、基于能力的信任与基于直觉的信任。基于 Hartman 的研究成果，Ramy Zaghloul 和 Francis Hartman 等人对基于能力、诚实和直觉的信任的分类进行了比较有意思的定义，将基于能力、诚实和直觉的信任分别对应了蓝、黄、红三种颜色。

（1）基于能力的信任（蓝色） 能力信任回答了这样一个问题："你能做这项工作吗？"

例如，在选择特定的技术供应商时需要能力信任，因为人们希望确保工程或技术服务能够被胜任和正确地完成。当信任存在时，人们可能会推断有效的沟通通常会带来项目成功，因为项目团队成员通常会确信未来会为他们的项目提供适当的技术解决方案。

能力信任是指受信方对信任所需的特定能力的积极期望。在工程项目管理领域，基于能力的信任主要是指承包商的服务或资源（如有经验的项目管理人员和施工技术人员、技术可靠、可以满足这个项目的要求的施工设备等）需要满足业主实现项目目标的积极预期。

基于能力的信任实际上是指受信方只有具备一定的信任所需的能力，才能获得施信方的信任。只有确保受信方所需的资源和能力，项目才能按时高质量地完成。

本书所界定的基于能力的信任就是指业主作为施信方对作为受信方的承包人所具有的完成工程项目所必需的资源和能力的确定性的感知与认识。

（2）基于诚信的信任（黄色） 诚信信任或道德信任回答了这样一个问题："你会一直照顾我的利益吗？"

例如，业主与承包商双方在合同中的行为（如一次性付款、可报销等）通常取决于双方的诚信信任程度，但不太可能影响双方的沟通。如果担心被收取不必要的工作费用，在这种情况下，双方的交流可能会采取不同的语气：我们能平等地交流吗？业主与承包商可能会建立防范感知风险的防御体系，形成"对比博弈"关系，降低合作效率。因此，有效且完整的沟通、避免防御性行为（如隐藏关键信息）、自愿提出合理化建议才能产生诚信型信任。

本书对工程总承包项目中基于诚信的信任做以下界定：它是指业主认为承包商能够与之进行及时准确的沟通，不隐藏任何关键信息。例如，承包商不利用业主提供的相关资料（如工程量清单）的错误或漏洞，这些信息从承包商过往业主评价中可以获取。

（3）基于直觉的信任（红色） 直觉信任是第三种信任，也是比较不稳定的一种，它回答了一个复杂的问题："感觉对吗？"

这个问题有两个部分：第一部分是基于一种原始的情感反应；而第二部分通常被称为"直觉"。Hartman 承认直觉信任没有能力信任和诚信信任具体，却暗示项目管理人员几乎都以直觉作为他们所有工作的基础决策，之后再根据另外两种类型的信任（能力信任和诚信信任）对这些决策进行合理化，以证明决策的合理性。

在工程项目中，发承包双方在很多时候都是第一次交易，初次接触获取的信息很有限，很难对承包人的能力、诚信进行有效判断，在这种时候，基于直觉的主观判断就显得尤为重要。本书所界定的基于直觉的信任是指作为施信方的业主要求作为受信方的承包人能够满足一些主观的评价指标，比如承包商的投入、承诺、以往经验等主观标准。

4. 基于初始信任的资格预审指标体系

（1）现有法律法规及相关规范分析 现有法律法规及相关规范主要包括《土建工程采购资格预审条件》《标准施工招标文件》《北京市工程建设项目施工招标资格预审办法》《河北省房屋建筑和市政基础设施工程招标资格预审文件范本（试行）》《重庆市房屋建筑和市政基础设施工程总承包标准招标文件》《江苏省房屋建筑和市政基础设施工程施工招标投标人资格审查办法》《浙江省公路工程施工资格预审文件范本》《江西省房屋建筑和市政基础设施工程施工公开招标投标资格预审试行办法》《湖北省建设工程施工投标资格预审文件》《广东省公路工程施工招标资格预审文件及施工招标文件范本》《四川省房屋建筑和市政基础设施工程建设项目施工招标资格预审评审办法编制指导意见（试行）》等。从对这些政策文件关于资格预审指标设置的要求进行归纳分析，可以看出现有法律法规对资格预审指标的设置要求主要侧重于资质、营业执照、安全生产许可证、财务、组织架构、经验与业绩、主要技术人员、机械设备等情况。

（2）文献研究 对现有具有代表性的工程总承包项目资格预审指标设置的相关文献，主要包括赵启（2005）、陈爽（2012）、位珍（2015）、陈杨杨（2015）、候泽涯（2016）、张连营（2003）、邵军义（2016）等人的 29 份相关文献进行归纳，可知，资格预审评审指标中应用最为广泛的是财务能力、信誉、工程经验、技术能力、管理能力、承包人的资质、机械设备、人力资源水平、诉讼与不良纪律。

根据上述内容对初始信任影响因素、初始信任维度以及资格预审要素的分析，本书将初始信任的三个维度与常见的资格预审指标进行匹配，如图 5.4 所示。

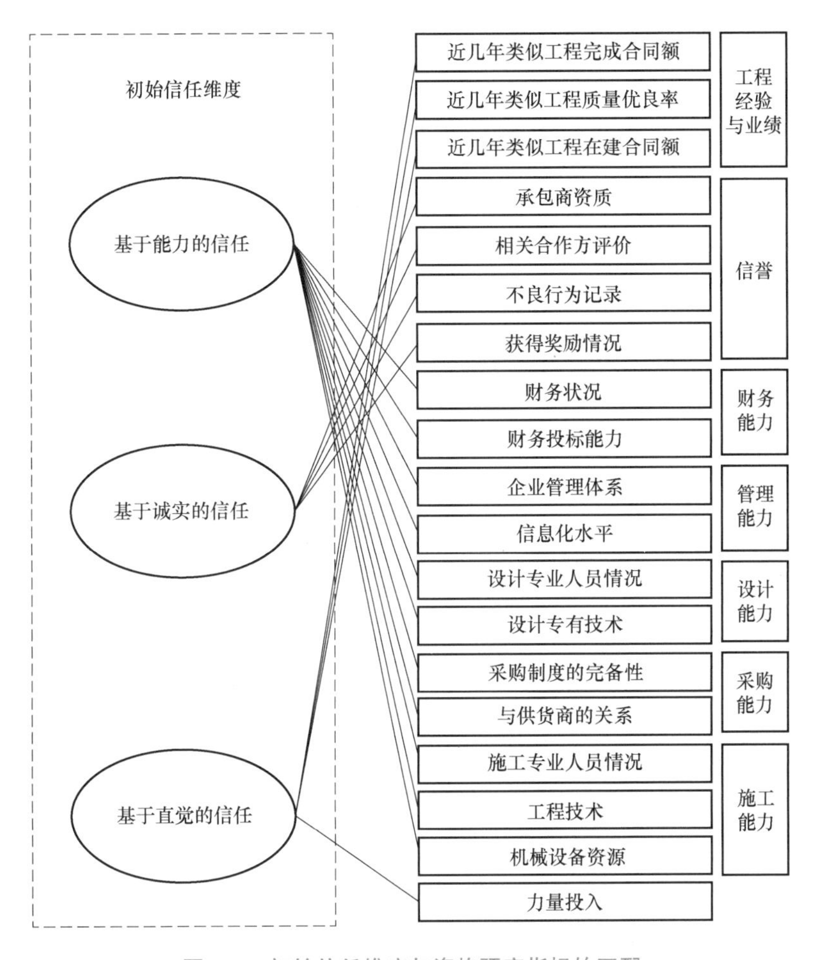

图 5.4　初始信任维度与资格预审指标的匹配

5.2.4　基于信任的资格预审指标的应用

资格预审指标在设置上要遵循科学性和合理性原则，并且要尽可能精简，不能过于烦琐，要最大限度地提高指标的筛选效率。根据上述研究成果，从基于能力、基于诚信和基于直觉三个维度尝试进行资格预审指标设置，从而达到遴选信任水平高的承包商的目的。下面以地铁工程总承包项目为例，从这三个维度给出基于信任的资格预审指标设置示例。

1. 基于能力信任的资格预审指标设置

一般而言，在资格预审阶段的能力信任对应资格预审条款设置的财务能力、技术能力和管理能力。财务能力一般包括财务稳定性、可获得的信贷、现金流等；技术能力一般包括技术解决方案、管理技术、现有工程量等，管理能力一般包括管理资源、合同管理、现场管理、质量管理等。针对一般工程总承包项目具有的投资巨大（要求承包商财务状况良好，足以支撑本项目的资金需求）、项目技术水平要求高（要求承包商技术水平高）、承包商管理界面复杂（要求承包商管理协调能力强）的特点，对工程总承包项目的资格预审指标设置给出如下示例，见表5.6。

表5.6　基于能力信任的资格预审指标设置

序　号	资格预审条款设置	合格要求	设置目的	对应能力要求
1	近×年财务报告应当经具有法定资格的中介机构审计	提供经具有法定资格的中介机构审计近三年财务报告	保证投标人的财务状况良好	财务能力
2	企业总资产××亿元人民币或以上（或等值货币）、净资产××亿元人民币或以上（或等值货币）	提供具有法定资格的中介机构审计的××××年度财务报告	保证投标人的经济实力足以支撑本项目的资金需求	财务能力
3	项目经理应具有市政公用或建筑专业（根据项目类型）一级注册建造师执业资格（注册单位为投标人或联合体主办方），持有有效的安全生产考核合格证（B类），或能够提供××省建筑施工企业管理人员安全生产考核信息系统安全生产管理人员证书信息的打印页	提供有效的注册建造师执业资格证书及安全生产考核合格证（B类）或打印页	保证投标人项目经理的技术能力	技术能力
4	专职安全人员必须具有安全生产考核合格证（C证）	提供有效的安全生产考核合格证（C证）或打印页	保证投标人保证安全生产的技术能力	技术能力
5	投标人按规定的格式及内容要求签署“投标申请人声明”	提供“投标申请人声明”保证投标人满足	保证投标人满足招标人需求	管理能力

2. 基于诚信信任的资格预审指标设置

一般而言，在资格预审阶段的诚信信任对应资格预审条款设置的信誉部分指标、工程经验和业绩。信誉指标一般包括承包商过往的表现、与业主和供应商的关系、违约和诉讼等；工程经验和业绩一般包括承包商资质、类似项目施工及管理经验等。针对一般工程总承包项目具有的施工及管理水平要求高（要求承包商具有相应的资质水平）、项目情况复杂且专业技术要求高（要求承包商有丰富的类似项目施工经验）的特点，对工程总承包项目的资格预审指标设置给出如下示例，见表5.7。

表5.7　基于诚信信任的资格预审指标设置

序　号	资格预审条款设置	合格要求	设置目的	对应能力要求
1	必须是在中华人民共和国注册的合法企业，并持有有效的工商行政管理部门核发的营业执照，依法经营	提供有效的工商行政管理部门核发的营业执照	保证投标人的合法性	承包商资质
2	持有建设行政主管部门颁发的安全生产许可证（在有效期内）	提供有效的安全生产许可证	保证投标人满足安全生产资质要求	承包商资质
3	具有承接本工程所需的市政公用（根据项目类型）工程总承包壹级（及以上）资质	提供有效的资质证书	保证投标人具有相应的资质	承包商资质
4	自××××年×月×日以来至少在国内承揽过（含在建）不低于×× km的城市轨道交通工程（含地下车站和盾构区间）1项（根据项目类型）	提供合同协议书或竣工验收证明，如合同协议书或竣工验收证明不能反映评审指标，须另提供可证明能力技术指标的其他资料（如业主证明等）	保证投标人具有类似工程的施工经验	工作经验

3. 基于直觉信任的资格预审指标设置

基于直觉的信任是指由于双方拥有共同的信仰、友谊、情感而产生的相信对方的直觉，从而产生的信任。面对复杂的情况，直觉，尤其是专家的直觉是值得信任的。特别是在工程项目中，合作双方在很多时候都是初次合作，很难做出对对方能力、诚信的有效判断。在这种时候，基于直觉的主观判断就显得尤为重要。

本书所界定的基于直觉的信任是指业主作为合作的一方要求承包商（合作的另一方）能够满足一些主观的评价指标，比如承包商的信誉、以往经验等主观标准。对工程总承包项目资格预审指标设置给出如下示例，见表5.8。

表5.8 基于直觉信任的资格预审指标设置

序　号	资格预审条款设置	合格要求	设置目的	对应能力要求
1	自××××年×月×日以来至少在国内承揽过（含在建）不低于×× km的城市轨道交通工程（含地下车站和盾构区间）1项（根据项目类型）	提供合同协议书或竣工验收证明，如合同协议书或竣工验收证明不能反映评审指标，须另提供可证明能力技术指标的其他资料（如业主证明等）	保证投标人具有类似工程的施工经验	工作经验
2	在本公告发布时，投标人未在以往项目中违约，被招标人书面拒绝投标	未在被拒绝单位名单内	保证投标人过往表现良好	过往表现

5.3 工程总承包项目评标阶段的承包人选择

5.3.1 工程总承包人招标的评标方法

评标是招投标的关键环节，评标方法是选择承包商的依据，评标规则是竞争规则的体现，评标影响招标投标结果，进而影响项目后期建设及成果。工程总承包商在整个工程总承包项目的组织关系中处于核心地位，与其他各方不仅存在着合同关系，同时存在着协调关系。其承担的工作不仅包括工程施工，而且还包括工程设计。因此，业主关心的核心问题就是能否选择出报价合理且能保证质量和工期的总承包商。

工程总承包是对工程项目的设计、采购和施工等实施全过程的承包，其移交给业主的将是一个具备基本使用功能的项目。因此，业主在选择总承包商时，其注意力并不仅仅只在于投标报价的高低，而往往放在工程实施的结果是否能够满足业主在进度、质量、费用和风险等方面的要求上。

工程总承包模式下，为保证合同能够顺利执行，对承包商的能力水平提出了更高的要求，不仅要求承包商具有承接项目设计、采购、施工的相应技术和能力，模拟工程量清单招标下，还要求承包商有一定的类似项目的建设经验，能够对项目的建设成本有一个较为准确的估计。这对于现阶段我国承包商的发展程度来讲，是比较困难的。因此，如何为项目匹配到最优承包商是影响项目成功的关键。目前常用的评标方法有综合评估法与经评审的最低投标价法。表5.9对两种方法进行了对比分析。

表 5.9　综合评估法与经评审的最低投标价法的对比分析

评标方法	经评审的最低投标价法	综合评估法
含义	对符合招标文件各项要求的投标文件，除价格以外的各项因素按照招标文件规定的价格调整办法，赋予相应的权重，折合成货币计算，从而形成综合报价，并对其进行评审，选出最低投标价的投标人，推荐为中标候选人	对投标单位提供的经济标、技术标、商务标等进行综合评议，使用招标文件规定的不同的权重来量化各部分的得分，从而得出各个投标人的综合得分。从中先选出三名候选人，之后由招标人确定最终人选，随后发出中标通知书
适用范围	技术比较简单，对于性能、标准等没有特殊要求的项目较常采用经评审的最低投标价法	政府投资项目，或技术复杂、专业性强的工程项目较常采用综合评估法
中标候选人要求	在满足招标文件的基本要求上，经评审后的投标报价最低，但对报价低于成本价的不考虑	由于评价的指标比较综合全面，因此此方法能最大限度地对承包商的综合能力进行评价
优点	不仅使承包商更加关注投标报价上的竞争性，而且宏观层面上，最低投标价法也迎合了当前市场经济体制下业主强调利润最大化的建设目标	评价指标比较综合，评标标准明确，评标委员会的工作量和难度减小，结果可量化，更有说服力
缺点	评标时间长，对评委的专业能力要求较高；评标前的准备工作比较复杂；评标时尤其要重点关注投标报价的合理性	容易造成串通投标，主观因素多，容易形成腐败

综上，经评审的最低投标价法和综合评估法是两种使用广泛的评标方法。经评审的最低评标价法常用于房地产开发项目和范围明确的工程，因操作简单、有助于控制项目成本和招标投标进度，而被广泛用于建筑市场。但由于经评审的最低投标价法的局限性，在实践中出现了如因中标价格不合理而引发违约、争端和索赔，承包商缺乏积极性而导致进度延误、成本超支和质量不达标等问题。随着建筑市场的发展，评标方法不断改进，演化出综合评估法、合理低价法、引入资格预审等评标方法。

综合评估法的最大优势在于通过构造综合评估模型，引入权值衡量指标，发挥评标专家的经验，最终选择能最大限度满足各项评价标准的投标方案；同时，通过成本预算，降低投标人对标底的依赖，规避施工单位增加项目总投资的风险，预防因低价恶性竞争降低工程效益的可能。

在承包商的选择方法方面，将商务标和技术标作为承包商评价维度的评标方法已经不能满足工程总承包项目下对承包商的要求，加之国内工程总承包商的水平差别巨大，建立新的适用于工程总承包项目的承包商选择方法已经迫在眉睫。在建立适用于工程总承包承包商的选择方法时，应结合工程总承包模式与传统模式之间的差异确定。工程总承包项目面临更多的价格、工期、质量和施工过程安全的风险，而工程总承包项目招标的目的就是选择一个投标报价合理、能够保证工程质量且在约定的工期内顺利交付标的物的承包商。

因此，各省市在评标时大多推荐综合评估法，仅在评审因素和应用方式上有所差别。例如，《上海市建设项目工程总承包招标评标办法》采用两阶段评标对工程总承包项目进行评标，并给出两种综合评估法。湖南省建立工程总承包评标专家库，要求招标人根据工程特点和需要，依法组建评标委员会对投标文件进行建筑、结构、设备等多方面的综合评审。《房屋建筑和市政基础设施项目工程总承包管理办法》规定评标委员会应当由具有工程总承包项目管理经验的专家，以及从事设计、施工、造价等方面的专家组成。可见，综合评估法仍是主流选择。

5.3.2 综合评估法指标体系因素分析

1. 业主选择工程总承包商的影响因素识别

建设工程总承包模式不同于传统的建设模式，它集工程设计、采购和施工等或者工程设计、施工等于一体。然而，不同类型的工程总承包项目所面临的项目特征和风险并不相同，因此业主对于工程总承包商的设计、采购和施工等能力的侧重也不相同，例如：石油化工等工艺流程复杂的工程总承包项目，更需要的是具有设计能力强的工程公司；工程设备和材料出口的工程总承包项目，更需要的是拥有采购能力强的工程公司；而对于房屋建筑工程总承包项目，2019 年出台的《房屋建筑和市政基础设施项目工程总承包管理办法》中，仅强调了设计与施工资质同样重要，没有明确业主选择工程总承包商时的影响因素及其关系，这在一定程度上限制了房屋建筑工程总承包项目的发展。

本书主要从政策文件、期刊文献和招标文件三个方面，识别、归纳了业主选择工程总承包商的影响因素，见表 5.10。

表 5.10 识别影响因素的文件

来源	序号	文件名称
政策文件	1	《建设项目工程总承包合同（示范文本）》（GF—2020—0216）
	2	《房屋建筑和市政基础设施项目工程总承包管理办法》（建市规〔2019〕12 号）
	⋮	
	10	《上海市工程总承包招标评标办法》（沪建建管〔2018〕808 号）
期刊文献	1	《基于可变模糊决策模型的 EPC 项目总承包商选择研究》
	2	《基于层次分析法的我国小区建设工程总承包商评价研究》
	⋮	
	8	《EPC 工程合格承包商的选择》
招标文件	1	《天津市某医院改扩建 EPC 工程总承包项目》
	2	《广州市某区社区改造工程设计施工总承包项目》
	3	《重庆市某厂房建设工程总承包项目》
	4	《湖南省某综合型医院建设工程总承包项目》
	5	《青岛市某新区文化大厦工程总承包项目》

首先，通过专业网站、中央及地方政府部门网站，搜索和筛选关于工程总承包企业的重要政策、法规与标准，选取 10 份政策文件并进行分析确定影响因素。然后，通过中国知网、万方期刊等论文网站，使用“工程总承包商选择”“工程总承包评价”等关键词进行搜索，从搜索到的学术文献中选择 8 篇进行分析，提炼出影响因素。再者，通过中国招标投标网和各地建设工程信息网收集并选取出 5 个实际项目的招标文件，所选取的项目均位于国家批准的工程总承包试点省市，具有代表性。最后，由于所得出的影响因素有重叠交叉的部分，因此有必要将这些影响因素进行合并、剔除、调整。例如，将“财务能力”及“融资能力”合并为“财务与融资能力”，将“项目管理的信息化程度”并入“信息技术与高新技术运用”等，并将所得到的影响因素集合经由业内专家评定。最终归纳出 11 项业主选择工程总承包商的影响因素，见表 5.11。

表 5.11　业主选择工程总承包商的影响因素

因素编号	影响因素	因素编号	影响因素
S_1	企业财务与融资能力	S_7	投标报价的合理性
S_2	企业的工程经验与业绩	S_8	设计与施工方案的可行性
S_3	企业具有的资质	S_9	企业的施工能力
S_4	企业信誉	S_{10}	企业的设计与优化设计能力
S_5	项目负责人资质	S_{11}	信息技术与高新技术的运用
S_6	项目组织机构设置的合理性与管理体系的系统性		

显然，这些影响因素之间的关系较混乱、多层级而且维度并不唯一，因素之间的相互关系模糊。研究表明，解释结构模型（ISM）能将系统中各因素之间复杂、凌乱的关系分解成清晰、多层级的结构形式，以揭示各因素之间的相互关系和影响机理（李德智和李欣，2019）。同时，鉴于工业项目的工程总承包以设计为主导在实践领域已经得到证实，本书选择以情况较复杂的房屋建筑工程为例，利用 ISM 来厘清业主选择房屋建筑工程总承包商的影响因素之间的逻辑关系。

2. 工程总承包商选择影响因素的 ISM 构建

（1）研究方法的选择　现有研究针对工程总承包商选择的相关文献并不多，主要集中在电力、石油、化工等领域，缺少专门针对房屋建筑项目的工程承包商选择问题的研究。在研究内容上，定性角度主要分析招标投标程序及其评价标准。例如：张水波等（2004）给出了工程总承包商的选择原则与程序，并介绍了评标标准。孟宪海和赵启（2005）分三阶段论述了工程总承包项目选择总承包商的原则与标准；张荷叶（2010）运用案例推理的方法讨论了选择承包商的流程，以及决策系统的框架结构和实现技术；任远波等（2018）引入社会网络分析法，对公共服务外包承包商选择的关键指标进行识别。定量角度主要是围绕如何对承包商进行评价的研究，涉及的评价方法有层次分析法、灰色关联分析、集对分析模型、BP 神经网络、模糊综合评价法以及上述这些方法的结合。

为了厘清房屋建筑工程总承包商选择的影响因素及其相互之间的逻辑关系，通过解释结构方程梳理和识别影响因素中的层级与逻辑关系，并在此基础上运用交叉影响矩阵相乘法（MIC-MAC），确定 11 个影响因素的驱动力和依赖性的大小以及所处的象限，试图建立更为科学的房建项目工程总承包商选择的指标体系，为后续房屋建筑工程总承包商选择提供理论依据。

利用 ISM 的原理，构建 11 行 ×11 列的邻接矩阵，邻接矩阵中每个元素均表示两个因素是否有直接影响的关系，若有记为“1”，无记为“0”，记第 i 行第 j 列的元素为 a_{ij}，具体公式为

$$a_{ij}=0(\text{因素 } i \text{ 不影响因素 } j) \quad \text{或} \quad a_{ij}=1(\text{因素 } i \text{ 影响因素 } j) \tag{5-1}$$

为了确定每个元素的得分，本书采用专家访谈的方式。但已有文献并没有说明 ISM 应用采访专家数量的下限，本书的采访专家数量只能依据以往使用 ISM 研究方法成功的研究案例。刘慧对专家人数的设置进行了论述，通过研究成功的案例，专家人数 4 或 5 人的情况都存在。因此，本例邀请了 5 名专家，其中 3 名专家来自房地产企业，2 名专家来自咨询企业，请他们对 11 个影响因素之间的作用关系进行打分，可得业主选择工程总承包商影响因

素的邻接矩阵 $\boldsymbol{A}$。

依据布尔矩阵运算规则，当邻接矩阵 $\boldsymbol{A}$ 满足 $(\boldsymbol{A}+\boldsymbol{I})^{K-1} \neq (\boldsymbol{A}+\boldsymbol{I})^{K} = (\boldsymbol{A}+\boldsymbol{I})^{K+1} = \boldsymbol{M}$（$\boldsymbol{I}$ 为单位矩阵）时，则 $\boldsymbol{M}$ 为可达矩阵，通过使用 MATLAB 软件计算出可达矩阵 $\boldsymbol{M}$。

（2）总承包商选择影响因素的 ISM 构建　根据可达矩阵 $\boldsymbol{M}$，确定出各因素可达集 $R(S_i)$ 和先行集 $Q(S_i)$。可达集是 $\boldsymbol{M}$ 中该因素能到达的所有因素集合，如 S_1 的可达集是 S_1、S_3、S_4、S_7，而先行集是 $\boldsymbol{M}$ 中能到达该因素的所有因素集合，如 S_2 的先行集是 S_2、S_5、S_9。共同集 $C(S_i)$ 是可达集与先行集的交集，终止集 $E(S_i)$ 是可达集等于共同集的所有因素集合，见表 5.12。

表 5.12　影响因素划分

因素 S_i	可达集 $R(S_i)$	先行集 $Q(S_i)$	共同集 $C(S_i)$	终止集 $E(S_i)$
S_1	S_1、S_3、S_4、S_7	S_1	S_1	
S_2	S_2	S_2、S_5、S_9	S_2	S_2
S_3	S_3	S_1、S_3、S_9	S_3	S_3
S_4	S_4	S_1、S_4、S_9	S_4	S_4
S_5	S_2、S_5	S_5、S_9	S_5	
S_6	S_6、S_8	S_6、S_9	S_6	
S_7	S_7	S_1、S_7、S_9、S_{11}	S_7	S_7
S_8	S_8	S_6、S_8、S_{10}、S_{11}	S_8	S_8
S_9	S_2、S_3、S_4、S_5、S_6、S_7、S_9、S_{11}	S_9	S_9	
S_{10}	S_8、S_{10}	S_{10}	S_{10}	
S_{11}	S_7、S_8、S_{11}	S_9、S_{11}	S_{11}	

通过这样的方式找到终止集的因素，该终止集的因素为同一层级因素，故选出第一层的因素为 S_2、S_3、S_4、S_7 和 S_8；然后将上述已划分的 5 个因素除去，重复上述工作，得到第二层的因素包括 S_1、S_5、S_6、S_{10} 和 S_{11}；接着再将这 5 个因素除去，重复上述工作，得到第三层的因素为 S_9。据此，对业主选择工程总承包商影响因素进行分层绘图，在图中依据邻接矩阵 $\boldsymbol{A}$ 绘制出所有直接关系，得到的层级关系如图 5.5 所示。

3. 工程总承包商选择影响因素的相互关系

直接影响因素是中层影响因素与深层影响因素的体现，即业主受中层与深层影响因素影响更深，或业主更看重房屋建筑工程总承包商在影响因素中体现的能力，主要通过直接影响因素进行反映。中层影响因素是较深层的影响因素，它主要通过作用于直接影响因素，继而影响业主的选择。深层影响因素是比中层影响因素更深层的影响因素，它主要通过作用中层影响因素和直接影响因素进行体现，深深地影响业主的选择。

（1）直接影响因素　直接影响因素是处于在第一层，包括“企业的工程经验与业绩”“企业具有的资质”“企业信誉”“投标报价的合理性”和“设计与施工方案的可行性”。这五个影响因素直接影响业主选择房屋建筑工程总承包商。在我国现行的房屋建筑工程总承包项目招投标文件中，这五个影响因素均可通过文件形式具体化直接体现。例如，“投标报价的合理性”可对应评标办法中的商务标，“设计与施工方案的可行性”可对应评标办法中的技术标，“企业的工程经验与业绩”“企业具有的资质”和“企业信誉”可对应评标办法中的资信标。本模型中的直接影响因素与工程实践吻合，从侧面反映了模型的可靠性。业主可以在评标方法中对这些直接影响因素进行赋权，选择出符合要求的房屋建筑工程总承包商。

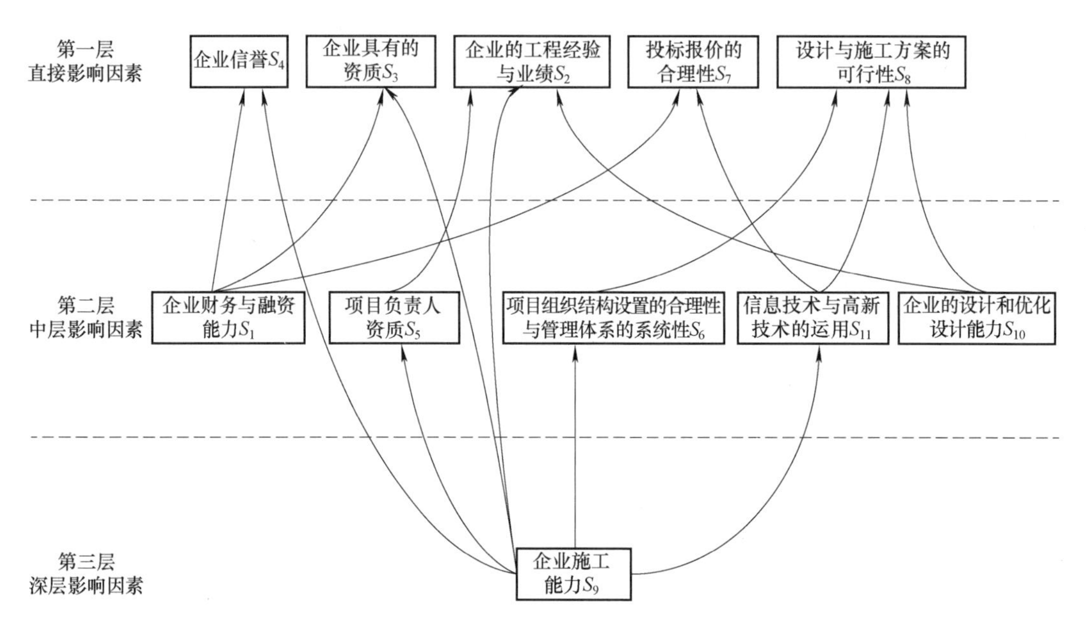

图 5.5　业主选择房屋建筑工程总承包商的影响因素解释结构模型

（2）中层影响因素　中层影响因素处在第二层，包括“企业财务与融资能力”“项目负责人资质”“项目组织机构设置的合理性与管理体系的系统性”“信息技术与高新技术的运用”和“企业的设计与优化设计能力”。其中，“企业财务与融资能力”作为国家对企业资质与信誉评价的主要考察部分，会直接影响“企业具有的资质”与“企业信誉”。同时，如果房屋建筑工程总承包企业具有财务与融资能力，在进行投标报价时可以合理让利，使得投标报价更为合理。房屋建筑工程总承包企业的设计与优化设计能力，通过设计方案和后期施工中对设计的优化，影响设计方案的可行性，并且企业的工程经验与业绩离不开设计与优化设计能力的支持，因此“企业的设计与优化设计能力”直接影响“企业的工程经验与业绩”和“设计与施工方案的可行性”。

项目负责人是控制总承包项目设计、采购和施工等各方面的决策者。拥有良好资质的项目负责人可以增加项目成功的概率，提高企业完成工程的业绩，并在过程中积累总承包的经验，即直接影响“企业的工程业绩与资质”。项目组织机构设置的合理性与管理体系的系统性代表建设总承包项目投入的项目团队进行项目管理具有可靠性与高效性，从而增加方案的可行性，即直接影响“设计与施工方案的可行性”。信息技术与高新技术的运用减少信息不对称的问题，增强项目信息管理的集成化，运用 BIM 技术实现项目模拟，从而增加方案的可行性，即直接影响“设计与施工方案的可行性”。同时，总承包商运用 BIM 技术和信息技术也会增加投标报价的合理性，即直接影响“投标报价的合理性”。

（3）深层影响因素　处于第三层的因素是深层影响因素，是“企业的施工能力”。这说明在房屋建筑工程领域内，业主在选择工程总承包商时最看重的因素是企业的施工能力，同时，它也深刻地影响着其他影响因素。房屋建筑工程总承包商如果施工能力较强，则在项目中会运用具有良好资质的项目负责人，这样对建设项目组织机构设置的合理性与管理体系的系统性有更好的把控能力，会运用更多的信息技术与高新技术，从而直接影响第二层“项目负责人的资质”“项目组织机构设置的合理性与管理体系的系统性”以及“信息技术与高新技术的运用”因素。企业信誉和企业资质都是对企业能力的一种肯定，是企业能力的外在体现，因而“企业的施工能力”直接影响“企业信誉”和“企业资质”。企业的施工能力强，必然会积累相应的工程经验，进而取得较好的业绩，因而“企业的施工能力”直接影响“企业的工程经验与业绩”。

（4）影响因素象限图　运用ISM方法，已知晓影响因素间的逻辑关系，然后使用MIC-MAC方法，计算影响因素的依赖性与驱动力大小，并绘制出象限图，以便更有针对性地提出相应的建议。象限分为自治簇（第Ⅰ象限）、依赖簇（第Ⅱ象限）、联系簇（第Ⅲ象限）和独立簇（第Ⅳ象限）。通常来说，依赖性的大小表示该因素的解决取决于其他因素解决的程度，依赖性越大，意味着取决于其他因素解决的程度越深；而驱动力的大小则表示该因素的解决可以帮助解决其他因素的程度，驱动力越大，意味着可以帮助解决越多的其他因素。根据 $\boldsymbol{M}$ 可达矩阵计算驱动力和依赖性的大小见表5.13。

表5.13　各影响因素的驱动力和依赖性数值

影响因素	驱动力	依赖性	影响因素	驱动力	依赖性	影响因素	驱动力	依赖性
S_1	4	1	S_5	2	2	S_9	9	1
S_2	1	4	S_6	2	2	S_{10}	3	1
S_3	1	3	S_7	1	3	S_{11}	3	2
S_4	1	3	S_8	1	5			

据此绘制影响因素象限划分图，以驱动力和依赖性的平均值作为分界线，如图5.6所示。

对房屋建筑项目业主选择工程总承包商影响因素进行MICMAC分析，得到以下结论：

1）第Ⅰ象限因素的共同点是依赖性与驱动力都较低。属于这一象限的影响因素有项目负责人的资质（S_5）、项目组织机构设置的合理性与管理体系的系统性（S_6），但项目负责人的资质（S_5）与项目组织机构设置的合理性与管理体系的系统性（S_6）因素的驱动力和依赖性的数值非常接近平均值，表示该因素起着承上启下的作用，处于ISM的中间层。

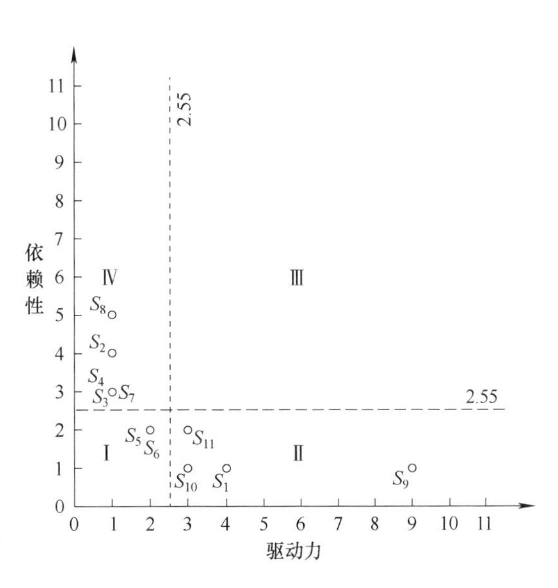

图5.6　影响因素象限划分图

2）第Ⅱ象限因素的共同点是依赖性较低而驱动力较高。属于这一象限的影响因素有企业财务与融资能力（S_1）、企业的施工能力（S_9）、企业的设计与优化设计能力（S_{10}）、信息技术与高新技术的运用（S_{11}），在ISM中多位于底层。若该象限的因素能够得到较好解决，将对其他因素的解决产生积极作用，因而需要重点把控。

3）第Ⅲ象限因素的共同点是依赖性与驱动力都较高。没有属于这一象限的影响因素，说明业主选择房屋建筑工程总承包商的影响因素通常不会通过单一作用影响业主选择，而是通过相互之间的关联性来增加对业主的影响，最终促成业主选择。

4）第Ⅳ象限因素的共同点是依赖性较高而驱动力较低。属于这一象限的影响因素有企业的工程经验与业绩（S_2）、企业资质（S_3）、企业信誉（S_4）、投标报价的合理性（S_7）、设计与施工方案的可行性（S_8），在ISM中大多处于最上层，它们需要依赖其他因素的解决而被解决。例如，设计与施工方案的可行性（S_8）受项目组织结构设置的合理性与管理体系的系统性（S_6）、企业的设计与优化设计能力（S_{10}）、信息技术与高新技术的运用（S_{11}）这3个因素的影响。

4. 综合评估法指标体系改进建议

（1）现行综合评估法　实现成本、工期、质量、安全和环保等管理目标是项目高效建成的有效保障。由于工程建设的多目标性、影响因素多和产品多样性，对承包商的评价与选择属于多目标决策过程，单从投标报价维度对承包商进行评价可能导致决策信息遗漏和决策失误。综合评估法从技术能力、管理能力、投标报价等方面对投标人进行评价，是一种多维度的评价机制，能在一定程度上决策信息遗漏的问题，实现对承包商的全面评价，因而被广泛用于建筑市场交易。综合评估法适用于公共工程和投资额较大、技术复杂、风险较高的项目。

综合评估法的顺利开展，能够为业主提升价值。确定合理的评估指标体系和指标权重是综合评估法的关键，既有研究多从这两个维度展开，或构建综合评估模型。综合评估指标因素的设置应遵循完整、简洁、不相容、规范、客观、定性与定量相结合等原则。各省市关于综合评估法指标体系相继发文。

《四川省房屋建筑和市政基础设施项目工程总承包招标评标暂行办法（征求意见稿）》中将综合评估法的指标因素分为承包人建议书、工程总承包实施方案、资信业绩、投标报价以及其他因素，并对上述因素的子项及权重进行了规定，具体见表5.14。

表5.14　《四川省房屋建筑和市政基础设施项目工程总承包招标评标暂行办法（征求意见稿）》中的指标因素

指标因素	指标因素子项	权　重
承包人建议书		0～20%
工程总承包实施方案	总承包方案	0～40%
	设计方案	
	施工组织设计	
	建筑信息模型	
	项目管理机构	
	项目经理答辩	
资信业绩	企业综合实力	0～40%
	类似项目业绩	
投标报价		60%～100%
其他因素		0～20%

《福建省房屋建筑和市政基础设施项目标准工程总承包招标文件（2020年版）》中将综合评估法的指标因素分为承包人建议书、承包人实施方案、工程业绩、资信以及投标报价，并对上述因素的子项及权重进行了规定，具体见表5.15。

表5.15 《福建省房屋建筑和市政基础设施项目标准工程总承包招标文件（2020年版）》中的指标因素

指标因素	指标因素子项	权　重
承包人建议书		0～5%
承包人实施方案	总体概述	0～5%
	设计管理方案	
	采购管理方案	
	施工的重点难点	
	建筑信息模型（BIM）技术	
工程业绩	投标人类似工程业绩	3%～5%
	项目负责人类似工程业绩	
	获奖业绩	
资信	企业资质资格	12%～15%
	设计施工一体化	
	项目管理机构	
	企业信用评价	
投标报价		70%～85%

《湖南省房屋建筑和市政基础设施工程招标投标管理办法》中将综合评估法的指标因素分为技术方案、企业资信及履约能力以及投标报价，并对上述因素的子项及权重进行了规定，具体见表5.16。

表5.16 《湖南省房屋建筑和市政基础设施工程招标投标管理办法》中的指标因素

指标因素	指标因素子项	权　重
技术方案	总承包方案	5%～30%
	设计方案	
	施工组织设计	
	建筑信息模型及其他	
企业资信及履约能力	财务状况	35%～45%
	优良信息	
	类似工程业绩	
	信用评价	
	现场安全质量管理评价	
	项目管理机构	
投标报价		35%～50%

综合上述以及其他省市的政策文件规定可知，目前在综合评分法中对投标报价这类硬指标的关注度更高，对企业资信等软指标的关注度偏低。

（2）综合评估法改进建议　根据各省市政策文件中对综合评估法的规定，并结合上述综合评估法中存在的问题，总结出以下几点改进建议：

1）增加信誉评价。业主与承包商关于企业信誉的认知差异较大。在建筑领域，业主作为主要节点参与信誉形成，依据过往的合作经历及掌握的合作方信息，推测其未来行为的走向并给出推荐意见。信誉评价一方面可帮助挑选出可信赖的个人或组织实现承诺，有助于复杂社会的管理；另一方面，信用度高的个体具有良好的口碑，拥有更多的合作机会，有助于自身后续发展。信誉是企业的无形资产，反映了企业能力及诚信水平被公众认可的程度。良好的信誉为业主与承包商带来经济收益，反之则带来经济损失。近年来建筑市场上各参与主体更加关注信誉对企业的影响。由于信誉是多方信息交互的结果，容易受到市场及环境的干扰，但停止与其他企业交流后不会形成对考察主体的综合评价。

通过合理设置评标参数，优化评标办法，可以在施工项目评标过程中选择优质优价的投标企业，逐步将企业信誉评定结果纳入建设工程施工项目招标投标的常规评审之中。合理、稳步、持续地改进评标办法，形成一套严谨、成熟、高效的评标体系，是目前引入“信誉评审”的关键。故可以在综合评估法中引入信用评价，增加信誉评审环节，改变以投标价格作为主要中标依据的评标方法。

例如，安徽省住建厅对施工企业实施动态监管，从质量管理、安全管理、业绩荣誉等不同方面对施工企业进行信誉评分，并将施工企业的信誉综合得分在安徽省工程建设监管和信誉管理平台公布，各方交易主体和监管部门均可查询。因采用动态监管模式，企业的信誉分在整个招标投标过程中可能会发生变化，在招标投标实践中以投标截止时间为节点。将在信誉管理平台查询到的信誉分作为开评标依据已被各方交易主体广泛认可。企业信誉评分在整个招标投标过程中透明度高、公信力强，为企业信誉评定结果纳入项目施工招标投标创造了前提条件，奠定了坚实的基础。滁州市房建市政项目施工招标多采用综合评估法，投标人的综合得分由资信、技术和商务几部分组成，企业信誉评定结果纳入招标投标后增加了信誉评审环节。所谓“信誉评审”，是将投标截止时间在安徽省工程建设监管和信誉管理平台查询到的企业信誉评分转化为投标得分的形式。

详细评审包括技术标详细评审与商务标详细评审，在详细评审中引入信用分，则承包商的综合得分为技术标得分×权重+商务标得分×权重+信誉得分×权重。

2）关注承包商对相关技术的掌握能力。工程总承包最关键的点在于谁掌握了核心技术，只有掌握了技术才有话语权。2022年3月4日，贵州省公共资源交易云发布了贵阳市有轨电车示范线（T2线一期工程）EPC工程总承包项目中标结果，中标人为比亚迪建设工程有限公司牵头的联合体。其实早在2020年5月20日，西安高新区有轨电车试验线EPC工程总承包中标结果公示中，比亚迪建设工程有限公司以241547.92万元中标该项目，工程于2020年5月30开工，计划2021年3月25日建成，工期300天，由比亚迪承担建设。一定的工程经验与业绩可以帮助企业逐渐熟悉并掌握核心技术，所以，比亚迪这次“跨界”中标工程总承包从某种意义上证明了技术的掌握对承包商选择至关重要。

3）房屋建筑项目需提高施工能力的权重。较之工业项目，房屋建筑项目推行工程总承包模式的最大不同在于项目前期业主需求的不确定性更高、业主要求的模糊程度更高，因此，业主对设计的参与程度较深。业主对承包商的施工能力有迫切需求。房屋建筑工程总承包商如果施工能力较强，则在项目中会运用具有良好资质的项目负责人，这样对建设项目组织机构设置的合理性与管理体系的系统性有更好的把控能力，会运用更多的信息技术与高新技术，从而直接影响第二层“项目负责人的资质”“项目组织机构设置的合理性与管理体系的系统性”以及“信息技术与高新技术的运用”因素。施工能力具有更深层次的位置，对其他指标产生直接和间接的影响。故在房屋建筑项目的评标中，施工能力在综合评估法中的权重比例应提高。

综合上述对综合评估法指标因素的分析以及提出的几点建议，本书认为改进后的房屋建筑项目综合评估法指标体系如图 5.7 所示。

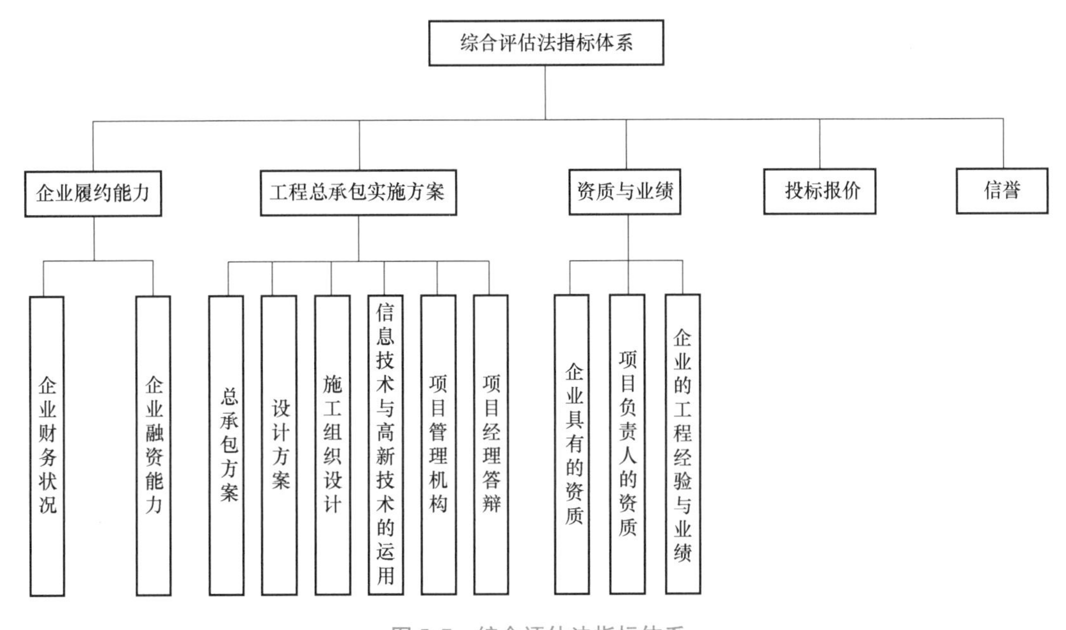

图 5.7 综合评估法指标体系

5.3.3 综合评估法指标权重的确定

1. 参考项目设计深度确定投标报价权重

(1) 综合评估法的竞争性限制　综合评估法能够根据每个项目的具体需求来调整评价方案，它把价格作为若干评价领域之一，并对设计人员和施工人员的资质等进行评分，以适应工程总承包项目的特点，进而满足特定项目的需要。但这种“综合”的特征导致综合评估法的竞争性受到限制。经评审的最低投标价法中价格因素的权重为 100%，属于“价格竞争模式”，该方法有利于实现充分竞争，降低工程造价，提高投资效益。而综合评估法属于“多评标因素竞争模式”。由于综合评估法与经评审的最低投标价法相比，前者更注重对技术、服务及项目保障能力等因素的综合评审，所以竞争性有所下降。

在工程总承包项目下，业主在前期提供设计相对比较自由，可选择完成工作比例的范围比较大，没有硬性的规定，所以，招标时不同项目会存在不同的设计深度要求。有时业主会完成极少的前期工作，例如可能仅完成了对项目的定义，承包商需要在投标时拿出具体的设计方案。在这种情况下，各承包商参与投标的设计方案体现其竞争优势。但是，若业主前期的工作比较深入，甚至可以完成工程项目的初步设计，则此时投标报价是参与投标的承包商的主要竞争要素，其需要在投标报价上体现优势。

由于是有限固定了价格因素和非价格因素，这两类评标因素都具有竞争作用，但竞争作用的大小是不同的，即各自的权重是不同的。潜在投标人（投标）之间的非价格因素差异较大时，非价格因素的竞争作用就较大，应赋予非价格因素较大的权重。由于价格因素的权重与非价格因素的权重之和为1，当非价格因素的权重确定后，自然也确定了价格因素的权重。

确定某因素的权重有很多种方法，诸如专家打分法、调查统计法、序列综合法等。这些方法基本上都是以某因素自身的重要性来确定权重的。但是，评标因素的权重并不是依据评标因素自身的重要性来确定的，而是依据某一类评标因素或某个评标因素在评标过程中所起竞争作用的大小来决定的。虽然有关行政法规对综合评估法评标因素的权重分配有所规定，但只是给出了区间范围，既没有给出这些规定的理论依据，也没有给出如何对具体招标项目进行权重分配的指导意见。

（2）评标因素的权重分配建议　不同的工程总承包项目，招标需求的偏重不一样，招标时的设计深度也会不同，价格因素与非价格因素的权重不是固定的，应当根据项目的实际情况设定，不能盲目地“一刀切”。例如：初步设计完成后招标的工程总承包项目，设计方案已定，项目的竞争主要是价格竞争，商务部分中投标报价的分值可适当调高，非价格部分因素的分值适当调低，不会影响采购质量；而对于在完成了方案设计，甚至只完成了可行性研究任务就招标的工程总承包项目来说，采购需求无法明确表述，设计方案没有明确，技术响应程度或服务设计方案直接关系到采购项目的质量，这时将设计方案等非价格因素的分值调高是合理的。综合来看，投标报价的权重必须随着设计深度的增加而增大。各省市关于工程总承包项目综合评分法均出台了相关的细则政策文件。其中，江苏省与广西壮族自治区均将综合评估法依据设计深度的不同，按阶段进行划分，且不同阶段中价格因素与非价格因素的权重分配存在差异，总的来说就是随着设计深度的增加，投标报价的占比增大。具体情况如图5.8和图5.9所示。

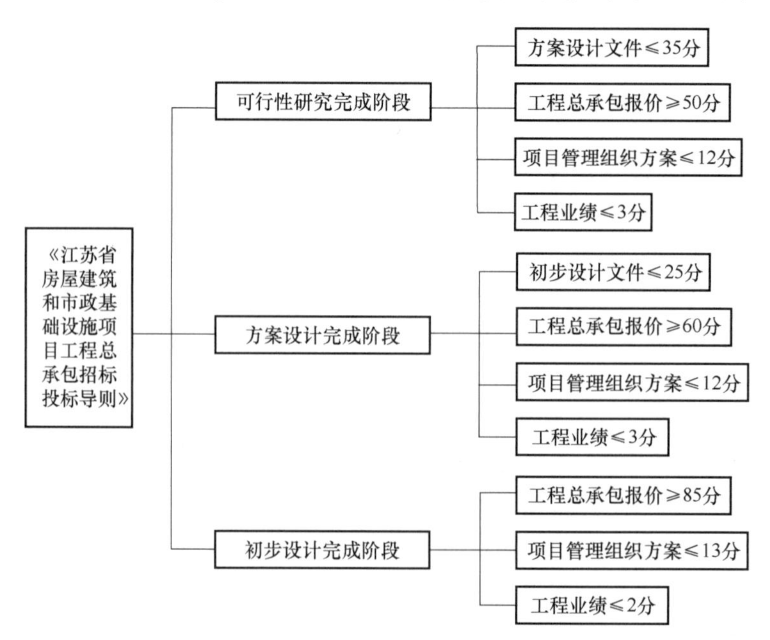

图5.8 《江苏省房屋建筑和市政基础设施项目工程总承包招标投标导则》综合评估法

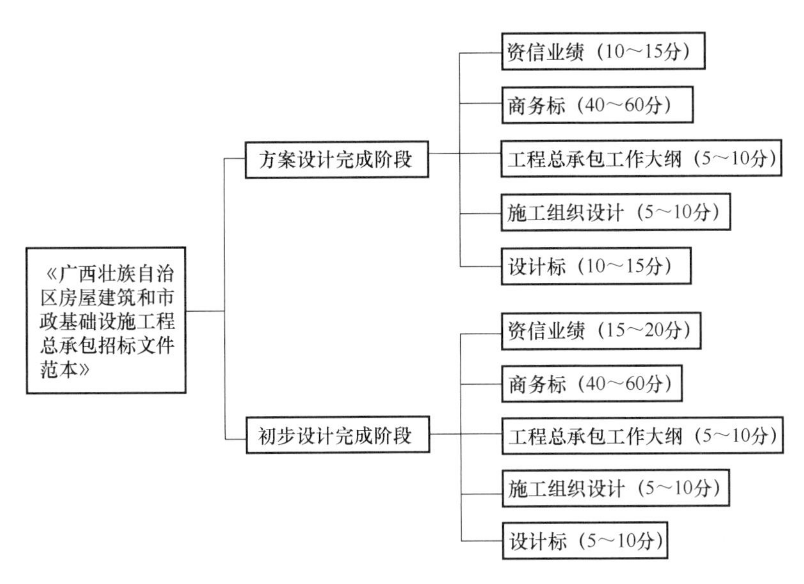

图5.9 《广西壮族自治区房屋建筑和市政基础设施工程总承包招标文件范本》综合评估法

2. 《发包人要求》中的“价值”侧重

招标过程的每一个环节本身都很重要，评估方案就是让业主做出裁决的机制。因此，业主必须投入适当的时间、精力和管理精力，确保评价方案明确、有效，符合项目的要求，易于解读。在可能的情况下，它必须是完全合乎逻辑和客观的，其内容必须经得起法律的审查。确切地说，项目成功的关键是什么，以及项目中的哪一部分最有“价值”，是依据《发包人要求》确定的。综合评价法的评分标准一般包括价格部分和非价格部分。评标因素的权重分配与潜在投标人（投标）之间的非价格因素的差异大小有密切的关系：赋予非价格因素的权重应与非价格因素的差异大小成正比；赋予价格因素的权重应与非价格因素的差异大小成反比。

在价格因素评审方面，必须合理设定价格评审细则。为实现性价比最优，综合评估法的价格评审有多种评分细则，比如评审基准价的确定，就有最低价和平均价两种方法，并不是最低价中标就是最有效的。为避免低价带来的恶性竞争而影响履约质量，建议采取合理低价法进行价格评审。例如，价格分满分为40分，各供应商的评审价格为A，以合格投标人评审价格的算术平均值作为评审基准价格B，评分规则按A/B的比例执行。如果$0.9<A/B\leq 1$，则投标人价格可得满分40分；若$A/B\leq 0.9$，投标人价格得分为$40-(0.9-A/B)\times 100\times 0.2$；若$A/B>1$，则投标人价格得分为$40-(A/B-1)\times 100\times 0.4$。也就是说，鼓励报价在一定的合理区间内，而不是价格越低越好。

非价格因素是客观性分数，如业绩、相关证书、人员组成等。非价格因素的权重如果设定不合理，很可能会直接拉开投标单位的得分差距，如过多分值的证书得分项，不同类别、等级的资质得分项，过多分值的业绩得分项，甚至设定不符合法律法规精神的得分项，如以投标单位注册资本金的多少而划分不同等级进行加分。这些做法在一定程度上背离了投标竞争的实质，即围绕项目的实际需求来竞争。技术评分因素和打分细则过于粗糙或者过于细化，都不利于投标单位公平、公正地竞争。技术要求描述不清晰、评分标准过于宽泛，会使投标竞争处于“粗放型”的竞争状态，评标专家在评审中发挥的主观性空间过大，评审结果的客观、公正性较低；同样，如过于细化，会使得评分标准欠缺弹性，评标专家发挥专业特长的空间过小，可能会诱使投标单位采取迎合性应标的投机行为。

5.4 工程总承包项目分包商的选择

5.4.1 工程分包及分包模式

1. 工程分包

在国内外工程项目的实施过程中，一般情况下都存在工程分包。分包是相对于总承包而言的，是指总包商将工程中的某项或若干项具体工程，通过另一个合同关系在自己的管理下由其他公司来实施。实施分包工程的承包商称为“分包商”。在这种情况下，直接与业主签订合同的承包商称为“总承包商”，该合同则称为“主合同”或“总合同”，总承包商与分包商之间签署的制约项目分包部分实施内容的合同称“分包合同”。工程分包中，除了业主、工程师、总承包商和分包商之间的相互关系外，还涉及有关各方在合同中的地位、责任、权利和义务。

采用总分包模式的工程项目，一般都比较复杂，有众多的分包商参与项目的实施。总承包商的核心工作就是组织、指导、协调、管理各分包商，监督分包商按照总包商制订的工程总进度计划来完成其工程和保证工程质量和安全，使整个项目的实施能够有序、高效地进行；与分包商订立严密的分包合同，促使项目有序推进。国际上比较成熟的分包合同条件有美国 AIA 合同条件和 FIDIC 合同条件等。

目前国内建筑业对工程分包管理还处于不断探索和成长阶段，还没有形成统一的工程分包合同条件。已颁布的《民法典》《建筑法》《工程建设项目自行招标试行办法》等法律法规对分包的行为具有较强的指导意义，但从操作层面看，还不具备严格的针对性。针对分包管理的专项法规，已经颁布的有《房屋建筑和市政基础设施工程施工分包管理办法》（建设部颁布，2004 年 4 月 1 日起施行），关于公路、铁路、水电等行业的分包管理办法还没有出台。从国家宏观调控的政策层面看，2001 年起，我国新一轮的建筑业企业资质重组就位，目标就是对建筑业组织结构进行优化调整，形成总承包、专业承包、劳务分包三个层次的金字塔型结构，并已经按这一目标设立了相应的施工企业资质等级。

2. 分包模式

（1）指定分包　指定分包是起源于英国的一项制度，是指由业主或业主的咨询顾问最终选择和审批分包人或供应商。与指定分包这一制度相对应的就是指定分包商。指定分包商是指招标条件中遵循业主或咨询工程师的指示，总承包商雇用的分包商。根据定义，可以看出指定分包商同样是总承包商的分包商。按照国际惯例，总承包商对所有分包商的行为或过错负责，而且，指定分包商一般是与总承包商签订合同。由于指定分包商的原因导致工程工期的延误，总承包商无权向业主申请延期，但是，总承包商可以按合同约定从指定分包商处获得补偿。

我国《房屋建筑和市政基础设施工程施工分包管理办法》规定，建设单位不得直接指定分包工程承包人。任何单位和个人不得对依法实施的分包活动进行干预。据此可以理解为，当前在我国没有合法的业主指定分包。

（2）专业分包　专业分包是指工程的总承包商将其所承包工程中的专业工程发包给具有相应资质的企业完成的活动。

专业分包商的选择完全取决于总承包商。总承包商根据自身在技术、管理、资金等方面的能力，依据工程项目需要，自由选择专业分包商。选择和管理分包商涉及很多方面。总承包商首先应该了解专业分包商市场的变化。对分包商的选择，总包商不仅要考虑分包商报价水平的高低，而且还要考虑分包商以前的工作业绩（其以前分包工程的质量和口碑）、完成工作计划的能力和其项目经理管理团队的素质等。总承包商应当经常收集和积累有关分包商的资料，可通过从事相同领域工作的其他有信誉的承包商处获取资料。当前我国的专业分包一般由分包商自有人员与劳务队组成项目施工团队，承担分包工程的全部工作，总承包商与分包商之间的结算以预算定额直接费为基数或按工程量清单报价，这是比较彻底的分包模式。本书讨论的分包以此种模式为基础。

专业分包商弥补了总承包商在专业技术上能力的不足。但因为将该专业工程的设计、采购和施工都交由签约者实施，使得总承包商对工程施工过程和工期的直接控制能力弱化，如果不能对专业分包商进行有效、严格管理，由此引发的分包风险将远大于劳务分包。

（3）劳务分包　劳务分包是指工程总承包企业或者专业分包企业将其承包工程中的劳务作业发包给劳务分包企业完成的活动。在技术比较简单、劳动密集型的工程项目中，一般将劳务分包商作为总承包商和专业分包商的施工作业力量或人力资源配备的补充。

在我国，劳务分包已经逐步从零散用工向成建制劳务队、专业劳务队过渡，国家相继出台了《建筑劳务实行基地化管理暂行办法》《关于培育和管理建筑劳动力市场的若干意见》等一系列文件和规定。我国劳务分包市场正日趋规范化。

但是，目前的劳务分包体制仍然存在一些问题。其中最大的问题就是劳务成本控制困难和工程物资浪费严重。工程管理实践中，劳务成本控制困难的原因在于分包商竭力减少应承担的作业内容，利用工序边界的模糊性来逃避应尽的义务，造成总承包商或专业分包商完成零星工作的“点工”费用增加，尤其是那些难以用计件工时计量的工作。至于工程物资浪费问题，在实际施工过程中也表现得很突出，因为在这种分包模式下，劳务分包不承担材料成本的压力，容易从自身的工作便利、省力出发，使用材料（主要是钢材、水泥、木材、模板等）不愿统筹搭配、损毁量大，对产品或半成品保护不力，周转材料的循环利用也远远少于定额次数。这些情况都加大了总承包商或专业分包商的成本控制压力。

5.4.2 总承包商与分包商的关系

1. 美国建筑业中总承包商与分包商的关系

在美国的工程建设行业中，总承包商与分包商的职责通过合同来明确，不存在上下级关系，分包商具有较高的独立性，在取得权利的同时也承担风险。

总承包商承担全部或部分工程，按照图纸和合同约定总体协调工程建设全过程。在工程开工前，系统安排工程建设中的各种作业。对于设计、技术上的差错和失误，则由建筑师、咨询工程师等设计者承担。

分包商在总包合同的基础上，按照分包合同确定的工作范围指挥现场的工作，直至完成工程项目任务。另外，由于在业主（业主代表）和分包之间不存在直接的合同关系，分包商在工作中产生过失，责任应该由总承包商承担。分包商可将承担的工程再次分包，业主（业主代表）和总承包商对此并没有限制。但是，在实际操作中因为再次分包会导致成本上升且管理上也会出现问题，建筑工程一般只采用两次分包的形式。

总承包商通常将承揽的工程按照工程特点划分成不同的整体，分包给不同的专业分包商。在公共工程中，总承包商通常被业主指定直接的施工比例，对建筑工程要求达到10%～30%，土木工程的比例更大。分包商承担总承包商承揽的建筑工程中的部分专业工程，如钢结构、机电设备、混凝土等。

2. FIDIC 合同条件中总承包商与分包商的关系

FIDIC 施工分包合同条件中，总承包商与分包商的关系包括：分包商应按照分包合同的各项规定，以应有的精心和努力对分包工程进行设计（在分包合同规定的范围内）、实施和完成，并修补其中的任何缺陷。分包商应为此类分包工程的设计、实施和完成以及修补其中的任何缺陷，提供所需的不管是临时性还是永久性的全部工程监督、劳务、材料、工程设备、总承包商的设备以及所有其他物品，只要提供上述物品的重要性在分包合同内已有明文规定或可以从其中合理推论得出。但是，总承包商与分包商另有商定以及分包合同另有规定者除外。分包商在审阅分包合同和（或）主合同时，或在分包工程的施工中，如果发现分包工程的设计或规范存在任何错误、遗漏、失误或其他缺陷，应立即通知总承包商，分包商不得将整个分包工程分包出去。没有总承包商的事先同意，分包商不得将分包工程的任何部分分包出去。任何此类同意均不解除分包合同规定的分包商的任何责任和义务。分包商应将其自己的任何分包商（包括分包商的代理人、雇员或工人）的行为、违约或疏忽完全视为分包商自己及其代理人、雇员或工人的行为、违约或疏忽一样，并为之完全负责。

总承包商应提供主合同（工程量表或费用价格表中所列的总承包商的价格细节除外，视情况而定）供分包商查阅，并且，当分包商要求时，总承包商应向分包商提供一份主合同（上述总承包商的价格细节除外）的真实副本，其费用由分包商承担。在任何情况下，总承包商应向分包商提供一份主合同的投标书附录和主合同条件第二部分的副本，以及适用于主合同但不同于主合同条件第一部分的任何其他合同条件的细节，应认为分包商已经全面了解主合同的各项规定（上述总承包商价格细节除外）。

3. 国内工程项目施工总承包商与分包商之间的关系

国内工程项目施工总承包商与分包商之间的关系基本上参照 FIDIC 的分包框架，但实践中根据国内的法律、政策、经济、社会环境有所调整。从市场角度来看，总承包商有着双重角色：既是买方，又是卖方；既要对业主负责工程项目建设全部法律和经济责任，为业主提供服务，又要根据项目特点选择购买分包商服务，同时按照分包合同规定对分包商进行监督管理并履行与分包商有关的义务。总承包商不能因为部分分包而免除自己在主合同中分包部分的法律和经济责任，仍需对分包商的工作负全面责任，这在国内外无论从法律上还是惯例上都是一致的。分包商在现场则要接受总承包商的统一管理，对总承包商承担分包合同内规定的责任并履行相关义务。

5.4.3 分包商选择评价指标体系的构建

1. 分包商选择评价指标的确定

建设工程总承包的 EPC 模式是把项目实施过程的设计、采购、施工、调试验收四个阶段的工作全部发包给具有上述功能的一家总承包企业，实施统筹管理。这家企业作为总承包商，可以根据需要依法选择合适的分包商，但其仍将按照合同约定对其总承包范围内的所有工作，包括各项分包工作的质量、工期、造价等内容向业主全面负责。就分包而言，分包商仅对其分包的工作向总承包商负责，而不直接面向业主。因此，EPC总承包商对分包商的选择是一项极为重要的工作。

由于影响分包商选择的因素较多，不仅来自企业内部，也受企业外部环境影响，同时总分包商之间的互动关系状况也会对分包商的选择决策产生影响，所以分包商的选择决策是一个复杂和烦琐的过程，存在着一定的风险性和模糊性。因此，对分包商选择的影响因素进行分类和讨论分析就显得十分必要。

本书以“分包商”“选择”和“指标”三个关键词在中国知网（CNKI）期刊库中进行检索，采用文献分析法，主要对文献中的指标进行收集汇总。

本书采取德尔菲法获取A公司EPC模式下房建项目分包商选择指标清单。专家主要涉及高校工程项目管理教授、分包商代表、总包方代表、地方政府工程项目管理人员，从EPC房建项目供应链管理的特点出发，重点突出建筑供应链管理理论下的分包商供应链协作能力、供应链总成本、长期战略契合、信息共享等层面对分包商选择的考虑因素进行识别分析。

在此基础上，最终由德尔菲法初步确定的30个因素指标筛选得到6维度27指标的供应商选择评价指标。其中，从具体维度命名来说，按照各自供应商选择指标的不同角度进行命名，分别为工程管控能力、合作兼容能力、企业信誉、财务能力、供应链敏捷性和可持续发展能力，最终构成了分包商选择评价指标体系，如图5.10所示。

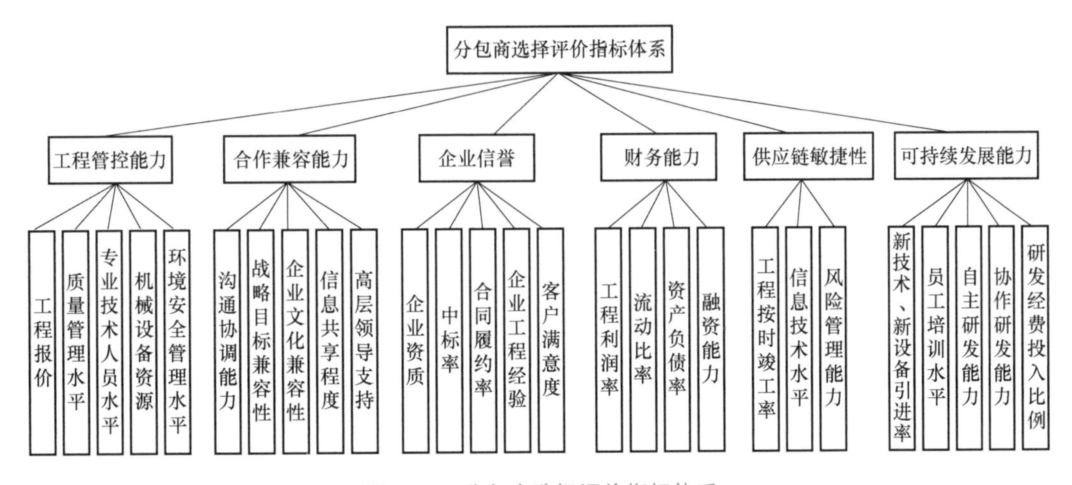

图5.10 分包商选择评价指标体系

（1）工程管控能力

1）工程报价。工程报价指标主要考察分包商对工程报价是否科学、合理、准确。针对具体工程的实际报价直接显示出分包商的综合实力。相对来说，在保障建筑工程项目质量和工期的条件下，具体工程的实际报价越低，越容易中标。

2）质量管理水平。质量管理水平指标为定性指标，分包商的质量管理体系包括生产计划、流程控制方法等，可用ISO 9000质量体系认证来衡量。具体评价采取专家打分法，分为优、良、差三个等级，考察分包商质量管理的计划与流程、质量管理体系实施、施工方案优良率。

3）专业技术人员水平。专业技术人员水平指标可以用分包商企业持有相关专业技术执业资格证的人员数量或比例来衡量。例如，针对某项分包工程来说，实际参与到工程建设的中级职称人员占总参与人数的比例，以此衡量分包商工程分包的技术水平。专业技术人员的比例能够较好地保障整个建筑工程分包项目保质保量完成。

4）机械设备资源。机械设备资源指标可以通过分包商用于工程项目的重要机械设备型号、规格、制造厂商、技术参数、使用年限等来考察，包括各公司所有属于固定资产的施工机械设备，不论在用、在修、待修、在途、闲置以及尚未批准报废的机械设备。具体的指标评价采取专家打分法，例如针对某分包商机械设备的数量、作业台班能力、机械设备年利用比例、折旧成本等进行打分比较。

5）环境安全管理水平。环境安全管理水平指标包括职业安全管理与环境体系、组织保证体系、制度保证体系、人员保证体系和技术保证体系等，以安全事故经济损失为主要衡量指标。例如，可以将近五年内企业房建项目所发生安全事故、环保事故所导致的直接经济损失作为指标。

（2）合作兼容能力

1）沟通协调能力。沟通协调能力指标包括内部各层级间的沟通以及与外部机构的协调。总承包商与分包商之间良好的沟通协作具有重要的实践价值：一方面能够提升各自企业之间的业务处理流程以及速度；另一方面能够提升整个建筑产业链的沟通速度，降低整个建筑供应链的沟通成本。

2）战略目标兼容性。战略目标兼容性指标包括分包商的战略与建筑供应链上其他企业的整体战略目标是否一致，是否有助于建立长期稳定的合作关系。所谓战略目标兼容性，是指企业管理者创造绩效的依据，是站在建筑供应链管理的角度，对客户、竞争者以及企业员工价值观的确认，在此基础上成为企业竞争优势和企业追求的经营目标。由此可以看出，企业的经营理念关系到其与合作伙伴文化的相容性，因此，在选择供应商时要考虑这一因素。

3）企业文化兼容性。企业文化兼容性是指企业愿景、组织文化之间的一致性和包容性。此指标为定性指标，主要分析分包商与总承包商之间的企业经营理念、企业文化是否相近。

4）信息共享程度。信息共享程度指标包括分包商与总承包商之间信息互通共享的机制、渠道是否畅通高效。信息共享程度直接体现了在整个建筑供应链中总承包商与分包商之间面对激烈的外部市场竞争所采取的信息互信互通机制，即变化柔性。总承包商需要与分包商之间应建立互相信任的信息共享机制，以实现整个建筑供应链的信息沟通。

5）高层领导支持。这是指分包商领导层对项目的配合与支持力度。高层领导支持指标为定性指标，主要考察分包商高层管理团队是否具有较高的目标一致性，团队是否团结、高效等。

（3）企业信誉

1）企业资质。企业资质指标主要衡量分包商的资质等级是否符合建筑业资质等级要求。按照我国针对建筑行业的分包商资质的设定要求进行评价，例如专业承包资助和劳务分包资质等，分包商必须按照自身等级进行分包项目的承接。此指标为定量指标，分为一级、二级、三级资质。

2）中标率。中标率指标可以用分包商近三年类似工程中标率来衡量，即类似工程近三年所有投标当中中标工程所占的比例。分包商近三年内参与同类工程项目的建设，相对来说能够进一步形成建筑供应链的协同，进而提升供应链效率。此指标为定量指标，用类似工程中标数与近三年内类似工程的投标数比值进行衡量。

3）合同履约率。合同履约率指标可以用分包商近三年的合同履约率来衡量。站在建筑供应链的角度来说，以业主的需求为出发点，围绕总承包商的建筑需求，分包商需要具有较好的履约率，以此保障整个建筑供应链的稳定、高效、可持续运行。此指标为定量指标，用分包商履约完成数与承接总工程项目数量比重进行衡量。

4）企业工程经验。企业工程经验指标包括分包商近三年类似工程合同额、以往工作的绩效等。

5）客户满意度。客户满意度指标可以用分包商近三年承包工程项目的客户满意度来衡量。

（4）财务能力

1）工程利润率。工程利润指工程获利的情况，如产出、利润与投入的比值等。

2）流动比率。流动比率是指流动资产对流动负债的比率，用来衡量企业流动资产在短期债务到期以前，可以变为现金用于偿还负债的能力。

3）资产负债率。计算公式为资产负债率 = 负债总额/资产总额 ×100%。

4）融资能力。这一指标用于衡量分包商的项目融资能力。

（5）供应链敏捷性

1）工程按时竣工率。工程按时竣工率指标可从竣工时间、采购进度等方面进行考查与审核。此指标以分包商近五年内中标的项目按时竣工数量与中标建筑工程总数量的比值作为参考。

2）信息技术水平。信息技术水平是指信息交流的速度和效果。此指标主要考察分包商在进行项目管理环节是否采取了当前先进的项目管理软件，如物资采购平台等。

3）风险管理能力。风险管理能力指标主要衡量分包商的风险管理资料和以往风险处理的水平。分包商的风险管理能力不仅对供应商的供货效率和服务质量产生影响，还关系到其后期的市场竞争力。若分包商不重视风险管理，则无法控制整个建筑供应链的风险，为此需要重视此指标，例如，分包商是否构建了风险管理计划、应对流程以及监督机制等。

（6）可持续发展能力

1）新技术、新设备引进率。这一指标包括新技术的研发和新设备的购置、投入。此指标以每年分包商引入的新技术、新设备的投资成本与当前的公司总投入成本的比值作为参考。

2）员工培训水平。员工培训水平指标可以用员工培训频率及员工培训比例来考察。此指标以每年分包商员工的职称等级晋升人数与分包商公司总在编人数的比值作为参考。

3）自主研发能力。自主研发能力指标主要衡量分包商进行施工技术等攻关的自主研发水平。此指标以每年分包商通过技术研发实现的经济产值与投入的研发成本的比值作为参考。

4）协作研发能力。协作研发能力是指分包商与总承包商之间协同研发技术创新的实力水平。此指标为定性指标，主要考察分包商是否具有进行项目协作研发的经验以及技术水平等。

5）研发经费投入比例。这一指标主要衡量分包商对施工技术等研发经费的投入占公司资产比例水平。

2. 劳务分包商选择影响因素的确定

劳务分包商的选取对于整个工程项目的成败关系巨大，为确保工程质量和安全，施工企业应通过招标方式选择优秀劳务分包企业，制定严格的劳务分包企业选择程序，严格按照程序执行，避免出现个人决策。这样，对劳务分包队伍的选择评价就成为一个十分重要的问题。

《保障农民工工资支付条例》（简称《条例》）对工程建设领域落实农民工工资支付的措施制定了一系列目标明确、可操作性强、内容严格多样的规定，如建立专款专用账户、工资保证金制度、工资实名制、人工费与工程款分账管理等，首次对工程建设领域农民工工资支付问题提出了明确的标准化和精细化要求。因此，在选择劳务分包商时势必受到《条例》的影响。在选择劳务分包商时，除了考虑上述分包商评价指标外，还应考虑分包商的工资制度、工资与分包费的划分、工资支付率、实名管理制度这四个影响因素。

第6章

投资管控目标约束下工程总承包项目设计管理

6.1 工程总承包项目发包前业主设计阶段投资管控

6.1.1 工程总承包模式下两阶段设计管理模式

1. 两阶段设计管理模式

传统模式下，业主与设计单位签订合同开发最终的施工图，业主对设计方案提出的修改意见只要不超出国家强制标准与相关设计规范，设计单位必须接受并进行更改，即实质上业主拥有设计质量的控制权，施工总承包单位一般只需按图施工。在工程总承包模式下，业主在招标文件中明确业主要求，并提供相关资料（如初步设计文件），最终由中标承包商以业主发包前完成的设计为基础完成项目后续设计工作。这表现为两阶段设计：第一阶段设计由业主完成，控制权掌握在业主手中，由业主负责项目前期资料的提供，在发包后享有提出意见和设计变更的权利，同时有权组织设计审批工作；第二阶段设计的控制权转移到承包商手中，由承包商负责审核业主提供资料的准确性，并在业主提供的前期设计基础上进行后续设计，如图6.1所示。

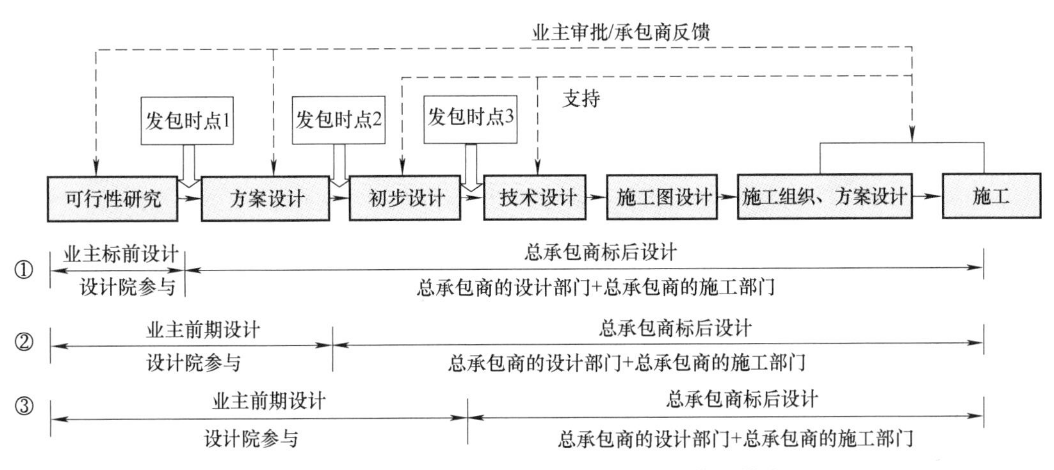

图6.1 工程总承包模式下的两阶段设计管理模式

工程总承包模式下，业主与承包商各自的设计安排设定如下：①业主完成概念设计，并将设计成果纳入合同文件的“业主要求”中，目的是向承包商表明工程的目的、功能要求和技术标准。此种设计安排业主投入的设计工作量大约占总设计工作量的10%。②承包商在投标阶段根据招标文件的要求完成初步设计，并将初步设计方案作为投标文件的一部分提交给业主。③在项目实施过程中，由承包商负责完成最终设计。这又分为两类：一类是总体布置图的设计，另一类是详细施工图的设计。在实践中，往往要求投标人的设计能够达到确定关键技术方案以及重要设备选型的深度即可，待中标后再进行初步设计、技术设计和施工图设计。

需要注意的是，发包后业主对其标前完成的设计方案进行改变，应该被认定为工程变更。一旦发生该设计变更，工作量的增加将导致项目实施成本的相应增加，并需承担相应的投资管控风险。因此，应鼓励业主标前设计优化，尽可能减少标后设计变更。

2. 两阶段设计管理过程

工程总承包项目首先由业主组织各方完成总体设计阶段、初步设计阶段的相关工作和政府对初步设计成果的审查，总承包商在初步设计阶段之后介入，按照合同及规范完成施工图设计，并经过设计总体、设计咨询单位审核，再由政府核准的施工图审查机构对施工图进行审查，并由施工图审查机构出具施工图审查意见及报告。后续项目施工前，需开展施工图会审及交底工作。针对初步设计的改变，按照合同约定，总承包单位应报请业主进行审批。图6.2所示为工程总承包模式下业主与总承包商参与的设计过程。

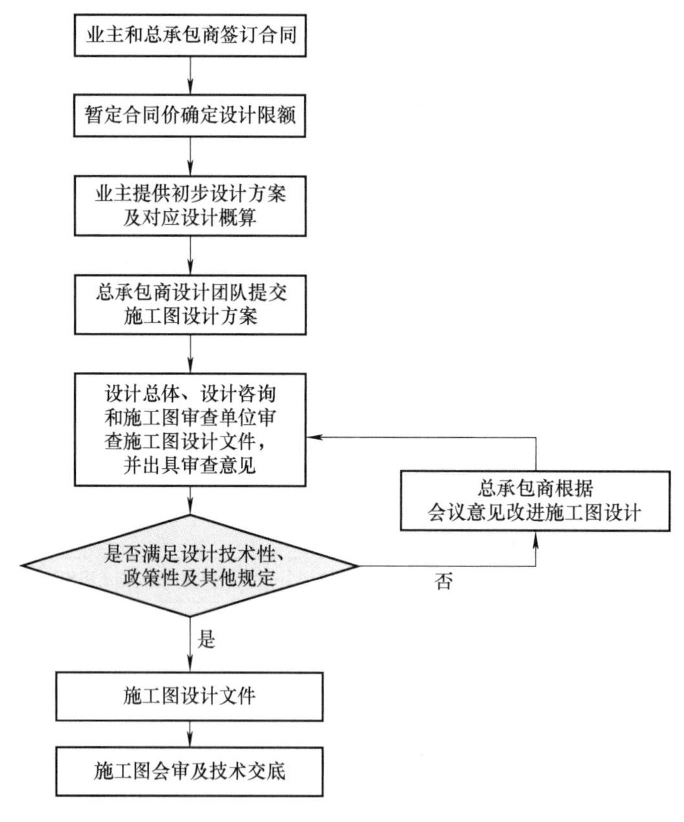

图6.2　工程总承包模式下业主与总承包商参与的设计过程

设计过程是工程总承包项目设计施工融合阶段的重要环节。设计过程的项目管理应以目标管理为核心，主要包括设计质量管理、设计进度管理、设计投资管理。对于发承包双方而言，参与设计过程项目管理的目标主要是在保证工程质量的前提下，缩短工期、降低造价。因此，本节将从设计管理参与者的角度出发，利用项目管理理论中的质量管理、进度管理和投资管理理论，促使设计方（包含业主委托设计院、承包商设计部门）以满足项目价值增值目标为契合点，优化建设项目的进度、质量、成本等目标，从而实现工程总承包项目设计过程项目管理的整体优化。

6.1.2 发包前业主方设计质量控制

设计项目的质量控制是工程总承包项目质量目标保证的基础。在实施过程中，设计是策划带动整个项目顺利进行的驱动力，是关系到整个项目的投资、工期和质量目标能否实现的关键工作。设计质量的高低决定着项目设备、材料的采购质量，同时，设计缺陷还可能会造成施工过程中的返工和变更等事件，从而导致项目投资的增加，影响业主投资总控目标的实现，进而影响项目价值的实现。因此，业主要加强设计的质量控制，促使发承包双方相互合作提高设计质量，为工程总承包项目的目标控制奠定坚实的基础。

1. 设计质量管理的内容

（1）设计质量目标　设计质量目标分为直接效用质量目标和间接效用质量目标两方面。其中，直接效用质量目标在建设项目中的表现形式为符合规范要求、满足业主功能要求、符合政府部门要求、达到规定的设计深度、具有施工和安装的可建造性等方面；间接效用质量目标在建设项目中的表现形式为建筑新颖、使用合理、功能齐全、结构可靠、经济合理、环境协调、使用安全等方面。直接效用质量目标和间接效用质量目标及其表现形式共同构成了设计质量目标体系，如图6.3所示。

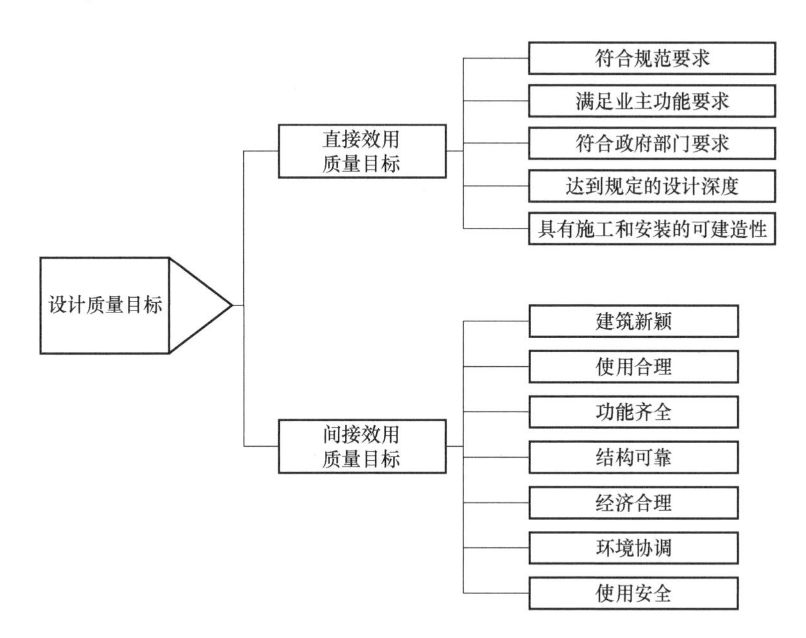

图6.3　设计质量目标体系

（2）设计质量管理的任务规划　审核招标文件和合同文件中有关质量管理的条款，并策划设计总质量目标。设计质量管理的任务规划见表6.1。

表 6.1 设计质量管理的任务规划

阶段		质量管理任务
设计阶段	方案设计阶段	1. 编制方案设计任务书中有关质量管理的内容 2. 组织专家对设计方案进行评审并选定设计方案 3. 审核设计方案是否满足国家及委托方的质量要求和标准 4. 从质量管理角度提出方案优化意见 5. 审核设计优化方案是否满足规划及其他规范要求 6. 组织专家对优化设计方案进行评审 7. 在方案设计阶段进行协调，督促设计单位完成设计工作 8. 编制本阶段质量管理总结报告
	初步设计阶段	1. 编制初步设计任务书中有关质量管理的内容 2. 审核初步设计是否满足国家及业主方的质量要求和标准 3. 对重要专业问题组织专家论证，提出咨询报告 4. 组织专家对初步设计进行评审 5. 分析初步设计对质量目标的风险，并提出风险管理的对策与建议 6. 若有必要，组织专家对结构方案进行分析论证 7. 对智能化总体方案进行专题论证及技术经济分析 8. 对建筑设备系统技术经济等进行分析、论证，提出咨询意见 9. 审核各专业工种设计是否符合规范要求 10. 审核各特殊工艺设计、设备选型，提出合理化建议 11. 在初步设计阶段进行设计协调，督促设计单位完成设计工作 12. 审核初步设计概算，使之符合立项时的投资要求 13. 编制本阶段质量管理总结报告
	施工图设计阶段	1. 进行设计协调，跟踪审核设计图，若发现图中的问题及时向设计单位提出，督促设计单位完成设计工作 2. 审核施工图设计与说明是否与初步设计要求一致，是否符合国家有关设计规范，有关设计质量要求和标准，并根据需要提出修改意见，确保设计质量达到设计合同要求及获得政府有关部门审查通过 3. 审核施工图设计是否有足够的深度，是否满足施工招标及施工操作要求，确保施工进度计划顺利进行 4. 审核各专业设计的施工图是否符合设计任务书的要求，是否符合规范及政府有关规定的要求，是否满足材料设备采购及施工的要求 5. 对项目所采用的主要设备、材料充分了解其用途，并写出市场调查报告 6. 对设备、材料的选用提出咨询报告，在满足功能要求的条件下，尽可能降低工程成本 7. 控制设计变更质量按规定的管理程序办理变更手续 8. 审核施工图预算，必须满足投资要求 9. 编制本阶段质量管理总结报告

2. 设计质量管理中的问题

（1）设计合同条款设置不合理　很多工程项目中，业主方为了准确控制设计费用支出，大多选用固定总价的设计合同，而合同中对设计质量的约束多是描述性词汇，没有具体的量化标准。设计单位毕竟以利润为主要目的，这就会导致设计单位为了追求利润，以图纸设计速度为第一要务，而忽视了对设计质量的追求。

（2）不合理压减设计费　当前国内设计费本就偏低，有些业主为了从任何单项上都降低成本，盲目压减设计费用。不合理的设计费标准会造成设计人员工作不积极，配合度和责任度都较低，没有根据项目实际情况深入推敲，从而严重影响设计质量，留下很多隐患。

（3）决策不合理　有些大型企业的业主，决策需要层层审批，而且审批人员很多不具有工程专业知识，沟通效率低下，审批时间远远大于设计本身的时间，没有及时对阶段设计成果进行审批，或者审批后又推翻，严重影响设计进度和质量。

（4）设计意图不明确　有些业主本身对项目设计没有明确的意图，对于已同意的方案，由于上层领导提出了不同意见，又全部推翻，对设计要求频繁更改。反复的更改致使设计师对设计表达失去积极性，将更多的精力用在业主要求和规范的统一上面，严重影响设计质量。

3. 设计质量控制程序和方法

设计质量控制需要采用动态控制的方法，通常是通过事前控制和设计阶段成果优化来实现的。其最重要的方法就是在各个设计阶段前编制一份好的设计要求文件，分阶段提交给设计单位，明确各阶段设计要求和内容，在各阶段设计项目中和结束后及时对设计提出修改意见，并对设计成果进行评审和确认。

（1）设计质量控制程序　设计要求文件的编制过程实质上是一个项目前期策划过程，是一个对建筑产品的目标、内容、功能、规模和标准进行研究、分析和确定的过程。因此，设计项目要重视设计要求文件的编制。设计质量控制程序如图6.4所示。

（2）设计质量控制方法　设计质量控制的基本方法为PDCA循环法。PDCA循环法把质量管理手段分为计划（Plan）、执行（Do）、检查（Check）、处置（Act），通过反复进行，以获得较好的质量效果。计划—执行—检查—处置是设计质量管理的闭环管理，四个环节相辅相成，从发现问题到解决问题，循环一次，设计质量提高一次。

PDCA循环的目的是设计质量的持续改进。其通过识别组织内的关键过程，随后加以实施和管理，并不断进行持续改进来达到质量目标。因此，PDCA循环法也称为质量控制过程方法。PDCA循环，其本质就是认识—实践—再认识—再实践的管理过程。PDCA循环的每次循环都比上一次循环有所提高，所以PDCA循环过程是沿着不断提高的质量过程呈阶梯上升的。PDCA循环模式属于以过程为基础的全面质量管理方法，它是提高产品质量的一种科学管理工作方法，适用于对每一个过程的管理。

除了以上系统的管理改进措施，具体还可以通过以下具体措施进行改进：①确定项目质量的要求和标准，编制详细的设计要求文件，作为方案设计优化任务书的一部分；②设计单位完成各阶段的可交付成果（设计成果）后，设计管理单位应组织相关单位对可交付成果进行审查，发现问题，并及时向设计单位提出；③审核各设计阶段的图纸、技术说明和计算书等设计文件是否符合国家有关设计规范、有关设计质量要求和标准，并根据需要提出修改意见，确保设计质量获得有关部门审查通过；④为确保设计质量，聘请社会上知名的专业顾问单位作为工程设计的咨询单位，使设计质量满足使用功能要求。

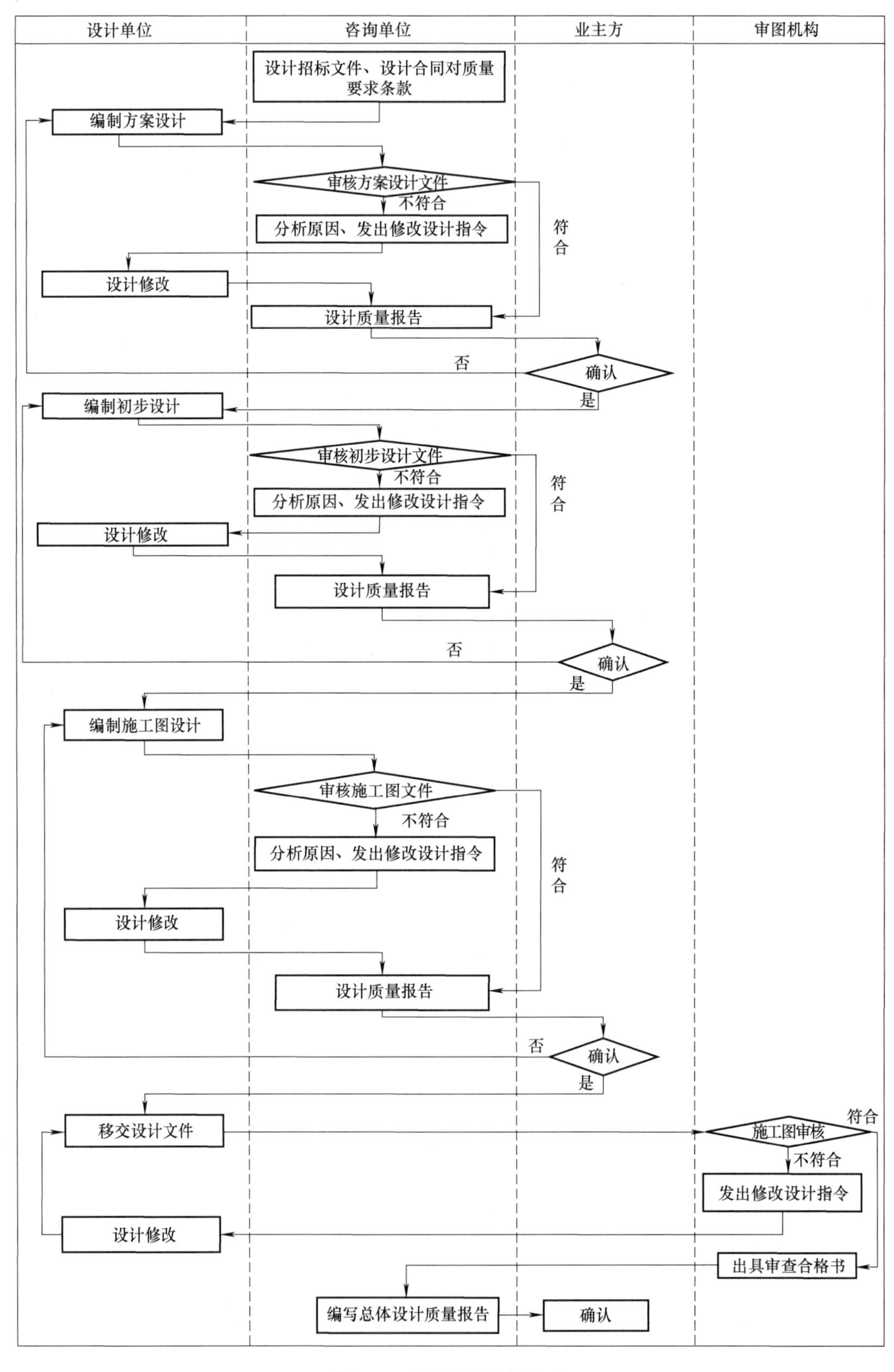

图 6.4　设计质量控制程序

6.1.3 发包前业主方设计进度控制

1. 设计进度管理的内容

内容具体包括审核招标文件和合同文件中有关进度管理的条款，并策划设计总进度目标。设计进度管理的任务规划见表6.2。

表6.2 设计进度管理的任务规划

阶段		进度管理任务
设计阶段	方案设计阶段	1. 编制设计方案进度计划并监督其执行 2. 审核方案设计文件，结合业主的设计要求提出优化意见 3. 比较进度计划值与实际值，编制本阶段进度管理报表和报告 4. 编制本阶段进度管理总结报告
	初步设计阶段	1. 确定初步设计阶段进度目标 2. 审核设计单位提出的设计进度计划并监督其执行，避免发生因设计单位进度推迟而造成施工单位的索赔 3. 比较进度计划值与实际值，编制本阶段进度管理报表和报告 4. 过程跟踪设计进度，监控各设计专业的配合情况，确保按计划出图 5. 编制本阶段进度管理总结报告
	施工图设计阶段	1. 确定施工图设计进度目标，审核设计单位的出图计划 2. 编制甲供材料、设备的采购计划，在设计单位的协助下编制各材料、设备技术标准 3. 及时对设计文件进行审定并做出决策 4. 比较进度计划值与实际值，提交各种进度管理报表和报告 5. 注意设计项目的配合问题，确保按时出图。 6. 控制设计变更及其审查批准实施的时间 7. 编制本阶段进度管理总结报告

2. 设计进度管理中的问题

(1) 政府审批流程掌握不足　工程项目进度受政府建设主管部门行政管理的影响较大。设计文件的管理从属于项目当地政府建设主管的审批流程制度，报审的流程是政府建设主管部门制定的，是业主方无法改变的，但项目设计文件的编撰周期安排是可以通过科学管理进行适当调整的。然而，很多建设项目因为业主方送审报批不及时，严重影响了项目进度。

(2) 没有制定合理的进度目标和有效的设计管理进度计划　有些业主对项目建设经验不足，制定了不合理的进度目标，直接导致项目进度管理控制失败。很多业主方制订进度计划仅仅是为了向上级领导汇报使用，只是按照最终完成时间倒推，把工程项目建设的各个阶段按照经验进行排列。但工程项目设计管理中的进度管理是一个动态管理的过程，一个完整的进度计划应是根据项目的进行不断调整的。

(3) 对工程项目建设的各项资源分配不合理　在工程项目建设中，有些工作是同时进行的，有些工作有一定的先后进行的逻辑关系，如果不能合理安排各项工作占用的时间、人员、资金等资源，会严重影响项目的推进进度。作为业主方的设计管理者，首先应准确掌握各项工作所需要占用的资源，然后根据现有的资源进行合理安排，并在实际推进过程中适度调配。

(4) 没有制定进度管控应急预案　工程项目建设烦冗而复杂，又存在很多不可控的因素，在工程项目的设计管理过程中经常会出现工作延误或者停滞。当遇到这种情况时，必须立即解决相应的问题，最大限度地减少损失。进度计划和具体工作之间毕竟还是有一定的区别，在项目设计管理工作中设立相应的预案机制，对所有的设计管理工作事先做好一套预案，可以有效地避免在遇到问题时出现措手不及的状况。

除以上问题外，还有业主方决策滞后、设计要求表述不准确、设计基础资料提供不及时等在工程项目设计管理中常见的问题，这些方面管理的缺失或者不到位都是影响进度的因素。

3. 设计进度控制程序和方法

（1）设计进度控制程序　设计阶段进度控制主要是规划、控制和协调。其中，规划是指编制、确定项目设计阶段总进度规划和分进度目标；控制是指在设计阶段，比较计划进度与实际进度的偏差，及时采取纠偏措施；协调是指协调各参与单位之间的进度关系。设计进度控制程序如图 6.5 所示。

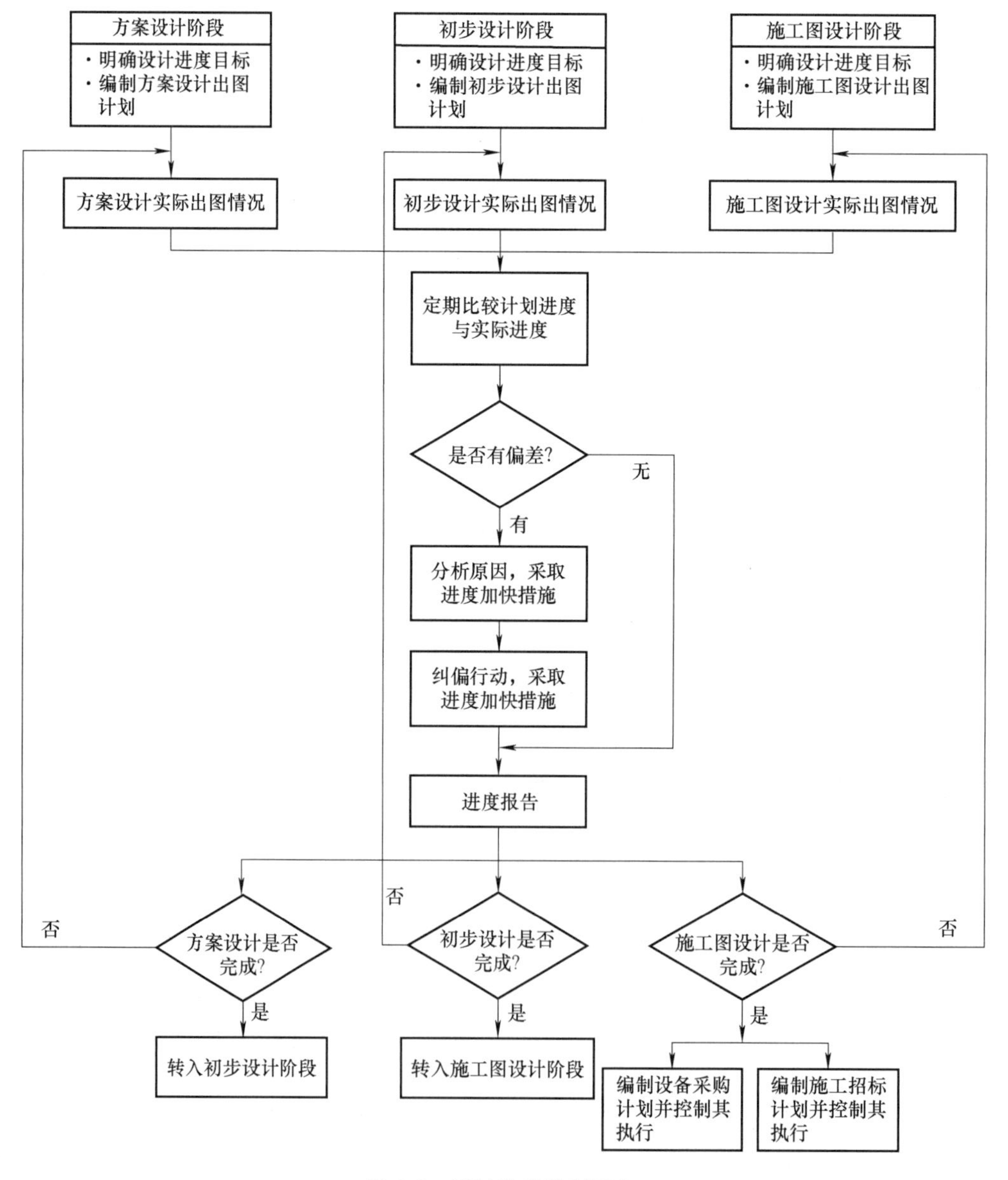

图 6.5　设计进度控制程序

（2）设计进度控制方法　具体控制方法如下：

1）编制项目单独的进度流程。根据项目的特点和项目当地的审批流程规则编制建设审批流程，根据编制的审批流程编制项目实施流程。设计管理部门应根据总的项目实施流程编写设计管理相关的实施流程，并对归属工作做明确区分。

2）对设计进度计划进行动态控制。控制重点是对设计进度计划的动态控制管理，包括：设计进度目标的分析论证，对进度计划的跟踪检查，以及随总进度计划的调整不断调整；对存在的问题分析原因并纠正偏差，必要时调整进度计划；要求设计单位编制设计进度报告，业主设计管理部门对设计进度报告进行专项审核。

3）合理分配资源，实行进度责任制。根据项目设计管理的总进度目标，进行合理分解，根据分解后的具体目标，进行合理配置资源。应要求各参与方根据业主方设计进度计划及时编制各自的详细设计进度计划，并上报进度计划的资源配置，由业主设计管理部门审核。要求各参与单位严格执行已经双方确认的项目设计进度计划，设置进度控制人员控制进度，并实行设计人员设计进度责任制，满足计划控制目标的要求。

4）设置设计奖惩制度。业主方应要求各参与方按照规定时间提交进度报告，并依据总进度规划和实际完成情况进行审核。审批通过后，派专人监督各参与方进度报告后续的执行情况，并根据执行情况对各参与方进行奖惩。

6.1.4　发包前业主方设计成本控制

1. 设计成本管理的内容

具体内容包括审核招标文件和合同文件中有关造价管理的条款，并明确设计项目投资控制目标成本。设计成本管理的任务规划见表6.3。

表6.3　设计成本管理的任务规划

<table>
<tr><th colspan="2">阶　段</th><th>成本管理任务</th></tr>
<tr><td rowspan="3">设计阶段</td><td>方案设计阶段</td><td>1. 编制设计方案任务书中有关投资控制目标成本管理的内容
2. 对设计单位方案设计文件提出关于投资控制目标成本的优化意见
3. 根据设计方案优化意见编制项目总投资修正估算
4. 编制本阶段资金使用计划并控制其执行
5. 比较修正投资估算与投资估算，编制各种投资管理报表和报告</td></tr>
<tr><td>初步设计阶段</td><td>1. 编制、审核初步设计任务书中有关投资控制目标成本的内容
2. 审核项目设计总概算，并控制在总投资计划目标成本范围内
3. 采用价值工程方法，控制节约投资的可能性
4. 编制本阶段资金使用计划并控制其执行
5. 比较设计概算与修正投资估算，编制各种投资管理报表和报告</td></tr>
<tr><td>施工图设计阶段</td><td>1. 编制、审核施工图设计任务书中有关投资控制目标成本管理的内容
2. 根据批准的总投资概算，修正总投资规划，提出施工图设计的投资控制目标成本
3. 编制本阶段资金使用计划并控制其执行，必要时对上述计划提出调整建议
4. 跟踪审核施工图设计成果，对设计从施工、材料、设备等多方面进行必要的市场调查和技术经济论证，并提出咨询报告，如发现设计可能会突破投资目标，则协助设计人员提出解决办法
5. 审核施工图预算，如有必要调整总投资计划，采用价值工程的方法，在充分考虑满足项目功能的条件下，进一步挖掘节约投资的可能性
6. 控制设计变更，注意审核设计变更的结构安全性、经济性等审核，处理设计项目中出现的索赔和与资金有关的事宜</td></tr>
</table>

2. 设计成本管理中的问题

(1) 自身目标不明确　很多业主在设计管理中只关注各项成本，对设计与造价、设计与施工等直接的关系没有准确的认识，由于缺少建筑设计方面的专业知识，对项目应达到的目标及相应的功能要求也不明确，很多时候明确设计目标的设计任务书也是由设计单位代为编写的。而设计单位很多时候都是站在自身角度去编写设计任务书的，并没有真正理解业主设计管理者的真实意图，导致在设计后期反复修改设计图，施工阶段又进行大量的设计变更。

(2) 概预算偏差大　设计的概预算是在设计阶段对项目造价的计算，是项目控制造价的主要依据之一。对工程项目建设来说，成本管控是投资估算、设计概算、施工图预算逐步细化的过程，对方案的设计具有重大指导意义。如果概预算偏差过大，则在成本控制管理的源头出错，就没有办法施行系统的设计管理来控制项目成本。

(3) 设计标准不明确　很多大型工程项目是由多个设计单位共同设计完成的，而业主方并没有在项目开始阶段就对各设计单位的设计技术标准进行管理。由于没有统一的标准，在进行设计评审时，完全依据评审人员的主观判断，造成后续工作中产生了大量的设计变更和工程签证，导致设计管理成本造价的失败。

除以上问题外，工程总承包项目设计成本管理还存在以下问题：

1) 新材料、新技术使用不当。

2) 项目定位不准。

3) 项目设计人员没有成本概念，业主方也没有对设计方案进行专门的设计成本审查。

4) 没有形成完善的责权利相结合的成本管理体系。

5) 项目层次与服务单位选择不匹配。

6) 没有对政府政策了解透彻。

3. 设计成本控制的原则和方法

(1) 设计成本控制的原则

1) 动态控制原则。在工程总承包项目的设计投资控制过程中应遵循动态控制的原则，采用动态控制方法，建立动态汇总数据台账，定期分析、预测，动态掌握概算执行情况，随时掌握投资资金动向；严格按照批复的初步设计开展施工图设计工作，并按照规范编制施工图预算；开展施工图投资控制管理，在切实落实初步设计批复方案的基础上，将预算投资控制在合同要求的设计限额范围内；根据设计工作进展情况，检查限额设计目标执行情况，及时对影响投资控制的因素进行分析，采取有效措施，保证工程投资控制在预定目标范围内。

2) 技术与经济相结合。设计阶段影响项目投资的因素主要是技术类因素，此阶段主要通过技术方案的比选来管控项目投资。在工程总承包项目设计投资控制过程中，应以技术合理为基础、以经济优化为辅助，实现对项目投资的强力管控。

3) 保证项目设计质量。设置投资控制的目标成本应以保证项目的设计质量及使用功能为前提，不能一味地为节省投资而降低项目建设标准。业主可以通过加强初步设计单位与工程总承包单位之间的协调配合，以避免因专业接口存在问题而变更增加项目投资，并通过设计咨询单位对项目的关键技术、关键节点以及重大问题进行过程管控，及时发现并纠正设计失误，从源头上避免设计失误带来的投资超支。

(2) 设计成本控制的方法　设计项目的投资控制工作不单纯是项目技术方面或经济方

面，而是包括组织措施、经济措施、技术措施、合同措施在内的综合性工作。设计成本控制的方法如图6.6所示。

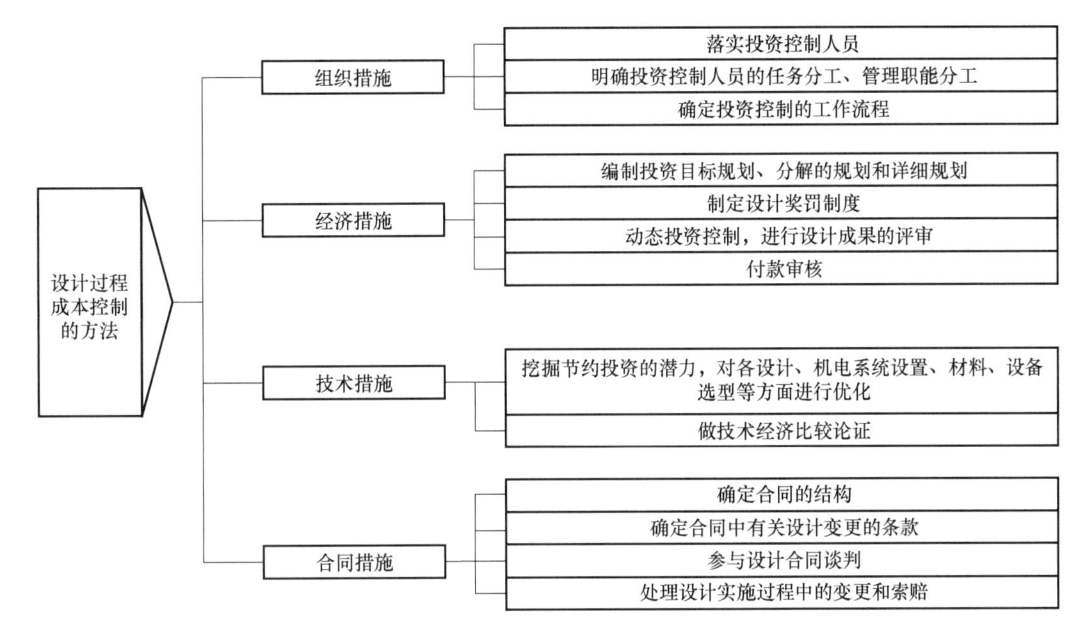

图6.6 设计成本控制的方法

此外，设计项目目标成本控制应着重注意以下几个方面：①要从多方案中择优选择，选择符合项目需求、项目定位的设计方案；②对于重大问题，要采用技术论证的方法进行选择，选择恰当的工艺可以降低施工难度，从而降低施工成本；③提高设计质量，尽可能避免修改返工，减少施工过程的返工工程，可以大大降低生产成本，使项目在保障设计质量的前提下更具经济性，使项目设计投资控制在计划总投资范围之内。总之，业主方应对设计项目进行计划、跟踪、检查、比较、纠偏、修正、评估等动态控制，坚持动态控制的基本原则，从而对项目投资进行有效的控制管理，保持在计划金额范围内。

6.2 总价合同条件下总承包商设计优化管理

6.2.1 承包商设计优化的相关概念

1. 承包商设计选择权

以业主发包前完成的设计为基础进行设计工作的承包商应具有设计选择权，前提是承包商完成的设计必须满足业主要求，符合相关的设计标准和规范，最终工程项目要达到业主预期目的和使用功能（秦晋和陈勇强，2018）。在实际建设项目中，承包商在设计项目中受到合同价格的约束，其设计方案不能突破固定合同价格，在进行施工图设计时需要同时保证方案的经济性与可施工性。维持功能不变、降低成本是承包商的最佳选择方案。

在此种情况下，承包商在设计项目中可以利用价值工程的工具和方法对设计进行优化，在满足合同功能的前提下，追求最大限度的项目增值。在运用价值工程理论对设计方案进行技术性和功能性综合研究的同时还可以采用限额设计方法控制成本，最终通过对比不同方案选择价值最高、成本控制最优的方案，从而有效控制项目成本，实现价值最大化。

2. 承包商设计优化与合理化建议的区别

工程总承包模式最大的特点之一就是设计与施工的协调整合，克服了传统的分阶段分专业平行承包所造成的设计、采购与施工相脱节的弊端。对比传统的 DBB 模式，工程总承包模式给予设计管理新的内涵和方法，尤其对于承包商而言，可以充分发挥自己的技术和管理优势，通过设计优化、设计的可施工性及设计沟通等途径降低工程成本，并尽可能规避客观和主观因素造成的风险成本，获得应有的经济效益。要明确工程总承包商设计管理的内涵，还需要辨析一些相关概念，见表 6.4。这其中最容易引起分歧的是“设计优化”与“合理化建议”。

表 6.4　设计优化的相关概念及定义

相关概念	定　义
优化设计	泛指从满足《发包人要求》的众多设计方案中选择最佳设计方案的设计方法
深化设计	泛指对发包人提供的设计文件进行的细化、补充和完善，满足设计的可施工性的要求
设计优化（承包人）	泛指对发包人提供的设计文件进行的改善与提高，并从成本的角度对原设计进行排查，剔除其中虚高、无用、不安全等不合理的成本，是对原设计的再加工
合理化建议	指承包人为缩短工期、提高工程经济效益，按照规定程序向发包人提出改变《发包人要求》和设计文件的书面建议，包括建议的内容、理由、实施方案及预期效益等

所谓设计优化，是以工程设计理论为基础，以工程实践经验为前提，以对设计规范的理解和灵活运用为指导，以先进、合理的工程设计方法为手段，对工程设计进行深化、调整、改善与提高，并对工程成本进行审核和监控，也就是对工程设计再加工的过程。值得注意的是，针对设计优化这一定义，在过往关于工程总承包项目的研究中较少涉及，有学者提出“合同签订后在施工图设计阶段的设计变更，一般称之为设计优化”（路同，2018），也有人认为设计优化为合理化建议的主要形式（李淑敏等，2017）。《浙江省房屋建筑和市政基础设施项目工程总承包计价规则（2018 版）》中则明确规定，承包人按照程序向发包人提出改变《发包人要求》的才是合理化建议，如果发包人在《发包人要求》未明确的不允许承包人自行优化调整的内容，承包人在满足《发包人要求》所列内容，符合设计规范和工程验收标准的条件下，可以进行优化设计，合同总价不因此调整。可见，承包商设计优化是在总价合同的约束之下，在满足设计标准和规范的前提下，以实现企业利润最大化为目标。

所谓承包人的合理化建议，是指承包商向业主（工程师或监理工程师）提出的，旨在降低合同价格、缩短工期或者提高工程经济效益的建议。承包人按照规定程序向发包人提出改变《发包人要求》的书面建议，包括建议的内容、理由实施方案以及涉及造价，需要经发包人和原设计单位的同意和批准，且发包人批准，才能构成工程变更，由此引起的合同价格调整按变更条款有关规定执行。合理化建议降低了合同价格的，对节约部分价款，双方可在专用合同条款中约定 30% ~50% 的比例由承包人分享；若是降低标准档次的合理化建议节约的价款，双方另行协商确定分成比例。“合理化建议”一词在国内外合同文本中的表述有所不同。如 FIDIC 银皮书中称之为“价值工程”：若承包商在业主原来的设计方案基础上进行深化设计，发现原设计方案可以进一步优化，以达到节约成本和缩短工期的目的，则可以向业主提出自己的合理化建议，若业主接受，则双方可以分享由此带来的各类利益。

综上所述，设计优化的五要素包括：《发包人要求》未明确；符合设计及验收规范要求；对原有设计合理调整；合同总价不调整；书面报送并认可。合理化建议的五要素包括：改变《发包人要求》；降低合同价格或缩短工期；走变更书面程序；收益双方按约定分成；降低标准档次建议分成另行协商。

案例：业主招标投标阶段已经确认的设计方案不允许承包商进行设计优化

无论是采用FIDIC黄皮书还是银皮书，在投标时都需要承包商针对雇主要求提交达到一定深度的设计方案，在此称为“投标设计”，并据此进行投标报价，而投标设计会对中标后的设计和工程成本产生影响。例如，某公司投标设计中的水泥石灰石钢仓、硅石钢仓和铁矿石钢仓的容积分别为700m^3、110m^{3}和110m^3，并作为合同的附图，但中标后进行工程设计时将三个钢仓的容积分别缩小至500m^3、66m^{3}和66m^3。这样做是基于两个原因：第一，经过进一步现场踏勘，承包商发现当地物料的粘湿特性显著，缩小钢仓容积能够防止物料粘结，方便物料排出；第二，经过计算，缩小容积后的钢仓仍然能够满足合同中400t/h的生料制备要求，并不违反雇主要求。但雇主拒绝了承包商的设计，理由是雇主是按照投标设计向承包商支付费用的。此时承包商的选择只能是按投标设计提供钢仓，或退还雇主一部分费用后，按新设计提供钢仓，当然这要与雇主达成一致。

3. 总价合同条件给予总承包商设计优化空间

在工程总承包模式下，设计施工由承包商负责，为设计优化提供了空间。FIDIC银皮书（1999版）序言明确指出，采用EPC/交钥匙合同条件时，“业主必须理解，他们编写的《业主要求》在描述设计原则和生产设备基础设计的要求时，应以功能作为基础”，“应允许他（指承包商）提出最适合他的设备和经验的解决方案”，并“应给予承包商按他选择的方式进行工作的自由，只要最终结果能够满足业主规定的功能标准”。根据功能或结果导向的理念，在工程总承包模式下，承包商应有根据其经验和能力进行项目策划、优化设计、选择设备、制造工艺和施工方案的权利，而不应受到业主的不当干扰，只要工程完工后其结果实现了工程总承包合同规定的工程的功能即可。

为进一步促进工程总承包商设计优化和技术创新提高设计质量，许多地方政府发布了一系列工程总承包管理办法等相关政策文件，明确表示，鼓励工程总承包单位采用先进工程技术进行设计、施工、运维优化，组织编制优化方案，并在合同中约定收益（节约投资或增加效益）分配方式，根据其所产生效益给予其相应的奖励；鼓励具有相应资质的工程总承包商自行实施施工图设计和施工，促进设计与施工深度融合，具体见表6.5。

表6.5 工程总承包政策文件中关于设计优化的规定

政策文件	设计优化的主要内容	文件分析
浙江省《浙江省房屋建筑和市政基础设施项目工程总承包计价规则》(2018版)	初步设计文件中发包人不允许承包人自行优化调整的内容，应在《发包人要求》中予以明确；《发包人要求》未明确的，承包人在满足《发包人要求》所列内容，符合设计规范和工程验收标准的条件下，可进行优化设计，合同总价不因此调整	《发包人要求》中应明确不允许承包人自行优化调整的内容；未明确的，承包人若满足其所列内容，可进行优化设计，但合同总价不调

（续）

地区及文件	设计优化的主要内容	文件分析
山东省《关于印发〈贯彻《房屋建筑和市政基础设施项目工程总承包管理办法》十条措施〉的通知》（鲁建建管字〔2020〕6号）	实行工程总承包的项目，应在招标文件中明确优质优价条款并在合同中约定。政府投资项目允许建设单位利用核定概算内节约的资金，对总承包单位进行奖励或补贴。对通过优化设计、改进施工方案等节约投资或增加效益的，可按照一定比例予以工程总承包单位奖励	广西鼓励工程总承包单位施工前优化设计 对于政府投资项目，山东允许建设单位利用核定概算内节约的资金对总承包单位奖励或补贴；广西原则上政府投资工程不再进行设计变更，特殊情况的变更按现行政策执行
广西《自治区住房城乡建设厅关于进一步加强房屋建筑和市政基础设施工程总承包管理的通知》（桂建发〔2018〕9号）	工程总承包单位应先优化设计再进行施工，原则上政府投资工程除政策、规划出现重大调整外，不再进行设计变更，特殊情况的变更按现行政策执行	
湖北省《关于印发〈湖北省房屋建筑和市政基础设施项目工程总承包管理实施办法〉的通知》（鄂建设规〔2021〕2号）	鼓励采用先进工程技术对工程总承包项目进行优化设计，并依法应用于工程。优化设计产生的收益应当分配给相关参与单位，具体分配方式可在工程总承包合同或甲乙双方协议中约定。鼓励具有相应资质的工程总承包单位自行实施施工图设计和施工，促进设计与施工深度融合	湖北、安徽明确建立技术创新激励机制，鼓励采用先进工程技术对工程总承包项目进行优化设计，合同约定其收益分配方式；且湖北鼓励具有相应资质的总承包单位自行实施施工图设计和施工，促进设计与施工深度融合
安徽省《关于推进工程总承包发展的指导意见》（建市〔2018〕139号）	工程总承包企业应采用先进工程技术进行设计、施工、运维优化，组织编制优化方案、报建设单位审核同意后应用工程实践。对优化方案有效提高工程质量、缩短工期、节省投资、降低运维费用以及延长设计寿命的，建设单位可根据所产生的效益给予相应的奖励	

通过对工程总承包模式下关于承包商设计优化的政策文件的分析，承包人在满足《发包人要求》所列内容的条件下，可进行优化设计，但合同总价不因此调整。也就是说，承包商的设计优化所带来的设计成本与施工成本的节约在合同总价一定的条件下将会为承包商带来利润的增长，但关于设计成本与施工成本的节约力度，需要发包人与承包人对优化方案进行沟通，在保证设计方案的经济性与可施工性的同时进行承包商设计优化，以减少重返设计所造成的不必要的争议。

6.2.2 承包商设计优化机制设计

1. 承包商优化设计的流程

在设计施工一体化模式下，承包商可以根据其经验和能力进行设计优化：一是采取可施工性分析，有经验的施工专家可以尽可能早地参与项目，将施工经验和方法融入设计过程，探讨优化设计方案，将保障项目施工的方便性、安全性、高效性和低成本；二是将技术与经济相结合，利用合同设定的价值工程（Value Engineering）机制控制和降低实施成本，节约工期和按时完工。承包商优化设计的流程如图6.7所示。

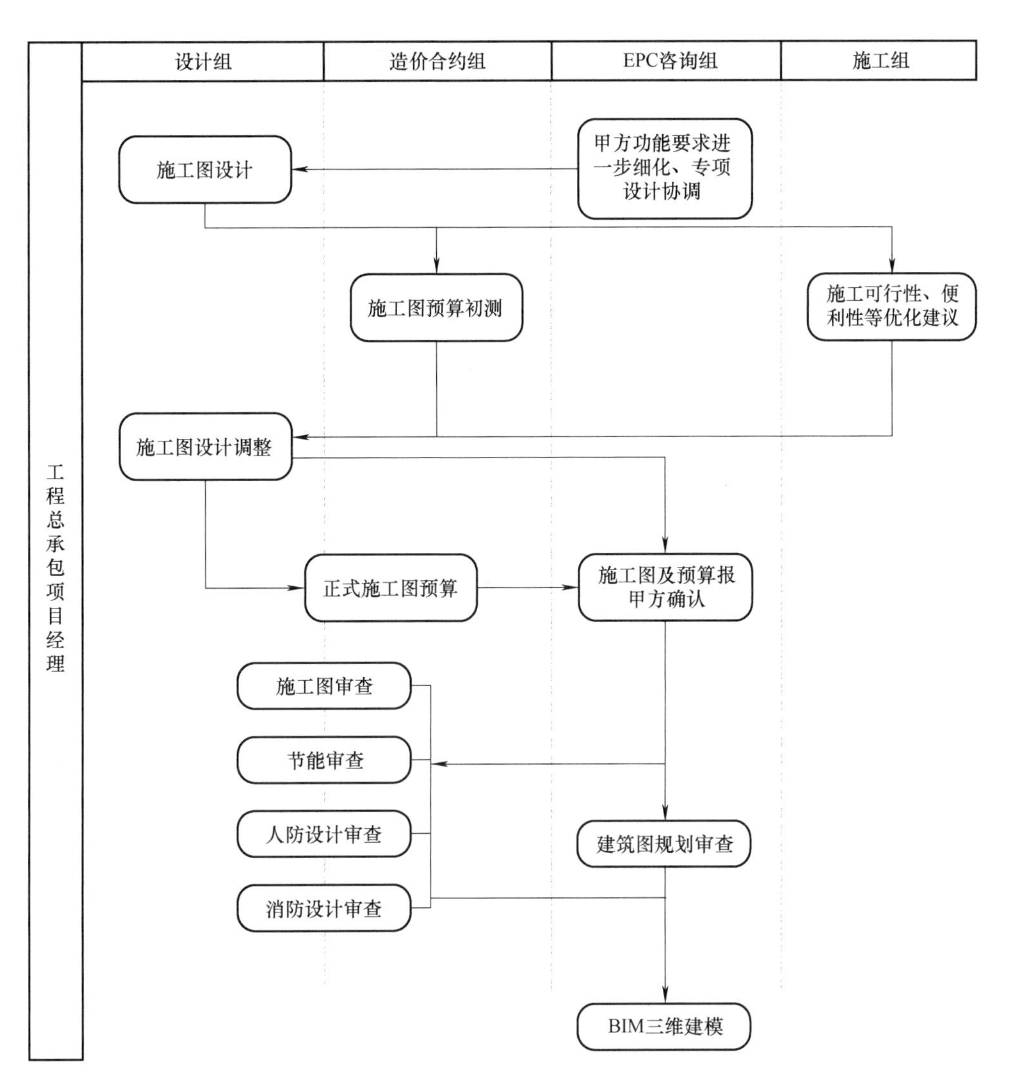

图6.7 工程总承包项目承包商优化设计的流程

2. 设计优化中的可施工性机制

在工程总承包模式下，总承包商拥有设计方和施工方的双重身份，与传统的DBB模式相比，两阶段利益的一致性使总承包商更有优化设计的动力。因此，工程总承包模式这种特殊的合同结构形式决定了总承包商进行可施工性研究的必要性。施工阶段向设计阶段的延伸，即设计阶段对可施工性的研究和运用便成为总承包商规避施工风险、提高设计质量的可行之策。

在工程总承包模式下，总承包商按照业主对建筑功能的要求进行工程设计施工。工程设计要在使用功能、投资限额、质量、时间等方面满足业主要求，应能完整地表现建筑物的外形、内部空间、结构体系、详细的构造尺度等；在工艺方面，应具体确定各种设备的型号、规格。本书按照三阶段设计过程，根据工程总承包模式下承包商每一阶段的设计内容，提出要考虑的可施工性问题，并给出应用方法和参与人员，见表6.6。

表 6.6　可施工性思想在三阶段设计中的应用

阶段划分	可施工性问题	解决方法	参与人员
初步设计	（1）水平布置是否合理 （2）垂直布置是否合理 （3）结构部件的尺寸 （4）确定工作范围 （5）保证施工现场的可达性 （6）现场施工条件如何 （7）当地气候条件如何	（1）历史信息 （2）错误清单 （3）头脑风暴 （4）可施工性清单 （5）可施工性评审	可施工性研究小组成员
技术设计	（1）施工技术方案的选择是否合理 （2）设备和材料选用是否合理 （3）设计说明是否足够详细	（1）头脑风暴法 （2）同辈评审 （3）可施工性清单 （4）可施工性评审	可施工性研究小组成员
施工图设计	（1）尺寸公差 （2）标准化设计 （3）零部件标准化 （4）工程模块化	（1）同辈评审 （2）可施工性清单 （3）可施工性评审	可施工性研究小组成员

可施工性研究小组由业主方人员、工程总承包模式下的总承包商代表、总承包商项目经理、设计经理、总工程师、施工经理、计划工程师、HSE 经理、质量经理、开车经理、材料经理以及其他专家共同组成。由于设计和施工由原来的两个单位变成了一个单位下的两个部门，可施工性在工程总承包模式下变得更容易组织、协调和实施，从而有效地提高了设计方案的可施工性。工程总承包项目设计阶段可施工性研究的基本工作程序如图 6.8 所示。

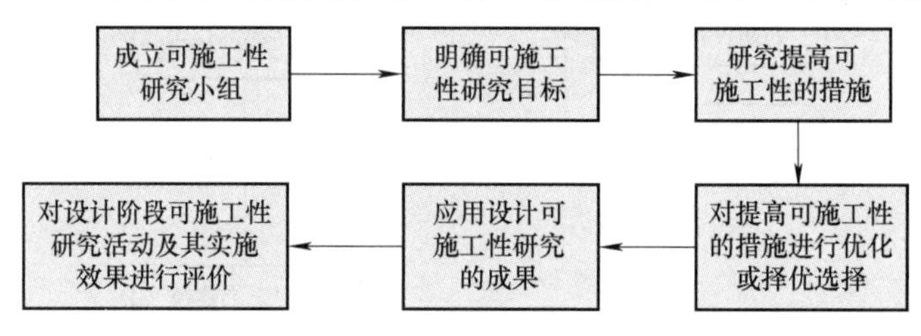

图 6.8　工程总承包项目设计阶段可施工性研究的基本工作程序

第一步：组建可施工性研究小组。要体现工程施工人员参与到设计决策中的原则，可施工性研究小组要有施工经理的积极参与，并随着工程总承包项目设计阶段的不断深入，项目经理应及时将研究人员扩大到施工单位、专业分包商和大型材料设备供应商。从项目组（包括来自监理单位以及总承包商的人员）抽出关键人员和其他必要的专业人员组成可施工性研究小组。在工程总承包模式下，一般设计人员大多不具有丰富现场施工经验，或者很少在研究怎样设计更符合施工需要方面花费时间，而常常依据规范进行设计以满足技术要求和安全标准，并优化效率和降低材料费用。因此，需要工程总承包项目经理进行规范和协调，充分考虑工程总承包项目全生命周期的各个阶段，并应加大具有丰富施工经验的人员在小组中所占的比例。

第二步：确定可施工性研究的目标，明确研究对象。可施工性研究小组必须对项目情况及业主要求进行深刻分析，根据工程总承包项目的投资、规模、地点、设计等方面的具体特点，结合不同的工程类型，在保证满足业主要求并尽可能经济合理的前提下，明确可以更便于施工的设计内容，作为可施工性研究的对象。初步设计、技术设计和施工图设计三个阶段，每一阶段的研究对象有所不同。初步设计阶段主要研究总平面设计中水平布置是否合理，是否满足现场布局要有利于施工的原则，建筑的垂直布置是否合理，施工现场的自然条件，考虑到在不利天气下设计要便于施工等；技术设计阶段可施工性的问题主要体现在施工技术方案的选择是否合理，设备和材料的选择是否达到施工要求，以及设计说明是否足够详细，这些将作为技术设计阶段可施工性研究的主要对象；施工图设计是施工制作的依据，这一阶段主要研究尺寸公差、标准化设计、零部件的标准化以及工程模块化情况，是否满足设计部件要标准化的原则，是否满足可施工性的要求。

在这一步的工作中，可以基于 LCC 的价值工程为标准，充分利用可施工性审查表对工程的相关情况进行可施工性审查后，可施工性研究小组应将其中可能会影响到施工阶段顺利进行的问题按三阶段编制成相应的内容清单，形成可施工性清单，以便设计审查的结果作为可施工性研究的依据。

第三步：研究提高设计可施工性的措施。以满足项目的费用、工期、质量及安全等要求为前提，综合考虑施工阶段与运营阶段的需要，并在保证项目的整体功能和价值的情况下对不同的可施工性研究对象进行研究，得到提高其可施工性的措施或方案。

第四步：提出改善设计可施工性的建议，并对它们进行技术和经济评价，择优选择。在得到提高可施工性的措施后，接下来应对这些措施进行评价和完善。这一步将对业主关心的效益问题及提高可施工性的措施在工艺技术上的先进性和合理性等方面进行评估和优化，从而确定最优的提高可施工性的措施、提高投资效益。

第五步：充分发挥工程总承包模式下各阶段便于调控的优势，应用设计阶段的可施工性研究的成果。

第六步：对设计可施工性研究活动及其实施效果进行评价。在实施经完善的提高可施工性的措施后，需要根据实际效果对该措施进行评价，评价的内容包括该措施对工程形象进度的影响、对劳动效率的影响、对工程费用的影响等。同时要建立可施工性研究数据库，并形成相应的体系。每项建设工程都会得到若干可施工性的经验和数据，不能将之简单处理，而要分析整理，然后建立专项经验数据库，不断通过设计总结、知识管理、将经验与教训记录和升华，将业务中的知识系统化管理，逐渐生成工程总承包项目可施工性管理的组织结构、岗位职责、程序文件、作业指导文件、工作手册、标准体系、编码体系等各个方面内容。

3. 设计与施工融合机制

（1）工程总承包模式下设计与施工“联而不合”的困境　在实践中，工程总承包项目通常由设计和施工组成联合体或采用业务分包的形式开展，尚缺少能够提供一体化服务的企业。虽然设计院已经开始在设计集成性、全生命周期设计方面做出进一步的探索，但由于施工经验不足，在设计的可施工性、现场管理能力、施工成本管控能力方面仍较为薄弱，因此，在开展工程总承包业务时较为吃力。而施工企业设计能力差，长期粗放式管理导致对设计的理解不深入以及难以开展后期的运营。因此，实践中大量出现设计与施工“联而不合”的问题。

为更好地解决设计施工割裂问题，周笑寒（2021）围绕工程总承包模式下装配式建筑的设计施工融合问题展开探讨，通过案例研究和半结构化访谈来识别装配式建筑工程总承包模式下设计施工融合的影响因素，主要包括工程总承包管理体系不完善、设计企业与施工企业管理模式差异大和设计与施工界面划分不清三个方面。

1）工程总承包管理体系不完善。由于长期以来实行平行发包模式，设计与施工分离。

目前大多数企业以施工总承包模式为主，而在工程总承包模式下变成只是施工总承包模式的简单延伸或拼接，缺少设计主导下的全生命周期设计措施、清晰的界面协调机制等，增加了设计与施工的技术、组织协调难度，削弱了工程总承包模式的集成优势。

2）设计企业与施工企业管理模式差异大。实践中，工程总承包项目常采用设计施工联合体或采用分包的形式，尚缺少设计施工一体化的企业。设计单位为了降低设计风险，会采用保守设计，而施工单位长期按图施工，对设计方案理解不足。虽然设计院在设计集成、全生命周期设计方面有所探索，但因施工经验不足，在设计的可施工性、施工成本管控方面仍十分薄弱，不利于设计与施工的融合。而施工企业设计能力差，设计优化参与度低，难以实现施工组织设计与施工图深化设计的融合。

3）设计与施工界面划分不清。在工程总承包模式中，许多承包商未摆脱以往平行发包模式的习惯，将设计与采购、施工计划机械拼凑，忽视设计与施工的交叉联动，造成设计与施工工作界面混乱等问题，容易导致界面冲突，削弱工程总承包的集成优势。

（2）工程总承包项目中的设计施工融合机制设计　针对识别出的影响工程总承包项目中设计施工融合的影响因素，总结出工程总承包模式下的设计施工融合机制，包括设计主导下的全生命周期设计，可施工性分析和施工团队提前介入，施工图设计和施工组织设计的交叉优化，并明确组织界面协调可采取的措施。

1）设计主导下的全生命周期设计。工程总承包模式下需将设计工作贯穿全生命周期，以实现设计与生产、施工的合理搭接。全生命周期设计是指工程设计单位参与从工程构思到结束（被拆除）的全部阶段。为加强设计施工融合，设计人员在设计阶段应充分考虑施工可行性及生产能力；在施工阶段，设计人员应结合施工现场，制定设计深化方案，指导施工，以保证施工过程有效贯彻设计意图，促进设计施工融合，提高建筑的整体质量。

2）可施工性分析和施工团队的提前介入。针对设计方案的可施工性要点进行分析，工程总承包单位可组织设计与施工人员，成立临时可施工性研究小组，使设计方及时掌握施工单位吊装水平、施工环境等情况，增加设计可施工性。此外，将施工团队提前参与至施工图设计，使设计和施工单位的人员共同参与、发挥专业所长，在提升设计可施工性的同时，实现建设效能最优。

3）施工图设计和施工组织设计的交叉优化。工程总承包模式下，可分阶段进行施工图设计和施工组织设计的交叉优化，如图6.9所示。

施工图设计初稿形成后，设计方邀请施工单位参与初稿会审，充分听取施工单位的意见和建议，根据提出的优化建议，完成施工图设计优化工作。施工方通过与设计方沟通，进一步明确设计意图，进而贯彻到施工组织设计中，结合设计方提供的设计驻场服务，如驻场优化、危险源识别并提供措施方案，优化施工组织设计，以此确保施工图设计和施工组织设计同步交叉进行，强化设计与施工之间的联动关系。

4）组织设计与施工界面协调。为解决组织设计与施工界面协调的问题，可采取如施工对设计协调督导、设计配合施工工作、明确设计施工沟通方式等措施。这样有利于提高项目各参与主体间的沟通协作效率，加强设计与施工双方联动关系，确保设计施工融合的协调性和实施性，最终促进项目的价值实现。

首先，在施工对设计协调督导方面，设计单位为保证设计的可施工性，在前期充分调研的同时联系施工单位，就关键问题或重点部位征求意见；在设计会审或交底时，施工单位对设计文件进行审核，指出问题或提出优化建议。其次，将设计对施工的配合责任贯穿全生命周期。设计单位派设计代表常驻现场，加强与施工方的交流，并与施工单位合作成立临时可施工性研究小组，跟踪设计方案的实施，根据现场情况及时进行设计优化、修改或变更，提高设计的科学性和可行性。

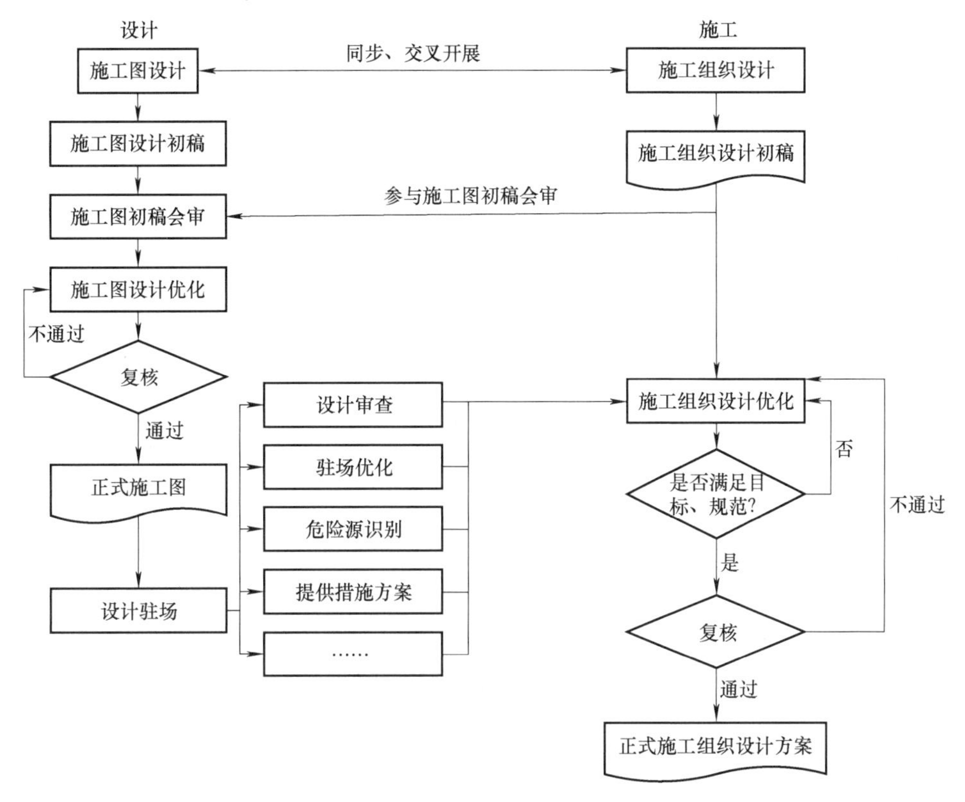

图 6.9　施工图设计和施工组织设计的交叉优化

（资料来源：薛袁等，2022。）

4. 全过程造价控制多部门协同机制

工程总承包项目应该在总承包项目经理的统一指挥下，围绕项目全过程造价控制，多个部门成员全过程参与造价控制，协同工作。具体见表 6.7。

表 6.7　承包商各部门成员全过程参与项目造价控制的工作内容

建设阶段		工作内容	负责人
前期	投标前	分析招标文件、可行性研究报告、业主要求、评估项目的费用风险	工程总承包项目经理 + 设计组造价负责人 + 施工组造价负责人
设计阶段	方案设计	1. 设计组造价负责人将项目总费用分解到项目各分项工程中，形成方案设计造价控制费用清单，并指导设计方严格按照各分项限额要求开展方案设计 2. 设计方根据清单限额要求开展方案设计 3. 方案设计期间，按不超概算的原则，设计方根据方案设计实际情况与造价工程师对各分项限额进行动态调整 4. 方案完成后，设计组造价负责人重新对项目各分项限额进行调整并进一步细分，形成指导初步设计限额费用清单，进入初步设计	

（续）

<table>
<tr><th colspan="2">建设阶段</th><th>工作内容</th><th>负责人</th></tr>
<tr><td rowspan="2">设计阶段</td><td>初步设计</td><td>1. 设计方根据初步设计造价控制费用清单限额要求开展初步设计
2. 初步设计期间，按不超概算的原则，设计方根据初步设计实际情况与设计组造价工程师对各分项限额进行动态调整
3. 初步设计完成后，设计组造价负责人重新对项目各分项限额进行调整并进一步细分，形成指导施工图的设计限额费用清单，进入施工图设计</td><td rowspan="5">工程总承包项目经理
+
设计组造价负责人
+
施工组造价负责人</td></tr>
<tr><td>施工图设计</td><td>重复上述工作，形成施工图预算并评估后续可能发生的工程变更，形成指导工程变更的设计限额费用清单，进入施工阶段</td></tr>
<tr><td rowspan="2">施工阶段</td><td>工程变更</td><td>设计方及施工组造价负责人根据工程变更的设计限额费用清单开展施工阶段工作，并严格控制变更内容</td></tr>
<tr><td>现场工程量校核</td><td>施工组造价负责人阶段性编制结算资料，同步校核施工预算准确性</td></tr>
<tr><td>竣工</td><td>结算</td><td>施工组造价负责人编制竣工结算</td></tr>
</table>

（1）设计与造价的协同　总承包单位内部应设置各专业设计科室，在一般情况下将设计任务下发至设计科室，再由各科室的专业负责人在设计经理和科室主任的双头带领下分头工作。由于设计人员的成本意识相对薄弱，对如何降低工程造价不够重视，因此，设计组完成施工图设计之后，应当积极配合造价组与施工组完成施工图设计优化。

造价人员和设计人员之间缺乏有效的沟通机制，会造成成本管理控制工作效能低下。在实际工作施工图设计完成之后，首先，造价组进行施工图预算编制，根据制订的详细投资控制计划审核各部分投资金额是否超过投资限额，如果部分项目中有部分投资超出限额，则应进行详细分析，并对施工图进一步改进，直至达到设计限值。其次，设计组要用价值工程原理进行设计方案分析，以提高价值为目标，以功能分析为核心，通过设计方案优化，使工艺流程尽量简单、功能更加完善。设计中既要反对片面强调节约而忽视技术上的合理要求，防止项目达不到使用功能的倾向，又要防止重视技术而轻经济、设计保守浪费的现象，从而真正达到优化设计的目的。

（2）设计与施工的协同　设计组在设计阶段普遍对施工的需求考虑不足，要在满足业主要求和工程使用功能的条件下充分考虑施工的便利性。因此，在设计组完成施工图设计后，施工组要给予施工可行性、便利性等方面的优化建议，方便设计组进行施工图优化调整。施工组能利用其经验和知识解决设计中常见的缺项、错误、漏洞和碰撞问题，减少这种问题引发的无法施工现象，降低施工难度，同时减小工程中的施工量，减少返工现象，提高施工效率。

综上所述，在施工图设计优化阶段，需要强化设计人员和造价人员之间的沟通协调，设计人员注重对功能要求的保证，造价人员做好造价控制，保证优化方案的经济性；其次，设计人员与施工人员紧密配合，建立信息共享平台，让设计人员充分了解现场状况。设计人员在施工图设计完成后，施工组人员要给予施工可行性，便利性等优化建议方便设计人员进行施工图优化调整。

5. 设计优化案例分析

西南大学华南城中小学项目EPC总承包工程位于重庆市巴南区南彭镇，占地面积4.6万m^2，建筑面积3.6万m^2，有5栋单体建筑，项目包含一条440m配套道路。该项目承包模式为EPC总承包模式，设计范围包含：①合同：除建筑方案设计外的所有设计内容。②内容：包含地勘、建筑结构水电暖、室外管网、钢结构、市政、园林、变配电、精装修、运动场等。

该项目通过设计优化“减”工程本身成本、“增”合同总价、突破总价包干的模式，为项目创效。设计变更往往需要经较多部门审批、花费较长时间才能完成。项目通过梳理各设计阶段的设计内容，提前策划各阶段设计优化的重点，将设计优化贯穿于整个设计过程。以主设计（建筑结构、水电暖）为例，设计优化分五个阶段，具体如图6.10所示。

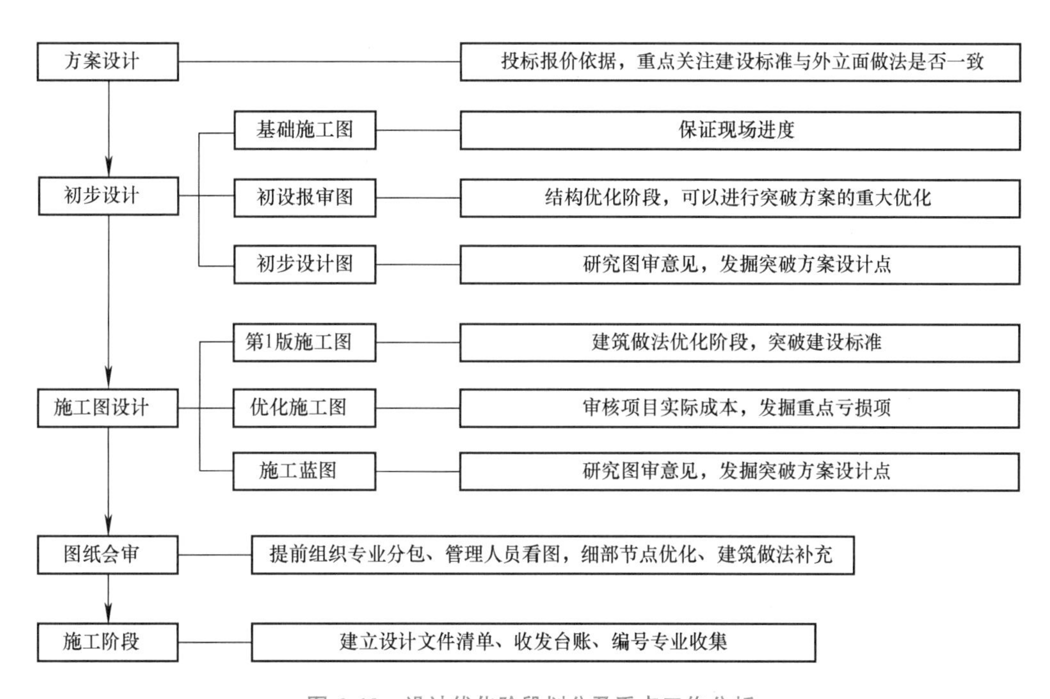

图6.10 设计优化阶段划分及重点工作分析

同时，通过设计优化做减法（见表6.8）、设计优化做加法（见表6.9），提高项目的设计管理水平。

表6.8 设计优化减法表

设计阶段	优化项目	减法
初步设计	桩基嵌岩深度统一按照计算最小值设计	减少桩基深度及结构
	根据房间功能合理增加柱距，寻找最优柱距	减少柱、桩基等结构
	采用架空结构代替结构挡墙做法	减少桩基、地梁、挡土墙等结构
	双层斜屋面优化为斜梁花架，屋面变单层平屋面	减少一层屋面结构

（续）

设计阶段	优化项目	减 法
施工图设计	保温材料综合考虑水泥板、纤维增强水泥板、岩棉板、泡沫混凝土、挤塑板等材料，最后选定岩棉板作为外墙保温材料、挤塑板作为地保温、屋面保温材料	减少材料成本
	防水材料综合考虑各层做法、工期要求，选定水泥基渗透结晶+高分子防水卷材（亲水性防水性材料）作为外墙屋面防水材料	减少雨期工期、材料成本
	重力式挡土墙变更为悬臂挡墙	减少结构混凝土量
图纸会审及施工过程	取消铝合金成本檐沟，变更为结构内檐沟	减少做法
	园林景观优化铺装石材厚度，优化布置减少路灯、球场灯，通过景观优化减少人文景观数量，调整苗木种类与布置	减少园林景观成本
	根据建设标准空调功率要求，优化空调数量，降低空调能效等级	减少空调设备成本

表 6.9　设计优化加法表

突破内容	优化项目	加 法
方案设计文件	原方案设计不合理处：学校报告厅、运动场侧存在 10m 以上的结构挡墙，而报告厅、运动场均为单跨结构，无法通过结构挡土 设计优化：增加衡重式挡墙设计施工内容，在总价合同之外增加了重新核价的内容，最终创造了效益	增加室外挡墙
建设标准	原建设标准不合理处：风雨操场地面材料采用塑胶地坪，标准低、质量差、维修费用高 设计优化：项目提前与巴南区教委、西南大学校方沟通，最终提高了建设标准，变更为运动场专业木地板，提高了利润率、减少了后维修费用	提高建设标准
总价合同形式	原建设标准不合理处：业主原精装修建设标准远低于巴南区教委、西南大学校方要求，按照我方的投标报价无法完成其设计、施工要求 突破方式：项目主动与业主协商，精装修设计转由业主负责分包，我方仅负责采购施工，转变为普通施工总承包模式，总价包干变为按实结算	增加核价内容

（资料来源：改编自张云龙，罗宁，曾龙．EPC 总承包项目设计管理［J］．住宅与房地产，2019（03）：122-124.）

6.2.3　承包商设计优化的激励机制

1. 业主设计深度对承包商设计优化决策的影响

工程总承包模式下，建设项目发包后的设计主要由承包商完成，因此，承包商设计质量是工程质量的重要一环，对整个工程的质量起决定性作用。承包商设计质量是指其完成的设计方案满足业主最初设计要求以及达到业主满意度的程度。承包商设计质量的内涵不应该仅包括设计方案满足要求的程度，还应包括设计方案能否带来工程建设中的价值工程，提高方案的创新性。因此，可以将设计质量的测量分成设计创新、设计变更和设计争议三个维度（刘心言，2018）：

（1）设计创新　设计创新的内涵是在承包商设计方案中基于业主设计要求而采用的新的

想法、材料、工程方法。这些实践能够提高工程建设效率以及增加工程的整体价值。作为设计质量的一个维度，设计创新表述为工程项目中更高层次的业主要求和满意度，具体包括了工程项目的可施工性。可施工性作为工程项目创新的一种方式，能够促进工程项目的实施。

(2) 设计变更　设计变更是工程项目施工过程中针对业主提供的设计方案进行的修改工作。它主要是为了纠正设计方案中的错误和不切实际的细节，使之满足施工现场条件变化，促使施工顺利进行，保证设计质量。

(3) 设计争议　设计争议属于工程争议的一部分，特指由于设计的原因而引发的工程争议。比如，招标文件中设计图的错误，承包商的设计方案是否经过业主或者工程师的审查，设计方案能否满足业主要求等。

工程总承包模式下，业主在招标文件中提供的设计文件和要求是承包商进行设计深化的标准。如果业主在选择承包商之前完成了大部分的设计，在招标文件中会有大量的强制性规范而非性能性规范，则承包商在设计工作中没有较大的主动权和控制权，因此只能按部就班地参考业主已经完成的设计内容。如果业主提供较少的强制性规范，由承包商完成大部分的设计工作和后期施工，为了履行合同任务，承包商必须接受和响应业主的质量要求，但能够在设计阶段应用其工程建设知识和经验，积极开展价值工程，提高设计方案的可施工性。因此，合适的业主设计深度成为激励承包商设计优化决策的重要因素。

赵越等（2021）基于博弈论，针对工程总承包项目前期业主的设计深度对承包商优化设计决策的影响进行研究，并使用数值分析方法寻找适用性更强的双方最优策略。研究发现：在业主最关注产品最终功能实现情况的项目中，优化设计的收益比成本显著更高，建议业主在招标前完成如概念设计的浅设计工作，再由承包商深入细化设计并进行优化设计工作，增加双方收益；而在产品的最终组成和功能难以定义且涉及一定比例的地下工程项目时，优化设计的风险成本显著增加，建议业主在招标前完成如包含初步设计在内的深设计工作，再由业主和承包商共同承担优化设计的风险成本并分摊优化收益。

2. 优化设计取费模式以激励承包商设计创新

在现行设计费取费标准中，设计费主要是根据工程概算，按一定比例取定的。业主可在咨询单位的帮助下确定适宜的设计取费模式，以促进设计施工联动，或满足自身业务需要、工程要求等。具体见表6.10。

表6.10　设计取费模式

设计取费模式	对设计施工联动的影响
按概算百分比计取	设计方习惯于套用上限，缺少设计方案的经济分析，造成投资浪费。因此，施工方在项目实施过程中提出优化措施时，设计方并不积极予以配合，不利于设计施工联动
概算百分比＋审定结算	结算审定后重新计算设计结算尾款，实行多退少补原则。因此，审定结算一定程度上约束设计方采用顶概设计，而听取施工方的优化建议，侧面促进设计施工联动
按概算百分比计取＋优化利润	设计方在设计优化结余分配的刺激下，调动设计优化积极性，能够配合施工方开展优化措施的同时，主动提出优化建议，有利于设计施工联动

如表6.10所示，设计费仅按工程概算比例取定的收费方式对于业主方的成本管理是很不利的，且对承包商进行设计优化缺乏激励作用，不利于设计人员积极优化设计。某些投资人为了减少投资，在招标过程中故意压低设计费，低价中标的承包商很可能在设计项目中故意增加工程概算，或不顾设计质量采取少投入、缩短设计周期等方法，使设计的深度达不到

施工要求，造成施工阶段设计变更大量出现，导致工程费用增加。上述问题的根本原因在于目前设计费的计价方式不能使承包商与业主形成利益共同体，承包商在为业主通过改进设计节约投资的同时，无法实现自身经济利益的增长，因而缺乏为业主节约投资的意愿。所以，业主需要通过有效的方式和手段与承包商实现利益共享，这样才能使设计承包商能够积极主动减少工程投资。例如，咨询单位可建议发包人在招标文件和合同中明确优质优价条款，约定利益分享，或采用固定比率设计费加奖励处罚费用，激励总承包商利用优化设计等方式进行成本优化，实现降本增效。

3. 明确承包商设计优化后的利益分配

部分工程总承包合同中明确约定了设计优化利益分配，这些政策文件参照了《建设项目工程总承包合同（示范文本)》(GF—2020—0216）中关于“合理化建议降低了合同价格、缩短了工期或者提高了工程经济效益的，双方可以按照专用合同条件的约定进行利益分享”的规定。

例如，《山东省住房和城乡建设厅 山东省发展和改革委员会关于印发〈贯彻《房屋建筑和市政基础设施项目工程总承包管理办法》十条措施〉的通知》（鲁建建管字〔2020〕6号）中规定：“政府投资项目允许建设单位利用核定概算内节约的资金，对总承包单位进行奖励或补贴。对通过完善优化设计、改进施工方案、科学组织实施、有效管理控制，节约投资或增加效益的工程总承包单位，可按照一定比例予以奖励。”当工程总承包合同中明确约定了优化设计利益分配的，在结算中应予以计量，履行合同内容。

有部分省市为鼓励工程总承包企业对工程总承包项目进行设计优化和设计创新管理，设置了效益激励措施，如广西、湖南、安徽、青海、江西。其中，广西详细列明了项目结余分成的比例。《自治区住房城乡建设厅 财政厅关于印发推进广西房屋建筑和市政基础设施工程总承包试点发展指导意见的通知》（桂建管〔2016〕117 号）第（十八）条规定，工程总承包单位通过优化设计及科技创新管理后，工程竣工结算总价（不包括减少原施工图纸的规模、内容和降低装修标准）低于实际合同总价时，竣工结算总价与实际合同总价的差额为该工程总承包项目的结余资金。工程总承包单位可按分级累进法参与结余资金的分成：①项目结余资金为实际合同价 10% 以内的项目，项目结余资金的 40% 为工程总承包单位所得，其余 60% 为建设单位所得（若为政府投资项目应返还财政)；②项目结余资金为实际合同价 10% ~20% 的项目，项目结余资金的 50% 为工程总承包单位所得，其余 50% 为建设单位所得（若为政府投资项目应返还财政)；③项目结余资金为实际合同价 20% 以上的项目，项目结余资金的 60% 为工程总承包单位所得，其余 40% 为建设单位所得（若为政府投资项目应返还财政)。

6.3 工程总承包项目发包后业主设计阶段投资管控

6.3.1 业主在发包阶段对承包商设计质量控制

在绝大多数情况下，工程总承包模式下的业主需要承担一部分的设计工作，需要在招标文件中向潜在承包商传达关于设计的要求；承包商可以通过招标文件明确项目的范围和业主的设计要求。总体来说，在工程总承包模式下，业主在前期提供设计相对比较自由，可选择完成工作比例的范围比较大，没有硬性的规定，但业主的参与对提高总承包商的设计管理绩效具有重要作用。总承包商的设计管理本质上是一种服务，满足业主要求仍然是工程总承包项目的最基础目标，因此，业主在设定目标方面对提升承包商服务质量发挥着核心作用。

工程总承包模式下，业主针对承包商设计质量的控制节点主要在发包阶段，通过前期项目定义和项目范围管理，明确项目工作范围和功能质量标准体系，并根据业主设计深度将设计质量要求在《发包人要求》中明确，同时明确投标人资格条件，选择具有较强设计能力的承包商，通过这些措施来保障对承包商设计质量的控制。控制措施具体见表6.11。

表6.11 发包阶段工程承包商设计质量控制措施

序　号	控制方式	控制内容
1	投标人资格条件	评标办法中设定总承包商资格，满足设计与施工双资质要求
2	投标人质量管理计划	在《发包人要求》中要求投标人提交设计质量管理计划，招标人进行评估
3	设计质量管理计划	在《发包人要求》中提供设计质量管理计划，要求投标人进行响应，招标人确认其满足要求的程度
4	绩效指标	在《发包人要求》中提出项目绩效指标，要求投标人进行响应，招标人评估其满足程度
5	技术规格（规范标准）	在《发包人要求》中明确需要满足的规范标准，要求投标人进行响应，招标人确认其满足要求的程度
6	运营维护阶段质量保证	在《发包人要求》中提出需要提供质量保证担保和维修担保

6.3.2 基于质量-价格联动的设计成果审查

1. 设计成果的形式审查

（1）我国工程总承包项目设计文件审查的相关规定　基于国内工程总承包合同范本和政策文件的条款规定，分析业主对总承包商完成设计方法的要求以及业主进行设计审查的规定，从总承包商完成设计和业主审查设计成果两阶段保证将业主要求转化为工程实体描述，并在工程造价影响最大的设计阶段实现工程总承包项目投资目标的严格控制。设计文件审查的相关规定见附录K。

工程总承包模式下，对由业主直接聘请的设计单位完成的设计内容进行审查，主要审查设计内容是否符合建设目标，是否清楚地表达了业主的建设要求；对由工程承包商完成的设计内容进行审查，审查的重点是设计方案的可建造性、优越性，以及是否符合招标文件或合同文件的要求。总之，业主需要加强对总承包商设计成果合规性和技术性的分析和验证，总承包商的设计成果文件必须在业主的审查和批准后启动。

（2）国际工程总承包项目设计文件审查的相关规定　在国际工程总承包合同执行过程中，业主对承包商设计文件的审查是业主对承包商设计工作质量的一种控制方式，也已经成为国际工程中的一个习惯做法。国际工程总承包合同对此通常有下列规定：

1）业主有权对承包商编制的与工程相关的任何文件进行检查。

2）若合同要求某些文件需经过业主审查，承包商应提交业主或业主委托的监理公司进行审查。

3）业主应在规定时间内进行审查，若认为有问题可以提出，供承包商修改。

4）承包商在业主批准前或审核期满前不得将该图纸和文件用于工程实施。

5）若承包商对业主已经批准的文件希望再修改，则仍需报业主方审查。

6）承包商的设计成果文件应按合同规定的语言编写。

但在具体实践中，上述关于设计管理的规定还不充分，容易产生问题。就设计的批复时限来说，FIDIC 规定的是 21 天，世界银行规定的是 14 天。实际上，由于不同的文件复杂程度不一，有时业主审查需要的时间长，有时文件很简单，业主审查时间比较短，因此在合同中可根据不同类型的文件来规定具体的审核期。除此之外，还应对业主方审查的次数有所限制，否则可能造成对一份文件反复多次审查，拖延最终批复时间。在国际工程中，习惯将业主批复一次作为一次版本，因此在合同中可以约定业主最多批复的版次。另外，对于设计相关的各类图纸和文件，由于承包商对设计负最终责任，不一定都需要业主方的审查，因而可以在合同中约定只对重要文件进行审查。

综上可知，设计审查的规定和要求有两部分：一部分是在业主要求中明确设计范围和设计标准，要求总承包商采用限额设计的方法完成；另一部分是明确设计审查的范围和时间，业主同样利用价值工程进行功能性、经济性、可行性审查。因此，从对总承包商完成设计的明确要求和对承包商交付设计的严格审批两阶段保证设计工作高质量完成，在满足业主要求转化为项目描述的前提下实现设计概算的有效控制，是业主进行设计优化管控的关键环节。

2. 初步设计文件审查

初步设计文件审查主要包括两阶段工作。第一阶段由总承包商完成初步设计工作。总承包商在开展初步设计工作时，首先依据项目前期资料包括可行性研究报告、招标文件、投标文件以及合同文本等对拟建项目进行设计，同时要结合限额设计等理念以及《建筑工程设计文件编制深度规定》文件对初步设计的规定，形成科学合理的初步设计任务。

因此，初步设计项目阶段总承包商形成的设计成果主要实现两方面的功能：一方面是将业主所设想的拟建项目通过科学手段落实成具有可施工性的初步技术方案；另一方面是设计阶段所形成定量概算指标要满足不超过估算的规定。因此，业主对初步设计成果开展审查工作。

第二阶段是业主对初步设计文件的审查。业主重点结合前期提出的需求清单，国家有关政策法规、现行建设标准、规范、定额、设计深度要求，以及行业规定和管理办法，对初步设计文件进行审查，审查初步设计文件是否满足合同规定，若满足合同及业主功能清单要求，也可邀请第三方专业人士对初步设计文件的可施工性进行分析。

初步设计文件审查的主要内容包括行政审查和技术审查。行政审查主要包括建设程序、资质资格、市场管理三大类内容，是对初步设计文件的合规合法性进行的一般性评估。技术审查主要包括六方面：工艺设计、总图设计、建筑设计、结构设计、设备电气和初步设计概算。

3. 施工图设计文件审查

（1）施工图设计文件审查程序　开展施工图设计文件审查是保证工程总承包项目满足业主要求、确定管控目标和项目顺利实施的重要实现路径。业主对施工图设计文件的审查程序如图 6.11 所示。

（2）施工图设计文件审查的内容　这一阶段工作首先是由总承包商依据审核通过的初步设计文件开展施工图设计文件编制以及施工图预算，业主与总承包商就设计项目中的有关问题进行进一步的沟通；接下来在施工图出图后及送行政审查前，业主组织相关主管部门开展对施工图设计的内部审查；根据会议意见由总承包商对施工图设计文件进行完善，最终获得相关部门的审核通过证书。对施工图设计文件初步审查的重点在于程序性审查、技术性审查和政策性审查。

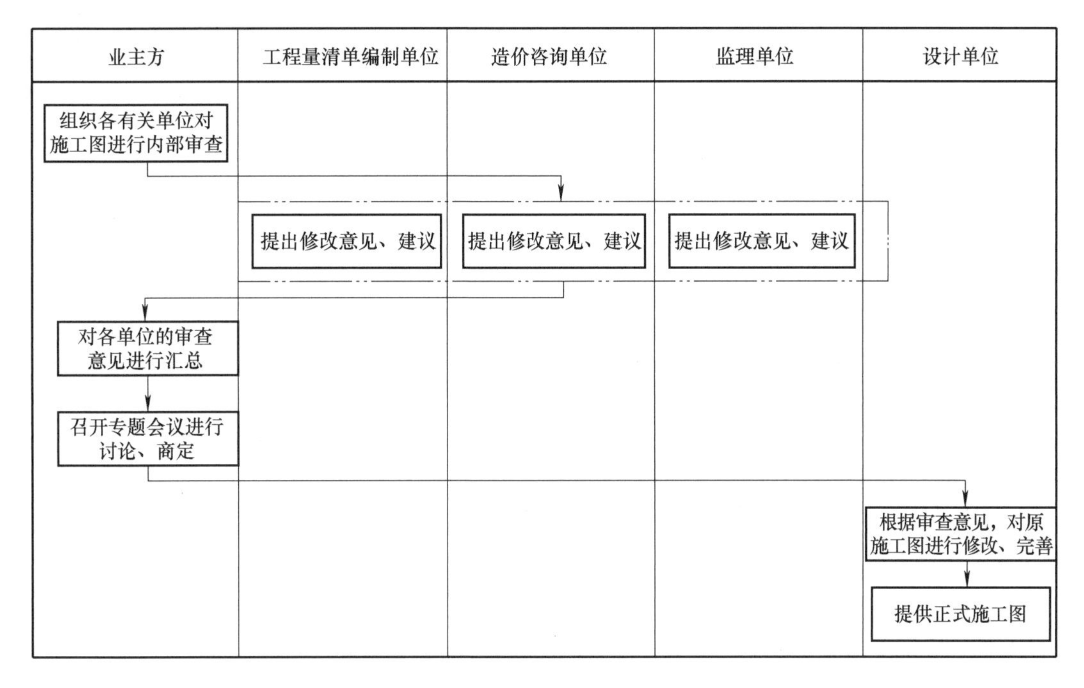

图 6.11　业主对施工图设计文件的审查程序

1）程序性审查：图纸完备性，图纸目录和签字及盖章是否完备有效，各专业是否有计算书；是否有初步设计审批文件，是否有工程立项批复文件；是否有建设工程规划许可证。

2）技术性审查：对建筑构筑物进行整体结构审查，是否满足项目可施工性以及经济性要求；是否符合工程建设强制性标准；地基基础和主体结构的安全性；是否符合公众利益；是否符合民用建筑节能强制性标准，对执行绿色建筑标准的项目，还应当审查是否符合绿色建筑标准；勘察设计企业和注册执业人员以及相关人员是否按规定在施工图上加盖相应的图章和签字；法律、法规、规章规定必须审查的其他内容；其他设计文件审查要点。

3）政策性审查：重要和常用的法律法规设计是否存在问题；对图纸技术规范的审查。

施工图设计文件初步审查中，程序性审查由审查服务人员具体执行，项目负责人签字确认；程序性审查通过后方可转入技术性审查环节；技术性审查由专业审查师负责。审查师应按《建筑工程施工图设计文件技术审查要点》《市政公用工程施工图设计文件技术审查要点》等进行具体审查，在审查过程中应及时与设计人联系并指导修改工作，应在计划的时间内完成初审，并将初审结果（主要包括“建设工程施工图设计文件程序性审查表”“施工图设计文件审查意见单”“施工图审查意见告知书”等内容）反馈给勘察设计单位，同时抄送业主。

施工图复审时应对照初审意见，逐条复审设计是否整改到位（包括设计成果和意见回复）。原则上设计人员应按审查意见逐条整改到位，若审查师、设计人员对审查意见及回复不能达成一致，应提请技术委员会评审决定。审查师在复审过程中若发现新问题，应及时与设计人联系并指导修改工作。复审应在计划的工期内完成，若复审合格，审查师在施工图审查意见回复单上签字确认。勘察设计单位按照规定的份数提供签字、盖章齐全的图纸，审查单位在图纸上加盖施工图审查章，出具该工程的施工图审查合格书。为配合施工进度，对于审查合格的部分工程或部分专业，审查单位仅提供该部分的“建设工程施工图技术性审查合格书”；对于复审仍不合格且勘察设计单位拒绝修改的，审查单位应将施工图退回建设单位重审，并出具审查意见告知书，说明不合格原因。退回重审按照初审流程执行。

4. 初步设计与施工图设计文件的对比审查

工程总承包项目管理的一个核心重点是根据投资管控目标进行设计管理，其中一个要点是初步设计与施工图设计之间的衔接。初步设计与施工图设计之间的衔接不仅是技术工作的衔接，同时也是合约界面的衔接。初步设计审批完成后发包的工程总承包项目，其合同总价是在初步设计的范围之内进行核定的，施工图设计需要延续初步设计的设计标准以及设计内容。在施工图设计过程中，初步设计深度可能无法满足施工图设计细化的深度要求，此时施工图设计单位对建设标准会有自己的意见和见解，很多情况下这会涉及成本的增加或减少。在投资管控目标下，业主或业主委托的投资管控咨询单位应严格根据合同条款、发包人要求、初设标准、初设要求以及资金使用合规性，对所有施工图设计深化出来的建设标准进行核定，从而进行成本把控。

案例：根据初步设计要求与标准核定施工图设计标准

某项目中，咨询公司替代业主对承包商施工图设计文件进行审核。以楼地面工程为例，咨询公司以初步设计要求及标准为依据，对承包商施工图设计文件进行比对、核算，而后给出投资管控咨询意见：施工图设计中改变初步设计文件要求并使成本增加的设计部分需要设计方做出书面说明递交业主审核，增加的费用计入固定总价部分，即由承包商承担；对施工图设计中不满足初步设计标准的设计部分予以拒绝，见表6.12。

表6.12 初步设计文件与施工图设计对比审核——以某项目楼地面工程为例

部位/房间		初步设计说明	施工图	咨询意见	设计答复
楼地面	配电房、高压配电房	设备用房采用防滑地砖地面	防静电地坪漆地面（有抬高），做法如下： 1）面刷防静电地坪漆 2）100厚C20混凝土，表面撒1:1高标号（425）水泥砂子，抹光 3）900厚轻集料混凝土填充层 4）1.2厚合成高分子防水涂料刷基底处理剂一遍 5）钢筋混凝土结构板	面层做法改变，造成成本增加，增加的费用包含在固定总价部分。请设计做出书面说明并递交业主审核	按初步设计修改
	发电机房	设备用房采用防滑地砖地面	防静电地板胶地面，做法如下： 1）刷防静电地板胶 2）20厚1:2水泥砂浆（M20预拌水泥砂浆）抹面压光 3）水泥浆一道 4）钢筋混凝土结构板	面层做法改变，造成成本增加，增加的费用包含在固定总价部分。请设计做出书面说明并递交业主审核	按初步设计修改
	进、排风机房	设备用房采用防滑地砖地面	水泥砂浆地面（防水），做法如下： 1）20厚1:2水泥砂浆（M20预拌水泥砂浆）抹面压光（0.5%坡向排水沟） 2）1.5厚单组分I型聚氨酯防水涂膜，四周房高至完成面以上300 3）钢筋混凝土结构板	面层做法改变，降低初步设计标准，不同意施工图设计做法	按初步设计修改

5. 施工图与施工图预算联动审核

发包人完成的设计部分深度越浅，其质量标准要求越体现为抽象和原则性，因此难以在合同签订阶段对具体的做法等进行详细约定，特别是房建工程的装修品质难以量化因素较多的情况下，约定难度更大。在施工图设计审查时，不能仅关注价格，同时要关注施工图设计是否满足功能需求。相应地，发包人需要设置相应的过程性控制来实现质量和造价控制，如增加对施工图设计和施工图预算的过程性审核，以充分满足发包人要求。

工程总承包项目造价控制，需将合同价格与质量标准相结合，并行考虑联动控制。实践中，业主缺乏联动审核承包人设计图和施工预算的手段，常出现施工图和施工图预算分别审核。例如：设计咨询审核图纸，容易出现实际预算价格超出合同限价的风险；造价咨询审核预算，则可能出现总承包商降低工程建设标准，如地砖等材料档次降低的问题，使得业主的投资效益得不到充分体现。

因此，工程总承包项目专业施工图需经业主确认，施工图预算经业主或咨询单位审核，以保证发包人要求和投资效益的充分实现。确认图纸和审核施工图预算是一个长期的、反复的过程。通过施工图及其预算的联动审核，发包人的需求得到满足，能保证投资效益的实现。此外，在实施过程中，施工图预算的审核可以与图审中心的上报同步进行。

过程性造价控制强调输入控制，包括过程性的质量标准和过程性价格。过程性质量标准即品牌档次、选材、具体做法等过程指标要求，如招标文件中说明推荐的材料品牌表。材料价格是影响工程造价的主要因素之一，而材料品牌是决定材料价格的关键因素。虽然招标文件对主要材料均明确品牌要求，但实施时总承包商会提出增加品牌的要求，一般存在以下几种情况：

1）项目信息公开，约定的品牌厂家均已备案，存在采购和价格谈判困难（如洁具、智能化设备、电梯等）的情形，施工单位提出增加2~3个同等档次品牌，放开竞争。

2）推荐品牌经市场调研，供货周期较长，无法满足现场施工进度，影响项目整体工期。

3）行业文件更新，提高性能指标及参数要求，导致原推荐品牌无法满足新文件要求。

首先，编制招标文件时，咨询单位应当就材料品牌与建设单位充分沟通，并经市场充分调研后确定；实施过程中，对承包商提出的增加品牌诉求慎重处理，如因信息公开、价格锁定、供货周期较长等原因，原则上不予同意增加品牌，同时做好市场调研，为谈判做好准备；对确实有必要增加品牌的材料，要求不能低于招标文件约定的品牌档次，且不予增加费用。

6.3.3 业主设计审批争议成因及应对策略

1. 业主设计审批权

业主在招标文件中制定清晰的项目描述，列出项目的基本功能要求以及性能标准规范等，承包商在此基础上发挥其设计施工结合的特点进行优化设计。但业主认为承包商的优化过程可能存在机会主义行为，即仅满足业主要求中的最低标准以赚取更高利润，难以达到业主心理预期。因此，实践中合同约定业主拥有设计审查权，在业主批准或审查期满前，承包商不能擅自将其文件用于工程实施。国内外工程总承包合同范本中业主设计审批权的规定见表6.13。

表 6.13　国内外工程总承包合同范本中业主设计审批权的规定

合同范本		FIDIC 银皮书	FIDIC 黄皮书	《建设项目工程总承包合同（示范文本）》（GF—2020—0216）
条　款		5.2 承包商文件	5.2 承包商文件	5.2 承包人文件审查
具体内容	审批权	承包商应按业主要求中规定提交相关文件供业主审核。业主在审核期可发出通知，指出承包商文件不符合合同的规定	承包商应按业主要求中规定提交相关文件供工程师审核。工程师在审核期可发出通知，指出承包商文件不符合合同的规定	承包人应将《发包人要求》中规定的应当通过工程师报发包人审查同意的承包人文件按照约定的范围和内容及时报送审查。发包人应在审查期限内通过工程师以书面形式通知承包人，说明不同意的具体内容和理由
	审批时间期限	除非业主要求中另有说明，从业主收到一份承包商文件和承包商通知的日期算起，每项审核期不应超过 21 天	除非业主要求中另有说明，从工程师收到第一份承包商文件和承包商通知的日期算起，每项审核期不应超过 21 天	除专用合同条件另有约定外，自工程师收到承包人文件以及承包人的通知之日起，发包人对承包人文件审查期不超过 21 天
	审批权力范围	若承包商文件不符合要求，应由承包商承担修正费用，并重新上报审核。另外，除双方另有协议外，工程的每一部分在承包商文件审核期未满前，不得开工	若承包商文件不符合要求，应由承包商承担修正费用，重新上报并审核（或批准）。在工程师批准承包商文件之前，该文件所涉及的工程不得开工。为了避免工程师无故拖延，合同中还规定工程师必须在审核期内给出批准意见，否则视为批准	发包人的意见构成变更的，承包人应在 7 天内通知发包人按照第 13 条“变更与调整”中关于发包人指示变更的约定执行，双方对是否构成变更无法达成一致的，按照第 20 条“争议解决”的约定执行；因承包人原因导致无法通过审查的，承包人应根据发包人的书面说明，对承包人文件进行修改后重新报送发包人审查，审查期重新起算。因此引起的工期延长和必要的工程费用增加，由承包人负责。合同约定的审查期满，发包人没有做出审查结论也没有提出异议的，视为承包人文件已获发包人同意

值得注意的是，业主应进行质量与价格的联动审查控制，不能一味要求提高标准而忽视设计方案的经济性，要在满足合同要求的前提下实现价格的有效控制，反之亦然（庞斯仪等，2021）。此外，由于承包商对设计负最终责任，在设计阶段并非所有文件都需要经过业主审查，以免造成时间和资源的浪费，双方可以提前在合同中约定只对一些重要文件进行审查。

2. 业主设计审批争议分析

业主设计审批是工程总承包项目设计管理的重要内容。但是，工程实践中，业主设计审批时往往会以承包商设计难以满足心理预期或以设计文件不符合合同要求为由，要求承包商修改设计方案，却忽略了如果业主设计审批影响了承包商的设计选择权，可能会造成双方陷入纠纷，导致成本与工期增加，甚至会引起承包商的索赔。然而，学者们大多将关注点放在项目施工中业主修改自身设计上，少有文献专门讨论业主在审批过程中对承包商设计文件提出修改意见从而导致的设计审批争议问题，只是在有关设计管理的相关研究中略有提及。张水波和杨秋波（2008）指出的业主方设计管理关键问题中就包括了设计审批争议；楼海军（2010）在其文章中强调了设计审批存在的风险，并提出了相应解决措施；张启斌和王赫

（2017）对水泥 EPC 总包项目各阶段设计审批的内容以及影响因素进行了详细介绍；王赫基和张卫东（2015）对设计审批中的典型问题进行研究，为全过程管控设计审批提出了相应对策。这些研究文献中仅提及设计审批风险的存在，并未深入探讨工程总承包模式下业主设计审批争议的成因及应对策略。因此，本书将在工程总承包模式下首先对设计审批争议的成因和类型进行分析，后面再提出应对策略。

（1）业主设计审批争议的成因　要深入分析业主设计审批争议的成因，需要明确工程总承包模式下业主对承包商设计进行严格审批的初衷。简言之，业主发包前完成的设计是发包后承包商设计的基础，项目后续设计由承包商完成，此时承包商获得了设计控制权（即承包商有权在不影响合同目标的情况下自行选择设计方案）。但由于业主在招标时首先确定了合同价格和工期，再匹配相应的质量标准，因而承包商在设计项目中受到合同价格的约束，其设计方案不能突破固定合同价格。承包商若一味按照满足甚至超出业主要求中的功能要求和技术规格进行设计，就无法获得合理利润，因此，其在进行设计时有同时确保设计方案的经济性与可施工性的内在需求与动力。与此同时，业主对工程总承包模式的认知也受到传统模式的桎梏。业主往往会预先认为“先定价后设计”模式下承包商会出现“量体裁衣”现象，仅以满足业主要求中的最低标准为目标，难以满足其预期目的。由此，业主会产生严格审批的倾向。

在设计审批过程中，业主对承包商的设计文件中其认为不符合合同要求的地方提出修改意见，承包商若无异议，则应按照要求进行修改并重新提交业主确认；或者承包商若认为符合合同要求，则可在收到审批意见后与业主沟通，向业主说明遵守这些意见将构成变更，业主可对此意见进行确认或撤回。但若是业主仍坚持认为承包商设计并未满足合同要求，则双方会就此问题产生争议。设计施工总承包项目设计审批争议的形成过程如图 6.12 所示。

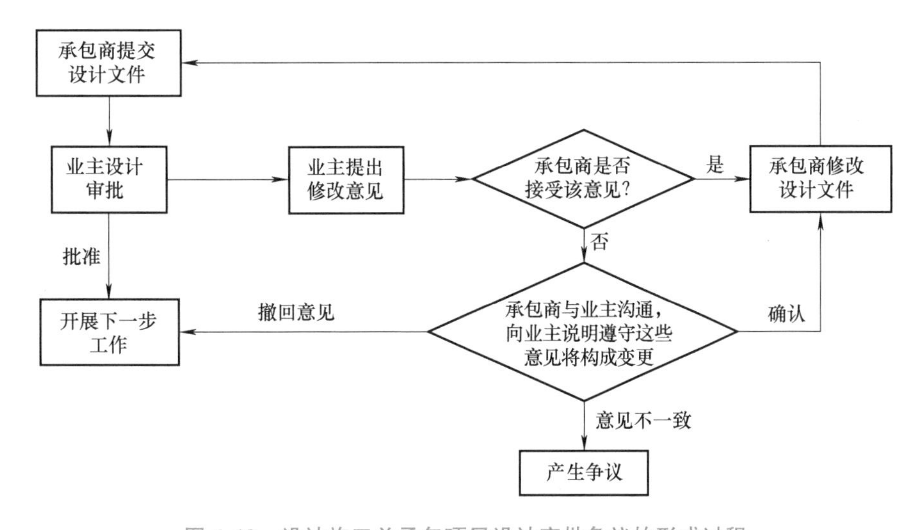

图 6.12　设计施工总承包项目设计审批争议的形成过程

承包商设计文件首先要满足业主要求，包括工程的预期目的、范围、设计/技术标准等。业主要求中预期目的或功能标准的不清晰可能导致双方产生设计分歧，出现对同一设计方案意见不一致的情况，若沟通不当，最终将上升为设计审批争议问题。同时，承包商设计文件还应符合合同中规定的性能标准。承包商对性能标准认识理解的不到位可能导致设计出现重大偏差，最终演变为争议的情况也多有发生。另外，承包商也会遇到业主出于自身原因改变标准，因而在审核阶段对设计方案进行干预，这种干扰有可能对项目造成负面影响，此时双方不可避免会产生诸多争议。以下通过案例分析的形式对这三种类型争议的形成过程与结果进行总结。

（2）业主设计审批争议的类型

1）基于业主要求不清的设计审批争议过程案例分析。该争议事件发生在某政府机构建筑项目中，争议形成过程与处理结果如图 6.13 所示。用文字进行描述说明，具体如下：项目采用设计施工总承包模式，该项目要求所有建筑物应有具备良好防水性能的地下室，同时要求承包商提供工期最优的设计方案。当地设计和施工人员在以往的地下室防水建筑项目中开发了一套标准设计，即采用带有防水膜的泥板系统。以往经验证明，采用该泥板系统的建筑项目均达到较好绩效，可满足地下室的防水要求。业主认为承包商会对该地区以往的建筑项目进行调查，并发现采用该泥板系统为最优方案，因此在编写地下室防水性能标准时，仅要求地下室具有防水功能，并未对设计方案提出具体要求。

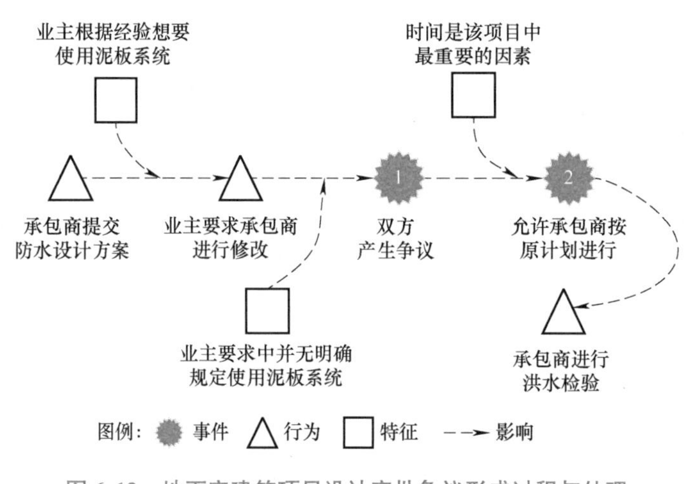

图 6.13　地下室建筑项目设计审批争议形成过程与处理

项目实施过程中，承包商提交防水设计方案时，业主发现该设计方案并未采用其所期望的泥板系统，故要求承包商进行修改。对此，承包商却认为当前系统能够符合业主要求中的性能标准，并且能够正常工作，若业主坚持要求更改设计方案换用泥板系统，将构成变更，需发出变更指示并延长工期。

最终经双方协商做出如下决定：业主未能在业主要求中明确要求地下室防水设计方案，同时承包商提供的设计方案完全符合业主要求。因此，如果业主坚持修改设计方案，后续若承包商设计安装得当，业主将对该泥板方案的最终性能负责。此外，业主必须准许延期并支付重新设计的费用。最终由于业主需要该项目快速完工，因此允许承包商按原计划进行，同时为了打消业主的顾虑，承包商提出可以对该区域进行洪水检验，以证明其防水系统符合要求。

本案例中，业主并未在业主要求中对性能标准进行清晰的规定，仅仅假设承包商会按照其意图进行设计，而且业主显然对项目现场的条件有着更充分的了解，但未进行分享，最终导致了双方争议的产生。因此，业主如果担心某项特定功能的设计，则应在业主要求中明确说明，而绝不应该假设承包商会以任何其他方式解释其性能标准。另外，业主对项目条件的充分了解应与承包商分享。

2）基于性能标准理解不当的设计审批争议过程案例分析。该争议事件发生在伊朗某油田地面设施建设项目中，争议形成过程与处理结果如图 6.14 所示。用文字进行描述说明，具体如下：2011 年 2 月，伊朗某业主正式发布招标文件，宣布某油田地面设施工程总承包对外招标。2012 年 1 月 12 日，业主正式授标给国内某承包商与当地承包商组成的联合体，并于 2012 年 3 月 28 日正式签订总承包合同，合同额为 7.8 亿美元，合同工期为 52 个月。双方在合同中约定，承包商在合同签订前已经对业主提供的所有资料文件进行了审校确认，并且业主对其中承包商提出要求澄清的内容也已做出了回应；在合同签订后，承包商如再发现相关问题则由承包商自行承担责任，业主提供文件的错误等不能作为免责的理由。

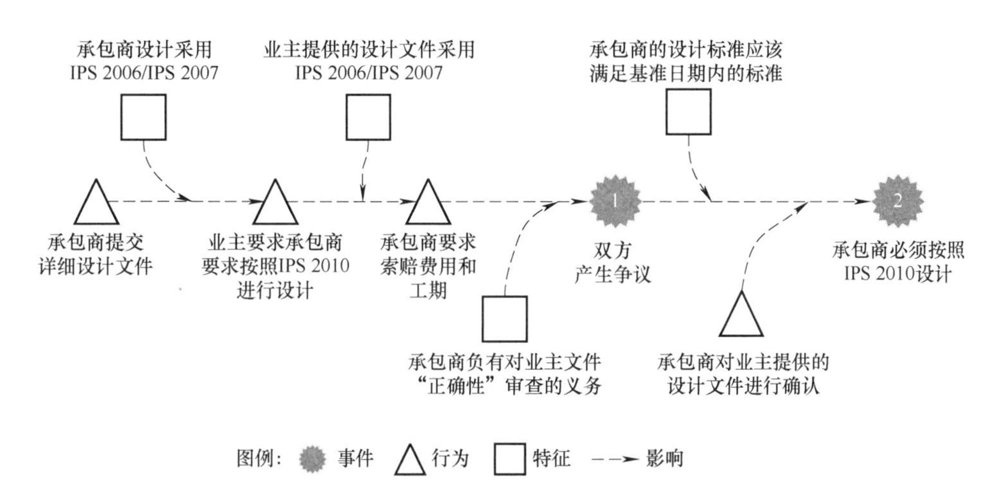

图 6.14　某油田地面设施建筑项目设计审批争议形成过程与处理

合同签订后，承包商开始提交详细设计文件，业主在审查承包商文件时发现其不符合《伊朗国家石油工业标准》（Iranian Petroleum Standards，IPS）2010 版，要求承包商进行修改。对此，承包商持反对意见。承包商提出合同中规定设计标准的优先顺序依次是业主提供的设计文件、IPS、国际标准和规范，并且业主提供的设计文件均采用 IPS 2006/IPS 2007。同时承包商在投标报价时也均采用 IPS 2006/IPS 2007，若业主仍坚持要求采用 IPS 2010，应视为变更并要求索赔费用和工期，因此双方产生了争议。

事实表明，承包商在投标阶段与巴基斯坦的 CEIS 设计工程公司签订协议，对业主提供的设计文件进行了确认，且未提出设计标准版次适用问题。在设计项目中，承包商对设计标准版本适用产生误解，机械地认为应按照业主提供文件中的 IPS 2006/IPS 2007 进行设计。然而，从合同的整体性来看，IPS 2010 出版于 2010 年 7 月，而承包商的设计标准应该满足基准日期内的最新标准，故承包商必须按照 IPS 2010 设计（张浩，2014）。

本案例中，承包商由于错误理解了业主要求的性能标准，且未及时与业主沟通，导致采用了错误的标准进行了投标报价以及设计工作，对于业主提出的修改意见造成的设计返工及损失均由承包商自行承担，给承包商带来了巨大损失。因此，承包商在进行设计工作时，一定要仔细认真地了解业主要求的性能标准，积极与业主沟通确认性能标准，尽量避免这种情况的发生。

3）基于业主干预设计方案的设计审批争议过程案例分析。该争议事件发生在某水电站项目中，争议形成过程与处理结果如图 6.15 所示。用文字进行描述说明，具体如下：该水电站位于厄瓜多尔东北部的科卡（Coca）河上，整个项目由中国进出口银行提供 85% 的买方信贷，合同额 23 亿美元，是中国对外承揽的规模最大的水电工程之一。项目主合同为非标准 FIDIC 合同条款的固定总价合同，合同条件苛刻并赋予业主/咨询很大的权力。在设计时必须先报送设计准则，在设计准则获得咨询批准后才能报送计算书，在计算书经批准后才能报送设计图，同时，该项目合同工期紧迫并且规定了巨额逾期罚款。

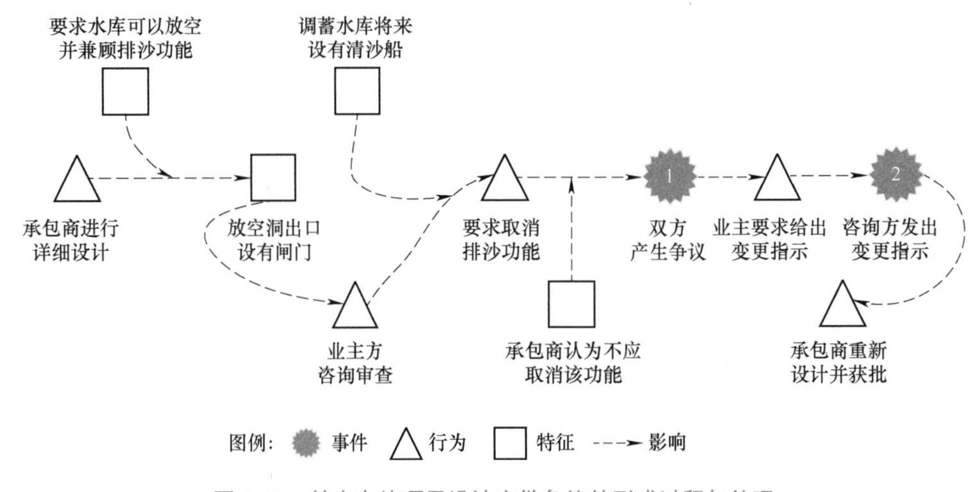

图 6.15　某水电站项目设计审批争议的形成过程与处理

合同签订后，承包商开始进行水电站项目的详细设计，根据合同中基本设计文件规定的技术，调节水库放空洞在运行期可对调节水库进行放空，并兼顾排沙功能。因此在建筑物布置上，放空洞出口设有弧形控制闸门与闸门室，进口设有平板检修闸门。业主方咨询审查后认为，根据合同，调蓄水库将来设有清沙船，所以放空洞不应再兼顾排沙功能，要求取消放空洞兼带的排沙功能，无须设闸门控制。承包商基于对工程负责的态度，向咨询方表达了放空洞对调节水库的长期运行有利，不应取消其排沙功能。双方就此产生争议。

为促进工程进展，承包商要求咨询方发出变更指示，咨询方随后给出了这一变更指示。在接到指示后，承包商进行了重新设计，取消了其排沙功能，重新上报了详细设计文件，并获得了咨询方的批准。之后承包商按咨询方批准的放空洞设计完成了相应的建设任务，整个水电站工程于 2016 年 11 月竣工并投产发电。调节水库经过近一年的实际运行后，业主认识到放空洞取消排沙功能带来的不利影响，向承包商问询目前的调节水库放空洞可否作为排沙洞使用，但业主方并未就此不利影响向承包商提出任何索赔意向。

纵观调节水库放空洞取消排沙功能的一变更过程可以看出，咨询方给出的审查意见虽然对承包商有利，但承包商并没有匆忙接受咨询意见进行修改，而是及时发出异议通知并在相关会议纪要中记录承包商意见。后在咨询方坚持这一要求的情况下，承包商要求咨询方发出变更指示，咨询方同意发出变更指令。由此，承包商才有效地避免了业主方利用不符合项目预期目的的条款而对调节水库运行造成的不利影响向承包商提出索赔要求的情况出现。

3. 业主设计审批争议的应对策略

首先，业主要求不清导致设计审批争议的对策。在项目前期，业主应对项目进行完整的定义，尤其是关于承包商投标报价以及帮助承包商理解项目进行后续设计的信息要清晰准确。对此，业主应制定明确的、功能驱动的性能标准，在自身能力不足时，应委托专业机构来进行编制。在编制过程中，其基本要素描述要尽可能清晰，同时还要做到“粗细得当”，尽量减少基于规定型的指标，采用基于绩效型的指标，如功能需求、质量标准等，给予承包商选择实施方案的选择权以及足够的创新空间。

承包商在项目前期要做好现场踏勘工作，准确评估风险，建立与业主良好沟通的渠道，强化沟通以便完整、准确地理解业主需求，对不清晰的地方要及时提出，以函件的形式加以确认，掌握主动权，避免后续业主以设计方案不符合合同要求为由提出修改，造成设计大量返工，进一步加大工期与成本的损失。同时，业主与承包商应做到可公开信息的高度透明，以开放公开的方式实现资源共享。业主掌握的项目条件，如地质、水文等资料应与承包商分享，建立良性互动沟通机制，使得双方在相互认可、信任的情境下共同完成项目建设（龙亮等，2021）。

其次，性能标准理解不当导致设计审批争议的对策。对业主而言，前期应当做好《发包人要求》的编制工作，对性能需求进行清晰、精准的描述编写。每个项目在确定相应的功能目标后，便进一步确定项目必须满足的基本性能需求，以充分实现每个功能要求；每个性能需求又需要由一个或多个性能标准来定义，以满足需求本身。同时，业主与承包商之间要建立可靠的信任关系，通过及时的沟通增强对项目设计理解的一致性。合同中模糊的界面应以会议纪要、往来函件的书面形式明确，避免设计理解分歧导致争议。

此外，承包商首先要做到完整、准确地理解业主需求，并进行及时、充分的沟通，如果发现任何不严谨、措辞不当或有歧义的情况，立即向业主发函要求澄清，并且将澄清的结果记录、存档；其次，应加强对设计规范和设计标准的重视学习，熟练掌握并运用项目要求的设计规范标准并认真研究合同中对设计规范的要求，同时要总结类似工程的设计经验；最后值得注意的是，承包商履行合同义务时，不仅要按照技术标准进行设计，其完成工程还必须同时满足工程预期目的或使用功能要求，满足使用功能要求的义务优先于遵守一定标准的义务，也就是说，即使承包商按照标准实施工程且不存在过失，但最终项目未能满足工程预期目的，承包商也要承担违约责任。

最后，业主干预设计方案导致设计审批争议的对策。首先，业主需要转变传统 DBB 模式下的心态，不能过度干预承包商设计，给予承包商一定的设计空间，发挥其对项目设计问题提出创造性和创新性解决方案的能力。对于承包商设计文件中确不符合业主要求的部分及时提出修改意见，以保证合同目标的顺利实现，而无正当理由提出的修改将被视为构成变更，其应对干预的行为承担相应的责任。业主在审批过程中还应注意质量标准和合同价格联动审核，避免出现干预承包商设计方案的情况发生。

另外，在项目执行期间，若出现业主没有合理依据执意要求采用某一方案或与合同要求相悖的情况，承包商要善于运用异议权，及时发出异议通知说明风险及不利后果。若业主仍一味坚持修改，承包商应注意收集相关文件和资料等作为索赔证据，确保能够出具令业主信服的索赔依据并按规定及时发出索赔通知，掌握索赔主动权（王雪晴等，2022）。此外，双方必须重视合同中风险责任的划分，在做到公平合理风险分担的同时明确双方的设计责任，有效厘清设计范围以及双方各自责任，避免后续争议产生。

综上所述，在设计施工总承包项目中，设计审批是业主控制质量的一种有效手段，但由于双方对承包商设计成果是否符合要求的判定标准不一，常导致争议产生，使项目的进度甚至成本都受到严重威胁。对此，业主应尽量明确业主要求的内容，与承包商加强沟通，达成对项目理解的一致性，同时给予承包商一定的设计空间；承包商则应当提高自身设计能力，确保设计成果符合设计标准规范，同时也要多与业主进行交流，以便准确理解业主需求，确保设计成果满足业主要求；双方应保持良好的合作关系，创建公平、公开、透明的信息共享机制，实现资源共享，最终达成双赢。

第7章 工程总承包模式下总价合同价款调整

7.1 总价计价方式下工程量风险及合同价款调整

7.1.1 传统模式下工程量偏差风险及其调整原则

1. 工程量偏差风险由发包人承担

《2013 版清单》第 2. 0. 17 项中，工程量偏差的定义为：“承包人按照合同工程的图纸（含经发包人批准由承包人提供的图纸）实施，按照现行国家计量规范规定的工程量计算规则计算得到的完成合同工程项目应予计量的工程量与相应的招标工程量清单项目列出的工程量之间出现的量差。”由工程量偏差的定义可知，依据工程量计算规则得到的应予计量的工程量与招标工程量清单项目中列出的工程量之间的差异均属于工程量偏差的范围。

招标工程量清单是由发包人将拟建的招标工程全部内容按照统一的工程量计算规则以及招标文件中的技术规范（统一工程项目划分、统一计量单位、统一工程量计算规则），根据设计图计算出招标工程量并予以统计、汇总，从而得出工程量清单。其目的在于使承包人有一个共同的报价基础，避免由于工程数量的不一致导致总报价参差不齐，但招标工程量清单并非承包人实际完成的应予计量的工程量。由于发包人给出的工程量表中的工程量是参考数字，而实际工程款结算按实际完成的工程量和承包人所报的单价计算，因此，在这种量价分离的模式下，工程量偏差风险由发包人承担，报价（主要为单价和费率）风险由承包人承担。

2. 工程量偏差产生的原因

采用工程量清单方式进行招标的工程项目，一般要求该工程的施工图已完成，且工程全部内容已经确定。但实际上，出于工期考虑，很多工程往往在设计之初就开始了招标工作，这样就导致工程招标时图纸的设计深度不够，详细尺寸尚未完全确定，会造成实际工程量与招标工程量清单中的工程量出现差异。有时会出现某一分部分项工程尚未确定就开始施工的情况，以致工程项目实施过程中需要根据具体情况增减某些项目，这就产生了工程量的增减，造成工程量偏差。工程量偏差产生的原因是多样的，其表现形式也是不同的，研究表明工程量偏差的原因可以归纳为四类（陈静，2014）。

1）工程量清单编制错误引起的工程量偏差，如工程量清单缺项、工程量计算错误、项目特征描述错误、清单编制人员未按计量规则计算工程量。其中，前三种错误属于建设工程内容相关信息与设计图等不符并出现歧义，是建设工程内容信息错误；第四种错误属于编制人员未按合同约定使用统一的工程量计量规则中的相关规定来计量工程量，是规则性错误。

2）施工条件变化引起的工程量偏差，与现场踏勘有关，如地形地貌条件变化、遇到不利的地下障碍物、水文条件变化。这些变化都可能使得施工条件发生改变，所以将其归为施工条件变化引起的工程量偏差。

3）工程变更引起的工程量偏差，由发包人自身提出的，如改变原合同的工作内容、改变原有的工程质量和性质、改变原有的工程施工顺序和施工时间、工程的增减等。

4）设计图设计深度不足引起的工程量偏差，如设计各专业不协调、设计前后矛盾、细部方案不合理。

综上所述，DBB 模式清单计价方式下建设项目工程量偏差产生的原因可归纳为图 7.1 所示。

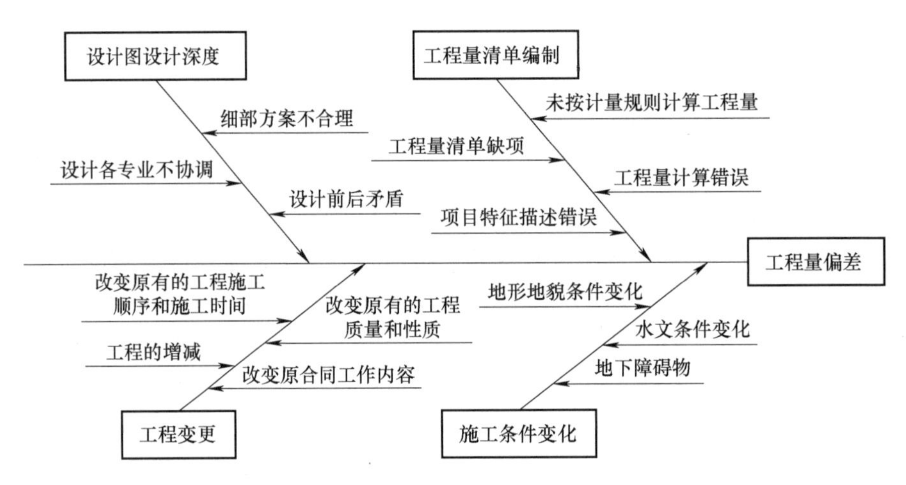

图 7.1　工程量偏差产生的原因

3. 工程量据实结算原则

《2013 版清单》第 8.2.1 项规定："工程量必须以承包人完成合同工程应予计量的工程量确定。"第 8.2.2 项规定："施工中进行工程计量，当发现招标工程量清单中出现缺项、工程量偏差，或因工程变更引起工程量增减时，应按承包人在正确履行合同义务中完成的工程量计算。"对重新计量导致招标工程量清单中的工程量和承包人实际完成的工程量之间的差异，发承包双方需要根据工程量及重新计量的结果确定部分工程的适宜单价。

在工程量清单计价方式中，作为招标文件重要组成部分的招标工程量清单由发包人提供，其准确性和完整性由招标人负责。承包人依据发包人按统一项目（计价项目）设置，统一计量规则和计量单位按规定格式提供的项目实物工程量清单，结合工程实际、市场实际和企业实际，充分考虑各种风险后，提出包括成本、利润和税金在内的综合单价，由此形成合同价格。由结算工程量形成的原理可知，招标工程量清单中的工程量并不是结算确认的工程量，而只是估算工程量，此工程量不能作为支付承包商的基础，而实际工程款结算按实际完成的工程量和承包人所报的单价计算。

4. 工程量偏差超过约定幅度的因量裁价原则

（1）约定工程量偏差的幅度　对于任一招标工程量清单项目，合同履行期间若应予计量的实际工程量与招标工程量清单中的工程量出现偏差，都会影响承包商的施工成本。若不对综合单价进行调整，容易产生承包商超额盈利或超额亏损。因此，合同对工程量偏差的处理原则常常做出下述规定：发承包双方应在合同签订过程中协商约定一个工程量偏差幅度，如工程量偏差在约定幅度内，则执行原有的综合单价。如工程量偏差超过合同约定幅度，则由承包人提出新的综合单价，经发包人予以确认后作为新的综合单价。这些规定均是为了降低发承包双方可能发生的风险，最终目的是形成帕累托效率，使至少有合同一方当事人利益得到改善的同时不使合同双方当事人的利益恶化。

1999 版 FIDIC 新红皮书、《建设工程施工合同（示范文本）》（GF—2017—0201）（简称《2017 版施工合同》）与《2013 版清单》中关于工程量变化幅度的规定见表 7.1。

表 7.1　不同合同范本、规范中有关工程量变化幅度的规定

序　号	文 件 名 称	条 款 规 定	有关工程量变化幅度的规定	对整个合同价格影响的描述
1	1999 版 FIDIC 新红皮书	该项工作测出的数量变化超过工程量表或其他资料表中所列数量的 10% 以上；此数量变化与该项工作上述规定的费率的乘积，超过中标合同金额的 0.01%	超过 10%	超过 0.01%
2	《2017 版施工合同》	变更导致实际完成的变更工程量与已标价工程量清单或预算书中列明的该项目工程量的变化幅度超过 15% 的，或已标价工程量清单或预算书中无相同项目及类似项目单价的，按照合理的成本与利润构成的原则，由合同当事人按照第 4.4 款〔商定或确定〕确定变更工作的单价	超过 15%	—
3	《2013 版清单》	9.6.2　对于任一招标工程量清单项目，当因本项规定的工程量偏差和第 9.3 款规定的工程变更等原因导致工程量偏差超过 15% 时，可进行调整	超过 15%	—

通过表 7.1 关于工程量变化幅度的规定得出，并不是所有工程量变化都会引起单价的调整，只有当工程量变化超过合同规定的幅度后，单价才会予以调整；当工程量变化幅度较小，在合同约定的范围（如 FIDIC 合同条件中约定的 10%）内时，则单价可以不调整，这是双方约定应承担的风险。例如，1999 版 FIDIC 新红皮书中关于因工程量变化需采取新的费率或价格规定，变化幅度超过 10%，或超过中标合同金额的 0.01% 费率或价格才予以调整。

（2）综合单价调整方法　施工合同履行期间，若应予计算的实际工程量与招标工程量清单列出的工程量出现偏差，或者因工程变更等非承包人原因导致工程量偏差，该偏差对工程量清单项目的综合单价将产生影响，是否调整综合单价以及如何调整，发承包双方应当在施工合同中约定。如果合同中没有约定或约定不明的，可以按以下原则办理：

《2013 版清单》第 9.6.2 项规定，对于任一招标工程量清单项目，当因本项规定的工程量偏差和第 9.3 款“工程变更”等原因导致工程量偏差超过 15% 时，可进行调整。当工程量增加 15% 以上时，增加部分的工程量的综合单价应予调低；当工程量减少 15% 以上时，减少后剩余部分的工程量的综合单价应予调高。”至于具体的调整方法，可参见式（7-1）和式（7-2）。

1）当 $Q_1 > 1.15Q_0$ 时：

$$S = 1.15Q_0 \times P_0 + (Q_1 - 1.15Q_0) \times P_1 \tag{7-1}$$

2）当 $Q_1 < 0.85Q_0$ 时：

$$S = Q_1 \times P_1 \tag{7-2}$$

式中　S——调整后的某一分部分项工程费结算价；

Q_1——最终完成的工程量；

Q_0——招标工程量清单中列出的工程量；

P_1——按照最终完成工程量重新调整后的综合单价；

P_0——承包人在工程量清单中填报的综合单价。

不平衡报价策略下，新综合单价 P_1 的确定需要考虑两点：一是发承包双方协商确定；二是与招标控制价相联系。当工程量偏差项目出现承包人在工程量清单中填报的综合单价与发包人招标控制价相应清单项目的综合单价偏差超过15%时，工程量偏差项目综合单价的调整可参考式（7-3）和式（7-4）。

1）当 $P_0 < P_2 \times (1-L) \times (1-15\%)$ 时，该类项目的综合单价为

$$P_1 = P_2 \times (1-L) \times (1-15\%) \text{ 调整} \tag{7-3}$$

2）当 $P_0 > P_2 \times (1+15\%)$ 时，该类项目的综合单价为

$$P_1 = P_2 \times (1+15\%) \text{ 调整} \tag{7-4}$$

3）当 $P_0 > P_2 \times (1-L) \times (1-15\%)$ 且 $P_0 < P_2 \times (1+15\%)$ 时，可不调整。

式中　P_0——承包人在工程量清单中填报的综合单价；

P_2——发包人招标控制价相应清单项目的综合单价；

L——承包人报价浮动率。

7.1.2　工程总承包项目工程量偏差风险及其调整

1. 总价合同计价方式下工程量变化的界定与分类

所谓总价合同，是指发承包双方以承包人根据《发包人要求》以及发包时的设计文件在投标函中标明的总价并在合同中约定，依据合同约定对总价进行调整、确认的建设工程合同。总价合同可分为三种类型：

（1）以施工图为基础发承包的总价合同　当合同约定的价格风险超过约定范围时，发承包双方根据合同约定调整合同价款，即为可调总价合同；若合同约定总价包干，不予调整时，即为固定总价合同，由承包人承担价格变化的风险，但对工程量变化引起的合同价款调整遵循以下原则：

1）当合同价款是依据承包人根据施工图自行计算的工程量确定时，除发包人提出的工程变更引起的工程量变化进行调整外，合同约定的工程量是承包人完成合同工程的最终工程量，即承包人承担工程量的风险。

2）当合同价款是依据发包人提供的工程量清单确定时，发承包双方应依据承包人最终实际完成的工程量（包括工程变更，工程量清单错、漏项等）调整确定合同价款，即发包人承担工程量的风险。

（2）以《发包人要求》和初步设计图为基础发承包的总价合同　设计施工总承包（DB），除《发包人要求》和初步设计变更引起工程量变化外，承包人承担工程量和约定范围内的价格风险，超过合同约定范围的价格风险采用指数法进行调整，由发包人承担，即为

可调总价合同；若合同约定总价包干，即为固定总价合同。

（3）以《发包人要求》和可行性研究报告或方案设计为基础发承包的总价合同　设计施工总承包（DB）或设计采购施工总承包（EPC），除《发包人要求》和方案设计变更引起工程量变化外，承包人承担工程量和约定范围内的价格风险，超过合同约定范围的价格风险采用指数法进行调整，即为可调总价合同；若合同约定总价包干，即为固定总价合同。一般来说，如采用EPC方式，除《发包人要求》有变更外，工程量和价格风险均由承包人承担。

总价合同适用于以发包人要求、可行性研究或方案设计、初步设计为基础进行发承包的建设项目工程总承包。财政部与原建设部联合发布的《建设工程价款结算暂行办法》中，明确“合同工期较短且工程合同总价较低的工程，可以采用固定总价合同方式”。可见，固定总价合同的适用范围实际较为狭窄。对于工期较短且规模较小（合同总价较低）的工程，一般不可控因素较少，因此其投资风险也较小，采用总价合同往往能够使得计价结算更为便捷，工程投入也基本能够合理预见。但需注意的是，固定总价合同的结算价并不是绝对固定的，工程变更、不可预见的地质条件、法律法规政策变化等均可能造成合同价发生调整。

总价计价方式下的计量计价风险见表7.2。

表7.2　总价计价方式下的计量计价风险

<table>
<tr><th></th><th>承包商深化设计阶段</th><th>承包商施工阶段</th><th>竣工结算阶段</th></tr>
<tr><td>工程量风险</td><td>承包商在工程设计开始之前，应完全理解业主要求，并将业主要求中出现的任何错误、失误、缺陷通知业主。除业主要求对合同约定内容做调整外，工程量不可变化，承包商存在工程量的风险</td><td>在业主没有修改设计或《发包人要求》的情况下，工程量作为承包商的风险，一般不给予承包商以价格补偿。但业主有权调减工程量，并相应减少合同总额，但需要对删减部分做出合理补偿</td><td rowspan="2">就一般而言，竣工结算必将涉及增减工程量的问题。“工程总造价以决算为准”的意义在于审查设计图之外的工程量变化，并不等同于以竣工决算价款作为结算价。结算应付的工程款总额 = 合同包干固定总价 + 增补工程量款的总价款 − 预付及已结算工程价款。因此，并不改变总价合同下承包商所承担的量价风险</td></tr>
<tr><td>价格风险</td><td>承包商承担了价格风险。由于是总价合同，一般不能修正，因为总价优先，业主是确认总价，承包商仍然承担报价风险，如报价计算错误、漏报项目、不正常的物价上涨或通货膨胀</td><td>《发包人要求》内的责任由总承包商承担，《发包人要求》及工程改变的责任由业主承担，即对符合变更的工程量相应计算，按合同约定的调整方式进行计算，调整合同总价</td></tr>
</table>

在总价计价方式下，除工程变更以外，总价合同各项目的工程量应为承包人用于结算的最终工程量，由于工程量清单缺陷引起工程量增减的，工程量不做调整，而由于工程变更引起工程量增减的，按承包人完成变更工程的实际工程量确定。根据总价计价方式下计量风险结合实践中工程量变化的主要表现形式，可以将工程量变化分为以下两种类型（王维方，2017）：

（1）工程变更引起的工程量变化　此类工程量变化是指原合同范围内未涉及的工作内容，包括基于原承包合同完成的其他任何工作，或由于前期工作不到位、设计失误或设计过于保守以及不可抗力事件等客观因素诱发发包人提出工程变更，取消《发包人要求》中的某项原定工作或工程。

（2）工程量偏差　此类工程量变化是指合同中对应的工程范围、建设工期、工程质量、技术标准等实质性内容未发生变化，由于前期设计图的缺陷、清单编制人员的失误以及初步设计深度不足、工程范围模糊等风险因素的存在而造成的工程量差异，工程性质并没有发生改变。

2. 工程量偏差风险主要由承包商承担

在工程总承包合同中，承包商不仅要承担相关的施工责任，还需要对工程总承包合同中约定的应由其完成的设计工作全面负责。因此，除了合同约定的风险或调价因素外，合同总价一般不予调整。在总价合同计价方式下，承包商要承担大部分工程量风险，并不包括工程变更引起的工程量变化。由承包商承担的工程量偏差风险主要包括以下几个方面：

1）工程量计算的错误。业主有时给出工程量清单，有时仅给出图纸、规范，让承包商投标报价，则承包商必须对工作量做认真复核和计算。如果工作量有错误，由承包商负责，但招标人也要给予投标人合理且足够的时间制作投标文件。

2）由于投标报价时设计深度不够所造成的工程量计算误差。对于EPC合同，如果业主采用初步设计文件招标，让承包商按初步设计进行报价，承包商只能按经验或统计资料估计工程量，由此造成的损失由承包商自己承担。

3）承包商设计优化。承包商设计优化是指在符合设计及验收规范要求的前提下对《发包人要求》中未明确的原有设计进行的合理调整，需要书面报送业主并认可。此时，工程量和价的风险由承包商自行承担，业主往往也不会给予承包商合同价款调整。

4）由于工程范围不确定或预算时工程项目未列全造成的损失。由于实际情况下承包商很难准确无误地解读业主诸如“项目的使用和功能要求”“满足预期的目的”等笼统的描述，从而导致对工程范围、设计范围的理解不一致等情况，也有可能造成工程量偏差。工程范围的明确对后续判断工程量的增减进而确定工程价款将产生直接影响，往往会引发业主与承包商之间的争议。

3. 工程量偏差风险案例分析

案例1：投标报价时设计深度不够所造成的工程量计算误差。

在某采用固定总价合同的工程中，承包商与业主就设计变更影响产生争执。最终实际批准的混凝土工作量为66000m³，对此双方没有争执。但承包商坚持原合同工程量为40000m³，则增加了65%，共26000m³；而业主认为原合同工程量为56000m³，则增加了17.9%，共10000m³。双方对合同工程量差异产生的原因在于：承包商报价时业主仅给了初步设计文件，没有详细的截面尺寸。同时由于做标期较短，承包商没有时间细算，就按经验匡算了一下，估计为40000m³。合同签订后详细施工图出来，再经细算，混凝土量为56000m³。当然作为固定总价合同，这个16000m³的差额（即56000m³ − 40000m³）最终就作为承包商的报价失误，由其自己承担。

同样的问题出现在我国一大型商业网点开发项目中。该项目为中外合资项目，我国一承包商用固定总价合同承包土建工程。由于工程巨大、设计图简单、做标期短，承包商无法精确核算，对钢筋工程就按建筑面积和我国的钢材用量的概算指标估算。承包商报出的工作量为1.2万t，而实际使用量达到2.5万t以上。仅此一项，承包商损失超过600万美元。这是一个使用固定总价合同带来的普遍性问题，在这方面承包商的损失常常是很大的。

案例2：在EPC固定总价合同中承包商设计优化导致的增项工程是否应该相应地增加工程款？

1. 案例背景

2007年10月，山东某发电公司（发包人）与江苏某环保工程建设公司（承包人）签订《2×150MW机组烟气脱硫工程合同》（简称《合同》）。《合同》约定，由承包人承包发包人1、

2机组炉外烟气脱硫工程，工程承包方式为EPC总承包，合同价款为固定总价5240万元。

双方在《合同》第4.3款约定："本合同总价在合同执行期内为不变价，遇下列情况做相应调整：氧化风机已包含在合同总价中，如设计不需要，按乙方（承包人）投标价格从合同总价中扣除；如乙方考虑不周，漏设或其他原因等造成工程量的增加，增加的工程量不再增加费用。"《合同》专用条款中约定，本合同价款为闭口价，除合同条件第4.3款外，在整个合同执行期内不变，本合同价款包含但不限于乙方为完成本工程所发生的所有费用及风险，乙方已在投标报价时充分考虑。

双方在技术协议书中约定，在本协议书中关于各系统的配置和布置等是甲方的基本要求，仅供乙方设计参考，并不免除乙方对系统设计和布置等所负的责任。

2. 争议事件

合同签订后，承包人开始施工。2009年12月18日，发包人与承包人召开脱硫干燥系统改造方案讨论会，对干燥系统改造方案进行讨论，并形成会议纪要。

会议纪要载明：采用蒸汽换热方式，由于出料量设计为18t/h，蒸汽消耗量较大，承包人应设计采用电厂锅炉热风作为干燥源，根据发包人锅炉热风运行参数和干燥系统运行参数选择合适的管径和阀门，干燥方案报发包人审批后组织实施。后承包人实施了改造工程。

2012年8月，承包人就未结工程款向江苏某中级人民法院提起诉讼，请求法院判令发包人支付增项工程款423万元以及利息。一审法院驳回了承包人主张的增项工程款423万元及利息的反诉请求。承包人不服一审法院判决，提起了上诉。

3. 争议焦点

发包人是否应当支付工程量增加导致工程费用增加的部分？

4. 争议分析

承包人认为改造工程部分是由于发包人提供的蒸汽不符合要求而导致的，因此该部分应认定为增项工程量。《技术协议书》约定："本协议中关于各系统的配置和布置等是甲方的基本要求，仅供乙方设计参考，并不免除乙方对系统设计和布置等所负的责任。"两级法院均认为，本合同为EPC合同，承包人应对勘测、设计、施工、采购全面负责，且《技术协议书》中明确约定发包人提供的配置和布置仅供承包人参考，承包人必须对技术参数的准确性负责，故承包人无权要求发包人承担设计风险。

5. 案例总结

EPC合同下工程量偏差风险面临复杂的情形。

1）认定是否构成工程变更不再简单取决于工程实施过程中客观上是否增加或减少工程量，在发包人未改变功能需求的情况下，承包人为满足总包合同约定的目的所做出的变更将被包含在固定总价内，通常不再被认为是能够影响价格的因素。

2）不仅单纯工程量的增加一般不视为工程变更，而且承包人设计优化也是承包人履行合同义务所必须承担的责任，对于因承包人设计优化而导致的工程量增加，属于承包人的责任范围，承包人无权要求调增合同价款，即使该参数由发包人提供（由发包人提供承担责任的情况除外）。

3）判断是否由于工程变更导致工程量增加，关键在于设计方案的调整是否符合变更的构成要件，即是否涉及对发包人要求的改变，这包括发包人改变了发包人要求，或者发包人提出了更多的要求，以及这些改变或新要求是否由发包人发出指令或者经发包人批准。

案例3：总承包商对合同总价内的工作范围理解不当造成工程项目缺项引发工程量偏差风险。

1. 案例背景

在该项目中，业主为了方便整个管道工程系统的交通与应急检修，在合同工作范围中规定："若在工程的配套设施 Ebid 炼厂和 Khart 炼厂各自的 50km 以内没有简易机场，则承包商应在这两个炼厂的 50km 内的区域各自修建一个简易机场"。

2. 争议事件

在工程开工后的现场详细勘察中，中方承包商的设计部发现，在距两个炼厂的 50km 范围内实际上已经分别存在简易机场了。于是，中方承包商的设计部就致函业主，按照合同不再修建简易机场。业主最初回信，同意不再修建简易机场。

但后来业主发现，其中一个炼厂附近的简易机场是军用的，不允许商业使用，因此又重新来函要求中方承包商必须修建一个简易机场，并将另一个不需要修建的简易机场的费用从合同价格中扣除。

中方承包商回函，不认可此项变更，既不同意修建一个机场，也不同意扣除另一个简易机场的费用，理由是：从合同的措辞来看，只要是两个炼厂 50km 以内有简易机场，就可以不再修建。而且，承包商在其投标报价中根本没有包含简易机场建设费用。若业主坚持要再修建简易机场，必须下达追加工作的变更命令，而不是删减工作的变更命令，并对承包商予以费用和工期补偿。

业主不同意承包商的说法。因为业主发现，作为 EPC 合同一部分的承包商技术建议书的内容中包括了简易机场，在承包商的商务建议书的报价中，必然包含此费用。所以，承包商必须自费修建一简易机场，并从合同价格中扣除另一个不需修建的简易机场的费用。

中方承包商致函业主，在承包商的技术建议书中出现了简易机场的设计是一个笔误，因为承包商在投标前期原计划修建简易机场，但在投标勘查阶段发现存在简易机场，就将简易机场的工作内容从技术建议书中删除了，只是在技术建议书的一个目录中忽略了删除"简易机场的设计"这几个字。在详细的设计和施工计划中，并没有具体描述简易机场设计和施工的内容。同时对 EPC 合同价格进行了分解，以证明其中没有包含简易机场的费用。

3. 最终结果

双方经过多次谈判，最终达成协议：中方承包商自费修建一个简易机场，另一个简易机场不再修建，业主也不再从合同价格扣除其费用。

由于承包商对工程范围的理解出现偏差，未将业主要求中建造机场的费用计算在投标报价中，发承包双方最终相互让步。一方面，承包商对合同价格进行分解，证明了没有包含机场修建费用；另一方面，严格来讲，其中一个机场是军用机场，不属于合同规定的简易机场，若就此提交仲裁，承包商无法取得有利仲裁，最终进行了合理的让步。

4. 经验教训

在 EPC 项目投标阶段，承包商在编制投标文件时一定要仔细认真，对技术建议书的编制应恰当地反映原招标文件的要求以及现场勘查实际情况，并与商务建议书中的报价一一对应。

承包商应仔细研读合同文件，如果发现任何不严谨、措辞不当或有歧义的内容，立即向业主发函要求澄清，并且将澄清的结果记录、存档，从而减少由于主观或客观原因导致的合同文件的含混之处而造成的损失。

7.2 总价计价方式下价格风险及合同价款调整

7.2.1 总价计价方式下的价格风险

1. 价格风险的界定

固定总价合同一经签订，投标时的询价失误、合同履行过程中的价格上涨风险等均由承包商自己承担，业主不会给予补偿。承包商要承担的价格风险具体包括：①报价计算错误的风险，即纯粹由于计算错误而引起的风险。②漏报项目的风险。在固定总价合同中，承包方所报合同价格应包含完成合同规定的所有工程的费用，任何漏报都属于承包方的风险，由承包方承担由此引发的各种损失。③不正常的物价上涨和过度通货膨胀的风险。在报价时，承包方必须对市场的变化做充分的估计，减少由于价格变化带来的风险和造成的损失。

采用总价合同在工程项目的早期就可以确定工程的价格，工程中双方合同价款结算方式比较简单、省事。在正常情况下，这可以免除业主由于追加合同价款、追加投资带来的需要上级，如董事会甚至股东大会审批的麻烦。但由于承包商承担了量和价的全部风险，报价中不可预见风险费用较高，承包商报价的确定必须考虑施工期间物价变化以及工程量变化带来的影响。总价计价方式下的计量计价风险见表7.2。

工程总承包模式下，由于项目周期时间长，很容易受到经济危机、金融危机、通货膨胀等影响，造成材料价格出现波动。如果总承包商与业主签订的合同中没有调价条款，必然会给总承包商带来风险，造成成本亏损（胡万勇，2020）。当物价发生在正常范围内的波动时，这一部分是包含在承包商报价范围内的，超过的按照合同约定进行调整，这与双方签订的是否为总价合同关系不大；但在物价发生异常波动时，此时进行的价格调整就突破了固定总价的约束。

2. 暂估价及其确定方式

(1) 暂估价的定义　暂估价是指发包人在工程量清单或预算书中提供的、用于支付必然发生但暂时不能确定价格的材料、工程设备的单价、专业工程以及服务工作的金额。我国的各合同文件中也对其释义进行了阐述，如图7.2所示。

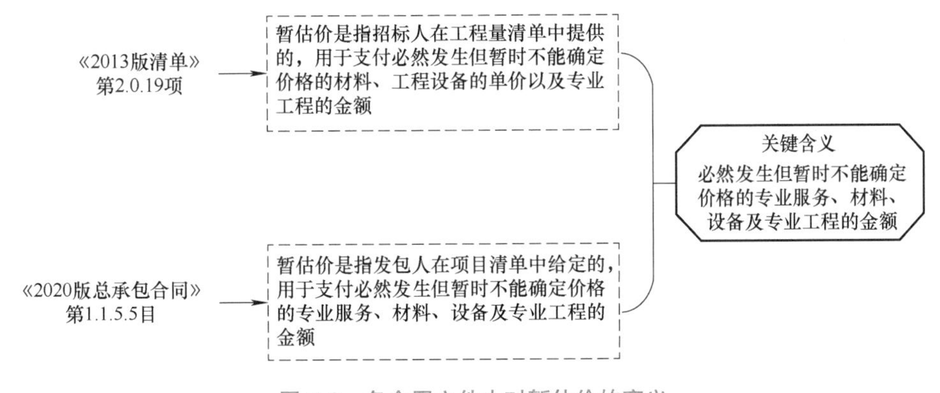

图7.2　各合同文件中对暂估价的定义

（2）暂估价的确定方式　暂估价不属于直接物价变化导致的合同价款调整，其本质是在合同签订阶段，此部分暂估项目的合同价款未确定，需要在合同履行阶段进一步明确的合同价款组成部分（李群堂，2020）。具体确定方式根据暂估价金额大小和合同约定。依据招标投标法、政府采购法和工程量清单计价规范等有关规定和约定，暂估价项目可以分为属于依法必须招标的暂估价项目和不属于依法必须招标的暂估价项目两大类。

1）依法必须招标暂估价项目。《招标投标法实施条例》和《2013版清单》将暂估价专门列为一节，规定材料、工程设备、专业工程暂估价属于依法必须招标的，“应由发承包双方以招标的方式选择供应商，确定价格，并应以此为依据取代暂估价，调整合同价款”。招标工程量清单中给定暂估价的专业工程，以专业工程发包中标价为依据取代专业工程暂估价，调整合同价款。

《2020版总承包合同》中对于依法必须招标的暂估价项目，有两种确定方式：承包人招标、发包人和承包人共同招标。专用合同条件约定由承包人作为招标人的，招标文件、评标方案、评标结果应报送发包人批准。与组织招标工作有关的费用应当被认为已经包括在承包人的签约合同价中。约定由发包人和承包人共同作为招标人的，与组织招标工作有关的费用在专用合同条件中约定。暂估价项目的中标金额与价格清单[⊖]中所列暂估价的金额差以及相应的税金等其他费用应列入合同价格，以此为依据调整合同价款。

2）不属于依法必须招标暂估价项目。《招标投标法实施条例》和《2013版清单》中规定不属于依法必须招标的材料和工程设备，“应由承包人按照合同约定采购，经发包人确认单价后取代暂估价，调整合同价款”；不属于依法必须招标的专业工程，按变更原则确定价款，并以此取代暂估价。

在《2020版总承包合同》中明确，对于不属于依法必须招标的暂估价项目，承包人具备实施暂估价项目的资格和条件的，经发包人和承包人协商一致后，可由承包人自行实施暂估价项目。具体的协商和估价程序以及发包人和承包人权利义务关系可在专用合同条件中约定。在确定暂估价项目的最终价格后，以此为依据调整合同价款。

案例：承包人是否应返还增压风机款项及应返还的具体数额（暂估价）？

1. 案例背景

2007年10月，山东某发电公司（发包人）与江苏某环保工程建设公司（承包人）签订《2×150MW机组烟气脱硫工程合同》（简称《合同》）。《合同》约定由承包人承包发包人1、2机组炉外烟气脱硫工程，工程承包方式为EPC总承包，合同价款为固定总价5240万元。

双方在《合同》第4.3款约定：“本合同总价在合同执行期内为不变价，遇下列情况做相应调整：氧化风机已包含在合同总价中，如设计不需要，按乙方（承包人）投标价格从合同总价中扣除；如乙方考虑不周、漏设或其他原因等造成工程量的增加，增加的工程量不再增加费用。”《合同》专用条款中约定，本合同价款为闭口价，除合同条件第4.3款外，在整个合同执行期内不变。本合同价款包含但不限于乙方为完成本工程所发生的所有费用及风险，乙方已在投标报价时充分考虑。

⊖ 价格清单是构成合同文件组成部分的、由承包人按发包人要求或发包人提供的项目清单格式填写并标明价格的项目报价明细。

2. 争议事件

合同签订后，承包人开始施工。2008年1月8日，发包人向承包人发函，载明："我公司从系统运行可靠性、建设投资以及今后运行维护费用等方面进行了详细的论证，确定取消增压风机，对原引风机及电机进行改造，以达到脱硫投运后的系统要求。另：相应扣除脱硫系统中增压风机的费用250万元，请贵方回函确认。"

同日，承包人回函，载明："贵司2008年1月8日关于脱硫工程取消增压风机的函已收到，我司同意贵司安排，现回函予以确认。"具体减项数额由双方签订补充协议后，本着友好协商原则继续寻找证据，进一步调研、论证后另行确定。

2014年4月，发包人向法院起诉，要求承包人返还增压风机款411万元和利息损失84万元。经一审法院委托，造价鉴定机构对增压风机的价格进行了造价鉴定。鉴定意见书认为，工程增压风机的报价为210万元/台（含安装和配套设备等一切费用）且近年来该类设备价格无明显变化。

因此，一审法院支持了发包人要求返还增压风机减项工程款411万元的请求，驳回了发包人关于利息的诉求。承包人不服一审法院判决，提起了上诉。

3. 争议焦点

承包人是否应返还增压风机款项及应返还的具体数额为多少？

4. 争议分析

双方签订的是固定总价合同，其中并未明确增压风机价格的组成。因增压风机暂估价未经竞争，属于待定价格，在合同履行过程中，当事人双方需要按照约定确定价款，具体确定方式根据暂估价金额大小和合同约定。

最终一审和二审法院都认可增压风机工程款返还发包人。但是对于具体款项，两级法院意见不一致。二审法院认为，《补充协议》中对减项数额重新约定的条款并不能视为双方协商一致以市场价扣除，故不支持发包人以市场价提出的411万元。调解过程中，发包人也一直主张250万元减项工程款，故应以250万元扣除减项工程款，无须支付利息。

3. 价格风险责任划分

当建设市场波动引起承包商价格风险时，单价合同计价方式下大都提倡风险由发承包双方共同承担。一般情况下，承包人采购材料和工程设备的，应在合同中约定材料、工程设备价格变化的调整范围或幅度；如没有约定，可按照《2013版清单》中的规定，材料、工程设备单价变化超过5%，则超过部分的价格应予以调整。这样就把5%以内的材料、工程设备单价变化的风险确定为由承包人承担。而总价合同计价方式下，FIDIC银皮书明确规定，风险由承包商独自承担；《2020版总承包合同》和《2012版招标文件》则规定由发包人选择是否转移风险。

通过对上述单价计价和总价计价方式下物价波动引起的价格风险责任进行分析，价格风险责任划分见表7.3。

表 7.3 不同合同计价类型下价格风险责任划分

计价类型	文件或范本	相关规定	价格风险责任划分
单价计价	《建设工程工程量清单计价规范》(GB 50500—2013)	第3.4.1项规定，建设工程发承包，必须在招标文件、合同中明确计价中的风险内容及其范围，不得采用无限风险、所有风险或类似语句规定计价中的风险内容及范围。第3.4.3项规定，由于市场物价波动影响合同价款的，应由发承包双方合理分摊，按本规范附录L.2或L.3填写《承包人提供主要材料和工程设备一览表》作为合同附件；但合同中没有约定，发承包双方发生争议时，应按本规范第9.8.1~9.8.3项规定调整合同价款	风险共担
	《建设工程施工合同（示范文本）》(GF—2017—0201)	第11.1款规定，除专用合同条款另有约定外，市场价格波动超过合同当事人约定的范围，合同价款应当调整。合同当事人可以在专用条款中约定调整方法进行合同价款调整。而调整公式中的各可调因子、定值、变值权重以及基本价格指数及其来源需在投标函附录价格指数和权重表中进行约定。通常情况下，应在合同专用条款中约定主要材料、工程设备价格变化的范围或幅度，如没有约定，则材料、工程设备单价变化超过5%，超过部分的价格应按照价格指数调整法或造价信息差额调整法计算调整材料、工程设备费	风险共担
	《标准施工招标文件》(2007年版)	第16.1款规定，除专用合同条款另有约定外，因物价波动引起的价格调整可采用价格指数调整价格差额法和造价信息调整价格差额法。而调整公式中的各可调因子、定值、变值权重以及基本价格指数及其来源需在投标函附录价格指数和权重表中进行约定	风险共担
总价计价	FIDIC银皮书	第13.8款规定，如果合同价格因劳务、物品以及工程其他投入的费用波动而进行调整，则应在专有条件中予以规定	承包商独自承担
	《建设项目工程总承包合同（示范文本）》(GF—2020—0216)	第13.8款“市场价格波动引起的调整”中规定，主要工程材料、设备、人工价格与招标时基期价相比，波动幅度超过合同约定幅度的，双方按照合同约定的价格调整方式调整。发包人与承包人在专用合同条件中约定采用“价格指数权重表”的，双方可以将部分主要工程材料、工程设备、人工价格及其他双方认为应当根据市场价格调整的费用列入附件6“价格指数权重表”，并给出了差额计算公式以此调整合同价格。未列入“价格指数权重表”的费用不因市场变化而调整。另外，发承包双方约定采用其他方式调整合同价款的，以专用合同条件约定为准	在专用条款中进行约定承包商承担风险或是风险共担
	《标准设计施工总承包招标文件》(2012年版)	第16.1款规定，除专用合同条款另有约定外，因物价波动引起的价格调整可以采用价格指数调整价格差额（适用于投标函附录约定了价格指数和权重的）或采用造价信息调整价格差额（适用于投标函附录没有约定价格指数和权重的）	在专用条款中进行约定承包商承担风险或是风险共担

可见，无论是单价合同还是总价合同，都是在约定风险范围内的价格不进行调整，但对约定的风险之外的价格可以进行调整。在总承包项目中，风险系数外的价格调整主要指市场价格波动引起的调整。

7.2.2 物价波动引起的合同价款调整

1. 物价波动引起调整的触发条件

物价波动在建设工程项目中，主要体现在人工费、材料费、机械使用费等费用的变化，发承包双方应在合同中约定导致价格波动调整价款的因素及幅度。只有在双方合同中约定可调的情况并且达到双方约定可调整的幅度时，才按照合同中约定的调整方法进行相应调整。国内工程总承包合同文件中物价波动引起的调整也有详细的规定，详见附录L。

自2020年年底，受能耗双控、原燃煤炭价格上涨等多重因素影响，水泥、钢材、混凝土等建材价格持续上涨。为引导和规范建设单位和施工单位合理分担建筑材料价格波动的市场风险，全国很多省、直辖市和主要城市的住建部门或建设工程造价管理总站多地发布建筑材料价格波动风险预警，积极防范因价格波动带来的工程造价风险。具体文件内容见附录M。

通过分析可知，市场价格波动引起市场材料价格偏离合同签约价格的，承包人可控风险幅度确定为±5%～±10%，根据区域经济发展水平不同可进行相应调增与调减；由市场价格波动引起市场人工费偏离合同签约价格的，承包人可控风险幅度确定为±5%以内，根据区域经济发展水平不同可进行相应调增与调减；由市场价格波动引起市场机械施工使用费偏离合同签约价格的，承包人可控风险幅度确定为±10%以内，根据区域经济发展水平不同可进行相应调增与调减。

2.《2020版总承包合同》中约定的调价办法

根据第13.8.1项规定，合同当事人可以对主要工程材料、设备、人工价格与招标时基期价相比波动的幅度以及价格调整方式进行约定。约定后，双方在发生价格波动时按照约定的方式进行调整。第13.8.2.1目建议双方当事人将部分主要工程材料、设备、人工价格及其他双方认为应当根据市场价格调整的费用列入附件6“价格指数权重表”中，并在专用合同条件中约定采用附件6所列“价格指数权重表”；对于未列在“价格指数权重表”中的费用，双方无权要求做价格调整。可见，《2020版总承包合同》中约定价格调整公式的要点包括：

1）“价格指数权重表”中的权重和指数及其来源在投标函附录中的价格指数和权重表中约定，并首先采用投标函附录中载明的有关部门提供的价格指数。投标函附录中无相关价格指数时，可以采用有关部门提供的价格代替。

2）在当期价格指数暂时无法获得时，为实现进度付款或里程碑付款，在工程师确认的前提下，可以将上一次的价格指数作为临时指数计算调整差额，当期指数出来后再重新调整，并按照实际金额调整后续付款金额。

3）因发包人按照第13.1款“发包人变更权”实施的变更导致合同附件6中的权重发生变化且不合理时，工程师有权在与发包人和承包人协商后调整权重。

4）在工期延误情形下确定当期价格指数，按照工期延误是由发包人引起还是承包人引起采用不同的选择标准。如果工期延误是由承包人原因导致的，在使用调价公式时应采用合同约定的竣工日期与实际竣工日期的两个价格指数中较低的指数作为当期价格指数；由发包人原因导致的，则采用两个价格指数中较高的价格指数作为当期价格指数。

需要指出的是，承包人和发包人中任何一方都不能想当然地认为总承包合同条件中存在调价条款和条件公式，其利益就会在发生市场波动时得到保障。价格调整的相关风险与合同双方在合同附件“价格指数权重表”中的取值，特别是公式中定值“A”和各项变值权重密切相关。同时，鉴于第13.8款下的费用调整既包括费用上调，也包括费用下调，双方在签署合同时应重视附件“价格指数权重表”的编制，本着公平原则，根据项目实际情况，确定定值和各项权重。

3. 物价波动引起合同价款调整的原则

（1）违约者不受益原则　违约者不受益原则通常适用于工期延误期间发生的相关事项。在工期延误期间，若仍依据风险分担原则有失公平，且工期延误的责任者将会从中获得额外利益。因此，需依据引起工期延误的主体对合同价款进行调整。若因非承包人原因导致工期延误的，价格“就高不就低”；若因承包人导致工期延误的，价格“就低不就高”，其体现的就是违约者不受益原则。

违约者不受益原则主要适用于由于业主原因造成工期调整期间的物价变化，在各合同文件中均有体现。具体内容见附录N。

（2）物价波动的价差调整原则　物价波动引起的合同价格调整只调价差。

当物价波动在合同约定的范围内时，风险由承包人承担；当物价波动超过约定的范围时，发包人承担超过部分的风险，即发包人承担价差的风险，而承包人承担其余的风险。物价变化时，人工费、材料费、施工机具使用费可以根据价格指数调整法或者造价信息调整法进行调整。尽管企业管理费和利润的计算通常以人工费、材料费、施工机具使用费或其中某几项费用为计算基础再乘以相应费率，但是这两项费用不予调整，即物价变化时，只调整人工费、材料费、施工机具使用费的价差和税金，而不调整相关企业管理费和利润。

7.2.3　物价异常波动引起的合同价款调整

1. 物价异常波动的标准

物价异常波动，也称为物价大幅度波动，是指物价在较短一段时间内发生了较大幅度的涨跌，并且该涨跌幅度超过了人们的普遍预期。在建设项目施工过程中的物价异常波动，是指发生了与工程建设有关的人工、材料、机械等价格的变化，且这种变化的幅度是承发包双方在签订合同时难以预料的，变化幅度超出了其中一方可单独承担的范围。

当施工过程中发生物价变化时，只有同时达到单项要素价格（人工、材料、机械的价格）综合波动幅度标准和合同总价波动幅度标准，才能够将其界定为物价异常波动。

（1）单项要素价格综合波动幅度标准　一般当人工价格的波动幅度大于5%，或材料价格的波动幅度大于10%，或机械价格的波动幅度大于10%，三者中有一种情况发生时，就可认为发生了单项要素价格的异常波动。

（2）合同总价波动幅度标准　当承包人采用了不平衡报价时，单项要素价格的波动很容易达到约定的调整幅度。在此情况下，承包人要求调整合同价款会使发包人承担本应由承包人承担的风险，所以在对单项要素价格波动幅度进行约定的同时，也需要约定物价变化对合同总价的影响幅度。

当物价异常波动导致承包商的损失超过了投标报价中其预计收益的部分时，在保证承包商不低于成本施工这一前提条件下，承发包双方应本着公平原则对合同价款进行调整，所以确定承包商报价中所含的预计收益部分是确定合同总价可调幅度的关键。承包商报价中的可收益部分主要包括利润和风险费用两个内容，利润与风险费用之和在合同总价中所占的比重相对较小，一般不超过4%。物价异常波动的具体判断程序如图7.3所示。

通常在实际工程中若发生下列三种情况中的任何一种，即可判定发生物价异常波动：①人工单价综合波动幅度达到或超过5%，且对合同总价影响达到或超过4%；②材料单价综合波动幅度达到或超过10%，且对合同总价影响达到或超过4%；③机械单价综合波动幅度达到或超过10%，且对合同总价影响达到或超过4%。

2. 物价异常波动时的情势变更原则

所谓情势变更原则，是指合同有效成立之后，因当事人不可预见的或不可归责于双方当事人原因的事情发生，导致合同的基础动摇或丧失，若继续维持合同原有效力有悖于诚实信用原则导致显失公平时，则应允许变更合同内容或者解除合同的原则。究其实质，情势变更原则为诚实信用原则的具体运用，目的在于消除合同因情势变更所产生的不公平的后果。

对情势变更原则的适用，首先应符合“无法预见”和“不属于商业风险”这两个构成要件，构成情势变更时，应当遵守公平原则分配各方风险。最高人民法院在《关于当前形势下审理民商事合同纠纷案件若干问题的指导意见》中，对以上构成要件和处理原则进行了较为详细的解释。

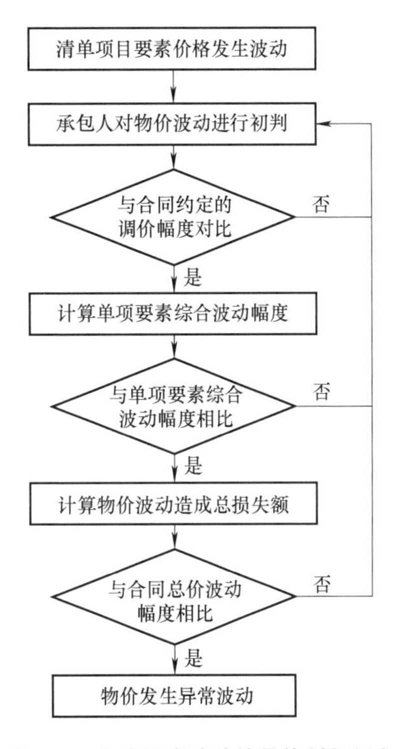

图7.3 物价异常波动的具体判断程序

首先，对“无法预见”的理解，最高人民法院指出：“人民法院在适用情势变更原则时，应当充分注意到全球性金融危机和国内宏观经济形势变化并非完全是一个令所有市场主体猝不及防的突变过程，而是一个逐步演变的过程。在演变过程中，市场主体应当对于市场风险存在一定程度的预见和判断。人民法院应当依法把握情势变更原则的适用条件，严格审查当事人提出的‘无法预见’的主张，对于涉及石油、焦炭、有色金属等市场属性活泼、长期以来价格波动较大的大宗商品标的物以及股票、期货等风险投资型金融产品标的物的合同，更要慎重适用情势变更原则。”由此可见，最高院认为经济形势变化并非突发，市场主体应对市场风险有预见和判断，因此对是否构成“无法预见”应严格审查，尤其提出了对于长期以来价格波动较大的大宗商品标的物要更慎重适用情势变更原则这一处理意见。以上基本立场对法院后续在材料涨价等情况下对情势变更原则的适用起到了重要的指导作用，较多判决认为有经验的承包商应当对价格发生波动有预见性，价格变动不应属于完全不可预见的情况。

其次，对“商业风险”的理解，最高院指出：“人民法院要合理区分情势变更与商业风险。商业风险属于从事商业活动的固有风险，诸如尚未达到异常变动程度的供求关系变化、价格涨跌等。情势变更是当事人在缔约时无法预见的非市场系统固有的风险。人民法院在判断某种重大客观变化是否属于情势变更时，应当注意衡量风险类型是否属于社会一般观念上的事先无法预见、风险程度是否远远超出正常人的合理预期、风险是否可以防范和控制、交易性质是否属于通常的‘高风险高收益’范围等因素，并结合市场的具体情况，在个案中识别情势变更和商业风险。”据此，最高院将“尚未达到异常变动程度的价格涨跌”归为从事商业活动的固有风险，只有超越这一标准的价格涨跌，才有被认定为“缔约时无法预见的非市场系统固有的风险”的可能性，即构成情势变更的价格涨跌的风险程度必须“远远超出正常人的合理预期”。

总价合同条件下，承包人在报价时必须对市场的变化做出充分估计，减少由于价格变化带来的风险和造成的损失。因此，总价合同一般规定物价波动时，合同价款不予调整。但是，当发生不正常的物价上涨和过度的通货膨胀的风险时，如果继续按照原合同履行，不调整合同价款，承包人有可能面临巨大亏损。所以，承包人一般会诉请法院依据“情势变更原则”调整合同价款。而发包人抗辩的主要理由是合同约定材料价格波动不予调整，材料价格上涨不属于情势变更而是正常商业风险，该风险应由承包人自行承担。

案例：钢材市场价格波动，是否超出了双方订立合同时可预见的情况？承包商是否有权依据情势变更原则主张调整合同价格？

1. 案例背景

2016年8月19日，鞍钢工程公司（EPC总承包商）与中冶公司针对方大特钢公司（业主）炼钢厂钢渣处理技术改造工程EPC总承包项目，签订了一份“合作协议”，约定双方组建联合体共同承包该工程，鞍钢公司作为工程总承包方，中冶公司作为分包方负责项目建设施工和设备供货。

2016年12月5日，业主与总承包商签订了该项目EPC合同，约定：“合同总价款28580000元整……合同价格在合同范围内为最终的和固定的，包含承包方履行全部合同义务所产生的任何费用，因人工、材料、设备、施工机构、国家政策性调整因素以及合同包含的所有风险和责任等一切认为可能发生的费用，均不得调整该合同总价。”

2017年1月10日，鞍钢工程公司与中冶公司签订了一份《方大特钢科技股份有限公司炼钢厂钢渣处理技术改造工程合同》，约定：“合同总价款27290000元整……合同价格在合同范围内为最终的和固定的，包含承包方履行全部合同义务所产生的任何费用，因人工、材料、设备、施工机构、国家政策性调整因素以及合同包含的所有风险和责任等一切认为可能发生的费用，均不得调整该合同总价；税费各自负担。”

2. 争议事件

2017年4月12日，鞍钢工程公司向业主方大特钢公司发函，明确该项目施工方为中冶公司，且目前由于该项目开工后钢材涨幅非常大，导致设备、电气等材料价格隐性上浮，工程成本大大超出原投标价，施工方中冶公司已经于2017年4月7日停工撤离施工现场。函件同时提出，要求业主对材料价格给予调差，并由业主方大特钢公司直接采购主材（钢材）、设备，以及避开材料价格上涨的高峰期，暂缓施工。

2017年4月26日，业主方与总承包商及施工方召开三方会议，就停工事宜进行协商形成“会议纪要”，明确三方共同承担市场材料大幅上涨导致工程出现的360万元（暂估）费用增加，但未明确三方具体如何分担。随后，总承包商与施工方多次向业主发函，提出由于市场材料价格上涨，资金压力较大，施工方难以承受，要求顺延工期并由业主直接供应主材、设备。

2017年10月18日，业主通过EMS向总承包商正式发出《关于解除炼钢厂钢渣技术改造工程EPC总承包合同的通知》。

2017年12月26日，业主就案涉项目后续施工工作，与抚州市中海建设有限公司签订《建筑安装工程承包合同》。在此之前，业主于2017年11月7日申请江西省南昌市赣江公证处对案涉工程施工现场进行了证据保全。

3. 争议焦点

钢材市场价格波动，是否超出了双方订立合同时可预见的情况？承包商是否有权依据情势变更原则主张调整合同价格？

4. 争议分析

本案EPC合同约定了固定总价的模式："合同价格在合同范围内为最终的和固定的……均不得调整该合同总价。"开工两个月后，由于钢材价格上涨，导致设备、电气等材料的价格隐性上浮，工程成本大大超出原投标价，在用完业主所拨工程款600余万元后，承包方又自行垫付200多万元，并形成100多万元的劳务欠款，同时工程还需大量资金，直接造成其停工并撤离了施工现场。诉讼中，承包人向发包人主张因钢材价格大幅上涨，超出双方订立合同时可预见的情况，应根据情势变更原则调整合同价格。

对此，法院认为，依照《最高人民法院关于适用〈中华人民共和国合同法〉若干问题的解释（二）》第二十六条规定，合同成立以后客观情况发生了当事人在订立合同时无法预见的、非不可抗力造成的不属于商业风险的重大变化，继续履行合同对于一方当事人明显不公平或者不能实现合同目的，当事人请求人民法院变更或者解除合同的，人民法院应当根据公平原则，并结合案件的实际情况确定是否变更或者解除。就本案情形而言：

1）钢材价格的上涨并不属于双方订立合同时不可预见的情况。钢材的市场价格从来就是波动的，既有上涨的可能，也有下跌的可能，正因为如此，在建设工程合同中，常会约定有钢材价格调差条款。承包方作为专业从事工程承包的企业，对钢材价格存在波动这一市场风险常识是应知的。然而，其在与发包方签订案涉合同时，不但未约定钢材价格调差，还明确约定合同价为不得调整的固定价，此系其自愿承担钢材价格波动风险的明确意思表示。

2）钢材价格的变化并不足以构成客观情况的重大变化。案涉合同约定的工程总价为28580000元，其中包括3个部分：设计及技术服务费700000元、设备材料费19747400元和建筑及安装工程费8132600元。可见，建筑及安装工程费仅占合同总价28.45%，并非主要部分，而钢材款又仅仅是建筑及安装工程费中的一部分。合同的主要部分为设备材料费19747400元，按双方在庭审中的陈述，是承包方向第三方采购的设备材料，与承包方采购钢材的价格并无直接关联，承包方也未提供证据证明因钢材价格变化导致设备采购价的明显上涨。参照《最高人民法院关于审理建设工程施工合同纠纷案件适用法律问题的解释》第二十二条规定，当事人约定按照固定价结算工程价款，一方当事人请求对建设工程造价进行鉴定的，不予支持。承包方以钢材价格上涨主张情势变更，无充分依据，不予认可。

5. 总结与借鉴

1）EPC总包合同中的固定总价条款是合同当事人的真实意思表示，EPC合同合法有效的情况下，合同各方均应受其约束，承包商单方面无权随意突破合同约定调整价格。承包商单方面拖延、停工的行为将构成违约，发包人有权要求其承担违约责任或行使合同解除权。

本案EPC合同协议书中概括性地约定了承包商承担价格调整风险，因此，当钢材价格发生波动、不可抗力和情势变更原则又不能得到适用的情况下，法院自然认为承包人应对价格浮动的显性风险和隐性风险在合同约定范围内承担相应责任。

针对鞍钢工程公司于2017年9月26日退出施工现场的行为，法院认为是承包商以行为表明不再履行合同主要义务，符合《民法典》第五百六十三条法定合同解除的情形②，因此业主方大特钢公司向鞍钢工程公司发出解除合同通知，属于行使合同解除权，符合合同约定。同时，结合合同实际履行情况，以及鞍钢工程公司工期逾期、提前退场的违约行为，法院酌定鞍钢工程公司支付违约金600000元。

2）若在订立合同后确因客观情况发生变化而难以继续履约时，为了工程顺利实施，并不排除双方可以通过协商共同承担价格波动风险。

本案中，EPC合同虽约定工程总价款固定，但面对钢材市场材料增长等情形，鞍钢工程公司、方大特钢公司和中冶公司经友好协商，于2017年4月26日共同签署一份“会议纪要”。该“会议纪要”确认了因市场材料大幅上涨等因素导致本案工程出现360万元（暂估）的费用增加，以及三家共同承担增加费用的内容。

方大特钢公司参会代表在该“会议纪要”上署名表明其同意上述确认事项。因该“会议纪要”并未就增加费用360万元如何承担进一步明确，根据公平原则，本院确认三方平均负担。据此方大特钢公司应增加工程费用120万元，故鞍钢工程公司实际施工部分工程款相应地也应增加36.552万元。

但需特别提示的是，如项目涉及法定招标投标程序，发承包双方在工程实施过程中协商调整价格的，可能存在背离招投标文件、中标合同实质性内容的风险，这也提示发承包双方在招投标时即应对市场价格波动有合理预见，协商约定市场价格波动的风险幅度以及超出该幅度的价格调整机制，不宜约定由一方承担全部市场风险。

3）如双方未能就价格调整协商一致的，可考虑该市场价格波动是否符合情势变更原则，从而通过法定程序启动合同变更或解除。

在情势变更原则的认定上，《民法典》第五百三十三条规定：“合同成立后，合同的基础条件发生了当事人在订立合同时无法预见的、不属于商业风险的重大变化，继续履行合同对于当事人一方明显不公平的，受不利影响的当事人可以与对方重新协商；在合理期限内协商不成的，当事人可以请求人民法院或者仲裁机构变更或者解除合同。”本案中，法院对是否构成情势变更主要考虑了以下两方面的内容：

一是价格的上涨是否属于订立合同时不可预见的情况。在本案中，钢材价格上涨属于一般市场规律作用的结果，具有可预见性，不能以此作为请求变更的依据。但在特殊情况下，如突发疫情导致的人工、运输费用的增加，则有可能构成此处所指“不可预见的情况”。

二是价格变化是否足以构成客观情况的重大变化。在本案中，钢材价格变化直接导致变化的建筑及安装工程费仅占合同总价1/4，并非主要部分，而与此同时，因为钢材价格变化间接导致的设备价格变化不能得到有效证明，最终从整体上看并不满足此处所指“重大变化”。

此外需要特别提示的是，情势变更原则的适用应遵守法定的程序。首先，根据《民法典》第五百三十三条规定，当事人协商不成时主张依据情势变更原则变更或解除合同的，只能通过诉讼或仲裁方式进行。其次，最高人民法院《关于正确适用中华人民共和国合同法若干问题的解释（二）服务党和国家工作大局的通知》指出：“如果根据案件的特殊情况，确需在个案中适用的，应当由高级人民法院审核。必要时应提请最高人民法院审核。”也即情势变更原则的适用需要经高院或最高院审核。

4）特殊情形下，发承包双方无法就价格调整达成一致，也不构成“情势变更”，但承包商一方已无力承担价格上涨风险造成履约不能的，应及时采取有效措施，避免损失进一步扩大。

本案中，在承包人违背合同约定，一再要求合同外调价、中途停工退场，存在根本违约行为的情况下，发包人采取有力的措施保证了工程停工后及时恢复了建设，为管理工程总承包合同提供了经验。

首先，发包人及时解约符合法律规定。承包人因其对市场风险把控不利而中途退场，其行为表明不再履行合同主要义务，此时发包人解除合同符合合同约定和法律规定。发出解约通知后，发包人与第三人另行签订了建设工程施工合同，迅速恢复了工程建设。

其次，发包人的及时保全值得借鉴。工程续建后，发包人必然面对与前承包人的结算问题，若新的施工方进场施工，则之前承包人已完成工作量的认定将失去可信的现场依据。本案中，发包人解除合同后迅速申请公证处对案涉工程施工现场进行了证据保全，该证据在一审司法鉴定中直接成为认定前承包人已完成工作量重要的证据。以此为基础，合同工程款数额争议得以有效避免，发包人的合法权利得到了有效保障。

最后，保全行为的规范性同样应当得到合同当事人的重视。在司法实践中，也存在当事人因公证材料证明力不足，导致不能实现证据保全目的的情况发生。如在（2019）晋民终732号案中，当事人仅就现场照片、录像做了公证和保全。法院认为：“虽邓家庄煤业在拆除前对拆除部分进行了公证进行证据保全，但仅从图片和视频现已无法判断大倾角皮带存在什么问题，存在多大问题。”

本案中，法院认定最终工程量的依据是：“以现场证据保全公证书反映的界面划分为准，结合图纸、签证单及其他施工资料共同确定。”鉴于施工现场的公证材料最能直接反映工程客观实际情况，其重要性也不言而喻。在进行证据保全时，当事人应当注意留取能够反映工程量的证据，包括但不限于现场照片、录像、施工图、完工证明等，必要时还应考虑请专业人员和机构进行协助。

7.3 工程变更及合同价款调整

7.3.1 工程总承包项目工程变更的界定

1. 传统模式下工程变更的范围

工程项目的复杂性决定了发包人在招标投标阶段所确定的方案往往存在某方面的不足。随着工程项目的进展和发承包双方对工程项目认识的加深，以及外部因素的影响，发承包双方常常会在工程项目施工过程中需要对工程范围、工作内容、技术要求、工期进度等进行修改，形成工程变更。

传统模式（DBB）下，工程变更的范围主要针对合同工程的“一增一减三改变”，见表7.4。工程总承包模式不同于传统DBB建设模式，其变更的范围和内容有所不同。国际上2017版FIDIC系列合同条件中关于变更的规定，银皮书由业主直接负责，其他内容则与黄皮书一致，因此仅对比银皮书条款。

表7.4 传统模式下工程变更的范围

工程变更范围	《2017版施工合同》	2017版FIDIC红皮书	《2013版清单》
一增	增加或减少合同中任何工作，或追加额外的工作	合同中任何工作的工程量的改变（但此类工程量的改变不一定构成变更）	合同中任何一项工作的增、减、取消；招标工程量清单的错、漏从而引起合同条件的改变或工程量的增减变化
		永久工程所需的任何附加工作、生产设备、材料或服务，包括任何有关的竣工试验、钻孔、其他试验或勘测工作	
一减	取消合同中任何工作，但转由他人实施的工作除外	任何工作的删减，但删减未经双方同意由他人实施的除外	

（续）

工程变更范围	《2017版施工合同》	2017版FIDIC红皮书	《2013版清单》
三改变	改变合同中任何工作的质量标准或其他特性	任何工作的质量或其他特性的改变	合同中任何一项工作的施工工艺、顺序、时间的改变；设计图的修改；施工条件的改变
	改变工程的基线、标高、位置和尺寸	工程任何部位的标高、位置和（或）尺寸的变化	
	改变工程的时间安排或实施顺序	实施工程的顺序或时间安排的变动	

2. 工程总承包模式下工程变更的定义

（1）删除“变更范围”的约定　工程总承包模式下，承包人可以获得合同价外变更补偿的范围较传统施工总承包合同模式下的变更补偿范围大大限缩。国内政策文件一般将业主为了项目目标的顺利实现，在发包后对《发包人要求》或发包前自身完成的设计文件做出的修改界定为设计变更。但是，业主对总承包商设计文件提出的修改或对其选择的施工方案进行干预是否构成设计变更，则没有明确的判定标准。与此同时，国内外工程总承包合同中都不再列举变更的范围，只是在“变更”的定义中做了概括式规定：经指示或批准对发包人要求或工程所做的改变。合同变更条款更注重对变更程序进行详细约定，不约定“变更范围”，而是详细约定“变更程序”。变更程序发起于发包人提出变更，并向承包人发出变更指示。这些改变其实是为了适应工程总承包模式下工程变更的本质，也就是“风险与控制权”交互形成的控制权柔性。

（2）工程变更的核心要义是改变“发包人要求”　与传统DBB模式不同，工程总承包模式下工作范围内工程量的变化不再构成工程变更，工程变更的主要来源是发包人要求改变或发包人提出新的要求等。《2012版招标文件》第1.1.6.3目对变更进行了相关规定：变更是指根据第15条的约定，经指示或批准对发包人要求或工程所做的改变。《2020版工程总承包合同》第1.1.6.3目约定：变更是指根据第13条“变更与调整”的约定，经指示或批准对《发包人要求》或工程所做的改变。将上述合同条件部分有关工程变更调整的条款进行总结分析，如图7.4所示。

3. 工程总承包模式下工程变更程序

2017版FIDIC系列合同条件中，变更分为由业主方发起的变更和由承包商发起的变更两种。根据相关合同条件的规定，只有经过业主指示或批准后，变更才可生效。可见，在工程总承包合同条件下，业主拥有变更的决定权。

工程总承包模式下的变更处理流程如图7.5所示（以2017版FIDIC黄皮书为例）。在实际变更处理过程中，出现业主发出变更建议书邀请，承包商提出反对的理由后，业主修改原变更建议书邀请的内容，承包商再次提出反对理由，会出现反复循环的情况。考虑到图的简洁性，图7.5没有将这种循环状态表示出来。

4. 承包人对工程变更的识别与确认

承包人发起的变更一般都是通过合理化建议的方式提出的，由业主方确认是否变更。无论是由业主方还是承包人发起变更，在确认变更后业主方都应签发变更指示，即变更的决定权在业主方，由业主方决定是否变更及如何变更。

条款来源	条款内容	条款解读
2017版FIDIC银皮书第5.1款	承包商应负责工程的设计，并在除下列雇主应负责的部分对业主要求的正确性负责：①在合同中规定的由业主负责的或不可变部分数据或资料；②对工程或其他任何部分的预期目的的说明；③竣工工程的试验和性能标准	业主应对自己负责的发包人要求中的部分内容负责，若这些内容发生改变导致工作改变，应构成变更
2017版FIDIC银皮书第5.8款	如果在承包商文件中发现有错误、遗漏、含糊、不一致、不适当或其他缺陷，尽管做出了任何同意或批准，承包商仍应自费对这些缺陷和其带来的工程问题进行改正	在业主要求未改变的情况下，承包商文件出现错误等，承包商应自费修正，其造成的改变不构成变更
2017版FIDIC银皮书第13.2款	承包商可随时向业主提交一份书面建议……如果业主同意该建议，无论是否有意见，业主都应指示进行变更	承包商提出的合理化建议可构成变更
《2020版总承包合同》第1.1.6.3目	变更：根据第13条“变更与调整”的约定，经指示或批准对《发包人要求》或工程所做的改变	业主提出的改变构成工程变更
《2020版总承包合同》第1.12款	承包人应尽早认真阅读、复核《发包人要求》以及其提供的基础资料，发现错误的，应及时书面通知发包人补正。发包人做相应修改的，按照第13条“变更与调整”的约定处理	发包人要求的改变导致工作改变应构成变更；业主提供的基础资料错误造成工程改变应构成变更
《2020版总承包合同》第13.2.2项	合理化建议经发包人批准的，工程师应及时发出变更指示，由此引起的合同价格调整按照第13.3.3项“变更估价”约定执行	承包商提出的合理化建议可构成变更
《2012版招标文件》通用合同条款第1.13.3项	无论承包人发现与否，在任何情况下发包人要求中的下列错误导致承包人增加的费用和延误的工期由发包人承担并向承包人支付合理利润：①发包人要求中引用的原始数据和资料；②对工程或任何部分的功能要求；③检验和试验标准	工程的功能要求、工艺安排等有关业主要求的内容发生改变，由此增加的费用和工期由业主承担

图7.4 工程总承包合同条件下工程变更相关条款的总结分析

但对于业主方发起的变更，承包人可以合理理由拒绝接受变更。承包人应及时向工程师发出通知，说明该项变更指示将降低工程的安全性、稳定性或适用性；涉及的工作内容和范围不可预见；所涉设备难以采购；导致承包人无法执行《建设项目工程总承包合同（示范文本）》（GF—2020—0261）第7.5款“现场劳动用工”、第7.6款“安全文明施工”、第7.7款“职业健康”或第7.8款“环境保护”内容；将造成工期延误；与第4.1款“承包人的一般义务”相冲突等无法执行的理由。工程师接到承包人的通知后，应做出经发包人签认的取消、确认或改变原指示的书面回复。

承包人提出合理化建议的，应向工程师提交合理化建议说明，说明建议的内容、理由，以及实施该建议对合同价格和工期的影响。除专用合同条件另有约定外，工程师应在收到承包人提交的合理化建议后7天内审查完毕并报送发包人，如发现其中存在技术上的缺陷，应通知承包人修改。发包人应在收到工程师报送的合理化建议后7天内审批完毕。合理化建议经发包人批准的，工程师应及时发出变更指示，由此引起的合同价格调整按照第13.3.3项“变更估价”约定执行。发包人不同意变更的，工程师应书面通知承包人。

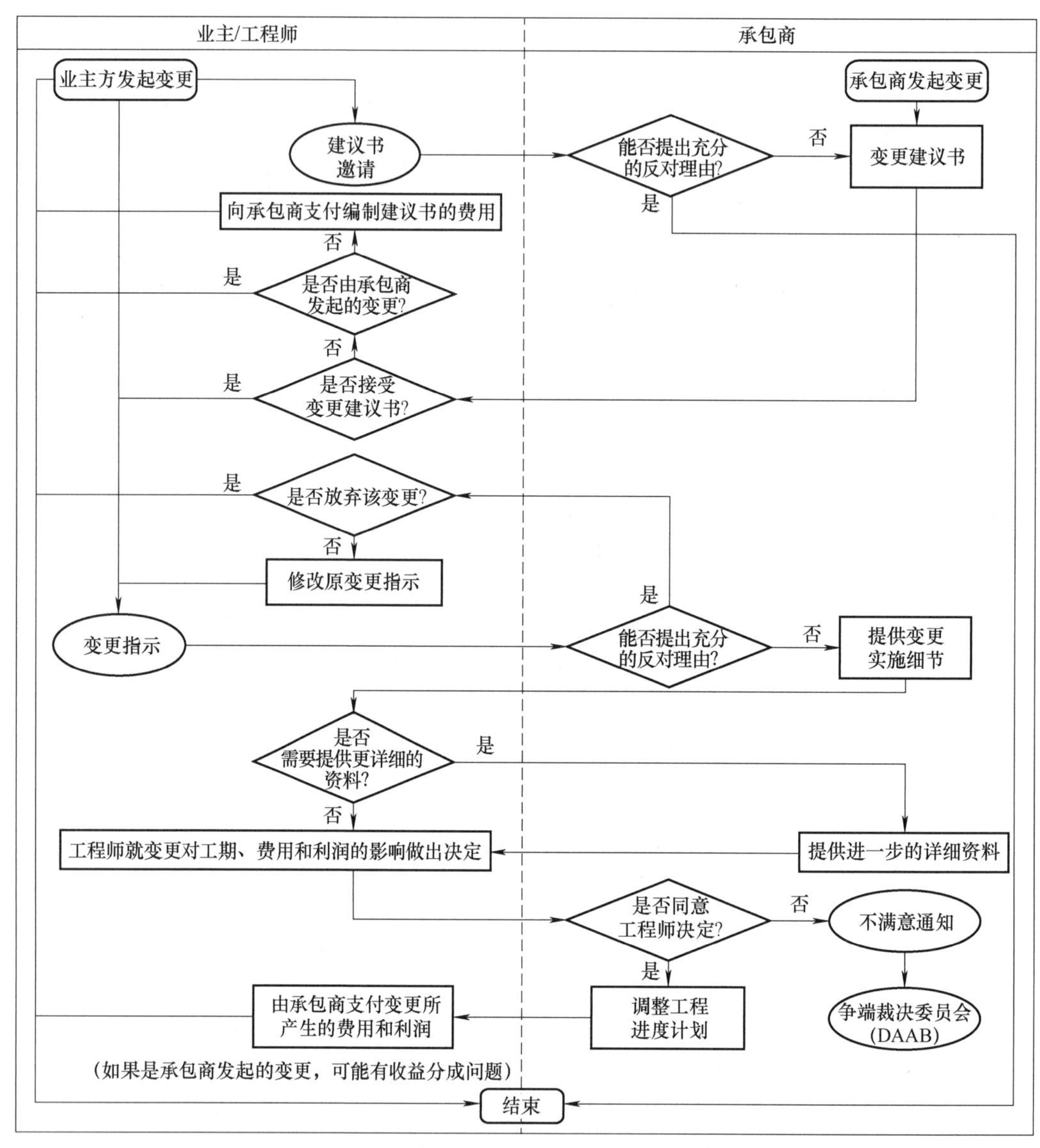

图 7.5　2017 版 FIDIC 黄皮书中的变更处理流程

7.3.2 《发包人要求》改变引起的工程变更

1. 发包人要求的概念界定

建筑工程项目具有产品性和服务性的，项目完成后的产品是唯一且不可复制的，需满足发包人（业主）的定制化要求。为了提高发包人满意度，总承包商必须清楚地了解发包人的需求和期望，从而确保发包人从最终项目成果中获取最大的价值。在 DBB 模式下，发包人要求主要是指发包人根据相关法律法规、技术标准及项目特点等，在招标投标阶段对潜在投标人所提出的要求，以使其能够完成项目既定目标。而在工程总承包模式下，发包人会根据项目的个性化特征，制定满足项目功能需求的清单。故工程总承包模式下的发包人要求更加注重对项目总体性功能的要求。

因此，对工程总承包模式下发包人要求的定义为包含发包人对项目的功能、目的、范围、设计及其他技术标准等方面要求的名为《发包人要求》的一类合同组成文件。发包人要求贯穿项目招投标和实施阶段，将项目具体的管理和技术要求与合同条件串联起来。

“发包人要求”这一特定名词最早见于《设计—建造与交钥匙工程合同条件》，其第1.1.1.2目对发包人要求的定义是“合同中包括的对范围、标准、设计标准（如有）和施工计划的描述，以及根据合同对其所作的任何修改和修订”。后续发布的2017版FIDIC黄皮书和2017版FIDIC银皮书中也有对发包人要求的明确描述。将上述合同条件以及《2012版招标文件》中有关发包人要求的条款进行对比分析总结，如图7.6所示。

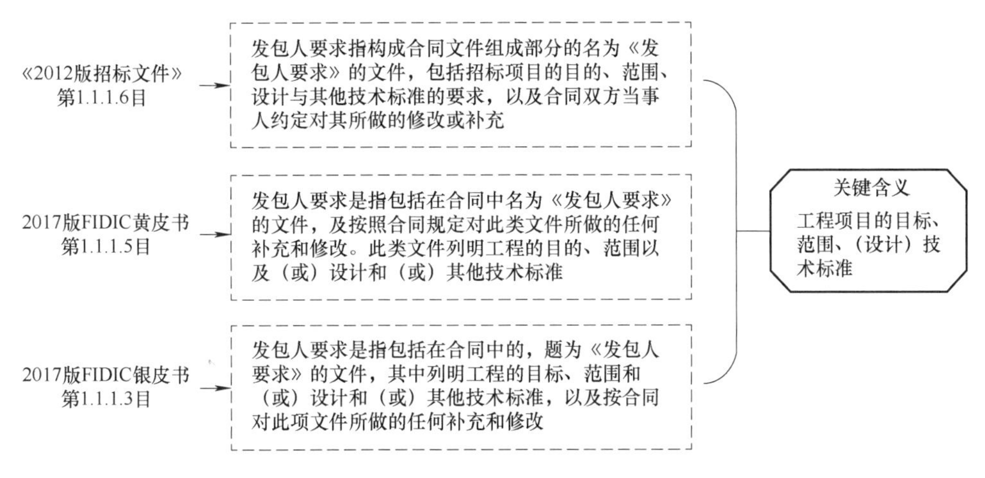

图7.6　工程总承包合同条件中发包人要求的定义对比

从上述国内外工程总承包合同条件和合同示范文本中“发包人要求”的含义可以看出，《发包人要求》主要包含工程的预期目的、工程范围、性能指标、技术标准等内容，旨在向总承包商传达业主的意图和对项目的功能要求。工程总承包项目具有复杂性且建设周期长，在项目设计、采购、施工实施过程中会不可避免地发生变化，从而影响《发包人要求》中内容的实施，导致《发包人要求》改变。

2. 基于《发包人要求》改变的工程变更认定

工程总承包模式下，《发包人要求》是总承包商进行设计施工的重要依据。在合同解释的优先顺序方面，2017版FIDIC银皮书中规定“发包人要求”的解释效力高于承包商建议书或投标文件。在项目实施的过程中，若由于实际实施情况或发包人根据监督管理需要提出的改变或要求，造成了《发包人要求》的改变，发包人（业主）应当承担《发包人要求》改变的风险责任。因此，发包人虽有权改变“发包人要求”，但也要补偿承包商因“发包人要求”改变产生的损失和额外费用，调整合同价款。

本书依据工程总承包合同条件中对业主要求的定义并结合学者们的观点以及工程实践，对业主提出的改变造成《发包人要求》改变的情况进行总结如图7.7所示，主要包括但不限于以下几种情况：

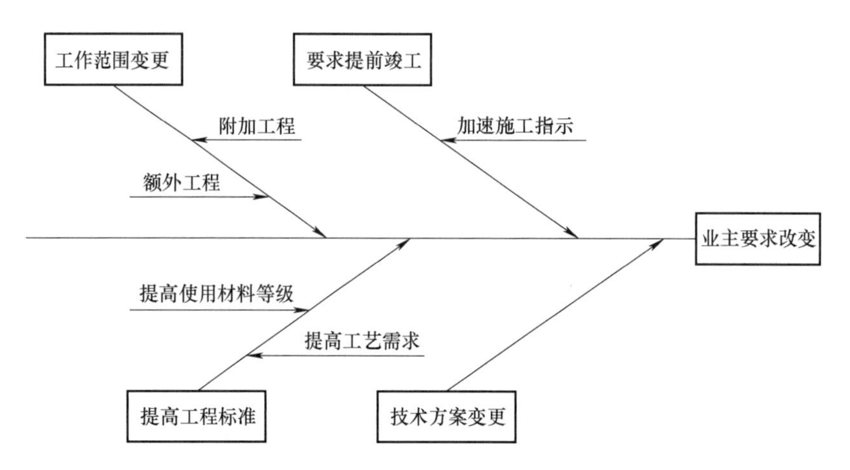

图 7.7 《发包人要求》改变引起工程变更的原因

1）技术方案变更。例如，改变原始合同要求的工程基本特征，从而需要更改设计方案。

2）工作范围变更。增添原合同中未包含的工作，主要表现是新增工程，主要包括附加工程和额外工程。

3）提高工程标准。如提高使用材料等级、提高工艺需求等，而伴随着这些变化的往往是施工机械、施工人员以及措施项目的改变。

4）要求提前竣工。由于可能发生的风险事件等而非总承包商自身原因的落后，发包人提出加速施工指示。

以上改变的情况会造成项目目标及建筑物的功能、形式等方面发生变化，从而导致《发包人要求》改变，故这些变化应明确为工程变更。值得注意的一点是，承包商还应在除发包人应负责的部分外对《发包人要求》的正确性负责。因此，《发包人要求》中若除发包人负责部分外的数据和资料发生错误导致的变化不能构成工程变更。

案例：《发包人要求》改变引起的工程变更

2013 年 10 月 18 日，清洁能源公司（发包人）与天津电建公司（承包人）在甘肃省敦煌市签订 EPC 合同，将敦煌光电产业园 330kV 升压站配套 5 座 110kV 升压站 7 号站项目 EPC 总承包工程交由天津电建公司承建。合同补充协议书约定：签约合同价 32600568 元，其中建筑安装工程费 12711654 元、勘察设计费 1350000 元、工程设备费 18538914 元。合同签订后，天津电建公司于 2013 年 11 月 20 日开工，2014 年 8 月竣工，2015 年 1 月 25 日试运行并投产。2015 年 1 月 26 日，验收委员会、监理单位、接收（运行）单位、移交（承包）单位签字盖章形成“工程验收鉴定书”，载明：“2015 年 1 月 25 日 16 时 02 分并网带电，经 24 小时带负荷运行和测试，现运行情况正常，各项性能指标均达到国家标准和设计要求，工程质量总评为优良级，即日移交运行单位使用。”

2014 年 6 月 25 日，清洁能源公司向天津电建公司出具两份“工程委托书”，分别载明：“根据工程需要，现合同范围外委托你单位进行……”该委托书由清洁能源公司签字，备注“工程价款，结算确定”。2014 年 7 月 20 日，天津电建公司出具“工程变更（委托）执行报验单”，载明：“我方已完成 WT-01 号工程变更（委托）通知单全部内容的施工，请予以查验。”监理单位审查意见为“情况属实，请建设单位核准工程量给予解决”，并签字盖章。

天津电建公司“新增道路工程费用明细表”载明该项费用为47048.67元。

2014年9月28日，天津电建公司向清洁能源公司及监理单位出具“工程增补单”，载明：“由于提高无人值守升压变电站自动化程度，及时发现发热隐患，杜绝过热事故原因，兹提出……工程增补建议，请予以审核。”监理单位、设计单位及清洁能源公司均在该增补单上签字盖章，该增补单下方备注“注：……本表作为结算依据”。其中，“敦煌光电产业园110kV#7升压站室外电气接触点无线测温工程预算”总计530079.66元，总承包单位、监理单位、建设单位清洁能源公司均在该工程预算上签字并加盖公章。2014年10月15日，天津电建公司出具“工程变更（委托增补）执行报验单”，载明：“我单位完成了……全部工作内容。请予以查验核实。”监理单位审查意见为“情况属实，请建设单位核准确认”，并签字盖章。

从上述证据和事实来看，可以认定：①上述两份“工程委托书”的施工内容属合同范围外；②天津电建公司已按清洁能源公司的委托要求完成了上述施工内容，且在分项验收及整体验收过程中均显示验收合格；③监理单位对上述施工内容进行了审核确认；④上述合同范围外进行施工系接受发包方清洁能源公司的委托，工程款依据合同专用条款15.3.2“……C. 因发包人原因引起的变更导致费用增加的予以调整”的约定，应予调整。对于上述两项合同范围外工程的具体价款，天津电建公司主张敦煌光电产业园110kV7号升压站站外道路施工费用为47048.67元，6号、7号升压站两站站外电源的土方施工费用为5105元。

综上，施工过程中增加的合同范围外的三项工程的价款为582233.33元（530079.66元+47048.67元+5105元），应给予调整。

7.3.3 发包人原因引起设计变更的类型及其调整

1. 工程总承包模式下设计变更的界定

工程总承包合同条件下的工程变更范围，除了包括工程总承包合同实施中，由发包人提出或由承包人提出经发包人批准对《发包人要求》所做的改变，还包括方案设计后发包项目，发包人对方案设计所做的改变，或者在初步设计后发包的项目，发包人对初步设计所做的改变。显然，工程变更中包含有设计变更这类情况，发包人对标前完成的方案设计或初步设计所做的改变，即标前的设计优化涉及合同工程内容的改变。在施工总承包模式下，当发生设计变更时，承包人可以依据合同价款要求发包方予以调整；但在工程总承包模式下，因发包人要求的设计变更可以调整合同价格，非因发包人要求的设计变更，合同价格不予调整。因此，需要对其进一步进行区分：

1）发包人对其完成的设计方案进行修改或调整，将会构成设计变更。这类发包人原因引起的设计变更主要是由于前期对项目范围和合同范围识别不清晰、工作不够细致，在工程具体实施过程中，发包人才能识别到合同范围的缺陷和问题，这种情况下一般都会导致设计变更。

2）发包人（业主）对承包人设计方案提出修改意见，有可能会诱发设计变更。一般来说，在一定的原则和边界以内，只要工程最终能够符合预期目的，承担了设计工作的承包人应具有设计选择权（秦晋和陈勇强，2018）。但在实际操作中，也会碰到工程师或业主在设计审核阶段对承包人的设计方案提出修改意见，如在生产设备选型、材料强度、品牌选用等方面提出要求，导致承包人的工期延误和成本增加，或者进一步影响工程预期目的实现。这种设计审核意见会对承包人的设计选择权构成干扰。此时，如果承包人认为发包人的审核意见提出的方案将造成工期延误和/或成本增加，应尽量利用变更条款，获得相应工期和/或费用的补偿，且需尽量化解影响工程预期目的实现的风险。

2. 发包人对标前设计方案修改引起设计变更

《建设项目工程总承包计价规范》（T/CCEAS 001—2022）中规定："工程变更指工程总承包合同实施中，由发包人提出或由承包人提出经发包人批准对《发包人要求》所做的改变；以及方案设计后发包的，发包人对方案设计所做的改变；初步设计后发包的，发包人对初步设计所做的改变。"

在这种变更的情况下，发包人必须及时向承包人下发书面的正式函件。如发包人未发任何函件，则EPC承包人应要求发包人发出相应的确认函件对该设计变更予以正式确认；发包人未发书面函件的设计变更，但有口头或电话记录等，也先记录在案，然后再出示正式书面函件予以确认。

3. 发包人对承包人设计方案提出修改意见

在设计施工总承包模式（如DB/EPC模式）下，承包人早期介入，并参与甚至负责建设项目设计深化的工作，也因此获得了更多的项目控制权。承担了设计工作的承包人有权在不影响合同目标的情况下自行选择设计方案，当然也需要承担设计缺陷等原因造成的设计变更等方面的责任。

在项目实施过程中，如果承包人的设计方案不符合发包人要求或存在缺陷，发包人有权责令承包人对其设计方案修改，以保证承包人完成合同责任、实现合同目标。但是，这并不意味着发包人可以随便修改承包人的设计方案。对于发包人对承包人设计方案提出修改意见是否会构成变更、责任由哪一方来承担的问题，需要依据发包人提出的更改有无正当理由来判断。

（1）发包人提出的更改有正当理由，不构成工程变更　首先，《发包人要求》作为合同文件的组成部分，是承包人报价和工程实施最重要的依据。1999版FIDIC新银皮书中，承包人应被视为在基准日期前已仔细审查了《发包人要求》（包括设计标准和计算，如果有），并在除发包人应负责的部分外，对《发包人要求》（包括设计标准和计算）的正确性负责。若承包人的设计文件不符合《发包人要求》，发包人有权下达工程变更指令要求承包人更改设计方案，在这种情况下不构成工程变更，对承包人不调整合同价款。其次，若由于承包人自身的设计方案存在缺陷使得工程无法顺利进行，发包人下达变更指令是为了如期完工，那么承包人自身承担责任，由此也不构成工程变更。

（2）发包人提出的更改无正当理由，构成工程变更　首先，如果承包人的设计文件符合《发包人要求》，并且在工程按照施工方案顺利进行的情形下，发包人因自身原因要求改变《发包人要求》中的内容，构成工程变更。其次，如果发包人干预了承包人的设计方案，且此行为对后续施工造成一定损失的，发包人应承担一部分责任；或者当承包人接受了发包人的书面指示，以发包人认为必要的方式加快设计、施工或其他任何部分的进度，以及改变设计方案和施工方案的，承包人为实施该指令需对项目进度计划和施工工艺、方法等进行调整，并对所增加的措施和资源提出估算，经业主批准后作为一项工程变更。

（3）承包人对发包人设计变更要求拥有异议权　在项目执行过程中，如果承包人认为工程师或发包人发出的变更指示（包括承包人文件的审核意见导致或构成的变更）不可预见、客观难以实现、影响安全和环境、影响工程性能或可能影响预期目的的实现，则承包人一定要按照合同要求立即发出异议通知、列明理由，并附上详细的支持文件，尤其要列明如果执行了这一变更指示，将可能会有哪些风险或造成什么不利的后果。如果承包人发出了异议通知，但发包人仍然坚持这一变更指示，那么后续在执行过程中一旦发生这些风险和后果，这份异议通知将是承包人的“护身符”。

案例1：CCS水电站项目业主要求改变设计方案，承包商合理运用异议权避免损失

1. 案例背景

CCS水电站位于厄瓜多尔东北部的Coca河上，总装机容量1500MW，年发电量88亿kW·h。整个项目由中国进出口银行提供85%的买方信贷，合同额23亿美元，是我国对外承揽的最大水电工程，也是厄瓜多尔历史上外资投入金额最大、规模最大的水电站项目，同时也是目前我国对外投资承建的最大的水电站工程项目。

CCS水电站项目EPC主合同为非标准FIDIC合同条款的EPC固定总价合同，合同条件苛刻，EPC主合同赋予业主/咨询很大权力，咨询方为墨西哥ASOCIACIÓN公司。合同规定的语言为西班牙语，所有设计标准必须采用美国标准。在设计时，必须先报送设计准则，在设计准则获得咨询批准后才能报送计算书，在计算书批准后才能报送设计图。合同工期紧迫，且规定了巨额逾期罚款。整个工程于2010年7月开工建设，2016年11月竣工。

2. 双方争议

在EPC总承包合同签订后，总承包方开始了CCS水电站项目的详细设计，其中CCS水电站调节水库放空洞设计存在争议。根据EPC合同中基本设计文件规定的技术要求，调节水库放空洞在运行期可对调节水库进行放空，并兼顾排沙功能。因此，在建筑物布置上，放空洞出口设有弧形控制闸门与闸门室，进口设有平板检修闸门。

业主方咨询审查后认为根据合同，调蓄水库将来设有清沙船，所以放空洞不应再兼顾排沙功能，要求取消放空洞中兼带的排沙功能，无须设闸门控制。总承包方基于对工程负责，为业主提供高水平、专业化工程设计服务的理念，向咨询表达了放空洞对调节水库的长期运行有利，不应取消其排沙功能。

该争议与一般其他争议的不同之处在于，咨询方的要求不会给总承包方带来费用的增加，反而会为总承包方节省部分费用。请注意总承包方的下列做法：

为促进工程进展，总承包方要求咨询方发出变更指示，咨询方随后给出了这一变更指示。在接到咨询方的指示后，总承包方按照指示对放空洞进行了重新设计，取消了其排沙功能，重新上报了详细设计文件，并获得了咨询方的批准。之后总承包方按咨询批准的放空洞设计完成了相应的建设任务，整个CCS水电站工程于2016年11月竣工并投产发电。2017年10月，业主方调节水库经过近一年的实际运行，业主认识到放空洞取消排沙功能带来的不利影响，向总承包方问询目前的调节水库放空洞可否作为排沙洞使用，但业主方并未就此不利影响向总承包方提出任何索赔意向。

3. 案例总结

纵观调节水库放空洞取消排沙功能这一变更过程可以看出，咨询方给出的审查意见可以节省工程费用，对总承包方有利，但总承包方并没有匆忙接受咨询意见去修改设计，而是与咨询方进行沟通，从专业的角度进行解释，并在相关会议纪要中记录总承包方意见。后在咨询方坚持这一要求的情况下，总承包方要求咨询方发出变更指示，咨询方同意发出变更

指令。

正是这些坦诚的沟通与专业的解释，以及相关的会议纪要、变更指示等，使业主认识到，引发这一设计变更的责任不在总承包方，从而有效地避免了业主方利用不符合项目“预期目的”的条款而对调节水库运行造成的不利影响向总承包方提出索赔要求的情况。

在进行国际EPC总承包项目设计时，虽然合同约定只有经过业主或咨询方审查批准后的设计文件才能用于施工，但合同也同时约定，业主或咨询方对设计文件的审查与批准，并不减轻或免除EPC总承包商应负的合同义务。

案例2：工程总承包设计过程发包人对承包人设计方案提出修改是否构成变更

1. 案例背景

2010年9月17日，北京JR公司（总承包商）与山东SD公司（业主方）签订《山东SD科技石化有限公司100万t/年含硫重质油综合利用装置配套污水处理厂项目设计设备采购安装工程总承包合同》，并且在2010年9月签订“技术协议”，对各个设计阶段的时间节点进行了约定。工程设计时间为从2010年9月17日至2010年12月10日完成设计工作。

设计工作与责任划分：乙方负责组织合同工程的基础设计和详细设计；甲方协助组织各设计阶段的设计审查；乙方按照合同工程进度要求及时为甲方提供合同工程详细设计正式出版文件，并保证设计文件等技术文件的准确性；如果甲方认为乙方提供的文件、图纸及资料有技术失误、不明确或有矛盾之处，应及时书面通知乙方。当双方意见不一致时，组织专家论证。乙方送达甲方的文件资料，甲方在3个工作日内确认。

2. 争议事件

2010年10月22日，北京JR公司、山东SD公司、洛阳RZ公司与国环QH研究院（北京JR公司委托该公司进行设计）共同召开初步设计审查会，各方对污水处理厂初步方案进行讨论，经协商一致，确定了优化边界条件、重新优化布置平面图等修改内容。

2011年5月29日，北京JR公司向山东SD公司出具《关于山东SD项目地行过程中涉及工程增量的请示函》，称“设备、材料价格急剧上涨，导致我司的设备采购工作已不能按照投标时的价格进行下去”，且因“设计变更”请山东SD公司“根据实际情况对增加的工作量和设备变更给予支持并确认”。

2011年7月14日，山东SD公司向北京JR公司出具“回复函”，称“因项目为总包工程，函中提出的材料价格上涨问题及增加设备问题均已包含于总包合同供货范围内，贵方再次提出是没有道理的，我司不同意贵公司的意见”。

此后，北京JR公司多次发函山东SD公司，主张山东SD公司提出的设计变更影响项目进度、土建不符合安装条件等问题，并要求增加设计费用，但双方未能达成一致意见。

3. 争议焦点

山东SD公司提出设计审查以及设计方案调整意见是基于何种原因？其是否能够被认定为构成变更？北京JR公司（承包商）是否能因此而要求顺延工期？

4. 争议分析

发包人认为其积极协助北京JR公司进行设计，并将有关审查部门的意见反馈给对方，并没有单方修改合同确认的工程技术参数。由于本合同是EPC工程总包合同，且北京JR公司又是环境工程方面的专业公司，所有设计由北京JR公司完成，山东SD公司可以提出合理建议，北京JR公司可以接受，也可以不接受。但是，前提是必须符合国家的强制性规定，其设计应当通过国家相关部门的审查。承包商则要求对因设计变更等原因增加的工作量和设备价格上涨给予支持。

对此，法院认为山东SD公司提出的转达审图机构的意见，是基于审图机构对北京JR公司所完成的设计中不符合强制性规范的整改意见，是承包人履行合同的瑕疵，设计文件存在缺陷的应当自费修复。

5. 案例总结

在工程总承包项目中，承包商难免会遇到各种问题而需要对设计方案进行调整，这其中有来自业主的指令，有来自审图机构的要求，还有因承包商的设计错误或自主优化等。但是，往往因为承包商在合同履行过程中不注重过程资料的完善，最终导致对是否属于变更的事实认定不清，遭受利益损失。

承包商对将会增加工期的方案调整，应当要求发包人发出书面变更指示，否则应慎重考虑是否予以实施。如果承包商贸然实施了变更后的方案，轻者会因无法证明构成变更而被认定为自主行为，导致工期无法得到顺延；重者如涉及《发包人要求》的变更，则有可能会被追究未按合同约定履行，而需要承担质量不合格的违约责任。

承包商在收到变更指令后，一定要注意及时提出合理的工期顺延申请，及时回应发包人的变更指示，并全面评估执行该变更指示对工期的影响，争取在执行变更指示之前，与发包人达成一致意见。否则，在未来进入诉讼程序时，容易造成承包商的工期索赔得不到法院支持，且若实际工期超过合同工期时，承包商反而需要承担工期违约责任。而且，因为工程总承包合同包含了设计、采购、施工和试运行等多个阶段，承包商在发包人发出变更指示后，不仅应考虑设计工作时间的延长，还应当综合考虑与此相关的采购、施工等阶段的履行期限，并向发包人提出工期延长申请，以免在采购、施工阶段单独主张时被认定为逾期失权。

7.3.4 承包人合理化建议引起的工程变更

1. 工期优化收益共享

合理化建议是指为降低合同价格、缩短工期或者提高工程经济效益，承包人按照规定程序向发包人提出改变《发包人要求》的书面建议，包括建议的内容、理由以及实施方案。EPC模式下，承包人合理化建议的效果之一就是缩短工期。FIDIC银皮书和《2020版总承包合同》中关于承包人合理化建议下缩短工期的奖励方式没有量化规定。由于不同模式下缩短工期的奖励方式在原理上是相通，所以对以下相关文件中缩短工期的奖励方式进行分析，为业主在实践中进行奖励分成指明方向（李淑敏等，2017），分析结果见表7.5。

表7.5 规范性文件中关于缩短工期奖励方式的规定

文件名	奖励办法	基数	奖励方式
《建设工程工程量清单计价规范》（GB 50500—2013）	发承包双方在合同中约定提前竣工每日历天应补偿的额度。此项费用应作为增加合同价款列入竣工结算文件中，应与结算款一并支付	—	每日历天
《关于建设工程实行提前竣工奖的暂行规定》	每提前（或拖延）一天竣工的奖（罚）金额，可根据工程施工易难程度，按照工程预算造价的万分之二至万分之四计取	—	每日历天

（续）

文　件　名	奖励办法	基　　数	奖励方式
《关于建设工程实行提前竣工奖的若干规定》	每提前（或拖延）一天竣工的奖（罚）金额不得超过工程预算造价的万分之二	—	每日历天
《广州市建设工程施工合同（示范文本）》（2013 版）	合同双方当事人在专用条款中约定提前竣工奖，明确每日历天应奖额度	—	每日历天
《河北省建设工程施工合同（示范文本）》（2013 版）	发包人、承包人在专用条款中约定提前竣工奖，约定每日历天应奖额度	—	每日历天
《四川省建设工程施工合同（示范文本）》	合同双方当事人在专用条款中约定提前竣工奖，明确每日历天应奖额度	—	每日历天
《广东省建设工程标准施工合同》（2009 年版）	合同双方当事人在专用条款中约定提前竣工奖，明确每日历天应奖额度	—	每日历天
北京市《关于房屋修缮工程实行提前竣工奖的若干规定》	每提前（或拖延）一天，按决算工资总额的千分之五（以此类推）计算奖（罚）金总额	—	每日历天
《云南省关于对重点建设项目实行奖励的规定》	提取工程投资结余的 10% ~30% 来作为奖金。工期每提前五天，奖金额相应增加 1 个百分点（工期提前所增加的奖金额不超过 10 个百分点）	投资结余	计提
能源部等《关于电力建设项目提前投产收益问题的若干规定》	提前投产收益按以下比例分配：项目施工单位（招标承包工程为参加主体的工程施工单位）应不少于收益的 75%	提前投产效益	计提

2. 工期优化的判定标准

首先站在业主角度来看，一旦承包商进行了工期优化及其他优化，那么业主就需要给予承包商奖励。因此，业主为了自己的利益，会把给予承包商的奖励金额压低，换句话理解就是，承包商进行优化后对业主带来的经济利益一定要大于业主给予承包商的奖励金额，只有这样业主才会有净收益。其次从承包商的角度理解，承包商对项目进行工期优化时会产生一定的成本，如设计费等，那么为了承包商的利益，业主给予承包商的奖励金额一定要大于承包商进行工期优化的成本，否则承包商就没有利润，也就无法更早地投入下一个工程的建设，更不能在滚动建设中取得最大收益。

综上，总承包模式下承包商进行工期优化的判定标准如下：

1）承包商对工期优化的结果应是使项目能够提前竣工，并且不能降低合同签订时对竣工的质量与功能要求。

① 工期优化的结果一定是缩短了合同总工期，但不得短于项目的最短工期。

② 工期优化后的工程竣工质量等级与功能应符合合同要求。

③ 工期优化应考虑劳动保护、施工安全及环境保护。

2）承包商通过优化预竣工为业主带来了经济效益及社会效益，并且经济效益应不小于承包商进行工期优化的成本。

① 工期优化应为项目带来社会效益。其中符合以下任一条都可认为是社会效益：

a. 促进社会经济发展。

b. 促进对外交流。

c. 促进社会发展。

d. 对环境有积极影响。

e. 促进科学技术发展。

f. 促进政治稳定。

② 经济效益 > 奖励金额 > 工期优化成本。其中，经济效益应包括承包商通过工期优化使项目提前到达运营期从而获得的提前运营收益，或者通过提前将项目投产所带来的收益和减少建设期的利息。

3. 工期优化的收益共享方式

工期优化的收益共享包括计提奖励方式和每日历天奖励方式两种方式，分别属于不同的报酬形式。变动报酬形式的奖励与承包商的工作绩效密切相关，即提前竣工的天数越多，承包商所获得的奖励额度越高。而在固定报酬形式的奖励方式下，其奖励额度并不能体现出承包商的努力程度，因而难以较大限度地提高承包商的积极性，激励效果没有计提奖励方式好。

通过表7.6中对规范性文件的分析，可得到缩短工期的奖励方式有每日历天和计提两种。其中，计提的基数分为投资结余和提前投产收益。每日历天方式是以双方约定的每日历天应补偿的额度乘以日历天数进行补偿；计提方式是按照一定比例提取计提基数进行补偿。

表7.6 缩短工期奖励方式对比分析

奖励方式	每日历天	计提
奖励计算方法	日历天数 × 双方约定的固定奖励额度	计提比例 × 计提基数
报酬方式	固定报酬	变动报酬
适用范围	适用范围比较广泛，对于非营利性项目和营利性项目均可适用，即项目运营期有或没有收益的项目、运营和建设是或不是同一单位负责的项目均可	需要将建设阶段和运营维护阶段综合起来考虑的项目，多为营利性项目
承包商满意程度	较低	高
激励效果	较弱	强

由表7.6可知，每日历天方式的奖励计算方法为日历天数 × 双方约定的固定奖励额度，属于固定报酬的一种形式；计提方式属于变动报酬的一种形式。对于计提这种奖励方式，在发承包双方处于签订合同状态时，承包商就能明确自身的努力程度会得到相应程度的回报，因此在与发包人达成合作的初期，一种公平感就会油然而生，就社会资本的角度而言，这也会因公平而产生信任，提高合同的履约绩效。

案例1：计提奖励方式下收益的确定与分享

1. 案例背景

某市拟建一座综合性商场，包含娱乐、餐饮、购物功能。该工程总规划用地面积6500m²，合同工期为214天（$T_0=214$），项目合同总价为4300万元人民币，该项目是一个营利性项目。业主在招标时已具备详细的项目资料，并与总承包商签订了工程总承包合同。合同中约定，若总承包商提前完工，业主将采用计提奖励的方式对其进行奖励。

2. 工期优化过程

鉴于综合性商场项目属常规项目，且目前此类营利性项目的市场变化不大、较稳定，业主参考已建同类项目预计该拟建项目的日收益额为 $I_c=6$ 万元/天，并将提前投产收益作为计提基数。此外，由于合同工期较紧张，总承包商提前竣工的难度系数较大，业主为了更好地激励总承包商，将计提系数的比例确定为 $e=35\%$。

总承包商发现，如果按照合同工期 T_0 约定的 214 天完成该项目，虽然能够按时完工，但是从中可获取利益较少。考虑到工期优化虽然可能会增加工期压缩成本，但业主设置的提前竣工奖励完全可以弥补增加的费用，甚至盈余颇多。因此，总承包商出于利益最大化的目的，决定对该项目进行工期优化。为了保证工程质量，总承包商计算出该项目的极限工期为 186 天。基于此，总承包商从自身的实际管理能力、成本控制能力以及技术能力出发，采取设计、采购、施工多方协调管理的优化方式，最终决定最优工期 T_1 为 195 天，将项目工期缩短 19 天。总承包商的工期优化行为不仅为自身带来了利益收入，还在保证工程质量的基础之上使该项目提前竣工进入并提早投入运营，实现了项目价值增值。

总承包商工期优化使项目价值增值的主要来源是提前投产收益。该拟建项目的日收益额为 $I_c=6$ 万元/天，因此，提前投产收益为 $I_c(T_0-T_1)=6$ 万元/天 $\times$(214 天 $-$ 195 天) $=114$ 万元。鉴于减少的建设期利息以及降低的投资风险计算复杂且难以衡量，本例不做过多考虑。

3. 收益分享

综上可知，业主这种高强度的激励手段充分激发了总承包商的主观能动性，维护了自身的利益并确保工程项目顺利完工。总承包商在工期优化的同时，也为该项目争取了最大的经济效益，不仅加强了施工技术、管理手段以确保工程质量，还加强了施工成本控制以争创更多的利益收入。因此，业主应按照合同中约定的奖励方式给予总承包商奖励，奖励金额为 $I_c\times e=114$ 万元 $\times 35\%=39.9$ 万元。

（资料来源：改编自严玲，李铮，冯庆. EPC 总承包商工期优化的收益分享研究［J］. 建筑经济，2017，38（09）：60-64.）

案例 2：承包商合理化建议形成投资节余是否可以利益分享？

1. 案例背景

某石油开发项目，业主为一石油营运公司，中国石油天然气管道局为总承包商，承担了该项目的整个输油管线系统的建设。在本项目中，业主给出的设计深度介于概念设计与基础设计之间，承包商需要完善基础设计以及完成详细设计。在承包商的设计过程中，承包商设计部对业主原来的设计提出了优化建议书，通过重新选择管线线路而将原来的管线长度缩短了 40km。

2. 矛盾焦点

业主在得到承包商此优化建议不影响工程原定各项技术指标的保证后，以变更的形式批准了承包商优化建议书，并提出按合同规定的变更处理，即根据删减的工程量来减扣合同款。承包商不同意，并认为此项设计变更不影响原工程的各类技术指标，且有助于工程按时甚至提前完工；并且按照国际惯例，承包商提出设计优化给项目带来的利益应由合同双方分享，而不能由业主一方单独享有，业主只能根据删减的工程量扣除一定比例的款项。

3. 案例结果

在本案例中，合同没有明确规定承包商的设计优化作为变更被批准的具体处理方法。承包商在此设计优化建议书中本应提出进行此优化的条件，即优化带来的好处应由承包商与业主共同分享，作为实施优化的前提，从而争取主动。

经过承包商据理力争，最终经双方协商，参考国际工程通用的做法，本项目业主最终按照优化设计节约投资的 40% 比例与总承包商达成协议，双方都从设计优化中得到了利益。

4. 案例启示

1）本案例中，总承包商其实是对固定总价概念有误解。所谓固定总价合同，一般指的是在合同涉及的所有条件不变的情况下，合同价格不变，而不是绝对不变。若根据合同实施变更，其合同价格也应做相应的调整（增加或减少）。

2）本项目在EPC合同中没有明确规定总承包商提出设计优化带来何种好处，在工程结算时应如何调整，所以造成在工程结算时双方产生分歧。为此，当事双方在签订合同时，必须予以明确，避免类似纠纷发生。在国际惯例中，为了避免出现此类误解，在国际工程标准合同范本，如FIDIC合同条件下的“价值工程”条款规定了相关的处理方法。

3）业主和总承包商对于整个项目是战略伙伴关系，优化设计节约的利益应由业主和总承包商共同分享，以此作为实施优化的前提。在EPC项目招标和合同谈判时，应争取明确合理化建议利益分配的具体方式，如归属于总承包单位或由双方按一定比例进行分成，使合同双方达到双赢的目的。

7.4 工程索赔及合同价款调整

7.4.1 工程总承包项目中承包商索赔机会较少

1. 工程总承包项目承包商索赔特点

相较传统的施工总承包来说，工程总承包加大了承包人的义务和风险，总承包商的索赔机会更少、索赔成功难度更大。工程总承包项目普遍采用固定总价合同，相较传统的施工总承包来说，承包商承担了大量工程量与工程单价变化的风险；一般采用以“输出控制”为主要控制方式的合同类型，如果承包商的工程内容没有达到预先规定的技术指标要求，业主就可以拒绝接受该部分工程，或扣减工程费用。

工程总承包模式下总承包商的合同义务较施工总承包合同下发生较大变化，承包商应对工程的设计负责，原来因设计错误、图纸延误、设计变更可以发起的索赔不再存在。但如果出现非承包人应承担的设计调整和变化，承包商有权提出索赔，包括以下两方面：业主应负责任的设计文件或技术规程存在问题；在承包商深化设计的过程中，由于项目功能的需要、设计优化等原因，业主提出了设计的调整要求。

因此，工程总承包商必须准确分析工程建设环境，协调管理工程总承包工程各利益相关方之间的关系，并权衡利弊进行索赔工作的管理，以达到减少索赔事件和索赔纠纷发生的目的，保证项目的平稳推进和获利。总承包商索赔的关注点集中在项目成本、工期、质量三大方面的控制，以保证项目建设质量、提高建设效率、增加项目收益，最终目标是项目建设成功并验收合格。在实际建设过程中，为了更好地开展索赔工作，减少项目经济损失，工程总承包商在项目建设过程中应当首先严格遵守合同规定，按时、保质、保量完成合同约定的工作内容，在保证自身不发生违法行为的同时，合理预测可能导致索赔事件发生的干扰事项并及时采取防范措施。一旦发生干扰事件，工程总承包商应及时对干扰事件做出反应，分析事件产生的原因，并对照合同条款找出索赔依据，积极收集相关证据并向业主提出索赔。除此之外，当分包商提出索赔时，工程总承包商应积极论证索赔事件是否属实，索赔证据是否充分有力，索赔工程量的计算是否准确。

2. 变更与索赔的区别

（1）索赔的含义　索赔，仅从字面上的意思来说即索取赔偿。在工程中，索赔不仅是

"有权赔偿"的意思，而且表示"有权要求"，是向对方提出某项要求或申请（赔偿）的权利，法律上称之为"有权主张"。在《2013版清单》中也对索赔进行了解释："索赔是在合同履行过程中，合同当事人一方因非己方的原因而遭受损失，按合同约定或法律法规规定应由对方承担责任，从而向对方提出补偿的要求。"

索赔是双方未达成一致协议的一种单方行为，必须要有切实有效的依据。其依据主要是合同文件、法律法规，且只有在实际发生了经济损失或者权利损害时，一方才可以索赔。如由发包人提供设计的建设项目，当发包人未按时提供设计图，造成承包人的一定经济损失同时拖延了承包人的工期，这时承包人既可以提出经济赔偿，也可以提出工期延长，且这种索赔要求的最终实现必须得到确认后才能得以实现。补偿要求可以是承包人向发包人提出的费用、工期等要求，也可以是发包人向承包人提出延长质量缺陷修复期限、支付发包人实际支出的额外费用等。但补偿的数额或比例一般是双方根据各自在索赔事件的权责利关系，通过协商重新分配得出。

从上述对索赔的解释可以看出，建设工程中的索赔是双向的，承包人可以向发包人提出索赔，且发包人同样可以向承包人提出索赔，是索赔方要求被索赔方给予补偿的权利和主张。但通常业主索赔数量较小，而且处理方便。业主可通过冲账、扣拨工程款、没收履约保函、扣保留金等实现对承包商的索赔。而最常见、最有代表性且处理比较困难的是承包商向业主的索赔，所以人们通常将它作为索赔管理的重点和主要对象。本章也仅研究基于承包商向业主索赔的工程总价合同价款调整。

（2）变更与索赔的对比分析　2017版FIDIC系列合同条件将变更和索赔处理程序明确分开，在程序上没有重叠，如果索赔或变更事项合同双方不能达成一致，均直接进入争端处理程序。但在工程项目合同管理实践中，经常因为将变更与索赔二者混淆而导致处理不当。一些条款中同时有变更和索赔的规定，实际处理起来不容易将二者界定清楚，因此在确定是走变更程序还是索赔程序之前，首先要识别和确定究竟是变更还是索赔。变更和索赔的区别见表7.7。是变更还是索赔要考虑两个方面：①是否对工程造成了变更；②承包商是否按第20条"业主和承包商的索赔"发出通知或业主方是否已发出变更指示。

表7.7　变更和索赔的主要区别

	变　更	索　赔
起因	先有指示再有变更实施，是事前主动行为	一般是在事件或合同风险发生后，合同方意识到会对合同产生影响，因而向对方发出通知主张其权利或救济的一种手段，是一种事后行为
结果	是对工程的变更，因而一般改变的是工程本身	对工程本身并没有影响，但工程的实施方式有所变化，如施工方案、施工时间和工序、施工所使用的设备、临时工程的改变
合同程序	适用第13条"变更和调整"，由合同方遵照该条发起并确认变更，在变更的情况下承包商自然享有延期和调价的权利，而无须按第20.2款"索赔款项和（或）EOT"发出索赔通知	适用第20条"业主和承包商的索赔"，当索赔事件发生时，业主或承包商应按第20.2款"索赔款项和（或）EOT"在合同规定的时间内向对方发出索赔通知，否则将可能丧失索赔权利
补偿机制	根据第13.3款"变更程序"的规定确定价格，且该价格中包含利润	业主方基于承包商的同期记录确定成本，特定情况下可加上利润

3. 工程总承包项目中的工程索赔

（1）索赔程序　2017版FIDIC系列合同条件将业主的索赔和承包商的索赔纳入了统一的索赔处理程序。图7.8是依据2017版FIDIC黄皮书通用合同条件第20条绘制的索赔处理流程。

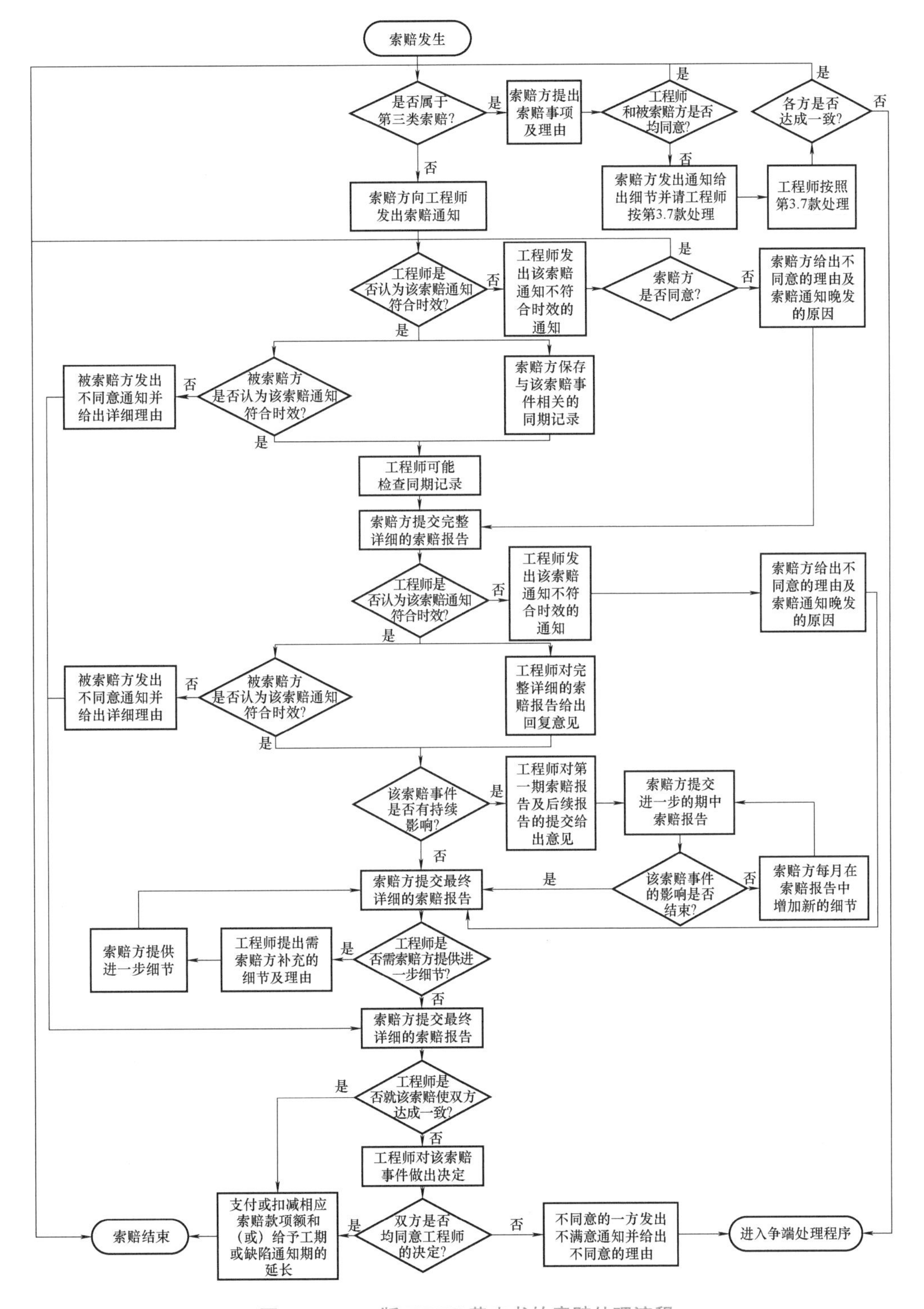

图7.8　2017版FIDIC黄皮书的索赔处理流程

（2）索赔依据　2017 版 FIDIC 系列合同条件中分别规定了业主与承包商的义务以及在履行合同义务中所承担的风险。对于总承包合同来说，由于一般承包商在合同中承担的风险较大，因此索赔的机会相对少些。尽管如此，一般总承包合同中都有类似下列的规定，从而赋予承包商索赔权。表 7.8 列举了 2017 版 FIDIC 黄皮书中承包商向业主索赔可引用的明示条款，以及根据每一条款承包商可以得到的补偿或调整。

表 7.8　2017 版 FIDIC 黄皮书中承包商向业主索赔可引用的明示条款

序　号	条 款 号	条 款 名 称	可索赔内容	序　号	条 款 号	条 款 名 称	可索赔内容
1	1.9	业主要求中的错误	T+C+P	17	11.7	接收后的进入权	C+P
2	1.13	遵守法律	T+C+P	18	11.8	承包商的调查	C+P
3	2.1	现场进入权	T+C+P	19	12.2	延误的试验	C+P
4	4.6	合作	T+C+P	20	12.4	未能通过竣工后试验	C+P
5	4.7.3	整改措施，延迟和（或）成本的商定或决定	T+C+P	21	13.3.2	要求提交建议书的变更	C
6	4.12.4	延误和（或）费用	T+C	22	13.6	因法律改变的调整	T+C
7	4.15	进场道路	T+C	23	15.5	业主中止合同的权利	C+P
8	4.23	考古和地理发现	T+C	24	16.1	承包商暂停的权利	T+C+P
9	7.4	承包商试验	T+C+P	25	16.2.2	承包商的终止	T+C+P
10	7.6	修补工作	T+C+P	26	16.3	合同终止后承包商义务	C+P
11	8.5	竣工时间的延长	T	27	16.4	由承包商终止后的付款	C+P
12	8.6	当局造成的延误	T	28	17.2	工程照管的责任	T+C+P
13	8.10	业主暂停的后果	T+C+P	29	17.3	知识和工业产权	C
14	9.2	延误的试验	T+C+P	30	18.4	例外事件的后果	T+C
15	10.2	部分工程的接收	C+P	31	18.5	自主选择终止	C+P
16	10.3	对竣工试验的干扰	T+C+P	32	18.6	根据法律解除履约	C+P

注：T 代表可获得工期索赔；C 代表可获得费用索赔；P 代表可获得利润索赔。

承包商向业主的索赔按照起因可分为客观原因和主观原因引起的工程索赔。若由于业主自身原因直接导致的索赔，承包商不但可以索赔工期和费用，还可以索赔一定的利润，如业主要求错误、业主对竣工试验的干扰等；而由于业主负责的其他原因导致的索赔，承包商一般能索赔工期和费用，但不能得到利润的补偿；还有个别客观原因造成索赔（如异常不利的气候条件、例外事件中列举的自然灾害和当局造成的延误等）的情况下，承包商仅能得到工期的延长，而不能得到费用的补偿。

表 7.8 中第 18.4 款“例外事件的后果”规定，如果发生“例外事件”中列举的最后一项自然灾害（地震、海啸、火山活动、飓风或台风等），承包商仅能获得工期的延长，而不能得到费用的补偿；除“例外事件”中列举的第一项关于战争、敌对行动等情况之外，其他例外事件只有发生在工程所在国，承包商才可以获得费用的补偿，否则和自然灾害一样，也仅能获得工期的延长。此项规定对于 2017 版 FIDIC 红皮书、黄皮书和银皮书均适用。

2017 版 FIDIC 黄皮书第 1.9 款“业主要求中的错误”及第 4.7 款“放线”规定，承包商在满足一定条件下，业主需对业主要求和参照项的准确性负责，如果在这类文件中存在错误、失误或其他缺陷，承包商可通过变更或索赔方式获得工期、费用及利润的补偿。而在2017版FIDIC银皮书的框架下，业主仅提供数据供承包商参考，承包商除负责核实这些数据外，还对其准确性承担相应的责任。因此，银皮书没有黄皮书第1.9款“业主要求中的错误”相关规定，此类风险全部由承包商承担，承包商无权因此类事件向业主索赔。

2017版FIDIC黄皮书中业主承担了不可预见的物质条件的风险，其第4.12款“不可预见的物质条件”规定，当承包商遇到不可预见的物质条件（不含异常不利的气候条件）时，承包商有权索赔工期和（或）费用。如果遇到异常不利的气候条件，承包商仅可以依照第8.5款“竣工时间的延长”，获得工期的延长，但不能得到费用的补偿。黄皮书下，当工程师对此类索赔的费用补偿进行商定或决定时，还应考虑工程是否有类似部分的物质条件比承包商在基准日期之前能够合理预见的条件更为有利，如果有，工程师考虑因这些条件引起的费用的减少，但此类扣减不应造成合同价格的净减少。但在2017版FIDIC银皮书中，第4.12款为“不可预见的困难”，此类风险全部由承包商承担，承包商无权因此类事件向业主索赔。

2017版FIDIC黄皮书第8.5款“竣工时间的延长”规定，如由于下列任何原因，致使按照第10.1款“工程和区段的接收”要求的竣工受到或将受到延误，承包商有权按照第20.2款“索赔款项和（或）EOT”的规定提出延长竣工时间：①变更（无须遵守第20.2款“索赔款项和（或）EOT”规定的程序）；②根据本合同条件某款，有权获得延长工期的原因；③异常不利的气候条件，如根据业主按第2.5款“现场数据和参照项”提供给承包商的数据和（或）项目所在国发布的关于现场的气候数据，这些发生在现场的不利的气候条件是不可预见的；④由于流行病或政府行为导致不可预见的人员或货物（或业主供应的材料（如有））的短缺；⑤由业主、业主人员或在现场的业主的其他承包商造成或引起的任何延误、妨碍或阻碍。2017版FIDIC银皮书第8.5款“竣工时间的延长”中不包含上述③中的内容，也不包含④中的内容（但此类因素如影响到业主供应的材料除外），即在银皮书下，承包商承担相应的风险。

承包商除了按表7.8所列的明示索赔条款向业主索赔之外，在2017版FIDIC黄皮书模式下，承包商还可按表7.9列举的默示条款进行索赔。表7.9中的可索赔内容在条款中没有明示，仅供读者参考。

表7.9 2017版FIDIC黄皮书中承包商向业主索赔可引用的默示条款

序号	条款号	条款名称	可索赔内容	序号	条款号	条款名称	可索赔内容
1	1.3	通知及其他通信交流	T+C+P	8	4.10	现场数据的使用	T+C
2	1.5	文件的优先顺序	T+C+P	9	4.19	临时设施	C+P
3	1.8	文件的照管和提供	T+C+P	10	5.1	一般设计义务	T+C+P
4	3.4	工程师的委托	T+C+P	11	8.1	工程的开工	T+C+P
5	3.5	工程师的指示	T+C+P	12	8.13	复工	T+C+P
6	4.2	履约保证	C	13	17.5	业主的保障	C
7	4.5.1	对指定分包商的反对	T+C	14	19.1	保险的一般要求	C

注：T代表可获得工期索赔；C代表可获得费用索赔；P代表可获得利润索赔。

2017 版 FIDIC 银皮书第 3.3 款“委托人员”的可索赔内容为 T + C + P；第 3.4 款“指示”的可索赔内容为 T + C + P；银皮书第 5.1 款“一般设计义务”没有承包商向业主索赔的规定，而黄皮书中承包商若在设计时发现业主要求中的错误、失误或其他缺陷，则可依照第 1.9 款“业主要求中的错误”及第 4.7 款“放线”的规定向业主索赔。

以上列举和分析了 2017 版 FIDIC 系列合同条件中承包商向业主索赔可依据的合同条款，其中关于默示条款，合同各方可能会有不同的理解和解释。同时，2017 版 FIDIC 黄皮书与银皮书属于不同的合同模式，在不同的合同模式下，因为风险分担原则及合同双方的工作范围不同，索赔条款的相关规定会有较大的区别，在使用时要注意甄别。通过上述条款分析，可以得出 FIDIC 银皮书在责任和风险的承担上明显倾斜于业主（发包人），而对承包商的索赔程序予以较为严苛的规定。因此，采用 FIDIC 银皮书作为合同范本，承包商的索赔机会将少之又少。

7.4.2 客观原因引起的工程索赔

1. 不可抗力引起的工程索赔

（1）不可抗力的定义与范围　我国《民法典》第一百八十条规定：“不可抗力是不能预见、不能避免且不能克服的客观情况。”另外，在我国建筑工程领域内《2013 版清单》《2012 版招标文件》以及《2020 版总承包合同》中都对不可抗力进行了相关定义，具体内容见表 7.10。因此，我国法域内的不可抗力构成要件需要同时满足“三不”，即不能预见、不能避免且不能克服。

表 7.10　我国相关文件中对不可抗力的定义

<table>
<tr><th rowspan="2">类　型</th><th rowspan="2">法律法规</th><th rowspan="2">条　款</th><th colspan="3">不可抗力的定义</th></tr>
<tr><th colspan="2">三不</th><th>两个属性</th></tr>
<tr><td>类型一</td><td>《民法典》</td><td>第一百八十条</td><td colspan="2">不能预见、不能避免且不能克服</td><td>客观情况</td></tr>
<tr><td rowspan="3">类型二</td><td>《2013 版清单》</td><td>2.0.27</td><td rowspan="3">发包人和承包人在签订工程合同时不能预见</td><td>对其发生的后果不能避免并不能克服</td><td rowspan="3">自然灾害和社会性突发事件</td></tr>
<tr><td>《2012 版招标文件》</td><td>21.1.1</td><td>在履行合同过程中不可避免发生并不能克服</td></tr>
<tr><td>《2020 版总承包合同》</td><td>17.1</td><td>在合同履行过程中不可避免、不能克服且不能提前防备</td></tr>
</table>

而 2017 年版 FIDIC 合同条件第 18.1 款规定，在 FIDIC 合同条件下，不可抗力是一方无法控制的；该方在签订合同前，无法合理防备的；不可抗力发生后，该方无法合理避免或克服的；以及无法主要归因于另一方的；不可抗力必须是特殊的；而且不可抗力受影响方履约受阻。FIDIC 不可抗力构成要件的特殊性，集中表现在前面四个要件中，即“四无”，与我国及其他大陆法系国家要求的“三不”（不能预见、不能避免且不能克服）构成要件有很大的不同（邱佳娴，2020）。

另外，在国内外工程总承包合同条件中，对不可抗力的范围有专门的阐述，相关规定具体内容见表 7.11。

表 7.11 国内外工程总承包合同条件中不可抗力的范围

类型	《2012 版招标文件》	《2020 版总承包合同》	2017 版 FIDIC 银皮书
自然性	地震、海啸、瘟疫、水灾	地震、海啸、瘟疫	自然灾害，如地震、飓风、台风或火山活动
社会性	骚乱、暴动、战争和专用合同条款约定的其他情形	骚乱、戒严、暴动、战争和专用合同条件中约定的其他情形	1）战争、敌对行动（不论宣战与否）、入侵、外敌行为 2）叛乱、恐怖主义、暴动、军事政变或篡夺政权或内战 3）承包商人员和承包商及其分包商其他雇员以外的人员的骚动、喧闹、混乱、罢工或停工 4）战争军火、爆炸物资、电离辐射或放射性污染，但可能因承包商使用此类军火、炸药、辐射或放射性引起的除外

（2）不可抗力事件的风险处置程序 不可抗力事件发生后，在 FIDIC 合同条件下，承包商需在合同规定的时间之内向工程师发出通知（一般为事件发生后的 14 天之内），通知中应载明不可抗力事件内容、已造成的损失、承包商已采取的措施、预计将进一步造成的损失、需要业主采取的措施以及对本工程合同履行造成的影响。上述通知可以分阶段向工程师提交，但应在合同规定的时间之内发出，若风险持续影响工程继续实施的，可请求工程师下达工程停工令，如图 7.9 所示。不可抗力事件发生后，业主和承包商都有责任和义务采取必要的措施，使不抗力事件的损失降至最低，包括对工期的影响（李东辉，2020）。

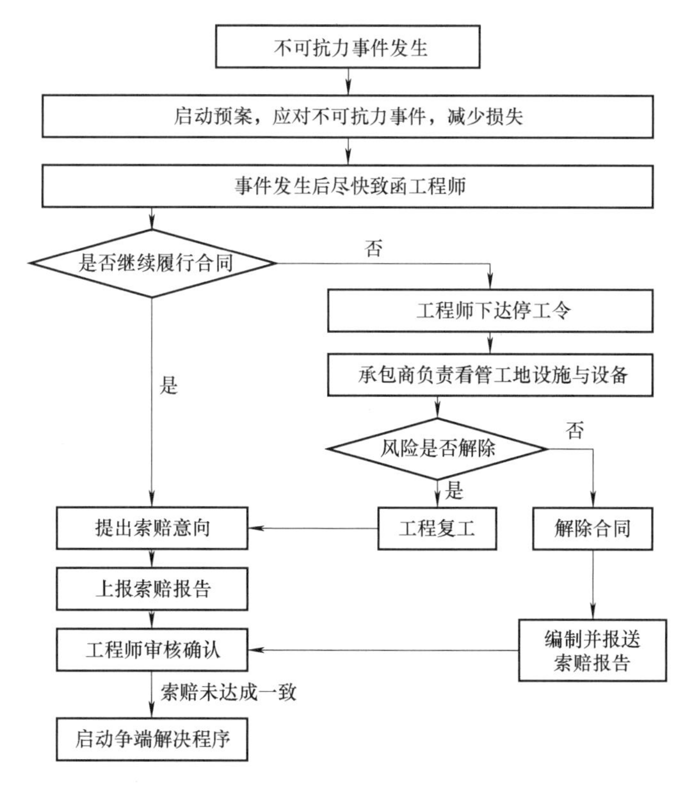

图 7.9 不可抗力事件的风险处置程序

而我国《2020 版总承包合同》第 17.2 款“不可抗力的通知”则规定，合同一方当事人觉察或发现不可抗力事件发生，使其履行合同义务受到阻碍时，有义务立即通知合同另一方当事人和工程师，书面说明不可抗力和受阻碍的详细情况，并提供必要的证明。不可抗力持续发生的，合同一方当事人应每隔28天向合同另一方当事人和工程师提交中间报告，说明不可抗力和履行合同受阻的情况，并于不可抗力事件结束后28天内提交最终报告及有关资料。

（3）不可抗力引起的风险分担原则分析　FIDIC合同约定了业主需要承担的不可抗力风险，如战争、罢工、放射性污染、地震、飓风等。在这类风险发生后，如果承包商作为受影响一方，遭受工期延误和（或）费用增加，且已根据合同规定通知业主该不可抗力事件，则承包商有权根据合同的索赔条款的规定提出工期延长，即承包商对第19.1款中不可抗力事件的所有情形均有工期索赔权。FIDIC合同对承包商的费用补偿权进行了限制，即费用补偿的适用条件为不可抗力的定义中所列举的第2～4项所述的事件或情况发生在工程所在国，有且仅有在此情况下，承包商才有权进行费用补偿索赔，否则承包商仅有工期索赔权。对于工期索赔和费用索赔，均由受影响的承包商一方发起，在银皮书中由业主方进行审核决定，在红皮书和黄皮书中由工程师审核决定（宋宜军和崔敏捷，2020）。尽管由不可抗力带来的双方损失通常会转移投保到工程一切险中，但FIDIC银皮书关于“不可抗力”的合同条款描述中并不希望承包人因为不可抗力蒙受较大的损失（张然等，2020）。

《2013版清单》对于因不可抗力事件导致的人员伤亡、财产损失及其费用增加进行了相对具体的规定，即合同工程本身的损害、因工程损害导致第三方人员伤亡和财产损失以及运至施工场地用于施工的材料和待安装的设备的损害，应由发包人承担；发包人、承包人人员伤亡应由其所在单位负责，并应承担相应费用；承包人的施工机械设备损坏及停工损失，应由承包人承担；停工期间，承包人应发包人要求留在施工场地的必要的管理人员及保卫人员的费用应由发包人承担；工程所需清理、修复费用，应由发包人承担。不可抗力解除后复工的，若不能按期竣工，应合理延长工期。发包人要求赶工的，赶工费用应由发包人承担（孙华，2020）。

《2012版招标文件》中第21.3.1项“不可抗力造成损害的责任”与《2013版清单》的规定基本一致。《2020版总承包合同》第17.4款“不可抗力后果的承担”也有着详细的处理原则，与《2013版清单》规定不一致的地方主要是停工损失。《2013版清单》规定停工损失由承包人自担；《2020版总承包合同》则规定不可抗力导致承包人停工的费用损失由发包人和承包人合理分担，但停工期间必须支付的现场必要的工人工资由发包人承担。通过分析国内合同文件中对不可抗力的相关规定，可知不可抗力是发包人与承包人共担的风险，其风险分担原则可归纳为：工程损失，发包人承担；各自损失，各自承担。

案例：不可抗力下缅甸某在建码头项目索赔

1. 项目概况

该码头项目位于缅甸仰光省的仰光河下游，建设内容包括勘察设计、港池疏浚、工作平台、系缆墩、控制平台、引桥和其他附属设施。水工结构为蝶形开敞式高桩码头，平台为高桩梁板式，桩基采用PHC管桩。项目合同采用1999版FIDIC黄皮书，基于项目建设内容的特殊性以及与业主的友好协商，在专用条件中对通用条件做了部分修改：

第1.1.6.4目增加对不可抗力的说明：不可抗力是指上帝的行为、政府的管制、罢工、工业骚乱、战争、封锁、叛乱、暴动、流行病、内乱、爆炸、火灾、洪水、地震、暴风雨和其他与列举情况类似的原因，任何一方都无法控制，并且通过应有的关注和尽职调查，任何一方都无法克服。

第13.8款删除因成本改变的调整条款。

工程师书面通知开工时间为2020年1月25日。至2020年3月初，主要中方技术管理人员已全部到岗，部分当地劳工队伍已进场。现场已完成设计图提交、部分材料报批、承包商临建和预制场地建设。

2. 新冠病毒疫情对在建项目的影响和应对措施

(1) 物资进场时间延误　由于缅甸当地管桩制造商尚不具备供应该项目所需管桩的能力，管桩需要从国外进口。受疫情传播的影响，管桩采购被迫更换两家供应商，采购成本增加的同时，管桩抵达施工现场的时间推迟约40天。2020年9月，由于瑞丽封城，陆路进口物资受阻。

(2) 人力资源投入受限　疫情在当地出现后，施工现场实行封闭化管理，不再允许新的施工队伍进入现场。对申请离开现场的施工人员，发放防疫物资后，准许其离开，但短期内不得再次进入。返岗人员必须经过14天隔离观察。受疫情影响，现场实际工作人员数量受限。

(3) 施工现场加强检测防疫工作　根据缅甸相关防控措施要求和疫情下施工现场HSE管理需要，现场管理人员组织已进场的劳工队伍，落实防疫和检测要求，同时对施工区域进行封闭管理及网格化管理。

3. 索赔工作

(1) 做好记录和通知　1999版FIDIC黄皮书在不可抗力的定义中所列举的范围不包括流行病，但也说明了不可抗力包括但不限于所列范围。得益于合同谈判期间的充分准备，项目合同专用条件中将流行病补充到不可抗力的定义中。新冠病毒疫情的发生属于流行病范畴，可归于不可抗力；疫情的传播符合专用条件中“有经验的承包商在投标截止日期之前无法合理地采取足够的预防措施的说明”。为此，项目管理团队可就“新冠病毒疫情”这一不可抗力带来的影响索赔合理的费用和工期。

不可抗力对项目实施产生影响后，项目管理团队及时做好各项记录，包括：官方公布的新冠病毒疫情传播情况；政府的防控措施；在建项目受到的安全、成本和工期影响、现场施工记录等。相关记录和索赔通知及时书面送达工程师和业主。

(2) 发出索赔通知

1) 可索赔事项分析。①现场施工人员数量减少，现有工作人员需要在工作中保持规定距离，错峰上班、错峰就餐。网络通信受限、现金支取受限导致现场组织和工作效率降低。②项目所需管桩的采购受新冠病毒疫情影响，被迫更换两次供应商，导致采购费用增加和到货时间延长。因瑞丽封城导致陆运受阻、海关清关工作暂停引起海运延误、市场罢市导致物资供应受限，影响现场施工进度。因专用条款中删除了因成本改变的调整条款，该事件不可索赔费用。可根据第8.4款竣工时间的延长中“(d) 由于流行病或政府行为造成可用的人员或货物的不可预见的短缺”条款中的描述索赔工期。③业主逾期支付工程款，导致承包商现金流受到影响。可根据第14.8款承包商应有权就未付款额按月计算复利，收取延误期的融资费用索赔费用。④疫情事件在缅甸的影响仍未得到有效控制，相关可能对项目的成本、工期产生影响的事件仍需保持密切关注。

2) 出具正式索赔报告。项目管理团队在现场组织效率降低、物资供应短缺、业主逾期付款等事件发生的42天内，就本阶段项目施工受到不可抗力的影响、导致的现场施工效率下降、物资进场延迟引起的工期延长，以及业主延期付款给承包商带来的现金流影响，与工程师做了充分沟通。商务人员结合之前发出的索赔通知，附上政府相关通知文件、现场施工记录以及与供应商的往来函件等资料，向工程师提交索赔报告。

4. 工程师的确定

经过对索赔报告的审核，工程师对阶段索赔结果给予确定。由于本项目合同条件中未对节点工期做出要求，无延期罚款，承包商误期风险较小。在引起索赔的事件发生时，承包商已根据合同第 19.3 款要求，履行了努力将延误减至最小的义务，采取了及时变更供应商，积极开展现场构件预制、主材储备等工作。针对管桩供应商变更带来的延误，工程师确定给予工期延长 40 天。

对于中国卫生部发布的《工厂、工业和施工场所防疫要求》通知引起的现场组织效率降低，瑞丽封城、海关清关暂停、城市道路阻塞、市场罢市引起物资到场延误，工程师要求承包商根据合同第 8.3 款更新进度计划中的要求，重新计算节点完成时间，提交修订的进度计划，变向给予时间延长。对于业主的延期付款，工程师确定业主应根据合同附录中约定的利率支付利息，作为承包商的融资费用。

（资料来源：改编自王达．不可抗力下缅甸某在建码头项目索赔工作的探讨［J］．国际工程与劳务，2021（05）：66-69.）

2. 不可预见的困难引起的工程索赔

（1）不可抗力与不可预见的困难的区别　FIDIC 银皮书与《2020 版总承包合同》中有专门针对不可预见的困难的相关约定，而《2012 版招标文件》则将其称为不可预见物质条件。这些合同语言虽然并不完全相同，但其含义是相同的，都是指有经验的承包商在现场遇到的不可预见的不利于工程实施的自然物质条件、非自然的物质障碍和污染物，包含地下条件和水文条件，但是并不包括气候条件。

在不可抗力和不可预见的困难下，都有着不可控制的突发事件存在，并且这个突发事件不能归责于任何一方，受影响方不能进行合理避免或克服。另外，突发事件发生后，受影响的当事人有着及时通知另一方的义务。对于不可预见的困难来说，通常这种事件是早就存在的；而不可抗力则是带有未来性质的，在订立合同之后才发生。

其次，两者的救济措施与法律后果并不完全一致。《2020 版总承包合同》规定，承包人遇到不可预见的困难时，应采取克服不可预见的困难的合理措施继续施工，并及时通知工程师并抄送发包人。通知应载明不可预见的困难的内容、承包人认为不可预见的理由以及承包人制定的处理方案。工程师应当及时发出指示，指示构成变更的，按第 13 条“变更与调整”约定执行。承包人因采取合理措施而增加的费用和（或）延误的工期由发包人承担。因此，不可预见的困难条件下的救济措施是工程的变更以及索赔工期与费用，其法律后果是可能导致合同的变更以及风险责任的转移分担，由业主承担不可预见的困难下的风险。而不可抗力是追求事件发生后当事人对其不履行合同的免责，是一项免责条款，免除履行职责的责任或推迟履行职责，这是不可抗力与不可预见的困难本质的区别。而且，不同于不可预见的困难的单方面提出，不可抗力的提出并不限于承包商一方，工程中的各方均可以提出因不可抗力而免责。不可抗力的法律后果是不可抗力发生在哪一方身上，就由哪一方承担不可抗力所带来的后果，不同于不可预见的困难条件下的发包人承担风险。

不可抗力与不可预见的困难的区别还体现在两者不可预见的对象以及主体上。不可预见的困难不可预见的对象是一直都事实存在的，只是由于有经验的承包人的能力有限而未能被发现；而不可抗力不可预见的对象则是带有未来性质的，即在合同签订时并未发生的情况。由此导致两者不可预见的主体有着很大差别：不可预见的困难是针对有经验的承包人这一类特殊的群体而言的；而不可抗力不可预见的主体是缔约的各方，并不针对某一类特殊的群体（朱彬，2017）。

（2）有经验的承包人不可预见原则　有经验的承包人是指在进行建设工程活动时，能够通过从事相关工作的经验，对工程建设过程中的不确定因素进行合理预期，并采取有效措施降低对承包人的“破坏性”影响。但是，即使是有经验的承包人也会遇到一些其不可预见的事件，这类事件给发承包双方带来损失，这时就导致了索赔事件的发生。

采用1999版FIDIC新红皮书的项目在合同约定的过程中就已经将可预见的一部分风险分配给了承包人，而在施工过程中发生承包人不可预见的因素，需要提供证据和理由论证“不可预见”，发包人据此来判定是否给予损失补偿。而1999版FIDIC新银皮书中，有经验的承包人被视为承担所有不可预见的困难风险。在《2020版总承包合同》条件下，则由发包人（业主）承担不可预见的困难下的风险。

理解“有经验的承包人不可预见”这一原则，要掌握以下几点：

1）承包人是“合理预见或不可预见”的主体。将承包人作为能否预见风险事件发生的主体，既不会将风险强加给他而损害其利益，也不会纵容其损害业主利益。若预见主体为业主，则其预见到的风险损失由承包人负责，无异于使承包人在强制要求下承担风险而得不到合理对价，显然并非合理的风险分担。

2）是否不可预见的标准以主观标准为例外、客观标准为原则。主观标准，即承包人的预见能力高于或低于一般社会人时，以其实际能力为准，但需由发包人（业主）或承包人举证。而客观标准，即一个理智的承包人（社会一般人）在订立合同时能够预见到的风险。也就是说，有经验的承包人的预见力应根据工程项目情况，从承包人的经验、认识、能力和资历等角度衡量。

虽然以ICE为代表的可预见性风险分担原理得到了FIDIC等一些合同条件的支持，但是却并“没有被到处采纳”。这一原则的局限性在于：①容易在风险分担时引起争议，如“有经验的承包人”与“合理预见”难以认定，是争议产生之源。②容易导致工期和费用的不确定性，从而遭到业主的反对。特别是随着集成化项目交付模式的发展，如PPP、PFI、BOT、EPC、DB等，业主希望将风险更多地向承包商转移，更多地将费用固定下来，则这一分担原理显然不能很好地适应。③没有考虑到合同主体的风险偏好，很可能造成风险分担的低效率。

（3）不可预见的困难索赔依据　不可预见的困难发生后，关键工作是承包人提供其可以索赔的依据。对承包人而言，其关键是：是否按照一个有经验的承包人履行了对招标文件的检查义务；是否履行了现场勘查的义务；在不可预见的困难发生后，承包人是否采取了合理的措施防止损失扩大（严玲等，2015）。在承包人的履约行为得到证实的情况下，才能判断该事件属于不可预见的困难，且责任不在于承包人一方。承包人在不可预见的困难的责任分配中应履约的义务体现为下列几个方面，这是判断承包人是否可以获得补偿的依据。

1）承包人对招标文件的检查义务。承包人在投标时应客观地对所有可利用的工程条件进行合理的检查与分析，对模糊与错误的部分应主动要求发包人澄清，并对所有资料的解释结果负责。

2）承包人履行现场踏勘义务。承包人的现场踏勘义务不仅仅是到场就可说明其已履行该义务，而是凭借其经验充分考查工程所在地及其周围的气象、交通、风俗习惯、特殊地质。

3）不可预见的困难发生后，承包人采取了合理的应对措施。在不可预见的困难发生时，承包人应采取合理措施防止损失扩大，并及时通知发包人。《民法典》第五百九十一条表示，没有采取适当措施致使损失扩大的，不得就扩大的损失要求赔偿。

案例：FIDIC 合同中的不可预见的困难

1. 案例背景

2005 年，为了缓解直布罗陀机场附近的拥堵情况，直布罗陀政府（简称 GoG）决定新建一条双车道的公路和隧道。GoG 聘请咨询公司 Gifford 对受污染土地进行案头研究，调查场地的历史情况以及受污染的程度，聘请 Sergeyco 公司选取多处进行钻孔和探井检验，提取样品进行污染测试。最后，GoG 委托 Engain 公司编制了《环境声明书》，编制依据是从现场采集的信息。《环境声明书》估计，该项目土方作业量为 20 万 m^3，其中大约 1 万 m^3 土是污染土壤，然而这一信息被描述为“不重要”。

2007 年 11 月，为了设计施工方案，GoG 发出招标公告，其招标邀请函中包括了地质勘查报告和《环境声明书》。2008 年 12 月，GoG 委托 Obrascon Huarte Lain SA 公司（简称 OHL）承担公路和隧道的设计及施工任务。该项目的合同条件采用 1999 版 FIDIC 新黄皮书，开工日期为 2008 年 12 月 1 日，工期为两年。

2009 年 11 月，Sergeyco 公司受 OHL 委托对施工现场的挖掘物进行分析，指出存在过量的铅。然而，这份报告直到 2010 年 3 月才交给 GoG 和工程师。OHL 公司对这份报告提及的污染并没有给予足够的重视。巧合的是，有一家荷兰施工公司用到了 OHL 挖掘隧道时的土，荷兰公司对土进行测量时发现土中铅的含量超标。2010 年 3 月 12 日至 16 日，OHL 再一次雇用 Sergeyco 公司对污染状况进行调查。Sergeyco 公司采样分析后发现了过量的铅、镍、石油、锌以及铬。

2010 年 10 月，OHL 意识到项目已经严重拖期，同时没有任何争取追加款的机会，这将使得 OHL 面临巨大财政损失。因此，OHL 在 2010 年 10 月 27 日的项目进展会上提出预计完工日期要拖延到 2011 年的 10 月 24 日。2010 年 11 月 11 日，工程师告知 OHL，GoG 同意为污染和非污染物质提供堆放场地，同时 GoG 愿意承担清除的费用，但是不允许 OHL 增加工期。2010 年 12 月，OHL 直接以书信方式告知 GoG：项目会有 672 天的延期，完工日期为 2012 年 10 月 25 日。2011 年 5 月 16 日，工程师依照第 15.1 款“如果承包商未能根据合同履行任何义务，业主可通知承包商，要求其在规定的合理时间内，纠正并补救上述违约行为”，对 OHL 提出警告并发送了通知，通知里列明违规行为以及整改措施。2011 年 7 月，由于 OHL 未能按照约定以正常速度、不拖延地实施工程，GoG 送达终止合同的通知。而 OHL 将此行为视为 GoG 已经拒绝履行合同。最后，GoG 认为他们与 OHL 的矛盾无法调和，并且主要依照条款“不打算继续按照合同履行其义务”终止了与 OHL 的合同。双方相互指责对方终止了合同，并且双方都认为基于合同条款或者因为对方违反合同条款，自己有权利获得大量赔偿。

2. 争议事件

OHL所发现的大量污染土壤是否构成“不可预见”的物质条件？

3. 双方争议

根据“不可预见”的定义：“一个有经验的承包商在提交投标文件那天还不能合理预见的”，要判断OHL在施工过程中所发现的大量污染土壤是否构成“不可预见”的物质条件，即判断OHL实际施工中遭遇的情况是否超过了一个有经验的承包商在投标阶段可以预见的情况。

原告OHL认为，在招标文件中，GoG给出了地质勘查报告和《环境声明书》，这是依据从现场采集的信息所编制的。《环境声明书》中已给出估算：该项目需要土方作业量为20万m^3，其中大约1万m^3土是污染土壤。同时，《环境声明书》中并未另外要求投标人对提供给投标人的文件进行更细节的数据分析或其他更进一步的调查，其有理由相信《环境声明书》是对场地地质情况全面评估后得出的报告。因而，OHL认为一个有经验的承包商在投标阶段可以预见的情况为在《环境声明书》中提供的1万m^3的污染土壤。然而，其在施工过程中发现的污染土壤数量，根据2010年6月测量的结果共有7.3万m^3，该数量远超GoG在《环境声明书》中预估的数量1万m^3。OHL认为如此大量污染土壤构成了“不可预见”的地质条件，其可据此要求索赔。

被告GoG认为，一个有经验的承包商在投标阶段的评估不会局限在依赖于《环境声明书》中所述的污染土壤数量。虽然《环境声明书》确实向投标人提供了有用的信息，但其主要是一个针对规划事宜的文件。一个有经验的承包商需要做的，并且可以合理预期到其一定会做的，是对污染土壤产生的原因、数量，以及可能对设计和施工过程产生的影响进行风险分析和评价，并做好相应的计划。

4. 法院观点

首先，法官认为一个有经验的承包商在投标阶段不可能完全依赖于《环境声明书》中提供的1万m^3的污染土壤数量。任何有经验的承包商在投标阶段一定会预见施工中将遇到超于此量的污染物。这是因为，第一法官同意虽然《环境声明书》确实向投标人提供了有用的信息，但其主要是一个针对规划事宜的文件，其中“1万m^3”仅仅是为了起到警示作用，即提醒承包商应当对污染物的数量有足够的预计。换言之，如果真的就是有1万m^3的污染土壤，承包商应该预计到，在实际施工中，每次挖掘土壤都会有一定量的污染土壤与非污染土壤混合，导致交叉污染，因而使得污染数量一定会超过1万m^3。其次，“1万m^3”的数量是GoG委托咨询师Engain公司依据钻孔和探井试验检验等现场采集方法得出的估计信息。一个有经验的承包商应该意识到，钻孔和探井试验检验都有一个问题，即它们都只能知晓其试验处的地质情况，而不能够揭示在它们之间的位置的地质情况。关于此案的污染物有一个很特殊的问题：此案中的污染物由于多年的历史活动情况，因而不像有意识地堆放的位置那样具有规律性，也并不会呈现均匀分布。钻孔试验等只能偶然位于随机的位置上，抽样可能错过这些污染的位置或者刚好在其边上，都会导致污染物数量偏小，甚至偏离下限较多。另外，投标阶段承包商一定并且应该知道并了解，这个地点由于之前的军事使用而造成了环境影响。在《环境声明书》中包含了历史参考和地图，以及对污染土壤的实地研究实际上表明了军事使用的一些细节等。一个有经验的承包商应该综合分析历史情况，对污染做出自己的分析和评价，而不完全依赖于《环境声明书》中提供的 1 万 m^3 的污染土壤数量。

其次，一个有经验的承包商在投标阶段可以预见的情况，并不等同于其在投标阶段预见到的污染土壤的数量。这是因为，正如之前所述，一个有经验的承包商可以预见到，任何现场试验只能反映在试样中的情况，在这种污染物分布无规则的情况下，污染物是否会出现在试样中是具有很大随机性的。除非有切实的记录证明在这里污染物的倾倒地点是有计划的，然而在这里显然不适用。同时，一个有经验的承包商可以预见，在实际挖掘过程中可能造成污染土壤的数量进一步增多。在《环境声明书》中已经明确提出，任何参加投标的承包商都应该注意到污染物会超过在开工前的场地调查得出的具体数量。例如，“第 5.3 款，在实际施工过程中可能发现意料之外的更严重的污染情况，这可能导致工人处在无法工作的超标污染环境中”，以及在实际施工中也会由于每次挖掘土壤都混合着污染土壤与非污染土壤而导致交叉污染，因而使得污染数量一定超过在实际开工之前所测得的污染土壤的数量。因此法官认为，一个有经验的承包商在投标阶段可以预见的情况，并不等同于在投标阶段预见到的污染土壤的数量，而是污染土壤的数量和位置等是具有不确定性的这样的情况也是可以预见的。换言之，一个有经验的承包商在投标阶段是可以预见到在实际施工中遇到超量的污染土壤的。综上所述，法官认为原告 OHL 在施工过程中发现的大量污染土壤不构成“不可预见”的地质条件。

5. 后续进展

2014 年 5 月 28 日，OHL 再次提出上诉。在上诉法庭中，法官驳回了 OHL 基于第 4.12 款不可预见状况的声明，维持了一审判决，OHL 败诉。

本案的审理对于解读“不可预见”的定义以及不可预见的物质条件有着重要的指导意义。作为国际上广泛采用的建设合同范本，FIDIC 系列合同条件往往被认为是协调而明确的。此案表明，承包商利用“不可预见”这一点来辩护并不容易，其在投标阶段，对可能遭遇的风险做出评估与预算是必要的。承包商应该在投标价中充分考虑风险所带来的额外费用，并基于风险做好相应的方案设计和施工计划。同时，在中标之后，合同双方应该在项目开始之前多花时间和精力进行协商，进一步减少不确定性因素的影响，从而避免项目陷入超支、延期问题，并最终导致合同终止、项目未完成的结果。

（资料来源：改编自周宇昕，王瑀韬，吕文学. FIDIC 合同中的不可预见困难与合同终止［J］. 国际经济合作，2016（06）：58-62.）

7.4.3 发包人要求模糊引起的工程索赔

1. 发包人要求模糊的定义

在工程总承包项目招标时，招标范围的确定、招标条件的设定、《发包人要求》的编制是工程总承包模式招标阶段建设单位的重点工作（李艳彬，2020）。如不能够在合理的阶段编制出适合项目的完善招标文件，将对整个项目的推进带来不可估计的风险。FIDIC 黄皮书在合同中给出了承包人履约时的一般义务，就是工程项目竣工时要满足工程的目的。

首先，强调承包人应按照合同实施工程，完成的工程（或单位工程或部分工程或主要的生产设备）应能够满足发包人要求中规定和描述的工程预期目的。这就意味着承包人完成的工程：①不能违反法律法规等强制性规定，如安全性、环境保护等；②必须满足工程所在国的行业标准和规范；③必须满足发包人要求中的规定，发包人要求可能高于行业的标准和规范的规定；④满足工程正常运营和维护所需要的功能和性能要求。例如，居民楼应能满足居民日常生活和休息的要求，不能噪声过大、一层屋内不能潮湿等。

其次，工程应包括满足合同所需的或合同中隐含的任何工作，以及（合同虽未提及但）为工程的稳定或完成或安全和有效运行所需的所有工作。显然，“合同中隐含的任何工作”这一规定也与工程预期目的有关，即为满足工程预期目的的必须开展的全部工作（无论是否明确写入合同）都应该是承包人必须完成的，且应包括在合同价格中。“隐含”的意思也可以解读为承包人进行设计时必须遵循的基本标准。例如，合同文件中没必要规定，承包人设计的屋顶必须能经受住当地的下雪、下雨等气候条件，不能漏水等，因为这些都是显而易见的。可见，“合同中隐含的任何工作”如果描述不合理，也是造成发包人要求模糊的诱因之一。

发包人要求在大部分情况下是模糊的、不明确的，不同的业主需求具有总体的相似性和局部的多样性，并随着环境的改变而发生动态变化，这就造成了业主需求的潜在隐藏性，需要科学的方法进行识别（吴清烈和郭昱，2013）。在实际工程中，发包人对于项目本身定位的不清晰、要求模糊，容易频繁发生设计变更（饶家瑞，2019）。另外发包人描述其工程预期目的时应合理，如果发包人滥用工程预期目的，利用合同中对“满足预期工程目的”两点而提出更高的要求，包括更好的质量和更多的工作，同样会带来很多争议。

综上所述，发包人要求模糊可以定义为：工程总承包项目发包人对工程的目的、范围、设计与其他技术标准和要求中的一项或多项内容向承包人约定不明确，或发包人要求明确但承包人理解不到位从而导致项目缺陷引起争端。承包人仅在前一种情况下会有一定的向发包人索赔的机会，因此以下仅针对前一种情况进行讨论。

2. 发包人要求模糊引起的索赔条款

在实际履行工程总承包合同的过程中，由于发包人对项目本身定位不清晰、对项目情况了解不够、约定的工作内容不全面，在施工过程中逐渐显现出问题，故发包人对合同中约定的工作内容进行增减；或是由于发包人的原因提出变更，改变合同中任何一项工作的质量要求或其他特性，超过合同约定的变更范围，则承包人有权不执行变更内容。

发包人如果增加或减少合同中的工作或追加额外工作，承包人应在收到相应的变更资料后，及时向发包人申报洽商变更费用。这里面既可能包括增项洽商导致的工程价款增加，也可能包括减项洽商导致的单价调增和利润损失补偿要求。如双方能协商一致，此类事项通常会以工程签证的方式予以解决；但如发包人拒绝补偿，承包人可能会向发包人提出工程索赔。因此，因为发包人的原因，使得合同中约定的工作内容或者变更范围超过合同约定的范围，则该事由应由发包人担责，承包人可以索赔工期、费用及利润。

基于工程总承包的特点，发包人由于对项目的了解程度不够，前期所做工作不全面，或是发包方人员专业水平不够，导致提供的设计有缺陷、深度不足，使得最终工程出现质量缺陷，也会造成工期和费用的损失。根据表 7.12 中的合同范本及法律规定，对于发包人提供的技术文件出现设计深度不够、设计不当造成发包人要求模糊的问题，该事由的责任主要在发包人，承包人可以向发包人索赔工期、费用及利润；但同时，发包人也可以以承包人未进行审查为由向承包人进行索赔。

表 7.12 各法律文本中发包人要求模糊的相关条款

文件名称	条款号	内容
《最高人民法院关于审理建设工程施工合同纠纷案件适用法律问题的解释（一）》	第十三条	发包人具有下列情形之一，造成建设工程质量缺陷，应当承担过错责任：（一）提供的设计有缺陷；（二）提供或者指定购买的建筑材料、建筑构配件、设备不符合强制性标准；（三）直接指定分包人分包专业工程。承包人有过错的，也应当承担相应的过错责任
《民法典》	第七百七十六条	承揽人发现定作人提供的图纸或者技术要求不合理的，应当及时通知定作人。因定作人怠于答复等原因造成承揽人损失的，应当赔偿损失
	第四百九十八条	对格式条款的理解发生争议的，应当按照通常理解予以解释。对格式条款有两种以上解释的，应当作出不利于提供格式条款一方的解释。格式条款和非格式条款不一致的，应当采用非格式条款
	第五百一十条	合同生效后，当事人就质量、价款或者报酬、履行地点等内容没有约定或者约定不明确的，可以协议补充；不能达成补充协议的，按照合同有关条款或者交易习惯确定
	第五百一十一条	当事人就有关合同内容约定不明确，依据前条规定仍不能确定的，适用下列规定：（一）质量要求不明确的，按照国家标准、行业标准履行；没有国家标准、行业标准的，按照通常标准或者符合合同目的的特定标准履行；（二）价款或者报酬不明确的，按照订立合同时履行地的市场价格履行；依法应当执行政府定价或者政府指导价的，依照规定履行；（三）履行地点不明确，给付货币的，在接受货币一方所在地履行；交付不动产的，在不动产所在地履行；其他标的，在履行义务一方所在地履行；（四）履行期限不明确的，债务人可以随时履行，债权人也可以随时要求履行，但应当给对方必要的准备时间；（五）履行方式不明确的，按照有利于实现合同目的的方式履行；（六）履行费用的负担不明确的，由履行义务一方负担；因债权人原因增加的履行费用，由债权人负担
	第四百六十六条	当事人对合同条款的理解有争议的，应当依据本法第一百四十二条第一款的规定，确定争议条款的含义。合同文本采用两种以上文字订立并约定具有同等效力的，对各文本使用的词句推定具有相同含义。各文本使用的词句不一致的，应当根据合同的相关条款、性质、目的以及诚信原则等予以解释

另外，发包人可能在合同中对一些细节要求没有明确提出，模棱两可，容易让承包人误解。这可能是对施工过程中的一些操作要求，或是对采购的一些要求。例如，对需要采购的材料的型号规定、对需要采购的设备的型号要求，若没有明确提出，则承包人可能会以自己的以往经验作为参考进行采购，可能会发生采购的内容与发包人想要的不一致的情况。根据表 7.12 中基于法律的索赔依据，当出现发包人对合同中条款约定不全面、不明确的事由时，责任由发包人承担，承包人可以向发包人索赔增加的费用。

3. 发包人要求模糊的风险事件类型界定

在项目开始描述项目的需求范围时，对项目范围边界的定义就存在着一定的模糊性和不确定性。项目的工作是从来没有发生过的一次性的独特工作，如“该怎么样做”“做到什么程度”这些都是定义项目范围的过程中不可回避的难题。项目范围包含的内容在项目的开始阶段可能是广泛的，其深度和广度从本质上来说是模糊的。

随着发包人要求开发的进行，工作所需特征的范围将变得更加详细，并通过性能标准、性能规范或规定性规范（视情况而定）的组合来定义。然而，在项目前期，由于策划阶段划分的范围可能与后期的实施阶段划分标准不一，存在着一定的风险事件，导致工程范围模糊。

基于工程范围在编制时所遇到的挑战与难题，拟从项目性能需求模糊、设计深度不足以及 WBS 项目分解不清晰等角度，将导致工程范围模糊的风险事件归为以下三种类型：

（1）第一类风险事件　发包人对项目性能需求模糊导致工作范围缺项漏项。在工程总承包项目中，制定项目的范围需要了解完工设施在功能和性能方面的要求。性能是功能的实现程度，用产品的性能来反映用户对产品的需求更加全面。而对产品性能的分析最重要的阶段是进行性能的需求分析，即搞明白真正的性能需求是什么。然而，在实践中制定项目范围时，对项目的性能需求没有一个准确的定位，发包人往往由于对性能需求的重要性认识不足，对用户的性能需求不明确，继而导致在实践中对工作范围不清晰、出现缺漏项的问题。

（2）第二类风险事件　设计深度不足导致项目性能标准描述不一致。在工程总承包项目下，发包人在前期提供设计相对比较自由，可选择完成工作比例的范围比较大，没有硬性规定。有时发包人会完成极少的前期工作，如可能仅完成了对项目的定义，在这种情况下，剩下的工作都交由承包人完成，因而承包人承担的设计范围、责任和风险就非常大。但是，若发包人的前期工作比较深入，甚至可以完成工程项目的初步设计，那么承包人的设计范围就仅限于施工图设计，因而承担的责任和风险相对更小。发包人在招标文件中提供的不同设计深度，对工程项目的质量产生着影响。

例如，已有项目分解结构是按照建筑面积划分或按专业划分。在项目前期，发包人完成的设计深度较低，在一开始是在只有功能的需求的情况下按照建筑面积进行划分；随着发包人完成的设计深度提高，如在初步设计完成之后，划分标准可能又会按照专业划分。就是因为设计深度不足，才会导致项目前后标准描述不一致。

（3）第三类风险事件　WBS 分解不清晰导致工作界面划分不明。在工程范围的编制过程中，其中一个难点即为工作界面不清晰。在工程项目管理中，首先要把工程系统分解到很细的程度，然后对 EBS 在各个阶段所要做的工作进行分析，并对其进行总结，得出 WBS。在设计和计划中，人们很难将 EBS 与 WBS 进行科学完整的分工，若存在疏漏就会导致责任盲区（工作人员疏忽、无人负责的工作）。例如：某些特定的工程系统的缺失，则自然缺少相关责任人的落实；工程分标细、合同多、合同缺陷会导致组织界面上的工作责任遗漏；在工程中，社会化和专业化分工太细也会造成许多责任盲区。

4. 发包人要求模糊的风险事件责任认定

（1）案例信息　通过搜集网上资料发现，资料比较丰富的有苏丹某石油开发项目、粉尘废气处理工程以及某海外工程总承包项目，其中工程范围风险事件类型分别是缺漏项、性能标准不一致和工作界面不清晰，这三个项目在争议事件的应对处理上都比较具有代表性；其余三项是在裁判文书网和专著中搜集到的案例，它们对争议事件的处理具有一定的特殊性。上述 6 个案例的基本信息见表 7.13。

表 7.13　工程总承包项目工程范围风险的案例信息

序　号	案例名称	案例双方		案例风险因素	案例风险事件
		业　主	总承包商		
1	苏丹某石油开发项目	石油营运公司	中国石油天然气管道局	对简易机场的性能需求定位不准	由于承包人对约定的理解出现偏差，误把不可商用的军用机场当成简易机场
2	EPC 总承包合同是否应该包含调度自动化工程	河北 JD 电力公司	XJA 公司	业主与承包人签订总承包合同，同时与某分包商签订“调度自动化设备采购施工合同”，但未明确调度自动化设备采购施工合同的工作内容是否包含在 EPC 总承包合同之中	EPC 总承包工作范围描述中没有明确是否包含调度自动化工程
3	刀片厂迁建总承包项目	/	/	缺少企业标准，加之设计标准不明确，无法对该系统进行质量鉴定	乳化液系统质量缺陷
4	粉尘废气处理工程	宁波 JH 铝业有限公司	宁波 TB 环保公司	TB 环保未以锦华铝业提供的烟尘处理量 $45000m^3/h$ 为依据对涉案工程进行设计，使涉案工程没有达到上述烟尘处理量的标准	承包人交付的粉尘废气处理工程存在设计及质量问题
5	某海外工程总承包项目	中国 A 工程承包公司	英国 B 公司	业主出于某些商业目的，将 SP1 工作包的设计和设备采购从整个工程范围中分离出来，却没有对业主与承包人之间工作界面的内容进行描述	没有明确业主方负责的 SP1 设备的电力来源，导致供电设备及工程责任归属不明
6	涉案工程项目主要生产技术指标不达标	郴州 YT 公司	北京 KY 公司	北京 KY 公司在经过两次试车后工程技术标准不达标，认为是因为业主方提供的试验原材料不合格造成项目质量问题	工程描述缺乏对永久工程之外的竣工验收、试车服务等工作责任进行描述

（2）归因归责分析　首先是归因过程分析。在案例 1 中，承包人对简易机场的性能需求定位不准，究其原因是承包人的实地踏勘出现偏差。而案例 2 中，发包人未明确调度自动化设备采购施工合同的工作内容是否包含在 EPC 总承包合同之中，归其原因是对调度自动化的性能标准不明确导致漏项。

在案例 3 中，由于发包人要求模糊，发包人与承包人未就最低（可接受的）性能标准进行约定，导致质量缺陷。而在案例 4 中，承包人将“烟尘处理量 $45000m^3/h$”作为理论性能要求进行了设计和施工，而没有达到实际的性能标准，究其原因是承包人未按照约定达到发包人要求的最低（可接受的）性能标准。在案例 5 中，业主将 SP1 工作包的设计和设备采购从整个工程范围中分离出来，却没有与承包人签订合同明确 SP1 设备的电力来源。在案例 6 中，承发包双方制定的合同对试车前原材料检验不达标的责任没有明确约定。归其两个案例的风险事件发生原因均是前期制定合同时对工作界面的内容划分不明。

其次是归责过程分析。在案例 1 中，由于承包人的实地勘察判断失误，把不可商用的军用机场当成简易机场，故是承包人的责任。而在案例2中，鉴定机构查明，发包人混淆分包合同的调度自动化工程与总承包合同的通信设工程，导致漏项，故发包人承担风险事件发生的责任。在案例3中，仲裁庭查明，承包人承认其中乳化液变质是设计缺陷所致，发包人日常管理不善，系统回流明沟里被扔了许多垃圾，故发包人与承包人共同承担责任。在案例4中，司法鉴定报告表明，承包人对通风机的选择不符合规范要求，实际风量49500~51750m^3/h远比处理量45000m^3/h高，无法满足控制点的需风量要求，承包人的履行结果无法实现发包人对建设项目使用价值的预期目标，故责任承担者是承包人。在案例5中，总承包商梳理合同条款发现，SP1设备的供电设施责任归属不明是发包人责任，总承包商有义务保证整个项目的技术接口，但没有义务为项目“补漏”。在案例6中，根据《2020版总承包合同》通用合同条款第8.1.1项、第8.2.1项的约定，北京KY公司应该对实验的原材料负有检验义务，试车前北京KY公司没有对原材料进行检验，故由北京KY公司承担试车不成功的责任。

最后是明确归因归责的依据。根据上述案例分析可知，确定风险事件的责任主体，需要结合发包人要求工程范围确定的工程文件来探究争议双方就承包范围的真实意思。主要依据包括：

① 结合发包人提供的资料，研究判断工程总承包项目发包时的工程范围。《建设项目工程总承包合同（示范文本）》（GF—2020—0216）专用合同条件附件1《发包人要求》明确列明，发包人应当向承包人提供前期已经完成的设计文件。根据不同的项目发包阶段，这些设计文件可以包括可行性研究报告、方案设计文件或者初步设计文件等。发包人正是在这些设计文件的基础上确定工程范围的。

② 结合发包人提供的项目清单及承包人提供的价格清单，判断项目真正的承包范围。项目清单和价格清单列出的数量，虽然不视为要求承包人实施工程的实际或准确的工程量，但项目清单一般由具有编制能力的发包人或受其委托、具有相应能力的咨询人编制，清单上所列的项目费用名称及数量应与工程范围相互呼应，而不应发生较大偏离。

③ 通过承包人文件、发包人对承包人文件的审核意见等综合分析。对于承包人而言，在合同履行过程中，需要向发包人报送设计图、施工组织设计、施工进度计划等文件，这些承包人文件有助于对承包范围的确定。如承包人在设计图中发生了错、漏、碰、缺，应在图纸审查报告中有所体现，承包人也要按照发包人审查意见，谨慎落实《发包人要求》审核工作。

④ 通过司法鉴定借用专业机构的专业能力，探究承发包双方的责任主体。司法鉴定是在诉讼活动中，鉴定人运用科学技术或者专门知识对诉讼涉及的专门性问题进行鉴别和判断并提供鉴定意见的活动。如就讼争项目的工程范围发生争议的，可以通过司法鉴定来寻求专业机构的意见。

通过分析各个案例风险事件的发生原因以及责任依据，对其进行责任认定。在案例1中，承包人经过与业主谈判，承发包双方相互让步，中方承包商自费修建一个简易机场，另一个简易机场不再修建，业主也不再从合同价格扣除其费用。在案例2中，通过专业鉴定机构鉴定合同文件后，发包人向承包人结算原有工程款。在案例3中，由于业主与承包商均有错误，且主要原因是发包人要求模糊，故裁判裁决发包人承担60%的质量缺陷损失，承包人承担40%。在案例4中，承包人的履行结果无法实现发包人对建设项目使用价值的预期目标，发包人有权解除合同书，并要求承包人返还工程款。在案例5中，工程师根据FIDIC黄皮书第13.3款“变更程序”发出书面指示，要求总承包商负责提供SP1供电设施，同时递交变更建议书。案例6中，承包人就生产技术不达标返还发包人工程款。具体归因归责分析见表7.14。

表7.14　工程总承包项目发包人要求模糊风险事件归因归责分析

风险事件类型	案　例	风险事件	风险事件原因分析	风险事件责任归属	处理结果
工作范围缺项漏项	案例1	附属工程——简易机场是否属于EPC工作范围内	承包人的实地勘察判断失误，把不可商用的军用机场当成简易机场	承包人	发承包双方相互让步，总承包商只承担了一个简易机场的建设费用，业主不再从合同价格中扣除其费用
	案例2	工程总承包工作范围描述中没有明确是否包含调度自动化工程	发包人混淆分包合同的调度自动化工程与总承包合同的通信设工程，导致漏项	发包人	发包人向承包人结算原有工程款
项目性能标准不一致	案例3	发包人要求模糊导致乳化液系统质量缺陷问题	发包人前期设计深度不足，且承包人承认其中乳化液变质是设计缺陷所致	双方共担	发包人承担60%的质量缺陷损失，承包人承担40%
	案例4	承包人交付的粉尘废气处理工程存在设计及质量问题	承包人将“烟尘处理量45000m³/h”作为理论性能要求，进行了设计和施工，没有达到的实际性能标准	承包人	发包人解除合同书，并要求承包人返还工程款
工作界面划分不明	案例5	供电设备及工程责任归属不明问题	总承包合同没有明确业主方负责的SP1设备的电力来源	发包人	总承包商成功赢得了变更费用，而且还获得了15万美元的利润
	案例6	涉案工程试车前原材料检验不达标的责任归属问题	承包人对实验的原材料负有检验义务，试车前承包人没有对原材料进行检验	承包人	承包人返还发包人工程款

5. 发包人要求模糊的风险应对策略

从上可知，发包人要求模糊会造成合同执行过程中的争议，降低工程总承包项目绩效。

1）从发包人的角度来看，发包人必须学会根据性能标准而不是详细图纸来定义项目范围，提高《发包人要求》的编写质量。首先，对工程范围内的功能、性能以及工作分解结构（WBS）等要进行清晰精准的描述：①制定项目的范围需要了解完工设施在功能和性能方面的要求；②在工程总承包合同的前期设计阶段，明确项目的预期交付标准和发包人可接受的最低性能标准，并将具体的性能指标和评价依据写入性能保证表中；③工作分解结构尽可能详细，应该反映项目范围不断细化的过程，一直到规划组件，也就是工作包级别。其次，对工程范围的描述，不仅要着重于永久工程范围的描述，而且对临时工程、竣工验收、技术服务、培训、保修工作等范围的描述也要有明确约定。

2）从承包人的角度来看，首先，承包人需要学习如何以性能标准而不是完整的施工文档来定义工作范围，还需要关注业主的需求和范围的变化。其次，要善于与发包人沟通，投标阶段对《发包人要求》中“不明确、不清晰”的问题，向招标人发送详尽的投标澄清清单。鉴于投标澄清的重要性，承包人应组织各相关部门和人员从设计、采购、施工、运行等各个环节，对口审查发包人初步设计文件的合理性和准确性，针对其中的错误、遗漏、适用标准不符等问题，尤其是涉及成本造价的问题及时澄清。投标澄清的效力同样取决于澄清程序的完备。例如，在电子招标过程中，投标人应当尽可能使招标人对关键环节的文件使用电子签名并存档。投标澄清的目的是依据国内法律法规制度对发包人要求的错误责任进行分担。

7.4.4 发包人其他原因引起的工程索赔

1. 发包人应负责的设计文件和资料错误引起的工程索赔

（1）发包人应负责的文件与资料范围　我国以《2020 版总承包合同》《2012 版招标文件》为例，其对发包人提供资料的内容、责任等做出了具体的分配，具体内容见附录 O。发包人首先对《发包人要求》和其提供的基础资料负责，因发包人提供的资料不真实、不准确、不齐全导致造成导致承包人解释或推断失实的，或因发包人原因未能在合理期限内提供相应基础资料的，由发包人承担由此增加的费用和延误的工期。承包人应对基于发包人提交的基础资料所做出的解释和推断负责；承包人发现基础资料中存在明显错误或疏忽的，应及时书面通知发包人。

与《2020 版总承包合同》相比，《2012 版招标文件》在责任分配原则上总体与之类似，略有不同。发包人承担原始资料错误的全部责任，承包人负责解释和推断发包人提供的工程原始资料，且应当在现场查勘中收集齐发包人未提供的资料，查勘完成后，承包人即视为已了解和充分估计了应承担的责任和风险。

国外以 2017 版 FIDIC 为例，作为横向参照，具体内容见附录 O。在银皮书的风险分担框架下，除合同第 5.1 款“一般设计义务”中明确列出的由发包人负责的信息及数据以外，发包人不对其提供文件的错误、不准确或遗漏承担任何责任。承包人对发包人提供的所有现场数据具有核实和解释的责任，除合同中规定的由发包人负责的或不可变的以及承包人不能核实的部分、数据和资料，承包人应负责资料的准确性以及据此进行的设计。FIDIC 银皮书第 4.11 款也表明承包人已经对合同约定的价格表示确认和认可，说明承包人已经充分预计了合同义务和潜在风险。另外，发包人的审核与同意不是承包人的免责事由，如承包人出现设计返工甚至工程变更等情形，也需承包人自费解决。可见，对于现场数据、发包人要求与参照项等内容，银皮书下的承包人几乎承担全部风险，承包人对除合同明示的特定条款外的发包人资料承担无过错责任。

而在 FIDIC 黄皮书下，承包人对文件和资料所应承担的检查和校核义务均考虑了检查和校核的时间、成本、可行性以及承包商的经验。另外，2017 版 FIDIC 黄皮书在第 1.9 款中规定了承包人需要在一定期限之内（如果无特殊规定，为开工后 42 天）告知工程师业主要求中的错误，承包人在此之后发现了发包人要求中的问题，也应及时通知工程师。值得一提的是，如果确实存在某些错误是有经验的承包人无法在期限要求内发现的，那么承包人在发现后也应该第一时间提出来，并且不影响其申请变更和索赔的权利。

（2）应对措施　作为设计工作的起点，如果发包人提供的基础资料存在错误，导致完工项目达不到发包人的预期，承包人也无法移交项目，无疑会产生巨大的社会资源浪费。因此合同双方应当在工程总承包合同中合理分配基础资料的责任主体和核实义务。合同中的约定将成为日后解决双方争议、提供变更索赔依据的最高准则。双方谈判期间，形成的补充协议、澄清说明、备忘录等能够表达意思表示的文件也可以视为合同补充内容。

对于发包人而言，前期应当做好招标前的准备工作，对发包人要求进行清晰精准的描述，由其单方提供的或者不可更改的基础资料，更应该确保准确。而承包人也应尽早尽快学习《发包人要求》和基础资料，招标文件中要求承包人勘查现场或核实基础资料的，应及时复查复验，不能固化在传统施工总承包的思路中认为凡是业主提供的基础资料有误，都会以变更等方式解决的思想，而应在发现存在的问题或可能导致不利后果的错误资料后，与业主进行进一步接洽，并在报价中予以充分考虑。此外，总承包人更要认真理解招标文件及附随资料，理解《发包人要求》并及时进行充分的沟通，确保设计成果符合合同约定，并按照设计进度完成每一阶段的设计义务，不应做出在数量、质量、工期延期责任等方面过于笼统的承诺。对于发包人原因导致的问题，总承包人应留存证据并积极行使权利，按期提出索赔。

案例：EPC 工程总承包合同发包人提供基础资料有误的责任承担问题——北京 FT 公司与 YJ 煤电集团有限公司合同纠纷（发包人应负责的）

1. 案例背景

2015 年 4 月 29 日，联合体牵头人北京 FT 公司及成员单位山西省某设计院与 YJ 煤电公司签订了《YJ 煤电集团有限公司油页岩炼油项目二期工程总承包合同书》和《YJ 煤电集团有限公司油页岩炼油项目二期工程总承包技术协议书》。上述总承包合同和技术协议对承包范围、合同价款、付款期限、末页岩原料要求、竣工验收等事项进行了全面约定，约定合同总价为人民币 10769 万元。

2. 争议事件

项目于 2016 年 5 月 25 日至 8 月 9 日期间进行了第一次带料试运行，又于 2017 年 7 月 25 日至 10 月 22 日进行了第二次带料试运行，但系统无法实现独立满负荷运行。2016 年 5 月之后，北京 FT 公司投入了一定的人力、物力，对案涉项目进行了技术改造和现场看管，产生了工程费用、设备费用 1065700 元，现场人员费用、差旅费用 5246500 元。

2019 年 4 月 30 日，专家组听取项目组汇报后经分析和讨论，出具了评审意见：现场原料实际指标低于设计值是导致自产煤气热值低、系统无法实现独立满负荷运行的关键因素。为适应现有原料末页岩指标条件，通过工艺调整、主要设备的改造与配套系统的优化等技术方案，可实现系统自循环连续稳定运行。建议尽快开展后续项目改造工作，实现系统安全、稳定、长期、优质的运行。

专家意见做出后，发包人与承包人进行协商未果。承包人认为发包人提供的原料不符合技术协议第 3.9 款约定的原料参数指标是导致案涉项目未能通过达产达标测试和总体竣工验收的根本原因，其责任应当全部归于发包人。按照《中华人民共和国合同法》第四十五条规定，应当视为付款条件已经成就，发包人应当立即支付全部工程款项。

发包人则认为承包人未能依约完成并交付涉案工程项目，无权主张收取工程款，其应继续履行合同义务，尽快交付合格工程项目。YJ 煤电公司与北京 FT 公司之间签订的是 EPC 总承包固定总价合同，本案所涉工程因整体试运行、调试不符合合同约定要求，一直处于技术整改阶段，并未通过竣工验收；并且，合同对支付工程款的进度节点、支付比例约定明确，YJ煤电公司不产生支付工程款的义务。反而北京FT公司应依照合同约定，继续履行合同义务，尽快交付合格工程项目。

3. 争议焦点

EPC工程总承包合同发包人提供基础资料有误的责任由谁承担?

4. 争议分析

法院认定案涉项目至今未能通过达产达标测试和总体竣工验收，责任应在YJ煤电公司，YJ煤电公司依法应当向北京FT公司支付全额工程价款，理由如下：

1）案涉项目对原料的要求。案涉项目的合同目的在于将末页岩中含有的油通过一定技术加工提炼出来，这样提炼的过程势必会考虑技术的可行性和经济性，意味着仅有部分品质比较高的原料才能进行提炼且提炼具有价值。因此，案涉项目顺利投产后，客观上仅能处理部分末页岩原料，不可能处理任何末页岩原料。对一个工程项目，作为承包人的工作范围一定是有边界的，且该边界将在合同中进行明确约定并对应相应的合同价款。具体到本案，技术协议第3.9款对原料参数指标进行了明确约定，案涉项目顺利运行后将处理符合技术协议第3.9款约定的原料，超过此范围的原料则不在处理范围之内。

2）原料参数指标系YJ煤电公司所提供。原料参数指标的设定即意味着案涉项目应当处理符合什么条件的原料。处理原料的范围与投资规模密不可分，而投资规模系由业主方考虑决定，因此，原料参数指标应系YJ煤电公司设定。同时，技术协议第3.9条对原料性质进行了明确约定。末页岩原料参数指标系由YJ煤电公司设定，YJ煤电公司应当负责提供符合技术协议第3.9条约定条件的原料，否则将承担不利后果。

3）案涉项目未能通过达产达标测试和总体竣工验收的责任在于YJ煤电公司。原料是否符合技术协议约定的原料参数指标，其举证责任在于YJ煤电公司，YJ煤电公司有义务证明原料参数指标符合技术协议约定的标准。YJ煤电公司既无证据证明原料参数指标符合技术协议约定的标准，也不同意鉴定，依法应当承担不利后果。

5. 案例启示

EPC工程总承包项目相较传统的施工总承包类型项目，承包人需要完成更多工作内容并承担更多风险，但并非意味着由承包人承担全部项目风险，其风险承担范围依然有限度。YJ煤电公司在合同中明确约定了原料参数指标且数据由其提供，因此，由于该指标有误导致完工项目未能达到预期处理产能，责任不能由作为承包人的北京FT公司承担。本案中，承包人北京FT公司胜诉的关键在于原料参数的提供系发包人单方的义务，因此提供的原料与实际不符为发包人的未能按照约定履行。根据《民法典》第五百八十二条：“履行不符合约定的，应当按照当事人的约定承担违约责任。对违约责任没有约定或者约定不明确，依据本法第五百一十条的规定仍不能确定的，受损害方根据标的的性质以及损失的大小，可以合理选择请求对方承担修理、重作、更换、退货、减少价款或者报酬等违约责任。”根据《民法典》第八百零三条：“发包人未按照约定的时间和要求提供原材料、设备、场地、资金、技术资料的，承包人可以顺延工程日期，并有权请求赔偿停工、窝工等损失。”近年我国推广工程总承包模式，住建部、发改委联合发布了《房屋建筑和市政基础设施项目工程总承包管理办法》(2020年3月1日起施行）第十五条规定，建设单位承担的风险主要包括：①主要工程材料、设备、人工价格与招标时基期价相比，波动幅度超过合同约定幅度的部分；②因国家法律法规政策变化引起的合同价格的变化；③不可预见的地质条件造成的工程费用和工期的变化；④因建设单位原因产生的工程费用和工期的变化；⑤不可抗力造成的工程费用和工期的变化。在本案中，发包人的违约责任体现为其应当为原料参数指标的错误承担责任，承包人依据其提供的数据完成的项目应当被接收，项目不能达产达标的风险以及在此过程中产生的相应的技术改造款项应当由发包人承担。

2. 业主干预承包商施工方案引起的工程索赔

（1）承包商文件[㊀]的地位　工程总承包模式下，承包商负责制定项目的施工方案，并不构成合同文件，但仍具有约束效力。在保证施工顺利进行的情况下，总承包商为了更好地实现合同目标，有权采用更为科学合理的施工方案。也就是说，承包商有权在不影响合同目标的情况下，对施工方案进行调整和更改。同时，在项目实施过程中，如果承包商的施工方案不符合业主要求，业主有权责令承包商修改其施工方案，以保证承包商完成合同责任、实现合同目标。但是，这并不意味着业主可以随便干预承包商对施工方案内容的实施或更改。

在工程施工中，承包商采用或修改施工方案都要经过工程师的批准或同意。如果工程师无正当理由不同意，可能会导致一个变更指令。这里所说的正当理由通常包括以下方面：

1）在合同签订后的一定时间内，承包商应提交详细的施工计划供业主代表或监理人审查，若工程师有证据证明或认为承包商的施工方案不能保证按时完成其合同责任，不能保证实现合同目标，具体如不能保证质量、保证工期或没有采用良好的施工工艺，则业主有权指令承包商修改施工方案，不构成工程变更。

2）不安全，造成环境污染或损害健康。承包商为保证工程质量、保证实施方案的安全和稳定所增加的工程量，如扩大工程边界，不构成工程变更。

3）承包商要求变更方案（如变更施工次序、缩短工期），而业主无法完成合同规定的配合责任，如无法按这个方案及时提供图样、场地、资金、设备，则有权要求承包商执行原定方案。

4）在招标文件的规范中，业主对施工方案做了详细的规定，承包商必须按业主要求投标，若承包商的施工方案与规范不同，或者在投标书中的施工方案被证明是不可行的，则业主不批准或指令承包商改变施工方案，不构成工程变更。

5）由于承包商自身原因（如失误或风险）导致已施工的工程没有达到合同要求，如质量不合格、工期拖延，工程师有权指令承包商变更施工方案，以尽快摆脱困境、达到合同要求，修改施工方案所造成的损失由承包商负责，不构成工程变更。

（2）对承包商文件修改不认定为变更的情形　在设计阶段，承包商应合理地制定施工方案，若承包商因其自身原因导致施工方案不可行或者进度缓慢等，业主有正当理由下变更指令要求承包商整改施工方案，以保证施工的顺利进行。同时，承包商也有权在保证施工顺利进行的前提下，编制、更改施工方案。在业主要求不变的情况下，对承包商的文件的任何变更都不属于工程变更。此外，承包商在制定施工方案时，要对施工方案可能导致费用的变化进行预测。在施工过程中，应尽量避免业主没有理由的强行干预。若业主下达指令变更施工方案，承包商认为不可行的，应及时反馈给业主，沟通说明利害关系，将可能带来的损失

㊀ FIDIC 合同条件下约定，承包商文件包括计算书、数字文件、计算机程序和其他软件、图纸、手册、模型、规范和其他技术性文件。工程实践中，发包人应在《发包人要求》中列明承包商应提供的文件（即承包商文件）。

降到最低；若沟通不当，则应将相应文件记录清楚，业主无正当理由进行的干预构成一项工程变更指令，业主应对其干预行为承担相应的责任。

案例1：某工厂业主干预施工方案后承包商能否要求损失补偿？

1. 案例背景

我国A工程承包公司在某国以总承包模式承建一座现代化化工厂。该项目使用国际咨询工程师联合会（FIDIC）出版的1999版FIDIC新银皮书作为通用合同条件。业主聘请英国B公司作为工程师为其规划和管理项目。该化工厂建筑面积5400m^2，于2012年7月开工，2014年6月建成。

2. 争议事件

按合同约定的总工期计划，应于2012年8月开始现场搅拌混凝土。因承包商的混凝土搅拌设备迟迟运不进工地，承包商决定使用商品混凝土，但是该项决议被业主代表否决。而在承包商合同中未明确规定使用何种混凝土。承包商不得已，只有继续组织设备进场，由此导致了施工现场停工、工期拖延以及费用增加。为此，承包商提出了费用索赔，而业主以如下两点理由否决了承包商的索赔请求：

1）已批准的施工进度计划中确定承包商使用现场搅拌混凝土，承包商应当遵守。

2）搅拌设备不进工地是由于承包商的责任，因此无权利要求赔偿。

3. 争议焦点

针对该争议事件，焦点问题可以归结为：业主拒绝承包商提出的施工方案更改是否构成变更？因此对工程造成的损失，承包商能否要求业主赔偿？

4. 争议分析

1）在投标文件中，承包商就在施工组织设计中提出比较完备的施工方案，虽然它不作为合同文件的一部分，但也具有约束力，承包商不能随意对其进行修改，同时业主向承包商授标就表示对该方案的认可。此案例中，承包商与业主所签订的合同中未明确规定一定要用工地现场搅拌的混凝土（施工方案不是合同文件），则只要提供的商品混凝土符合合同规定的质量标准，承包商就可以使用。

2）在施工方案作为承包商责任的同时，又隐含着承包商对决定和修改施工方案具有相应的权利：业主不能随便干预承包商的施工方案；为了更好地完成合同目标（如缩短工期），或在不影响合同目标的前提下，承包商有权采用更为科学和经济合理的施工方案，即承包商可以进行中间调整，不属违约。尽管合同规定必须经过工程师的批准，但工程师（业主）也不得随便干预。针对本案例，实施的工程方案由承包商负责，在不影响为了更好地保证合同总目标的前提下，承包商可以选择更为经济合理的施工方案，业主不得随意干预。而实际上业主拒绝了承包商使用商品混凝土。

3）业主在拒绝承包商使用商品混凝土时并没有正当理由，即业主进行干预，而承包商提供的方案并非不能保证按时完成其合同责任，此时业主的行为构成一个变更指令，即工程变更，那么承包商可以对此进行工期和费用索赔。但是，该项索赔必须在有效的合同期限内进行。同样，承包商不能因为用商品混凝土要求业主补偿任何费用。

5. 解决方案

最终，业主为其行为造成施工现场停工、工期拖延的结果负全责，同时承包商成功获得现场停工期间的工期和费用补偿。

6. 案例启示

EPC模式下，承包商有权在保证施工顺利进行的前提下，编制、更改施工方案。在业主要求不变的情况下，对承包商文件的任何变更不属于工程变更。

若承包商为了保证顺利施工，申请改变施工方案，除非业主有足够的证据证明施工方案的改变会影响到工程目标的实现，否则无正当理由拒绝新方案会视为业主干预了承包商，并构成一项工程变更指令，业主应对其干预的行为承担相应的责任。除本案例的情况外，若在施工过程中承包商接受了业主的书面指示，以业主认为必要的方式加快设计、施工的进度，以及对项目进度计划、施工艺等进行了调整，应经业主批准为工程变更。

（资料来源：改编自成虎．建设工程合同管理与索赔［M］．南京：东南大学出版社，2008.）

案例2：某总承包工程施工顺序改变能否调整合同价款？

1. 案例背景

某承包商TD建筑公司与业主HF公司经过招标投标后签订总承包合同，该项目使用国际咨询工程师联合会（FIDIC）出版的1999版FIDIC新银皮书作为通用合同条件。2013年11月开始施工，约定沿街用房和仓库共七项工程，总工期为210天。招标文件载明1、2、3号仓库已具备施工条件，沿街用房暂缓施工。承包商据此拟定了施工方案。

2. 争议事件

施工过程中，业主要求承包商改变施工顺序，对沿街用房1号楼及1、2、3号仓库先施工，其他工程后施工。承包商认为业主调整其施工顺序，可能会对工程施工力量的组织上会产生一定的影响，引起工期延误，要求业主顺延工期。双方因此发生争议：

业主认为，即使调整施工顺序，承包商仍应在约定总工期内完成工程，工期不顺延。

承包商认为，业主要求其调整已定施工顺序，构成工程变更，自己可据此要求顺延工期。

3. 争议焦点

针对该争议事件，焦点问题可以归结为：该项事件应由谁来承担责任？是否给予承包商工期顺延作为补偿？

4. 争议分析

承包商在施工组织设计中提出比较完备的施工方案，但它不作为合同文件的一部分。因为业主向承包商授标就说明对这个施工方案表示认可，则该施工方案就具有约束力和可施工性。若施工方案不能够满足合同的设计要求，业主有权要求改变施工方案，以保证工程的顺利进行；若承包商的施工方案与规范不同，业主有权指令要求承包商按照规范进行修改，这不属于工程变更。

在施工方案作为承包商责任的同时，承包商也拥有修改和决定施工方案的权利。也就是说，业主不能随便干预承包商的施工方案。但是，在施工过程中，业主因自身原因要求改变施工方案，并没有拿出其认为改变施工方案可能带来的好处等具体资料，只称承包商应该对施工方案负责，施工方案的批准不免除承包商的义务，因此不肯给予承包商补偿。虽然合同只约定了总工期，未约定各单项工程工期，但是承包商仍然有权自主确定施工方案和各单项工程的施工顺序。根据业主有无正当理由原则，业主并没有证据证明或认为承包商的施工方案不能保证按时完成其合同责任，如不能保证质量、不能保证工期，或承包商没有采用良好的施工工艺，如此构成一个变更指令。从工程变更的范围约定来看，施工过程中，业主要求承包商调整施工顺序时，可视为工程变更，承包商可以据此要求顺延工期和（或）补偿费用。

业主没有正当理由要求承包商改变施工顺序，是业主应承担的风险责任。在解决争议的过程中，首先，承包商请业主出具要求调整各单项工程施工顺序的书面指令，如是口头指令，立即发函要求其确认；其次，及时按照变更估价程序向业主申请增减合同价款，按照工期索赔程序向业主要求顺延工期，如果业主不同意，承包商可以以调整施工顺序将无法保证工期等为由，请业主不要调整施工顺序；最后，承包商应保留发生额外费用、工期拖延的相关证据材料。

5. 解决方案

业主无正当理由要求承包商调整施工顺序是业主的责任，业主应向承包商给予一定的工期和相应的费用补偿，可按设计变更追加价款。

（资料来源：改编自汪金敏. 识别变更机会追加工程价款［J］. 施工企业管理，2012，16：110-111.）

第8章 工程总承包项目的工程价款结算

8.1 工程总承包项目里程碑支付

8.1.1 工程总承包项目结算与支付方式

1. DBB与EPC模式下工程价款的结算与支付的对比

（1）DBB模式下工程价款的结算与支付 DBB模式下工程价款的结算依赖于准确的工程计量，工程计量是依据合同条款的相关规定对承包商已完工程量的确定过程，是工程价款支付的前提。在工程量结算方法选择上，发承包双方从自身利益出发，持不同态度：承包商希望付出与收益相匹配，认为所有因工程项目实施的工作都应该进行结算；而业主倾向于按项目实际形成的工程量结合实施中发生的工程变更进行结算，希望物有所值。为此，发承包双方通常因应予计量的工程量范围而产生纠纷。

招标文件作为合同的重要组成部分，招标工程量清单所列工程量是形成合同价格的基础，但此工程量不能作为支付承包商工程价款的基础。根据《建设工程工程量清单计价规范》（GB 50500—2013）中的第8.2.1项及第8.2.2项规定的内容可知，施工中结算的工程量应依据合同约定的计量规则和方法，对承包商实际完成的工程量进行确认和计算，具有"重新计量"的属性。若发现招标工程量清单中出现缺项、工程量偏差，或因工程变更引起工程量的增减，均按承包商正确履行合同义务中完成的工程量计算。因此，厘清承包商正确履行合同义务的工程量是解决发承包双方对应予计量工程量范围界定的根本依据。

签订合同双方的义务包括合同中明确约定的义务和补充协议中的义务。因此，承包人在施工合同中履行的合同义务就包括合同约定的义务和发承包双方就一些问题进行协商后签订补充协议的义务，包括经批准的工程变更所修订的工程量、工程量清单缺漏项增减的工程量、现场签证、索赔等合同事后的补充、修改、调整而增减的工程量。但值得注意的是，并不是承包人实际完成的全部工程量都予以计量。根据《建设工程价款结算暂行办法》中第十三条以及《建设工程工程量清单计价规范》（GB 50500—2013）中第8.1.3项的规定，合同义务的工程量范围是承包商实际按图施工、正确履行所完成的工程量，但承包商超出设计图（含设计变更）范围和因承包商原因造成返工的工程量除外。

合同履行期间对工程量重新计量后，若某子目应予计量的实际工程量与招标工程量清单所列的工程量出现偏差，承包商施工成本的分摊会受到影响。若不对综合单价进行调整，容易产生承包商超额盈利或超额亏损。因此，发承包双方应在合同签订过程中协商约定一个工程量偏差幅度，当工程量偏差超过此幅度时，即对综合单价进行调整。综合单价的调整方式：一是发承包双方协商确定；二是与招标控制价相联系。由《建设工程工程量清单计价规范》（GB 50500—2013）中第8.2.6项、第11.2.6项和第11.3.1项的内容可知，竣工结算由历次期中结算支付结果和工程价款直接汇总而来，简化了竣工结算流程，提高了结算效率。

（2）EPC模式下工程价款的结算与支付　EPC总承包模式合同条件下的工程价款结算通常根据形象进度，即里程碑式的方式进行结算。里程碑支付（Milestone Payment）是一种常用的基于总价合同的付款方式。合同中的"付款计划表"是EPC总承包模式工程价款结算的主要依据，付款计划需要将合同价格作为基础，确定付款的相关参数，其中包括付款期数、里程碑完成目标以及每期需要完成的付款金额等，里程碑节点需要根据合同中的内容确定。例如，1999版FIDIC新银皮书第14.4款"付款计划表"。付款计划表是以合同价格为基础，约定的付款期数、计划每期达到主要里程碑或（和）完成的主要计划工程量及每期需付款的金额。其中，里程碑的节点通常是由业主根据合同的工作范围结合合同的总工期确定的。工作周期短的施工工作项，可以划分为两个节点，即开工和完工；工作周期较长的工作项，可以划分为多个节点，并确定完成每个节点应计的工程量百分比。

里程碑式的付款方式借鉴国外的成功经验，按绩效进行付款。最简单的处理方式是对质量检验结果不合格的里程碑项目，不能将其计算在完成的进度内。对不合格工作的认定通常以业主方下达的"质量违规报告"（NCR）中的内容为准。较为复杂的绩效付款方式还可以根据工程的实际施工质量水平，给出相应的支付价款。通常的处理办法是：对实际施工质量水平较低的里程碑的价款支付上，在约定应支付的合同价格的基础上扣除一部分费用作为将来维修、养护等的补偿；而对实际施工质量水平较高的里程碑的价款支付上，是在约定应支付的合同价格的基础上增加一笔费用作为承包商尽力提高施工质量的鼓励金。而传统的价款支付方式只是根据工程质量合格与否来判断是否进行价款支付。传统的价款支付方式没有区分施工质量水平，从而也不能将价款支付与承包商施工质量的水平进行有效的结合。因此，EPC总承包模式按绩效付款的方式在调动承包商积极改进施工质量水平方面具有显著的优势。

由于里程碑付款方式不是按实际进度进行支付，对某些工作周期较长的里程碑节点来说，在较长的一段时间内，承包商都无法及时回收工程价款，加大了承包商的资金压力。所以，承包商需要根据合同中约定的里程碑节点及相应的付款计划表，提前做好资金使用计划。根据以上分析及相关文献，本书总结出了不同付款方式的特点。

在付款方式中，按月计量付款方式，承包商的资金压力小，可以保障现金流平稳，适用于多数项目；里程碑付款方式容易导致承包商垫资，使承包商资金压力大，但付款程序简单，适用于节点明确的项目；按月计量结合里程碑付款方式综合了按月计量付款和里程碑付款的优点，比较灵活，承包商资金压力比较小，支付时间也比较固定，因此适用于多数项目。鉴于此，EPC总承包模式下工程价款的结算，业主可以结合不同类型里程碑项目的特点，选择合适的付款方式来激励承包商提高工作效率。

2. DBB与EPC模式下工程价款支付的对比

工程价款的支付表现为在施工过程中业主对承包商开工前预付款的支付、期中结算进度款的支付、工程完工后竣工结算款的支付以及合同解除的价款支付。无论是哪个阶段的支付，业主支付给承包商的工程价款都需要按照合同约定的时限及程序进行，通常包括申请、审核、支付三个环节，具体流程，如图8.1所示。

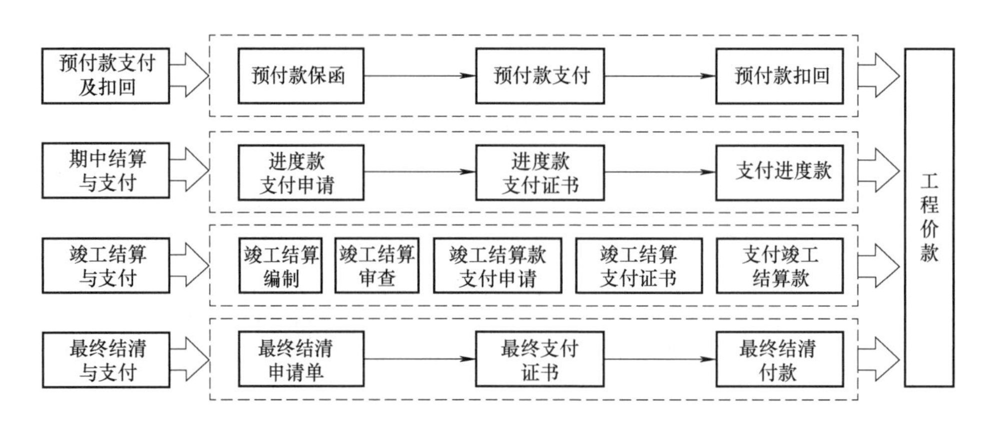

图 8.1　工程价款支付流程

DBB 模式下工程价款的支付，承包商应在合同约定的每个计量周期到期后，对已完成的工程进行计量，并向监理人或工程师提交进度款支付申请以及本期所完成的工程量和有关计量资料。并附具进度付款申请单、已完成工程量报表和有关资料。监理人或工程师在收到承包商进度款申请单以及相应的支持性证明文件后，按合同规定时间内完成审查，并提出业主到期应支付给承包商的金额以及相应的支持性材料报送给业主。经业主审查同意后，由监理人或工程师向承包商出具经业主签认的进度款支付证书。承包商完成工程的所有子目后，监理人或工程师应要求承包商派员共同对每个子目的历次计量报表进行汇总，以支付竣工结算款。

而工程总承包模式中的 EPC 总承包模式，一般采用业主和业主代表直接管理合同，没有监理人或工程师的角色，因此，EPC 总承包模式下工程价款支付时，不需要签发付款证书。承包商按照合同中的付款计划表，根据每个支付期限内完成的里程碑工程量（含设计、采购、施工、竣工试验和竣工后试验等）的合同金额，直接向业主提交付款申请，详细说明承包商自己认为有权得到的款额，同时提交包括按进度报告中规定编制的相关进度报告在内的证明文件。业主自收到承包商提交的每期付款申请报告之日起，在规定时间内审查并支付。这种支付程序适用于发承包模式中不设立工程师的项目，例如 FIDIC 银皮书就是采用这种双边合同模式。

综上所述，DBB 模式下的工程价款结算与支付中，每期都需要重新计量工程量，并由监理人或工程师审查，结算支付程序相对比较烦琐，但承包商资金压力小；而 EPC 总承包模式下的工程价款结算与支付不需要重新计量工程量，业主根据合同“付款计划表”中相应的形象进度里程碑结合绩效进行结算，没有监理人或工程师的角色，结算程序相对简单，能有效提高承包商的工作效率。

3. FIDIC 银皮书中工程总承包项目三种主要支付方式

2017 版 FIDIC 银皮书中提到了三种结算和支付方式，分别为分期按约定金额或比例进行结算与支付、按里程碑计划进行结算与支付以及按约定的永久工程主要工程量清单进行结算支付。通过对这三种结算与支付方式进行分析，发现三者提供了三种不同类型的支付计划表，在支付原理、依据、支付方式及可控程度等方面都存在一定的差距，见表 8.1。

表 8.1 三种支付方式的对比分析表

结算与支付类型	分期按约定金额或比例进行结算与支付	按里程碑计划进行结算与支付	按约定的永久工程主要工程量清单进行结算支付
结算与支付原理及流程	发承包双方将合同总价按金额或者比例进行拆分并确定相应的付款节点。承包商通过申请提交相应的支付申请报表来申请相应金额的支付	业主在招标文件中给出相应的里程碑节点和支付金额的百分比。承包商据此在投标时提交里程碑支付计划表，列明完成每个里程碑节点应支付金额的百分比	承包商将分部分项工程拆分并提交 BPQPW（Bill of Principal Quantities of the Permanent Works）让业主审核。承包商根据当期实际完成工作和 BPQPW 计算期中的支付金额，编制相应的支付申请报表申请支付
结算与支付依据	1）以时间为节点对总价金额进行拆分，以实际完工量为支付基础 2）以对应的合同、支付申请表、现场签证为依据	1）以里程碑节点为支付基础，并考虑计量工作的质量检验结果和预期功能 2）以对应的支付申请表确定的支付比例和合同中的相关条款规定为依据	1）以业主方提供的初步设计方案或不完备的施工图为基础，以 BPQPW 为依据 2）以期中支付申请表、支付证书等为依据
计价方式	主要包括以下两种方式：按合同总价分阶段支付或按单元合计分阶段支付	里程碑节点有两个可选项：时间节点或施工进度节点	参照永久工程主要工程量，按实际完成工作进行支付
支付时间周期	以每月或者其他时间间隔为付款周期，对承包商分期结算	每完成一项里程碑工作	支付时间固定，每月或者每季度约定的某个日期
适用范围	项目简单、支付计划表基本不发生变化的情况	适合里程碑节点容易划分和把控的工业、生产类、安装类项目	工期较长且分部分项工程容易拆分的项目（如公路或铁路项目）
可控程度	对工期的控制作用较小，对承包商工作的积极促进作用小，一旦支付拖延，会造成工期失控	对工期控制作用很大，能有效地控制工期以及关键路径，也能很大限度地激励承包商	对于工期控制作用很大，能有效地控制工期以及关键路径，也能很大限度地激励承包商

4. 我国工程总承包合同中的结算与支付方式

《2020 版总承包合同》中约定常见进度款的支付方式有按月计量付款和里程碑付款两种。

（1）按月计量付款　按月计量付款即承包商按每月实际完成的工程量（含设计、采购、施工、竣工试验和试运行等）的合同金额，向发包人申请付款的方式。这种支付方式在传统的施工总承包项目中也十分常见。对于承包商而言，这是一种较为公平的方式，只要已完工程量质量合格，就可以按月申请相应的款项，款项回笼时间固定，资金压力比较小。但是，对于发包人来说，按月支付承包商款项对工期进度的控制作用小。

1）按月支付的依据。工程总承包模式下，按月工程进度申请付款的支付依据主要包括以下四个方面：

① 以工程质量合格为前提。按月支付的已完工程量必须以工程质量合格为前提，质量以及业主的相关要求不合格的工程量，不予以支付进度款，经发包方验收的已完工程量中质量合格的部分工程量进行工程进度款的拨付。

② 以实际已完工程量为工程进度付款基础。按月支付的工程量以实际完成的工程量为

基础，即完成多少工程量，支付多少进度款。同时，已完工程量的计量与审核必须由承包方的现场监理人员和业主方的负责人员进行签字确认。

③ 以工程合同为按月支付工程进度款的依据。一切进度款的支付都必须按照合同的规定进行，不仅包括进度款支付的条件、方式、合同外项目的签证，而且囊括时间、节点以及支付金额的确认等。

④ 以施工设计图、现场签证单为工程进度款支付的重要依据。工程进度款的支付，除了在合同、工程计量、报审表等直接依据的约束下，还应该符合设计图和变更签证的相关要求，作为支付时的重要参考依据。同时，承包商根据审批的项目概算编制施工图预算，经施工图审查及发包人审批后，作为中间计量的参考依据。

2）按月支付的流程。按月支付工程进度款是 EPC 工程总承包模式在实际运用中比较广泛使用的一种支付方式。一般而言，支付的流程是业主和总承包商双方共同关注的部分。按月支付的流程如图 8.2 所示。

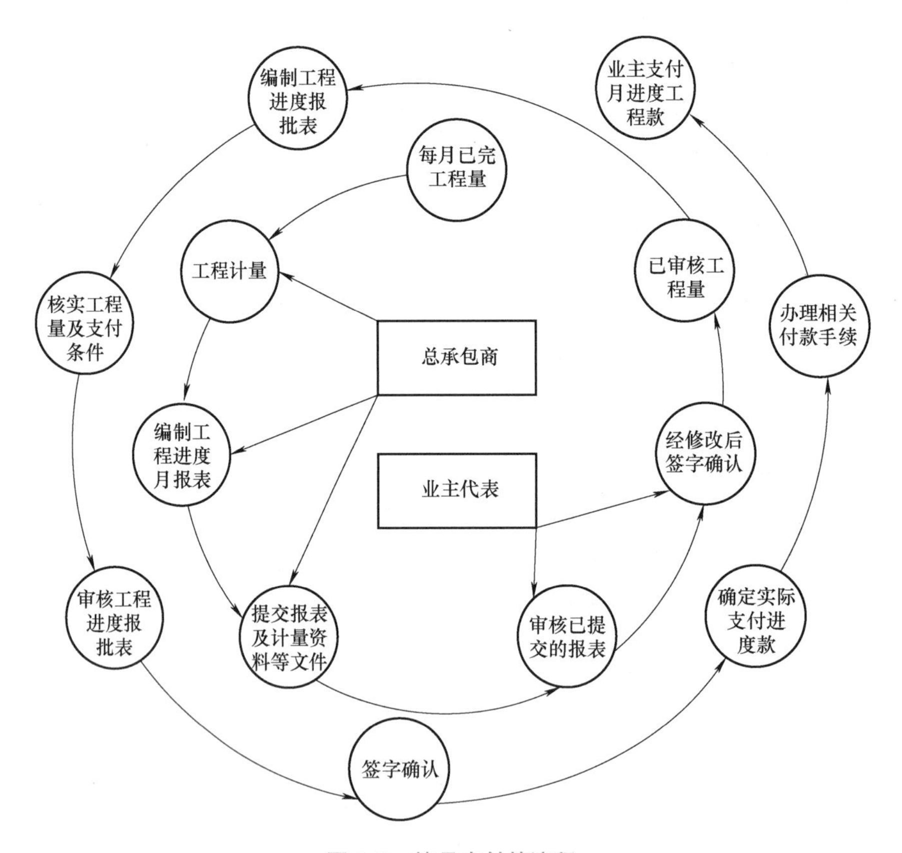

图 8.2　按月支付的流程

支付流程中，工程进度月报表主要审核的是实际已完工程量，而工程进度报批表主要审核的是工程支付的结算单价、支付条件的完备、本期应支付的金额和截至本期已支付的全部金额等，所有审核完成后（包括相关款项的扣留与变更、签证等的增减），业主代表颁发支付证书（相当于里程碑支付的签发发票），承包商提交业主审核后，获得合同中约定的当月工程进度款。

（2）里程碑付款　里程碑付款是指在进度计划的关键路径上设置一定数量的里程碑，以完成里程碑为依据，作为合同分段计划目标和其中付款的时间控制点。这种支付方式适用于工程节点比较明确的项目。相较按月计量付款方式，里程碑付款方式不能按工程的实际完成进度回收款项，支付时间不固定。但是，对于发包人而言，却可以有效控制承包商保质保量地按照合同约定的里程碑逐步完成项目。

EPC 模式下，里程碑节点作为工程进度的评价尺度，为判断工程施工的具体情况提供了标准和依据。通过对比项目里程碑的实际数据与计划数据，可以得出项目进度是否正常等一系列情况。如果发现项目进度与计划存在明显差异，项目团队必须立刻找出偏差原因，并采取相应方法进行补救。但是，若此偏差靠项目内部已无法进行补救，则该项目必须及时收尾，以避免更大损失的发生。里程碑支付的流程如图 8.3 所示。

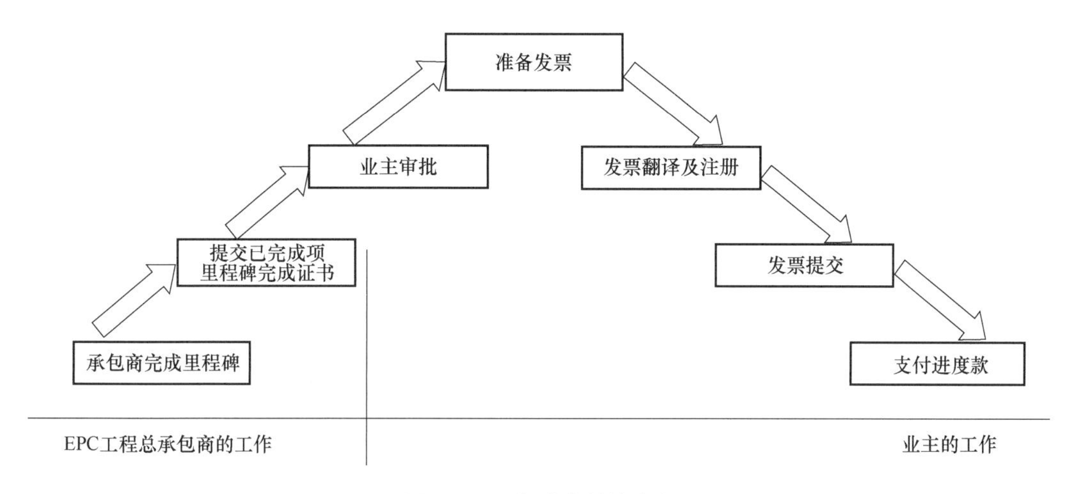

图 8.3　里程碑支付的流程

里程碑支付方式的依据就是按照合同中业主和总承包商双方事先签订或拟定好的里程碑付款计划表，一个里程碑完成并达到业主的预期目标，业主就必须及时、准确地支付进度款。至于有些里程碑的时限较长，甚至直到竣工才算某个里程碑完成的情况，业主和总承包商双方应该在签订合同或者拟定里程碑付款计划表时协商解决。最终，按照双方约定编制的付款计划表所确定的比例和合同中专用条款的相关规定进行付款。

里程碑支付需要承包商编制较多审批表与进度报表，并且需要经多次审核与确认实际工程量、单价、支付条件等内容，此外还有进度测量程序、工程计量程序和方法的选取等，都造成了支付流程的复杂性。

按月计量付款和里程碑付款这两种支付方式在现今的工程实践中被广泛采用，不仅是由于其自身的支付特点所具有的巨大优势，更是源于它们的支付原理以及易控制等优点受到了发承包双方的高度认可（沈维春等，2018）。

我国的合同没有明确指出具体采取何种结算和支付方式，但均提到发包人应按照事先与承包人制订的计划表或者签订的合同支付相应的款项。且 2023 年颁布的《建设项目工程总承包计价规范》（T/CCEAS 001—2022）中规定，发承包双方应在合同中约定期中结算与支付的里程碑节点，进度款的支付比例。这说明工程总承包模式下，房建和市政等基础设施项目可采用里程碑付款方式。

8.1.2 基于 WBS 的里程碑节点划分

1. WBS 概述

项目工作分解结构（Work Breakdown Structure，WBS）是进度计量检测系统建立的首要工作，是制订进度计划、成本概算、人员需求、测量项目绩效等的重要基础。美国项目管理协会（Project Management Institute，PMI）在其出版的《项目管理知识体系指南》（PMBOK）中将 WBS 列为项目管理的首要工作。WBS 被定义为一种面向可交付成果的项目元素分组，是以可交付成果为导向的工作层级分解，由上到下、由粗到细地将项目分解成树形结构。其分解的对象是项目团队为实现项目目标、提交所需可交付成果而实施的工作。WBS 的前三层一般由发包人指定，作为报告目的的总结层，后面各层由总承包商为内部控制而设计。WBS 的层级数会根据项目管理的需求适当增减，但创建 WBS 必须实现以下目标：WBS 应包括为实现项目总目标所必需的所有工作；分解界面应清晰；帮助项目管理人员关注项目目标和澄清职责；有助于明确项目进度的里程碑；为质量、进度、成本的跟踪与控制建立框架。

建设工程项目的 WBS 就是将项目整体任务按照一定的方法细化分解，最后形成单一的工作任务包。

2. 里程碑的划分原则

里程碑通常是项目中某一可交付成果完成的节点，在项目进行中并不占用资源。里程碑的划分需要对项目整体考虑，也需要对各里程碑支付节点间的关系进行考虑。科学合理地设置里程碑支付节点，能够使发包人对整个项目进度与执行情况严格控制，还能够对承包商产生激励作用。因此，在进行项目里程碑支付节点划分时，应遵循等值性、实效性、全面性、灵活性、安全性和高效性原则。

3. 里程碑支付节点的划分过程

《建设工程总承包计价规范（征求意见稿）》第 5.5.2 条规定："承包人应在合同生效后 14 天内，编制工程总进度计划和工程项目管理及实施方案报送发包人，发包人如需审批的，应在收到 14 天内予以批准或提出修改建议。工程总进度计划和工程项目管理及实施方案应分工程准备、勘察、设计、采购、施工、初步验收、竣工验收、缺陷修复等阶段编制细目，明确里程碑节点，作为控制工程进度以及工程款支付分解的依据。"

里程碑节点计划是策略性计划，是业主需要控制的关键节点。一般的工程建设项目可以按照以下过程进行里程碑支付节点的划分，形成项目的里程碑节点计划表，如图 8.4 所示。

里程碑节点计划表的编制步骤如下：第一步，项目整体逐级分解，确定最后一个里程碑节点；第二步，逆向依次设置里程碑节点；第三步，复查已识别的里程碑节点；第四步，分析里程碑节点因果路径；第五步，找出各里程碑节点间的逻辑依存关系；第六步，合并新出现的里程碑节点；第七步，根据前面的合并重组，制订初步里程碑节点计划表。

通过以上七个步骤可以对建设项目进行里程碑节点的划分，形成里程碑节点计划表。里程碑节点计划表的确定是里程碑支付的基础。合理科学的里程碑节点计划表不仅能够使发承包双方在支付过程中节省大量资源，还能更好地提高项目资金使用效率和为项目增值。

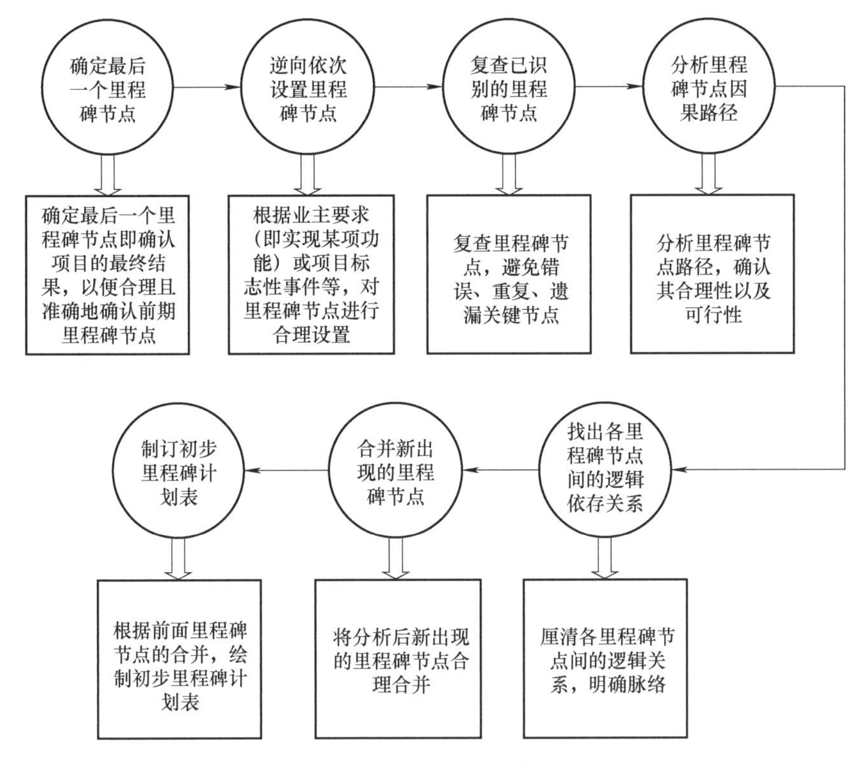

图 8.4 制订里程碑计划表的过程

4. 设计和施工部分里程碑节点划分

通过查找相关资料及经过项目的 WBS 分解、里程碑节点划分七步骤以及里程碑节点的准确性验证及修正，最终得出针对工程建设项目的阶段性划分的重大里程碑节点。按实施过程进行分解，得到项目的实施活动。按实施过程进行分解对于一个完整的施工项目来说，必然有一个实施的全过程。基于里程碑节点划分步骤，下面以房屋建筑项目为例进行里程碑节点划分分析。

（1）设计部分的里程碑节点划分 具体步骤如下：

第一步，将房屋建筑项目设计部分整体逐级分解。根据《建筑工程设计文件编制深度规定》文件规定，将设计部分分为方案设计、初步设计和施工图设计三个阶段。施工图是施工作业的总体规划，是作业人员实际操作的依据。同时，它也是设计部分的最后一步，施工图设计阶段成果文件审查验收合格就预示着设计部分任务基本完成。因此，施工图设计阶段成果文件审查验收合格就可以视为项目设计部分的最后一个里程碑节点。

第二步，逆向依次设置里程碑节点。根据工程设计的一般步骤、发包方要求，以及项目里程碑节点划分遵循的全面性、灵活性、可评估性、可描述性等原则，项目可行性研究完成后，可进行方案设计、初步设计和施工图设计。通过逆向思维可以初步确定，倒数第二个里程碑节点为初步设计相关成果文件验收合格，依次类推为初步设计相关成果文件完成、方案设计验收合格、方案设计完成这几个中间里程碑节点。

第三步，复查已识别的里程碑节点。发包方组织形成复查小组，根据已经识别出的里程碑节点，通过大量类似项目设计部分里程碑节点的对比分析及总结，认真复查最后里程碑节点及中间里程碑节点，避免错误、重复、遗漏的关键节点。

第四步，找出各里程碑节点间的逻辑依存关系，如设计说明、建筑专业设计图、结构专业设计图、电气专业设计图及各专业设计计算书等的逻辑关系，厘清各里程碑节点间的逻辑关系，明确里程碑脉络。

第五步，合并新出现的里程碑节点。例如，给水排水专业的设计说明完成、设计图完成、设计计算书完成等虽然都有一定的文件成果，可以细化初步定为里程碑节点，但考虑到发承包双方资源有限、频繁的支付节点会导致大量资料的消耗，且综合考虑各专业的设计顺序，可以将以上给水排水专业的几个节点合并成给水排水专业设计完成这一个里程碑节点。

第六步，根据前面的合并重组形成新的里程碑节点，从而制订初步里程碑节点计划表。各里程碑节点的确定是发承包双方关注的重点，应保证体现各个关键节点，避免以后产生争议，最终形成里程碑节点计划表。工程建设项目设计部分的里程碑节点如图 8.5 所示。

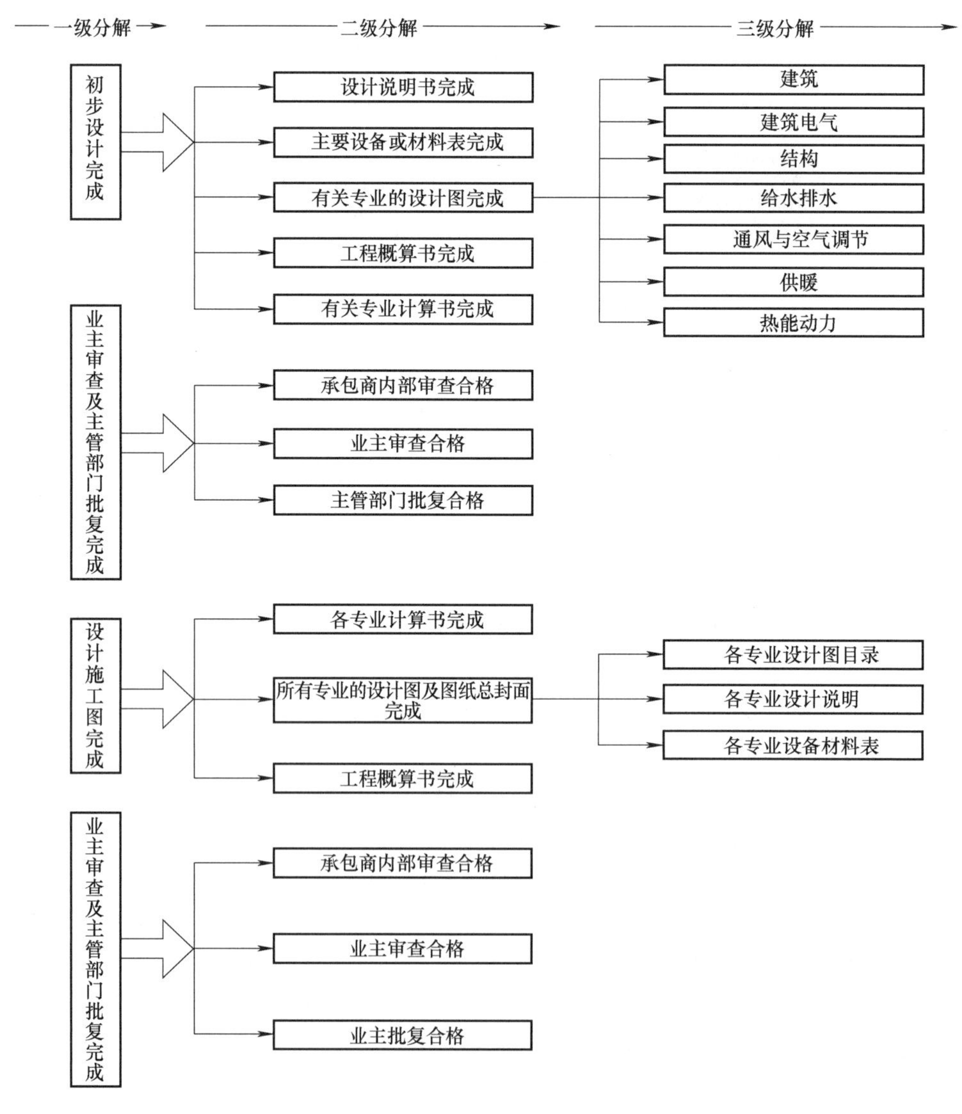

图 8.5 工程建设项目设计部分的里程碑节点

（2）施工部分的里程碑节点划分　施工部分的里程碑节点划分同设计部分的里程碑节点划分大体遵循相同步骤：

第一步，项目施工部分整体逐级分解，确定最后一个里程碑节点。

第二步，逆向依次设置里程碑节点。根据实现某项功能时或项目标志性事件等，对里程碑节点进行合理设置，依次可以设置为竣工验收阶段、施工阶段、准备阶段这几个里程碑节点。但由于施工部分各项任务错综复杂、工作量大等原因，必须将施工部分继续细化。根据《建筑工程施工质量验收统一标准》中的建筑工程分部、分项划分表，将工程项目分为地基与基础、主体结构、建筑装饰装修、建筑屋面、建筑给水排水及采暖、建筑电气、智能建筑、通风与空调等工程。因此，可以将施工阶段依据以上标准进行合理划分里程碑节点。

第三步，复查已识别的里程碑节点。

第四步，找出各里程碑节点间的逻辑依存关系。

第五步，合并新出现的里程碑节点。

第六步，根据前面的合并重组形成新的里程碑，从而制订初步里程碑计划表。工程建设项目施工部分的里程碑节点如图8.6所示。

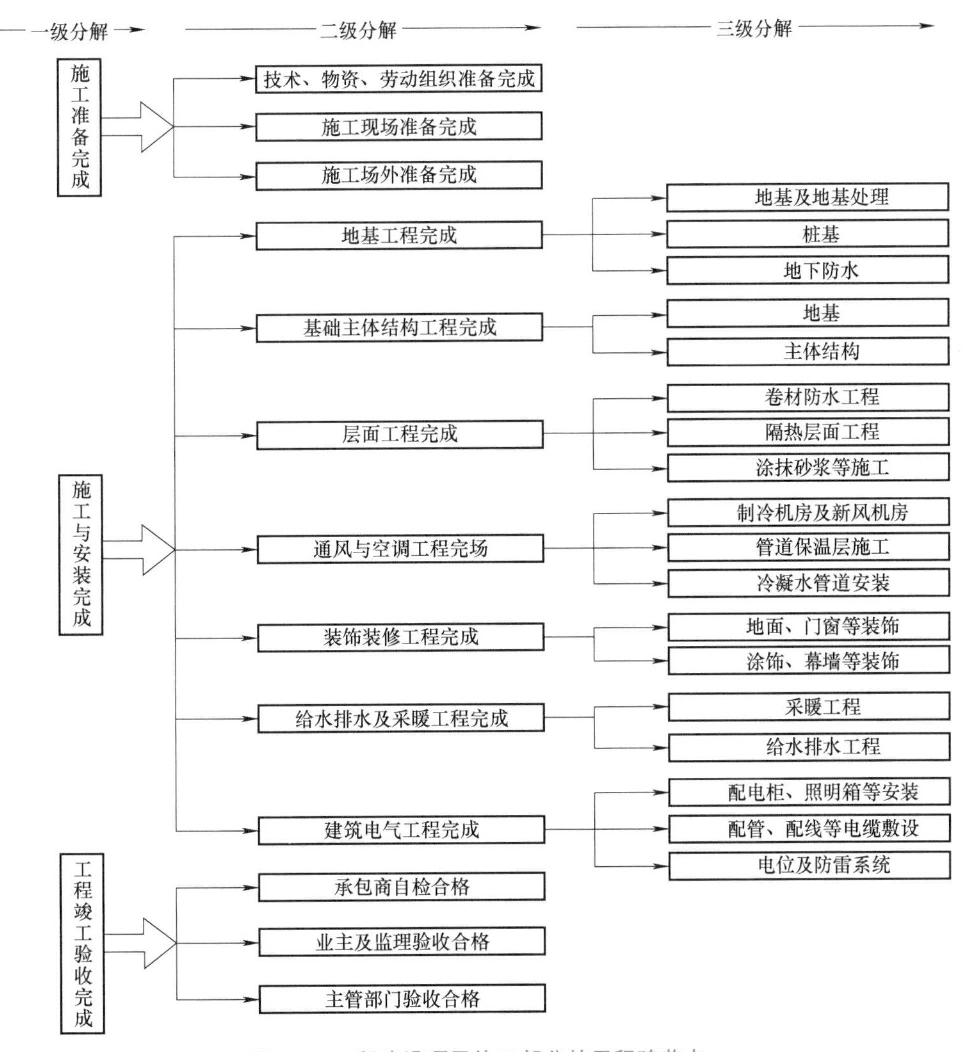

图8.6　工程建设项目施工部分的里程碑节点

基于WBS进行里程碑节点的设置，绘制出设计部分及施工部分里程碑节点计划表。对于采购部分费用较少的项目，如房屋建筑等类型，工程项目在实际招标时，投标的工程总承包都具备较强的资金实力，发包方一般不会针对工程材料等进行单独支付给总承包材料款，专用条款有约定的除外，对大宗设备采购里程碑节点的设置可以按照实际采购物资的时间进行设置。根据《中华人民共和国标准设计施工总承包招标文件》（2012版）中第17.3.2项支付分解表的相关规定，除专用合同条款另有约定外，承包人应根据价格清单的价格构成、费用性质、计划发生时间和相应工作量等因素，汇总形成月度支付分解报告。对于材料和工程设备费，应分别按订立采购合同、进场验收合格、安装就位、工程竣工等阶段和专用条款约定的比例进行分解。可以看出，采购节点可以参考采购合同、进场验收合格、安装就位等进行设置。

合理科学的里程碑节点设置，对于承包方而言，有利于提高其进行项目施工的积极性，能负责任地保障每项里程碑的顺利完成，以进行进度款申请拨付，也间接地保证了工程项目的质量与工期等关键部分，同时可以促使承包商最大限度地尽快完成每项已确定的里程碑，使其及时收回工程款；对于发包方而言，对承包方的监管而消耗的资源得到了充分合理的配置，极大地提高了监管效率，避免了人力、物力等资源的浪费，保证了项目的顺利开展。

8.1.3 里程碑支付内容及比例的确定

1. 里程碑支付的内容

根据《2020版总承包合同》第14.3.1项的规定，除专用合同条件另有约定外，承包人应在每月月末向工程师提交进度付款申请单。该进度付款申请单应包括下列内容：

1）截至本次付款周期内已完成工作对应的金额。

2）扣除约定中已扣除的人工费金额。

3）应增加和扣减的变更金额。

4）约定应支付的预付款和扣减的返还预付款。

5）约定应预留的质量保证金金额。

6）应增加和扣减的索赔金额。

7）对已签发的进度款支付证书中出现错误的修正，应在本次进度付款中支付或扣除的金额。

8）根据合同约定应增加和扣减的其他金额。

《建设项目工程总承包计价规范》（T/CCEAS 001—2022）中提供的“进度款支付申请/核准表”表明，工程进度款支付内容包括工程费用、工程总承包其他费、按合同约定调整的费用、应扣减的预付款和按合同约定扣减的费用。

2. 里程碑支付的比例

里程碑节点所占权重比例的确定，对发承包双方都是至关重要的一项工作。发包人希望里程碑节点的数量和前期里程碑节点设置所占的权重比例越小越好，而承包人希望里程碑节点的数量以及前期里程碑节点设置所占的权重比例设置的越多越好，这样就可以尽快收回资金，避免自己承担的资金压力过大等。因此，在工程总承包项目中，招标文件通常要求承包人按照发包人发布的招标文件提供的格式，确定所报价格的设计、采购以及施工占总报价的比例；同时，根据发包人规定的里程碑活动进行逐项分解，分解数额所占设计、采购和施工各项总价的比例即为每项里程碑的权重比例。

崔亮和郑爽（2015）认为，里程碑支付是当前国际工程项目中一种常用的基于总价合同的付款方式。李俊峰（2011）认为，对于承包商来说，里程碑支付方式不能按实际工程进度获得支付，因此在制订里程碑支付计划时要充分结合自己的资金使用计划，在各级项目分解和比例确定时，还要充分考虑各种风险的回避措施。张玮（2015）认为，根据项目特点及进度控制策略，可以在以上里程碑节点之间添加1～2个节点，综合考虑费用、工期、复杂程度、重要性划分相应的权重。

通过以上学者对里程碑节点支付比例设置的研究，可以看出部分学者认为合理的里程碑支付比例在发承包双方支付过程中有着至关重要的作用，在里程碑支付比例设置时在充分考虑双方风险因素外应遵守各个里程碑之间、发承包双方之间的资源均衡原则。

此外，由于EPC合同是总价合同，而不是单价合同，所以EPC合同下的结算和支付以里程碑为节点进行，而不是按照实际完成的工程量来计价的。在实际操作中，每个里程碑节点都对应占合同总价相应比例的工程款，只要承包商实现了该里程碑，业主就应支付相应的里程碑工程款。

3. 合同价款支付分解表

《建设项目工程总承包计价规范》（T/CCEAS 001—2022）第5.5.4项规定，发承包双方应根据价格清单的价格构成、费用性质、工程进度计划和相应工作量等因素，按照以下分类和分解原则，形成合同价款支付分解表。

1）工程费用。建筑工程费按照合同约定的工程进度计划划分的里程碑节点（工程形象进度）及对应的价款比例计算金额占比，进行支付分解。设备购置费和安装工程费。按订立采购合同、进场验收、安装就位等阶段约定的比例计算金额占比，进行支付分解。里程碑节点相邻之间超过一个月的，承包人应按照法规规定提出按月拨付人工费的比例。

2）工程总承包其他费。按照约定的费用，结合工程进度计划拟完成的工作量或者比例计算金额占比，进行支付分解。其中：①勘察费，按照提供勘察成果文件的时间、对应的工作量进行支付分解；②设计费，按照提供设计阶段性成果文件的时间、对应的工作量进行支付分解；③除勘察设计的其他专项费用，按照其工作完成的时间顺序及其与相关工作的关系进行支付分解。

《建设项目工程总承包计价规范》（T/CCEAS 001—2022）第7.2.1项规定，发承包双方应按照合同约定的时间、程序和方法，在合同履行过程中根据完成进度计划的里程碑节点办理期中价款结算，并按照合同价款支付分解表支付进度款，进度款支付比例应不低于80%。发承包双方可在确保承包人提供质量保证金的前提下，在合同中约定进度款支付比例。里程碑相邻节点之间超过一个月的，发包人应按照下一里程碑节点的工程价款，按月按约定比例预支付人工费。

各省市颁布的工程总承包计价规范中，《杭州市房屋建筑和市政基础设施项目工程总承包项目计价指引》指出，工程总承包项目合同中各项费用应根据价格清单的费用构成、工程进度安排等合理约定工程预付款、工程进度款的支付比例和支付方法。其中设计费、设备购置费、建筑安装工程费等可按以下规定进行支付，见表8.2。

表 8.2　杭州市里程碑支付分解表

序　号	费用构成	支付节点	支付比例
1	设计费	通过施工图图审	不少于 50%
		完成所有专项设计且通过主体结构验收	不少于 80%
		通过竣工验收并完成各项资料备案手续	不少于 95%
2	设备购置费	对采用询价或公开招标方式确定价格的设备，可按承包人签订的采购合同相应节点和金额进行支付	
3	建筑安装工程费	根据经审核后的进度款支付申请按月或按节点进行支付	支付比例应不低于已完成工程量的80%，累计支付金额不高于项目清单中相应分部工程或单位工程投标价格的 90%
4	安全文明施工费	开工后 28 天内	对国有资金投资的建设项目，不得低于该费用总额的 60%；非国有资金投资项目，不得低于该费用总额的 50%
5	工程总承包其他费	按月或节点进行支付，工程建设其他费和其他费用按照相应事项发生后，在最近一次工程款中进行支付，具体可通过专用合同条款进行约定	

8.1.4　里程碑支付条件的确定

工程总承包合同中约定的常见工程进度款的支付方式有按月计量付款、里程碑付款或二者相结合的付款方式。在采用里程碑付款的项目中，工程总承包商需要在完成了所有合同约定的单项里程碑活动的相关工作，并按要求提交了所有相关文件之后，才能视为完成了某项活动的里程碑。故在采用里程碑付款方式时，如何合理确定里程碑的付款条件显得尤为重要。主要包括以下三个方面：

1）里程碑节点的设置应当合理，且尽量争取对己方有利的节点和对应的付款比例。通常来说，发包人可以利用其市场优势地位，在招标文件及其他采购类文件中附上其设置好的里程碑，有些可能还附有对应的付款比例。从发包人的立场出发，会要求在某个里程碑节点中涵盖尽可能多的工作内容，而分配尽可能小的付款比例，这样可以拖延项目进度款的支付，并且严格控制工程的工期进度。但从承包商的角度出发，则应当尽可能划分多个里程碑节点，并且争取尽量将付款集中在项目的前期，以便其回收项目资金。因发包人对里程碑节点已经有规定，且受限于市场地位，对于付款比例是否能够协商、协商的难度等问题，承包商几乎没有话语权。但是，仍建议承包商还是应在招标投标、合同签订前期以及合同履行中把握所有可能的机会，坚持“划分宜细不宜粗、前大后小”的基本原则，与发包人就里程碑节点设置进行沟通，争取对己方有利的约定或对不合理的里程碑节点进行调整。

2）承包商应加强对里程碑的把控，按照约定严格履行相应义务。发包人对里程碑完成的审批非常严格，如果不按照合同约定完成里程碑中的工作，则无法获得该项下所有的合同价款，这是毋庸置疑的，因此，承包商应加强对里程碑的把控。对于加强把控可分为两个阶段：一是在合同签订前期，尽可能对里程碑约定的事项进行细化分解，对里程碑项下所包含的工作内容约定准确、完整，合同款项的支付条件也应当尽量明确；二是在合同履行过程中，按照合同约定逐步完成里程碑的所有事项，并取得完成后对应的文件资料，以便作为向发包人申请付款的凭证。

3）对于合同履行过程中对方的违约事项，应当及时进行书面沟通，并保留好相应的文件资料。工程总承包项目通常工期长，双方的权利义务关系也比较复杂，在履行过程中难免会出现某方未正确履约、不履行或拒绝履约的情形，极有可能影响到里程碑的完成以及价款的支付。因此，一旦出现此类情形，合同一方应及时通过书面函件的方式催促对方履约，以避免在未来产生纠纷时，双方关于是否履行了合同义务产生纠纷。在此期间还应当注意，如果对方履行不当造成己方损失的，应及时按照合同约定的索赔时间和流程提出索赔申请，以避免逾期失权的风险。

案例：ZJH（北京）环境科技股份有限公司与北京 BK 科技有限公司承揽合同纠纷案

以 ZJH（北京）环境科技股份有限公司与北京 BK 科技有限公司承揽合同纠纷案为例，对里程碑付款条件进行探索。

提问：在项目实施过程中，若其中某项里程碑条件并未严格达成，但是最终项目完成了交付且投入运行，发包人是否可以以该里程碑节点未达成为由，拒绝支付合同对应里程碑节点及后续的工程价款？

1. 案例背景

2013 年 5 月 7 日，ZJH（北京）环境科技股份有限公司（简称 ZJH 公司）与北京 BK 科技有限公司（简称 BK 公司）签署了《山西 XN 发电有限责任公司一期 2×300MW 机组脱硝 BOT 项目低氮燃烧器改造 EPC 工程技术协议》（简称 EPC 工程技术协议）。当月 17 日，双方又签订了《山西 XN 发电有限责任公司 1、2 号机组锅炉低氮燃烧改造合同》。上述协议的主要条款约定，ZJH 公司作为承包方的承包范围包括：提供本工程所涉及的所有设备、材料及备品备件；所有施工，包括安装、调试、技术服务等；竣工资料的编制、验收。合同总承包价 1030 万元，付款方式为 0.5∶2∶2.5∶4∶1，即预付款 5%，设备达到现场验收合格后付 20%，安装调试、试运行 168h 后付 25%，性能测试合格满半年承包方向发包方提供合同总价发票后，BK 公司付到合同总额的 90%，剩余 10% 质保金在性能测试验收合格满一年后如无质量问题，无息付清质保金。

原告 ZJH 公司认为，其提供给 BK 公司的设备已经安装调试并经过 168h，达到了付款条件，但 BK 公司迟迟不予付款，明显违约。

被告 BK 公司则认为，在合同的履行上，ZJH 公司所做的工程并未依约履行完毕。ZJH 公司仅仅是对其购买的设备予以安装，至今未进行调试。168h 试运营期间要对设备进行调试，以使设备达到约定的技术标准。ZJH 公司未提供证据证明其在此期间对设备进行了调试，更未提供证据证明 168h 试运营期结束后的 3 个月交付经过调试达标的燃烧器。因此，ZJH 公司没有证据证明第三阶段付款条件已经达成，第四阶段付款更无从谈起。

2. 法院观点

一审法院：ZJH 公司虽提供了设备验收及相关检验报告，但没有提交设备试运行 168h 及改造后性能验收试验由双方认可的第三方测试单位进行的验收合格报告，故其未能完成其有权收取第三阶段及之后价款的义务。

二审法院：BK 公司上述答辩意见中关于 ZJH 公司仅对设备进行了安装，至今未调试，故其所做工程并未履行完毕之说，显然不能成立。本案的焦点问题在于 ZJH 公司所进行的低氮燃烧改造是否取得成效，是否实现了使 1、2 号机组锅炉氮氧化物排放达标的合同目的，而非如一审法院，脱离设备投入运行使用至今分别已近 4 年和 5 年的基本事实，去探讨设备是否经过168h试运行之中间阶段付款条件是否达成的问题。根据ZJH公司提供的相关在案证据，更是根据本院审理中BK公司的明确自认，可以认定1、2号机组锅炉氮氧化物排放已达标的客观事实。BK公司虽主张排放正常不是ZJH公司进行改造的结果，但本案中BK公司未对其该主张提供证据予以证明，故本院对BK公司该主张不予采信。据此，可以认定ZJH公司对1、2号机组锅炉的低氮燃烧改造符合合同约定，经进行低氮燃烧改造使锅炉氮氧化物排放达标之BK公司的合同目的已经实现，故BK公司理应向ZJH公司支付尚欠全部剩余合同款项。

3. 案例解析

本案中，ZJH公司与BK公司签订的合同中约定了三个里程碑付款节点：

1）设备达到现场验收合格。

2）安装调试、试运行168h。

3）性能测试合格满半年承包方向发包方提供合同总价发票，其对应的合同价款的支付比例分别为15%、5%和65%。

结合涉案项目合同约定可以看出，ZJH公司接受了一个对己方十分不利的里程碑付款：本项目涉及大量的设备采购，但是BK公司只支付了5%的预付款，并且65%的合同款项被压制到设备的性能测试合格满半年才能申请支付。在这样一个长期的里程碑节点中，对于ZJH公司来说，对项目整体的把控和价款支付相关的资料整理收集都提出了极高的要求，而只要ZJH公司提供的资料稍有问题，BK公司便可拒绝支付里程碑节点对应的款项。

本案中所讨论的里程碑对应款项是否应当支付的问题，实质上是里程碑节点的满足情况与合同目的的达到之间的博弈问题。从一审、二审法院的判决中可以看出，一审法院严格按照合同条款进行文义解释，认为双方在履行合同过程中，ZJH公司确实未曾满足合同约定的付款条件，因此BK公司可以不支付相应款项。但应当注意的是，不能机械地从文义的角度出发，而应当考虑到签订合同的目的以及其他影响合同履行的事件。

工程总承包是项目业主为实现项目目标而采取的一种发承包方式，如果承包商已经交付满足发包人使用目的的工程项目，发包人也接受该工程，其合同目的就已经达成。若严格按照合同文义，看似公平但并不能解决双方的纠纷。而根据双方签订本合同的目的并结合双方诉诸法庭之时合同的履行情况进行整体上的梳理，法院审理此案之时，涉案设备已正常运行4~5年，BK公司与ZJH公司订立合同的目的也已经实现，在这种情况下，再去详细探讨设备是否试运行168h以及相应的里程碑节点是否满足是没有必要的。故而，BK公司应当支付合同剩余的全部款项。

8.2 工程总承包项目过程结算管理

8.2.1 过程结算制度及其推行障碍

1. 推行施工过程结算的现实意义

施工过程结算的推行，主要作用是规范施工合同管理，避免发承包双方争议，节省审计成本，实现工程造价的动态控制，能有效解决结算难问题，从源头上防止拖欠工程款。

（1）提高项目管理水平，有效控制项目　工程项目可以划分为基础、主体、二次结构、屋面、装饰、安装等若干阶段，每个阶段完成的工程量包含变更、签证、索赔进行结算。每个阶段完成后，承包方编制申报过程结算报告，发包方审核，双方达成一致意见确认。该阶段工程造价即确认。对比概算同阶段额度即可及时发现该阶段有无超概算投资，若发现造价增加，下阶段及时调整优化设计，从而工程竣工时能够较好地实现将投资控制在限额以内。

（2）减少工程结算争议，缩短竣工结算周期　由于工程价款结算的复杂性，既涉及专业判定，又牵扯合同索赔等，在结算过程中，发承包双方经常出现分歧和争议。工程建设是一个时间跨度非常大的系统工程，项目结束后往往面临过程资料缺失、过程管理知情人员变动、当时项目管理的实际情况不清晰等多种情况，扯皮现象层出不穷，会浪费大量的人力、物力、精力和时间成本。采用计划先行，过程管控，将竣工结算工作前置，以过程分阶段结算的方式，避免了竣工后的争议，也有利于整个项目的管理。

工程结算中一个非常重要的工作就是审计。由于审计程序繁多、时间冗长、过程变更签证办理不及时等情况，审计的战线被拉长，甚至出现“以审代拖”，造成了巨大的人员、资源浪费，给业主和施工单位都带来了不少困扰。随着工程投资规模的扩大，施工过程结算的需求也逐渐显现。施工过程结算在施工过程中分段进行，能够进一步实现工程造价的动态控制，减少发承包双方或其委托的工程造价咨询企业的重复计量与核价工作。

（3）及时结算过程款，有效遏制拖欠　实施过程结算的方式，划分施工阶段进行结算，阶段内完成的工程量确认并计价，其中的人工费即工人工资也就有了准确的数额，工程价款的结算争议不再成为拖欠支付的借口，从而可以有效遏制拖欠工人工资现象的发生。

（4）工程价款的结算重心从竣工阶段向施工建造阶段前移　截至目前，全国已有多地发文明确推行施工过程结算，如北京、新疆、浙江、重庆、山西、广东等地。随着施工过程结算的逐步普及，工程结算价款的重心将逐渐从竣工结算转向施工过程结算。竣工结算是施工企业按照合同规定的内容全部完成所承包的工程，经质量验收合格，并符合合同要求之后，发承包双方才进行的一种结算。而施工过程结算是按合同约定的结算周期，在过程结算节点上进行的分段结算，本质上是将竣工结算从工程竣工阶段向施工建造阶段前移。这种结算方式能够进一步实现工程造价的动态控制，有利于施工单位在过程中掌控成本，并能及时纠偏成本；同时也可以减少承包人资金占用和避免垫资施工，有利于承包人资金回笼，偿还经营债务，降低内部的运营成本，避免企业的经营风险，从源头上保证项目的施工质量和施工安全。

（5）具有更高的准确性与时效性　承包人依据合同约定的结算周期和方式递交已完工程结算价款支付申请，发包人对已完工工程进行结算审核。在施工过程结算审核中，遇到双方争议部分，可以及时解决问题，不会因甲乙双方人员的变动而造成结算衔接出现问题，也不会因结算资料不齐全、变更情况不清晰等因素而拖慢结算。同时，标准中强调了施工过程结算审核的时效性，并赋予了发包人编制施工过程结算的权利。这种结算方式对比竣工结算更具有准确性和时效性，有利于缩短整个项目的结算时间，减少发承包双方的重复计量与核价工作。

2. 施工过程结算政策文件分析

2016年1月，《国务院办公厅关于全面治理拖欠农民工工资问题的意见》（国办发〔2016〕1号）中首次提出要规范工程价款支付和结算行为，全面推行施工过程结算；2017年9月14日，《住房城乡建设部关于加强和改善工程造价监管的意见》（建标〔2017〕209号）

再次提出要推行工程价款施工过程结算制度，提到“规范工程价款结算。强化合同对工程价款的约定和调整，推行工程价款施工过程结算制度，规范工程预付款和进度款支付”。2019 年 12 月，《住房和城乡建设部关于进一步加强房屋建筑和市政基础设施工程招标投标监管的指导意见》（建市规〔2019〕11 号）中提到“严格合同履约管理和工程变更，强化工程进度款支付和工程结算管理，招标人不得将未完成工程审计作为延期工程结算、拖欠工程款的理由”。2020 年 1 月，国务院常务会议明确提出：出台实施及时支付中小企业款项相关法规，在工程建设领域全面推行过程结算，加大保函替代施工单位保证金推广力度。2020 年 7 月，《住房和城乡建设部办公厅关于印发工程造价改革工作方案的通知》（建办标〔2020〕38 号）发布，指出“严格施工合同履约管理。加强工程施工合同履约和价款支付监管，引导发承包双方严格按照合同约定开展工程款支付和结算，全面推行施工过程结算”。2020 年 9 月 23 日，《住房和城乡建设部关于落实建设单位工程质量首要责任的通知》（建质规〔2020〕9 号），提出“推行施工过程结算……建设合同应约定施工过程结算周期、工程进度款结算办法等内容”。2021 年 11 月，《建设工程工程量清单计价标准》（征求意见稿）中正式添加了施工过程结算的相关内容；2022 年 1 月 19 日，《住房和城乡建设部关于印发“十四五”建筑业发展规划的通知》（建市〔2022〕11 号）中再次提出“强化建设单位造价管控责任，严格施工合同履约管理，全面推行施工过程价款结算和支付”。2022 年 6 月，财政部发布《关于完善建设工程价款结算有关办法的通知》（财建〔2022〕183 号），进一步对过程结算的适用范围、定义和内容等做出了规定。相关政策与规定如图 8.7 所示。

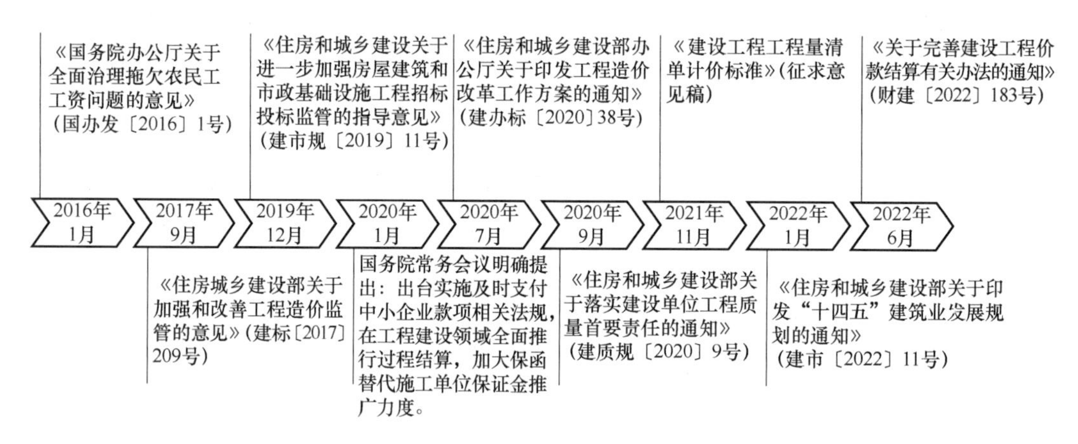

图 8.7　施工过程结算相关政策与规定

很明显，国家已经明确了顶层设计的政策方向，施工过程结算是大势所趋，已经有近 30 省、市、自治区跟进发文，明确推行施工过程结算。部分省市的具体政策文件见附录 P。

3. 过程结算的政策要点解读

国家和各省市推行施工过程结算的政策文件，内容大致可分为三个部分：第一部分为总则，包含施工过程结算目的、原则、含义以及适用范围，同时强调施工过程结算的法律行为性质；第二部分为当采用施工过程结算时应在合同中约定的具体内容，包括施工过程结算的节点、范围、预验收要求、程序、时限、逾期责任等条款；第三部分为附则，主要包括其他规定、资金保障、监督管理等。就各部分内容的应用实践价值来说，第二部分内容是重中之重。

从国家政策出台背景和价值取向来看，推行施工过程结算利于强化项目过程管理、固化过程造价、尊重双方合意，为实现这一价值，在实践中需充分体现施工过程结算更高的准确性与时效性这一优势，而施工过程结算的准确性与时效性依赖于合理的结算周期、明确的结算范围及及时规范的结算与支付。因此，施工过程结算管理的核心要义包括以下几点：

1）过程结算的适用范围。当年开工、当年不能竣工的新开工项目可以推行过程结算。

2）过程结算的定义。发承包双方在工程项目实施过程中，依据合同约定的结算周期，对周期内已完成且无争议的工程量进行价款计算、调整、确认及支付等的活动。施工过程结算的工程量应当包含当期已完成且无争议的变更、签证和索赔所形成的价款。

3）结算原则。一是约定周期内过程结算支付金额不得超出已完工部分对应的批复概（预）算；二是经双方确认的过程结算文件作为竣工结算文件的组成部分，竣工后原则上不再重复审核。

4）过程结算应与现行进度款支付方式匹配。发承包双方通过合同约定施工周期，施工周期可以按时间或进度节点划分。过程结算并不改变现行工程进度款支付方式，实质上只是把工程竣工结算分解到施工合同约定的时间或形象节点之中，将对工程款的确认、调整与支付分多个时点进行，分段对质量合格的已完工程进行价款结算。

5）过程结算与支付的要求需在合同中约定，并严格按合同执行。

4. 施工过程结算的推行障碍

（1）资金问题　发包人有资金困难，可能的情况是发包人的资金到位率不够，甚至需要承包人垫资进行施工。那么发包人当然就没有能力执行“过程结算”的条款了，只能等到竣工之后再慢慢核算，向承包人支付其应得（或者说是欠承包人）的工程款。

建设单位自己内部的投资控制：一方面，受到项目投资额“初设不超可研，施工图不超初设”的约束，很多建设单位不愿意过程结算，也是担心中间确认了，结算的时候发现总投资超了没法解释（其实就是想最后统筹考虑）；另一方面，对固定资产投资的管理，很多企业都有诸如“三重一大”等内部控制活动，例如根据变更增加费用的数额，实行分级审批，有的金额大的可能还要上会，上会就要追根溯源，如果迟迟无法确认，就会使得效率大大降低，对过程结算的推行产生阻碍。更有甚者，实施过程不请跟踪审计，建设单位没有能力确认价款。

（2）合同管理的目标选择　合同管理（或者说工程管理）有三大目标，即投资目标、质量目标和进度目标。

目前，我国存在投资主体出于项目的特性或早日获取收益的需要，将进度作为首先应实现的目标的现象。在确保工期，甚至在计划工期本身就已经很紧张需要倒排工期的情况下，推行“施工过程结算”就会遇到极大的困难。

因为“施工过程结算”需要在整个合同实施过程中多次确认，任何一次确认过程中可能出现的双方未达成一致的情况都有可能影响到进度目标的实现。与此同时，有些工程项目存在前期准备不充分而急于开工的情况，不可避免地在施工过程中出现大量的变更和签证，而每次变更和签证都要对合同价款调整达成共识是有困难的（目前工程纠纷中很大一部分都是对签证或变更价款产生异议），而这些困难都会加剧进度失控的风险。所以在目前的工程实践中才会普遍采用付款按照计划支付（请注意，未实施“施工过程结算”并不表示没有中间支付，而只是所有的中间支付并未成为双方确认的工程款，都需要竣工结算时再确认)，同时为了防止超付，通常会约定支付的比率（例如85%或90%），对于更易引起纠纷的变更和签证事项，所采用的方式也大多是只确认事项，而不确认价款，此等变更或签证所引起的价款调整也在竣工结算时再一并计算。因为竣工结算可以在竣工验收移交使用后再进行，竣工结算出现再大的争议也不影响项目按期正常投入使用，这更契合现阶段合同双方当事人尤其是发包人的利益诉求。

(3) 合同条款对施工过程结算没有做出专门约定或约定不明　现有各类合同示范文本均缺少施工过程结算的相应条款，双方签署的具体合同中也缺少施工过程结算的针对性条款，对施工过程结算的节点划分与价款范围，结算文件提交及审批时间，签署人的资格等重要问题均没有做出明确约定，合同的完备性不足。

尽管相关部门出台了相应的政策依据，但具体实施过程如何操作涉及多个方面，且无统一标准，导致实施难。比如，施工过程结算是按时间付款还是按工程进度付款，需要在合同签订时就明确；比如，分部分项工程的验收、支付是否有前提条件；比如，招标文件和施工合同中应该明确施工过程结算周期、计量计价方法、验收要求、价款支付时间、程序、支付比例等内容；还比如，变更部分、质保金的扣除比例及支付方式等也应该在合同中做具体约定。

8.2.2　施工过程结算的合同约定内容

从我国政策文件分析可知，施工过程结算的核心是以合同为依据，按照约定的结算周期，按时结算与支付。具体而言，实行施工过程结算的工程，发承包双方应在施工合同中约定施工过程结算周期、计量计价方法、风险范围、验收要求，以及价款支付时间、程序、方法、比例、逾期处理等事项，并严格按照合同约定执行。

1. 施工过程结算周期划分

过程结算就是将传统的竣工结算进行拆分和前置，从而完善施工过程中已完合格工程量的计算、调整、确认及支付，有利于化解结算纠纷。因此，过程结算周期的合理划分成为一个重要问题。

(1) 施工过程结算周期划分原则　施工过程结算周期的划分应遵循有利于质量验收、安全考核、工程计量、进度管理、粗细适宜、界面清晰的原则。结算周期可根据建设项目的主要特征、施工工期、自身能力和项目特点，按工程主要结构、分部工程、施工周期或关键节点进行划分，且不宜过长（有的省份规定最长不得超过三个月)，厘清工程计量周期、人工费用支付周期、进度款支付周期与施工过程结算周期四者之间的关系，做好有机衔接。施工过程结算不应影响工程进度款支付，工程计量周期应满足其他三者要求，施工过程结算周期一般应大于进度款支付周期和人工费支付周期。

(2) 施工过程结算周期划分方式　在结算周期方面，各地主要采取两种划分方式：

1）按照施工周期进行结算周期（月、季、年）节点划分。例如，河南省规定施工过程结算周期节点可按月划分

2）按照施工形象节点进行结算周期节点划分，做到与进度款支付节点相衔接。例如，浙江省、江西省等地明确施工过程结算周期可按施工形象进度节点划分，房屋建筑工程施工过程结算节点应根据项目大小合理划分，可分为土方开挖及基坑支护、桩基工程、地下室工程、地上主体结构工程（可分段）和装饰装修及安装工程（可分专业）等。

2. 施工过程结算的内容

1）采用单价合同的建设项目，当引起工程价款调整的政策变化、物价波动、工程变更与工程签证等按照合同约定可以调整的事宜发生时，经发承包双方确认调整的工程价款，作为追加（减）工程价款，应与工程进度款或结算款同期支付；分部分项工程和单价措施项目按当期完成的工程量进行计量与计价；总价措施项目按取费基数当期完成的数额计算；暂估价和计日工按当期完成的工程价款进行调整和计算；总承包服务费、工期奖惩、优质工程增加费等不宜按节点工程断开结算的个别子项，应在施工过程结算文件中注明，不纳入施工过程结算的范畴。

2）采用总价合同的建设项目，应遵循总价优先原则，合理确定施工过程结算节点价款，不能重新计算合同价。对采用可调总价合同的建设项目，施工过程结算的范围应限于发包人承担的工程变更、物价波动等可调价款内容。例如，山东省规定签订固定总价合同的，因发包人原因增减工程量和设计变更的部分应纳入当期施工过程结算。原则上各节点施工过程结算价款之和（扣除合同价款调整部分）不得超过合同总价，超过合同总价的，在合同价款做出调整前，暂停剩下节点施工过程结算。

3）争议处理。大部分省市明确工程计量计价有争议时，先对无争议部分办理结算，对有争议部分按合同约定的争议处理方式处理。争议解决后，争议涉及价款计入争议解决的当期过程结算；已完工程质量合格的，纳入当期施工过程结算，已完工程质量不合格的，可在整改合格后纳入整改当期的施工过程结算。以上规定表明，对施工过程结算文件及价款进行确认时，需要确认已完工程是否存在计量计价争议以及质量问题。

3. 施工过程结算的支付比例

施工过程结算的进度款是有限额的。根据《关于完善建设工程价款结算有关办法的通知》（财建〔2022〕183号），政府机关、事业单位、国有企业建设工程进度款支付应不低于已完成工程价款的80%；同时，在确保不超出工程总概（预）算以及工程决（结）算工作顺利开展的前提下，除按合同约定保留不超过工程价款总额3%的质量保证金外，进度款支付比例可由发承包双方根据项目实际情况自行确定。

这一条款明确了要提高进度款支付限额，并规定了国有资金投资的建设工程进度款支付金额的上下限。其中，下限为已完成且无争议工程量价款的80%；上限为合同价款总额－预付款－工程价款总额3%的质量保证金。当然，关于提高支付比例后带来的超支付问题，文件规定，在结算过程中，若发生进度款支付超出实际已完成工程价款的情况，承包单位应按规定在结算后30日内向发包单位返还多收到的工程进度款。

各地关于施工过程结算支付比例的约定存在差异，大部分建议依据合同约定的比例，有些政策文件也对没有合同约定的情况给出了支付比例建议。各省市政策文件关于施工过程结算的支付比例的规定如图8.8所示。

各省市过程结算文件中的进度款支付比例存在以下三种观点：按照合同约定（全额支付或按比例支付）、参照竣工结算比例和参照国家现行计价规范。鉴于分部分项等部分工程质量合格并不能确保工程整体质量合格，建议过程结算的支付比例宜高于进度款支付比例且低于竣工结算比例，在合同中明确约定支付比例在90%～97%；过程结算款支付周期应与合同约定过程结算周期一致。依据部分省市施工过程结算文件对该省市结算与支付模式进行分类，详见附录Q。较为特殊的两个模式为湖北模式和海南模式。湖北模式的特殊点在于对总价合同、单价合同已支付施工过程结算节点的价款结算之和超过合同总价的情形做出规定；海南模式在湖北模式的基础上增加了针对 EPC 合同已支付施工过程结算节点的价款之和超过合同总价的情形做出规定。

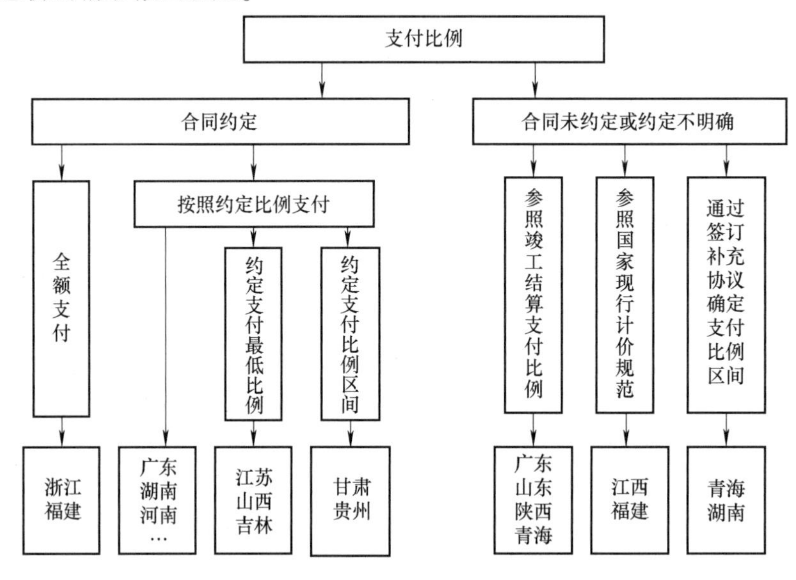

图 8.8　各省市政策文件关于施工过程结算支付比例的规定

8.2.3　施工过程结算与支付的程序

承包人按照合同约定完成节点施工后，应计算当期工程量及价款，并向发包人提交施工过程价款结算支付申请，因承包人原因未在约定时间内提交的，发包人可以依据合同约定，根据已有资料自行开展施工过程结算活动。发包人按照合同约定对承包人提交的过程结算申请进行审查核对并确认，因发包人原因未完成审查核对的，视同发包人认可承包人提交的施工过程结算申请。发包人按合同约定程序、时限、比例支付施工过程结算款，合同没有约定或约定不明确的，发承包双方应签订补充协议；施工过程结算款支付比例可参照竣工结算支付比例确定。

从各省市推行施工过程结算的政策文件中总结施工过程结算支付流程，主旨皆在于引导发承包双方按照合同约定及时对当期质量合格已完工程量所发生价款进行确认与支付，如图 8.9 所示。

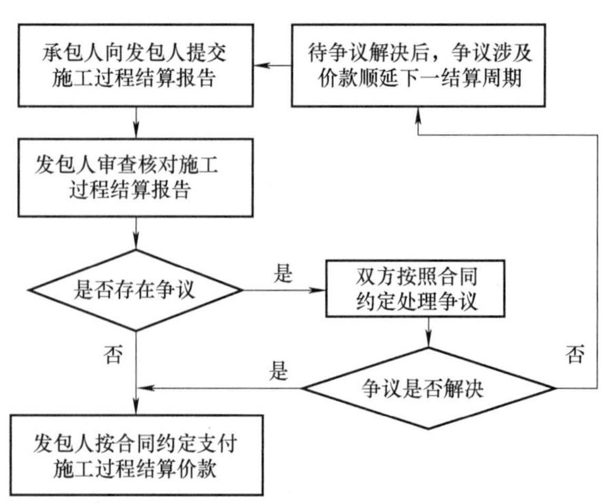

图 8.9　施工过程结算的支付流程

要充分体现施工过程结算对工程造价的事中控制和事前预警，过程结算的及时、规范确认及支付是必不可少的环节。主要体现为以下四个方面：

1）过程结算文件的提交、审查及审批时限。承包人按照合同约定的施工过程结算周期，计算当期工程量及价款，并向发包人提交施工过程结算文件。尤其需要明确的是，承包人未按约定时限提交及发包人未按约定时限审批时如何处理。

2）过程结算文件的签署。发包人和承包人应当根据合同约定的节点与范围，确认各期施工过程结算文件、施工过程结算价款等事项。过程结算文件应经发承包双方负责编审的注册造价工程师签字并加盖执业章，并由发承包人签字盖章，使其符合协议签署的要求。

3）价款调整及过程结算争议的办理。价款调整事项计算后纳入当期过程结算；产生争议时，按照无争议部分先行办理、争议解决后及时计入当期的原则办理过程结算。

4）过程结算的支付比例。各地普遍强调施工过程结算审核的时效性，明确发包人逾期审核即为认同。

8.2.4 施工过程结算文件的编制与审查

1. 施工过程结算文件的编制

按照国家和地方相关政策文件，施工过程结算文件可参照竣工结算文件的编制方法进行编制，经发承包双方确认的施工过程结算文件作为竣工结算文件的组成部分，竣工后原则上不再重复审核。

《建设项目工程总承包计价规范》（T/CCEAS 001—2022）第7.4.1项规定，合同工程完工后，承包人可在提交工程竣工验收申请时向发包人提交竣工结算文件。竣工结算文件一般包括下列内容，并应附证明文件：

1）截止工程完工，按照合同约定完成的所有工作、工程的合同价款。

2）按照合同约定的工期，确认工期提前或工期延期的增加或减少的金额。

3）按照合同约定，调整合同价款应增加或减少的金额。

4）按照合同约定，确认工程签证、索赔等应增加或减少的任何其他款项。

5）实际已收到金额以及发包人还应支付的金额。

6）其他主张及说明。

施工过程结算编制依据大多包括工程的施工合同、补充协议、招标投标文件、施工图、施工方案、经确认的工程变更签证、现场签证、工程索赔等相关技术资料；部分省市，如广东、山西、海南的施工过程结算资料另包括综合单价及各项费用资料。

2. 施工过程结算文件的审查

施工过程结算文件由负责编制审核的注册造价工程师签名并加盖执业专用章和编制单位公章。发承包双方可自行组织或委托符合条件的工程造价咨询机构编审施工过程结算文件。例如，江苏省相关政策规定，施工过程结算文件的审核参照施工合同“竣工结算审核”的相关约定执行。

鼓励施工过程结算实行全过程造价咨询服务。发承包双方和受委托的工程造价咨询企业应及时、客观、公平、公正地开展施工过程结算。履行合同相应的责任和义务。使用国有资金投资的房屋建筑和市政基础设施工程发包方应当委托工程造价咨询企业审核施工过程结算文件。

承包人编制相关的结算报告后，由发包人进行审核，发承包双方达成一致意见后对概算金额进行确认，查看该阶段造价是否超过概算投资。若出现超概现象，及时调整下一个阶段的优化设计方案，保证竣工项目实际投资控制在限额以内，达到投资控制目标。

发承包双方可自行组织或委托符合条件的工程造价咨询机构编审施工过程结算文件。鼓励施工过程结算实行全过程造价咨询服务。发承包双方和受委托的工程造价咨询企业应及时、客观、公平、公正地开展施工过程结算，履行合同相应的责任和义务。

8.3 工程总承包项目竣工结算的编制与审核

8.3.1 工程总承包项目竣工结算的编制内容

1. 工程竣工结算的概念

工程竣工结算是指工程项目完工并经竣工验收合格后，发承包双方按照施工合同的约定对所完成的工程项目进行的合同价款的计算、调整和确认。财政部、建设部于2004年10月发布的《建设工程价款结算暂行办法》(财建〔2004〕369号) 规定，工程完工后，发承包双方应按照约定的合同价款及合同价款调整内容以及索赔事项，进行工程竣工结算。工程竣工结算分为单位工程竣工结算、单项工程竣工结算和建设项目竣工总结算。《住房城乡建设部关于进一步推进工程造价管理改革的指导意见》(建标〔2014〕142号) 中指出，应完善建设工程价款结算办法，转变结算方式，推行过程结算，简化竣工结算。

2. 工程总承包模式下竣工结算的编制依据

在编制竣工结算时，《建设工程工程量清单计价规范》(GB 50500—2013) 强调了将历次计量结果计入竣工结算和历次支付的重要性，第11.2.6项规定：“发承包双方在合同工程实施过程中已经确认的工程量计量结果和合同价款，在竣工结算办理中应直接进入结算”，以避免重复审核，节约社会成本。

《建设工程工程量清单计价标准》(征求意见稿)(建司局函标〔2021〕144号) 中第11.2.3项进一步明确，经发承包双方签署认可的施工过程结算文件，应作为竣工结算文件的组成部分，竣工结算不应再重新对该部分工程内容进行计量计价。工程完工后，承包人在发承包双方确认的施工过程结算文件基础上，补充完善相关质量合格证明等资料，汇总编制竣工结算文件并报送发包人。在推行过程结算基础上的竣工结算编制依据，具体内容如下：

1）本标准。

2）工程施工合同及补充协议。

3）发承包双方已确认的施工过程结算价款。

4）发承包双方实施过程中已确认的工程量及其结算的合同价款。

5）发承包双方实施过程中已确认调整后追加（减）的合同价款。

6）建设工程设计文件及相关资料。

7）工程招投标文件。

8）其他相关依据。

《建设项目工程总承包计价规范》(T/CCEAS 001—2022) 第7.4.1项规定，合同工程完工后，承包人可在提交工程竣工验收申请时向发包人提交竣工结算文件。竣工结算文件应包括下列内容，并应附证明文件：

1）截至工程完工，按照合同约定完成的所有工作、工程的合同价款。

2）按照合同约定的工期，确认工期提前或工期延期的增加或减少的金额。

3）按照合同约定，调整合同价款应增加或减少的金额。

4）按照合同约定，确认工程签证、索赔等应增加或减少的任何其他款项。

5）实际已收到金额以及发包人还应支付的金额。

6）其他主张及说明。

发承包双方应当在合同约定时间内办理竣工结算，在合同工程实施过程中已经办理并确认的过程结算的价款应直接进入竣工结算。

8.3.2 工程总承包项目竣工结算的编制方法

工程总承包项目结算难是业主与咨询单位以及总承包商的痛点。工程总承包项目根据各省不同的招标要求、招标范本以及资金管理需求不同，分为两类：一类是工程总承包项目因为其不能确保价格与设计相匹配，所以要等到施工图设计完成后再调整，以批准的施工图预算作为竣工结算依据；另一类是基于合同总价编制工程总承包项目竣工结算。

1. 基于施工图预算编制工程总承包项目竣工结算㊀

大部分省市没能实行财政先审，也就是说，在工程总承包项目招标的招标控制价环节，财政评审中心没有介入审核，以概算下浮方式进行招标。故在招标过程中，合同总价并不是最终的合同价格，如何确定中标价是否为合同总价，应通过施工图预算审核。

例如，2015 年 6 月 26 日《公路工程设计施工总承包管理办法》发布，其中第二十四条规定："总承包工程应当按照招标文件明确的计量支付办法与程序进行计量支付。当采用工程量清单方式进行管理时，总承包单位应当依据交通运输主管部门批准的施工图设计文件，按照各分项工程合计总价与合同总价一致的原则，调整工程量清单，经项目法人审定后作为支付依据；工程实施中，按照清单及合同条款约定进行计量支付；项目完成后，总承包单位应当根据调整后最终的工程量清单编制竣工文件和工程决算。"

另外，广西壮族自治区针对政府投资项目发布的《关于规范我区政府投资工程房屋建筑和市政基础设施项目工程总承包发包及计价管理的通知（征求意见稿）》中第三条工程总承包计价模式，涉及合同价款确定及调整部分规定，中标价为暂定合同价（财政后审）。其中，设计费、其他费一般采用固定总价合同，建筑安装工程费采用最高限额下按实结算合同，即中标价中的各单项工程建筑安装工程费作为其施工图预算最高限额。对于按规定纳入财政投资评审范围的，还要明确财政部门审核施工图预算的依据和审核时间。经审核后的施工图预算乘以系数（中标价建筑安装费/招标控制价建筑安装费）与中标价的建筑安装工程费相比，低者作为实际合同价（即固定总价），并在此基础上明确合同价款调整因素、调整办法以及竣工结算办法。

2. 基于合同总价编制工程总承包项目竣工结算

针对依据合同总价编制工程总承包项目竣工结算，中标价即合同价（财政先审），合同

㊀ 总的来说，工程总承包模式下竣工结算不宜采取基于施工图预算的编制方法。原因有两个：对发包人而言，结算时以承包人设计的施工图为结算依据，势必导致承包人在满足发包人要求的前提下过度设计，从而牟取暴利，损害发包人的利益；对承包人而言，结算时以施工图重新计价为依据，导致承包人优化设计、深化设计形成的效益难以获得相应对价，造成承包人亏损，间接打击了承包人设计优化的积极性。

采用总价合同形式，由固定总价、暂估价及暂列金额三部分组成，且合同应当约定固定总价部分允许调整的因素及具体调整办法。

《建设项目工程总承包计价规范》（T/CCEAS 001—2022）第3.2.7项规定：采用工程总承包模式，发包人对建筑安装工程价款的计价，除专用合同条件约定的按照应予计量的实际工程量进行结算支付的单价项目外，不得以项目的施工图为基础对合同价款进行重新计量或调整。

此外，广东、上海、海南、湖南、湖北等省市工程总承包管理办法等相关政策文件均明确表示，采用固定总价合同的工程总承包项目在计价结算审核时，应当仅对符合工程总承包合同约定的变更（价格）调整部分进行审核，对工程总承包合同中的固定总价包干部分不再另行审核。浙江《关于印发〈杭州市房屋建筑和市政基础设施工程总承包项目计价办法（暂行）〉的通知》强调，对于采用总价合同的工程总承包项目，在工程结算审核时，除审核合同价款规定相关内容外，重点审核其建设的规模、标准及所用的主要材料、设备等是否符合合同文件的要求。也就是说，既要保持与合同所约定竣工结算编制方法的一致性，又要结合工程总承包模式基于满足业主需求为导向功能交付的特点，考虑项目功能是否实现。

8.3.3 工程总承包项目竣工结算的审核内容

工程总承包模式强调承包商按约交付、功能交付，因此，工程竣工结算的重点不再是工程量和工程单价，而是项目功能是否实现项目合同约定的内容，以及目的是否达到。例如，《浙江省房屋建筑和市政基础设施项目工程总承包计价规则（征求意见稿）》（2021版）第6.0.4项规定，对于采用总价合同的工程总承包项目，在工程结算审核时，固定总价部分不再重新计算工程量和费用，重点审核工程项目的建设规模、标准及所用的主要材料、设备等是否满足《发包人要求》，以及是否符合合同的风险条款约定。因此，工程总承包项目竣工结算审核的重点内容如下：

1. 资料完备性审核

由于工程竣工阶段现场只有成型后的外观，所有隐蔽情况只能靠业主及施工方提供的资料显示，对资料的真实性、有效性、可靠性的甄别就显得尤为重要。接受委托时，应与委托单位进行详细的书面的资料交接，结算审核应提供并审核的具体资料有：

1）完整的施工图、竣工图。

2）招标文件、招标答疑、补充文件。

3）投标文件、施工合同和补充协议。

4）图纸会审记录、施工组织设计、会议纪要。

5）业主指定或自供的设备、材料型号、品牌。

6）设计变更单、工程联系单及现场签证单。

7）地基验槽记录、工程隐蔽记录、施工日志。

8）桩基检测报告与验收记录。

9）其他与工程造价有关的所有资料。

在结算审核的过程中，需要以相关文件的合法性以及时效性作为核心，对工程相关文件、相关资料进行全面的检查，确定资料的完整性以及内容的准确性。审查总承包合同及相关技术和报价资料，项目设计方案及概、预算和设计图等资料，对项目建设标准是否恰当，建筑材料和设备的选用是否合适，设计方案是否符合业主预期，是否经济、适用、科学合理等，进行综合评价与监督。

2. 差异性审核

建设项目占用资金大、时间长，使用成本高，建设成本核算专业性强。工程师需要严格地对工程项目的所有资金流动以及资金相关项目等进行全面的审查。审查应重点关注：建设资金的来源，使用是否合法、合规；资金成本控制是否有力；建设成本核算制度是否健全，执行是否严格；核算内容是否完整、真实、准确；费用归集、划分是否正确；财经制度是否得以有效执行；竣工决算工作是否及时等。

在此基础上，审查工程项目是否与招标文件或合同约定内容存在差异，并根据总包合同中的差异调价规定，审核差异项目。针对不同的合同计价方式，竣工结算的审核内容如下：

1）采取单价合同的工程项目，发承包双方可完善施工图，重新计量工程量，固定工程总价，约定只对必要的变更签证和材料调差等进行处理，通过补充协议予以确认后，不再重复核对工程量，提高竣工结算的工作效率。

2）采用总价合同或者总价与单价组合式合同的工程总承包项目在结算审核时，仅对符合工程总承包合同约定的可调整部分进行审核，对合同中按合同约定实施完成的总价部分不再另行开包审核，重点审核调整合同价款的有关内容。除合同约定可以调整的情形外，合同总价不予调整。其中合同约定调整的情形主要包括以下内容：

① 主要工程材料、设备、人工价格与编制期信息价（指投标截止到日前28天所在月份对应的省、市造价管理机构发布的信息价格）相比，波动幅度超过合同约定风险幅度的部分。

② 因国家法律法规政策变化引起的合同价格和工期的变化。

③ 不可预见的地质条件造成的工程费用和工期的变化。

④ 因建设单位原因产生的工程费用和工期的变化。

⑤ 不可抗力造成的工程费用和工期的变化。

具体调整范围和调整方法由双方在合同中约定。采用工程总承包的政府投资项目，调整后的合同总价原则上不得超过经核定的投资概算。

3. 变更审核

2017版FIDIC系列合同条件中，变更分为由业主方发起的变更和由承包商发起的变更两种。工程总承包项目变更审核过程中，要重点关注项目变更事项，审查变更事项发生的真实性，建设方、施工方、设计方、监理方等对变更事项的签认意见，业主是否认可，审批手续是否完备，以及变更的内容与总包合同的约定包含的关系和对项目造价的影响。

（1）工程变更审核　在采用固定总价形式的工程总承包合同下，除合同约定的变更调整部分外，合同价格一般不予调整。但这并不意味着总价合同在任何情形下都不得“打破”，同时，认定是否构成工程变更不再简单取决于工程实施过程中客观上增加或减少的工程量。在发包人未改变功能需求的情况下，承包商为满足总包合同约定的目的所做出的变更将被包含在固定总价内，通常不再认为是能够影响合同价格的因素。

工程总承包项目应根据合同约定的结算与支付方式作为结算的主要依据，并根据不同设计深度分别进行工程变更结算审核：①有设计招标施工图部分，实行固定总价包干，主要审核设计招标施工图和竣工图的差别，最后的结算价包括签约合同价、签证和变更；②有方案设计无施工图部分和仅有功能需求部分，此部分需要承包人自行设计施工图。对通过审核的图纸，按照审图后的图纸实行投标价包干，审图后发生的业主要求变化属于设计变更。

（2）设计变更审核　实践中，越来越多的发包人采用工程总承包模式将项目发包，并倾向于在可行性研究或者方案设计完成阶段进行工程总承包商的招标。但在可行性研究或方案设计阶段，项目的经济参数、技术指标、边界条件等不确定性较大，设计深度往往不足。方案设计后发包的项目，发包人对方案设计所做的改变，或者在初步设计后发包的项目，发包人对初步设计所做的改变即构成设计变更。

不论是发包人或承包人提出的设计变更，涉及设计文件修改的，均需要经过设计人审查并出具设计变更文件。《建设项目工程总承包计价规范》（T/CCEAS 001—2022）第6.3.1项也提出：因发包人变更发包人要求或初步设计文件，导致承包人施工图设计修改并造成成本、工期增加的，应按照合同约定调整合同价款、工期，并应由承包人提出新的价格、工期报发包人确认后调整。

设计变更应根据合同计价规则结算，并根据合同约定扣除包干范围费用后，计入变更项目结算。设计变更一定要分清楚变更的原因，而不是传统的只要是变更就计入结算。《房屋建筑和市政基础设施项目工程总承包管理办法》规定，工程总承包原则上应当采用固定总价的计价方式，除合同约定的调整条件外，合同价格不予调整。因业主方要求的设计变更可以调整合同价格，非因业主方要求的设计变更，合同价格不予调整。

4. 合同管理审核

根据总包合同对质量、进度、安全、性能指标、项目报批、竣工验收、专项验收等的管理规定，审核合同管理情况。对合同的审查主要包含以下几方面：首先，公司或经营项目生产以及偿款能力的审查。这一审查要点是为了保证合同中相关项目能够有效、合理地进行。其次，对承包合同内容的严谨性、完整性以及规范性的审查。这主要是对工程数量的计量原则、单价的约定及其包含的工作内容进行审查，是为了避免合同实施中产生不必要的经济纠纷。最后，在加强对合同方面的变更管理时，对索赔条款的审查。在合同签订与管理中，索赔是一重要环节，其对于挽回成本损失、提升经济效益，具有十分重要的意义。

5. 工程签证的审核

对于各节点施工过程结算所遗漏以及争议未解决的部分，均应在竣工结算时加以处理，工程签证也是如此。根据合同承包范围及合同价格包括的范围规定，落实设计变更签证，且变更签证需经业主单位（如需）和监理工程师签字盖章，重大设计变更要经原设计审批部门审批，列入竣工结算。需要注意的是，属于可结算签证事项应根据合同计价原则进行结算，对属于合同范围而重复签证的项目应不予结算。

此外，合同工程发生工程签证事项，未经发包人签证确认，承包人便擅自施工的，除非征得发包人书面同意，否则发生的费用应由承包人承担。工程签证工作完成后的7天内，承包人应按照工程签证内容计算价款，报送发包人确认后，作为增加合同价款与进度款同期支付。

6. 材料与设备采购审核

《杭州市房屋建筑和市政基础设施工程总承包项目计价办法》（暂行）第二十六条规定，对于采用总价合同的工程总承包项目，在工程结算审核时，重点审核其建设的规模、标准及所用的主要材料、设备等是否符合合同条款的要求。

材料与设备采购对建设项目的质量有重大关系，更是项目成本控制的重要环节。审核的主要内容就是对材料和设备的质量和价款进行确认，保证其真实性和合理性，保证材料设备物美价廉，从而帮助项目方选择最优的设备和材料，并对有关采购合同进行审核。而对水泥和钢材等大宗材料，不仅要保证材料的质量，还要帮助项目方选择有效的采购时机，从而降低建设项目的造价成本。同时还需审查和评价采购环节的内部控制及风险管理的适当性、合法性和有效性，采购资料依据的充分性与可靠性，采购环节各项经营管理活动的真实性等。对重要工程物资采购，重点检查其是否实行了公开、公平、公正的招标投标，防止暗箱操作，招标投标工作是否符合相关规定，程序是否合规，从根本上保证工程用物资的整体质量。

8.3.4 工程总承包项目竣工结算的争议处理

工程总承包项目多采用固定价格合同，工程量偏差的风险和价格风险主要是承包人承担。固定总价合同，简单来说就是总价已经固定，除特殊情况外，合同总价不做调整，所谓的合同总价就是要完成约定的工程量和履行合同约定的所有事项后支付的总价款。这种合同模式对发包方来说风险非常小，除设计变更外的内容，其他项目只要建设合格就按约定进行结算。

1. 合同总价一般不予调整的相关法律法规

《建设项目工程总承包合同（示范文本）》（GF—2020—0216）第14.1.1项规定，除专用合同条件中另有约定外，本合同为总价合同，除根据第13条“变更与调整”，以及合同中其他相关增减金额的约定进行调整外，合同价格不做调整。《建设项目工程总承包管理规范》（GB/T 50358—2017）第十九条“合同形式”规定：“工程总承包项目宜采用总价包干的固定总价合同，合同价格应当在充分竞争的基础上合理确定，除招标文件或者工程总承包合同中约定的调价原则外，工程总承包合同价格一般不予调整。”《房屋建筑和市政基础设施项目工程总承包管理办法》第十六条规定：“企业投资项目的工程总承包宜采用总价合同，政府投资项目的工程总承包应当合理确定合同价格形式。采用总价合同的，除合同约定可以调整的情形外，合同总价一般不予调整。建设单位和工程总承包单位可以在合同中约定工程总承包计量规则和计价方法。”此外，浙江、江苏、上海、湖南等省市颁布的相关规定中也强调了工程总承包合同价格一般不予调整。

从以上相关规定来看，工程总承包项目主要采取固定总价的计价方式。顾名思义，固定总价应指除双方合同约定的风险或调价因素外，固定总价应不予调整。故属于合同实质性内容的固定总价在原则上不能被突破。

2. 突破概算时的结算争议处理

随着发包阶段提前，受项目前期地质条件不够清晰、可行性研究、方案编制单位技术水平限制、业主要求变化等因素影响，投标时准确评估工程成本对承包商的能力与经验提出了更高的要求。

同时，工程总承包模式特征强调固定总价，业主往往也承担着投资控制的责任，通常会在招标文件或合同中约定由承包商承担主要的工程价款调整风险。一旦施工预算超出合同签约价，总承包商需要自行承担额外的成本。在这种情况下，对于政府投资项目，承包商很可能希望业主通过合理的依据申请调整概算，进而为调整承包商与业主之间的合同价款创造空间。

参照《建设项目工程总承包合同（示范文本)》（GF—2020—0216）中14.1合同价格形式：

14.1.1除专用合同条件中另有约定外，本合同为总价合同，除根据第13条［变更与调整］，以及合同中其他相关增减金额的约定进行调整外，合同价格不做调整。

14.1.2除专用合同条件另有约定外：

（1）工程款的支付应以合同协议书约定的签约合同价格为基础，按照合同约定进行调整；

（2）承包人应支付根据法律规定或合同约定应由其支付的各项税费，除第13.7款［法律变化引起的调整］约定外，合同价格不应因任何这些税费进行调整；

（3）价格清单列出的任何数量仅为估算的工作量，不得将其视为要求承包人实施的工程的实际或准确的工作量。在价格清单中列出的任何工作量和价格数据应仅限用于变更和支付的参考资料，而不能用于其他目的。

14.1.3合同约定工程的某部分按照实际完成的工程量进行支付的，应按照专用合同条件的约定进行计量和估价，并据此调整合同价格。

《房屋建筑和市政基础设施项目工程总承包计价计量规范（征求意见稿)》中“9.3.1竣工结算价为扣除暂列费用后的签约合同价加（减）合同价款调整和索赔”约定，工程总承包项目结算以总价合同为导向，在此基础上，对符合变更与调整的项目进行合同价格的增减，并依照合同中的工程计量计价规则约定，完成项目结算。

因此，对出现超概算的情况，超过概算的总金额在扣除应当支付给总承包商的竣工结算价后，不应再行支付。但是，如果双方在合同中进行了特别约定，如工程总承包单位自愿放弃工程造价超出项目概算的债权请求权，则该约定对双方均具有法律效力，工程总承包单位应对超概负责，发包人有权拒绝支付超概算部分工程款。

此外，如因工程总承包商等参建单位过错造成超概算的，项目单位可以根据法律法规和合同约定向有关参建单位追偿。例如，《福建省房屋建筑和市政基础设施工程总承包模拟清单计价与计量规则（2020年版)》中规定了“7.2.1竣工结算价不得突破经批准的概算，按规定可以调整概算的情形除外。因承包人原因造成竣工结算价超过概算的，超过部分由承包人承担”。

3. 以审计结果作为结算依据引起的争议处理

（1）以审计结果为结算依据的相关法律法规　中华人民共和国审计署颁布的《政府投资项目审计规定》第六条：

审计机关对政府投资项目重点审计以下内容：

1）履行基本建设程序情况。

2）投资控制和资金管理使用情况。

3）项目建设管理情况。

4）有关政策措施执行和规划实施情况。

5）工程质量情况。

6）设备、物资和材料采购情况。

7）土地利用和征地拆迁情况。

8）环境保护情况。

9）工程造价情况。

10）投资绩效情况。

11）其他需要重点审计的内容。

规定中明确细化了审计的内容。其中第9款的内容为“工程造价情况”，因而，建设工程造价，也就是建设单位与承包人确定的合同价款，是审计机关的审计内容。

北京、上海、海南、江西、辽宁、河北、重庆等地出台的审计方面相关规定，均提到以审计结果作为工程结算依据，同时这些规定又可进一步分为三种情况：①直接规定审计结果应当作为竣工结算的依据；②规定建设单位应当在招标文件载明或者在合同中约定以审计结果作为竣工结算的依据；③规定建设单位可以在招标文件中载明或者在合同中约定以审计结果作为竣工结算的依据。对各省市相关规定进行典型模式分类，见表8.3。

表8.3　以审计结果作为结算依据的典型模式

典型模式	重庆模式（直接模式）	上海模式（应当模式）	北京模式（可以模式）
文件	重庆市审计监督条例	上海市审计条例	北京市审计条例
条款	审计机关出具的建设项目竣工决算审计报告、审计决定应当作为该项目财务决（结）算、国有资产移交的依据	建设单位或者代建单位应当在招标文件以及与施工单位签订的合同中明确以审计结果作为工程竣工结算的依据	建设单位可以在招标文件中载明或者在合同中约定以审计结果作为竣工结算的依据

（2）以审计结果作为结算依据存在的问题　地方性法规直接规定以审计结果作为竣工结算的依据和规定，应当在招标文件中载明或者在合同中约定以审计结果作为竣工结算的依据。这虽然可以在一定程度上加强对政府投资资金的保障，在法律上却存在一些问题：一是扩大了审计决定的效力范围；二是限制了民事权利，超越了地方立法权限。

全国人大法制工作委员会在2017年《关于对地方性法规中以审计结果作为政府投资建设项目竣工结算依据有关规定提出的审查建议的复函》（简称《复函》）中称，地方性法规中直接规定以审计结果作为竣工结算依据和规定应当在招标文件中载明或者在合同中约定以审计结果作为竣工结算依据的条款，限制了民事权利，超越了地方立法权限，应当予以纠正。

上述《复函》是纠正在地方性法规中存在的“直接规定以审计结果作为竣工结算依据”的内容。但是，若合同当事人自愿明确约定了“以政府审计作为工程竣工结算依据”的，仍然属于有效的合同条款，应遵守合同约定。

案例分析

1. 案例背景

2011年11月29日，昆仑燃气作为发包人，与中建八局及案外人中机国际工程设计研究院有限责任公司、张家港中集圣达因低温装备有限公司签订《云南省液化天然气（应急）储配基地项目EPC工程总承包合同》（简称《总承包合同》），约定由承包人对云南省液化天然气（应急）储配基地项目进行设计、采购及施工。合同签订后，中建八局进行了实际施工，工程于2013年8月1日竣工验收，并于同年8月29日验收备案。由于双方对工程结算价的确定和工程款支付问题存在争议，经双方友好协商，于2016年1月27日又签订了《关于云南省液化天然气（应急）储配基地项目EPC工程总承包合同的补充合同书》（简称《补充合同》）。其中，第1.3条约定《总承包合同》所涉工程的最终结算价以昆明市审计局或其委托的审计单位做出审计报告所确认的结算金额为准。

中建八局认为，在该工程款项的结算中，本来双方合同约定以及所欠尾款的事实是非常清楚的，但建设单位非要将问题搞得很复杂，其目的是拖延付款期限，这是严重损害利益和不诚信的表现。因此，关于所欠工程款的问题双方已诉于有关部门，其结论由审判部门依法确定。昆仑燃气则认为根本不存在重新鉴定的问题，根据双方约定，工程款以昆明市审计局的审计报告为准。

2. 争议处理

双方2011年11月29日签订的《总承包合同》和2016年1月27日签订的《补充合同》是双方真实意思的表示，且内容并未违反法律法规的强制性规定，合法有效。虽然《总承包合同》未对造价公司的审核方式做出约定，但在《补充合同》中，双方明确约定最终结算价以昆明市审计局或其委托的审计单位做出审计报告所确认的结算金额为准。2001年4月2日《最高人民法院关于建设工程承包合同案件中双方当事人已确认的工程决算价款与审计部门审计的工程决算价款不一致时如何适用法律问题的电话答复意见》已明确规定：“建设工程承包合同案件应以当事人的约定作为法院判决的依据。只有在合同明确约定以审计结论作为结算依据或者合同约定不明确、合同约定无效的情况下，才能将审计结论作为判决的依据。”具体在本案中，既然中建八局与昆仑燃气约定以审计结论作为造价结算依据，则理应照此执行。故结算价款从数额上对中建八局而言也并未显失公平。

第9章 工程总承包项目全过程投资管控集成咨询

9.1 工程总承包项目全过程投资管控框架构建

9.1.1 工程总承包模式下投资管控难题

传统的DBB模式本质是一种按照施工图进行工程产品交付的生产过程，要求承包人按图（施工图）施工。与之对应，DBB模式投资管控流程的重点在于，先确定工期和质量标准，再通过招标确定合同价格，投资管控的依据为含施工图以及预算清单在内的合同文件，其中，工程量与综合单价是造价管控的核心要素。因此，DBB模式下投资管控的重点就围绕工程量的形成、综合单价是否调整展开，落地于招标工程量清单编制、施工阶段的验工计价、合同履约阶段价款调整的控制、竣工阶段工程量的形成与复核。工程总承包模式的本质是按照业主需求进行功能价值交付，与之对应，工程总承包模式投资管控逻辑也发生变化，业主在发包前仅提出概念性、功能性的要求，因而在项目发包时施工图设计尚未完成，详细的质量标准需要在项目实施阶段才逐渐清晰（刘笑等，2021）。显然，工程总承包模式“先定价后设计”的交易特征带来了新的挑战：一方面，依据施工图、工程量清单以及合同等计价依据形成的“估、概、预、结、决”进行分阶段投资管控的模式不再适用工程总承包模式下的投资管控；另一方面，项目前期业主需求的模糊性导致项目功能质量要求与价格不匹配的风险加剧，加大了业主方投资管控的难度。为破解工程总承包项目投资管控的难题，业界认识到工程总承包模式下业主方投资管控需强调各阶段造价控制的整体性与控制性，即项目各阶段投资管控工作与成果需要相互联系、相互依赖、相互作用（徐慧和宁延，2022），才能适应工程总承包项目运作模式的改变。

集成咨询能对“碎片化、割裂化”的建设过程进行整体性治理，实际上，建设项目投资管控理论范式已经从“目标管理”演化为“全面造价管理”集成模式（戚安邦和孙贤伟，2005）；Demirkesen和Ozorhon（2017）认为，集成管理包括知识集成、过程集成、人员集成等方面，会对项目管理的绩效产生重大影响，并提出集成管理的概念框架和促进项目管理集成的工具和战略。同时，全过程投资管控作为一类集成咨询业务要实现集成化咨询，现有研究给出了三个集成途径：一是单项业务跨阶段的延伸；二是单项业务之间的融合，如Deborah等（1994）提出为实现工程项目造价的动态管控，应将工程项目管理与造价管理相结合；三是跨阶段、跨业务的集成，如Evbuomwan和Anumba（1998）建立了基于生命周期的设计与施工并行的集成框架模型，将项目的主要参与者整合在一起，对并行生命周期设计与构建框架和模型进行了阐述。可见，在集成视角下采取全过程投资管控咨询是解决工程总承包项目投资管控难题的有效路径。

然而，已有关于集成咨询的研究大多是从建设项目全过程工程造价咨询业务的角度探讨咨询方在全过程工程咨询中集成咨询开展的四大要点，包括建立咨询项目统一目标、建立信息管理系统、组织集成以及集成咨询工具等措施，进行全过程工程造价咨询。但是，现有研究过多强调技术层面集成咨询工具的使用，却很少结合工程总承包模式的先定价后设计模式，工程设计不断迭代、采用并行工程流程等特征所带来的全过程投资管控难题，也鲜有针对工程总承包模式下投资管控咨询的业务特点与集成咨询实现路径进行的深入探讨。鉴于此，本书借助工程总承包业主需求原型逼近模型，重构适合工程总承包项目投资管控新范式，并通过项目前期总体策划优先、咨询业务价值链的重塑以及依托数字化合作平台的组织机制设计等三方面，探讨面向工程总承包项目全过程投资管控的集成咨询路径。

9.1.2 工程总承包模式下业主需求的原型模型

与传统的 DBB 模式相比，工程总承包模式下业主不再提供详细的设计文件和图纸，总承包商需严格按照“业主要求”开展并完成设计工作，并以设计成果文件为主要依据进行设备采购、施工等工作，从全生命周期的角度把控项目的整体造价和控制，以避免设计施工割裂造成的工期滞后、成本过高等问题。总之，设计阶段在工程总承包项目中占有举足轻重的核心地位，而设计始于业主需求，因此明确业主需求的设计是顺利实施工程成本、工程工期、工程质量等目标的前提。

然而，工程总承包模式下业主需求的不确定性特征更为凸显：①由于工程项目的复杂性日渐增加、外部环境的不稳定性以及业主自身情况和能力限制，业主无法清晰准确地提出项目需求、描述功能和设计标准，加大了业主对总承包商的经验、资质以及能力的依赖性，在一定程度上增加了业主需求的不确定性；②从需求的角度来说，有学者将需求分为显性需求和隐性需求，认为业主需求的模糊性和不确定性主要根源是隐性需求的存在（罗永泰和卢政营，2006）。李铮（2018）认为，EPC 总承包业主的隐性需求是由于其对自身基本需求的认知有限而使得项目功能结构性缺失，或是缺乏对高层次需求的认知而使得现有资源无法实现较高的价值满足感。

工程总承包模式下对业主需求的识别和确定过程更接近于信息系统领域中的原型逼近设计法（孙占山等，1990），即业主在标前明确其最本质的需求，进行项目定义的初步设计，发包后总承包商在初始模型的基础上不断与业主进行交流和沟通，修订并完成最终的设计，如图 9.1 所示。这也就意味着工程总承包模式下业主投资管控需要面对“先定价后设计”“工程设计不断迭代”以及“协同并联流程”等特点，构建集成咨询路径。

9.1.3 工程总承包项目全过程投资管控集成咨询路径

1. 工程总承包全过程投资控制集成咨询的起点是《发包人要求》策划

(1)《发包人要求》策划的主要内容　在工程总承包模式“先定价后设计”的程序约束下，总承包合同定价的计价依据不足，特别依赖于对建设项目功能的详细定义，也就是《发包人要求》。《发包人要求》作为工程总承包项目的重要合同文件和招标文件，是包含业主对项目的功能、目的、范围、设计及其他技术标准等方面要求的名为“发包人要求”的一类合同组成文件，是业主表达建设意图、描述项目功能要求的关键，对工程总承包项目后续招标文件的编制、设计、采购、施工过程起着重要指导作用，也是业主进行投资管控的重要依据。

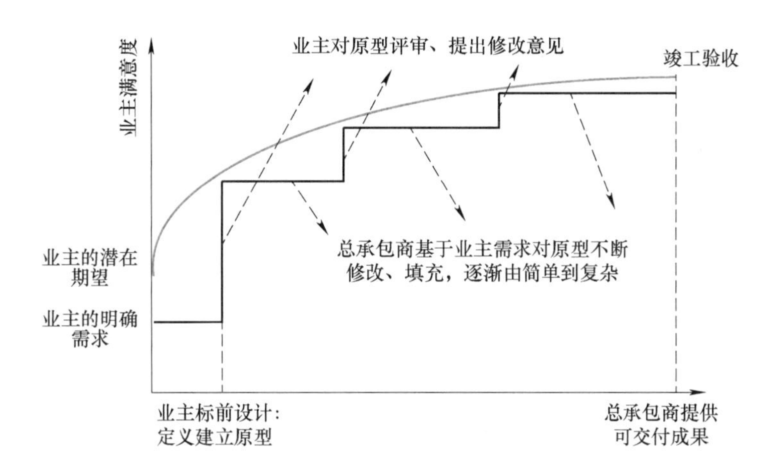

图 9.1 工程总承包模式下业主需求的原型逼近设计法

因此，一旦业主选择了工程总承包作为项目交付方式，就意味着项目范围开发才是开展工程总承包项目的起点。在工程总承包模式下，项目范围是由明确的、基于项目的绩效标准而非详细的施工图、全面的施工计划和规范来定义的。在项目范围开发阶段，首先要对项目的情况和问题做充分的调查，确定项目的目标，对项目的目标进行系统设计，明确项目工作范围，进而构建功能和多层级质量标准体系，完成发包人应提供的设计文件。由此可见，工程总承包全过程投资管控集成咨询起始于对《发包人要求》的编制策划，精确定义项目做什么。对一个工程总承包项目，《发包人要求》编制的通用性框架与策划流程如图 9.2 所示。

(2) 以《发包人要求》为中心的项目招标文件编制 在项目前期对《发包人要求》进行策划，能够明确建设项目的实施条件和绩效要求。《发包人要求》的工作成果需要通过合同定义和描述，其编制时间点在招标文件编制阶段。作为业主合同执行控制的重要依据，具体的《发包人要求》文件编制过程中，一是需结合项目特征和发包人对建设项目提出的各项要求，选择合适的编制模版，对文件中的目标体系、工作范围、功能要求和质量标准以及管理策划实施细节进行确定，并实施合规性审查，以便各方，特别是承包人的理解和执行；二是需要考虑建设全过程的要求，并保持全过程的连贯性与联动。

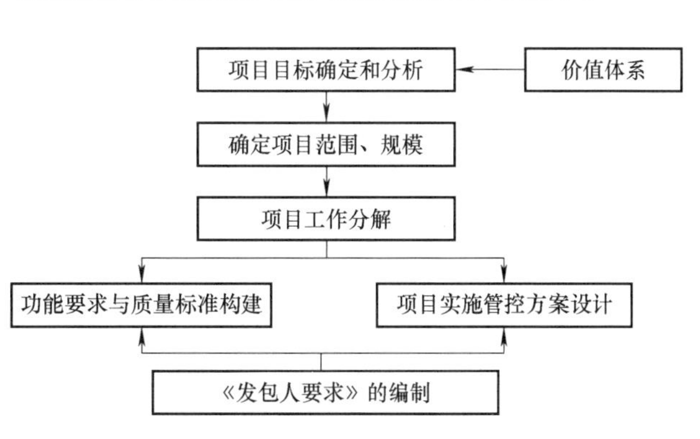

图 9.2 《发包人要求》的编制策划流程

1) 在招标阶段，针对总承包商的选择和合同文件的签订，业主编制《发包人要求》时需要定义项目功能和质量标准，同时需要确定最高投标限价。其中的关键在于业主需要重新划分项目分解结构，建立适配于工程总承包模式的新的项目分解结构体系，将计量计价规则和质量标准绑定到合适程度的分解对象上，以满足项目参与方对工程价格进行估算。

2）咨询方还应以项目的不同设计深度为依据，确定业主方项目控制策略。不同于传统模式下由业主完成全部设计内容，总承包商需要以设计为主导统筹管理项目的各项工作。这意味着承包商有更大的权力和自由度决定所采用的设计方案和施工方法，且具有单一的设计责任属性。尽管业主在转移风险、节省精力的同时，总价合同模式也使其对工程设计以及实施过程的参与程度和控制力度降低，但是这并不意味着业主不参与项目监管，业主仍然需要完成一定比例的设计内容来对项目的要求和内容进行充分定义，并依据业主前期完成的设计工作比例，合理确定对承包商项目管理的控制方式（赵越等，2021）。

3）在验收阶段，业主需要明确竣工验收标准，同时考虑结算和决算要求。

2. 工程总承包全过程投资控制集成咨询的重点是咨询业务融合重组

（1）全过程投资管控增值业务的涌现　业主方设计深度是指工程总承包项目业主参与设计的比例，表现为发包前业主在招标文件中提供设计信息的详细程度或者完成设计工作的深度。通过总结国内外学者及研究机构对工程总承包模式下业主完成设计深度的相关文献，发现业主参与设计的深度通常介于30%～50%，因此，发包人提供的设计实质上是对项目功能和质量标准更为具体的描述。承包商在投标阶段根据招标文件的要求完成初步设计，并将初步设计方案作为投标文件的一部分提交业主。在项目实施过程中，由承包商负责完成最终设计。这又分为两类：一类是总体布置图的设计；另一类是施工详图的设计。这个过程中，业主方还需要对承包商的设计质量进行监管。显然，工程总承包模式下工程设计具有迭代性质，对合同工程的设计深化呈螺旋上升态势。因此，相较传统模式，工程总承包模式下全过程投资管控分为三个阶段：一是项目范围开发阶段；二是招标文件编制阶段；三是设计施工融合阶段。投资管控增值业务需要瞄准各个阶段投资管控的难点，融入较为先进的投资管控理念和新兴技术，为业主提供定制化的咨询服务。工程总承包项目全过程投资管控咨询增值业务见表9.1。

表9.1　工程总承包项目全过程投资管控咨询增值业务

阶　段	咨询业务	增值业务内容描述	传统业务
项目范围开发阶段	项目定义	项目利益相关者识别、业主需求分析、投资风险分析、项目价值体系规划、项目总目标确定	—
	《发包人要求》策划	项目目标确定与分析、项目结构分解与工作范围确定、项目功能与质量标准体系确定、项目管控模式设计与选择、项目管理实施计划编制	项目建议书编制、可行性研究报告编制
招标文件编制阶段	《发包人要求》编制	业主方设计比例确定、《发包人要求》编制、《发包人要求》编制的合规性审查、《发包人要求》文件的评估与修订	—
	最高投标限价编制	基于大数据的投资估算指标编制、不同设计深度下项目清单编制、工程量计算、全费用综合单价组价	投资估算编制、设计概算编制、招标控制价编制
	合约策划与设计	合同体系策划、合同界面设计、合同设计责任界面与条款设计、项目管理要求的合同条款化、总价合同条件下工程量和合同价格风险分担设计	合同范本选择、合同计价类型选择
	承包人选择	基于大数据为承包商画像、承包商可信任度评价、承包商项目集成管理和动态能力评价	资格预审文件编制、评标办法编制

（续）

阶　段	咨询业务	增值业务内容描述	传统业务
实施阶段	设计质量控制	限额设计、设计优化管理、设计变更控制、设计审批管理	工程变更、索赔、调价、签证
	设计施工造价协同管理	设计与施工融合程度的可施工性评价、施工图与施工图预算联动控制	施工图预算编制
	结算与支付管理	里程碑支付节点确定、里程碑支付条件设计、施工过程结算内容确定、结算争议	竣工结算纠纷处理、工程造价纠纷鉴定

（2）跨业务融合　依据工程总承包项目全过程投资管控业务的特征（表9.1），各个阶段、各项管控业务之间的关联性加强，工程总承包投资管控的咨询业务呈现出交叉融合的特点，需要多种专业合作完成咨询任务。跨业务融合的本质就是不同阶段、不同专业人员拥有的异质性知识的融合过程，体现在两个维度，即时间和专业内容。

1）时间维度跨业务融合。时间维度跨业务融合即咨询方需“瞻前顾后”考虑阶段的延伸性。首先，前期策划阶段以业主需求为导向在开端做好谋篇布局，为招标采购和进度管理奠定基础。咨询方需要立足于项目的全生命周期，吸纳和整理多个业务团队的专业建议进行项目定义与策划，形成项目建议书、可行性研究报告等成果文件，为招标策划奠定基础。其次，招标阶段以《发包人要求》为抓手，咨询方需要对决策阶段形成的成果进行深化和修正，通过融合设计、造价、大数据等多项业务，为业主遴选出与项目匹配最优的承包商，形成《发包人要求》、最高投标限价等成果文件。最后，设计和施工融合阶段，咨询方还需要严格遵循合同约定，加强合同价款和结算支付管理，帮助业主提升投资效益，促进项目的顺利实施。

2）专业维度跨业务融合。专业维度跨业务融合即咨询方在进行业务流程规划时要立于项目层面，促进多专业之间的融合，避免出现咨询业务之间的“联而不合”。根据工程咨询多业务融合与跨界的需求，咨询方需要做好各管理团队之间的职能分工、角色安排工作，明确各业务活动中的筹划者和执行者，并对其他业务团队提出配合、信息支撑的新要求。首先，前期策划阶段，咨询方需要以项目策划团队为主导，对其他业务团队提出配合要求，辅助业主进行科学决策。其次，招标阶段，招标代理团队需要运用大数据等技术手段，同时加强各项业务间的融合，为项目匹配到最优承包商。最后，设计和施工融合阶段，为避免承包人满足业主最低要求的“量体裁衣”，咨询方需促进设计、造价、BIM、项目管理等业务的融合，进行设计与造价、设计与质量的联动控制。

面向工程总承包项目全过程投资管控咨询业务融合情况见表9.2。

表9.2　工程总承包项目全过程投资管控咨询业务融合情况

阶　段	主要活动	跨业务融合与跨阶段延伸	
		不同专业知识的融合	不同业务阶段的延伸
项目范围开发阶段	项目定义	项目策划+项目管理+价值管理+造价管理	在项目全生命周期视角下考虑项目性能和产出目标，进行招标策划
	项目策划	项目策划+造价管理+项目管理	

（续）

阶　段	主要活动	跨业务融合与跨阶段延伸	
		不同专业知识的融合	不同业务阶段的延伸
招标文件编制阶段	《发包人要求》编制	设计管理＋项目管理＋造价管理	结合项目前期策划，对优选承包人的能力、资质、条件等指标进行策划；协助进行实施阶段的采购管理、项目管理
	最高投标限价编制	大数据管理＋设计管理＋造价管理；大数据＋造价管理	
	合约策划与设计	项目管理＋合同管理＋风险管理	
	承包人选择	招标投标管理＋项目管理＋大数据管理；大数据＋项目管理评价	
实施阶段	设计质量控制	限额设计＋施工管理；设计变更＋项目管理＋施工管理；BIM＋设计管理	结合业主方项目前期设计以及《发包人要求》文件，充分考虑施工和运维需求进行设计管理
	设计施工造价协同管理	设计管理＋造价管理＋施工管理＋风险管理；BIM＋设计管理	
	结算与支付管理	项目管理＋造价管理	

3. 工程总承包全过程投资控制集成咨询的支点是数字化平台构建

（1）基于并行工程的BIM合作平台的构建　传统模式下，设计、施工、运营等各阶段分别由不同的主体负责，咨询方只需要对项目某一阶段或某一方面业务负责。而工程总承包模式下，各阶段的联系更加紧密，咨询方的工作重心前移，既要尽早开始工作，又要考虑自身业务的交叉融合，强调要在信息不完备的情况下进行项目早期决策。可见，工程总承包模式下全过程投资管控咨询需要应用先进的信息技术整合各方资源，建立囊括项目各参与方的基于BIM的工程咨询合作平台，会有利于各决策者之间有效的信息交流和沟通，提高信息透明度和信息处理效率，如图9.3所示。建立以BIM技术为支撑的数字化平台能够集成各类工程信息，使各参与方能够在短时间内在整体上对项目有直观了解，从而提升信息数据处理的准确性、有效性和一致性，使后续环节中可能出现的问题在设计的早期阶段就被发现并得以解决。

（2）合作平台中咨询方的协调机制　咨询方依据合同约定进行全过程投资管控，需要处理好组织内外部的监督和协调工作。中标项目后，咨询方从企业层面确定对项目实施的资源安排、项目实施监督机制等，并对项目层面的职能管理进行指导。同时，咨询方可以通过设立项目管理办公室（Project Management Office，PMO），形成连续、系统、集成化的投资管控咨询协调机制。研究表明，协调专职部门和协调临时小组无法调动原有部门进行协调工作，且在发生协调问题

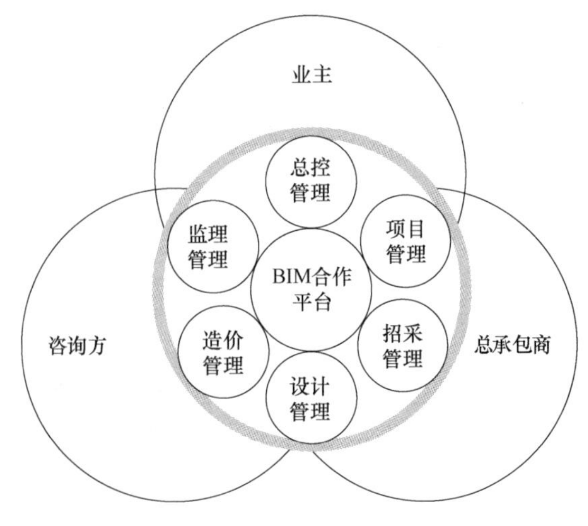

图9.3　基于BIM的工程总承包投资管控咨询合作平台

时才能介入，具有局限性（陈鑫等，2022）；而项目管理办公室兼具协调管理、标准化管理以及知识管理的功能，能够有效解决界面信息传递不畅、界面责权利划分不清晰的问题。

为保障项目前期和后期工作人员的信息交流顺畅，避免出现信息失真的情况，保证全过程投资管控咨询业务集成化的实现，需要通过项目层面的职能管理与PMO管理，增加项目层面知识或信息的管理，构建工程总承包项目投资管控数据库和知识库，并在项目结束后，从公司层面进行知识管理和总结，以便用于后续项目的投标和实施。集成咨询项目组织结构与协调机制如图9.4所示。

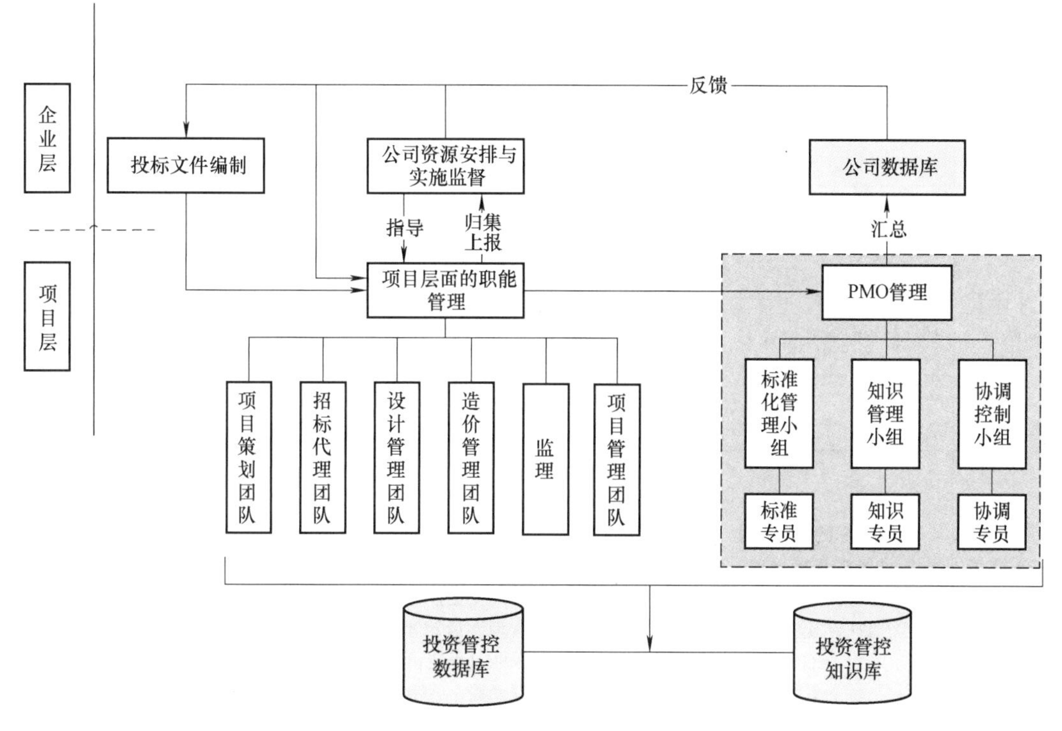

图9.4 工程总承包全过程投资管控咨询组织结构与协调机制

（3）合作平台中咨询团队角色与管理职能的分工 为发挥工程总承包模式的优势，咨询方在进行管理职能划分时，不仅要考虑如何最大化发挥管理团队的专业能力，还需要考虑如何通过分工协同加强各个阶段的连续性。项目策划团队的工作需要向后延伸，为招标文件的编制与项目的实施提供信息支持；招标代理团队除了完成项目招标工作，还需要配合进行项目定义，辅助项目管理；设计管理团队的工作包括发包前对业主完成的设计进行优化、发包后对总承包商设计成果进行审核，并配合造价管理团队进行限额设计、设计变更管理等；造价管理团队工作涵盖了项目整个建设周期，且在不同阶段有不同的工作重点；监理和项目管理团队的工作任务主要集中于设计和施工融合阶段，主要负责对质量、进度、成本的全面管控。

由于工程总承包项目运作方式的变化，各职能团队的工作范围较传统发承包模式下更大，呈现阶段性延伸的特点，且各管理职能团队之间需要相互配合才能实现预定的管理目标，见表9.3。

表9.3　工程总承包模式下全过程投资管控咨询团队职能分工和工作任务

职能团队	职能分工与任务划分			专业服务团队角色职能延伸转变
	项目范围开发阶段	招标文件编制阶段	设计和施工融合阶段	
项目策划团队	项目定义、项目策划（P、D、E）；投资估算的编制、建设项目经济评价（A）；项目建议书、可行性研究报告的编制（D、O）	招标采购需求（I）	分析论证项目进度、质量、投资总目标（I）	除了完成前期策划工作，还可以辅助招标、分析论证项目目标完成情况
招标代理团队	项目定义（A）；招标策划（P、D）	招标信息收集、招标方案编制、开标、评标、中标、合同签订（P、D、E）	编制发包与物资采购进度计划（A、I）；采购管理造价控制、信息管理、合同管理、安全管理、运营准备（A）	除了负责项目招标代理工作，还可以配合进行项目定义，辅助项目管理
设计管理团队	项目建议书、可行性研究报告的编制（A、I）	发包前业主设计深度的确定、发包前业主方设计优化（D）；招标采购需求、合同签订（A）；发包价格的编制（A、I）	阶段性设计文件评审（方案设计、初步设计、施工图设计）、设计优化审查（E、P、D）；可施工性分析、限额设计（O、D）；编制设备采购及监造工作计划、设计变更控制、施工过程结算管理、竣工验收（A）	除了完成设计，还可以参与规划，提出策划，辅助招标、监督施工、指导运维、更新改造和拆除
造价管理团队	投资估算的编制、建设项目经济评价（D）；编制项目建议书、编制项目可行性研究报告（I）	招标文件的编制（A）、发包价格的编制（P、D）	施工图预算的编制、过程结算管理（E、P、D）；设计优化审查、可施工性分析、限额设计、编制设备采购及设备工作计划、设计变更控制、信息管理、合同管理、运维准备（A）；施工和采购过程造价动态管理、工程签证变更、索赔管理（D）	不再局限于算量计价，各阶段有不同的工作重心
监理	—	合同签订（A）	进度管理、质量管理、投资管理、信息管理、合同管理、安全管理、运维准备（A、D）	除了负责项目监理工作，还需要辅助进行合同的签订
项目管理团队	项目建议书报审、可行性研究报审（D）	招标采购信息的收集、招标方案的编制、招标（C）；合同签订（A）	设计进度管理、质量管理、投资管理、信息管理（D、C）；施工进度管理、质量管理、造价管理、信息管理、合同管理、安全管理、运维准备（O、D、C）	除了负责实施阶段的项目管理，还需要完成项目报批报建手续，对招标过程进行监督和检查

注：P—筹划；E—决策；D—执行；C—检查；I—信息；O—组织；A—配合。

（4）咨询“企业—项目”两个层面知识共享与联动　全过程工程咨询企业的知识资源可按企业特点划分为企业层面知识资源和项目层面知识资源。全过程工程咨询企业以项目为主要运作模式。项目是知识的来源，全过程工程咨询企业的知识资源来自企业和项目两个层面，两者不可割裂，也无法完全区分。在明确项目层面和企业层面全过程工程咨询管理体系设计思路后，还需要关注项目层面与企业层面之间的联动，主要体现在两方面：

1）在全过程工程咨询项目中，项目参与者获得了丰富的新知识和经验，但随着项目结束，项目团队解散，知识难以存于企业层面。知识管理则是企业鼓励和规范项目经验总结、知识沉淀、知识共享行为，以提高员工管理和专业知识技能，系统化整合与发展企业咨询知识体系，强化企业核心竞争力与服务绩效。一方面，构建从“项目→企业”的知识传递路径，将项目与个人知识、经验进行整合、固化，形成企业知识库，并建立相应的企业知识管理制度；另一方面，企业层面需要建立全过程工程咨询知识共享机制，将全过程工程咨询服务经验进行宣贯，实现“企业→项目”的指导作用。

2）企业层面与项目层面互融互通。一方面，采用“项目→企业→项目”模式，项目试点、总结，将好的做法和经验固化和传递到企业层面，传播到其他或后续项目中；另一方面，采用“企业→项目”模式，企业层面先试行某一平台（而非针对某一项目），再进行项目试点、总结、反馈。无论哪一种模式，均需要实现企业层面与项目层面的信息互通。

综上所述，对工程总承包项目各阶段投资管控咨询要求进行解析，得出投资管控咨询业务清单，见表9.4。

表9.4　工程总承包项目投资管控咨询业务清单

项目阶段	投资管控咨询服务	咨询服务内容	咨询服务遵循的原则
项目范围开发阶段	工程总承包项目定义	利益相关者识别 业主需求分析 项目价值规划 项目总目标确定	1）结合项目特征和环境识别利益相关者 2）业主需求分析是一个价值关键要素识别与价值要素冲突协调的过程 3）《发包人要求》中项目目标、项目范围识别遵循项目定义的逻辑 4）项目总目标是一个多维体系
	《发包人要求》策划	业主方设计比例如何确定 项目工作范围界定 项目功能和质量标准确定 依据设计深度确定项目管理模式	1）《发包人要求》策划四大要素构建遵循还原法原则 2）按照“输入—工具—输出”来分析每个关键要素的项目管理过程
招标文件编制阶段	《发包人要求》编制	《发包人要求》编制核心内容是什么 《发包人要求》编制与合同通用条款对应关系 《发包人要求》编制的合规性审查要点 《发包人要求》编制的评估与修订	1）《发包人要求》编制需要在风险与项目绩效目标之间取得平衡 2）《发包人要求》编制深度受到制度、项目、参与主体等多种因素影响
	最高投标限价编制	项目早期计价依据不足，如何帮助业主选择最优的计价方式 业主不同设计深度下最高投标限价的编制 重构工程总承包模式下发包价格计价规则	1）工程总承包模式下，发包价格的确定需遵循“价格包含”原则 2）构建与发包人要求响应的项目清单，量化发包人要求 3）发包价格的费用构成与发包范围匹配，不能固定部分设置暂估价以确保合同柔性 4）应根据设计深度选用适合的造价数据，形成发包价格 5）建筑安装工程费的计量计价规则需结合项目分解结构特征，采用差异化计价方法

（续）

项目阶段	投资管控咨询服务	咨询服务内容	咨询服务遵循的原则
招标文件编制阶段	风险分担与合约设计	工程总承包合同风险分担的原则 工程总承包模式下合同计价方式如何选择？合同价格机制如何设计 工程总承包模式下设计深度对合同设计责任和设计边界的影响 工程总承包模式下项目管理权如何在合同条款中显性化，并引导业主参与工程总承包项目管理	1）初步设计后工程总承包模式采用总价合同，是总承包模式的重要内驱力 2）工程总承包合同范本下，风险分担呈现亲业主特点，但不可忽略公平原则 3）总价合同计价下，工程量风险由承包人承担 4）总价合同条件下，合同价格一般不做调整，合同中约定调整的除外 5）工程总承包合同关键条款不能忽略设计深度对设计责任的影响 6）工程总承包合同关键条款应强化项目控制机制，确保初步设计与施工图设计之间的合同衔接
	承包人选择	如何选择一个值得信任的总承包人 如何评价承包人对招标文件的响应程度	1）工程总承包人双资质要求下，具备条件的企业较少，多采用联合体 2）房屋建筑总承包项目业主更看重承包人的施工能力 3）前期可行性研究、设计单位在公平竞争条件下可以参与工程总承包项目投标 4）业主采用综合评估法选择总承包人，需克服缺乏竞争性的难题
设计—施工阶段	以投资管控为目标的设计管理	承包人施工图设计需要能同时满足技术标准和经济目标，业主如何控制承包人设计质量 如何避免承包人仅仅满足业主最低要求的“量体裁衣”现象 对承包人设计优化、设计施工融合等行为进行激励，可以采取哪些措施	1）依据业主方设计比例选择合适的设计管理控制模式 2）《发包人要求》文件是业主发包阶段控制承包商设计质量的重要抓手 3）鼓励业主标前设计优化，限制标后设计优化，以免造成设计变更 4）施工图设计审核要注意质量和价格的联动审核 5）施工图设计审核要与初步设计图进行对比审核，确保达到性能/功能要求 6）对承包商设计优化进行控制与激励，是提高承包商设计质量的重要途径
	实施阶段合同价款管理	工程总承包模式下工程变更的判定标准是什么 发包人要求模糊会给合同执行带来什么风险？如何应对	1）工程总承包模式下，发包人要求的改变才被认定为工程变更 2）发包人要求模糊的表现形式及其风险应对策略应关注价值共创 3）承包人合理化建议一旦被采纳，即被认定为是工程变更
	结算与支付	里程碑支付与过程结算的结合 施工过程结算制度如何与合同计价模式结合 简化竣工结算，提高工程效率	1）总价合同采用里程碑支付，单价合同按支付周期从量支付 2）推行过程结算，明确工程总承包项目施工过程结算的节点、范围、内容以及支付比例 3）竣工结算仅对总价包干范围外的调整和差异部分进行审核

9.2 工程总承包项目全过程投资管控咨询需求分析

9.2.1 项目范围开发阶段投资管控需求分析

如果说传统DBB模式是一种项目产品交付方式，那么工程总承包模式本质上是一种基于满足业主需求为导向的功能交付方式。工程总承包项目的功能定义与实现包括三个阶段：一是项目范围开发阶段；二是项目招标文件编制阶段；三是项目设计施工融合的实施交付阶段。一旦业主选择了工程总承包作为项目交付方式，就意味着项目范围开发才是开展工程总承包项目的起点，而开发和定义项目范围的目标就是要明确工程总承包项目绩效目标、性能标准、性能规格等内容。

在工程总承包模式下，业主在发包前根据性能标准而不是详细图纸来定义项目范围。总承包商通过设计，使项目所需的特征范围更加详细，并以性能标准、性能规范或指令性说明的组合来进行范围的定义。发承包双方将绩效标准作为最终的项目范围，且只有随着项目的完成，业主才有可能降低因工程范围蔓延风险带来的投资失控风险。综上所述，工程总承包项目投资管控的起点是项目范围开发阶段，投资管控面临的首要问题就是全面明确定义项目范围及其对应的项目性能标准和绩效目标。工程总承包项目范围的界定过程如图9.5所示。

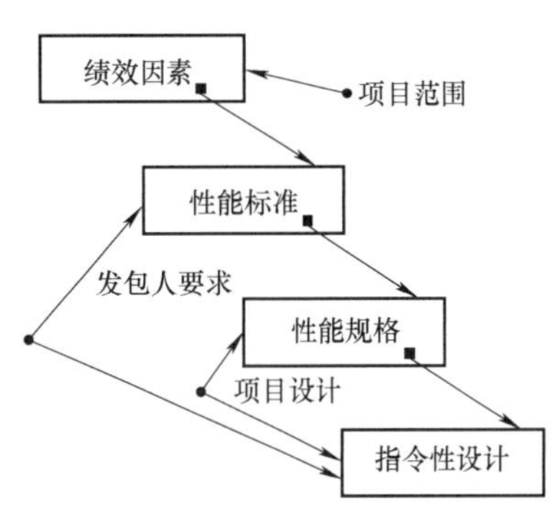

图9.5 总承包项目范围界定过程

9.2.2 项目招标文件编制阶段需求分析

1. 依据业主方设计比例编制《发包人要求》

在工程总承包模式下，总承包商是设计工作的统筹完成者。但是，发包前业主需要完成一定比例的设计工作，以实现对项目要求和内容的定义。选择合理的业主方设计比例对于工程总承包项目的成功至关重要。首先，业主方发包前的设计深度决定了总承包商的介入时点以及业主对项目的管控权的大小，总承包商越早介入，则设计的自由度、创新性以及项目实施阶段的可施工性将得到较大提升，而业主仅承担审批设计的责任，对项目的控制权会被削弱；如若总承包商介入时点靠后，设计工作已由业主基本完成，业主除了承担设计审批责任外，还要对设计成果的准确性、可施工性负责，此时业主对项目实施的是强管控模式。美国联邦建设委员会提出，业主应提供15% ~35%的设计工作内容以获得DB项目的最优绩效。Janssens（1991）根据发承包双方所占的不同设计比例，将DB模式划分为六种类型，可见业主所提供的设计比例在一定程度上也决定了工程总承包项目的发包模式。因此，业主在确定设计深度的过程中，首先应识别影响设计深度的因素，如项目场地限制程度、业主的管理经验和管理能力、潜在中标人的综合能力等，并根据这些因素综合判断是否应给予总承包商更多的设计空间、项目的发包范围以及项目的交易方式。

工程总承包模式下，“发包人要求”定义为：包含业主对项目的功能、目的、范围、设计及其他技术标准等方面要求的名为《发包人要求》的一类合同组成文件。可见，《发包人要求》既是承包人参与项目建设的重要基础资料及依据，也是投标人参与投标活动的指导性文件，对工程总承包项目后续的设计、采购、施工过程起着重要指导作用。因此，编制合理且可以执行的《发包人要求》是工程总承包模式推广和工程总承包项目运作的关键。有文献指出，工程总承包项目管理痛点中 90% 的问题来源于《发包人要求》不明确。同时，司法实践中，工程总承包中的大量争议源于《发包人要求》编制过细或过粗，导致双方当事人对合同目的的理解存在偏差，从而交付的工程不符合发包人预期。究其原因，与先完成施工图设计再进行施工招标的传统模式相比，工程总承包项目发包前，由于没有详细的设计图或者只有初步设计图，《发包人要求》编制依据不足，极易造成《发包人要求》不明确、不具体等问题，由此导致了工程总承包后期工程变更以及投资失控等大量问题。因此，为编制适合不同项目类型需求、不同设计深度的《发包人要求》，需从工程总承包项目功能交付的内在逻辑剖析编制《发包人要求》过程中所需要解决的通用性问题，识别出《发包人要求》编制策划的核心要素，形成《发包人要求》编制策划流程。

2. 发包价格的确定

工程总承包模式下，项目招标阶段工程价格估算的环境和条件发生了重大变化，尤其是工程总承包项目“先定价后设计”的特点使得工程价格估价的逻辑需要重构，其核心就是适应工程总承包项目全过程清单计价要求。其中的关键在于业主需要重新划分项目分解结构，建立适配工程总承包模式的新的项目分解结构体系，将计量计价规则和质量标准用于合适程度的分解对象，以满足项目参与方对工程价格进行估算的需要。工程总承包模式下，招标时点、招标依据和设计深度不一样，所对应的项目分解结构以及项目清单也不尽相同。多层级项目清单恰好能满足不同的设计深度、复杂程度、管理需求下的工程计价需求，与工程总承包模式相匹配。因此，应优先考虑采用多层级项目清单进行最高投标限价的编制。

3. 适应不同设计深度的合同计价方式选择

工程总承包模式下，合同计价方式包括总价合同、单价合同、成本加酬金合同等，不同的计价方式有不同的应用条件，在工程招标投标、价款结算等方面都存在差异。根据国内各省市关于工程总承包合同类型的相关政策文件规定和相关研究证明，由于总价合同的价格相对固定，有助于业主前期进行项目投资控制和融资安排，且能够有效固化承包人预期收益。因此，总价合同已成为主流的合同计价方式。此外，工程总承包模式下，采用柔性合同成为一种必然选择。但是，在固定总价合同约束之下，合同柔性体现形式并非价格柔性，而更多地体现为设计方案中质量与价格联动调整的柔性。例如：对变更的界定；对项目中的暂估项，允许进行事后定价和调整，延迟决策；对合同中不能明确的工程内容，允许再谈判。

4. 承包人选择机制设计

工程总承包模式下，业主在项目前期仅完成部分设计工作便将剩余工作全部移交给总承包商，使得其对项目的实际控制权被削弱，因此需要通过适宜的评标办法遴选出合适的总承包商。由于市场环境因素以及发承包双方的不确定性，业主潜意识里可能会认为潜在投标人存在机会主义行为，导致业主倾向于不信任承包人，使得发承包双方的初始信任很难建立，尤其是在业主承担设计比例较小的项目中，这种情况尤为突出。因此，业主承担的设计比例越小，越应重视承包人的选择。业主可以通过确定合理的评标办法和评标标准，以及资格预审等方式，初步了解潜在投标人的资历和能力，并综合考虑投标人的声誉、工程经验、以往合作经历等条件，为项目匹配最优总承包商。

9.2.3 项目设计施工融合阶段需求分析

设计阶段是业主进行投资管控的关键阶段。与 DBB 模式相比，工程总承包项目的运作方式发生了较大改变，两者最大的区别在于设计细节的风险和责任从业主转移到总承包商。尽管设计费用仅占项目全生命周期费用的1%，但是对工程投资的影响程度在75%以上（蔺石柱和闫文周，2017）。对此，业主需要加强设计阶段的管控，尤其是设计质量管控。为防止承包人简化设计以获取高额利润，业主需构建设计质量目标体系。同时，业主还需在合同中设置相应的过程管控条款，合理分配各阶段设计过程质量管理任务，并通过限额设计、施工图及施工图预算联动审查等手段，加强对质量与造价的联动控制，保障投资人的利益。

工程总承包模式下通常采用固定总价合同，业主将大部分风险转移给总承包商，使得工程变更范围缩小。然而，随着工程项目的进展和发承包双方对工程项目认知的加深，以及一些外部因素的影响，工程变更现象仍时有发生，并对项目投资预期目标的实现产生较大的威胁。此外，工程总承包模式发包节点较早，诱发设计变更的因素众多，且部分影响因素客观存在或极难控制，导致设计变更无法避免。在设计变更中，消极类设计变更占比较大。消极类设计变更会引起施工方案改变或设计返工，降低工程效率，且使业主与总承包商利益受损。因此，业主应明确变更原因和变更的判断标准，加强对变更的管控，以实现对项目实施阶段的投资控制目标。

DBB 模式下，工程价款的结算依赖于准确的工程计量，依据合同条款的相关规定对承包商已完成工程量的确定过程是工程价款支付的前提。而工程总承包模式合同条件下，工程价款的结算通常是根据形象进度，即以里程碑的方式进行结算的。对质量检验结果不合格的里程碑项目，不能将其计算在完成的进度内。在结算过程中，应综合考虑合同的计价方式和支付节点的划分，以节省资源，提高项目资金使用效率，更好地为项目增值。此外，为规范施工合同管理，避免发承包双方争议，实现项目投资管控的动态控制，在工程总承包项目实施过程中应大力推进施工过程结算。竣工结算的编制应基于施工过程结算，经发承包双方确认的施工过程结算文件可作为竣工结算文件的组成部分，原则上不再重复审核。竣工结算的审核应基于工程总承包项目的功能交付特征，重点审核建设的规模、标准，以及所有材料、设备等是否符合合同文件的要求。

综上所述，对工程总承包项目各阶段投资管控咨询需求进行解析，得出投资管控咨询业务清单，见表9.5。

表9.5 工程总承包项目全过程投资管控咨询业务清单

项目阶段	投资管控咨询业务	咨询服务内容	咨询服务遵循的原则
项目范围开发阶段	工程总承包项目定义	利益相关者识别 业主需求分析 项目价值规划 项目总目标确定	1）结合项目特征和环境识别利益相关者 2）业主需求分析是一个价值关键要素识别与价值要素冲突协调的过程 3）《发包人要求》中项目目标、项目范围识别遵循项目定义的逻辑 4）项目总目标是一个多维体系
	《发包人要求》策划	业主方的设计比例如何确定 项目工作范围界定 项目功能和质量标准确定 依据设计深度确定项目管理模式	1）《发包人要求》策划四大要素构建遵循还原法原则 2）按照“输入—工具—输出”分析每个关键要素的项目管理过程

（续）

项目阶段	投资管控咨询业务	咨询服务内容	咨询服务遵循的原则
招标文件编制阶段	《发包人要求》编制	《发包人要求》编制的核心内容是什么 《发包人要求》编制与合同通用条款对应关系 《发包人要求》编制的合规性审查要点 《发包人要求》编制的评估与修订	1）《发包人要求》编制需要在风险与项目绩效目标之间取得平衡 2）《发包人要求》编制深度受制度、项目、参与主体等多种因素影响
	最高投标限价的编制	项目早期计价依据不足，如何帮助业主选择最优计价方式 业主不同设计深度下最高投标限价的编制 重构工程总承包模式下发包价格计价规则	1）工程总承包模式下，发包价格确定需遵循“价格包含”原则 2）构建与《发包人要求》响应的项目清单，量化《发包人要求》 3）发包价格的费用构成与发包范围匹配，不能固定部分设置暂估价，确保合同柔性 4）应根据设计深度选用适合的造价数据，形成发包价格 5）建筑安装工程费的计量计价规则需结合项目分解结构特征，采用差异化计价方法
	风险分担与合约设计	工程总承包合同风险分担的原则 工程总承包模式下合同计价方式的选择，合同价格机制如何设计 工程总承包模式下设计深度对合同设计责任和设计边界的影响 工程总承包模式下项目管理权如何在合同条款中显性化，并引导业主参与工程总承包项目的管理	1）初设后工程总承包模式采用总价合同，是总承包模式的重要内驱力 2）工程总承包合同范本下风险分担呈现亲雇主特点，但不可忽略公平原则 3）总价合同计价下，工程量风险由承包人承担 4）总价合同条件下，合同价格一般不做调整，合同中约定调整的除外 5）工程总承包合同的关键条款不能忽略设计深度对设计责任的影响 6）工程总承包合同的关键条款应强化项目控制机制，确保初步设计与施工图设计之间的合同衔接
	承包人选择	如何选择值得信任的总承包人 如何评价承包人对招标文件的响应程度	1）工程总承包人双资质要求下具备条件的企业较少，多采用联合体 2）房屋建筑总承包项目业主更看重承包人的施工能力 3）前期可行性研究、设计单位在公平竞争条件下可以参与工程总承包项目投标 4）业主采用综合评分法选择总承包人，需克服缺乏竞争性的难题
设计和施工阶段	以投资管控为目标的设计管理	承包人施工图设计需要能同时满足技术标准和经济目标，业主如何控制承包人设计质量 如何避免承包人仅仅满足业主最低要求的“量体裁衣”现象 对承包人设计优化、设计施工融合等行为进行激励，可以采取哪些措施	1）依据业主方设计比例选择合适的设计管理控制模式 2）《发包人要求》文件是业主发包阶段控制承包人设计质量的重要抓手 3）鼓励业主标前设计优化，限制标后设计优化，以免造成设计变更 4）施工图设计审核要注意质量和价格的联动审核 5）施工图设计审核要与初步设计图进行对比审核，确保达到性能/功能要求 6）对承包人设计优化进行控制与激励，是提高承包人设计质量的重要途径

（续）

项目阶段	投资管控咨询业务	咨询服务内容	咨询服务遵循的原则
设计和施工阶段	实施阶段合同价款管理	工程总承包模式下工程变更的判定标准是什么 《发包人要求》模糊会给合同执行带来什么风险，如何应对	1）工程总承包模式下《发包人要求》的改变才被认定为工程变更 2）《发包人要求》模糊的表现形式及其风险应对策略应关注价值共创 3）承包人合理化建议一旦被采纳即被认定为工程变更
	结算与支付	里程碑支付与过程结算的结合 施工过程结算制度如何与合同计价模式结合 简化竣工结算，提高工程效率	1）总价合同采用里程碑支付，单价合同按支付周期从量支付 2）推行过程结算，明确工程总承包项目施工过程的结算节点、范围、内容以及支付比例 3）竣工结算仅对总价包干范围外的调整和差异部分进行审核

9.3 工程总承包项目全过程投资管控集成咨询实施

9.3.1 全过程投资管控咨询服务策划流程

工程总承包模式下，以投资管控为核心的全过程工程咨询服务强调以整体的思想通观全局，改变过去只关注施工工程的“事中”成本控制和竣工阶段的“事后”控制，而忽略投资目标制定等事前控制的局面。因此，以投资管控为核心的全过程工程咨询服务应树立“策划先行”的理念，首先进行服务策划。投资管控业务策划的总体思路为投资管控咨询服务目标确定→单项咨询业务策划→咨询业务集成策划→组织策划，如图9.6所示。

（1）投资管控咨询服务目标确定　投资管控服务目标的确定是建立在对项目的总体分析的基础上，包括对工程总承包具体项目投资风险的分析、对投资管控关键问题的把控、对业主管控要求的解读以及对具体项目环境的调查。

首先是对项目投资风险的分析。投资风险分析能够在一定程度上预测不确定性因素变化对项目带来的影响，从而提前发现项目的敏感性和稳定性，为投资目标的正确确定提供参考依据。在采取总价合同的工程总承包模式下，业主将通过提高交易成本的方式，把大部分的风险转移到承包商身上，因此，明确业主和总承包商的风险分担，确定工程总承包项目的风险总量，对目标成本的合理确定非常重要。工程总承包项目的风险因素主要包括政策风险、合同风险、经济风险、自然风险、技术风险、管理风险六个方面，根据项目的具体情况及上述六个方面的影响因素对项目风险总量进行准确确定，并为风险分担设计奠定基础。

其次，咨询企业可根据工程总承包项目投资管控关键问题清单，如业主发包前设计比例的确定、最高投标限价的设置、《发包人要求》的编制、结算和支付等管控要点，结合项目的具体情况，确定此次服务的重点、难点，为业主提供“量身定制”的咨询服务。在充分发挥咨询企业优势的基础上，积极与业主进行沟通，了解业主的管控要求，重点分析业主的目标要求、业主对咨询的管控要求、业主的授权和管控界面、业主和全过程工程咨询单位的界面和协调机制。

此外，在确定服务目标时，还应进行环境调查。环境调查包括项目周边自然环境和条件、建筑环境、市场环境、政策环境和宏观经济环境等。对项目周边的约束情况进行综合分析，并分析当前政策情况，分析政策中约束和支持的方面。

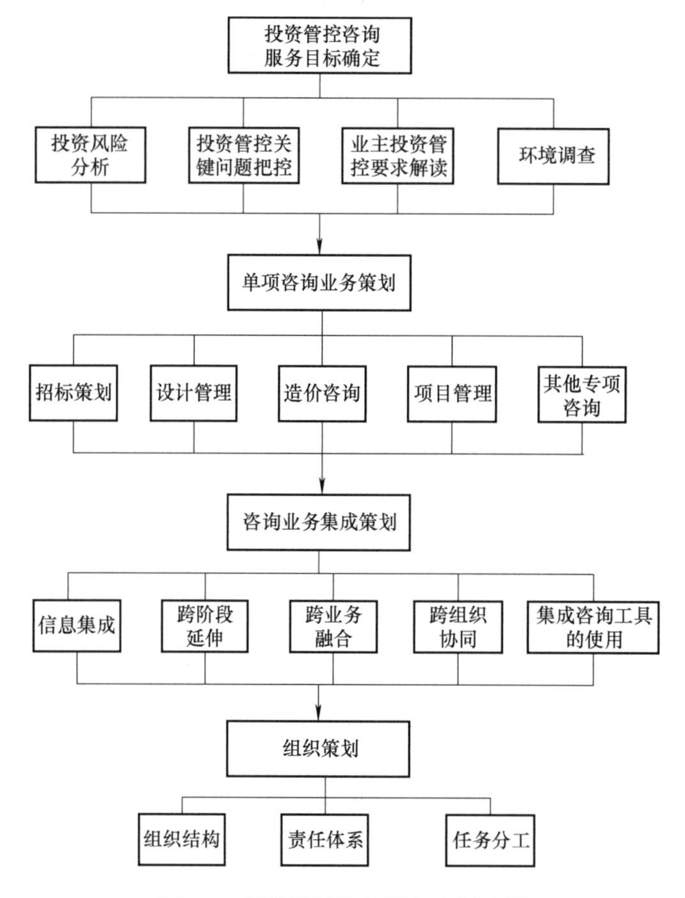

图 9.6　投资管控咨询服务策划流程

资料来源：引自徐慧，宁延. 全过程工程咨询服务的策划与实施：咨询企业的实践—总结—再实践［M］. 南京：东南大学出版社，2022.

（2）单项咨询业务策划　以投资管控为核心的全过程工程咨询服务内容包含两个方面，其中合理确定项目投资目标是造价控制的基础，各阶段的有效控制是其实现的手段。全过程投资管控咨询服务阶段可以覆盖项目决策、建设实施（设计、采购、施工）、运营维护全过程。常见的咨询服务包括以下方面：①招标策划，包括《发包人要求》编制、最高投标限价的设置、合同计价方式的选择等；②设计管理，包括业主发包前设计比例的确定、对承包商设计成果文件的审查、设计变更管控等；③造价咨询，包括投资估算的编制或审核、概算编制或审核、施工图预算编制或审核、工程量清单编制、施工全过程造价咨询、工程款支付方式的确定、工程结算审核等；④项目管理，包括但不限于设计准备阶段、施工阶段、竣工验收阶段的项目管理、项目风险管理等；⑤其他专项咨询，如 BIM 咨询、项目投融资咨询等。

（3）咨询业务集成策划　全过程咨询业务是以需求为核心，为客户提供咨询的服务模式，它不是对各阶段咨询工作的简单罗列，而是通过先进的管理方法和知识集成，实现系统的最优化，将咨询的各个阶段组合成具有一定功能、紧密联系的整体。标准化和集成化是实现全过程造价咨询业务的基础，在各阶段工作标准化的基础上，将业务进行有效集成，为委托人提供个性化的咨询服务。集成咨询视角下，全过程咨询业务是一个动态的、对投资集成管理的过程，可以解决传统咨询业务分单位、分阶段所带来的一些问题，包括信息集成、跨阶段延伸、跨业务融合、跨组织协同以及集成咨询工具的使用。

（4）组织策划 工程总承包项目的全过程工程咨询实施模式中，投资管控是其核心工作，强调在质量标准既定、工期限定的情况下，严格控制项目的成本，实现项目的集成管理。此模式注重造价咨询业务与其他咨询业务的配合和协助，需要全过程工程咨询各专业团队之间的沟通与协调，从而取得良好的投资效益。咨询企业受业主委托，在企业中选派特定的专业人士组成跨越职能部门的全咨团队。全咨团队应明确自身在项目网络中的位置和角色，做好组织策划工作。

9.3.2 全过程投资管控单项咨询业务策划

1. 服务清单

2019年12月颁布的《房屋建筑和市政基础设施项目工程总承包管理办法》第二十六条特别指出："建设单位和工程总承包单位应当加强设计、施工等环节管理，确保建设地点、建设规模、建设内容等符合项目审批、核准、备案要求。"可以看出，在项目控制权大量转移给总承包单位的工程总承包模式下，建设单位仍然需要配合总承包单位对项目实施阶段进行共同监管，即在将工程项目集成委托给具有设计能力、采购能力、施工能力、融资能力、管理能力等多方面条件的工程总承包商时，业主方也应当同时具备相应对总承包商进行管控的能力。而全过程工程咨询单位的出现正是顺应了这一要求，可以以业主独立代理人的身份，在总承包商介入之前开始为建设项目提供咨询服务。

在以投资管控为核心的建设项目中，应将"策划先导"的思想贯穿全过程，保证"纠偏为主旋律"，实现从目标制定到目标实现全过程的循序渐进、环环相扣。以投资管控为核心的全过程工程咨询服务清单见表9.6。

表9.6 以投资管控为核心全过程工程咨询服务清单

项目阶段	业务类型	全过程投资控制服务内容
项目范围开发阶段	单项咨询业务： 1. 战略咨询（项目定义） 2. 项目管理 3. 设计管理 4. 造价咨询 综合性咨询业务： 1. 战略咨询＋造价咨询 2. 战略咨询＋设计 3. 设计＋项目管理	1. 识别项目利益相关者 2. 协助业主确定发包前的设计深度 3. 了解和分析业主需求，确定项目目标体系 4. 对项目进行工作分解和工程范围的界定 5. 在功能要求的基础上确定项目质量标准体系 6. 根据项目目标及功能标准进行项目管理策划
招标文件编制阶段	单项咨询业务： 1. 设计管理 2. 造价咨询 3. 招标代理 4. 项目管理 综合性咨询业务： 1. 设计＋项目管理 2. 设计＋造价咨询	1. 根据业主设计深度进行《发包人要求》的编制 2. 根据业主设计深度确定项目管控模式 3. 根据业主设计深度进行最高投标限价的编制 4. 协助业主确定合同计价类型 5. 进行合约体系策划并编制招采计划 6. 编制投资管控和支付管理计划

（续）

项目阶段	业务类型	全过程投资控制服务内容
设计与施工相融合的实施阶段	单项咨询业务： 1. 设计管理 2. 造价咨询 3. 项目管理 4. BIM 咨询 综合性咨询业务： 1. 设计＋项目管理 2. 设计＋造价咨询 3. 设计＋BIM 咨询 4. 项目管理＋造价咨询 5. 项目管理＋BIM 咨询	1. 协助业主方进行设计审查，避免承包人“量体裁衣” 2. 加强设计变更的管控 3. 限额设计、价值工程、BIM 建模优化设计 4. 施工进度管理、投资管理、质量管理 5. 协助业主进行施工过程结算的编制与审核 6. 基于合同总价改变、工程变更以及索赔的总价合同价款调整咨询 7. 工程验收策划和组织 8. 交付工程的符合性审查 9. 竣工结算审核 10. 竣工决算报告编制和审核

2. 项目范围开发阶段单项咨询业务

服务目标：充分了解业主需求，将项目目标与咨询服务目标相匹配，进行项目范围的开发。工程总承包模式是一种满足业主需求的功能交付方式，由于前期“信息缺口”较大，业主在应依据性能标准而非详细的图纸来进行项目范围的开发。

服务内容和成果输出：对项目范围开发的四大关键核心内容——目标、范围、功能和质量标准以及项目管理模式进行界定。工程总承包模式下，开发和定义项目范围目标就是要识别项目利益相关者，了解业主需求，明确项目绩效目标、性能标准、性能规格等内容。因此，咨询企业的具体服务内容包括：通过了解分析业主需求，构建项目目标体系；进行工程范围的界定和工作范围的分解；在功能要求的基础上确定项目质量标准体系；根据项目目标以及功能质量标准进行项目管理策划。

3. 招标文件编制阶段单项咨询业务

（1）招标文件的编制

服务目标：进行招标策划。招标阶段不仅是选择和确定总承包商的阶段，更是确定设备材料采购计划、编制工程量清单、合理确定合同计价类型等影响投资管控的重要阶段。招标采购策划作为招标前的筹划工作，反映了项目整体投资控制的实施思路。

服务内容和成果输出：明确招标策划重点，确定招标策划书编制工作流程。招标策划的重点工作包括投标人需求分析、标段分析、招标方式选择、合同策划、时间安排等。充分做好这些招标工作的策划、计划、组织、控制等方面的研究，并采取有针对性的预防措施，可以有效地减少招标工作实施过程中的被动局面，提高招标质量以及后期投资管控的水平。咨询企业需要充分了解招标过程中的细节工作，编制招标策划书，如图 9.7 所示。

（2）协助业主确定发包前设计比例

服务目标：确定业主发包前设计比例。工程总承包模式下增加了承包商在设计过程中的主动权和控制权，但依然是业主和承包商共同完成项目的设计工作。业主需要完成一定比例的设计内容来实现对项目要求和内容的定义，从而确定对项目管控模式。

服务内容和成果输出：识别和分析影响业主设计深度的因素，协助业主确定发包前的设计比例。咨询企业首先应识别和分析影响业主设计深度的因素，并了解这些因素之间的关系。如项目场地的限制程度，当项目场地的限制程度越高时，项目就越复杂，越无法被清晰定义。此时，发包人所提供的设计比例应该小一点，给予总承包商足够的空间来进行设计优化。

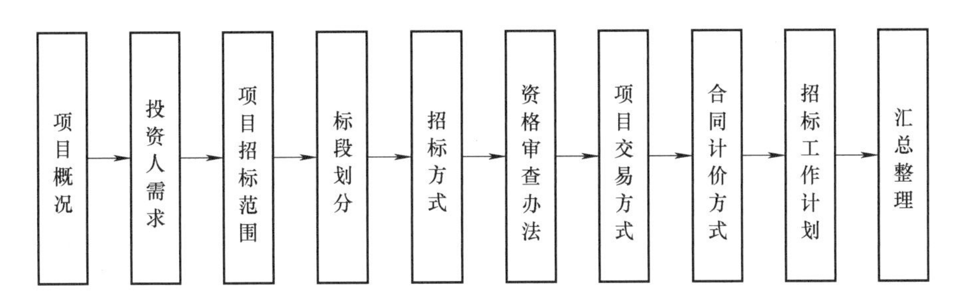

图9.7 招标策划书的编制程序

(3)《发包人要求》的编制

服务目标：编制《发包人要求》，确定造价管控的依据。《发包人要求》作为工程总承包项目招标文件的核心组成部分，替代了传统模式下施工招标文件中的设计图及设计规范，是业主和承包商相互配合完成项目目标、实现项目价值的重要纲领。

服务内容和成果输出：根据编制框架和要点，输出《发包人要求》文件。咨询企业应明确《发包人要求》编制的要点：应根据业主发包前的设计深度确定《发包人要求》中质量控制标准准则、依据以及合同价格形成的依据；对《发包人要求》中基本要求的描述要尽可能清晰；在编制过程中应考虑项目特征的约束，在规定性与绩效性要求间寻找平衡；此外，编制《发包人要求》应“粗细得当”，满足承包人的报价需求。

(4) 最高投标限价的确定

服务目标：构建与《发包人要求》统一的项目清单，编制最高投标限价。工程总承包模式下，发包价格的确定面临着因设计深度不够而导致的计价依据不足的难题。破解之道在于构建与《发包人要求》相统一的项目清单，并选择与项目分解结构特征相匹配的计量计价方法，从而确定最高投标限价。

服务内容和成果输出：根据不同的发包时点，进行相应的项目清单编码，从而确定发包价格。咨询企业应依据招标文件中《发包人要求》明确的目标、范围、性能标准等以及总承包项目计量计价规则，确定拟建多层级项目分解结构体系，明确项目不同设计深度对应的项目结构分解对象的功能性标准及其所对应的计量计价方式，据此完成项目清单编制；并依据《发包人要求》，汇总工程范围内的建筑工程费等一系列费用，选择合适的测算法进行最高投标限价的编制。

(5) 合同计价方式选择

服务目标：确定合同计价方式。工程总承包项目并不局限于总价合同，还有单价合同、成本加酬金合同等。不同的计价方式有不同的应用条件，在工程招投标、价款结算等方面都存在差异。

服务内容和成果输出：明晰各种合同计价模式对项目成本、进度的影响，选择适宜的合同计价方式。若发包前业主完成的设计深度较浅，仅有功能需求，此时工程量难以确定，宜采用单价计价据实结算的合同计价方式；若发包前业主已完成方案设计，咨询企业既可采用单价合同，也可以在设计深度满足条件的基础上采用固定总价合同。若在初步设计之后发包，则合同计价方式以总价合同为主，辅之以单价合同。

（6）协助业主进行设计优化

服务目标：提高业主设计质量，降低工程变更的风险。咨询企业在发包前对业主完成的设计成果进行优化，能够及时发现设计方案中存在的纰漏和不当，降低实施过程中变更发生的概率。

服务内容和成果输出：在发包前的设计过程中，充分考虑业主需求，同步进行优化设计，实现最优设计目标。具体服务内容包括：核实业主所提供的项目前期资料是否准确；确认设计成果是否反映出业主的需求、工程预期目的，项目范围是否能够被清晰定义；判断设计成果是否存在节约成本、缩短工期的空间等；进行设计整体质量评估，并形成设计质量评估和优化报告。

4. 设计与施工相融合的实施阶段单项咨询业务

（1）设计过程管理

服务目标：提高设计质量，加强投资管控。工程总承包模式下，设计成果文件是确定投资收益的关键。高质量的设计工作能够保障采购工作的高质量，减少施工过程中的变更和返工，减少不必要的经济损耗，达到控制投资的目的。

服务内容和成果输出：加强对设计成果文件的审核，以及设计过程中质量、进度、投资的管控。咨询企业应搜集和整理相关设计文件审查规定，帮助业主确定审查要点。例如，初步设计阶段，应重点结合前期的需求清单和国家规范进行审查，而施工图设计文件审查的重点在于技术性审查和政策性审查，确保设计成果文件能够充分反映出业主需求；在对工程造价影响最大的设计阶段，实现对工程总承包项目投资目标的严格控制。

（2）加强对设计变更的管控

服务目标：加强设计变更管理，控制项目投资预算。工程总承包实施过程中的设计变更往往是造成投资超合同、超预算的重要原因。咨询企业应配合发承包双方对设计变更做好严格的管控工作，确保设计变更后的项目总投资在可控范围内。

服务内容和成果输出：辨析设计变更原因，严控审批工作。无论是业主方还是承包商都会在一定程度上引起设计变更，进而影响项目的投资效益。其中，由业主引起的变更通常包括对建筑产品定位的改变、设计工程范围的变化、设计大纲及主要结构体系的改变等；由承包商引起变更通常包括为了落实新规范、新标准而对原设计文件进行修改，设计图不完善引起的设计变更，以及承包商提出合理化建议等。此时，咨询企业应做好审批工作，不允许承包商随意变更，在保证设计质量的前提下实现投资效益最大化。

（3）设计管理中投资管控工具的使用

服务目标：在设计过程中运用各种手段、工具实现节约投资、控制成本的目标。工程总承包模式下，虽然设计成本只占项目总成本的一小部分，但是由于采购以及施工工作都是按设计图进行的，因此设计环节对投资管控的影响很大。

服务手段或工具：限额设计、价值工程和 BIM 建模优化设计。

1）限额设计。限额设计是合理确定投资限额，科学分解投资目标，进行分目标的设计实施，设计实施的跟踪检查，检验信息反馈用于再控制的过程。它在宏观上为各阶段制定投资控制目标，其运作可以看作对总投资目标的分阶段控制。

2）价值工程。价值工程理念的设计优化注重的不单单是追求设计过程中的成本最低，还要考虑经济与技术的平衡，注重提高工程的效率和价值，或带来其他收益，实现设计的功能价值最大化。

3）BIM 建模优化设计。BIM 技术由于其可视化、参数化以及信息化等特点，得到了较为深入的应用。其在项目建设中具有的优势在于，通过实时的信息共享，可以将时间、管理以及技术等方面的信息统一，从而大幅度提升管理效率。

（4）项目实施阶段项目管理

服务目标：协助业主进行进度、投资、质量管理，促进项目目标的达成。在一个项目中，进度、成本和质量这三者既存在统一性，又互相制约、互相影响，只有正确处理好三者的关系并力争达到最优，才能确保生产的顺利进行，生产出高质量、低成本、短工期的工程项目。

服务内容和成果输出：加强进度、投资、质量的过程管理。工程总承包项目一般具有投资额大、复杂程度高、不确定性高的特点，实行有效的项目管理，能够促进项目目标的达成。进度管理方面，严格把控总进度及阶段性进度计划，使每项工作都有明确的时间参数，方便后续的检查及纠偏；投资管理方面，设立投资管控目标，作为后续全面投资控制的基本导向，并做好实施阶段工程造价动态管理工作；此外，全咨方还应设立质量管理目标，制定质量安全检查评比制度，形成协同化、精细化的管理模式。

（5）结算与支付的管理

服务目标：协助业主确定工程款支付方式，大力推行施工过程结算，简化竣工结算，提高服务效率。

服务内容和成果输出：在综合评估项目情况的前提下，优先推荐业主采用里程碑支付方式，并遵循等值性、实效性、灵活性的原则，协助业主进行里程碑支付节点的划分；在项目实施过程中大力推行施工过程结算，协助业主确定结算的范围、比例以及节点，确保结算内容的真实性、完整性和关联性；应明确过程结算文件经发承包认可，可作为竣工结算文件的组成部分，原则上不再重复审核，应着重对项目规模、标准、材料等项目功能交付的审核。

9.3.3 全过程投资管控咨询业务集成策划

1. 信息集成

为了克服传统咨询业务中工作分割、信息传递不畅通的问题，咨询企业应建立信息管理系统，将其作为项目部人员间、各阶段间实现信息交流、共享以及明确项目利益相关者需求的平台。项目信息管理系统的信息来源包括项目外部和内部两个层次：项目的外部信息主要来源于项目的利益相关者、价格信息与历史数据等；内部信息来源于项目各阶段完成后所产生的信息，如图9.8所示。

2. 跨阶段延伸

跨阶段延伸是指以工程总承包项目全过程的思维，促进不同阶段的咨询业务提前介入或向后延伸，同一阶段的不同咨询业务充分融合。

咨询企业在项目范围开发阶段应立足工程的全生命周期，以工程的规划、设计、建设和运营维护、拆除、复原为对象，充分考虑项目的可实施性，进行投资成本和效益的预估，并通过项目建议书、可行性研究报告、技术评估报告等形成建设项目咨询成果，为招标文件的编制提供基础。

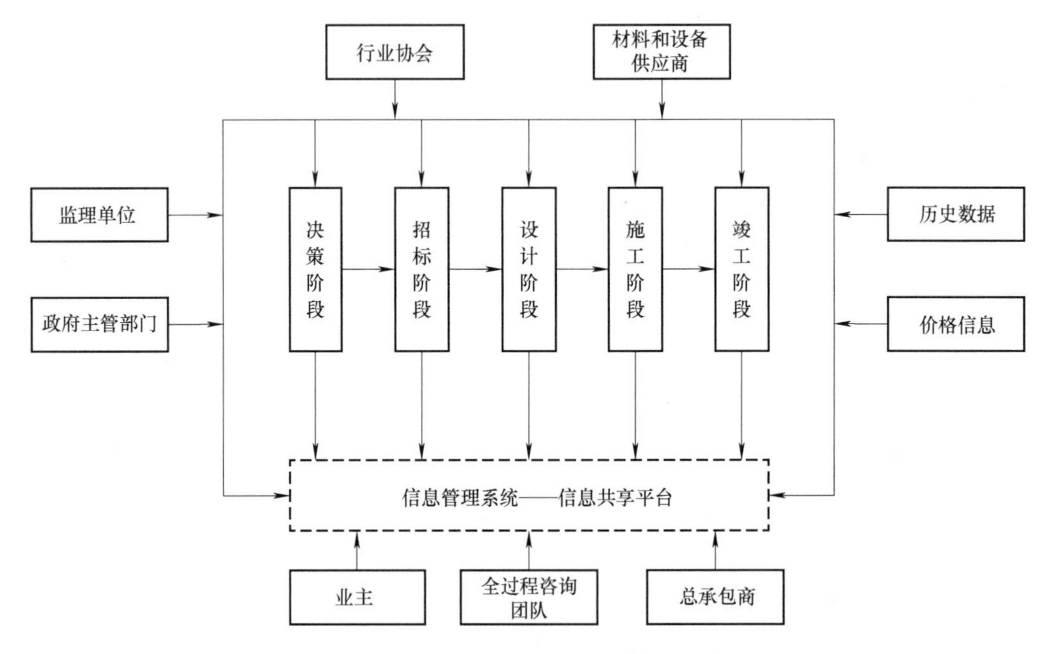

图 9.8　工程总承包项目信息管理系统

资料来源：引自严玲，闫金芹，王浩．建设工程全过程造价咨询业务的实现路径：集成咨询的视角［J］．工程管理学报，2012（4）：5.

在招标文件编制阶段，咨询企业应通过对决策阶段形成的研究成果进行深化和修正，确定发包前的业主设计深度，将各利益相关方的需求和建设目标转化为《发包人要求》文件、概预算报告等咨询成果。此外，咨询企业应通过招标策划、合约规划、招标过程服务等咨询工作，对总承包商的能力、资质、条件等指标进行策划，形成招标文件、合同条款、项目清单、最高投标限价等咨询成果。

在设计与施工相融合的实施阶段，咨询企业应严格依照合同文件约定履约，对总承包商完成的设计成果进行审查，确认设计成果是否符合《发包人要求》，并进行设计和造价的联动审核，确认设计成果是否符合投资管控需求；同时，在施工过程中加强项目管理，并提前做好试运行的准备。

3. 跨业务融合

跨业务融合是指各咨询服务对其他专业咨询提出配合的要求，并共同参与咨询服务成果的审核，特别是促进设计、造价、项目管理等专业的融合。

在项目范围开发阶段，应结合前期策划、造价、设计等多个部分对项目定义提出专业性建议。在招标文件编制阶段，招标代理团队应充分考虑造价、设计的专业建议，通过确定业主的设计深度，确定后续的招标策略和交易模式。若业主的设计深度较浅，则对发包范围的描述、《发包人要求》文件的编制就应更加宽泛，赋予总承包商的设计权利就越大；若业主在发包前已经完成了相当比例的设计工作，则对应的发包范围则应涵盖施工图设计、施工试运行等。

在设计与施工相融合的实施阶段，总承包商接替了设计工作，咨询企业应畅通工程设计与其他专项咨询业务的沟通渠道，促进设计与造价、设计与施工的联动。例如，使用价值工程、限额设计、BIM 建模优化设计等工具，严格控制成本，促进项目投资管控目标的实现。工程造价团队为设计人员提供施工图预算及管理技术的支持，充分发挥专业能力，融合设计服务，实现成本节约、投资控制的目标。此外，在工程总承包模式设计过程中，咨询企业应牵头组织有经验的工程管理人员尽早参与到工程设计中，将施工经验尽可能地融入项目设计中，以避免设计与施工分离所带来的问题。对于大型、复杂且工期紧的总承包工程，咨询企业应牵头组织设计、施工、商务、采购以及运营等管理团队，进行全系统的优化设计，以实现最优设计方案，避免后期因设计导致的工期拖延、返工等问题。

4. 跨组织协同

首先，关键的界面协调和融合机制由咨询服务领导小组进行统一商讨、决策。全过程工程咨询服务过程中遇到问题，协调组织相关人员讨论，提出解决办法，协调各部门明确职责并形成解决问题的方案，根据问题的具体情况安排解决问题的时限。其次，各专业的实施计划服从投资管控咨询总计划协调，各咨询服务提出各自的实施计划，并参与项目总计划制订。根据项目进度及交付时间，制订可执行的工程计划安排，并根据计划合理安排时间，协调好各环节的工作。同时，对全过程工程咨询实施状态进行统一控制，由全过程工程咨询负责人组织各专业咨询小组，从不同专业分析当前状态存在的风险，全过程工程咨询负责人、现场负责人和各专业负责人协同专业咨询小组共同协商制定应对措施，形成统一控制措施。

5. 集成咨询工具的使用

价值管理是一种以整个项目为研究对象，以功能分析为导向，以群体决策为基础，寻求价值最大化为目标的系统方法，实现了全过程咨询业务开展的专业知识集成。在投资管控咨询业务中，价值管理将以为业主节省投资为宗旨，对项目进行功能与成本分析，尽可能降低成本，提高项目的功能，最终降低工程项目造价。其具体应用方法是组建价值管理活动小组，由专业造价工程师、业主代表、建筑师和相关人员组成，采取集中会议，采用头脑风暴等方法，共享各专业掌握的知识，实现各专业知识的集成。

9.3.4 全过程投资管控咨询的实施流程

工程总承包模式下的投资管控贯穿项目实施的始终，是建设项目管理的核心。以投资管控为核心的全过程工程咨询项目团队的主要参与方包括前期策划团队、招标代理团队、工程造价团队、工程设计团队、项目管理团队等。其中，各专业咨询团队的专业负责人同项目组负责人共同构成咨询领导团队，组织、协调小组完成决策工作。以投资管控为核心的工程总承包项目全过程工程咨询业务的实施流程如图 9.9 所示。

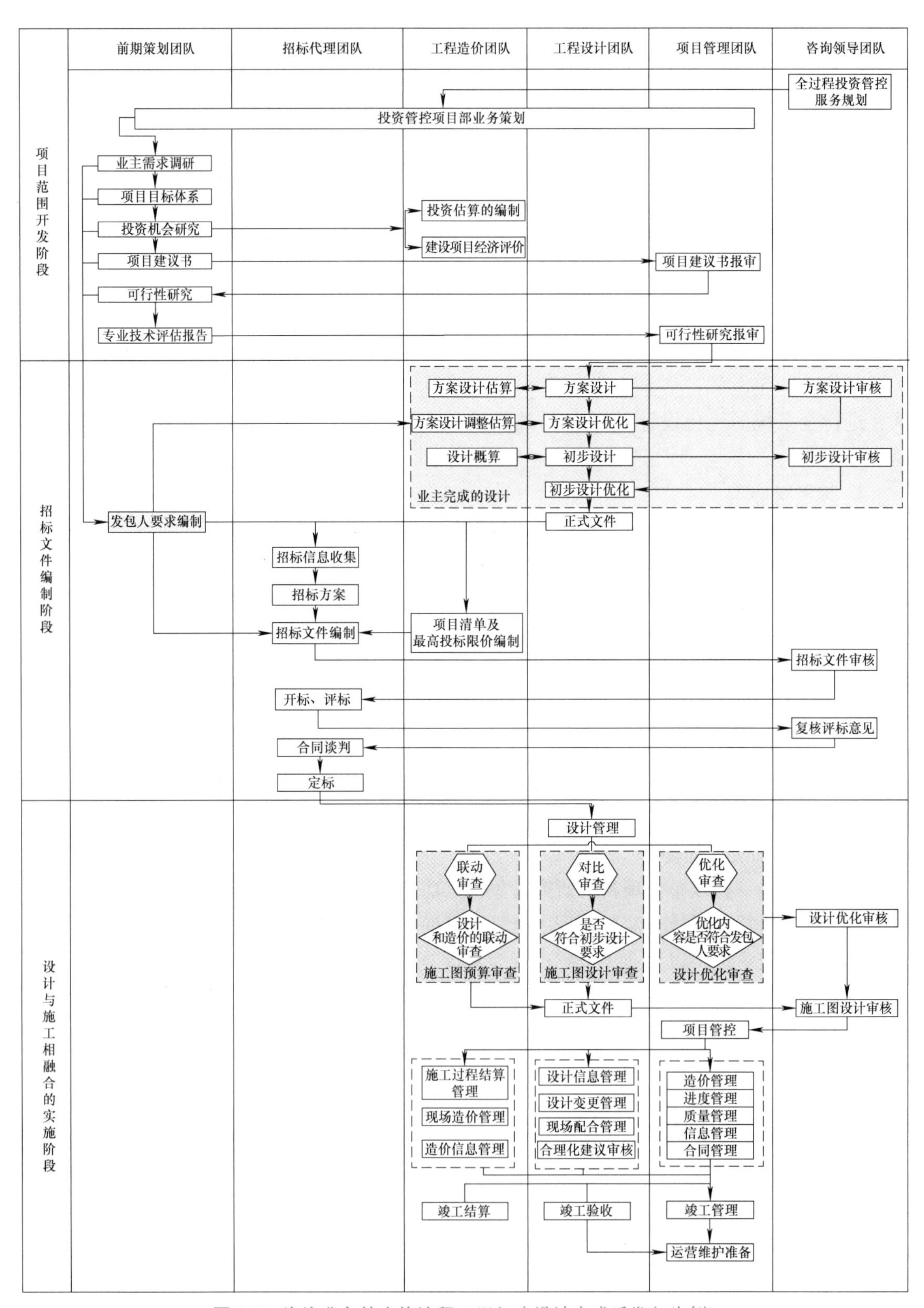

图 9.9　咨询业务的实施流程（以初步设计完成后发包为例）

9.4 全过程投资管控咨询案例分析

9.4.1 大型地下变电站项目咨询服务目标的确定

1. 项目背景

1997年12月，宁波市110kV大河变电站投入运营，为三江口核心区域提供电能。如今，兢兢业业"工作"了20多年的变电站面临着许多问题：随着宁波轨道交通1号线的建成投运、中山路路面的改造完成，特别是将来新世界广场项目的建成，大河变电站与周边建筑将极不协调，严重影响宁波中心城区景观；中心区域用电负荷逐年增长，使得变电站原有的设备规模无法满足用电需求，供电压力与日俱增。基于上述情况，需要对大河变电站进行迁建改造。

宁波市110kV大河变电站迁扩建项目采用EPC和施工总承包相结合的发包方式，总投资约3.0亿元，投资管控为业主的核心咨询需求。其中，变电站建筑本体约1.0亿元，电力部分设计、安装、设备采购等EPC工程约1.0亿元，其他建设费用约1.0亿元。变电站本体为地下三层，挖深21.5m，建筑面积约7000m^2，110kV线路长约7.8km。项目建成投产后，建筑部分经地方建设主管部门验收、电力部分由国家电网部门验收后，整体项目及资产进行新老置换，老变电站资产交由地方进行处置，新变电站交归属供电公司并管理。

该项目具有以下特点：①建筑本体利用城市绿地公园地下空间建设，占地面积小，埋深大，线路部分长，穿越道路新建电缆通道工程量大，管线迁移复杂，政策处理困难大，协调对接任务十分复杂，高压带电作业技术保障要求高；②项目地处城市核心区域，建设用地异常狭小，连续施工条件极差；③项目属地方政府与供电部门共建，牵头建设单位较多，同时考虑技术安全性等，该项目区分建筑本体和电力工程两部分，分别开展总承包、监理等专业的招标投标，不同专业、不同模式的参建主体众多，项目的管理和协调任务艰巨；④项目既接受地方政府建设行政主管部门的监督和审批，也需要接受电力行业主管部门的业务指导，即一个项目流转两行业的审批、监管和建设程序，审批协调任务繁重。

2. 项目投资风险分析

咨询公司在确定服务目标前，首先应进行投资风险的分析，这样能够在一定程度上预测不确定性因素对项目投资造成的影响，通过确定工程总承包项目风险总量及合理的风险分担，从而帮助业主确定合理的投资目标成本。对宁波市大型地下变电站项目投资风险的分析见表9.7。

表9.7 宁波市大型地下变电站项目投资风险分析

项目投资风险类型	具体表现	造成该风险可能的原因
工程范围风险	合同范围模糊	采用施工总承包+EPC模式，不同专业、不同模式参建主体众多
	工程范围不清	由于总承包、监理等专业分别发包，工程范围可能出现交叉，不易进行责任认定
发包人要求风险	工程标准模糊	项目需同时满足地方政府建设行政主管部门和电力行业主管部门的审批，工程标准可能不易确定

（续）

项目投资风险类型	具 体 表 现	造成该风险可能的原因
合同总价风险	业主方延迟支付	资金来源为政府和国家电网，审批手续较为复杂，可能会造成延迟支付
	物价波动	市场环境的变化
	业主行为致使设计失误	业主前期提供的基础资料可能有误
	工程变更的认定	该项目为地下变电站，在电力项目中是非常少见的，技术、施工难度相对较大，存在工程变更的风险
	合理化建议	总承包商在设计过程中提出合理化建议可能会降低工艺技术标准
现场条件风险	地质、气象灾害	宁波位于沿海，受到台风影响可能会影响施工；临近三江口，可能会受洪涝灾害影响
	现场条件超出预期	建设用地狭小，连续施工条件可能较差

3. 投资管控咨询关键问题的把控

该项目发包前业主已经完成了方案设计，发包范围为初步设计至质保期满的整体设计，需要总承包商进行进一步的深化设计。咨询企业作为招标代理，为此确定了相应的招标策略。①《发包人要求》的编制：编制地下变电站项目的总体要求，如电力部分的设计目标、设计风格、消防设施等；设置相应的技术标准要求，如对于一些专业电力设施的技术要求；设置相应的电力行业验收标准规范要求等；《发包人要求》中应罗列针对不同功能区的关键材料和主要材料品牌等。②合同价格形成依据：需要承包人投标时带设计方案，估算工程量进行清单报价。③项目控制权配置与控制机制：咨询企业应协助业主进行严格的设计过程管理和设计质量控制，对承包人完成的初步设计、施工图设计以及施工图预算进行审核、审批和跟踪审计，业主同意之后方可进行下一阶段设计或施工。④此外，由于该项目为电力项目，安全性要求高，能够承担变电站设计的总承包商较少，咨询企业应进行资格预审，帮助业主从具有相关资质的企业中优中选优，选择合适的总承包商。

项目发包后，咨询企业投资管控的重点在于：①协助业主方进行设计管理。由于工程总承包项目是先定价后设计，设计工作由总承包商承担，咨询企业应根据项目情况采取措施，避免承包商“量体裁衣”，审慎对待设计优化、设计变更，加强咨询企业中造价咨询团队与承包商设计人员的联系，建立沟通渠道，通过会议、专家评审等形式，加强各团队之间的协同合同。②协助业主方进行项目管理。咨询企业的一个业务优势就是 BIM 技术的使用。BIM 技术具有可视化、共享性、协调性、模拟性、优化性等特点，咨询企业可以利用 BIM 技术进行设计优化，控制投资。由于该项目参建方众多，如何统筹各参建主体的施工次序、协调个参建主体的关系是进行项目进度、质量管理的一大难题。对此，咨询企业应考虑通过定期的会议、制订详细的施工计划来解决这个问题。

4. 业主投资管控目标映射服务目标

招标阶段，业主目标为综合考虑投资、时间、拟建项目难度等问题，选择合适的工程总承包商，并配备相关管理团队，协调项目任务，使得项目建设顺利完成。在该项目中，咨询企业承担了招标代理的工作。对此，咨询企业应根据业主完成的设计比例，确定适宜的招标策略，选择合适的总承包商，将早期投资目标具体化落实为具体的合同控制，保证投资可控。

设计阶段，业主目标为通过设计将业主的建设意图以建设项目实物的形式表现，并确保设计能够有效地用作对投资、质量、工期的预测。对此，咨询企业应积极收集设计相关的资料以及相关电力设备的资料，组织好施工图内部的会审工作，对施工图和专项设计成果进行审查，严格管理设计变更，促进设计与造价的联动。

施工阶段（项目实施），业主的目标是确保项目各阶段所指定建设目标的顺利实施。在这一阶段，咨询企业应严格执行限额设计，督促施工总包及专业分包严格按照事先分解的投资控制目标执行，最终将项目总投资控制在双方认可的概算范围内。

竣工阶段，业主的目标主要包括批准移交计划和进度，以及界定业主的权责，尤其是接受标准、所需项目文件中的条款、缺陷责任、试运营的安排等。对此，咨询方应编制竣工验收计划，确保审查工作如期完成。同时，以目标成本为控制依据，在合同和变更的基础上做好验收和结算工作。

9.4.2 大型地下变电站全过程投资管控单项咨询业务

1. 服务清单

根据全过程咨询招投标及委托合同，本次全过程咨询采取“1+N”的委托模式，通过全过程工程咨询，以项目管理、投资管控为主线，从项目立项至整体工程投用并完成资产移交止的服务，提升项目投资绩效。服务清单见表9.8。

表9.8 全过程工程咨询“1+N”服务清单

服务实施阶段	服务策划	服务内容
全生命周期	项目管理	1. 协助业主进行项目决策阶段的策划工作 2. 代替业主进行从立项开始的各类报批报建工作 3. 设计优化管理：帮助业主确定设计比例并进行发包前的设计优化；对总承包商承担的设计部分进行方案比选和审核 4. 合同管理：帮助业主确定发包方式以及合同类型；设计合理的风险分担条款；在项目实施过程中协助业主进行合同价款管理 5. 现场管理：协助业主进行质量、进度、投资管理 6. 协助业主进行项目竣工验收以及移交工作，配合审计，做好项目的后评价
招标阶段	招标策划	1. 协助业主进行招标文件的策划和编制 2. 协助业主进行投标文件的审核，并确定承担电力部分的EPC和建筑部分的总承包 3. 进行项目实施过程中超出限额规定的各类发包的招投标代理工作
全生命周期	造价咨询	1. 协助业主进行招标控制价的编制 2. 协助业主确定工程款支付方式 3. 进行结算管理：协助业主编制结算审查依据，办理竣工结算 4. 通过设计管理、施工中质量进度管理，将投资预算控制在可预见的范围内
全生命周期	BIM技术的运用	1. 设计阶段进行可视化方案优化，检查设计错漏碰缺 2. 施工过程中开展协同办公，建立设计、施工、设备安装协调模型，建立完善的竣工模型

2. 单项咨询业务

（1）项目前期策划　宁波市110kV大河变电站迁扩建项目为现有正在运行变电站的异地迁扩建，现状变电站仍然在正常投运，因此，新老变电站的建设时序、建设周期、资产的置换方式、电力线路的切割计划等是本项目启动初期策划重点考虑的问题。项目组前期通过对项目的综合调查和研究，提供了“先建后拆”的安全模式，既满足现需供电，同时根据供电区域未来2年用电负荷要求，制定了2年的建设周期，通过地方政府与国家电网浙江省有限公司签订相应的共建协议，明确了“以地换地、以电站换电站”原则，具体约定建设方式。

区别于一般房建项目，电力项目的专业性强、安全性要求高，变电站的设计服务潜在单位较少，而且有一定的管辖、地域关联，对设计单位的选定更多的是出于对电站项目的安全和技术要求考虑。同时，设备的安装，尤其是线路工程因其行业的特殊性，承包商并没有完全达到市场放开的程度，基本都是由电力行业授权或入围的单位承担。设计和施工承包单位基本都承担着电力设施的日常运营、维护等工作，了解电力设施的施工特点、场地情况，电网配置等资源较为充沛。基于该情况，设计、采购、施工的协调由承包商内部处理，效率必然提高，很多问题都可以通过预防和计划解决。而本项目建筑本体为地下三层、全省首座地下变电站，相较电力施工承包单位，一般地方房建总承包单位更具有施工经验。为选择优秀的承包单位，也为了更好地管理和控制造价，采取成熟的工程量清单招标模式发包。

由于大河变电站为迁扩建项目，即项目在异地建设，并对原规模进行扩容，以满足日益增长的供电需求。由于项目的投资包含现有变电站迁建与扩大建设规模两部分，比较复杂。在建设之初，通过对现有变电站调研，与地方政府及国家电网谈判，最终策划了项目方案，确定现有规模的迁建部分投资由地方政府承担，扩大建设规模的部分由国家电网承担。此方案既保障了项目的建设资金来源和明确了各方承担的责任，同时也确保了各方投资主体的利益。

项目决策阶段，咨询企业兼顾技术可行与经济合理两方面。首先，该项目为电力项目，从项目建议书的编制到可行性研究报告中的技术部分均需符合行业的要求。为此，咨询企业将技术部分的审查委托给了国家技术审查部门。在技术完善的基础上，咨询企业充分发挥造价企业的专长，尤其是协助国家电网物资采购部门启动设备市场询价工作，同时建议地方发改部门严格审查投资组成，控制经济指标，达到技术与经济的结合。

（2）项目管理

1）建立内控管理制度。项目管理不但需要对质量、安全、进度进行管理，对项目的投资管控更需要从制度根源上把控，并制定相应的执行制度。项目服务之初，咨询就针对本项目的资金性质、项目管理特点，协助委托方制定了全面的内部控制制度，主要从以下几方面执行：①项目建设推进制度：明确项目责任主体，分解工作目标，具体工作职责，从制度上明确项目推进的各方任务；②合同和协议管理制度：以财政资金基建项目的财务管理办法，设置合同和协议的拟草方式、审核流程、审批权限，规范合同和协议的签发及保存办法；③建设资金管理使用制度：设置项目建设资金申报、审批流程、签署权限、账户管理等办法；④工程联系单管理制度：设置工作联系单的发起方式、审核流程、格式要求、额度设定、签发管控等办法；⑤材料设备定牌定价制度：确定材料设备品牌从档次到厂家的选定方式、参与各方的代表人员、不同额度的选定模式等；⑥工程进度款支付制度：确定工程进度款的申报流程、审核流程、格式要求以及工程量的确认方式，结合施工合同的约定确定支付的额度。

2）联合推进机制的建立。如前述，本项目的建设牵涉多方主体，各方的建设模式、组织形式、审批流程各不相同，项目技术复杂、周边条件苛刻、工期紧张，项目已开工。作为主要管理方，项目组考虑以各方定期联系会议的方式，处理各种面临的难题。项目组首先将项目建设时序、各专业具体施工计划统筹制订，在此基础上，制定参加各方的任务清单，明确目标，提前备注需要协调的事项及时间节点，借助各方的力量联合解决问题。

随着交流工具的普及，常规性的问题一般都能及时沟通解决，但针对较为复杂、牵涉面广的问题，项目组从开工之初，不定期地组织相关方进行专题问题的讨论，通过不同问题、不同参与方的讨论和协商，非常高效地解决了遇到的困难和问题。此外，该项目为浙江省第一座地下变电站，面临着建设场地狭窄、周边条件苛刻、围护变形要求高、基坑开挖深度深、支模高度高荷载大、“两墙合一”等技术难题，各方的管理、施工经验都需要弥补。针对该情况，项目组采取了技术难题专家评审、论证的日常制度，通过专家的“把脉抓药”、献计献策，过程中实现了诸如双吊机起吊钢筋笼、预埋螺栓连接单侧支模、地墙槽底清理、狭小区域土方开挖、静力切割支撑梁等一系列的技术改进办法和措施，保障了工程质量，确保了工期。

（3）政策咨询　区别于一般的房建项目，电力项目既有一般红线内的本体工程，也涉及众多的线路建设，线路建设范围大、沿线外部条件复杂，需要进行政策处理的事项复杂且各异。结合以上特点，在电力工程发包时，设备的安装、线路本体的施工均纳入了 EPC 发包范围，并以经审核的概算包干模式确定合同总价。但沿线涉及的各类政策的处理采取了按实发生的策略，并针对不同的产权方，签订不同的处理协议。本项目具体牵涉的政策处理主要有以下几方面：

1）线路排管廊道土地占用。根据电力工程的保护规定以及各地关于征地的规定，线路排管途经区域内的用地需进行永久用地征用，进行货币补偿等政策处理。

2）线路沿线绿化迁移及赔偿。线路施工时排管的埋设需要土方的开挖，同时，沿线还需要考虑余土的临时堆放和施工车辆的进出。对此，项目组通常在沿线两侧进行土地的临时征用，对占用地上的附着物和青苗等进行迁移、补偿。

3）道路开挖及修复。线路途经处不可避免地会穿越各类城市道路，道路的开挖必然涉及交通的改道、临时道路的建设、道路的修复等，其处理方式和工程量都需要经过城管部门和交警部门的审查和确认。

4）穿越管线的保护和迁移。城市地下普遍存在各类管线，线路工程沿线穿越相应管道时，不但要进行相应的安全评估，实施专项的施工方案，复杂的交叉点还需要由专业部门保护施工。

9.4.3 大型地下变电站全过程投资管控业务集成

1. 设计＋造价

该工程地处城市滨水核心区，用地紧张，周边紧邻宁波市重点引进的商业综合体项目，根据规划，项目的南侧和西侧分别与商业地块用地红线共线，因建设时序、周边条件限制等原因，无法有效地进行整体方案设计，只能在前期各自基坑围护分别独立设计，共用红线处设计有两道围护。自项目实施以来，考虑项目投资的经济性，同时出于对轨道交通保护、建设时序、两项目施工关联性、施工场地利用等要求，在条件具备后，经项目双方多次讨论，并征询地保办的意见，形成本工程与商业地块围护工程一同设计、统筹实施的方案，如图 9. 10 所示。

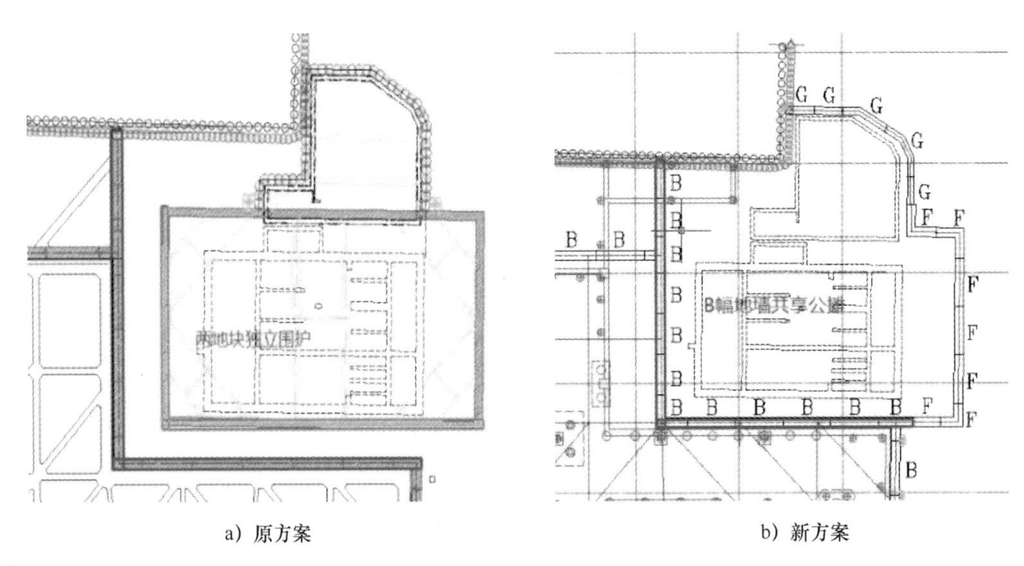

a）原方案　　　　b）新方案

图 9. 10　原方案与新方案围护对比

新方案将两个独立的基坑围护体系调整为一个整体的基坑围护，两基坑间的两道围护合并为一道地墙，结合商业地块整体围护方案，对地墙的厚度、深度、配筋等适当调整。相对原方案，地墙的厚度、深度等都加大了，基坑的开挖范围也扩大了，但围护整体性更好了，且受益于整体围护的变形计算等，地墙钢筋用量减少了，单价降低了，共享部分也可以分摊了，围护造价为由 2295 万元调整为 1788 万元。

按共享公摊的原则，该方案对项目双方的投资都是有利的，经双方商议，各自施工主体施工的部分仍然按各自项目的结算办法各自承担，共用部分的围护工程，采用双方共享共担的原则。因商业地块基坑深，相对加深部分为商业地块使用，考虑到共用部分围护的利用程度和计算复杂性，共用部分的施工费用按施工主体的合同原则，计算后各自承担一半。其他相关费用（如设计、监理、论证、监测等非实体施工费用）方面统一由商业地块委托、管理和支付。该方式有利于项目的管理，简化了建设其他费的支付和管理，确保了两方的利益。经过方案调整，并考虑共享分摊的原则，实际围护造价降低了 726 万元，在节省造价的同时，也解决了施工作业面不足，避免了因靠近轨道给施工带来工期延后等问题。

2. 造价 + 项目管理

（1）造价 + 质量管理　大型地下空间建设量的增加和新工艺技术的采用，给项目施工和造价带来了诸多难题。由于造价人员对新型施工工艺、施工技术的认识较为浅薄，使得工程量清单的编制与施工技术不相匹配，死搬硬套定额的现象十分普遍，给造价控制、工程管理造成了诸多困难。

在该项目中，采用了较多新的工艺技巧，例如“两墙合一”的内衬墙支模、超高超大支模、小空间土方开挖等。工程咨询单位既承担项目管理，又负责全过程的造价控制，在咨询过程中强化了工程量清单编制与施工方案的结合，促进了项目质量、进度、投资目标的达成。

以单侧支模举例，因项目用地狭窄，地下防水增强，采取了结构内衬墙紧贴地下连续墙的“两墙合一”形式。“两墙合一”的内衬墙支模方式与常规的剪力墙两侧的支模方式完全不同，内衬墙只能采用单侧支模。

编制工程量清单时，项目负责人便对较为特殊的施工技术进行了梳理。就该支模工程来说，工程量的计算规则明确为单侧模板与混凝土面接触面面积，项目特征明确预埋对拉螺栓连接、支撑固定规格及间距、模板支撑高度、拆模后的修补要求等。经分析，该单侧支模综合单价达到85.3元/m^2，与一般混凝土墙的模板单价存在非常大的差异，避免了不合理单价和计算规则不清的问题。

在施工过程中，对该单侧支模工艺进行了专家论证，同时进行了验算和完善，总体来说与工程量清单编制预设方案吻合。因有清单编制质量控制预警，在具体实施支模时，严格按方案执行，工程的质量得到了非常好的控制，起到了工程量清单编制与工程质量控制相结合预想的效果。

（2）造价+进度管理　由于该项目位于市中心，施工周边环境复杂、交通繁忙、施工场地狭小、基坑开挖深度深、结构复杂、工期紧张。为确保变电站按期投产，在确保质量、安全的前提下，合理安排施工工序，从而推进工程建设进度尤为重要。

在编制工程量清单时，通过对工程的节点计划预排设，对缩短工期的方案研究，在投资许可的情况下，对相应的措施进行了详细的子目设置。例如，考虑到建筑本体基坑深，支撑梁间距密、工程量大、周边噪声限制高等情况，充分调研了静切割工艺的工期和费用后，预测若采用该种工艺会使项目工期缩短40天左右。从实际情况来看，采用静力切割工艺加快了拆除进度，同时节省了建筑垃圾清理时间，基本达到预设的效果。

另外，地下三层模板一次性配置到位，以减少模板拆除周转等待时间；严格把控混凝土结构成型及观感质量，取消混凝土墙柱表面装修基层粉刷修补工序，直接进行刮腻子和涂料面层施工；在地下室结构施工期间，连续阴雨天气持续30余天，项目部在作业面围护支撑梁上设置防雨布对基坑内作业区域进行遮挡，同时增设照明设备，保证施工的正常进行，均达到了控制工期的目的。

3. BIM技术+项目管理

共享性是BIM的重要价值之一。BIM为项目各参与方提供了一个信息共享的平台。所有的项目参建单位都能在BIM共享平台中获取有效信息，提升沟通效率，节约时间成本。

在项目前期报批报建过程中，利用BIM技术模拟项目现场已有建筑物，分析项目现场周围环境情况，模拟合理的交通道改方案，为项目决策提供依据。此外，咨询企业还利用BIM技术对已有管线进行了位置和埋深模拟，避免了新建管线与已有管线的碰撞，提前进行管线施工组织规划，减少了设计变更，缩短了施工工期，节约了投资。

此外，BIM技术还具有可视性和协调性。咨询企业使用BIM技术三维多专业建模进行碰撞检测和机电综合管线调整，预留洞口定位。由于该项目为电力基础设施工程，存在大量电力设备和管线的设置，以及暖通、照明、给水排水、消防等的安装，如何避免多专业之间的碰撞就是一大难题。BIM技术很好地解决了这一问题。利用BIM软件可以对管线进行深化，模拟管线施工工序和节点，精确定位预留洞口，合理进行功能布局，预留检修和设备通道，减少过程中的施工变更，缩短施工工期，节约投资。

9.4.4 大型地下变电站全过程投资管控组织策划

1. 项目各参与方的工作界面划分

在宁波市110kV大河变电站迁扩建项目中，牵涉众多建设主体，各主体的建设模式、组织形式、审批流程各不相同，咨询团队为更好地协调各方关系，应明确各参与方在项目中的角色和职责，做好组织设计。各参与方的工作界面见表9.9。

表9.9 大型地下变电站项目各参与方的工作界面

单位职能	单位名称	主要职责
建设单位	宁波市鄞州区公共项目建设中心	负责按政府相关会议精神组织项目全部建设工作，对项目建设质量、进度、投资全面负责，为本项目建设过程中的最高决策单位，负责项目建设用地及资金筹措，负责合同签署等
使用单位	国网浙江省电力有限公司宁波供电公司	负责项目建成后的接收及使用，负责提出项目使用功能需求，对各设计院提交的阶段设计成果从是否满足其使用功能要求角度及时进行审查、确认，协助建设单位合理确定项目的功能定位等
全过程工程咨询单位	德威工程管理咨询有限公司	依据本项目全过程工程咨询合同约定，全过程工程咨询单位的主要职责围绕合同约定的职能确定
EPC工程总承包单位	宁波市电力设计院有限公司 宁波送变电建设有限公司	项目EPC工程总承包包括勘察，从初步设计至质保期满期间的整体设计，变电站本体、线路、通信及割接等工程的设备材料招标采购、安装及施工，整体工程的调试、试运行、移交等全部工作（不含本体建筑及附属配套工程施工），且对施工范围内工程的安全、质量、投资、工期全面总承包
建筑部分总承包单位	龙元建设集团股份有限公司	负责按合同及规范约定，全面承担本项目本体建筑及附属配套工程的土建、安装施工及设备的调试、试运行、移交等全部工作，且对施工范围内工程的安全、质量、投资、工期全面总承包
建筑部分监理单位	宁波高专建设监理有限公司	负责按合同及规范约定，全面承担本项目建筑部分施工阶段和保修阶段全过程监理服务
电力部分监理单位	宁波永耀招标咨询有限公司	负责按合同及规范约定，全面承担本项目电力部分施工阶段和保修阶段全过程监理服务

2. 组织结构

工程管理咨询企业及所属各专业机构，凭借其多元化且较为齐备的相关执业资质、专业门类较为齐全的人才队伍所形成的专业服务组合功能，较好地为各企事业单位提供工程造价咨询、基建审计和工程招标代理等多方位的专业服务。在该项目中，全咨方确立了以第一党支部书记为组长、项目经理牵头的项目党小组，以党小组为基础成立了项目咨询管理部；按服务内容及要求，成立了项目前期组、工程管理组、投资合约组、招标代理组、造价咨询组、资料信息组和BIM信息组，如图9.11所示。

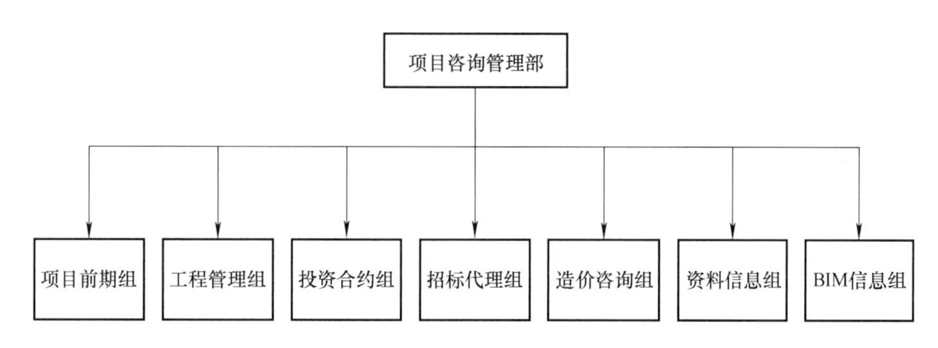

图9.11 全咨方的组织架构

3. 咨询企业的专业人员配置工作职责

该大型地下变电站项目中，咨询企业的专业人员配置及工作职责见表9.10。

表9.10 咨询企业的专业人员配置及工作职责

项目人员职务	职　称	工作职责
项目经理	高级工程师	全面负责项目的策划和管理，制定项目目标，组织协调各参建单位及项目组内部的职责分工，确保总体建设目标如期顺利实现
项目前期工程师	工程师	从项目立项开始，负责建设项目的各类报批报建的办理，确保工程合法、及时、顺利实施，同时协调工程各参建方进行工程验收、资产移交，做好与各职能部门的对接和手续办理
合约工程师	工程师	起草、审批、订立与工程相关的各类合同，发起各类工程款项的支付和结算，并做好相关的费用标准收集、资料档案的归档等
招标代理工程师	工程师	制定各类限额以上招标文件的编制，收集市场投标单位的信息，组织相关的考察及开标工作，确定承包方，完成合同的备案
施工管理工程师	工程师	负责施工现场的管理工作，对工程投资、进度、质量、建设安全监管及文明施工进行有效管理和组织协调
造价咨询工程师	工程师	编制工程投资计划，编制项目概算、预算、工程量清单，审核各类工程款项的支付，审核过程中的各类工程联系单，无价材料定价，竣工结算的审核等工作
BIM工程师	工程师	建立工程信息模型，检查设计错、漏、碰、缺，施工过程中开展协同办公，建立设计、施工、设备安装协调模型，建立完善的竣工模型
资料信息员	工程师	根据工程特点及城建档案馆要求，收集并整理工程前期到资产移交过程中的各类项目资料，同时承担款项支付的流程办理工作

附录

附录 A　部分省市发布的工程总承包相关文件

省　市	相关文件
江苏省	《关于印发〈江苏省房屋建筑和市政基础设施项目工程总承包招标投标导则〉的通知》(苏建招办〔2018〕3号) 《省招标办关于印发〈江苏省房屋建筑和市政基础设施项目工程总承包招标标准文件〉的通知》(苏建招办〔2018〕4号) 《江苏省住房城乡建设厅 江苏省发展改革委印发〈关于推进房屋建筑和市政基础设施项目工程总承包发展实施意见〉的通知》(苏建规字〔2020〕5号) 《省住房城乡建设厅关于发布江苏省房屋建筑和市政基础设施项目工程总承包计价规则(试行)的公告》(〔2020〕第27号)
吉林省	《吉林省住房和城乡建设厅关于加快推进工程总承包发展的实施意见》(吉建管〔2016〕50号) 《关于规范房屋建筑和市政基础设施项目工程总承包管理的通知》(吉建办〔2020〕34号)
四川省	《四川省住房和城乡建设厅 四川省发展和改革委员会关于印发〈四川省房屋建筑和市政基础设施项目工程总承包管理办法〉的通知》(川建行规〔2020〕4号)
甘肃省	《甘肃省住房和城乡建设厅关于印发〈甘肃省房屋建筑和市政基础设施项目工程总承包招标评标定标办法〉的通知》(甘建建〔2020〕160号)
浙江省	《浙江省住房和城乡建设厅关于印发〈浙江省工程总承包计价规则(试行)〉的通知》(建建发〔2017〕430号) 《关于印发〈关于工程总承包项目招标投标的实施意见(试行)〉的通知》(余建〔2018〕128号) 《浙江省住房和城乡建设厅 浙江省发展和改革委员会关于进一步推进房屋建筑和市政基础设施项目工程总承包发展的实施意见》(浙建〔2021〕2号)
湖北省	《湖北省住房和城乡建设厅关于推进房屋建筑和市政公用工程总承包发展的实施意见(试行)》(鄂建〔2016〕9号) 《省住建厅 省发改委 省公共资源交易监管局关于印发〈湖北省房屋建筑和市政基础设施项目工程总承包管理实施办法〉的通知》(鄂建设规〔2021〕2号)
河北省	《河北省住房和城乡建设厅关于进一步规范国有资金投资房屋建筑和市政基础设施工程项目招标投标工作的若干意见》(冀建建市〔2019〕5号)
广东省	《广东省住房和城乡建设厅关于〈广东省住房和城乡建设厅关于房屋建筑和市政基础设施工程总承包实施试行办法(征求意见稿)〉公开征求意见的公告》(粤建公告〔2017〕42号)
福建省	《关于房屋建筑和市政基础设施项目工程总承包招标投标活动有关事项的通知》(闽建办筑函〔2019〕42号) 《关于印发标准工程总承包招标文件(2020年版)和模拟清单计价与计量规则(2020年版)的通知》(闽建筑〔2020〕2号)

（续）

省　市	相关文件
江西省	《江西省水利厅关于印发〈江西省水利建设项目推行工程总承包办法（试行）〉的通知》（赣水建管字〔2018〕35 号）
山东省	《山东省住房和城乡建设厅 山东省发展和改革委员会关于印发〈贯彻《房屋建筑和市政基础设施项目工程总承包管理办法》十条措施〉的通知》（鲁建建管字〔2020〕6 号） 《山东省水利厅关于印发〈山东省水利工程建设项目设计施工总承包指导意见〉的通知》（鲁水规字〔2022〕2 号）
上海市	《上海市住房和城乡建设管理委员会关于发布〈上海市工程总承包试点项目管理办法〉的通知》（沪建建管〔2016〕1151 号） 《上海市住房和城乡建设管理委员会关于印发〈上海市工程总承包招标评标办法〉的通知》（沪建建管〔2018〕808 号） 《上海市住房和城乡建设管理委员会关于印发〈上海市建设项目工程总承包管理办法〉的通知》（沪住建规范〔2021〕3 号）
广西壮族自治区	《自治区住房城乡建设厅关于进一步加强房屋建筑和市政基础设施工程总承包管理的通知》（桂建发〔2018〕9 号） 《自治区住房城乡建设厅 财政厅关于印发〈广西壮族自治区房屋建筑和市政基础设施项目工程总承包计价指导意见〉（试行）的通知》（桂建发〔2020〕4 号） 《南宁市人民政府关于印发〈南宁市房屋建筑和市政基础设施工程总承包管理实施细则〉的通知》（南府规〔2021〕13 号）
安徽省	《关于推进工程总承包发展的指导意见》（建市〔2018〕139 号）
辽宁省	《辽宁省住房和城乡建设厅 辽宁省发展和改革委员会关于印发〈辽宁省房屋建筑和市政基础设施项目工程总承包管理实施细则〉的通知》（辽住建〔2020〕65 号）
黑龙江省	《黑龙江省人民政府办公厅关于促进建筑业改革发展的实施意见》（黑政办规〔2018〕59 号）

附录 B　发包前工程总承包项目价格形成关键节点的计价规则比较

省　市		江苏	上海	浙江	福建	广东	广西	四川	吉林	山东
适用范围	政府投资	√	√	√			√	√	√	√
	国有资金占股	√		√	√	√	√	√	√	√
	房屋建筑和市政基础设施	√	√	√	√	√	√	√	√	√
发包时设计深度	初步设计批复后	√	√		√	√	√	√		√
	可行性研究报告批复后	√		√				√		√
	投资决策批复后	√		√	√	√	√	√	√	√
	完成项目核准和备案	√		√	√	√	√	√	√	√

（续）

省	市	江苏	上海	浙江	福建	广东	广西	四川	吉林	山东
发包人要求	目标、范围、规模、功能	√	√		√	√	√	√	√	√
	建设标准、技术标准、设计指标要点	√			√	√	√	√	√	√
	质量、安全、工期、检验实验	√		√	√	√	√	√	√	√
	主要材料设备的参数指标和品牌档次	√		√	√	√	√	√	√	√
	验收和试运行以及风险承担	√	√	√	√		√	√	√	√
投资方	政府	√	√				√			√
	企业	√		√		√		√	√	
合同价形式	总价合同	√	√	√	√	√	√	√	√	√
	单价合同	√	√	√	√	√	√	√	√	√
	其他合同形式	√	√	√	√	√	√	√	√	√
是否采用全费用价格		√	√	√	√	√	√	√	√	√
费用构成	工程设计费	√	√	√	√	√	√	√	√	√
	建筑安装工程费	√	√	√	√	√	√	√	√	√
	设备购置费	√	√	√	√	√	√	√	√	√
	工程总承包其他费	√	√	√	√	√	√	√	√	√
	暂列金额	√		√	√	√	√	√	√	√
清单、最高投标限价编制依据	经批准的建设规模、标准、功能要求及发包人要求	√	√	√		√	√	√	√	√
	项目可行性研究报告、方案设计或初步设计文件	√	√		√		√	√	√	√
	拟定招标文件		√		√	√	√	√	√	√
	建设项目相关标准、规范及相关技术资料	√		√		√	√	√	√	√
	现场情况、工程特点	√		√		√		√	√	√
	类似工程经验数据	√	√	√	√	√	√	√		√
	建设主管部门的估算、概算计价办法	√	√			√		√		√
	其他相关资料	√		√		√		√	√	

附录C　发包后工程总承包项目价格形成关键节点的计价规则比较

省　市			江苏	上海	浙江	福建	广东	广西	四川	吉林	山东
勘察与设计		地质详勘			√					√	
		限额设计及部门审批	√	√	√	√	√	√	√	√	√
		初步设计复核	√		√	√	√	√	√	√	√
		施工图设计	√	√	√	√	√	√	√	√	√
		明确施工图设计标准		√	√						
		施工图设计审批	√	√	√	√	√		√		√
		优化设计	√	√	√	√	√	√		√	√
		合理化建议	√		√		√		√	√	√
材料与设备采购		采购、运输、保管责任归属	√		√		√				√
		供货人及品种、技术要求、规格、数量等			√				√		√
		报备核准	√		√		√				
		第三方检测			√					√	
合同价款的确定和调整	合同风险	明确风险内容、范围、调整方法	√		√	√	√	√	√	√	√
	项目变更	《发包人要求》改变	√	√	√	√			√		√
		工程变更	√	√	√	√	√	√			√
		设计变更	√	√				√	√	√	
	价款调整	市场波动	√	√	√	√	√				
		发包人变更建设规模、使用标准等	√	√	√	√	√	√	√	√	√
		未达到国家规定标准	√	√	√		√		√	√	
结算与支付		资金使用计划	√	√							√
		施工过程结算	√	√	√	√	√	√	√	√	√
		竣工结算审核（审计）	√	√	√	√	√	√	√	√	√

附录D 《发包人要求》编制过程的合规性审查

序号	一级要求	二级要求	合规性审查
1	功能要求	工程目的	1. 不能违反法律法规等强制性规定，如安全性、环境保护等 2. 必须满足工程所在国的行业标准和规范 3. 必须满足《发包人要求》中的规定，《发包人要求》可能高于行业的标准和规范的规定 4. 满足工程正常运营和维护所需要的功能和性能要求
		工程规模	工程规模既是经济指标，也是技术指标，一般而言需包括总投资、总建筑面积、总用地面积等主要指标，还可以再增加发包人比较关注的指标，也可以根据具体的工程类型等情况详细约定工程规模的其他指标
		性能保证指标	发包人对项目的性能指标要求可区分预期要求和最低保障要求，且最低保障要求应不低于国家强制性标准
		产能保证指标	1. 发包人如对产能要求有区分最低要求和预期要求的，应在此处进行注明 2. 产能保证指标应与建设规模、性能保证指标匹配
2	工程范围	概述	1. 工程范围与项目审批或备案、核准的范围、招标范围及合同约定的承包范围一致 2. 工程范围变更符合国家法规相关程序
		包括的工作	工程项目实施过程中根据实际情况的变化，该项“包括的工作”可能产生变更，因此建议在明确此项时应充分考虑到合同条款关于“变更”和“索赔”的约定，避免产生争议纠纷
		工作界区	1. 发承包双方之间的工作界面划分需关注：①发承包双方的工作界面划分首先取决于工程总承包项目的发包阶段及承包范围；②需要关注到法律法规规定的某些行政审批手续办理的责任主体 2. 在实际的工程总承包项目中，除了总承包人，发包人基于各种考虑可能选定了其他承包人，与总承包人共同配合完成工程项目，也即俗称的“平行发包”或“独立承包”。如果发包人和总承包人在签订合同时已经明确了平行发包或独立承包，即需在《发包人要求》中明确约定总承包人和其他承包人间的工作界区，以划定责任和风险的承担 3. 虽然工程总承包强调总包负总责，但有时发包人基于项目实际情况和法律规定，需要先行完成相应勘察和部分设计工作，发包人也可能会根据需要自行采购部分设备或将部分工程平行发包等。这时应对工作界区进行明确区分，尤其是可能涉及工作界区的衔接及先后顺序或交叉的，如果约定不清，将导致届时责任无法划分
		发包人提供的现场条件	1. 发包人对于施工用电、施工用水、施工排水、施工道路等现场条件，可以根据工程项目的实际情况和管理需求进行更为详细的要求 2. 施工用电、施工用水、施工排水、施工道路等现场条件是工程总承包项目实施，特别是施工阶段的必要条件，如果条件不清楚，则后续很有可能引发工期延误和费用增加，造成发承包双方的争议纠纷。为避免此类情况的发生，在《发包人要求》中应根据法律法规和行业管理规范，对相关手续的办理和具体工作实施中双方的权责划分进一步厘清和明确
		发包人提供的技术文件	1. 发包人可根据工程项目的实际需要，在提供设计文件的同时，提供发包前已完成的水文地质、工程地质、地形等勘查资料，即其他技术文件 2.《发包人要求》或其提供的基础资料中的错误导致承包人增加费用和（或）工期延误的，发包人应承担由此增加的费用和（或）工期延误，并向承包人支付合理利润

（续）

序　号	一级要求	二级要求	合规性审查
3	工艺安排或要求（如有）	工艺方案 流程安排 质量要求 产能要求 技术要求 安全生产要求 环保要求 经济性与合理性要求 工艺试验要求	1. 发包人对工艺方面有既定安排和要求的，应当在《发包人要求》中列明 2. 发包人在工程总承包合同履行过程中，在《发包人要求》以外提出新的工艺安排或者要求，引起费用或工期变化的，需要履行合同的变更程序并调整合同价款及工期 3. 无论是发包人还是承包人，在进行工艺安排中，都应当严格按照国家法律规定，不得使用淘汰工艺，否则生产经营单位将按照《安全生产法》（2021 年修订）第九十九条规定承担相应的行政处罚及刑事责任 4. 若要求采用新工艺、新技术的，应严格按照《安全生产法》（2021 年修订）第二十九条规定执行，严格管控相应的安全生产风险 5. 发包人和承包人均应当关注施工工艺的知识产权要求，避免侵犯对方或者第三人的专利权或其他知识产权，引发相应的争议及风险
4	时间要求	开始工作时间	1. 应按照规定履行报批手续完成项目的审核备案立项 2. 项目应具备开始工作条件
		设计完成时间	1. 必须招标项目或非必须招标项目进行招标后，对工期的要求应与招标文件、投标文件、中标通知书一致 2. 不得任意压缩合理工期
		进度计划	1. 发包人可对工程进度设置关键控制时间节点及主要里程碑节点等 2. 进度计划出现延误时，应根据工程总承包合同的约定和《发包人要求》及时编制调整后的进度计划，报工程师和业主确认。但工程师和业主对调整后工期进度计划的确认，并不代表免除承包商的工期延误违约责任
		竣工时间	1. 此处竣工时间为计划竣工日期 2. 发包人在编写工期要求时，应严格遵守法律法规规定，科学制定合理工期，不得设置不合理工期和任意压缩合理工期 3. 根据项目性质和特性及对工期的管控要求，如对节点工期或单位工程工期有要求的，应在《发包人要求》中明确，并在工程总承包合同专用条款中设置相应节点的工期违约责任，通过加强过程工期管控，实现对工程整体工期的控制和保证
		缺陷责任期	1. 缺陷责任期内，承包人应承担相应的缺陷修复责任，同时缺陷责任期与承包人的质保金返还直接相关。发包人应当在招标文件中明确保证金预留、返还等内容，并与承包人在合同条款中对涉及保证金的事项进行约定 2. 依据《建设工程质量保证金管理办法》的相应规定，缺陷责任期最长不超过 24 个月，发包人编写缺陷责任期时应受该规定约束。但并不意味着超过 24 个月或退还质保金后，工程总承包商就免除了工程质量保修责任
		其他时间要求	对以上要求进行补充说明
5	技术要求	设计阶段和设计任务	1. 注意各阶段设计文件的内容和深度是否满足相应要求 2. 注意各阶段设计文件是否满足相应经济指标要求，控制超出计划投资额度进行设计的风险 3. 注意各阶段设计文件的完成应与其他行政审批等程序相配合 4. 注意施工图设计文件应当依法进行审查，但也应关注近年施工图审查相应的改革措施 5. 注意设计文件以及设计文件修改应符合行政审查程序

（续）

序　号	一级要求	二级要求	合规性审查
5	技术要求	设计标准和规范	1. 注意准确理解工程建设强制性标准 2. 注意合理设定适用的设计标准和规范 3. 发包人在编写设计标准和规范时，还需注意不得违反工程建设强制性标准，不得要求使用不符合国家标准的建筑材料设备，否则将面临行政处罚，以及相应的民商事责任
		技术标准和要求	1. 注意技术标准和要求的设定应和工程项目的功能要求相衔接 2. 注意特殊的技术标准和要求对招标的影响 3. 注意采用特殊要求的技术标准，新技术、新材料的设计文件需要另外满足相应的行政监管要求 4. 注意审核设计选用材料设备的技术指标
		质量标准	1. 特殊质量标准应高于一般质量标准 2. 注意设立特殊质量标准的工程项目的性质、规模是否满足相应特殊质量标准基本的评选条件和申报要求 3. 注意发包人不得要求承包人降低工程质量标准 4. 发包人应注意防范工程质量标准变化导致工程价款计价规则改变的风险
		设计、施工和设备监造、试验（如有）	1. 注意保持设计、施工和设备监造、试验环节的技术要求前后统一、协调一致以及科学有效，不产生技术要求上的混乱，而且应对技术要求与工程项目的经济、资源、环境等条件综合分析论证 2. 注意设备监造适用的技术标准规范以及规范性引用文件，编制监造实施细则规定监造工作要点、方法和作业方案，明确文件见证点、现场见证点、停工待检点等关键节点，预防设备监造不当引起的风险 3. 明确材料设备需做进场试验并提交相应试验报告的要求，以确保不影响最终的竣工验收
		样品	1. 注意涉及结构安全的材料设备依法必须取样，否则需承担相应的行政责任 2. 根据项目需求和功能特点，其他需报送样品的材料或设备应当详细列出样品的种类、名称、规格、数量等，预防封存的样品与合同约定质量标准等不一致的风险
		发包人提供的其他条件	注意要求的合法性、全面完整性、准确性
6	竣工试验	第一阶段，如对单车试验等的要求	1. 关于单车试验条件，应根据具体项目类型和特征进行细化，且细化的内容也应根据项目特点有所侧重 2. 承包人应重视对试验方案的编写，对于国家重点建设项目的总体试验方案，还应报主管部门审批后才能执行 3. 承包人是竣工试验的实施者和责任人，这是界定责任的前提 4. 虽然单车试验的实施主体是工程总承包单位，但该试验所需要的电力、动力、燃料等涉及发包人协助的，也应当在此明确
		第二阶段，如对联动试车、投料试车等的要求	1. 联动试车和投料试车分属不同的流程，建议区分开来，做出详细约定 2. 注意示范文本通用合同条件第 9.1.2 条规定的提前 42 天提交详细的竣工试验计划，与本条规定的提前 48h 通知发包人试车工作内容，两者关于时间规定的区别 3. 注重过程资料管理，重视试车原始记录的编写和存档 4. 虽然单车试验、联动试验等由工程总承包商负责，但试验所需原料、材料、动力、电力等通常应由发包人负责并承担费用，为了避免争议，双方当事人应在合同专用条款中对试验所涉费用负担进行明确约定

（续）

序　号	一级要求	二级要求	合规性审查
6	竣工试验	第三阶段，如对性能测试及其他竣工试验的要求	1. 关于考核指标约定的细化程序，应以可准确实现发包人建设项目预期目的为准 2. 重要考核指标中必须达到的最低指标标准应明确、合规、科学合理 3. 对于指标的考核而言，必须关注的风险因素就是当发包人提供的相关技术参数或数据及原料质量与设计基础出现偏差时，考核时的指标如何纠偏或者确定责任的问题 4. 对赔偿的设定需要考虑两方面的因素：一是赔偿的计算方法应该公平合理；二是通过设定一定的赔偿限额来平衡双方的权利义务 5. 结合项目的特点，参照国际 EPC 项目竣工试验各阶段的流程，明确单车试验、联动试车组织者是工程总承包商，发包人提供必要辅助。根据不同阶段，对试车准备、试车时间、试车工作流程的要求做出具体约定，并确定延误试验的风险责任
7	竣工验收	对联动试车、投料试车等的要求	《发包人要求》的竣工验收规定应区别于示范文本中的规定。《发包人要求》的竣工验收规定应是针对具体项目的特点，尤其是工艺特点、工期特点、投产节点等设计的有针对性的、个性化规定的体现，示范文本中通用条款和专用条件应针对竣工验收流程和双方的权利义务。承包人完成全部合同工作内容后，发包人按总承包合同要求和国家验收规范进行验收。工程竣工验收合格之日为实际竣工日期 在设计竣工验收的程序和要求时，应特别注意以下几种风险对竣工验收的影响： 1. 发包人前期工程建设审批手续不齐全，无法进行竣工验收的风险 2. 承包人不配合竣工验收的风险 3. 发包人未经竣工验收即提前使用的风险
		对性能测试及其他竣工试验的要求	
8	竣工后试验（如有）	竣工后试验范围	1. 对竣工后试验设定一定的启动条件，只有满足了约定的条件，方可进行竣工后试验 2. 传统的施工总承包，竣工验收即标志着承包人已完成合同约定的施工任务，已具备向发包人交付的条件；对于包含竣工后试验的工程总承包项目，竣工验收合格并不意味着《发包人要求》得以全部实现，还需通过竣工后试验来检验项目的性能指标和产能指标是否达到《发包人要求》，达到要求的，才能评价为该工程总承包项目符合合同约定的质量标准 3. 发包人可以在专用条款中特别约定将项目通过竣工后试验的时间作为实际竣工验收的时间，并以此作为缺陷责任期的起点 4. 发包人需特别注意提前使用视为已竣工验收的风险 5. 竣工后试验的具体范围和内容应提前在合同中（《发包人要求》中）明确约定，由双方达成一致意见，不得额外增加承包人负担 6. 竣工后试验不合格，承包人应承担违约责任
		竣工后试验时间和程序	
9	文件要求	设计文件及其相关审批、批准、备案要求	1. 设计文件要求： 1）设计文件的编制依据、格式、深度、载体应符合现行有效的国家、行业、项目所在地规范名录、标准名录、规程名录等 2）设计文件的编制进度应明确提交发包人时间、发包人审核完成时间以及相关部门审核、批准、备案完成时间等 3）设计文件应明确各阶段设计文件清单、份数、要求、责任人和流转程序等 4）初步设计文件在符合可行性研究报告批复以及国家有关标准和规范要求的基础上，初步设计概算通常不应突破批复的建设项目总投资估算金额；施工图设计文件在满足经审批的初步设计文件要求的基础上，施工图预算通常应控制在批复初步设计概算金额以内 2. 设计文件的相关审批、核准、备案要求应符合项目所在地相关部门的要求 3. 发包人关于设计文件的要求违反相应的法律法规，强迫设计单位违反工程建设强制性标准，降低建设工程质量需承担相应责任的风险 4. 发包人提供的基础材料错误、缺项、遗漏等原因导致的损失由发包人承担的风险

（续）

序　号	一级要求	二级要求	合规性审查
9	文件要求	沟通计划	1. 沟通计划未能满足发包人全面、及时、准确掌握建设工程项目运行状态的风险 2. 沟通计划未能满足建设工程项目参与各方沟通顺畅、步调一致、同心协力、按时保质实现建设工程需求的风险 3. 沟通计划未能满足取得政府相关部门审批、批准、备案、验收的风险
		风险管理计划	承包人应建立风险管理体系，明确各管理层级的风险管理职责与要求，并对工程总承包项目的风险进行规范化管理。承包人制订风险管理计划可以从以下四方面着手：风险识别、风险评估、风险响应和风险控制。发承包双方均应加强风险意识和风险管控能力
		竣工文件和工程的其他记录	1. 竣工文件编制关系到档案存档，应满足当地档案馆的存档要求。发包人应在招标时明确上述档案的编制规范、编制形式、归档时间等 2. 工程其他记录应规范记录内容，强化凡事有据可查，明确实施责任人，做到记录真实、全面、无遗漏 3. 注意竣工文件的编制不符合行业主管部门的标准和内容导致建设工程不能按时交付的风险
		操作和维修手册	1. 操作和维修手册应足够详细。发包人应对承包人提交的操作和维修手册进行审查 2. 注意承包人编制的操作和维修手册系发包人要求不当导致的错误或遗漏的风险分配
		其他承包人文件	发包人另行制定要求
10	工程项目管理规定	质量	1. 质量管理要求应具体、明确 2. 质量管理要求不应降低质量标准 3. 发包人直接指定分包人的质量风险管理
		进度，包括里程碑进度计划（如有）	1. 应在工程进度计划中体现主要里程碑节点、关键线路的逻辑关系、任务项工期、重要性、资源名称，在关键线路上的任务项受到其他专业任务限制而采取无逻辑连接的输入时，应给予说明 2. 不得设置不合理工期和任意压缩合理工期
		支付	1. 人工费应按月支付。项目资金必须满足工人工资支付 2. 政府投资项目不得由施工单位垫资建设。企业投资项目如涉及垫资，应对垫资及垫资利息做出明确约定，但发包人仍有满足施工所需要的资金安排的义务，应保障工人工资支付 3. 在支付条款中，发包人应合理设置支付周期，并且支付节点和比例宜按照设计、采购、施工分别设置 4. 预付款的额度和支付按照专用合同条件约定执行……发包人逾期支付预付款超过 7 天的，承包人有权向发包人发出要求预付的催告通知；发包人收到通知后 7 天内仍未支付的，承包人有权暂停施工，并按《建设项目工程总承包合同（示范文本）》（GF—2020—0216）中第 15.1.1 项“发包人违约的情形”执行 5. 除专用合同条件另有约定外，发包人应在进度款支付证书签发后 14 天内完成支付，发包人逾期支付进度款的，按照贷款市场报价利率（LPR）支付利息；逾期支付超过 56 天的，按照贷款市场报价利率（LPR）的 2 倍支付利息
		HSE（健康、安全与环境）管理体系	1. 应约定具体的 HSE 管理目标 2. 注意违反 HSE 管理要求可能面临的刑事和行政法律风险
		沟通	1. 与承包人工作范围有关的外部沟通要求应具体明确 2. 安全隐患及安全事故应按规定及时报告并沟通处理。重大质量事故应按规定及时报告

（续）

序　号	一级要求	二级要求	合规性审查
10	工程项目管理规定	变更	1. 发包人具有变更权，但变更不应擅自改变建设规模、建设内容。应对变更范围做出明确约定 2. 发承包双方应结合《建设项目工程总承包合同（示范文本）》（GF—2020—0216）通用合同条件中第13条约定，细化变更程序及资料和估价，提升项目管理能力，由粗放式管理向精细化管理转型，适应工程总承包模式风险管理的需要
11	其他要求	对承包人的主要人员资格要求	1. 工程总承包单位应当设立项目管理机构，设置项目经理，配备相应管理人员，加强设计、采购与施工的协调，完善和优化设计，改进施工方案，实现对工程总承包项目的有效管理控制。发包人应在招标阶段将承包人主要人员资格要求在招标文件中明确 2. 发包人编制承包人主要人员资格要求时不能根据经验“一刀切”，而应根据具体工程项目的特点有侧重点地对特定岗位的资格要求做出规定 3. 注意未在招标阶段明确规定承包人主要人员资格要求的风险
		相关审批、核准和备案手续的办理	1. 发包人在政府投资决策、政府投资年度计划、项目实施等阶段履行相关审批手续的事宜，承包人应在承包合同规定的工作范围内协助发包人做好项目审批事宜，协助发包人做好项目审批工作的管理 2. 实行核准制和备案制管理的事项，承包人应在承包合同规定的工作范围内协助发包人做好项目核准和备案事宜 3. 对于承包人设计文件审批、核准和备案手续的办理，承包人应按照《发包人要求》第九条第一款“设计文件，及其相关审批、核准、备案要求”办理 4. 承包人应保证承包人为完成本项目所执行的工作符合与项目执行有关的法律、法规、规章、条例、法令、司法解释等政府机构颁布的法律文件的要求 5. 除法律有明文规定应由发包人办理的审批之外，承包人应负责办理本项目下的必要的审批、核准和备案手续
		对项目业主人员的操作培训	1. 承包人培训计划的核心在于培训涵盖的范围，因此，发包人在审核承包人提交的培训计划时，应当结合承包合同的工作范围和责任矩阵，使承包人的培训涵盖各个专业、作业面以及不同的项目执行阶段 2. 应明确培训计划的提交不是一劳永逸的，而是随着项目分包、采购事宜的进展不断动态更新的，以提高培训的效果和效率 3. 对于发包人在招标文件中针对“培训”做出的《发包人要求》，当承包人认为发包人提出的培训要求过于模糊时，可能会在其报价建议书中将承包人的培训义务具体化
		分包	1. 发包人对承包人分包事宜所做的要求应着眼于整个项目协议群，包括上层承包合同及下层工程分包合同、劳务分包合同的合法性和稳定性，尽可能避免“实际施工人”介入项目实施 2. 发包人应要求承包人严格分包管理，不得将项目转包、违法分包 3. 发包人应对工程承包中普遍存在的劳务分包合同的潜在合规风险足够重视
		设备供应商	1. 发包人对承包人的设备供应文件进行审核和批准时，应避免做出主动指示承包人进行相关动作的指令，以免被承包人主张相关采购系发包人指定采购 2. 设备采购，尤其是通过招标程序进行的设备采购程序复杂、周期较长，容易对进度计划中的关键路径造成影响
		缺陷责任期的服务要求	1. 应正确理解承包人缺陷修复责任和质量保修责任的区别 2. 针对缺陷责任期内工程出现了缺陷，而承包人未能及时修复的风险，发包人可以根据缺陷情况及修复难度给承包人设定一个合理期限，要求承包人在合理期限内完成修复工作

附录 E 《贵州省遵义市生活垃圾焚烧发电项目发包人要求》

一、功能要求

（一）工程目的

遵义市生活垃圾焚烧发电项目旨在提升遵义生活垃圾处理设施标准，进一步实现主城区城市生活垃圾的集中处理，达成处理设施标准化、规范化，处理技术先进、管理水平科学。

（二）工程规模

1）总投资：85089 万元。

2）总建筑面积：98299.25m^2。

3）总用地面积：147.6 亩[1]。

4）项目用地规划：建构物占地面积：37053.24m^2；建筑密度：37.83%。

（三）性能保证指标

性能保证指标详见可行性研究报告。

二、工程范围

（一）概述

本项目为 DB 工程总承包项目，其中包含设计、施工总承包，红线范围内建筑物和构筑物及其配套工程的全部土建与安装等工程。直至竣工验收及整体移交、质量缺陷责任期内的缺陷修复等相关工作。

其中，设计招标范围：本项目全过程设计，含方案设计、初步设计（含初步设计概算）、施工图设计及工程建设过程中技术服务的相关事项，并按国家设计规范出具变更及设计图等。施工招标范围：红线内现状范围场地清理平整、土建、装修、设备安装调试、试运行、暖通、水电、强弱电（含智能化）、消防、进场道路及附属配套工程等。

（二）包括的工作

1. 永久工程的设计、采购、施工范围

（1）电力系统　电力系统设计 110kV 线路接点为红线外第一基杆塔。红线外第一基塔至上级并网电站线路设施不在本次设计范围。

（2）电气及电信系统　电气设计范围主要包括厂用低压变配电、电气传动及控制、照明、防雷接地、电气设备安装及线路敷设等。

电信设计范围主要包括电话、工业电视、火灾自动报警等系统，线路敷设。

（3）自动控制系统（DCS、成套仪表及仪控系统）　设计范围为该项目垃圾焚烧发电各工艺系统的过程测量控制，包括焚烧炉和余热锅炉部分的检测及控制、汽轮发电机组的检测及控制、公辅系统的检测及控制、烟气净化系统的检测及控制、布袋除尘器的检测及控制、清灰系统的检测及控制、垃圾吊的控制、点火及辅助燃油系统的检测及控制。

[1] 1 亩 = 666.$\dot{6}$$m^2$。

（4）给水排水系统　本项目给水排水专业的设计内容包括红线范围内的工业水系统、生产循环水系统、生活给水排水系统、雨排水系统、水消防系统和渗滤液处理系统等。

（5）消防系统　消防系统的设计范围包括厂区范围内本期工程主厂房，其他辅助厂房、附属车间以及厂区范围内的非生产性建筑的室内外消防。

（6）辅助生产系统　设计范围包括供应焚烧炉系统、管道设施、控制设施的设计。

食堂采用瓶装液化气，不在本设计范围。

（7）通风及空调系统　设计范围包括主厂房、汽机房等区域的通风系统设计，中控楼、倒班楼、食堂等区域的空调系统设计，以及防排烟系统设计。

（8）消防系统　设计范围为垃圾焚烧发电厂厂区，厂区不设消防站和消防车，灭火时利用附近消防站的消防车辆。

2. 临时工程的设计与施工范围

（1）临时工程的设计　①场地合理有效利用；②临时设施布置必须满足建筑施工安全标准化管理规定及满足业主要求；③为避免频繁搬迁，还应充分考虑现场场地分布的实际情况；④场地配备的二级配电箱可以满足相应功率要求；⑤消防设施的布置满足防火要求；⑥结合工程施工场地的平面布置，办公、生活区与施工区分开；⑦以经济适用为原则，合理地选择临时设施的形式。

（2）施工范围

1）建筑工程施工区。土建施工场地布置在厂区范围内，混凝土拟采用商品混凝土，由专业公司送至施工区，钢筋加工场和木工加工场布置在主厂房西南侧空地上。现场办公用房布置在主厂房西北侧空地上。

2）安装施工区。安装施工区布置在综合主厂房场地上，包括设备堆放及组合场，安装临建区，钢材堆放及铆焊加工场。其他附属、辅助系统的设备就地安装。

3）施工生活区。施工生活区的设施由施工单位自行考虑。

（三）工作界区

（1）发包人和总承包人的工作界区　发包人办理项目立项、环评、用地、规划、开工许可等前期报建及后期竣工、验收、备案等相关手续并交纳相应规费。本项目由发包人负责办理临时用水、临时用电的申请、接入。发包人完成场地平整、绿化迁移、道路开口、路灯移位、以及临时用水、用电和红线外临时用地申请。总承包人负责项目设计、采购、施工、运营，具体以工程总承包合同约定为准。

（2）总承包人和其他承包人的工作界区　总承包人负责项目设计、采购、施工、运营、维护，具体以工程总承包合同约定为准。本项目所有设计、采购、施工、运营工作均包括在总承包范围内，总承包人在符合国家法律法规规定的前提下，经发包人同意，可将部分项目进行分包。总承包人与分包人的工作界区由总承包人与分包人签订的合同约定。

（3）其他工作界区　暂无。

（四）发包人提供的现场条件

（1）施工用电　施工用电可由附近配电所分配提供。

（2）施工用水　施工用水可由附近已有供水系统提供。

（3）施工道路　本工程厂区附近公路、铁路交通十分便利，外购设备、大重部件可以通过水路和公路运抵施工现场。

（五）发包人提供的技术文件

设计任务书见招标文件。

三、工艺安排或要求

（一）工艺概述

生活垃圾由专用垃圾车运至主厂房卸料大厅，在交通控制中心的统一指挥下，将垃圾卸入垃圾仓内。垃圾仓可储存焚烧厂10天以上的垃圾处理量。垃圾抓斗起重机将垃圾送入焚烧炉进行焚烧，产生的热量经余热锅炉回收后，产生过热蒸汽用于汽轮机发电。废气经烟气净化系统脱酸、除尘、去除二噁英和重金属等有害物质后排入大气。垃圾焚烧产生的炉渣为一般固体废弃物，外运进行综合利用。本项目飞灰在厂区内稳定并满足《危险废物鉴别标准—浸出毒性鉴别》（GB 5085.3—2007）和《生活垃圾填埋场污染控制标准》（GB 16889—2008）的浸出毒性标准要求。化检验合格后运至填埋场进行填埋。

（二）主要机组型号、参数

焚烧炉、余热锅炉和汽轮发电机组的主要技术指标见表E.1～表E.3。

表E.1 焚烧炉的主要技术指标

序号	项目	参数	备注
1	数量	2	
2	焚烧炉型式	机械炉排炉	
3	每台焚烧炉最大连续处理垃圾量（MCR）	31.25t/h	
4	每台焚烧炉最大处理垃圾量（110% MCR）	34.38t/h	
5	每台焚烧炉设计热容量（MCR）	22.73MW	
6	每台焚烧炉最大热容量（110% MCR）	25MW	
7	入炉垃圾低位发热量设计值	7000kJ/kg	
8	入炉垃圾低位发热量变化范围	4186～8790kJ/kg	
9	焚烧炉年累计运行时间	≥8000h	
10	烟气在>850℃的条件下停留时间	≥2s	
11	焚烧残渣热灼减率	≤3%	
12	炉排漏渣率	<0.5%	

表E.2 余热锅炉的主要技术指标

序号	项目	参数	备注
1	数量	2	
2	余热锅炉型式	次高压、单体式、 自然循环卧式水管锅炉	
3	每台锅炉额定蒸发量（MCR）	72t/h	
4	蒸汽压力	6.4MPa（a）	
5	蒸汽温度	450℃	
6	锅筒运行压力	4.7MPa（a）	

（续）

序　号	项　目	参　数	备　注
7	锅筒工作温度	260℃	
8	余热锅炉年累计运行时间	≥8000h	
9	给水温度	130℃	
10	每台锅炉出口烟气量（MCR）	143070N·m^3h	
11	锅炉出口烟气温度	405℃	
12	锅炉热效率	≥80%	
13	锅炉排污率	1%	

表 E.3　汽轮发电机组主要技术指标

序　号	项　目	参　数	备　注
1	数量	1	一期 1 台
2	汽轮机型号	N25-6.3	
3	额定功率	25MW	
4	额定速度	3000r/min	
5	主汽门前进汽压力	6.3MPa（a）	
6	主汽门前进汽温度	445℃	
7	额定排气压力	0.006MPa	
8	发电机型号	QFWL-25-2-10.5	
9	额定功率	25MW	
10	功率因数	0.8	
11	额定电压	10.5kV	
12	额定转速	3000r/min	
13	发电机励磁方式	无刷励磁	

（三）工艺方案设计范围

焚烧厂房系统，包括垃圾接收与储存系统、垃圾上料系统、焚烧系统、燃烧空气系统、点火辅助燃烧系统、出灰渣系统等。

焚烧厂房布置，包括主要设备及辅助设备的布置、主要管道的连接、设备检修起吊设施等。

四、时间要求

（一）开始工作时间

2018 年 8 月 1 日起开始工作。

（二）设计完成时间

2019 年 10 月 31 日完成设计。

（三）进度计划

本项目从初设到竣工验收所需时间拟定为 26 个月，计划进度计划的重要阶段说明见表 E.4。

表 E.4　项目进度计划的重要阶段说明

项　目	开　始	完　成	时　间
可行性研究、立项、环境影响评估等前期工作	2018 年 8 月 1 日	2019 年 7 月 31 日	365 天
初步设计	2019 年 4 月 1 日	2019 年 4 月 30 日	30 天
施工图设计	2019 年 7 月 1 日	2019 年 10 月 31 日	153 天
设备采购制造运输	2019 年 11 月 1 日	2020 年 3 月 31 日	153 天
土建工程	2019 年 11 月 1 日	2020 年 8 月 31 日	300 天
安装工程	2020 年 1 月 1 日	2020 年 11 月 30 日	332 天
调试并网	2020 年 11 月 1 日	2020 年 12 月 15 日	46 天
试运行及竣工验收	2020 年 12 月 15 日	2021 年 1 月 31 日	46 天
进入商业运行	2021 年 2 月 1 日		

（四）竣工时间

本项目整体竣工时间为 2021 年 1 月 31 日。

（五）缺陷责任期

本工程缺陷责任期为 2 年，时间从启动验收委员会同意移交生产之日起算。国家对缺陷责任期另有明确规定，且缺陷责任期超过 2 年的，执行国家规定。

（六）其他时间要求

要求参与投标的设计院具备满足遵义市东部城区生活垃圾焚烧发电工程项目建设以下进度要求的能力：

1）总承包单位中标后 30 个日历日内完成初步设计（含初步设计图）。

2）总承包单位中标后 90 个日历日内完成全部土建施工图。

3）总承包单位中标后 130 个日历日内完成全部安装施工图。

五、技术要求

（一）设计阶段和设计任务

1. 初步设计内容

初步设计主要包括以下内容：

1）总论：项目概况、工程构成、工程管理、工程轮廓进度、工程概况指标、初步设计特殊说明、初步设计附图、图纸清单、设备清单等。

2）总图运输：概述、全厂总体规划、总平面布置、竖向设计及场地雨排水、道路及交通运输、管线与沟道布置、全厂工艺用水取水泵房及外管、绿化及厂区风景、保卫及消防设计、主要数据及主要工程量等。

3）生活垃圾焚烧及热能回收系统：概述、生活垃圾及热能回收系统、垃圾焚烧及热能回收系统主要设备、焚烧及热能回收系统的设备布置等。

4）烟气净化处理系统：概述、烟气净化处理系统、烟气净化处理系统主要设备、烟气净化处理系统的设备布置等。

5）热力系统：概述、热力系统及热力设备、系统运行方式及启动与停炉、热力系统的经济性分析和经济指标、热力系统的设备布置等。

6）给水排水及污水处理系统：概述、给水系统、冷却水系统、取水系统、污水处理系统、消防水系统、生活水系统、排水系统、给水排水及污水处理系统管道设计等。

7）辅助工艺系统：概述、物料管理系统、灰渣处理系统、飞灰处理系统、化学水处理系统、压缩空气系统、燃油系统、起重设备、通风及空调系统、化验分析设备、通信及消防报警系统等。

8）电力系统：概述、电厂接入系统、继电保护及安全自动装置、电力系统调度与通信、电气主接线、短路电流计算、电厂电气部分、照明等。

9）控制系统：概述、控制水平和控制室、集散控制系统、过程检测和控制的主要内容、工业电视监视系统、检测和控制系统动力消耗等。

10）建筑及结构工程：概述、建设条件及设计主要技术数据、建筑工程、结构工程、基础工程等。

11）环境保护：概述、烟气污染防治、废水污染防治、固体废弃物污染防治、处理措施、噪声污染防治、恶臭污染防治、厂区环境美化、环境管理及监测等。

12）消防：概述、设计依据、设计规范、消防总平面布置与交通、建筑物与构筑物要求、消防给水和电厂各系统的消防系统、火灾报警及控制系统等。

13）劳动安全及工业卫生：设计依据、工程概况、建筑及场地布置、生产过程中职业危险与危害因素分析、劳动安全卫生设计中采用的主要防范措施、机构设置及人员配备等。

14）节能：能耗指标计算、主要节能技术措施、能源利用及评述、节水等。

15）初设概算。

2. 施工图设计内容

按住建部《建筑工程设计文件编制深度规定》（2016 版）和《市政公用工程设计文件编制深度规定》（2013 版）中有关施工图设计编制文件深度要求，对施工图设计分析的进行编制。主要包括以下几方面内容：

1）一般要求。

2）总平面。

3）建筑。

4）结构（含网架设计）。

5）建筑电气。

6）给水排水（含渗滤液处理系统、生活污水处理系统、工业污水处理系统）。

7）采暖通风与空气调节。

8）热能动力（垃圾焚烧系统、热能回收系统、烟气净化系统、热力系统、电气系统、控制系统、辅助工艺系统等）。

9）各专业计算书和电算资料。

对于招标方自行采购的专业设备，设备供应商提供设计文件和图纸的，设计单位必须对其进行审核和技术把关，并承诺对全系统的设计质量负总责。

3. 竣工图绘制内容

在投标单位和监理单位的配合下，收集、汇总工程建设期间的设计变更资料，进行竣工图的绘制并提交总包方和招标单位。

4. 其他服务内容

1）提供主要辅助设备及系统的招标参数。

2）协助招标方进行设备采购技术协议的签订。

（二）设计标准和规范

1）本工程建设一座垃圾处理规模为2250t/天的生活垃圾焚烧厂，配置3条750t/天焚烧线，且每条焚烧线配置一条余热锅炉及烟气净化系统。项目分两期建设，其中一期建设规模为1500t/天，配置2条750t/天焚烧线+2台25MW凝汽式汽轮发电机组（配套发电机2×25MW），公辅设施（给水排水系统、压缩空气、除盐水、渗滤液处理系统、石灰浆制备、SNCR等）容量按1500t/天规模设计，并预留二期建设用地。二期建设规模为750t/天，配置1条750t/天焚烧线。主辅系统和设施的配套要求、工程建设标准、工艺设计、设备选型、车间布置和总体布置等结合类似工程经验优化设计，总体技术处于国内行业领先水平。

2）主要焚烧设备、烟气处理设备和仪表设备，均采用国际、国内知名品牌，并在我国有较多业绩的产品，确保焚烧发电厂安全可靠、运行管理便利、技术经济可行。

3）总图设计应根据生产流程、交通运输、环境保护以及消防等因素，结合本项目的场地条件，进行总体布局，体现厂房紧凑、烟囱美观、与周边环境相协调；厂区绿化应达到净化空气、减少污染、防止噪声、美化环境的功能；厂区应设置雨水收集和利用系统。

4）烟气排放标准全面严于《生活垃圾焚烧污染控制标准》（GB 18485—2014），设计满足环保部“装、树、联”要求。

5）本项目工业废水经处理达标后全回用。

6）垃圾渗沥液处理系统处理标准为处理后水质达到《城市污水再生利用工业用水水质》（GB/T 19923—2005）后，作为循环冷却水补充水回用，渗沥液处理中产生的浓缩液回喷至焚烧炉内焚烧处理或作为石灰浆制备补充水，渗滤液系统达到零排放。

7）炉渣热灼减率≤3%，炉渣应优先考虑综合利用。项目产生的飞灰经稳定化及固化处理并满足《危险废物鉴别标准—浸出毒性鉴别》（GB 5085.3—2007）的浸出毒性标准要求后，送卫生填埋场处理。

8）对恶臭源进行全方位、多层次、全过程控制，要求厂界达到《恶臭污染物排放标准》（GB 14554—1993）中的厂界二级标准。

9）采用消声、吸声、减振、墙体隔声、绿化隔离等措施控制噪声，选用低噪声设备。噪声控制执行《工业企业厂界环境噪声排放标准》（GB 12348—2008）中的Ⅱ类标准。

10）自动控制水平应达到国内领先水平，控制系统应留有与远程监管系统连接的接口，能实现主要运行参数的远程实时监视。

（三）技术标准和要求

本项目依据的法规、规范、标准和规程主要为工艺系统、电气系统、结构设计、污染防治系统、消防及安全系统等方面执行的法律与技术标准。具体可见招标文件。

（四）质量标准

1）设计质量标准：满足现行的建筑工程建设标准、设计规范和本招标文件要求的设计深度。本项目设计力争取得省部级设计奖项，各投标单位可对此做出承诺。

2）施工质量标准：符合国家现行有关工程质量验收规范的合格标准。

（五）样品

1）涉及结构安全的试块、试件以及有关材料：承包人在项目开工前，提交整个项目的检验批计划（包括试块、试件以及有关材料），报送监理人批准，并需经过发包人同意。

2）其他需报送样品的材料或设备（种类、名称、规格、数量）：承包人在本项目主要材料和工程设备采购前，将各项主要材料和工程设备的供货人及品种、技术要求、规格、数量和供货时间等相关文件报送监理人批准，监理人在收到文件后于7日内完成核查，并报发包人同意。承包人应向监理人提交其负责提供的材料和工程设备的质量证明文件，其质量标准应符合国家强制性标准、规范、施工图审机构审查合格的图纸等规定。

（六）发包人提供的其他条件

1）施工场地及毗邻区域内的供水、排水、供电、供气、供热、通信、广播电视等地下管线资料、气象和水文观测资料，相邻建筑物和构筑物、地下工程的有关资料，以及其他与建设工程有关的原始资料。

2）定位放线的基准点、基准线和基准标高。

3）发包人取得的有关审批、核准和备案材料，如规划许可证。

4）其他资料。

六、竣工试验

1）投标单位的工程范围包含单体调试、分系统调试及整套启动调试工作。

2）调试期间，投标单位应成立专门配合调试的工作机构，并配备充足的管理和技术工人以及辅助工，并组织好各设计、设备、施工分包单位人力和物力资源，及时完成有关调试工作。

3）单体调试、系统调试、整套启动调试阶段的设备与系统的隔离、清理、清扫、维护、检修和消缺，以及调试过程中临时设施的制作安装和系统修改、恢复等，属投标单位的工作范围。

4）系统和整套启动调试阶段，投标单位必须及时下达安排工作人员对设备和系统进行检查、修理、测试、试验、消缺、修改、恢复等工作指令。

5）分系统调试期间所需各种生产物资及水、电，均由投标单位负责免费提供。

6）在调试阶段为设备、系统、机组进行性能测试等工作而安装（含拆除）临时的或永久的设施（各种试验用测点、导管等）和系统，属投标单位的工作范围。

7）整个调试过程中发现的投标单位工程范围内的有关设计、设备（招标方提供的除外）、施工、功能方面的质量问题和缺陷，投标单位必须及时组织进行处理和整改，并全部承担费用，不得影响调试工作的正常进行。

拟配备本项目的试验和检测仪器设备表见表E.5。

表E.5　本项目的试验和检测仪器设备表

序号	仪器设备名称	型号规格	数量	国别产地	制造年份	已使用台时数	用途	备注

七、竣工验收

竣工验收至少包括以下依据：

1）遵义市东部城区生活垃圾焚烧发电项目工程设计采购施工总承包合同、技术协议、投标文件、招标文件等。

2）遵义市东部城区生活垃圾焚烧发电项目工程申请报告及批复。

3）遵义市东部城区生活垃圾焚烧发电项目可行性研究报告。

4）遵义市东部城区生活垃圾焚烧发电项目环境影响评价报告及批复、节能报告及批复、安全预评价及批复、职业卫生评价及批复等文件。

5）经过审查的设计文件：初步设计报告、施工图及变更。

6）环保、电力、安全、节能、职业卫生、防雷、消防等政府有关部门检查提出的整改要求。

7）工程建设有关强制性规定。

8）国家和电力行业有关垃圾焚烧发电厂设计、施工的规程规范、标准、规定。

9）有关设备、施工技术协议。

10）机组调试报告。

11）其他有必要提供的相关文件。

对竣工验收发现的投标单位工程范围内的有关设计、设备、施工、功能方面的质量问题和缺陷，投标单位必须及时组织进行处理和整改，不得影响竣工验收工作和正常生产。

政府有关专项验收检查提出的整改要求，投标单位必须无条件进行整改。

八、文件要求

（一）设计文件

1. 设计文件的份数和提交时间

1）规划设计阶段设计文件、资料和图纸的份数和提交时间：6 份，按经发包人、监理人审核的设计进度计划完成后 3 日内，且不影响项目施工进度的时间内提交。

2）初步设计阶段设计文件、资料和图纸的份数和提交时间：6 份，按经发包人、监理人审核的设计进度计划完成后 3 日内，且不影响项目施工进度的时间内提交。

3）技术设计阶段设计文件、资料和图纸的份数和提交时间：6 份，按经发包人、监理人审核的设计进度计划完成后 3 日内，且不影响项目施工进度的时间内提交。

4）施工图设计阶段设计文件、资料和图纸的份数和提交时间：6 份，按经发包人、监理人审核的设计进度计划完成后 3 日内，且不影响项目施工进度的时间内提交。

2. 设计审查

1）投标单位的设计责任包括方案设计、初步设计、施工图设计、现场服务、设计变更、竣工图编制等与工程设计有关的全部内容和工作。

2）投标单位的设计文件及变更需报招标单位审查同意。

3）投标单位的设计文件与合同约定和初步设计文件有偏离的，应当单独说明，招标单位审查同意的，在工程结算时按照合同约定对该偏差的价款进行处理。

4）招标单位不同意投标单位提供的设计文件的，应通过监理人以书面形式通知投标单位，并说明不符合合同要求的具体内容。投标单位应根据监理人的书面说明，对投标单位文件进行修改后重新报送招标单位审查，审查期重新起算。招标单位同意投标单位提出的设计变更，但是不承担由此变更引起的一切费用或损失，该一切费用或损失由投标单位承担。

5）合同约定的审查期满，招标单位没有做出审查结论也没有提出异议的，视为投标单位的设计文件已获招标单位同意。

6）设计文件需政府有关部门审查或批准的，招标单位应在审查同意投标单位的设计文件后，向政府有关部门报送设计文件，投标单位应予以协助。对于政府有关部门的审查意见，不需要修改招标单位要求的，投标单位需按该审查意见修改投标单位的设计文件；需要修改招标单位要求的，招标单位应重新提出招标单位要求，投标单位应根据新提出的招标单位要求修改投标单位文件。政府有关部门审查批准的，投标单位应当严格按照批准后的投标单位的设计文件设计和实施工程。

7）投标单位的设计文件不需要政府有关部门审查或批准的，投标单位应当严格按照经招标单位审查同意的设计文件设计和实施工程。

8）招标单位和政府有关部门的审查，并不减轻或免除投标单位关于工程安全、质量、技术经济指标和性能等方面应承担的任何责任。

（二）沟通计划

1）与发包人沟通：承包人以项目经理为首的项目部团队应与业主及初步设计单位加强交流沟通，充分理解业主要求及初步设计意图，深入研究设计任务书及初步设计图，就初步设计中不符合国家及当地政府规定的部分形成书面的合理性建议及优化方案报与业主。

2）与政府相关部门沟通：承包人需协助发包人与规划部门沟通（主要包括规划主管领导、规划方案评审专家之间的沟通），协助发包人解释、获取及分析方案设计报审过程中的意见，进行相关的设计修改，提供包括建筑方案设计图、面积计算、效果图及其他所需资料。

3）与分包人沟通：承包人应在项目总承包合同签订后一周向发包人报送详细的与分包人沟通计划。根据施工计划，就项目进度、成本、安全、质量、资源存在问题和采取措施等方面的内容，与分包人进行沟通。承包人应在每周例会上以工作报告的形式报给发包人。

4）与供应商沟通：承包人应在项目总承包合同签订后一周向发包人报送详细的与供应商沟通计划。沟通计划包括合同签订后供应商的详细履约计划，如订单交付时间节点、供货安排、运输计划、交付流程等。承包人应在每周例会上以工作报告的形式将上述内容报给发包人。

5）与工程师沟通：承包人应在项目总承包合同签订后一周向发包人报送详细的与工程师沟通计划。根据项目工程师管理方案，报告中明确与工程师沟通的具体行为方式，如工地例行检查、周例会、每日工作日志备案等内容。承包人应在每周例会上以工作报告的形式将上述内容报给发包人。

6）与设计部门沟通：承包人应安排其所属的设计部门，根据项目进展，每周汇报设计重点工作。承包人应在每周例会上以工作报告的形式将上述内容报告发包人。

7）与采购部门沟通：承包人应安排其所属的采购部门，制订采购计划并执行。承包人应在每周例会上以工作报告的形式将上述内容报告发包人。

8. 与施工部门沟通：开工前，承包人应根据最新的设计和采购进度情况编制项目施工进度计划，以及根据施工进展提前进行各项调整的计划。承包人应在每周例会上以工作报告的形式将上述内容报告发包人。施工计划得到发包人的书面审批意见后方可实施。

（三）风险管理计划

1. 风险识别

承包人要对项目进行风险识别，并列出风险管控清单。风险识别包括并不限于以下风险：

1）政治经济风险：工期拖延或设计变更带来的成本增加，税率变化等。

2）技术与环境风险：新技术和新材料的使用，技术文件和标准规范的变化，设计文件或施工技术专业能力不符合项目建设要求；地质条件风险；勘察资料与现场条件不符；水文气象条件风险，出现异常天气，影响工期。

3）项目管理风险：项目团队人员的稳定性，项目团队人员的经验、专业能力和经营管理水平，施工过程的质量、工期、成本、业主要求的变更及其相互协调等风险。

4）合同风险：合同签订中，会约定一些免责条款或对总承包人不利的条款。

5）分包人的风险：项目涉及的技术专业较多，既有项目设计，又有设备采购和施工。因此，项目进行过程中会进行专业分包。分包未经业主同意或分包人实力不足、资信差、抗风险能力差，都会将总承包人置于不利环境中，加大总承包人的风险。

6）设计阶段的风险：设计文件是总承包人项目管理中采购和施工工作的基础。设计文件不仅要满足业主合同要求的项目功能和质量要求，还要关注与采购、施工之间进度、质量和造价的衔接问题。

7）设备采购阶段的风险：在 EPC 总承包项目中，采购占有很大比例。在设备和材料采购中，可能出现供货商供货延误，所采购的设备材料规格存在瑕疵，货物在运输途中遭受外力以致发生损坏、灭失等。设备采购中存在如下风险：①设备价格风险。由于利益驱使，材料供应商有可能在投标前互相串通，有意抬高价格，使采购方以高于市场价购买相关设备材料。②设备质量风险。在物资采购中，激烈的市场竞争导致供应商实际提供的产品与样品不一致，以次充好，材料质量不符合要求，致使采购方承担损失或违约责任。③设备贬值风险。采购过程中，设备物资因行业技术不断进步，采购人员的专业知识水平未能及时更新，进行大批量采购时引起设备采购贬值，进而造成损失。④采购合同欺诈风险。⑤总承包人制订的采购计划不科学、不周全等，导致采购中发生采购数量不全、供货时间不合理、质量标准不明确等情况，使采购计划发生较大偏差而影响整个采购工作。⑥采购合同订立不严谨，权利义务不明确，合同管理执行混乱等。⑦采购责任风险。采购人员责任心不强、管理水平有限，导致采购的设备不符合合同要求。

8）施工阶段的风险：施工是工程项目建设过程中的重要阶段，将项目由概念转化为实体。施工过程中存在技术管理、进度、HSE 管理等方面的风险。

9）调试运行阶段：需要调试运行合格或性能考核合格后，才能验收移交，完成“交钥匙”工程。调试运行阶段主要存在如下风险：设备单机试运是否合格，调试团队能力是否满足工程项目合同需求，设备的性能是否满足设计选型，运行是否稳定。

承包人在识别出上述风险后，需要对其进行风险衡量和风险评价，并就最终的风险评估结果选择合适的风险处理方案，最后在综合考虑项目的各方面情况后，采取正确的风险管控措施，对项目风险实施整体、均衡管理。

2. 风险管控

发包人要求承包人加强对项目管理风险的管控，具体要求如下：

1）优先选择稳定性较强的员工进入项目团队，同时采取各种措施强化团队的稳定性。后续还需加强设计、采购、施工环节的协调，同时加强与设计单位的联系，合理安排设计出图，厘清设备采购和现场施工之间的关系，确保设计图、设备、材料满足现场施工进度，降低分包索赔风险。在进行设计优化，满足规范和EPC总承包合同要求的情况下，减少工程量，同时加强设计质量，减少设计变更，节省费用，降低项目工期延迟、额外费用产生的风险。

2）对合同风险的管控：制定合同评审流程及操作细则，在合同签订过程中，按照合同评审流程进行审阅，对合同范围和条款要求明确。关于工期、质量、违约责任等条款对总承包人不利的，尽量与业主协商，按照公平对等原则进行调整。业主不同意修改，而总承包人也愿意承接此项目的，则需在合同履行过程中对每个节点加强控制，避免风险事件发生、增加损失。

3）对分包人的风险管控：制定分包管理制度，加强对分包人的资信审查，同时选择信誉比较好，实力比较强的分包人合作。在进行分包招标时，需要对项目的造价、设备质量、工程质量和工期等关键因素有效控制，在分包合同中明确分包人的权利和义务，以保证EPC总承包合同的顺利履行。

4）设计阶段的风险管控：总承包人应加强与设计单位的沟通，在设计方案、初设、施工图阶段对其设计质量与深度、设计资料与进度、设计审查与评审等方面均需加强管理，加强内部设计检查及复核工作；在施工阶段，总承包人要求设计单位安排主要设计人员常驻现场，及时进行施工配合和设计修改完善。

5）设备采购阶段的风险管控：总承包人应建立自己的合格供应商库，对低价位、低风险的常规型设备材料要多加关注，降低采购成本；对高价位、低风险的设备材料，应通过供应商之间的竞争降低采购价格；对低价位、高风险的设备材料，应该选用质量较好的国内外知名品牌产品；对高价位、高风险的设备材料，倾向于通过与供应商长期合作来降低成本和风险。同时，总承包人还要根据自身的采购管理水平，加强廉政建设和建立反贪污反舞弊制度，在关键设备的采购过程中增加监察节点。

6）施工阶段的风险管控：制定项目管理办法，配备行业内高素质优质人才，配合设计单位对项目工程制定出科学优质的设计方案与施工图，并对施工单位的各个部门与环节进行责任分配；施工单位需要结合法律法规、部门规章、国家及行业政策，加强项目工程施工安全、质量及进度等方面的管理，并制定相应的监督检查机制，尽可能地降低风险发生的概率以及风险的影响后果。

7）调控运行阶段的风险管控：在源头上需要选择质量过硬可靠的产品，在施工时要严格按照设计图进行安装，最后选择资质可靠、经验丰富的调试团队，按照国家规范、合同约定、业主要求进行调试运行。

(四) 竣工文件和工程的其他记录

1) 竣工验收报告的格式、份数和提交时间：按市相关部门管理规定。

2) 完整竣工资料的格式、份数和提交时间：工程项目竣工验收通过后，在30个工作日内向发包人报送竣工档案。

3) 承包人在与发包人办理结算手续前，必须依据当地的规定及发包人的要求，完成所有资料文档的移交。

4) 承包人向发包人提报完整的工程竣工资料、竣工图八套及相应的电子文档资料（含竣工资料及竣工图，必须准确真实地反映实际施工情况）。属于发包人应提供的资料，由发包人负责及时提供给承包人。

(五) 操作和维修手册

由承包人指导竣工后试验和试运行考核试验，并编制操作维修手册的，发包人应责令其专利商或发包人的其他承包人向承包人提供其操作指南及分析手册，并对其资料的真实性、准确性、齐全性和及时性负责，专用条款另有约定时除外。发包人提交操作指南、分析手册，以及承包人提交操作维修手册的份数、提交期限，在专用条款中约定。

(六) 其他承包人文件

无。

九、工程项目管理规定

(一) 质量

1. 总体要求

1) 本工程应采用先进、可靠、经济、成熟的垃圾焚烧发电工艺，总体建设目标：技术先进成熟、建筑适用美观、设备稳定可靠、运营安全环保、维护方便节省、处理效果达标、管理科学先进、环境友好协调。

2) 承包方应提出最优的设计方案，经发包方确认后采用。承包方应对系统的设计、设备的采购、施工、调试、全厂工艺性能及经济技术指标负责，发包方有关设计、设备制造、施工等方面的审查、检查、验收都不减轻或解除承包方的任何责任。

3) 本工程必须按照《生活垃圾焚烧厂评价标准》(CJJ/T 137—2019) 中AAA标准的要求进行设计和建设。

4) 本要求中提出了最低的技术要求，并未规定所有的技术要求和适用标准，承包方应提供满足本文件和所列标准要求的高质量的设计、设备、施工、调试及其他服务。对国家有关设计、安全、消防、环保等强制性标准，必须满足其要求。

5) 承包方应满足本技术要求中的所有要求。如果发生矛盾或出现前后描述不一致的地方，以更严格的要求为准。

6) 项目核准批复、项目可行性研究报告、环境影响评价报告及批复、节能评估报告及批复、安全预评价及批复、职业卫生评价及批复、水土保持报告及批复等文件的有关要求必须完全满足。

7) 承包方需自觉执行国家有关工程建设质量管理的规定和要求，并服从发包方和监理单位的质量管理和考核。

2. 工程质量目标

1）合格。其中设计质量满足国家现行行业规范及标准要求，力争获得省部级设计奖项；施工质量按照《电力建设施工质量验收及评价规程》（DL/T 5210）执行，达到合格标准；设备质量满足国家有关规定和合同及技术协议的要求。工程满足招标单位有关工程功能和性能的要求，达到遵义市优质建设工程的标准。

2）工程建设质量总评分≥90分，所有单位工程全部合格，主体单位工程优良；建筑单位工程优良率≥90%，安装单位工程优良率≥95%；机组调试的质量检验分项合格率100%；机组试运的质量检验整体优良率>95%。

3）主要“阶段质量”一次成功，受监焊口一次合格率≥95%。

4）以垃圾焚烧发电厂投入运营运行标准进入72h+24h满负荷试运，其间主要仪表投入量100%，保护投入率100%，自动投入率100%；烟气在线监测投入率100%，汽水品质分阶段100%合格，烟气排放指标合格率投入率100%，机组真空严密性试验值<0.3kPa/min，高压加热器投入率100%，机组最大振动瓦振≤30μm；机组平均负荷率≥95%（按垃圾量折算），机组满负荷时间>80h（垃圾焚烧炉），连续满负荷运行时间>60h（垃圾焚烧炉），满负荷试运启动次数不大于2次。

5）主要辅机试运指标达到验评标准优良级。

6）全部辅机试运指标优良率100%。

7）机组满负荷运行时，当环境温度≤25℃时，保温外表层温度≤50℃；当环境温度>25℃时，保温外表层温度≤25℃+环境温度。

8）油系统清洁度：润滑油达到MOOG 3级。

9）烟气净化处理系统设备投入正常，效率符合设计值。

10）空气预热器漏风系数≤厂家保证值。

11）建设过程中杜绝重大质量事故。

12）试运结束后，未完工程、基建痕迹、投产缺陷为零。

13）机组移交试生产后，不因施工原因停机。

14）机组移交后一个月内移交竣工资料，文件资料齐全、完整、准确、系统，达到工程档案管理要求。

15）工程主要技经指标、机组整套试运综合质量主要指标和施工工艺达到国内同类型垃圾焚烧发电厂机组先进水平。

16）工程建设过程中各项行政质量检查、验收通过。投标单位主动接受各项检查、验收，对提出的各项整改要求，必须无条件按时整改合格。

17）试生产期间环保验收、消防验收、特种设备验收、电力质检验收、防雷验收、水保验收、安全验收、职业卫生验收、档案验收等专项验收和总体竣工验收全部达标通过。

（二）进度

自中标通知书发出起18个月内通过72h+24h试运行。

1. 总体要求

工程施工工期自招标单位和监理单位共同确认的开工日期起18个月内通过72h+24h试运行止。投标单位应精心组织，保证工程进度，达到遵义市政府关于接收、处理垃圾的时间要求。

2. 里程碑进度计划要求

合同签订后一个月内，招标单位将下发经过审批的里程碑进度计划。

3. 合同进度计划

投标单位应在合同生效后 15 天内，依据里程碑进度计划，编制工程总进度计划和工程实施方案说明报送监理人审批。工程总进度计划和工程实施方案应分工程准备、勘察、设计、采购、施工、初步验收、竣工验收、缺陷修复和保修等分阶段编制详细细目。监理人应在 7 天内批复投标单位。经监理人批准的工程总进度计划（称合同进度计划），作为控制本合同工程进度的依据，并据此编制年、季和月进度计划（提交纸介质文档和电子文档）报送监理人审批。在工程总进度计划批准前，应按签订协议书时商定的进度计划和监理人的指示控制工程进度。

4. 单位工程（或分部工程）进度计划

1）投标单位在开工前，根据本项目的具体特点，编制详细的单位工程（或分部工程）进度计划报监理人审批，并严格按招标单位和监理人批准的分部工程施工计划实施。

2）投标单位应在向监理人报送施工总进度计划的同时，向监理人提交按月的资金流估算表。该估算表应包括投标单位计划可从招标单位处得到的全部款额，以供招标单位参考。此后，如监理人提出要求，投标单位还应在监理人指定的期限内提交修订后的资金流估算表。

5. 合同进度计划的修订

1）不论何种原因造成工程的实际进度与合同进度计划不符，投标单位均应按监理人的指示，在 7 天内提交一份修订的进度计划报送监理人审批，监理人应在收到该进度计划后的 7 天内批复投标单位。批准后的修订进度计划作为实际实施的合同进度计划。

2）不论何种原因造成施工进度计划拖后，投标单位均应按监理人的指示，采取有效措施赶上进度。投标单位应在向监理人报送修订进度计划的同时，编制一份赶工措施报告报送监理人审批。赶工措施应以保证工程按期完工为前提，调整和修改进度计划。

6. 月进度报告投标单位应编制月进度报告，一式六份，提交给招标单位。第一次报告所包括的期间应自开工日期起至当月的月底止。以后应每月报告一次，在每次报告期最后一天后 7 日内报出。报告的主要内容应按招标单位要求编制。

（三）支付

发包人建设工程的工程进度款按如下完成进度节点予以支付：承包人每月 25 日向监理单位报送当月已完合格工程量报告及计量，经参建单位审核后，发包人确认形成月度计量支付审核报告，发包人按参建单位确认的月度计量报告，确认是否达到付款节点要求，达到付款节点要求 15 日内支付进度款。

方案及工程设计费支付按照设计进度，完成初步设计经参建单位审核认可后，支付方案及工程设计费总额的 30%；完成主厂房建筑和结构专业全部施工图并经施工图审查单位审核通过后，支付方案及工程设计费总额的 20%；完成全部土建施工图设计经审核确认后，支付方案及工程设计费总额的 20%；完成全部工艺施工图设计经审核确认后，支付方案及工程设计费总额的 15%；工程竣工资料全部完善并经参建单位审核认可提交后，支付剩余全部方案及工程设计费。

建筑安装工程费付款节点见表 E. 6。

表 E.6　建筑安装工程费付款节点

序　号	付款节点名称	付款比例	备　注
1	主厂房垃圾坑 ±0.00m 施工完	20%	参建各方审核认可后
2	主厂房锅炉基础交付安装	10%	参建各方审核认可后
3	锅筒吊装	5%	参建各方审核认可后
4	烟囱结构到顶	5%	参建各方审核认可后
5	主厂房结构到顶	5%	参建各方审核认可后
6	锅炉水压试验完成	10%	参建各方审核认可后
7	主厂房建筑装饰工程施工完成	10%	参建各方审核认可后
8	倒送电完成	5%	参建各方审核认可后
9	主厂房屋面网架及金属板外墙封闭施工完成	10%	参建各方审核认可后
10	首次点火	5%	参建各方审核认可后
11	首次并网	3%	参建各方审核认可后
12	72h +24h 完成	2%	参建各方审核认可后
小计		90%	

注：付款比例的计算基数应包含暂列金和暂估价。

本工程要求　20××年×月×日达到整套启动条件，具体工期有以下三个考核节点要求：

第一个节点：20××年×月×日主厂房锅炉基础交付安装。

第二个节点：20××年×月×日主厂房结构到顶。

第三个节点：20××年×月×日主厂房屋面网架及金属板外墙封闭施工完。

承包人未能按期完成节点施工或合同范围内施工的，发包人有权扣除违约金，违约金标准为：如承包人不能按期完成第一个节点工程，发包人暂扣承包人进度款500万元；如承包人按期完成第二个节点工程，则返还承包人第一个节点暂扣的所有进度扣款；如承包人不能按期完成第二个节点工程，发包人加扣承包人进度款500万元；如承包人按期完成第三个节点工程，则返还承包人第一、二个节点暂扣的所有进度扣款；如承包人不能按期完成第三个节点工程，发包人加扣承包人进度款500万元。

1）方案及工程设计费为固定总价一次包干，根据分阶段出图的进度，按约定的支付分解进行支付，设计文件全部完成经招标单位审查确认后，招标单位应全额支付方案及工程设计费。

2）双方违约责任如下：

中标单位违约情况包括：因中标单位原因不能按约定的竣工日期或经同意顺延的工期竣工，应承担违约责任；因中标单位原因工程质量达不到协议书约定的质量标准，应承担违约责任；中标单位的其他违约责任。

招标单位违约情况包括：招标单位不按时支付工程预付款，应承担违约责任；招标单位不按合同约定支付工程款，导致施工无法进行，应承担违约责任；招标单位无正当理由不支付工程竣工结算价款，应承担违约责任；招标单位的其他违约责任。

中标后，合同双方应本着公平、公正的原则，在合同中协商订立具体的违约责任。

3）竣工结算及施工设计变更情况如下：

工程竣工后，发承包双方应在合同约定时间内按照合同约定的工程价款、价款调整内容、索赔与现场签证等事项，办理工程竣工结算。

实施过程中，如因发包方原因发生重大设计变更（指涉及结构、标准、规模的设计变更。不包括施工过程中遇到的地下障碍物处理或地基处理，投标企业应将此部分费用考虑进投标报价中），由该工程设计单位出具正式变更图纸或变更说明，经发包方审核同意签字，由监理方审核并经招标单位认可后，送达投标单位，方可由投标单位施工。由此增加的工程项目的计价方法如下：

① 概算中已有适用于变更工程的价格，按概算已有的价格变更合同。

② 概算中有类似适用于变更工程的价格，参照概算已有的价格变更合同。

③ 概算中没有适用于变更工程的价格，由投标单位提出，经招标单位确认后调整。

如招标单位、投标单位、监理单位三方对变更不能达成一致意见，工程不得因此停顿。若发生未经招标单位和监理同意并签证而形成的擅自变更，无论原因如何，一切费用均由承包方自行承担。

4）其他有关要求及说明：

凡投标单位使用不合格产品或材料，因此而造成的工程质量事故或人身伤亡事故，均由投标单位承担全部责任。

工程施工中，因投标单位原因出现质量不合格的分部分项工程，经招标单位或质检部门提出进行返工的，其全部费用由投标单位负责。

投标单位应对本工程制定相应的安全措施，还要对职工进行安全教育。凡因违反安全措施而造成的罚款、人身伤亡事故或伤害他人事故，均由投标单位负责。

本工程施工现场的卫生标准、噪声标准应满足国家有关规定并制定措施。施工过程中因违反规定造成的损失和发生的费用由投标单位负责，并承担相应的处罚。

本工程保修按《建设工程质量管理条例》中的规定执行。

5）履约担保及支付担保情况如下：

履约担保的金额：履约保证金为签约合同价款的10%；中标公示无异后，中标单位与招标单位项目负责人及时草拟合同，在接到中标通知书后7天内提交至招标单位指定账户。若实行银行保函担保或担保公司保函，也必须在接到中标通知书后7天内将银行保函单交付到招标单位指定地点。中标单位如在约定的7天时间内未按规定提交履约保证金或履约保函的，视同放弃本次中标。

联合体中标的，其履约担保由联合体各方或者联合体中牵头人的名义提交。

履约保证金和履约保函的返还方式如下：

① 工程量完成50%以上退回50%的履约保证金（无息），本工程竣工验收合格28天后一次性退回剩余的履约保证金（无息）。

② 投标单位履约保函有效期为工程竣工验收合格后28天。

（四）HSE（健康、安全与环境）管理体系

1. 职业健康、安全与环境管理

1）遵守有关健康、安全与环境保护的各项法律规定，是双方的义务。

2）职业健康、安全与环境管理实施计划。承包人应在现场开工前或约定的其他时间

内，将职业健康、安全与环境管理实施计划提交给发包人。该计划的管理、实施费用包括在合同价格中。发包人应在收到该计划后 15 日内提出建议，并予以确认。承包人应根据发包人的建议自费修正职业健康、安全与环境管理实施计划的提交份数和提交时间，在专用条款中约定。

3）在承包人实施职业健康、安全与环境管理计划的过程中，发包人需要在该计划之外采取特殊措施的，按变更和合同价格调整的约定，作为变更处理。

4）承包人应确保其在现场的所有雇员及其分包人的雇员都经过足够的培训并具有经验，能够胜任职业健康、安全与环境管理工作。

5）承包人应遵守所有与实施本工程和使用施工设备相关的现场职业健康、安全与环境保护的法律规定，并按规定各自办理相关手续。

6）承包人应为现场开工部分的工程建立职业健康保障条件、搭设安全设施并采取环保措施等，为发包人办理施工许可证提供条件。若因承包人原因导致施工许可的批准推迟，造成费用增加或工程关键路径延误，由承包人负责。

7）承包人应配备专职工程师或管理人员，负责管理、监督、指导职工的职业健康、安全与环境保护工作。承包人应对其分包人的行为负责。

8）承包人应随时接受政府有关行政部门、行业机构、发包人、监理人的职业健康、安全与环境保护检查人员的监督和检查，并为此提供方便。

2. 现场职业健康管理

1）承包人应遵守适用的职业健康的法律和合同约定（包括对雇用、职业健康、安全、福利等方面的规定），负责现场实施过程中其人员的职业健康和保护。

2）承包人应遵守适用的劳动法规，保护其雇员的合法休假权等合法权益，并为其现场人员提供劳动保护用品、防护器具、防暑降温用品、必要的现场食宿条件和安全生产设施。

3）承包人应对其施工人员进行相关作业的职业健康知识培训、危险及危害因素交底、安全操作规程交底，采取有效措施，按有关规定提供防止人身伤害的保护用具。

4）承包人应在有毒有害作业区域设置警示标志和说明。发包人及其委托人员未经承包人允许、未配备相关保护器具，进入该作业区域所造成的伤害，由发包人承担责任和费用。

5）承包人应对有毒有害岗位进行防治检查，对不合格的防护设施、器具、搭设等及时整改，消除危害职业健康的隐患。

6）承包人应采取卫生防疫措施，配备医务人员、急救设施，保持食堂的饮食卫生，保持住地及其周围的环境卫生，维护施工人员的健康。

3. 现场安全管理

1）发包人、监理人应对其在现场的人员进行安全教育，提供必要的个人安全用品，并对他们所造成的安全事故负责。发包人、监理人不得强令承包人违反安全施工、安全操作及竣工试验和（或）竣工后试验的有关安全规定。因发包人、监理人及其现场工作人员的原因，导致的人身伤害和财产损失，由发包人承担相关责任及所发生的费用。工程关键路径延误时，竣工日期给予顺延。

因承包人原因，违反安全施工、安全操作、竣工试验和（或）竣工后试验的有关安全规定，导致的人身伤害和财产损失，工程关键路径延误时，由承包人承担。

2）双方人员应遵守有关禁止通行的须知，包括禁止进入工作场地以及临近工作场地的特定区域。未能遵守此约定，造成伤害、损坏和损失的，由未能遵守此项约定的一方负责。

3）承包人应按合同约定负责现场的安全工作，包括其分包人的现场。对有条件的现场实行封闭管理。应根据工程特点，在实施方案中制定相应的安全技术措施，并对专业性较强的工程部分编制专项安全实施方案，包括维护安全、防范危险和预防火灾等措施。

4）承包人（包括承包人的分包人、供应商及其运输单位）应对其现场内及进出现场途中的道路、桥梁、地下设施等，采取防范措施使其免遭损坏，专用条款另有约定除外。因未按约定采取防范措施所造成的损坏和（或）竣工日期延误，由承包人负责。

5）承包人应对其施工人员进行安全操作培训，安全操作规程交底，采取安全防护措施，设置安全警示标志和说明，进行安全检查，消除事故隐患。

6）承包人在动力设备、输电线路、地下管道、密封防震车间、高温高压、易燃易爆区域和地段，以及临街交通要道附近作业时，应对施工现场及毗邻的建筑物、构筑物和特殊作业环境可能造成的损害采取安全防护措施。施工开始前承包人须向发包人和（或）监理人提交安全防护措施方案，经认可后实施。发包人和（或）监理人的认可，并不能减轻或免除承包人的责任。

7）承包人实施爆破、放射性、带电、毒害性及使用易燃易爆、毒害性、腐蚀性物品作业（含运输、储存、保管）时，应在施工前10日以书面形式通知发包人和（或）监理人，并提交相应的安全防护措施方案，经认可后实施。发包人和（或）监理人的认可，并不能减轻或免除承包人的责任。

8）安全防护检查。承包人应在作业开始前，通知发包人代表和（或）监理人对其提交的安全措施方案，及现场安全设施搭设、安全信道、安全器具和消防器具配置、对周围环境安全可能带来的隐患等进行检查，并根据发包人和（或）监理人提出的整改建议自费整改。发包人和（或）监理人的检查、建议，并不能减轻或免除承包人的合同责任。

4. 现场环境保护管理

1）承包人负责在现场施工过程中保护现场周围的建筑物、构筑物、文物建筑、古树、名木，以及地下管线、线缆、构筑物、文物、化石和坟墓等进行保护。因承包人未能通知发包人，并在未能得到发包人进一步指示的情况下，所造成的损害、损失、赔偿等费用增加，和（或）竣工日期延误，由承包人负责。

2）承包人应采取措施，并负责控制和（或）处理现场的粉尘、废气、废水、固体废物和噪声对环境的污染和危害。因此发生的伤害、赔偿、罚款等费用增加和（或）竣工日期延误，由承包人负责。

3）承包人及时或定期将施工现场残留、废弃的垃圾运到发包人或当地有关行政部门指定的地点，防止对周围环境的污染及对作业的影响。因违反上述约定导致当地行政部门的罚款、赔偿等增加的费用，由承包人承担。

5. 事故处理

1）承包人（包括其分包人）的人员，在现场作业过程中发生死亡、伤害事件时，承包人应立即采取救护措施，并立即报告发包人和（或）救援单位，发包人有义务为此项抢救提供必要条件。承包人应维护好现场并采取防止事故蔓延的相应措施。

2）对重大伤亡、重大财产、环境损害及其他安全事故，承包人应按有关规定立即上报有关部门，并立即通知发包人代表和监理人。同时，按政府有关部门的要求处理。

3）合同双方对事故责任有争议时，依据约定的争议和裁决程序解决。

4）因承包人原因致使建筑工程在合理使用期限、设备保证期内造成人身和财产损害的，由承包人承担损害赔偿责任。

5）因承包人原因发生员工食物中毒及职业健康事件的，由承包人承担相关责任。

（五）沟通

承包人承担现场保安工作的，需负责与当地有关治安部门的联系、沟通和协调，并承担所发生的相关费用。沟通协调工作是项目管理的重点，也是保证工程顺利实施的关键。在整个工程实施过程中，建设项目组织与外部各关联单位之间，建设项目组织内部各单位、各部门之间，专业与专业之间，环节与环节之间，以及建设项目与周围环境、其他建设工程之间存在着相互联系、相互制约的关系和矛盾，特别是工期紧迫，需进行多头、平行作业的情况下尤为突出。因此，一个建设项目要取得成功，必须通过积极有效的组织协调、排除障碍、解决矛盾，以保证实现建设项目的各项预期目标。

（六）变更

1. 变更范围

（1）设计变更范围

1）对生产工艺流程的调整，但未扩大或缩小初步设计批准的生产路线和规模，或未扩大或缩小合同约定的生产路线和规模。

2）对平面布置、竖面布置、局部使用功能的调整，但未扩大初步设计批准的建筑规模，未改变初步设计批准的使用功能；或未扩大合同约定的建筑规模，未改变合同约定的使用功能。

3）对配套工程系统的工艺调整和使用功能调整。

4）对区域内基准控制点、基准标高和基准线的调整。

5）对设备、材料、部件的性能、规格和数量的调整。

6）因执行基准日期之后新颁布的法律、标准、规范引起的变更。

7）其他超出合同约定的设计事项。

8）上述变更所需的附加工作。

（2）采购变更范围

1）承包人已按发包人批准的名单，与相关供货商签订采购合同或已开始加工制造、供货、运输等，发包人通知承包人选择该名单中的另一家供货商。

2）因执行基准日期之后新颁布的法律、标准、规范引起的变更。

3）发包人要求改变检查、检验、检测、试验的地点和增加的附加试验。

4）发包人要求增减合同中约定的备品备件、专用工具、竣工后试验物资的采购数量。

5）上述变更所需的附加工作。

（3）施工变更范围

1）造成施工方法改变、设备、材料、部件、人工和工程量的增减。

2）发包人要求增加的附加试验、改变试验地点。

3）新增加的施工障碍处理。

4）发包人对竣工试验经验收或视为验收合格的项目，通知重新进行竣工试验。

5）因执行基准日期之后新颁布的法律、标准、规范引起的变更。

6）现场其他签证。

7）上述变更所需的附加工作。

（4）发包人的赶工指令　承包人接受了发包人的书面指示，以发包人认为必要的方式加快设计、施工或其他任何部分的进度时，承包人为实施该赶工指令，需对项目进度计划进行调整，并对所增加的措施和资源提出估算，经发包人批准后，作为变更处理。当发包人未能批准此项变更，承包人有权按合同约定的相关阶段的进度计划执行。

（5）调减部分工程　发包人的暂停超过45日，承包人请求复工时仍不能复工，或因不可抗力持续而无法继续施工的，双方可按合同约定以变更方式调减受暂停影响的部分工程。

2. 变更价款

1）合同中已有相应人工、机具、工程量等单价（含取费）的，按合同中已有的相应人工、机具、工程量等单价（含取费）确定变更价款。

2）合同中无相应人工、机具、工程量等单价（含取费）的，按类似于变更工程的价格确定变更价款。

3）合同中无相应人工、机具、工程量等单价（含取费），也无类似于变更工程的价格的，双方通过协商确定变更价款。

十、其他要求

（一）对承包人的主要人员资格要求

1. 施工项目经理的资格要求

1）项目经理1名，拟派驻本项目的项目经理必须具备建设行政主管部门颁发的机电工程专业一级建造师注册证书，具备有效的安全生产考核合格证（B类）、5年以上电力工程项目管理经验（投标人出具工作年限证明，投标单位提供任命书并在其中对工作年限加以承诺）（需注册在投标人本单位，复印件加盖投标人单位章），应提供最近6个月（2019年7月至2019年12月）由投标人为其缴纳的养老保险证明材料（复印件加盖投标人单位章）。

2）项目副经理2名，拟派驻本项目的项目经理须具备建设行政主管部门颁发的二级及以上建造师注册证书，具备有效的安全生产考核合格证（B类）、5年以上电力工程项目管理经验（投标人出具工作年限证明，投标单位提供任命书并在其中对工作年限加以承诺）（需注册在投标人本单位，复印件加盖投标人单位章），应提供最近6个月（2019年7月至2019年12月）由投标人为其缴纳的养老保险证明材料（复印件加盖投标人单位章）。

2. 项目施工技术负责人的资格要求

拟派驻本项目的项目技术负责人1名，具有工程技术类高级及以上技术职称，具备10年以上施工现场管理工作经验（投标人出具工作年限证明），应提供最近6个月（2019年7月至2019年12月）由投标单位为其缴纳的养老保险证明材料（复印件加盖投标人单位章）。可由副项目经理兼任或单独配置，投标单位提供任命书并在其中对工作年限加以承诺。

3. 项目施工管理机构及人员的资格要求

拟派驻本项目的主要人员（施工员 1 名、质量（检）员 1 名、安全员 2 名（项目安全总监 1 名）、材料员 1 名、资料员 1 名）应是投标人本单位的人员，除安全员外均须提供有效的上岗证等资格证书复印件，安全员提供有效的安全生产考核合格证（C 类）复印件，应提供最近 6 个月（2019 年 7 月至 2019 年 12 月）由投标单位为其缴纳的养老保险证明材料（复印件加盖投标人单位章）。

4. 设计负责人的资格要求

设计负责人具有注册设备工程师（动力）。

（二）相关审批、核准和备案手续的办理

1）承包人应在工程开工 20 日前，通知发包人向有关部门办理须由发包人办理的开工批准或施工许可证、工程质量监督手续，以及其他许可、证件、批件等。发包人需要时，承包人有义务提供协助。发包人委托承包人代办并被承包人接受时，双方可另行签订协议，作为本合同的附件。

2）承包人在施工过程中因增加场外临时用地，临时要求停水、停电、中断道路交通，爆破作业，或可能损坏道路、管线、电力、邮电、通信等公共设施的，应提前 10 日通知发包人办理相关申请批准手续，并按发包人的要求，提供需要由承包人提供的相关文件、资料、证件等。

3）因承包人未能在 10 日前通知发包人或未能按时提供由发包人办理申请所需的承包人的相关文件、资料和证件等，造成承包人窝工、停工和竣工日期延误的，由承包人负责。

（三）对项目业主人员的操作培训

承包人应遵守施工质量管理的有关规定，负有对其操作人员进行培训、考核、图纸交底、技术交底、操作规程交底、安全程序交底和质量标准交底及消除事故隐患的责任。

（四）分包

设计必须由中标人或其联合体成员完成，不允许分包；非主体和非关键分部工程的施工允许分包给具备专业专项资质的分包商。

（五）设备供应商

对于招标方自行采购的专业设备，设备供应商提供设计文件和图纸的，设计单位必须对其进行审核和技术把关，并承诺对全系统的设计质量负总责。

（六）缺陷责任期的服务要求

1）本工程缺陷责任期为 2 年，时间从启动验收委员会同意移交生产之日起算。国家对缺陷责任期另有明确规定，且缺陷责任期超过 2 年的，执行国家规定。

2）试生产及缺陷责任期内，投标单位应配备充足的管理和技术工人以及辅助工，及时完成有关质量缺陷整改工作。

3）试生产及缺陷责任期发现的投标单位工程范围内的有关设计、设备、施工、功能、性能等方面的质量问题和缺陷，投标单位必须及时组织进行处理和整改，并全部承担费用，不得影响正常生产。

4）试生产阶段为设备、系统、机组进行性能试验等工作而安装（含拆除）临时的或永久的设施（各种试验用测点、导管等）和系统属于投标单位的工作范围。

附录F　工程总承包项目发包价格计价方法的比较

方法	内涵	适用范围	优势	局限性
费率下浮法	选用当地的定额作为依据，提出工程造价税前费率上下浮动比例的高低，以固定下浮费率进行过程控制和合同结算	（1）前期可行性研究阶段投资控制精度不高，发包人提供的招标资料较少，项目定位和功能需求粗略 （2）发包人（或其咨询单位）设计审查和造价控制能力强的项目 （3）需快速推进的项目	（1）省去了繁杂的计算工程造价（标底价或投标报价）过程，投标计价工作简单，可有效防止标底泄漏、人为操作等情况 （2）招标资料简单，招标前期准备时间短，经济标评审便捷，可快速推进招标投标工作，有利于项目迅速启动 （3）评标路线简单、公平，减少暗箱操作 （4）计量计价原则清晰，便于变更项目预算编制和费用审核	（1）工程造价事前控制较弱，不利于工程成本的有效控制 （2）费率一般不得随意改变，投标人承担让利（与工程造价管理部门规定费率之差）风险 （3）预算定额反映常规施工工艺在正常工作环境中的资源消耗和价格数据，缺少新技术、新工艺和采用特殊施工工艺、特殊设备施工项目的消耗量及价格数据，此类费用核定存在局限性，易产生纠纷 （4）施工图由承包人设计，审图不细、标底编制不准、审图责任无制约，不可避免地会增加利润较高的施工做法，发包人承担成本增加风险 （5）施工过程中要进行大量的认质认价工作，价格纠纷较多，若品牌范围较小，易出现承包人串通供应商哄抬价格的情况，不利于成本控制
模拟清单法	没有初步设计，根据经验或者参考类似项目可编制本项目的工程量清单；有初步设计，依据初步设计概算编制清单	（1）标准化程度高的项目，即项目的成熟度高、施工图变动性小、可供参考的同类型或类似项目多的项目 （2）施工图、工程量清单等资料较多，发包人（或其咨询单位）设计审查和造价控制能力强的项目 （3）拟采用单价合同的模式	（1）招标过程中经竞争性报价获得各清单项目单价，可获得优惠报价，有利于降低成本 （2）便于变更，费用处理可参考国标清单计价规范要求，即相同项目和相似项目可以参考合同清单价格，以减少争议。由总价及单方造价来控制整个项目的造价上限	（1）编制模拟清单工作量大，对造价咨询单位编制人员水平要求高，人员素质对模拟清单编制质量影响巨大 （2）发包人造价审核工作量大，成本管控压力较大，管理成本也较高 （3）存在模拟清单编制采用类似项目指标不适用拟建项目的风险 （4）清单为模拟清单，不是按施工图编制的，可能存在缺、漏、错项 （5）施工中承包人出于自身利益考虑，从施工图设计上寻找突破口，存在设计的施工图内容为投标清单项目外内容的情况，造成施工过程中增加大量的材料综合单价认质核价工作，不利于项目的成本控制

附录G　工程总承包发包费用测算方法

序号	费用名称	计算依据	测算方法	
			业主完成的设计深度较低	业主完成的设计深度较高
1	设计费	根据不同阶段发包的设计工作内容	按投资估算或设计概算中设计费对应的总承包中的设计工作的一部分金额计列。如投资估算或设计概算中有与项目清单内容相对应的数额，可以直接采用；如有的项目相同但发包范围缩小，应扣除未包括的内容计列；如没有，可按本条规定在估算和概算总金额范围内调整计列	应参照招标项目总承包其他费的内容、范围、复杂程度、深度、工期，并结合国家、行业、地区计费规定、市场因素综合确定，对发包范围内涉及的设计费进行估算

（续）

序　号	费用名称	计算依据	测算方法	
			业主完成的设计深度较低	业主完成的设计深度较高
2	设备购置费	发包人要求、项目清单、市场价格	按市场询价计取。费用包括设备原价、运杂费、采购保管费。设备采保费可按设备原价的0.2%～0.5%计取	
3	建筑安装工程费	发包人要求、项目清单、设计文件、相关造价指标、市场价格、与建设项目有关的标准、规范、技术资料及相关规定	在可行性研究或方案设计后发包的，发包人宜采用投资估算中与发包范围一致的同口径估算金额为限额参照相关政策的规定修订后计列；在初步设计后发包的，发包人宜采用初步设计概算中与发包范围一致的同口径概算金额为限额参照相关政策的规定修订后调整计列	初步设计完成后主体专业工程已经达到计算工程量的程度，此时可以采用综合单价的方式计算建筑安装工程费。对于不能计算工程量或者设计深度没有达到测算工程量程度的专业工程，采用初步设计概算中与发包范围一致的同口径概算金额为限额参照相关政策修订后调整计列
4	暂估价	具体数量和金额由招标人给定。暂估价总额一般不超过工程费用的5%		
5	暂列金额	具体金额由招标人给定。暂列金额总额一般不高于工程费用的5%		
6	工程总承包其他费		各项相加汇总	
6.1	工程总承包管理费	工程费用	以工程费用为计算基数，按费率差额分档累进计取	
6.2	工程总承包专项费用	根据不同阶段发包的工作内容	按相关规定或根据项目实际计列	

附录H　我国工程总承包合同文本与FIDIC合同条件比较

风险类型	含　义	因　素	《建设项目工程总承包合同（示范文本）》（GF—2020—0216）	FIDIC银皮书	FIDIC黄皮书
外生风险	非承包商与业主的原因，主要来源于外部不确定因素给项目造成的损失	不可抗力	不可抗力引起的后果及造成的损失由合同当事人按照法律规定及合同约定各自承担。不可抗力发生前已完成的工程应当按照合同约定进行支付	承包商接受对预见到的为顺利完成工程的所有困难和费用的全部职责，费用不应考虑予以调整	责任承担分类同我国《2020版总承包合同》。另“不可抗力”更名为“例外事件”。增加了规定强调通知的重要性：受影响方只有在及时通知之后方可免于履行合同义务
		异常不利的气候条件	异常恶劣的气候条件（尚未构成不可抗力事件）规定风险责任业主承担，承包商与业主可以在专用条件中约定哪些事件可以构成异常的气候条件	风险由承包商完全承担	工期的风险由业主承担，费用及利润的风险由承包商承担

（续）

风险类型	含义	因素	《建设项目工程总承包合同（示范文本）》（GF—2020—0216）	FIDIC银皮书	FIDIC黄皮书
外生风险	非承包商与业主的原因，主要来源于外部不确定因素给项目造成的损失	不可预见的物质条件	事先未发现的地下施工障碍，承包商因执行暂停工作通知而造成费用的增加和（或）工期延误由业主承担，并有权要求业主支付合理利润	工期和费用的风险由业主承担，利润的风险由承包商承担	同FIDIC银皮书
		法律变更的调整	在基准日期后，发生的法律变更引起费用增加时，承包商在按照约定履行通知义务的前提下，由业主承担；引起费用减少时，则由承包商承担		
		市场价格异常波动	由业主和承包商各自承担，在通用条款中给出了遵循的调价公式，倾向于通过调价解决	遵循“意思自治”原则，如果在专用条款中有约定调价，则可以调价；如果没有约定条件，则视为不能调价	同FIDIC银皮书
内生风险	来自项目自身的原因、业主的原因或者承包商的原因造成的风险损失	设计阶段基础资料提供与审核的风险	地下管线、气象和水文观测资料、地质勘查资料、相邻建筑物和地下工程等有关基础资料错误造成的责任由业主承担，如果业主不能在合理的期限内提供，则由业主承担承包商因此而延误的工期和增加的费用	除非是明文规定为“不可变更且由业主承担责任”的文件资料，或者是同时满足“不可预见、不能避免、不能克服”例外事件之外，全部风险均由承包商承担	业主与承包商各负部分责任，承包商承担“有经验的承包商”在可行的时间和成本前提下认真审查的义务，超出这一限度时，承包商有权获得工期和经济补偿
		采购风险	各自采购货物质量各自负责。采购方式属于依法必须进行招标的项目达到国家规定规模标准的，应采用招标的方式进行招标	各自采购货物质量各自负责。允许承包商提供设备材料采购商短名单，承包商只需要从经批准的短名单中选择合适的采购商即可	各自采购货物质量各自负责
		施工风险	因业主未按合同约定提供文件造成工期延误的，业主承担责任 承包商使用的施工设备不能满足项目进度计划和（或）质量要求时，工程师有权要求承包商增加或更换施工设备，承包商应及时增加或更换，由此增加的费用和（或）延误的工期由承包商承担	承包商应对所有现场作业、所有施工方法和全部工程的完备性、稳定性和安全性承担责任 业主应对业主要求中的列出部分，以及由（或代表）业主提供的数据和资料的正确性负责	业主和承包商之间在风险与责任分配及各项处理程序上为相互对等关系 在出现工期共同延误时，业主和承包商要承担相应比例的责任
		试运行风险	承包商进行试运行试验，试验所产生的任何产品或其他收益均应归属于业主	工程在试运行期间生产的任何产品应属于业主的财产	同FIDIC银皮书

附录 I　住建部和部分省市文件中关于工程总承包项目的混合计价模式的相关规定

部委和省市	文件名称	文　号	相关规定
住建部等	《房屋建筑和市政基础设施项目工程总承包管理办法》	建市规〔2019〕12 号	第十六条　企业投资项目的工程总承包宜采用总价合同，政府投资项目的工程总承包应当合理确定合同价格形式 政府投资项目工程总承包项目合同价格类型设计应根据设计深度分别确定
福建省	《福建省房屋建筑和市政基础设施项目标准工程总承包招标文件》(2020年版)	闽建筑〔2020〕2 号	第十五条　有限固定总价合同，就是对工程总承包合同计价进行分类设置，分为总价计价部分、单价计价部分以及暂定金额部分
杭州市	《杭州市房屋建筑和市政基础设施工程总承包项目计价办法》(暂行)	杭建市发〔2021〕55 号	工程总承包合同宜采用总价合同，但因工程项目特殊、条件复杂等因素难以确定项目总价的，也可采用单价合同或成本加酬金的其他价格合同形式
四川省	《四川省房屋建筑和市政基础设施项目工程总承包管理办法》	川建行规〔2020〕4 号	第十八条　企业投资项目的工程总承包宜采用总价合同，政府投资项目的工程总承包应当合理确定合同价格形式。采用总价合同的，除合同约定可以调整的情形外，合同总价一般不予调整
江苏省	《江苏省房屋建筑和市政基础设施项目工程总承包计价规则（试行)》	〔2020〕第 27 号	4.1 企业投资的工程总承包项目宜采用总价合同；政府投资的工程总承包项目应当合理确定合同价格形式，包括总价合同、单价合同、其他合同价格形式
浙江省	《关于进一步推进房屋建筑和市政基础设施项目工程总承包发展的实施意见》	浙建〔2021〕2 号	（十一）工程总承包合同宜采用总价合同，除合同约定可以调整的情形外，合同总价一般不予调整。确因工程项目特殊、条件复杂等因素难以确定项目总价的，可采用单价合同、成本加酬金合同。建设单位和工程总承包单位应当在合同中约定工程总承包的计量规则和计价方法，并严格履行合同约定的责任和义务
广东省	《广东省住房和城乡建设厅关于房屋建筑和市政基础设施工程总承包实施试行办法（征求意见稿)》	粤建公告〔2017〕42 号	第八条　招标一般应采用固定总价方式进行，根据项目特点也可采用固定单价、成本加酬金或概算总额承包的方式进行
广西壮族自治区	《广西壮族自治区房屋建筑和市政基础设施项目工程总承包计价指导意见（试行)》	桂建发〔2020〕4 号	（五）合同价款确定及调整 1. 无论是方案设计后还是初步设计后的工程总承包项目，其合同价格形式均采用总价合同方式，中标价即为合同价。合同总价包含设计费和建筑安装工程费。其中，设计费为固定总价；建筑安装工程费由固定总价、暂估价及暂列金额三部分组成。无论设计费还是建筑安装工程费，其固定总价部分除合同约定允许调整因素外总价不变 （七）计价方式及表格 1. 初步设计完成后工程总承包项目。计价方式既可以采用工程量清单法，也可以采用工料单价法 2. 方案设计完成后工程总承包项目。计价方式采用工程量清单全费用（不含税金）综合单价法 （本指导意见适用于国有投资项目工程总承包招标计价，非国有投资项目工程总承包招标计价可参照执行。)

（续）

省　市	文件名称	文　号	相关规定
济南市	《济南市房屋建筑和市政基础设施项目工程总承包管理办法(征求意见稿)》		五、加强工程总承包合同价格管理 13. 社会投资的工程总承包项目宜采用总价合同，政府投资的工程总承包项目应当合理确定合同价格形式。确因工程项目特殊、条件复杂等因素难以确定项目总价的，可采用单价合同、成本加酬金合同。政府投资项目建设投资原则上不得超过经核定的投资概算

附录 J　工程总承包合同管理控制权安排

合同范本		具体条款	条款中权利说明	管控权所属主体
《建设项目工程总承包合同（示范文本）》（GF—2020—0216）	发包人管理	2.2.1 提供施工现场 发包人应按专用合同条件约定向承包人移交施工现场，给承包人进入和占用施工现场各部分的权利，并明确与承包人的交接界面，上述进入和占用权可不为承包人独享	进场权由发包人给承包人，但不仅仅由承包人单独拥有	业主、总承包商
		3.1 发包人代表 发包人代表应在发包人的授权范围内，负责处理合同履行过程中与发包人有关的具体事宜。发包人代表在授权范围内的行为由发包人承担法律责任	全咨企业作为发包人代表，在业主授权范围内，由发包人负责合同风险	全咨企业、业主
		3.2 发包人人员 发包人或发包人代表可随时对一些助手指派和托付一定的任务和权利，也可撤销这些指派和托付	发包人有指派和托付的最终决策权	业主
		3.4 任命和授权 3.4.2 被授权的人员在授权范围内发出的指示视为已得到工程师的同意，与工程师发出的指示具有同等效力。工程师撤销某项授权时，应将撤销授权的决定及时通知承包人	发包人有决策权	业主
		3.5 指示 3.5.1 工程师应按照发包人的授权发出指示 3.5.2 承包人收到工程师做出的指示后应遵照执行。如果任何此类指示构成一项变更时，应按照第13条“变更与调整”的约定办理 3.5.3 由于工程师未能按合同约定发出指示、指示延误或指示错误而导致承包人费用增加和（或）工期延误的，发包人应承担由此增加的费用和（或）工期延误，并向承包人支付合理利润	变更和发包人指示原因导致的费用和工期等的索赔，由发包人承担	业主
	承包人管理	4.5.4 分包管理 承包人应当对分包人的工作进行必要的协调与管理，确保分包人严格执行国家有关分包事项的管理规定。承包人应向工程师提交分包人的主要管理人员表，并对分包人的工作人员进行实名制管理，包括但不限于进出场管理、登记造册以及各种证照的办理	总承包商有管理与协调分包人的权利	总承包商
		4.8 不可预见的困难 承包人遇到不可预见的困难时，应采取克服不可预见的困难的合理措施继续施工，并及时通知工程师并抄送发包人。通知应载明不可预见的困难的内容、承包人认为不可预见的理由以及承包人制定的处理方案。工程师应当及时发出指示，指示构成变更的，按第13条“变更与调整”约定执行。承包人因采取合理措施而增加的费用和（或）延误的工期由发包人承担	不可预见困难的变更和索赔 由发包人负责	业主
		4.9 工程质量管理 4.9.1 承包人应按合同约定的质量标准规范，建立有效的质量管理系统，确保设计、采购、加工制造、施工、竣工试验等各项工作的质量，并按照国家有关规定，通过质量保修责任书的形式约定保修范围、保修期限和保修责任	承包人有质量保证的权利和责任	总承包商

（续）

合同范本		具体条款	条款中权利说明	管控权所属主体
FIDIC银皮书	业主管理	2.1 现场进入权 业主应在专用条件中规定的时间（或几个时间）内，给承包商进入和占用现场各部分的权利，此项进入和占用权可不为承包商独享。如果根据合同，要求业主（向承包商）提供任何基础、结构、生产设备或进入手段的占用权，业主应按业主要求中规定的时间和方式提供，但业主在收到履约担保前，可保留上述任何进入或占用权，暂不给予。如果在专用条件中没有规定上述时间，业主应自开工日期起给承包商进入和占用现场的权利	履约担保之前，业主保留现场进入或占用权，一般在开工日期起赋予承包人进入权。即使转交权利也一直由双方共同拥有	业主、总承包商
		3.1 业主代表 业主可以任命一名业主代表，代表其根据合同进行工作。在此情况下，业主应将业主代表的姓名、地址、任务和权利通知承包商 业主代表应完成指派给他的任务，履行业主托付给他的权利。除非和直到业主另行通知承包商，业主代表将被认为具有业主根据合同规定的全部权利，涉及第15条“由业主终止”规定的权利除外	全咨企业作为业主代表，具有全部权利	全咨企业、业主
		3.5 确定 每当本条件规定业主应按照第3.5款对任何事项进行商定或确定时，业主应与承包商协商尽量达成协议。如果达不成协议，业主应对有关情况给予应有的考虑，按照合同做出公正的确定	业主有协商、确定最后商定的权利	业主
		4.9 质量保证 承包商应建立质量保证体系，以证实符合合同要求。该体系应符合合同的详细规定。业主有权对体系的任何方面进行审查	业主有质量审查权	业主
		4.10 现场数据 业主应在基准日期前，将其取得的现场地下和水文条件及环境方面的所有有关资料提交承包商。同样地，业主在基准日期后得到的所有此类资料，也应提交承包商 承包商应负责核实和解释所有此类资料。除第5.1款“设计义务一般要求”提出的情况以外，业主对这些资料的准确性、充分性和完整性不承担责任	现场数据审核权	总承包商
	承包商管理	4.11 合同价格 承包商应被认为已确信合同价格的正确性和充分性	合同价格确定权	总承包商
		4.13 道路通行权于设施 承包商应为其所需要的专用和（或）临时道路包括进场道路的通行权，承担全部费用和开支。承包商还应自担风险和费用，取得为工程目的可能需要的现场以外的任何附加设施	道路通行权	总承包商
		7.7 生产设备和材料的所有权 从下列二者中较早的时间起，在符合工程所在国法律规定范围内，每项生产设备和材料都应无扣押和其他阻碍的成为业主的财产： （a）当上述生产设备、材料运至现场时 （b）当根据第8.10款“暂停时对生产设备和材料的支付”的规定，承包商有权得到按生产设备和材料价值的付款时	生产设备和材料的所有权	业主

附录 K　设计文件审查的相关规定

分　类	政策合同文件	设计审查条款	审查重点
合同范本	《建设项目工程总承包合同（示范文本）》（GF—2020—0216）	5.2 承包人文件审查	要求承包人按照《发包人要求》约定的范围和内容及时报送审查，未对审查的具体内容做出规定，仅对审查流程进行约定
政策文件	《中华人民共和国标准设计施工总承包招标文件（2021年版）》	5.3 设计审查	承包人的设计文件应报发包人审查同意，审查的范围和内容在发包人要求中约定
	《东莞市住房和城乡建设局房屋建筑和市政基础设施工程采用工程总承包模式建设的工作指引》	第十八条（合同形式） 第二十二条（施工图分阶段审查）	限额设计、施工图分阶段审查、一致性核对
	《南沙新区统筹投资项目设计施工总承包工作指引》	三、工作程序（二）设计要求	建设单位应根据项目类型，重点论证可行性研究报告中的方案设计或委托专业单位完成的方案设计，提出具体的设计要求，并组织专业技术人员及有关部门对方案设计和设计要求进行评审
	《蚌埠市政府投资项目工程总承包招标投标管理办法（试行）》	第十八条（一）实施设计评审管理	总承包合同备案后，项目承包人应立即进行方案的优化及施工图设计，完成后报项目业主对施工图经济性、合理性等审查，出具评审意见
	《福建省政府投资的房屋建筑和市政基础设施工程开展工程总承包试点工作方案》	四、试点措施 （一）工程发包 （四）监督管理	预算后审限额设计按照桩基和主体结构两阶段审查
	《上海市工程总承包试点项目管理办法》	二十九条（施工图审查）	工程总承包项目按照相关法规规定应当进行施工图审查的，建设单位可以根据项目实施情况，将施工图分阶段报工程总承包项目所在地建设行政管理部门审查
	《南宁市房屋建筑和市政基础设施工程总承包管理实施细则》	第九条	工程总承包项目应在项目开工前使用广西数字化施工图联合审查管理信息系统完成施工图审查并取得审查合格书

附录L　合同文件中物价波动引起调整的相关规定

合同文件	条　款	具体内容	调整方法
《建设工程工程量清单计价规范》（GB 50500—2013）	9.8 物价变化	9.8.1 合同履行期间，因人工、材料、工程设备、机械台班价格波动影响合同价款时，应根据合同约定，按本规范附录A的方法之一调整合同价款 9.8.2 承包人采购材料和工程设备的，应在合同中约定主要材料、工程设备价格变化的范围或幅度；当没有约定，且材料、工程设备单价变化超过5%时，超过部分的价格应按照本规范附录A的方法计算调整材料、工程设备费	A.1 价格指数调整价格差额 A.1.1 根据招标人提供的本规范附录L.3的表-22，并由投标人在投标函附录中的价格指数和权重表约定的数据按式（A.1.1）计算差额并调整合同价款 A.2 造价信息调整价格差额 A.2.1 施工期内，因人工、材料和工程设备、施工机械台班价格波动影响合同价格时，人工、机械使用费按照国家或省、自治区、直辖市建设行政管理部门、行业建设管理部门或其授权的工程造价管理机构发布的人工成本信息、机械台班单价或机械使用费系数进行调整；需要进行价格调整的材料，其单价和采购数应由发包人复核，发包人确认需调整的材料单价及数量作为调整合同价款差额的依据
《标准设计施工总承包招标文件》（2012版）	16.1 物价波动引起的调整	除专有合同另有约定外，发承包双方在投标函附录中约定了价格指数和权重的应采用价格指数调整价格差额，而投标函附录中没有约定的则采用造价信息调整价格差额	① 采用价格指数调整价格差额（适用于投标函附录约定了价格指数和权重的） 根据投标函附录中的价格指数和权重表约定的数据，按指定公式（详见本文件）计算差额并调整合同价格 ② 采用造价信息调整价格差额（适用于投标函附录没有约定价格指数和权重的） 合同工期内，因人工、材料、设备和机械台班价格波动影响合同价格时，人工、机械使用费按照国家或省、自治区、直辖市建设行政管理部门、行业建设管理部门或其授权的工程造价管理机构发布的人工成本信息、机械台班单价或机械使用费系数进行调整；需要进行价格调整的材料，其单价和采购数应由监理人复核，监理人确认需调整的材料单价及数量，作为调整合同价格差额的依据
《建设项目工程总承包合同（示范文本）》（GF—2020—0216）	13.8 市场价格波动引起的调整	13.8.1 主要工程材料、设备、人工价格与招标时基期价相比，波动幅度超过合同约定幅度的，双方按合同约定的价格调整方式调整 13.8.2 发包人与承包人在专用合同条件中约定采用《价格指数权重表》的，适用本项约定。未列入《价格指数权重表》的费用不因市场变化而调整 13.8.3 双方约定采用其他方式调整合同价款的，以专用合同条件约定为准	双方当事人可以将部分主要工程材料、工程设备、人工价格及其他双方认为应当根据市场价格调整的费用列入附件6“价格指数权重表”，并根据价格调整公式计算差额并调整合同价格（公式详见本合同文件） 价格调整公式中的各可调因子、定值和变值权重，以及基本价格指数及其来源在投标函附录价格指数和权重表中约定。价格指数应首先采用投标函附录中载明的有关部门提供的价格指数，缺乏上述价格指数时，可采用有关部门提供的价格代替

附录 M　部分省市文件对物价波动调整幅度的界定

序　号	省　市	文　件	风险分担范围	风险幅度
1	北京	《关于加强建设工程施工合同中人工、材料等市场价格风险防范与控制的指导意见》（京建发〔2021〕270 号）	人工	风险幅度不得超过 ±5%
			材料、工程设备、施工机械台班等	风险幅度一般不超过 ±5%
2	上海	《关于进一步加强建设工程人材机市场价格波动风险防控的指导意见》（沪建市管〔2021〕36 号）	人工价格	变化幅度在 ±3% 以外的应调整
			主要材料价格	变化幅度在 ±5% 以外的应调整
			其他主要材料、施工机械价格	变化幅度在 ±8% 以外的应调整
3	四川	《关于建设工程合同中价格风险约定和价格调整的指导意见》（川建造价发〔2021〕302 号）	材料、工程设备价格	风险幅度一般不超过 ±5%
			单位价值较高或总价值较大的金属材料、装配式构件、商品混凝土等	风险幅度控制在 ±3% 以内
			施工机械使用费	风险幅度一般不超过 ±10%
4	重庆	《关于进一步加强建筑安装材料价格风险管控的通知》（渝建管〔2022〕7 号）	主要材料、设备价格	风险幅度在 ±5% 以内由承包人承担，超过 ±5% 时超过部分由发包人承担或受益
5	陕西	《关于建筑材料价格风险管控指导意见的通知》（陕建发〔2021〕94 号）	主要材料价格	约定的风险幅度应控制在 5% 以内
6	甘肃	《关于对建筑材料价格风险管控指导意见的通知》（甘建价字〔2021〕15 号）	主要材料价格	幅度宜控制在 5% 以内
7	福建	《关于加强建设工程主要材料和设备价格风险控制的指导意见》（闽建筑〔2018〕41 号）	主要材料和设备单价	风险承包幅度控制在 ±5% 以内
8	山东	《关于加强工程建设人工材料价格风险控制的意见》（鲁建标字〔2019〕21 号）	主要材料价格	波动幅度在 5% 以内
9	河南	《关于加强建筑材料计价风险管控的指导意见》（豫建科〔2019〕282 号）	主要建筑材料价格	宜控制在 5% 以内
10	安徽	《关于加强建筑工程材料价格风险控制的指导意见》（建市函〔2021〕507 号）	材料和工程设备	价差在 5% 以内（含 5%）的，由施工单位承担损失或受益，超过 5% 以上部分的价差，由建设单位承担损失或受益
11	宁夏	《关于加强建设工程材料价格风险管控的指导意见》（宁建（建）发〔2021〕24 号）	主要材料价格	风险幅度控制在 ±5% 以内
12	浙江	《关于做好建筑材料价格异常波动风险防范化解工作的通知》（浙建建发〔2021〕33 号）	人工和单项材料价格	承担 ±5% 以内的风险

附录 N　反映违约者不受益原则的合同文件条款

合同文件或范本	条　款　号	具 体 内 容
《建设工程工程量清单计价规范》（GB 50500—2013）	9. 2. 1	招标工程以投标截止日期前28天、非招标工程以合同签订前28天为基准日，其后因国家的法律、法规、规章和政策发生变化引起工程造价增减变化的，发承包双方应按照省级或行业建设主管部门或授权的工程造价管理机构据此发布的规定调整合同价款
	9. 2. 2	因承包人原因导致工期延误的，按本规范9. 2. 1规定的调整时间，在合同工程原定竣工时间之后，合同价款调增的不予调整，合同价款调减的予以调整
	9. 8. 3	1. 因非承包人原因导致工期延误的，计划进度日期后续工程的价格，应采用计划进度日期与实际进度日期两者的较高者 2. 因承包人原因导致工期延误的，计划进度日期后续工程的价格，应采用计划进度日期与实际进度日期两者的较低者
《中华人民共和国民法典》	第五百零九条	当事人应当遵循公平原则确定双方的权利和义务
	第五百七十七条	当事人一方不履行合同义务或者履行合同义务不符合约定的，应当承担继续履行、采取补救措施或者赔偿损失等违约责任
《标准设计施工总承包招标文件》（2012年版）	16. 1. 1. 4	由于承包人原因未在约定的工期内竣工的，则对原约定竣工日期后继续施工的工程，在使用第16. 1. 1. 1目价格调整公式时，应采用原约定竣工日期与实际竣工日期的两个价格指数中较低的一个作为当期价格指数
	16. 1. 1. 5	由于发包人原因未在约定的工期内竣工的，则对原约定竣工日期后继续施工的工程，在使用第16. 1. 1. 1目价格调整公式时，应采用原约定竣工日期与实际竣工日期的两个价格指数中较高的一个作为当期价格指数
《建设项目工程总承包合同（示范文本）》（GF—2020—0216）	13. 8. 2	（4）承包人原因工期延误后的价格调整　因承包人原因未在约定的工期内竣工的，则对原约定竣工日期后继续施工的工程，在使用本款第（1）项价格调整公式时，应采用原约定竣工日期与实际竣工日期的两个价格指数中较低的一个作为当期价格指数 （5）发包人引起的工期延误后的价格调整　由于发包人原因未在约定的工期内竣工的，则对原约定竣工日期后继续施工的工程，在使用本款第（1）目价格调整公式时，应采用原约定竣工日期与实际竣工日期的两个价格指数中较高的一个作为当期价格指数

附录 O　国内外工程总承包合同条件下业主提供资料错误的责任划分

合 同 文 本	条　　款	发包人责任	承包人责任
《建设项目工程总承包合同（示范文本）》（GF—2020—0216）	1. 12《发包人要求》和基础资料中的错误	《发包人要求》或其提供的基础资料中的错误导致承包人增加费用和（或）工期延误的，发包人应承担由此增加的费用和（或）工期延误，并向承包人支付合理利润	承包人应尽早认真阅读、复核《发包人要求》以及其提供的基础资料，发现错误的，应及时书面通知发包人补正
	2. 3 提供基础资料	根据第1. 12款“《发包人要求》和基础资料中的错误”承担基础资料错误造成的责任	—
	4. 7 承包人现场查勘	因基础资料存在错误、遗漏导致承包人解释或推断失实的，按照第2. 3项“提供基础资料”的规定承担责任	除专用合同另有约定外，承包人应对基于发包人提交的基础资料所做出的解释和推断负责；并对发现的明显错误或疏忽，应及时书面通知发包人

（续）

合同文本	条　　款	发包人责任	承包人责任
《标准设计施工总承包招标文件》（2012年版）	1.13《发包人要求》中的错误（A）	《发包人要求》中的错误导致承包人增加费用和（或）工期延误的，发包人应承担由此增加的费用和（或）工期延误，并向承包人支付合理利润	承包人应认真阅读、复核《发包人要求》，发现错误的，应及时书面通知发包人
	1.13《发包人要求》中的错误（B）	发包人做相应修改的，按照第15条约定处理。对确实存在的错误，发包人坚持不做修改的，应承担由此导致承包人增加的费用和（或）延误的工期。任何情况下，《发包人要求》中的下列错误导致承包人增加的费用和（或）延误的工期，由发包人承担，并向承包人支付合理利润：①《发包人要求》中引用的原始数据和资料；②对工程或其任何部分的功能要求；③对工程的工艺安排或要求；④试验和检验标准；⑤除合同另有约定外，承包人无法核实的数据和资料	承包人应认真阅读、复核《发包人要求》发现错误的，应及时书面通知发包人；承包人未发现《发包人要求》中存在错误的，承包人自行承担由此导致的费用增加和（或）工期延误，但专用合同条款另有约定的除外
	4.10承包人现场查勘	发包人应向承包人提供施工场地及毗邻区域内的供排水、供电、供气、供热、通信等地下管线资料、气象和水文观测资料，相邻建筑物和构筑物等以及其他与建设工程有关的原始资料，并承担原始资料错误造成的全部责任	承包人应对上述有关资料所做出的解释和推断负责，并对施工场地和周围环境进行查勘，收集除发包人提供外为完成合同工作有关的当地资料，且视为承包人已充分估计了应承担的责任和风险
	9.3基准资料错误的责任	发包人应对其提供的测量资料的真实性、准确性和完整性负责，并承担由其提供的基准资料错误导致增加的费用和（或）工期延误，向承包人支付合理利润	承包人应在设计或施工中对上述资料的准确性进行核实，发现存在明显错误或疏忽的，应及时通知监理人
FIDIC银皮书	1.8文件的照管和提供	如果一方发现为实施工程准备的文件中有技术性错误或缺陷，应立即将该错误或缺陷通知另一方	
	4.7放线	仅提供	承包商应负责对工程的所有部分正确定位，并应纠正在工程的位置、标高、尺寸或定线中的任何差错
	4.10现场数据	除第5.1款“设计义务一般要求”提出的情况以外，业主对这些资料的准确性、充分性和完整性不承担责任	负责核实和解释所有此类资料
	5.1设计义务一般要求	业主对业主要求中的下列部分，以及由（或代表）业主提供的下列数据和资料的正确性负责：（a）在合同中规定的由业主负责的、或不可变的部分、数据和资料；（b）对工程或其任何部分的预期目的的说明；（c）竣工工程的试验和性能的标准；（d）除合同另有说明外，承包商不能核实的部分、数据和资料	承包商应被视为，在基准日期前已仔细审查了业主要求（包括设计标准和计算，如果有）。承包商应负责工程的设计，并在除下列业主应负责的部分外，对业主要求（包括设计标准和计算）的正确性负责
	5.8设计错误	—	发现错误→自费纠正

（续）

合同文本	条　款	发包人责任	承包人责任
FIDIC 黄皮书	1.9 业主要求中的错误	工程师对承包商递交的文件进行审查，若的确是业主要求中的错误，有经验的承包商在尽到应尽的责任后仍然无法发现的或承包商为修正错误采取了措施，可以向业主申请变更或索赔	在根据第 5.1 款“一般设计义务”对业主要求审查后发现错误、过失或缺陷，承包商应在从开工日期算起的合同规定期限内（无特殊规定，开工后42 天）向工程师发出通知；这一期限到期后，承包商也应向工程师发出通知
	2.5 现场数据和参照项	业主应在基准日期之前向承包商提供其所掌握的关于现场地形和水文、气候以及环境条件的所有相关数据；参照项应在业主要求中规定或由工程师发出通知给承包商	负责核实和解释所有此类资料
	4.7 放线	同 FIDIC 银皮书	
	5.1 设计义务一般要求	同 FIDIC 银皮书	

附录 P　部分省市关于施工过程结算的政策文件

序　号	省　市	政 策 文 件	内　　容		
			总　　则	施工过程结算指导细则	附　　则
1	陕西	《关于房屋建筑和市政基础设施工程实行施工过程结算的通知》（陕建发〔2021〕1029 号）	施工过程结算目的、含义、适用范围、约定方式	计量计价原则、编审要求、结算划分、结算资料、程序、支付等	工程竣工结算报告；资金保障；违法违规行为惩戒；部门协同
2	江西	《关于印发〈在房屋建筑和市政基础设施工程中推行施工过程结算的实施意见〉的通知》（赣建字〔2020〕9 号）		结算周期、结算资料、结算编制、支付比例等	违法违规行为处理；总结经验、宣传引导
3	海南	《关于印发〈海南省工程建设领域施工过程结算管理暂行办法〉的通知》（琼建规〔2021〕9 号）	施工过程结算目的、含义、实施范围	结算周期、结算资料、计量计价、结算与支付等	监督管理；施工过程结算工作原则；对实行施工过程结算项目给予支持
4	山东	《关于在房屋建筑和市政工程中推行施工过程结算的指导意见（试行）》（鲁建标字〔2020〕19 号）			合同管理；资金保障；提升咨询服务；激励惩戒；部门协同
5	吉林	《关于在房屋建筑和市政基础设施工程中推行施工过程结算的实施意见》（吉建造〔2021〕5 号）		结算周期、结算编制、结算时限、计量计价争议、结算支付比例等	正向激励与违法行为处理；鼓励开展全过程造价咨询服务

（续）

<table>
<tr><th rowspan="2">序　号</th><th rowspan="2">省　市</th><th rowspan="2">文件名称</th><th colspan="3">内　容</th></tr>
<tr><th>总　则</th><th>施工过程结算指导细则</th><th>附　则</th></tr>
<tr><td>6</td><td>福建</td><td>《关于印发〈福建省房屋建筑和市政基础设施工程施工过程结算办法（试行）〉的通知》（闽建〔2020〕5号）</td><td rowspan="7">施工过程结算目的、含义、实施范围</td><td>结算节点、结算范围、程序和时限、争议处理等</td><td>监督管理</td></tr>
<tr><td>7</td><td>河南</td><td>《关于实施工程施工过程结算的指导意见》（豫建行规〔2020〕4号）</td><td>适用范围、结算周期、结算依据、结算原则、结算支付、计量计价争议处理等</td><td>工作监管和服务</td></tr>
<tr><td>8</td><td>湖南</td><td>《关于在房屋建筑和市政基础设施工程中推行施工过程结算的实施意见》（湘建价〔2020〕87号）</td><td>结算周期、计量计价、结算程序、结算支付、争议处理方式等</td><td>违法行为处理；加强管理和审计监督</td></tr>
<tr><td>9</td><td>四川</td><td>《关于房屋建筑和市政基础设施工程推行施工过程结算的通知》（川建行规〔2020〕1号）</td><td>结算节点、结算资料、争议处理等</td><td>宣传引导，鼓励开展全过程造价咨询服务</td></tr>
<tr><td>10</td><td>山西</td><td>《关于在房屋建筑和市政基础设施工程中推行施工过程结算的通知》（晋建标字〔2019〕57号）</td><td>结算周期、结算资料、计量计价争议、支付比例等</td><td>工程竣工价款支付比例、时限；鼓励施工过程结算实行全过程造价咨询服务；违规行为处理</td></tr>
<tr><td>11</td><td>贵州</td><td>《贵州省全面推行施工过程结算管理办法（试行）》（黔建建通〔2018〕353号）</td><td>计量计价、结算与支付、争议处理等</td><td>施工专业或劳务分包相关规定；政府工程不得由承包人垫资</td></tr>
<tr><td>12</td><td>重庆</td><td>《关于在建筑领域推行施工过程结算的通知》（渝建〔2018〕707号）</td><td>结算周期、结算资料、计价方法，以及价款支付时间、程序、方法和支付上限等</td><td>监督管理、资金保障</td></tr>
<tr><td>13</td><td>广东</td><td>《关于房屋建筑和市政基础设施工程施工过程结算的若干指导意见》（粤建市〔2019〕116号）</td><td>施工过程结算目的、工作原则、实施范围</td><td>结算周期节点、结算资料、计量计价、结算程序、工程争议、全过程造价管理等</td><td>组织管理；活动监督；宣传引导</td></tr>
<tr><td>14</td><td>湖北</td><td>《湖北省房屋建筑和市政基础设施工程施工过程结算暂行办法》（鄂建文〔2022〕27号）</td><td>施工过程结算目的、含义、实施范围、价款调整</td><td>节点划分、结算资料、计量计价、结算与支付、超概问题、争议解决等</td><td>监督管理；不良行为处理</td></tr>
</table>

（续）

序号	省市	文件名称	内容		
			总则	施工过程结算指导细则	附则
15	浙江	《关于在房屋建筑和市政基础设施工程中推行施工过程结算的实施意见》（浙建〔2020〕5号）	施工过程结算目的、含义、综合监督管理、实施范围	结算周期、结算报告编制、结算文件、价款支付等	宣传引导；违法行为处理
16	甘肃	《关于在房屋建筑和市政基础设施工程中推行施工过程结算的实施意见》（甘建价〔2020〕214号）		结算周期、结算资料、确认与支付、竣工结算流程等	鼓励施工过程结算实行全过程造价咨询服务；违法行为处理
17	青海	《关于在房屋建筑和市政基础设施工程中推行施工过程结算的实施意见》（青建工〔2021〕296号）	施工过程结算目的、含义、职责分工、实施范围	结算节点划分、结算责任、结算资料、程序、支付、计量计价原则等	资金保障；加强部门间协同；畅通投诉渠道；鼓励全过程造价咨询

附录Q　部分省市施工过程结算支付模式

支付模式	浙江模式	江苏模式	甘肃模式	广东模式	江西模式	青海模式	湖北模式	海南模式
支付比例	约定全额支付	约定最低比例	约定比例区间	按照合同约定；未约定或约定不明时参照竣工结算支付比例	按照合同约定，未约定或约定不明时参照国家现行计价规范	按照合同约定，未约定或约定不明时签订补充协议约定支付比例区间	—	按照合同约定
总价合同、单价合同	—	—	—	—	—	—	总价合同各节点施工过程结算价款之和超过总价的，暂停剩余施工过程结算；单价合同各节点施工过程结算价款之和超过合同总价时，调整合同价款	
EPC合同	—	—	—	—	—	—	—	EPC合同在发承包双方确定的施工图及预算的基础进行施工过程结算，当各节点施工过程结算价款之和达到合同或预算总价时，暂停剩余施工过程结算

参考文献

[1] 李孟义．工程总承包模式面临法律困境解析［J］．城市建筑，2020（3）：174-175.

[2] SONGER A D，MOLENAAR K R．Project characteristics for successful public-sector design-build［J］．Journal of construction engineering & management，1997，123（1）：34-40.

[3] 宿辉，田少卫．《工程总承包管理办法》的法律适应性研究［J］．建筑经济，2020（8）：70-73.

[4] JANSSENS D E L．Design-build explained［M］．London：Macmillan Education Ltd，1991.

[5] 蔺石柱，闫文周．工程项目管理［M］．2 版．北京：机械工业出版社，2015.

[6] 朱树英．工程总承包项目《发包人要求》编写指南［M］．北京：法律出版社，2022.

[7] 乐云，杨戒，王兴．项目决策策划研究［J］．建设监理，2006（1）：53-56.

[8] 谢素敏．我国高科技园区：软件园的前期策划研究［D］．上海：同济大学，2003.

[9] WHELTON M，BALLARD G．A knowledge management framework for project definition［J］．International journal of IT in architecture，engineering and construction，2002，7：197-212.

[10] CAUPIN G，KNOPFEL H，MORRIS P，et al．ICB IPMA competence baseline［M］．The Netherlands：International Project Management Association，2006.

[11] 田丽萍．国际工程招标文件中与报价相关的几大要素［J］．建材与装饰，2019（24）：172-173.

[12] 王伍仁．EPC 工程总承包管理［M］．北京：中国建筑工业出版社，2008.

[13] 柳清源．浅谈全过程造价咨询在建筑工程项目中的管理角色及作用［J］．工程建设与设计，2019（10）：234-235.

[14] BLYTH A，WORTHINGTON J．Managing the brief for better design［M］．New York：Spon Press，2001，29.

[15] 王忠礼．总承包工程模拟工程量清单标准化研究：以精装修住宅项目为例［J］．工程经济，2019，29（8）：20-22.

[16] 罗菲，许尔淑，张红标．关于建设工程工程量清单计价实践的探讨：基于多层级工程量清单管理视角［J］．工程造价管理，2021（6）：28-31.

[17] 吴佐民．促进工程计价模式国际趋同积极推进全费用综合单价［J］．工程造价管理，2015（1）：16-18.

[18] 赵梦怡．建筑工程多层级工程量清单的构建研究［D］．成都：西华大学，2017.

[19] 王忠礼．总承包工程模拟工程量清单标准化研究：以精装修住宅项目为例［J］．工程经济，2019，29（8）：20-22.

[20] 罗龙．福建省市政道路路基工程可研阶段投资估算指标编制研究［D］．赣州：江西理工大学，2014.

[21] 王玉平．工程总承包项目招标控制价编制研究：基于项目合规性视角［J］．建筑经济，2018，39（5）：59-64.

[22] 成于思，严庆，成虎，等．工程合同管理［M］．3 版．北京：中国建筑工业出版社，2022.

[23] LAM E W M，CHAN A P C，CHAN D W M．Determinants of successful design-build projects［J］．Journal of construction engineering and management，2008，134（5）：333-341.

[24] 于翔鹏．业主视角下工程总承包项目的投资总控研究［D］．天津：天津理工大学，2018.

[25] 张尚，任宏，CHAN A P C．设计—建造总承包管理的国际研究进展（一）：基于文献统计与分析［J］．建筑经济，2014，35（10）：13-17.

[26] GRANSBERG D D, WINDEL E. Communicating design quality requirements for public sector design/build projects [J]. Journal of management in engineering, 2008, 24 (2): 105-110.
[27] 肖婉怡. 基于价值链的承包商创收策略研究 [D]. 天津: 天津理工大学, 2021.
[28] 乐云, 谢坚勋, 翟曌. 建设工程项目管理 [M]. 北京: 科学出版社, 2013.
[29] LEWICKI R J , BUNKER B B . Trust in relationships: a model of development and decline [C] // BUNKER B B, RUBIN J Z. Conflict, cooperation & justice: essays inspired by the work of Morton Deutsch, 1995.
[30] MCALLISTER D J. Affect- and cognitionbased trust as foundations for interpersonal cooperation in organizations [J]. Academy of 1995, 38 (1): 24-59.
[31] ROUSSEAU D M, SITKIN B, BURT R S, et al. Not so different after all: a cross-discipline view of trust [J]. Academy of management review, 1998, 3 (23): 393-404.
[32] HARTMAN F. The role of trust in project management [C] // Proceeding of the PMI Research Conference. Pennsylvania: Project Management Institute, 2000.
[33] 威廉森. 治理机制 [M]. 王健, 方世建, 等译. 北京: 中国社会科学出版社, 2001.
[34] 廖成林, 乔宪木. 虚拟企业信任关系: 决定因素与机理 [J]. 重庆大学学报 (自然科学版), 2004, 27 (5): 139-142.
[35] 王涛, 顾新. 基于社会资本的知识链成员间相互信任产生机制的博弈分析 [J]. 科学学与科学技术管理, 2010, 31 (1): 76-80; 122.
[36] 赵启. EPC 项目选择承包商研究 [D]. 北京: 清华大学, 2005.
[37] 陈爽. 工程建设项目资格预审的评审方法探讨 [J]. 科技信息, 2012 (3): 475-476.
[38] 位珍. 承包商选择中的资格预审问题研究 [D]. 天津: 天津大学, 2015.
[39] 陈杨杨, 王雪青, 刘炳胜, 等. 基于直觉模糊数的承包商资格预审模型 [J]. 模糊系统与数学, 2015, 29 (1): 158-166.
[40] 侯泽涯. 工程项目投标资格预审及其规范 [J]. 交通世界, 2016 (12): 108-109.
[41] 张连营, 张杰, 杨湘. 资格预审的模糊评审方法 [J]. 土木工程学报, 2003, 36 (9): 1-6.
[42] 邵军义, 宋岩磊, 曹雪梅, 等. 基于 TOPSIS 改进模型的工程项目承包商选择 [J]. 土木工程与管理学报, 2016, 33 (4): 12-17.
[43] 李德智, 李欣. 基于解释结构模型的装配式建筑驱动因素研究 [J]. 建筑经济, 2019, 40 (1): 87-91.
[44] 张水波, 赵珊珊, 高原. 国际工程总承包商的选择原则与程序 [J]. 中国港湾建设, 2004 (4): 58-61.
[45] 孟宪海, 赵启. EPC 项目选择总承包商的原则与标准 [J]. 国际经济合作, 2005 (7): 55-57.
[46] 张荷叶, 基于 CBR 的工程项目承包商选择问题的研究 [J]. 当代化工, 2010, 39 (2): 195-198.
[47] 任远波, 王成昌. 基于 SNA 公共服务外包承包商选择关键指标识别 [J]. 武汉理工大学学报 (信息与管理工程版), 2018, 40 (4): 424-427.
[48] 刘慧, 王孟钧, S KIBNIEWSKI M J. 基于解释结构模型的建设工程创新关键成功因素分析 [J]. 科技管理研究, 2016, 36 (3): 20-26.
[49] 秦晋, 陈勇强. 2017 年版黄皮书与银皮书的设计管理问题 [J]. 国际经济合作, 2018 (12): 61-65.
[50] 路同. 浅谈 EPC 总承包模式下的设计优化和变更 [J]. 居舍, 2018 (3): 89-90.
[51] 李淑敏, 尹贻林, 王翔. EPC 模式下合理化建议的确定及其奖励机制研究 [J]. 价值工程, 2017, 36 (29): 52-55.
[52] 周笑寒. 装配式建筑工程总承包模式下设计施工融合机制研究 [D]. 南京: 东南大学, 2021.
[53] 薛袁, 周笑寒, 宁延. 工程总承包模式下装配式建筑设计施工融合研究 [J]. 工程管理学报, 2022, 36 (2): 98-102.

[54] 刘心言. 工程总承包项目业主设计深度对承包商设计质量的影响 [D]. 天津：天津大学，2018.
[55] 赵越，强茂山，王淏. EPC 项目业主与承包商设计决策博弈 [J]. 清华大学学报（自然科学版），2021，61（10）：1195-1201.
[56] 庞斯仪，刘笑，宁延. 工程总承包模式下质量和费用联动控制研究 [J]. 工程管理学报，2021，35（5）：48-52.
[57] 张水波，杨秋波. 国际 EPC 交钥匙合同业主方的设计管理 [J]. 中国港湾建设，2008（5）：63-66.
[58] 楼海军. 国际水泥工程 EPC 总承包的设计风险及应对措施 [J]. 水泥，2010（3）：24-27.
[59] 张启斌，王赫. 国际 EPC 水泥工程总承包项目设计审批影响因素分析 [J]. 水泥工程，2017（1）：74-79.
[60] 王赫，张卫东. 国际 EPC 项目设计审批的问题与对策 [J]. 国际经济合作，2015（9）：73-77.
[61] 张浩. 国际 EPC 合同 “设计标准版次适用” 引起的争议 [J]. 国际经济合作，2014（8）：65-68.
[62] 龙亮，李芬，尹贻林，等. 基于价值共创的 EPC 项目设计管理研究 [J]. 建筑经济，2021，42（7）：40-44.
[63] 王雪晴，刘洪涛，薛利，等. 沙特阿美 EPC 总承包项目设计管理难点及对策探析：以沙特吉赞 3850MW 燃机-蒸汽联合循环电站项目为例 [J]. 项目管理技术，2022，20（4）：129-133.
[64] 陈静. 基于状态补偿的工程量偏差对合同价款的影响及调整研究 [D]. 天津：天津理工大学，2014.
[65] 王维方. 基于工程量变化的建设工程合同价款调整研究 [D]. 南京：南京林业大学，2017.
[66] 胡万勇，江新卫. EPC 模式下市政工程固定总价合同风险及防范策略研究 [J]. 工程经济，2020，30（6）：46-48.
[67] 李群堂. 建设工程施工合同价款调整影响因素及调整方法分析 [J]. 中国工程咨询，2020（12）：64-68.
[68] 严玲，李卓阳. 工程总承包合同条件下业主方发起变更的风险责任认定研究 [J]. 建筑经济，2020，41（3）：11-15.
[69] 邱佳娴. FIDIC 合同条件下不可抗力特殊性研究 [D]. 南京：东南大学，2020.
[70] 李东辉. 不可抗力下国际工程风险处置与索赔分析 [J]. 建筑经济，2020，41（S1）：194-197.
[71] 宋宜军，崔敏捷. FIDIC 合同体系中的不可抗力和承包商索赔 [J]. 国际工程与劳务，2020（5）：27-29.
[72] 张然，丁留涛，张仁东. 新版 FIDIC 银皮书合同条件下的工程总承包风险研究 [J]. 建筑经济，2020，41（8）：73-76.
[73] 孙华. 不可抗力情形下的承包人索赔：不能仅以工期补偿来概括承包人损失 [J]. 施工企业管理，2020（8）：115-117.
[74] 王达. 不可抗力下缅甸某在建码头项目索赔工作的探讨 [J]. 国际工程与劳务，2021（5）：66-69.
[75] 朱彬. 国际工程承包合同中的不利物质条件研究 [D]. 南京：东南大学，2017.
[76] 严玲，丁乾星，张笑文. 不利物质条件下建设项目合同补偿研究 [J]. 建筑经济，2015，（11）：55-59.
[77] 周宇昕，王瑀韬，吕文学. FIDIC 合同中的不可预见困难与合同终止 [J]. 国际经济合作，2016（6）：58-62.
[78] 李艳彬. 工程总承包实施过程中的风险分析 [J]. 建设监理，2020（S1）：174-176.
[79] 吴清烈，郭昱. 面向大规模定制的非结构个性化客户需求结构化处理研究 [J]. 电信科学，2013（12）：9-15.
[80] 饶家瑞. 基于 PMP 知识体系下的 EPC 模式风险管理 [J]. 四川建材，2019，45（6）：202-204.
[81] 沈维春，徐慧声，王秀娜，等. EPC 总承包商模式下工程进度款支付方式 [J]. 中国电力企业管理，2018（27）：62-64.

[82] 崔亮，郑爽．加纳凯蓬供水扩建工程里程碑支付［J］．东北水利水电，2015，33（7）：62 -63.
[83] 李俊峰．加纳凯蓬供水扩建工程里程碑支付的探讨［J］．价值工程，2011，30（36）：40-41.
[84] 张玮．国内 EPC 化工项目进度计量检测系统的建立方法浅谈［J］．石油化工建设，2015，37（2）：22-26.
[85] 徐慧，宁延．全过程工程咨询服务的策划与实施：咨询企业的实践—总结—再实践［M］．南京：东南大学出版社，2022.
[86] 王雯．建设项目实施阶段工程造价管理研究［D］．北京：中国地质大学（北京），2012.
[87] 陈雷，杨建明，段梅，等．工程总承包项目竣工结算与审计问题分析［J］．北京水务，2019（6）：41-45.
[88] 王龙梅，宋敬，李娜．EPC 模式下总承包单位应关注的审计内容及要点研究：基于审计视角［J］．建筑经济，2020，41（8）：77-82.
[89] 曾玉华，黄勇飞．工程总承包模式下的“发包人要求”［J］．中国勘察设计，2021（3）：50-53.
[90] 张驰，何坤，张文杰，等．2020 版与 2011 版建设项目工程总承包合同示范文本对比分析［J］．建筑经济，2021，42（11）：40-44.
[91] 孙凌志，张北雁．工程总承包项目合同价款调整技术研究［J］．建筑经济，2020，41（5）：77-81.
[92] 彭桂平，戴彤，方锦标，等．工程总承包合同计价模式研究［J］．建筑经济，2021，42（5）：21-24.
[93] 徐大森．建设工程总承包合同中“以审计为准”条款的适用［J］．学理论，2019（12）：92-94.
[94] 严玲，闫金芹，王浩．建设工程全过程造价咨询业务的实现路径：集成咨询的视角［J］．工程管理学报，2012（4）：5.
[95] 叶浩生．责任内涵的跨文化比较及其整合［J］．南京师大学报（社会科学版），2009（6）：99-104.
[96] 周月萍．建设工程质量管理常见问题解析［J］．中国建筑装饰装修，2014（10）：38-41.
[97] 李明辉，刘笑霞．“受托责任”涵义考辨［J］．学海，2010（2）：173-178.
[98] 徐丹．FIDIC 白皮书的修订及其对中国的启示［J］．中国工程咨询，2018（12）：47-50.
[99] MONTGOMERY J D. Toward a role：theoretic conception of embeddedness［J］. American journal of sociology，1998，104（1）：92-125.
[100] 齐世泽．角色理论：一个亟待拓展的哲学空间［J］．北京交通大学学报（社会科学版），2014，13（4）：115-120.
[101] 杨学英．监理企业发展全过程工程咨询服务的策略研究［J］．建筑经济，2018，39（3）：9-12.
[102] 沈翔．论全过程工程咨询的未来发展趋势［J］．中国工程咨询，2018（11）：11-16.
[103] 王宏海，邓晓梅，申长均．全过程工程咨询须以设计为主导建筑策划先行［J］．中国勘察设计，2017（7）：50-57.
[104] 周环宇．全过程工程咨询之初探［J］．建设监理，2018（11）：9-12.
[105] 张双甜，郎颢川．基于流程再造的全过程咨询之挑战应对［J］．工程管理学报，2019，33（1）：17-22.